测绘学基础

（第二版）

王铁生　袁天奇　主编

科学出版社

北　京

内 容 简 介

本书在对测绘学的基本概念、基本理论、基本知识进行阐述的基础上，结合土木类、水利类各专业对测量学知识和技术的要求，较详细地介绍了基本测量工作的实践技术，着重叙述地形图的应用与建筑物测设工作的基本方法，并对新型的测绘仪器、先进的现代测绘新技术及其应用做了较全面的介绍。

在新仪器方面，重点介绍全站仪、自动安平水准仪、数字水准仪和全球卫星导航定位系统等技术；在测绘数据处理方面，介绍测量误差的基本知识；在地形测绘中引入大比例尺地形图数字测图技术，同时介绍摄影测量与遥感技术及其应用，以适应各专业现代测绘教学的需要；在施工测量章节，详细介绍各种工程施工放样技术，包括地质工程测量、拦河坝施工测量、建筑工程施工测量、管道工程测量、桥隧工程测量以及变形监测的基本工作，以期学习者能够运用所学的测量基本知识、基本方法和技术解决工程的相关测量问题，了解和掌握测绘新技术并为自身专业服务以提升技术水平。

本书为土木类、水利类等各非测绘专业的测量学课程教材，亦可供土建类相关工程技术人员、测绘专业技术人员参考。

图书在版编目(CIP)数据

测绘学基础/王铁生，袁天奇主编. —2版.—北京：科学出版社，2021.1
ISBN 978-7-03-066382-5

Ⅰ. ①测… Ⅱ. ①王… ②袁… Ⅲ. ①测绘学-高等学校-教材
Ⅳ. ①P2

中国版本图书馆CIP数据核字(2020)第198973号

责任编辑：朱晓颖 / 责任校对：王 瑞
责任印制：张 伟 / 封面设计：迷底书装

科学出版社出版
北京东黄城根北街16号
邮政编码：100717
http://www.sciencep.com
天津市新科印刷有限公司印刷
科学出版社发行 各地新华书店经销
*
2012年8月第 一 版 开本：787×1092 1/16
2021年1月第 二 版 印张：23
2023年7月第十六次印刷 字数：572 000

定价：69.80元
(如有印装质量问题，我社负责调换)

第二版前言

近年来，随着科学技术的进步，点状、线状、面状、体状地理空间要素的时空大数据获取手段和方法得到快速发展，电子水准仪、全站仪、GPS 接收机等已成为常规测量仪器，而自动全站仪(测量机器人)、三维激光扫描仪、无人机摄影测量与遥感技术、InSAR 技术、激光雷达等也在工程建设中得到了更多的应用。在互联网、物联网、大数据、人工智能等新一代信息技术快速发展下，基于地图和位置服务的测绘地理信息已经渗透到各个工程领域、军事领域和大众日常生活应用中，推动着测绘仪器从人工到智能、测绘知识和技术从专业测绘向“泛在测绘”方向发展和完善，更好地为人类和各项工程建设提供更高精度的、动态时空的基础测绘信息技术服务和保障。

为了反映最新的测绘技术，使测量学课程的教学内容更适应测绘科学技术的发展和工程建设的实际需要，有必要对《测绘学基础》进行修订改版，删除陈旧过时、教学过程中不再讲授的内容，增加测绘高新技术。本次修订的主要内容包括以下几点。

(1) 第四章“经纬仪及角度测量”增加了电子经纬仪的介绍和使用方法。

(2) 为方便教学，“全球卫星导航定位系统”一章增加 GNSS 控制测量和 RTK 动态测量方法介绍。

(3) 第五章“距离测量”增加了“全站仪及其使用”和“全站仪的误差和检验”内容。

(4) 第八章“小地区控制测量”删除了“小三角测量”。

(5) 第九章“大比例尺地形图测绘”在原有数字测图方法的基础上增加了“三维激光扫描仪地形测量”方法介绍。

(6) 第十章“摄影测量与遥感技术的基本知识”增加了“无人机倾斜摄影测量技术”介绍。

(7) 第十一章“地形图的识读和应用”增加了“数字地形图的应用”。

(8) 增加了第十七章“桥隧工程测量”。

(9) 第一章“测绘学的基本知识”、第三章“水准仪及水准测量”、第四章“经纬仪及角度测量”、第五章“距离测量”、第七章“全球卫星导航定位系统”、第八章“小地区控制测量”、第九章“大比例尺地形图测绘”、第十二章“测设(放样)的基本工作”等内容均做了补充和修改。

本书编写工作由华北水利水电大学“测量学”课程教学团队共同完成。本书由王铁生、袁天奇主编，王铁生统稿。参与本书编写工作的还有：李珊珊、周建业、张冰、胡青峰、马开锋、翟燕、孟俊贞、徐海军、李慧、雷斌、宋玮、刘辉、何培培、蒋晨、黄桂平、王新静、曹轶之、郑晖、许宝成、王亚飞、张林静、职露、张会、轩亚兵、孙美淑、刘金平、任艳群、宋晓焱等。在编写过程中，贾清亮老师对本书提出了宝贵的建议，在此表示感谢。

恳请广大教师和读者对本书提出宝贵意见。

编　者

2020 年 2 月

第一版前言

随着以“3S”(GPS、RS、GIS)技术为代表的测绘新技术的出现和发展，测绘学在理论、技术与方法上发生了巨大的变革。面对测绘科学技术发展的新形势，编者根据测量学的教学大纲和深化测量学教学改革的需要，结合目前各工程广泛使用的先进技术及方法，编写了本教材，以供非测绘专业的学生学习之用。考虑到当前正处于新老测绘技术的转换时期，本书在教学内容上既增加了测绘新技术在测量学中的应用，也保留了常规的测绘理论、方法和仪器的介绍，以体现现代测绘科学技术水平、测绘方法的发展和应用趋势，实现传统的模拟地形图测绘向数字化、自动化和智能化测绘过渡。

全书共分四大部分，共十六章。第一部分(第一、二章)，主要介绍测绘学的基本概念、基本理论和地形图的基本知识。第二部分(第三至第六章)，着重介绍高差、角度(水平角、竖直角)、距离测量三项基本工作和测量误差的基本知识；详细介绍了普通测量仪器的构造、使用、检校方法以及现代测绘技术的新成就、新仪器和新方法。第三部分(第七至第十一章)，主要介绍小地区的控制测量及数据处理方法、全球定位系统 GPS、地形图的测绘与应用、摄影测量与遥感技术的基本知识及其在土木工程勘测规划设计中的应用，新增了数字测图技术以及水下地形测量内容。第四部分(第十二至第十六章)，主要介绍建筑物测设(或放样)的基本方法及在各类土木工程中的施工测量技术，本部分内容可根据各专业教学大纲要求选讲。

本书是华北水利水电学院多年来测量学课程的教学经验的总结。在编写过程中，编者力求做到文字精练、定义准确、概念清楚、重点突出、理论完备。

本书由王铁生、袁天奇主编，王铁生统稿，杨晓明主审。参与本书编写工作的有：雷斌、张冰、周建业、马开锋、翟燕、孟俊贞、胡青峰、黄桂平、宋晓焱。在编写的过程中贾清亮老师对本书提出了宝贵的建议，在此表示感谢。

由于编者水平有限，书中难免存在不足和疏漏之处，谨请读者批评指正。

编　者

2012年5月

目　　录

第一章　测绘学的基本知识

本 章 要 点

本章主要介绍测绘学的基本知识，在学习中应重点掌握一些基本概念(如铅垂线、水准面、大地水准面等)、测量坐标系与表示地面点位的方法、测图原理、测量工作的基本原则及三项基本工作。

第一节　测绘学的研究对象及其在工程建设中的作用

测绘学是一门古老的学科，传统的测绘学概念为研究地球的形状和大小及确定地面(包含空中、地下和海底)点位的科学，简称为测量学。随着空间技术、计算机技术、信息技术及通信技术的发展，形成了以现代测绘新技术为支撑的测绘学新含义，测绘学的现代概念就是研究地球和其他实体的与时空分布有关信息的采集、处理、显示、管理、利用的科学与技术，测绘学是地球科学的重要组成部分。

测绘学按照研究范围和对象及采用的技术手段的不同，产生了许多分支学科。例如，研究地球的形状、大小和重力场，测定地面点几何位置及地球整体和局部运动的理论与技术的学科，称为大地测量学；随着人造地球卫星的发射和科学技术的发展，大地测量学又分为常规大地测量学和卫星大地测量学(空间大地测量学)。测量小范围地球表面形状时，不考虑地球曲率的影响，把地球局部表面当作平面看待所进行的测量工作，属于地形测量学。研究利用摄影或遥感的手段获取目标物的影像数据，从中提取几何的或物理的信息，并用图形、图像和数字形式表达测绘成果的学科，称为摄影测量学；由于获得像片的方式不同，摄影测量学又可分为地面摄影测量学、航空摄影测量学、航天摄影测量学和水下摄影测量学等；以海洋水体和海底为对象所进行的测量和海图编制理论与方法的学科，称为海洋测绘学，内容包括海洋大地测量、海底地形测量、海道测量和海图的编制；研究在工程建设和自然资源开发各个阶段进行测量工作的理论与技术称为工程测量学，它是测绘学在国民经济和国防建设中的直接应用，可分为普通工程测量和精密工程测量；利用测量所得的成果资料，研究模拟地图和数字地图的制作基础理论、地图设计、地图投影、地图编绘和复制的技术方法及其应用的学科称为地图制图学。随着计算机制图技术和地图数据库的发展，地图制图学现已发展成为研究空间地理环境信息和建立相应的空间信息系统的科学。

本书主要讲述地形测量学及部分工程测量学的内容。概括而言，它的内容包括测定和测设两个部分。测定是指使用测量仪器和工具，通过测量和计算，得到一系列测量数据，或把地球表面的地形缩绘成地形图，供经济建设、规划设计、科学研究和国防建设使用。测设是指把图纸上规划设计好的建筑物、构筑物的位置在地面上标定出来，作为施工的依据，其主要任务如下。

(1) 为各项工程的勘测、规划、设计提供所需的测绘资料；勘测、规划时须提供中、小比例尺地形图及有关信息，建筑物设计时需要测绘大比例尺地形图。

(2) 施工阶段要将图上设计好的建筑物按其位置、大小测设于实地，以便据此施工，此工作称为测设(或“放样”)。

(3) 在施工过程中及工程建成后的运行管理阶段，需要对建筑物的稳定性及变化情况进行监测，以确保工程安全运行，此项工作称为安全监测(即变形观测)。

由此可见，测量工作贯穿于工程建设的始终，作为一个工程建设、管理者，必须掌握必要的测绘科学知识和技能，才能担负起工程勘测、规划设计、施工及管理等任务。

本课程在介绍测绘学基本知识的基础上，分别对小区域大比例尺地形图测绘、地形图的识读与选用、土建工程的施工放样和建筑物安全监测等主要内容进行介绍。土木类专业(本科)的学生，学完本课程之后应达到如下要求。

(1) 掌握测绘学的基本理论、基本知识和测绘工作的基本技能。

(2) 掌握普通水准仪、普通经纬仪和全站仪的操作使用方法。

(3) 了解大比例尺地形图的成图原理和方法，并能熟练地阅读和正确使用地形图。

(4) 具有运用所学测绘学基本知识解决工程建设与管理中有关测量问题的能力，并能从工程设计、施工和工程管理的角度，对测绘工作提出合理的要求。

(5) 了解当前国内外测绘工程的新成就和发展方向。

综合上述要求，本书在反映测绘新技术的基础上，力求精选教学内容，突出教学重点，压缩传统教材中的测图篇幅，重点讲解测绘学的基本理论、基本知识和基本技能，加强读图和用图的训练，为学生今后在从事土木工程勘测、设计、施工和管理工作中正确运用测绘资料打下基础。

第二节　测绘学发展及应用概况

测绘学有着悠久的历史，测绘技术起源于社会的生产需求，并随着社会的进步而发展。在我国，夏禹治水时就利用简单的工具进行了测量。春秋战国时期发明的司南，至今仍在广泛使用。东汉时期，张衡创造了世界上第一架地震仪——候风地动仪，他所创造的天球仪正确地表示了天象，在天文测量史上留下了光辉的一页。唐代南宫说在张遂(一行)的指导下，于公元724年，丈量了河南滑县到上蔡县300km的子午线弧长，是世界上第一次子午线弧长实地测量。宋代沈括使用水平尺、罗盘进行了地形测量。元代郭守敬拟定了全国纬度测量计划，并测定了27点的纬度。清代康熙年间，在全国范围内进行了测绘工作。总之，几千年来我国劳动人民对世界测绘科学的发展做出过卓越的贡献。

测绘学获取观测数据的工具是测绘仪器，测绘学的形成与发展在很大程度上依赖于测绘方法和测绘仪器的创造和变革。1617年，荷兰斯涅尔首创了三角测量法。17世纪初，依托望远镜的发明和应用，测绘方法和测绘仪器有了重大的改变，使人类能够利用光学仪器进行测量，这是测绘科学发展史上一次较大的变革。1683 年，法国进行了弧度测量，证明地球是两极略扁的椭球体。1794 年，德国高斯提出最小二乘法理论，以后又提出横轴椭圆柱正形投影学说，对测绘科学理论的发展做出了宝贵的贡献。1903 年，飞机的发明促进了航空摄影测量技术的发展，使地形图测绘由野外向室内转移、由手工作业方式向自动化方式转移，又一次使测绘科学产生了巨大的变革。

20 世纪 50 年代起，新的科学技术尤其是电子学、信息学、电子计算机和空间科学技术等迅速发展，使测绘仪器朝着电子化和自动化的方向发展。1947 年，电磁波测距仪的问世使测距工作开始产生了根本性变化，发展了精密导线测量和三边测量。20 世纪 40 年代，自动安平水准仪的问世标志着水准测量自动化的开端。1990 年，电子水准仪的诞生实现了水准测量的自动记录、自动传输、存储和数据处理。1968 年，生产出电子经纬仪，此后，电子速测仪(全站仪)、自动全站仪(测量机器人)随之问世，实现了观测、记录的自动化，测绘内外业的一体化。

1957 年第一颗人造卫星上天，1966 年开始利用卫星进行大地测量。20 世纪 80 年代，全球定位系统(global positioning system，GPS)问世。GPS 定位技术具有全球性、全天候、快速实时、高精度、自动化程度高和无须建立高标等优点。该技术的应用，使经典的测绘技术发生了重大变革，已逐步取代常规的控制测量方法而成为控制测量的主要手段，特别是近几年来发展的高精度 GPS 实时动态定位(real time kinematic, RTK)技术成为了数据采集和工程建设施工放样的主要技术手段。

摄影测量经过了模拟法、解析法到数字摄影测量三个发展阶段。20 世纪 50 年代末，摄影测量由模拟法向解析法过渡，20 世纪 70 年代开始步入数字摄影测量阶段，现正逐步进入了摄影测量信息化和智能化时代。航测成果主要就是 4D 产品：数字正射影像图(digital orthophoto map, DOM)、数字高程模型(digital elevation models, DEM)、数字栅格地图(digital raster graphic, DRG)、数字线划地图(digital line graphic, DLG)。随着现代航天技术和计算机技术的发展，在摄影测量中引入卫星遥感技术，形成了航天测绘(遥感测绘)。

近几年新兴起的无人机遥感是继卫星遥感、大飞机遥感之后发展起来的一项新型航空遥感技术，是卫星遥感与有人机航空遥感的有力补充，在应急测绘保障、国土资源监测、重大工程建设等方面得到广泛应用，具有适用地形广泛、影像实时传输、可探测高危地区、成本低、高分辨率、快速高效、使用机动灵活等优势。目前，无人机遥感在地形测量方面基本上可以满足 1：2000～1：1000 比例尺测图需要，在平原地区平面精度可以达到 1：500 比例尺测图的精度要求。

激光雷达(light detection and ranging,LIDAR)技术作为一种主动的遥感探测技术，也正越来越多应用于机载平台。作为一种先进的测量手段，机载 LIDAR 测量系统能够快速采集高精度激光点云数据和高分辨率数码影像，具有精度高、效率高、自动化程度高、可大幅减少外业工作量、测绘产品丰富的特点，可直接生成正射影像图，是一种可以为城市规划、工程设计等提供二维地形图、三维城市模型的高效、快捷的测绘新方法。机载 LIDAR 测量技术正在引领着航空摄影测绘领域发生重大变革。

合成孔径雷达干涉(interferometric synthetic aperture radar, InSAR)测量是一种新型的测量技术，它采用合成孔径雷达天线记录的强度和相位数据，基于干涉技术获取三维地形、地表形变及地物特征变化等信息。InSAR 技术是空间大地测量和遥感技术的结合体，它既有空间大地测量高精度的优点，又有遥感技术高分辨率的特色，能实现高精度(毫米级)、高分辨率(米级)、大尺度(上百千米)的沉降监测，并且几乎不需要布设地面控制点，能够最大限度地节省人力物力，减少项目经费支出。InSAR 技术雏形最早出现于 1969 年，Rogers 和 Ingalls 利用地基 InSAR 技术消除金星南北半球回波信号的模糊度。迄今为止，这种技术已经在地形测图、地表形变监测、海洋监测、冰川冰盖监测、地表覆盖监测等各个领域得到了广泛的应用。

1949 年后，我国测绘事业有了很大的发展：建立和统一了全国坐标系统和高程系统；建立了遍及全国的大地控制网、国家水准网和基本重力网；完成了国家大地网和水准网的整体平差；完成了国家基本图的测绘工作；建立了“1980 年国家大地坐标系”和“1985 年国家高程基准”；1997 年完成了国家 A 级和 B 级共约 830 个点的 GPS 大地控制网的布测。2003 年完成了包含 2581 个 GPS 网点、相对精度为 10^{-7} 的 2000 个国家 GPS 网的计算；完成了珠穆朗玛峰和南极长城站的地理位置和高程的测量；配合国民经济建设进行了大量的测绘工作，如南京长江大桥、葛洲坝水电站、宝山钢铁厂、北京正负电子对撞机、长江三峡水利枢纽、黄河小浪底水利枢纽等大型工程的精确放样和设备安装测量；出版发行了地图 1600 多种，发行量超过 11 亿册。在测绘仪器制造方面，从无到有，现在不仅能生产系列的光学测量仪器，还能生产电磁波测距仪、卫星激光测距仪、全站仪、数字摄影测量系统等先进仪器设备。在测绘人才培养方面，已培养出众多的各类测绘技术人员，大大提高了我国测绘科技水平。特别是近年来，我国测绘科技发展很快。自 2000 年以来，我国开始建设拥有自主知识产权的全球卫星导航系统——北斗卫星导航系统。根据系统建设总体规划，2018 年底，完成 19 颗卫星发射组网，完成基本系统建设，向全球提供服务；2020 年前后，完成 30 颗卫星发射组网，全面建成北斗三号系统。该系统可在服务区域内的任何时间、任何地点，为用户确定其所在的地理经纬度信息，并提供双向短报文通信和精密授时服务，已在测绘、电信、水利、公路交通、铁路运输、渔业生产、勘探、森林防火和国家安全等诸多领域逐步发挥重要作用。在 GIS 方面，我国第一套实用电子地图系统(全称为国务院国情地理信息系统)，已在国务院常务会议室建成并投入使用。各部门也已经着手建立各行业的 GIS 系统，测绘工作已经为建立这一系统提供了大量的基础数据。目前，除国家测绘地理信息局建立的“天地图”地理信息公共服务平台网站逐步得到完善并正式上线外，百度地图、腾讯地图、高德地图等的在线导航也得到了普及应用并深受大众喜爱，开辟了基于在线地图的位置服务和社交网络服务时代。这表明地理信息数据已从纸面上发展到互联网和个人手持设备里，地理信息应用服务更加多样化、智能化、大众化；展示了我国目前的测绘地信科技水平，已接近或达到国际先进水平。

随着空间科学、信息科学的飞速发展，以 GPS、遥感(remote sensing, RS)、地理信息系统(geographic information system,GIS)技术为代表的“3S”数字化测绘高新技术已成为当前测绘工作的核心技术。测绘工作和测绘行业正在向着信息采集、数据处理和成果应用的数字化、智能化、网络化、实时化和可视化的方向发展。测绘学科的应用范围和服务对象从控制到测图的任务扩大到国民经济和国防建设中与地理空间数据有关的各个领域，特别是在建设“数字中国”和“智慧中国”中，测绘学将构建与数字中国相关联的国家地理空间框架，构建与智慧中国概念相关联的时空信息基础设施。测绘学已由传统测绘过渡到数字测绘，现正在向信息化测绘-地球空间信息科学跨越和融合。值得注意的是，从“模拟”到“数字”、再到“信息”，这两次跨越曾使测绘科技发生了巨大的变化，而目前的“人工智能”正在推动测绘科技发展史上的又一次变革。可以预知，在云计算、物联网、大数据、人工智能等新一代信息技术快速发展和推动下，测绘行业将逐步由信息化测绘迈向智能化测绘新时代。

第三节 地面点位的确定

一、地球的形状和大小

测量工作是在地球表面进行的，而地球自然表面很不规则，有高山、丘陵、平原和海洋。其中，最高的珠穆朗玛峰高出平均海水面达 8848.86m（我国 2020 年 12 月公布），最低的马里亚纳海沟低于平均海水面达 11022m。但是这样的高低起伏，相对于地球平均半径（约为 6371km）来说还是很小的，再考虑到海洋约占整个地球表面的 71%，因此，人们把海水面所包围的地球形体看作地球的形状。

由于地球的自转运动，地球上任一点都要受到离心力和地球引力的双重作用，这两个力的合力称为重力，重力的方向线称为铅垂线（图 1-1），铅垂线是测量工作的基准线。静止的水面称为水准面，水准面是受地球重力影响而形成的，是一个处处与重力方向垂直的连续曲面，并且是一个重力场的等位面。与水准面相切的平面称为水平面。水面可高可低，因此符合上述特点的水准面有无数多个，其中与平均海水面吻合并向大陆、岛屿内延伸而形成的闭合曲面，称为大地水准面。大地水准面是测量工作的基准面，由大地水准面所包围的地球形体，称为大地体。

用大地体表示地球形体是恰当的，但由于地球内部质量分布不均匀，引起铅垂线的方向产生不规则的变化，致使大地水准面成为一个复杂的曲面（图 1-1），无法在这个曲面上进行测量数据处理。为了使用方便，通常用一个非常接近于大地水准面，并可用数学公式表示的几何形体（地球椭球体）来代替地球的形状（图 1-2）作为测量计算工作的基准面。局部区域与大地体密合最好的地球椭球体称为参考椭球体。地球椭球体是一个椭圆绕其短轴（b）旋转而成的形体，故地球椭球体又称为旋转椭球体（图 1-2），旋转椭球体的大小及形状由长半径 a（或短半径 b）和扁率 α 所决定。扁率 α 可由长半径 a 和短半径 b 计算得到，即 $\alpha=(a-b)/a$。

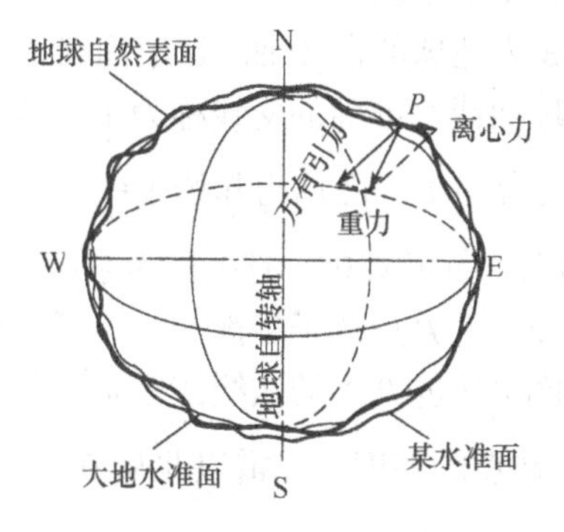

图 1-1 铅垂线、大地水准面示意图

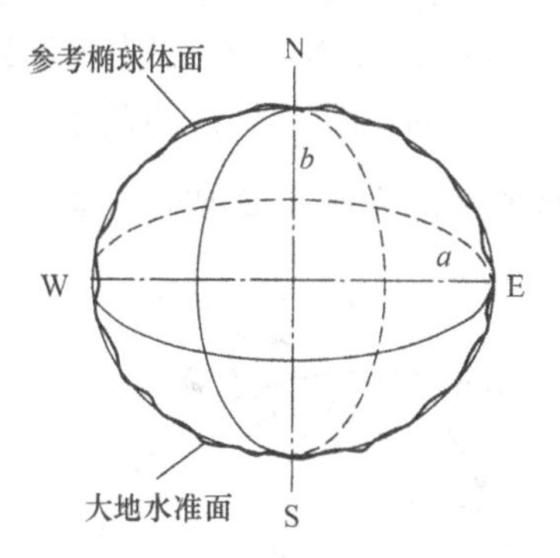

图 1-2 旋转椭球体示意图

由于历史和技术的原因，我国在不同时期曾建立和使用过多种大地坐标系，如 1954 北京坐标系、1980 西安坐标系（1980 年国家大地坐标系）等。不同的大地坐标系采用的椭球参数不同。1954 北京坐标系采用克拉索夫斯基椭球（a=6378245m、α=1：298.3），并与苏联 1942 年普尔科沃坐标系进行联测，由我国东北地区传算过来，其大地原点不在北京而是在苏联的普尔科沃。该坐标系的椭球定位所确定的椭球面与我国似大地水准面吻合较差，不能满足高精度定位的需要。为此，我国于 1978 年在西安召开了“全国天文大地网整体平差会议”，确定重新定位，提出建立属于我国自己的大地坐标系，即后来的 1980 西安坐标系。地球椭球基本参数为 1975 年国际大地测量与地球物理联合会第十六届大会推荐的数据(a=6378140m、α=1∶298.257)。该坐标系的大地原点(该点的大地经纬度与天文经纬度一致)设在我国中部的陕西省泾阳县永乐镇，位于西安市西北方向约 60 公里处，并在 1980 年完成基本测定，故称 1980 西安坐标系。

上述两种坐标系均为参心坐标系，都是以当时的经典测量技术为基础建立的局部大地坐标系，曾在我国的经济建设和国防建设中发挥了巨大作用，但受当时的技术条件制约，无法提供高精度三维坐标，其成果精度偏低，已不能适应现代科学技术特别是空间技术的发展需要。鉴于经济、社会和科学技术发展的需求，迫切需要采用原点位于地球质量中心的坐标系统作为国家大地坐标系。我国已从 2008 年 7 月 1 日起开始启用地心三维大地坐标系——2000 国家大地坐标系(China geodetic coordinate system 2000，CGCS 2000)。CGCS 2000 是以地球质量中心为原点的地心大地坐标系(a=6378137m，α=1/298.257222101)。

由于地球椭球体的扁率很小，因此当测区范围不大时，可近似地把椭球体作为圆球看待，其半径取值为 6371km。

二、测量坐标系与地面点位置的表示方法

一个点在空间的位置，需要三个量来表示。在传统的测量工作中，常将地面点的空间位置用它在投影面上的位置(如经纬度或高斯平面直角坐标)和高程表示。随着卫星大地测量的迅速发展，地面点的空间位置也可采用三维的空间直角坐标表示。

1. 地理坐标

以经度和纬度为参数表示地面点的位置，称为地理坐标。按坐标依据的基准线和基准面的不同及求坐标方法的不同，地理坐标可分为大地坐标和天文坐标两种。

如图 1-3 所示，N 和 S 分别为地球北极和南极，NS 为地球的自转轴。过地面点 P 和地球自转轴所构成的平面称为 P 点的子午面，子午面与椭球面或水准面的交线称为子午线，又称经线。按照国际天文学会规定，通过英国格林尼治天文台的子午面称为起始子午面，以它作为计算经度的起点，向东从 0°～180°称为东经，向西从 0°～180°称为西经。过 P 点的子午面与起始子午面之间的夹角为 P 点的经度；过 P 点的法线或铅垂线与赤道平面之间的夹角为 P 点的纬度。赤道以北从 0°～90°称为北纬，赤道以南从 0°～90°称为南纬。

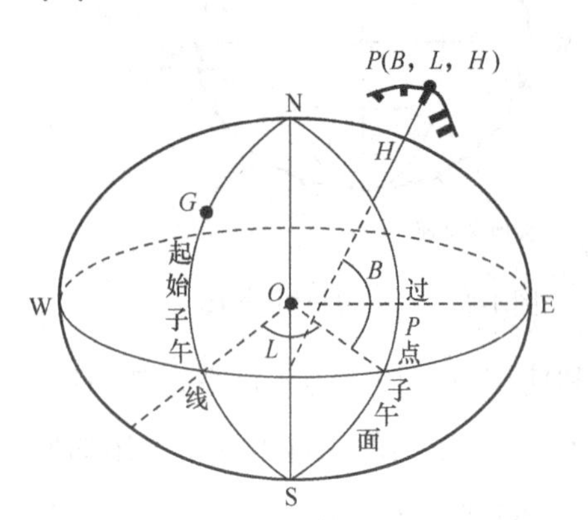

图 1-3　地理坐标示意图

以法线为依据，以参考椭球面为基准面的地理坐标称为大地坐标，分别用大地经度 L、大地纬度 B 和大地高 H 表示。以铅垂线为依据，以大地水准面为基准面的地理坐标称为天文坐标，分别用天文经度 λ、天文纬度 φ 表示。例如，北京地区的概略天文地理坐标为东经

116°28′，北纬 39°54′。

P 点沿椭球面法线方向到椭球面的距离 *H*，称为大地高。从椭球面起算，向外为正，向内为负。可用天文测量方法测得 *P* 点的天文经纬度 λ、φ，再利用 *P* 点的法线和铅垂线的相对关系(称为垂线偏差)改算为大地经度 *L*、大地纬度 *B*。在一般的测量工作中，可以不考虑这种差异。

2. 高斯平面直角坐标

地理坐标的优点是对于整个地球有一个统一的坐标系统，多用于天文大地测量、卫星大地测量，但它的观测和计算都比较复杂。我国在进行大面积测绘地形图时，采用的是高斯平面直角坐标系。这种坐标系因由高斯创立，经克吕格改进而得名，它采用分带(经差 6°或 3°划分为一带)投影的方法。每一投影带展开成平面，以中央子午线的投影为纵轴 *x*，赤道的投影为横轴 *y*，建立全国统一的平面直角坐标系统，解决了地面点向椭球面投影而后展绘于平面上的投影变换问题，满足了全国范围内地形图测绘的要求。其有关概念及基本知识将在第二章中介绍。

3. 独立平面直角坐标

当测图的范围较小时(半径不大于 10km 的区域内)，把该部分的球面视为水平面。将地面点直接沿铅垂线方向投影于水平面上。如图 1-4 所示，以相互垂直的纵横轴建立平面直角坐标系：纵轴为 *x* 轴，与南北方向一致，以向北为正，向南为负；横轴为 *y* 轴，与东西方向一致，向东为正，向西为负。这样任一点平面位置可用其纵横坐标 *x*、*y* 表示，如坐标原点 *O* 是任意假定的，则为独立的平面直角坐标系。

测量上所用的方向是从北方向(纵轴方向)起按顺时针方向以角度计值(象限也按顺时针编号)，因此将数学上平面直角坐标系(角值从横轴正方向起按逆时针方向计值)的 *x* 轴和 *y* 轴互换后，数学上的三角函数计算公式可不加改变直接用于测量数据的计算。

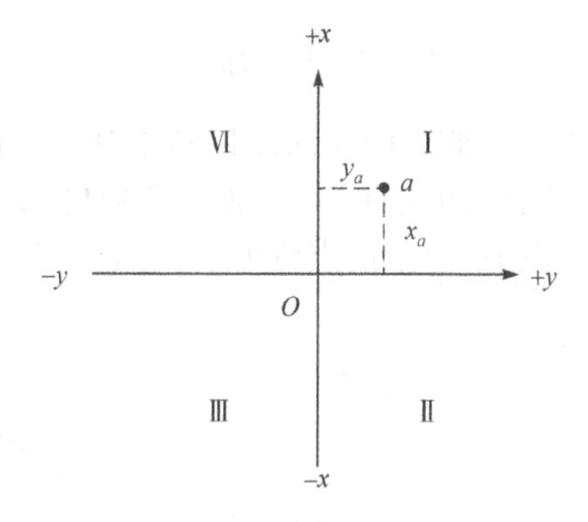

图 1-4　平面直角坐标示意图

4. 高程和国家高程基准

地面点沿垂线方向至大地水准面的距离称为绝对高程或海拔。在图 1-5 中，地面点 *A* 和 *B* 的绝对高程分别为 H_A 和 H_B。过去我国采用青岛验潮站于 1950～1956 年观测成果求得的黄海平均海水面作为高程的零点，称为“1956 年黄海高程系”(水准原点高程为 72.289m)。后经复查，发现该高程系的验潮资料时间过短，准确性较差，改用青岛验潮站 1950～1979 年的观测资料重新推算，并命名为“1985 年国家高程基准”(水准原点高程为 72.260m)。国家水准原点设于青岛市观象山附近，是我国高程测量的依据，它的高程值(72.260m)以“1985 年国家高程基准”所确定的平均海水面为零点测算而得。在使用旧的高程测量成果时，应注意高程基准的统一与换算。

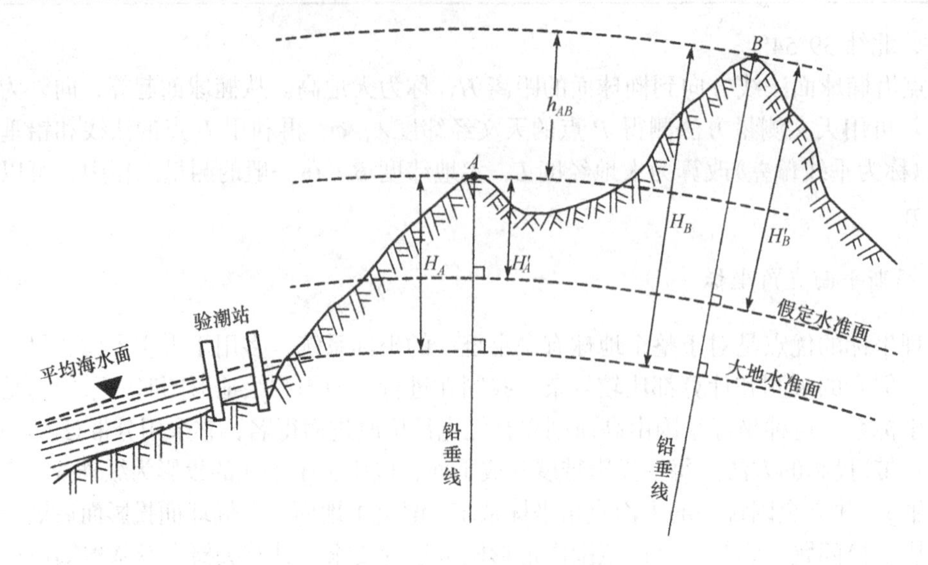

图 1-5 绝对高程和相对高程示意图

在局部地区，如果引测绝对高程存在困难，或为了施工的方便，也可以假定一个水准面作为高程起算面，地面点沿铅垂线方向至任意假定的水准面的距离称为该点的相对高程，也称假定高程。在图 1-5 中，地面点 A 和 B 的相对高程分别为 H'_A 和 H'_B。

地面上任意两点的高程(绝对高程或相对高程)之差称为高差。如图 1-5 中，A、B 两点的高差为

$$h_{AB} = H_B - H_A = H'_B - H'_A \tag{1-1}$$

式中，当 $H_B(H'_B) > H_A(H'_A)$ 时，h_{AB} 为正；当 $H_B(H'_B) < H_A(H'_A)$ 时，h_{AB} 为负。

5. 空间直角坐标

如图 1-6 所示，以椭球中心 O 为原点，起始子午面与赤道面的交线为 X 轴，赤道面上与 X 轴正交的方向为 Y 轴，椭球体的旋转轴为 Z 轴，构成右手规则直角坐标系 $O\text{-}XYZ$。在该坐标系中，P 点的点位用 OP 在这三个坐标轴上的投影 x，y，z 表示。

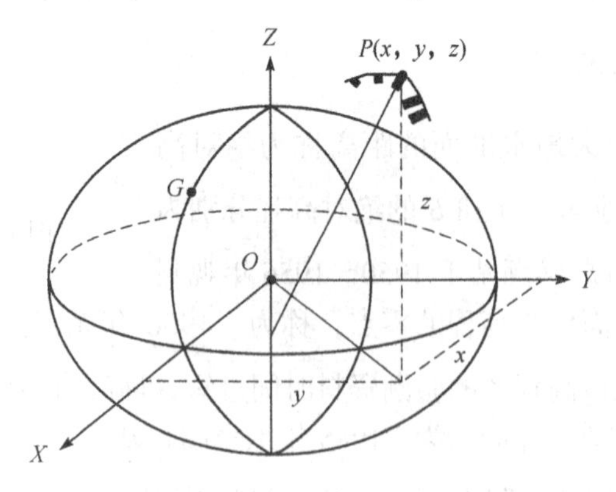

图 1-6 空间直角坐标系示意图

三、确定地面点相互位置的几何要素与测量的基本工作

如图 1-7 所示，高低不一的地面点，是沿铅垂线方向投影到水平面上，而后缩绘到图纸上

的。因此，研究地面点位置的相互关系，可分别研究点与点之间平面位置的相互关系和高程位置的相互关系。设 A、B、C 为地面上的三点(图 1-7)，投影到水平面 P 上的位置分别为 a、b、c。如果 A、B 点的位置已知，要确定 C 点的位置，除 A 点到 C 点投影到水平面上的水平距离 d_{ac} 必须知道外，还要知道 AC 方向与 AB 方向的夹角($\angle bac$，常称为水平角，一般用 β 表示)。由 d_{ac} 和 β 两个几何元素即可确定 C 点的平面位置，可用几何水准测量方法求得 C 点相对于 A 点的高差，然后根据 A 点高程计算出 C 点高程，则 C 点相对于投影面 P 的空间位置(高程)即可确定。

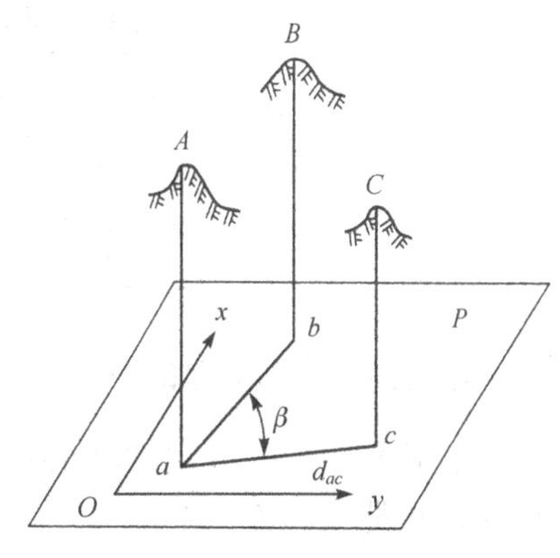

图 1-7　地面点的相对位置

由此可知，水平距离、水平角及高程是确定地面点相对位置的三个基本几何要素。所以，距离测量、角度测量和高程测量是测量的三项基本工作。

第四节　水准面曲率对水平距离和高差的影响

在实际测量工作中，当测区面积不大时，往往用水平面来代替水准面，使计算和绘图工作大为简化。现讨论地球曲率对水平距离和高差的影响。

一、水准面曲率对水平距离的影响

在图 1-8 中，设地面点 A 点为测区中心点，B 为测区内任一点，两点沿铅垂线投影到水准面上的点分别为 a 和 b，弧长为 D，所对应的圆心角为 θ(以弧度为单位)。另自 a 点作水准面的切平面，B 点在切平面上的投影为 b'，设 ab' 长度为 t。若将切于 a 点的水平面代替水准面，则在距离上将产生误差 ΔD：

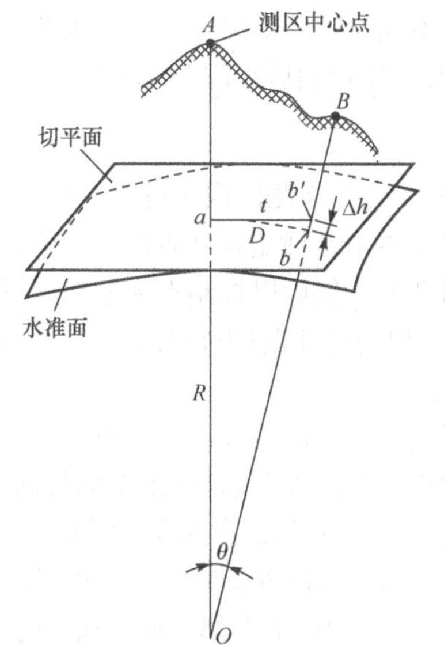

图 1-8　曲率对水平距离和高差的影响

$$\Delta D = ab' - \widehat{ab} = t - D = R(\tan\theta - \theta) \qquad (1\text{-}2)$$

式中，R 为地球平均半径。

将 $\tan\theta = \theta + \frac{1}{3}\theta^3 + \cdots$ 代入式(1-2)，得

$$\Delta D = \frac{D^3}{3R^2}$$

即

$$\frac{\Delta D}{D} = \frac{D^2}{3R^2} \qquad (1\text{-}3)$$

取 R=6371km，ΔD 的值见表 1-1。由该表可知，当 D=10km 时，$\Delta D/D$=1/121 万，小于目前高精度的距离测量误差；即使在 D=20km 时，$\Delta D/D$=1/30 万。从表 1-1 的数值分析，若在半径为 20km 的范围内进行测图时将水准面当作水平面(沿圆弧丈量的距离当作水平距离)，其距离误差可忽略不计。

表 1-1 水准面曲率对水平距离和高差的影响数值表

D/km	0.1	0.2	0.5	1.0	3.0	5.0	10.0	20.0	30.0
ΔD/cm				0.001	0.022	0.103	0.821	6.57	22.2
$\Delta D/D$					1/1363 万	1/485 万	1/121 万	1/30 万	1/13 万
Δh/cm	0.08	0.31	1.96	7.85	70.63	196.2	784.8		

二、水准面曲率对高差的影响

由图 1-8 可知，a、b 两点在同一水准面上，高程相等，若以水平面代替水准面，则 b 到 b' 点的高差误差为Δh。

$$(R+\Delta h)^2=R^2+t^2$$

则

$$\Delta h=t^2/(2R+\Delta h) \tag{1-4}$$

D 与 t 相差很小，故可用 D 代替 t，同时略去分母中的Δh，则式(1-4)可写为

$$\Delta h=\frac{D^2}{2R} \tag{1-5}$$

从表 1-1 中可以看出，水准面曲率对高差的影响是很大的，距离为 200m 时就有约 3mm 的高程误差，对高程的影响比较大，这在一般工程中是不允许的。因此，在高程测量中，即使距离很短也应考虑到由水平面代替水准面所引起的地球曲率影响。

第五节 测量工作的原则

进行测量工作时，无论是测绘地形图或施工放样，要在某一点上测绘该地区所有的地物和地貌或测设建筑物的全部细部是不可能的。如图 1-9(a)所示，在 A 点只能测绘附近的房屋、道路等的平面位置和高程，山的另一面或较远的地物就观测不到。因此，测量工作必须按照一定的原则进行：在布局上“由整体到局部”；在工作步骤上“先控制后碎部”，即先进行控制测量，然后进行碎部测量；在精度上“由高级到低级”。

控制测量包括平面控制测量和高程控制测量，如图 1-9 所示，先在测区内布设 A、B、C、D、E、F 等控制点连成控制网(图中为闭合多边形)，用较精密的方法测定这些点的平面位置和高程，以控制整个测区，并按一定比例尺将它们缩绘到图纸上。然后以控制点为依据进行碎部测量，即在各控制点上测量附近地物(房屋、道路等)及地貌的特征点(山脊线、山谷线及坡度变化点等)，对照实地情况，按一定符号，描绘成地形图。

对于建筑物的测设(放样)，也必须遵循“由整体到局部”、“先控制后碎部”的原则。首先，在施工地区布设施工控制网，控制整个建筑物的施工放样。然后利用设计图纸上的数据，计算出建筑物(如图 1-9 中虚线所示的 P、Q、R)的轮廓点(或细部点)到控制点的水平距离、水平角及高差(即放样数据)。最后，到实地将建筑物的轮廓点和细部点的位置标定出，据此施工。

从上述分析可以看出，由于控制点的位置比较正确，由它测量的碎部点都是彼此独立的，即使有差错，也只对局部有些影响(可以在现场经过校核发现并改正)，不会影响全局，因此，遵循上述基本原则可以减少测量误差的传递和积累，同时，由于建立了统一的控制网，可以分区平行作业，加快测量工作的进展速度。

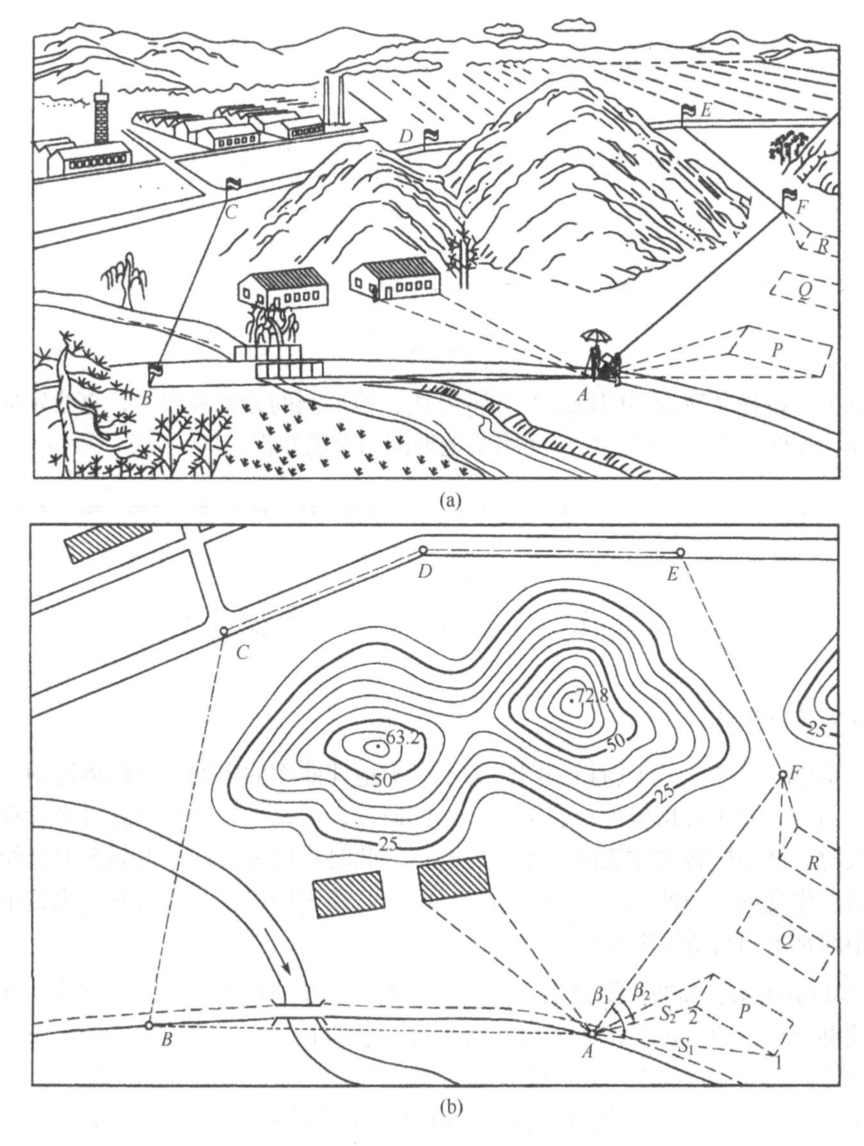

图 1-9　测图程序及测量工作原则示意图

思考题

1. 测绘学的研究对象是什么？它的主要任务是什么？
2. 测量工作在工程建设和管理工作中起什么作用？
3. 测定和测设有什么区别？
4. 水准面有何特性？大地水准面是如何定义的？
5. 测量工作的基准线是什么？测量工作的基准面是什么？
6. 如何表示地面点的位置？我国目前采用的是什么“大地坐标系和高程系”？
7. 何谓绝对高程和相对高程？
8. 用水平面代替水准面，地球曲率对水平距离和高程有何影响？
9. 测量工作有哪些基本工作？
10. 测量工作应遵循什么原则？为什么要遵循这些原则？

第二章　地形图的基本知识

本 章 要 点

本章主要讲述高斯投影的概念和分带方法，地形图的分幅和编号，直线定向和方位角的推算，平面直角坐标正、反算问题及地形图的有关知识。

第一节　高斯投影的基本概念

一、高斯投影及其特性

在第一章中，已讲述过小面积测图时可不考虑地球曲率的影响，直接将地面点沿铅垂线投影到水平面上，并用直角坐标系表示投影点的位置，可以不进行复杂的投影计算。但当测区范围较大时，就不能将地球表面当作平面看待，此时将地球椭球面上的图形展绘到平面上来，必然会产生变形，为使其变形小于测量误差，必须采用适当的方法来解决这个问题，在测量工作中通常采用高斯投影方法。

如图 2-1(a)所示，高斯投影设想用一个平面卷成一个空心椭圆柱，将其横套在地球椭球体外面，使椭圆柱的中心轴线位于赤道面内并且通过球心，使地球椭球上某投影范围内的中央子午线(经线)与椭圆柱面相切，且椭球面上的图形投影到椭圆柱面上后保持角度不变(这种投影称等角投影，也称为正形投影)。将某区域全部投影到椭圆柱面上以后，再将椭圆柱沿着

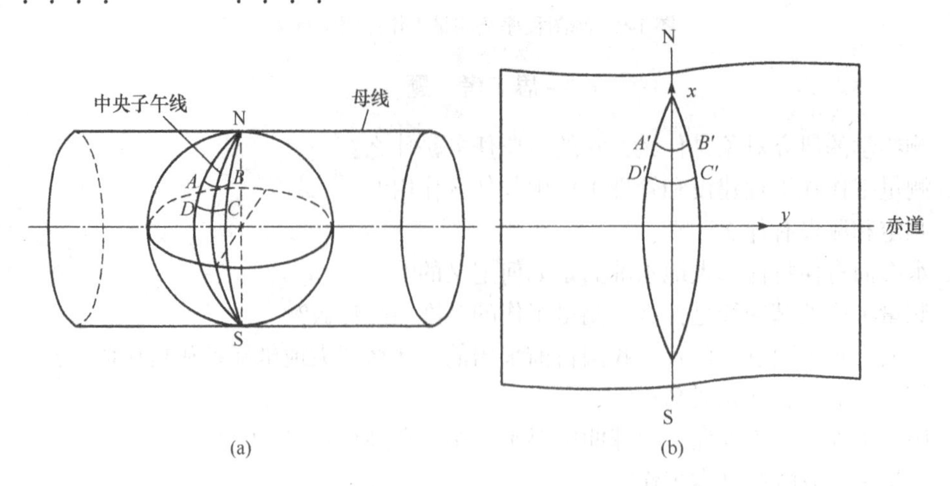

图 2-1　高斯投影示意图

通过南北极的母线切开并展成平面，便得到某投影区域在平面上的投影(图 2-1(b))。综上所述，高斯投影是横轴椭圆柱正形投影，并具有如下特性。

(1)经投影后，中央子午线为一直线，且长度不变，其他经线为凹向中央子午线的曲线，且离中央子午线越远，长度变形越大。

(2)经投影后，赤道为一直线，但长度改变，其他纬线为凸向赤道的曲线。

(3)中央子午线与赤道经投影后仍保持正交。

二、高斯投影的分带方法

1. 6°投影带

高斯投影的方法是将地球划分成若干带，然后将每带投影到平面上。如图 2-2(a)所示，6°投影带是从首子午线(通过英国格林尼治天文台的子午线)起，每隔经差 6°划分为一带(称为 6°带)，自西向东将整个地球划分成经差相等的 60 个带。带号从首子午线起自西向东偏，用阿拉伯数字 1，2，3，…，60 表示(图 2-2(b))。位于各带中央的子午线称为该带的中央子午线。我国领土跨越 11 个 6°投影带，即第 13～23 带。第一个 6°带的中央子午线经度为 3°，任何一带的中央子午线经度 L_0 可按式(2-1)计算：

$$L_0=6N-3 \tag{2-1}$$

式中，N 为 6°带的带号。

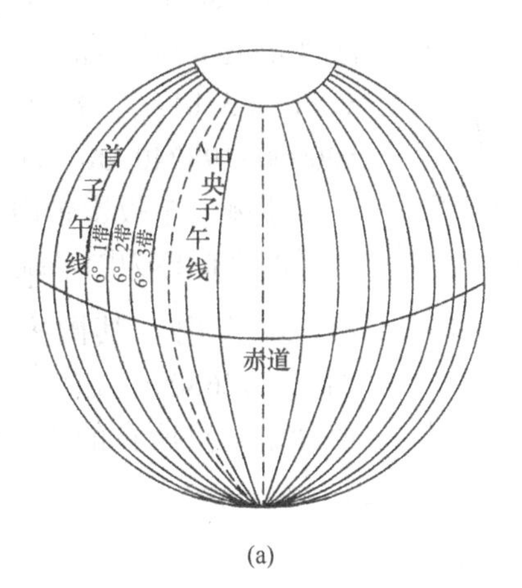

(a)

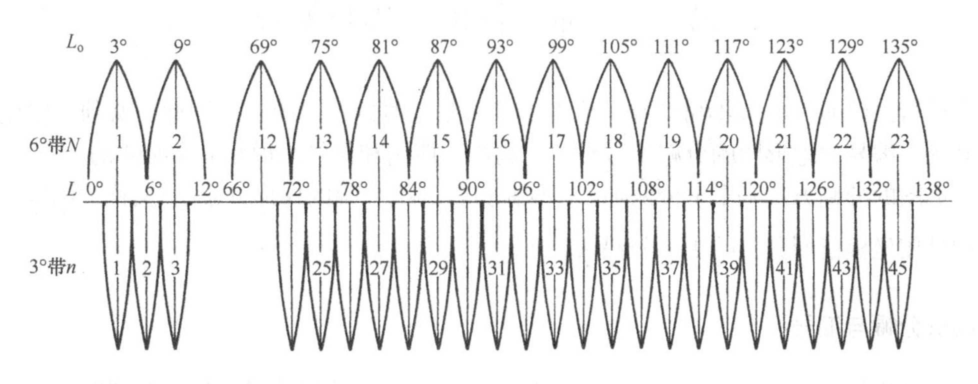

(b)

图 2-2　高斯投影分带示意图

2. 3°投影带

由高斯投影特性可知，离中央子午线近的部分变形小，离中央子午线越远变形越大，其两侧对称。当测绘大比例尺地形图时，6°投影带就不能满足要求，需采用 3°分带投影法。它从东经 1°30′ 起，每隔经差 3°划分一带，称为 3°投影带。自西向东共分为 120 个带(图 2-2(b))，我国领土跨越 22 个 3°投影带，即第 24～45 带。各带中央子午线经度 L_0 可按式(2-2)计算：

$$L_0=3n \tag{2-2}$$

式中，n 为 3°带的带号。

三、高斯平面直角坐标系的建立与国家统一坐标

由高斯投影特性可知，中央子午线的投影为一条直线，以此直线作为纵轴，即 x 轴；赤道的投影是一条与中央子午线相垂直的直线，将它作为横轴，即 y 轴；两直线的交点作为原点，x 轴向北为正，y 轴向东为正，组成高斯平面直角坐标系统(图 2-3(a))。由此而确定的点位坐标为自然坐标。

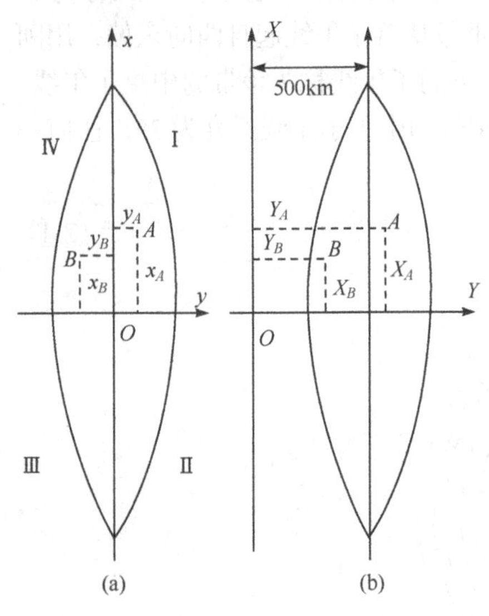

图 2-3　高斯平面直角坐标系

由于我国位于北半球，x 的自然坐标均为正值，而 y 的自然坐标值则有正有负。如图 2-3(a)所示，y_A=+112680m，y_B=−198240m。为避免横坐标出现负值，故规定把坐标纵轴向西平移 500km。坐标纵轴西移后(图 2-3(b))，Y_A=500000+112680=612680m，Y_B=500000−198240=301760m。为了根据横坐标能确定该点位于哪一个投影带内，故在横坐标值前冠以带号，这样的坐标称为国家统一坐标。例如，A 点位于 6°带第 20 带内，其国家统一坐标为：X_A=232519m，Y_A=20612680m。这样，就可以根据 Y 的国家统一坐标值确定某点所在的投影带，并可依式(2-1)和式(2-2)推算该点所在投影带的中央子午线经度。

第二节　地形图的分幅与编号

在进行测绘时，一般不可能在一张图纸上将整个测区描绘出来。因此，必须分幅施测，并将其统一编号。地形图的分幅编号对图的测绘、使用和保管来说是非常必要的。

地形图的分幅方法基本上分两种：一种是按经纬线分幅的梯形分幅法(又称为国际分幅)，另一种是按坐标格网分幅的矩形分幅法。

一、梯形分幅与编号

我国基本比例尺地形图(1∶100 万～1∶5000)采用经纬线分幅，地形图图廓由经纬线构成。它们均以 1∶100 万地形图为基础，按规定的经差和纬差划分图幅，行列数和图幅数成简

单的倍数关系。

(一)20 世纪 70～80 年代我国基本比例尺地形图的分幅与编号

20 世纪 70 年代以前，我国基本比例尺地形图分幅与编号以 1∶100 万地形图为基础，延伸出 1∶50 万、1∶20 万、1∶10 万三个系列。70～80 年代 1∶25 万取代了 1∶20 万，则延伸出 1∶50 万、1∶25 万、1∶10 万三个系列，在 1∶10 万后又分为 1∶5 万、1∶2.5 万一支及 1∶1 万、1∶5000 一支。

1. 1∶100 万比例尺地形图的分幅与编号

国际(1913 年巴黎国际地图会议)统一规定 1∶100 万地形图的分幅按纬差 4°和经差 6°划分。自赤道向北或向南分别按纬差 4°分成“横列”，各列依次用 *A*，*B*，…，V 来表示。由经度 180°开始起算，自西向东按经差 6°分成“纵行”，各行依次用 1，2，…，60 来表示。其编号方法是用“横列-纵行”的代号组成，例如，北京某地的经度为东经 116°22′53″，纬度为北纬 39°56′23″，其所在 1∶100 万地形图的编号为 J-50(图 2-4)。

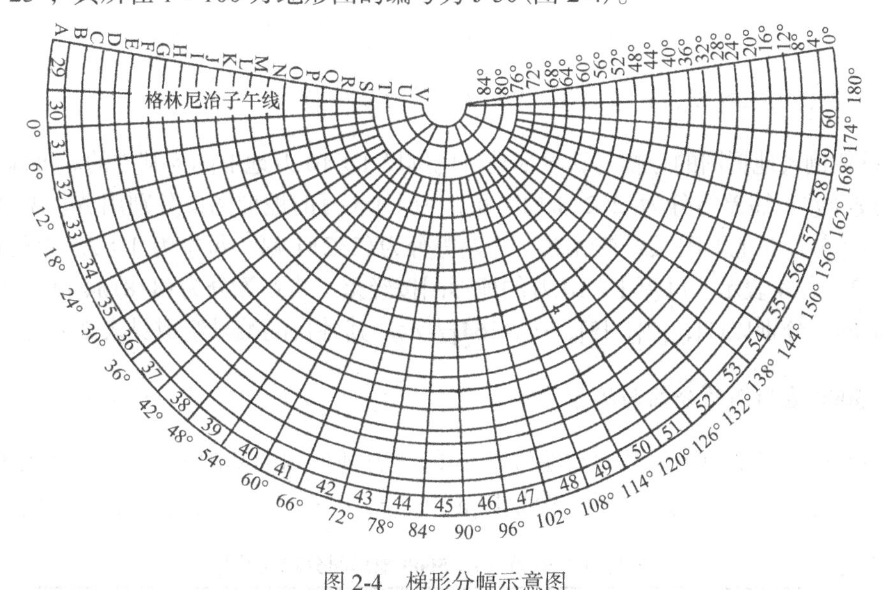

图 2-4　梯形分幅示意图

由于 6°带的带号是从零子午线起由西向东分带，而 1∶100 万地形图的分幅“纵行”是从 180°子午线由西向东分行，对于我国而言，它们的关系为

$$带号=纵行号-30$$

2. 1∶50 万、1∶25 万、1∶10 万比例尺地形图的分幅与编号

这三种比例尺地形图的分幅与编号都是在 1∶100 万地形图的基础上划分的。

每一幅 1∶100 万地形图按经差、纬差等分为 4 幅，每幅为 1∶50 万地形图，从左向右、从上向下分别以 A、B、C、D 表示。如图 2-5(a)所示，北京某地所在 1∶50 万地形图的编号为 J-50-A。

每一幅 1∶100 万地形图按经差、纬差等分为 16 幅，每幅为 1∶25 万地形图，从左向右、从上向下分别以[1]，[2]，…，[16]表示。如图 2-5(a)阴影部分所示，北京某地所在 1∶25 万图幅的编号为 J-50-[2]。

每一幅 1∶100 万地形图按经差、纬差等分为(12×12)144 幅，每幅为 1∶10 万地形图，从左向右、从上向下分别以 1，2，3，…，144 表示。如图 2-5(b)所示，北京某地所在 1∶10 万图幅的编号为 J-50-5。

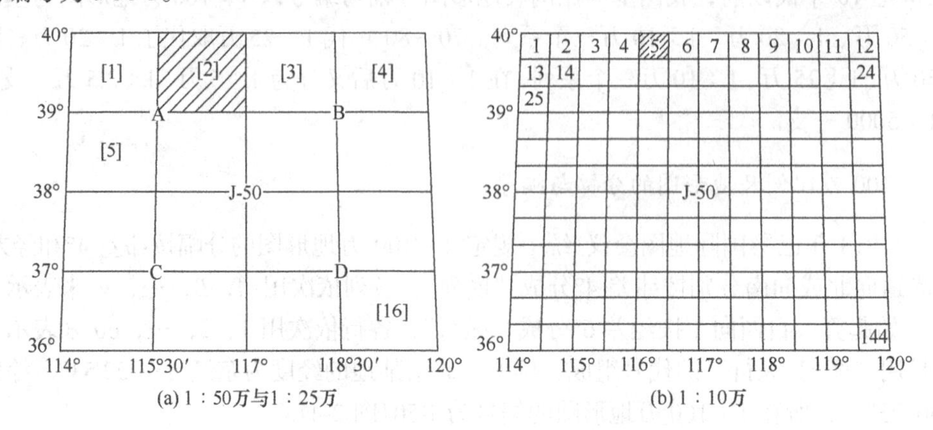

图 2-5 1：50 万、1：25 万、1：10 万地形图的分幅与编号

3. 1∶5 万、1∶2.5 万、1∶1 万比例尺地形图的分幅与编号

这三种比例尺地形图的分幅与编号都是以比例尺 1∶10 万地形图为基础的。每幅 1∶10 万的地形图按经差、纬差等分为(2×2)4 幅，每幅为 1∶5 万的地形图，分别用 A、B、C、D 表示。每幅 1∶5 万的地形图又可按经差、纬差等分为(2×2)4 幅。每幅为 1∶2.5 万的地形图，分别以 1、2、3、4 表示。每幅 1∶10 万的地形图按经差、纬差等分为(8×8)64 幅，每幅为 1∶1 万的地形图，分别以[1]，[2]，[3]，…，[64]表示。其各自的编号组成见表 2-1。

4. 1∶5000 地形图的分幅与编号

1∶5000 比例尺地形图的分幅与编号是在 1∶1 万地形图的基础上进行的。每幅 1∶1 万的地形图分为 4 幅 1∶5000 的地形图，分别以 a、b、c、d 表示。图幅大小与编号见表 2-1。

表 2-1 1∶50 万～1∶5000 地形图分幅与编号

比例尺	图幅的大小		在前一种比例尺中所包含的图幅数	某地的图幅编号
	纬度差	经度差		
1∶50 万	2°	3°	在 1∶100 万图幅中有 4 幅	J-50-A
1∶25 万	1°	1°30′	在 1∶100 万图幅中有 16 幅	J-50-[2]
1∶10 万	20′	30′	在 1∶100 万图幅中有 144 幅	J-50-5
1∶5 万	10′	15′	在 1∶10 万图幅中有 4 幅	J-50-5-B
1∶2.5 万	5′	7′30″	在 1∶5 万图幅中有 4 幅	J-50-5-B-2
1∶1 万	2′30″	3′45″	在 1∶10 万图幅中有 64 幅	J-50-5-(15)
1∶5000	1′15″	1′52.5″	在 1∶1 万图幅中有 4 幅	J-50-5-(15)-a

(二)国家基本比例尺地形图新的分幅与编号

为便于计算机管理和检索，我国于 1992 年 12 月发布了《国家基本比例尺地形图分幅和编号》(GB／T 13989—1992)的国家标准，2012 年 6 月又发布了最新标准《国家基本比例尺地形图分幅和编号》(GB／T 13989—2012)，自 2012 年 10 月 1 日起实施。

1. 1：100 万比例尺地形图的分幅与编号

新标准仍以 1：100 万地形图为基础，我国范围内 1：100 万地形图的分幅经纬差不变，但由过去的横列、纵行改称为横行、纵列。它们的编号由其所在的行号(字符码)与列号(数字码)组合而成，如北京所在的 1：100 万地形图的图号为 J50。

2. 1：50 万～5000 比例尺地形图的分幅与编号

1：50 万～1：5000 地形图的分幅全部由 1：100 万地形图逐次加密划分而成，编号均以 1：100 万地形图为基础，采用行、列编号方法。由其所在 1：100 万地形图的图号、比例尺代码和图幅的行列号共 10 位代码组成，代码长度相同，代码系列统一为一个根部，计算机处理和识别时十分方便，如图 2-6 所示。

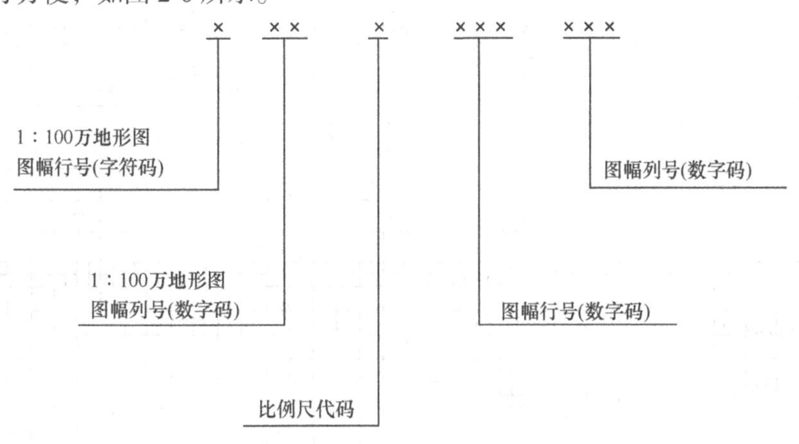

图 2-6　1：50 万～1：5000 地形图图号的构成

不同比例尺的代码，见表 2-2。

表 2-2　国家基本地形图比例尺代码

比例尺	1：50 万	1：25 万	1：10 万	1：5 万	1：2.5 万	1：1 万	1：5000	1：2000	1：1000	1：500
代码	B	C	D	E	F	G	H	I	J	K

1)分幅

每幅 1：100 万地形图划分为 2 行 2 列，共 4 幅 1：50 万地形图；每幅 1：50 万地形图的经差为 3°，纬差为 2°。

每幅 1：100 万地形图划分为 4 行 4 列，共 16 幅 1：25 万地形图，每幅 1：25 万地形图的经差为 l°30′、纬差为 1°。

每幅 1：100 万地形图划分为 12 行 12 列，共 144 幅 1：10 万地形图，每幅 1：10 万地形图的经差为 30′，纬差为 20′。

每幅 1∶100 万地形图划分为 24 行 24 列，共 576 幅 1∶5 万地形图，每幅 1∶5 万地形图的经差为 15′，纬差为 10′。

每幅 1∶100 万地形图划分为 48 行 48 列，共 2304 幅 1∶2.5 万地形图，每幅 1∶2.5 万地形图的经差为 7′30″，纬差 5′。

每幅 1∶100 万地形图划分为 96 行 96 列，共 9216 幅 1∶1 万地形图，每幅 1∶1 万地形图的经差为 3′45″ ，纬差 2′30″。

每幅 1∶100 万地形图划分为 192 行 192 列，共 36864 幅 1∶5000 地形图，每幅 1∶5000 地形图的经差为 1′52.5″，纬差 1′15″。

2）编号

1∶50 万～1∶5000 比例尺地形图的编号均由 5 个元素 10 位代码构成，即 1∶100 万图的行号（字符码）1 位，列号（数字码）2 位，比例尺代码（字符）1 位，该图幅的行号（数字码）3 位，列号（数字码）3 位。1∶50 万～1∶500 比例尺地形图的行、列数编号如图 2-7 所示。如前述北京地区某地（图中标注为 A 的灰色方框）所在 1∶10 万地形图的新编号为：J50D009010。

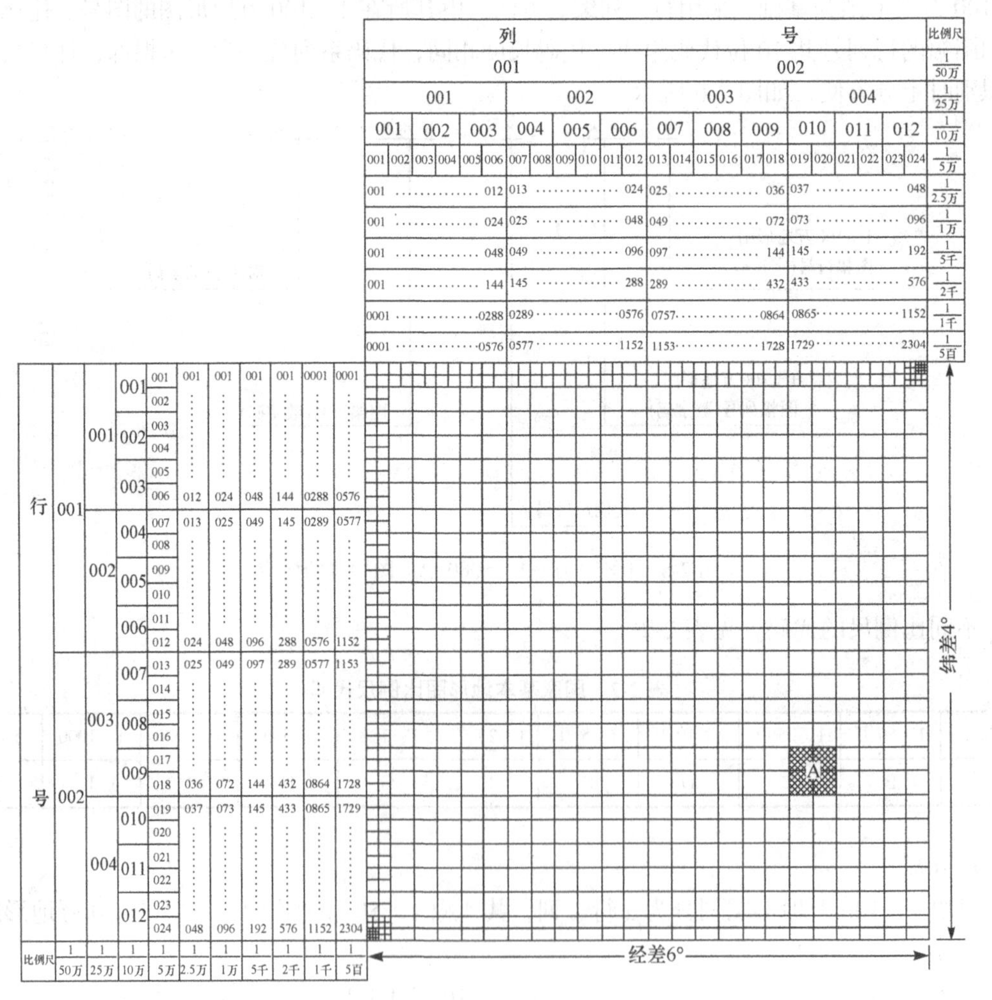

图 2-7　1∶50 万～1∶500 地形图行、列编号示意图

3. 1：2000、1：1000、1：500 比例尺地形图的分幅与编号

1) 分幅

新规范规定对于 1：2000、1：1000、1：500 比例尺地形图宜以 1：100 万地形图为基础，按规定的经差和纬差划分图幅。

每幅 1：100 万地形图划分为 576 行 576 列，共 331776 幅 1：2000 地形图，每幅 1：2000 地形图的范围是经差 37.5″、纬差 25″，即每幅 1：5000 地形图划分为 3 行 3 列，共 9 幅 1：2000 地形图。

每幅 1：100 万地形图划分为 1152 行 1152 列，共 1327104 幅 1：1000 地形图，每幅 1：1000 地形图的范围是经差 18.75″、纬差 12.5″，即每幅 1：2000 地形图划分为 2 行 2 列，共 4 幅 1：1000 地形图。

每幅 1：100 万地形图划分为 2304 行 2304 列，共 5308416 幅 1：500 地形图，每幅 1：500 地形图的范围是经差 9.375″、纬差 6.25″，即每幅 1：1000 地形图划分为 2 行 2 列，共 4 幅 1：500 地形图。

2) 编号

1：2000 地形图梯形分幅的图幅有两种编号方法，一种是与 1：500000～1：5000 地形图按经、纬度分幅的地形图编号方法相同，由 10 位码组成。另一种是可根据需要以 1：5000 地形图编号分别加短线，再加 1、2、3、4、5、6、7、8、9 表示，其编号示例见图 2-8。图 2-8 中灰色区域所示图幅编号为 H49H192097-5。

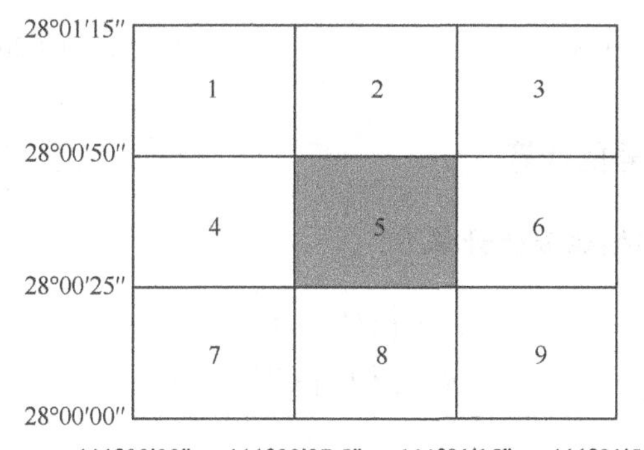

图 2-8　1：2000 地形图经、纬度分幅顺序编号

对于 1：1000、1：500 地形图按梯形分幅的图幅编号均以 1：100 万地形图编号为基础，采用行列编号方法，与 1：50 万～1：5000 地形图编号不同之处是，经、纬度分幅的图号由其所在 1：100 万地形图的图号、比例尺代码和各图幅的行列号共 12 位码组成，其中图幅行号和列号皆由 3 位码变为 4 位码组成。1：2000、1：1000、1：500 比例尺地形图梯形分幅的行列编号见图 2-7。

二、矩形分幅与编号

为了工程使用方便，土建工程所用的大比例尺地形图常采用矩形分幅法，图廓线就是纵、横坐标线。使用 1：2000、1：1000、1：500 比例尺测图时，除按梯形分幅与编号方法之外，也可根据需要采用纵、横各 50cm 图廓的正方形分幅，每幅图包括 25 个小方格，每小方格为

10cm×10cm，也可采用 40cm×50cm 矩形图幅。

如果测区范围较大，整个测区包含多幅图，这时为了保管和使用方便起见，应该绘制一张分幅总图。图 2-9 所示为采用比例尺 1：1000 测图时某测区的分幅图，其中有整幅图 9 幅及不满一幅的破幅图 16 幅，共计 25 幅。

采用矩形分幅的 1：2000、1：1000、1：500 比例尺地形图的图号，一般用该图图廓西南角的坐标以公里为单位表示，X 坐标公里数在前，Y 坐标公里数在后。1：2000 和 1：1000 地形图取至 0.1km，1：500 地形图取至 0.01km。现举例说明，图 2-10(a)为某 1：2000 比例尺图的图幅，其西南角坐标 X=83000m，Y=15000m，故其图幅编号为 83.0-15.0。图 2-10(b)为某 1：500 比例尺图的图幅，其西南角坐标 X=83500m，Y=15500m，故该图幅编号为 83.50-15.50。但也有用工程代号与数字相结合的方法进行编号，因为大比例尺地形图有许多是小面积地区的工程设计、施工用图，在分幅编号方面，根据用图单位的意见和要求，结合作业的方便灵活处理，以达到测图、用图、管图方便为目的。

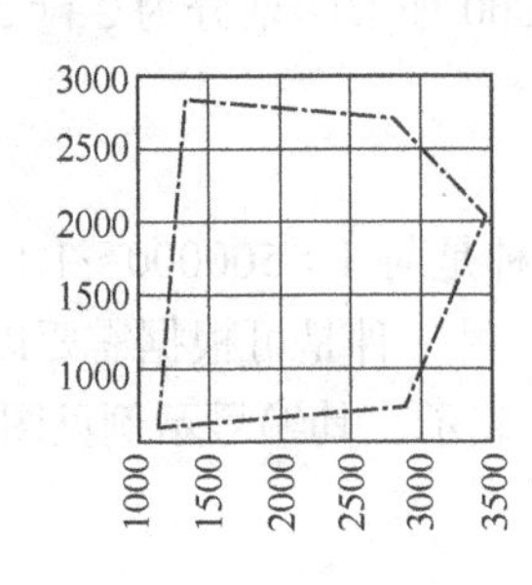

图 2-9　分幅总图

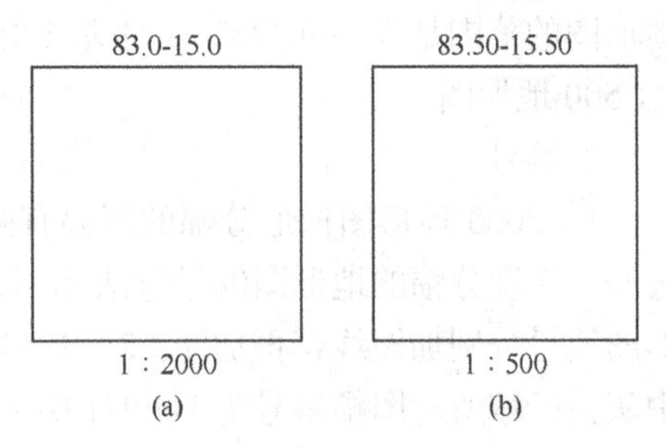

图 2-10　1：2000、1：500 图幅编号

三、地形图梯形分幅图幅编号的计算

(一)1：100 万地形图图幅编号的计算

$$\begin{cases} a=[\phi/4°]+1 \\ b=[\lambda/6°]+31 \end{cases} \tag{2-3}$$

(二)1：50 万～1：500 地形图图幅编号的计算

按下式计算 1：50 万～1：500 地形图在 1：100 万地形图后的行、列序号：

$$\begin{cases} c=4°/\Delta\phi-[(\phi/4°)/\Delta\phi] \\ d=[(\lambda/6°)/\Delta\lambda]+1 \end{cases} \tag{2-4}$$

式(2-3)、式(2-4)中，(　　)表示商取余；[　　]表示商取整；a 表示 1：100 万地形图图幅所在纬度带字符码所对应的数字码；b 表示 1：100 万地形图图幅所在经度带的数字码；c 表示所求比例尺地形图在 1：100 万地形图图号后的行号；d 表示所求比例尺地形图在 1：100 万地形图图号后的列号；λ 表示图幅内某点的经度或图幅西南图廓点的经度；ϕ 表示图幅内某点的纬度或图幅西南图廓点的纬度；$\Delta\lambda$表示所求比例尺地形图分幅的经差；$\Delta\phi$表示所求比例尺地形图分幅的纬差。

第三节　直线定向及方位角测定

直线定向就是确定某一直线相对于起始方向的位置。起始方向有真子午线方向、磁子午线方向和纵坐标轴方向。

一、起始方向与方位角

1. 真子午线方向与真方位角

通过地面上一点 O 指向地球椭球南北极的方向线，称为该点的真子午线方向。自真子午线北端顺时针量至 OB 直线方向的水平角称为 OB 的真方位角 A_{OB}，如图 2-11 所示。真方位角用天文观测方法或用陀螺经纬仪测定。

2. 磁子午线方向与磁方位角

在地面上一点 O，当磁针静止时所指的方向线，称为该点的磁子午线方向。自磁子午线北端顺时针量至 OB 直线的水平角称为 OB 方向的磁方位角 M_{OB}，如图 2-12 所示。磁方位角是用罗盘仪测定的。

3. 纵坐标轴方向与坐标方位角

由本章第一节可知，当测区范围较大时，用高斯投影带的中央子午线作为纵坐标轴 X；当测区为小范围时，将球面视为平面，组成平面直角坐标系，取南北方向线为纵坐标轴 X，自纵坐标轴北端顺时针量至直线 OB 方向的水平角称为 OB 方向的坐标方位角 α_{OB}，如图 2-13 所示。

三种方位角的取值范围都为 0°～360°。由于坐标纵轴彼此平行，在测量计算中用的最普遍的是坐标方位角，真方位角和磁方位角常用于测区的起算方位角。

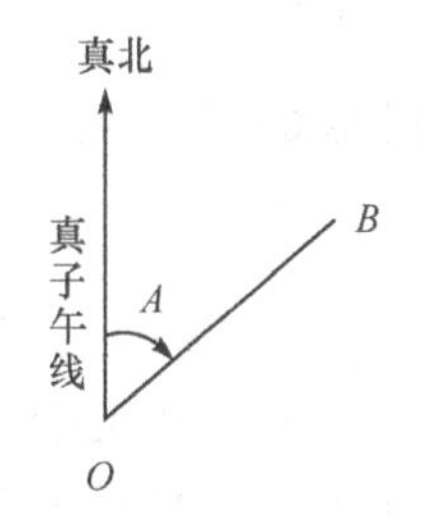

图 2-11　真方位角示意图

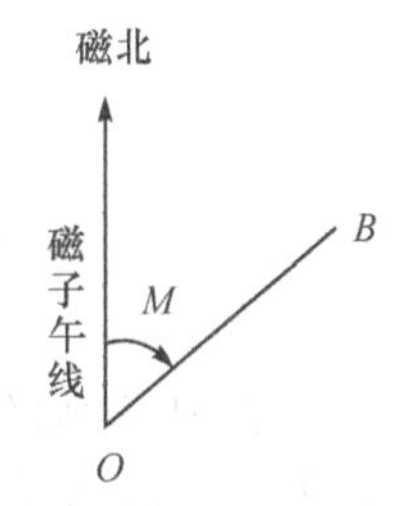

图 2-12　磁方位角示意图

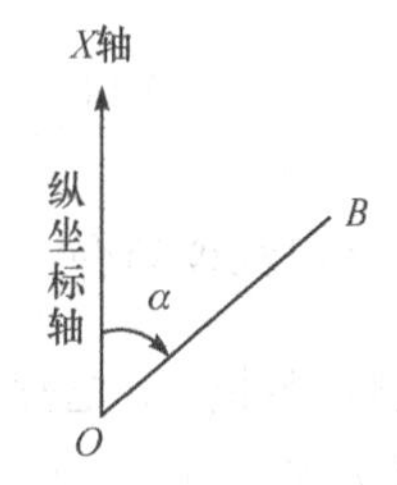

图 2-13　坐标方位角示意图

4. 起始方向(三北方向)之间的关系

因地球磁场的南北极与地球自转轴的南北极不一致，故任一点的磁北方向与真北方向不重合。过某点的真子午线与磁子午线方向间的夹角称为磁偏角，用 δ 表示(图 2-14)。磁子午线在真子午线以东称为东偏，δ 取正号；磁子午线在真子午线以西称为西偏，δ 取负号。

在高斯投影中，中央子午线投影后为一直线，其他均为曲线。除赤道外，地球上各点的真子午线方向互不平行。过某点的坐标纵线(即中央子午线方向)与该点真子午线方向的夹角称为子午线收敛角，用γ表示(图 2-14)。当坐标纵线偏于真子午线方向以东称东偏，则γ取正号，西偏取负号。

在图 2-14 中，设直线 OB 的真方位角为 A，磁方位角为 M，坐标方位角为 α，则有如下关系：

$$\begin{cases} A = M + \delta \\ A = \alpha + \gamma \\ \alpha = M + \delta - \gamma \end{cases} \tag{2-5}$$

二、用罗盘仪测定磁方位角

罗盘仪可用来测定直线的磁方位角，它主要由磁针、刻度盘和瞄准设备等组成。磁针支在刻度盘中心的顶针上，可自由转动，当静止时，指出磁北方向。刻度盘目前多采用方位式，如图 2-15 所示，一般最小刻划值为 1°或 30′。由于施测时刻度盘随照准设备转动，而磁针是静止不动的，所以方位式度盘从 0°～360°按逆时针方向注记。

测量磁方位角时，将罗盘仪安置在直线的一个端点上，对中、整平后，放松磁针，用望远镜照准直线另一端点的标志，待磁针静止后所指的方向即为磁子午线方向，磁针指北一端在刻度盘上的读数即为该直线的磁方位角。罗盘仪测定方向的精度较差，一般为 1°。

使用罗盘仪前应先检查磁针的灵敏度，测量时要避开高压线及铁器，使用完后将磁针固定。

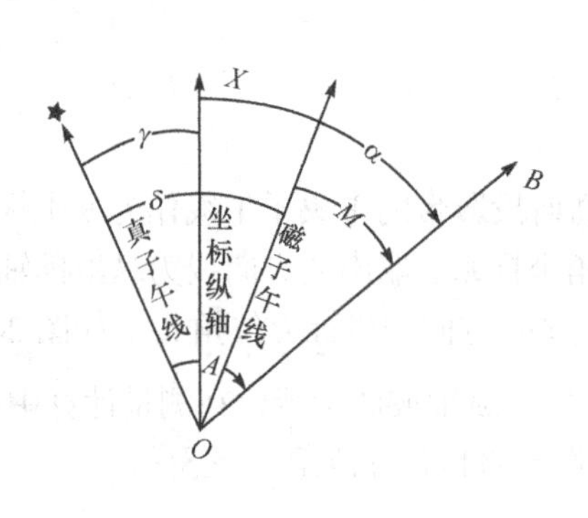

图 2-14　三北方向关系图

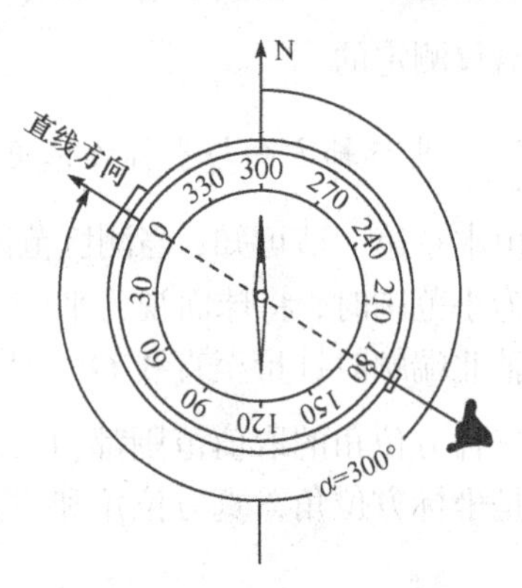

图 2-15　测定磁方位角示意图

三、陀螺经纬仪简介

陀螺经纬仪由陀螺仪、与其相连的供照准和读数的经纬仪、电源装置和三脚架所组成。在陀螺房内，有一个质量几乎全部集中在外缘的匀质转子，即图 2-16 中的 1，此转子在高速旋转时(转速在每分钟 2 万次以上)，它的旋转轴 2 力求在空间保持恒定的位置(定轴性)。如果转子轴保持水平位置，在地球自转的影响下，外力矩作用于此高速运转的转子，转子轴会产生一定规律的运动，称为陀螺仪的进动，于是，转子轴按真子午线方向做往复摆动，并逐渐固定下来，即轴的一端指向真北方向，利用这种原理制造了陀螺经纬仪(图 2-17)，用它可以在地面上直接测定真方位角，目前精密陀螺经纬仪的精度为几秒。

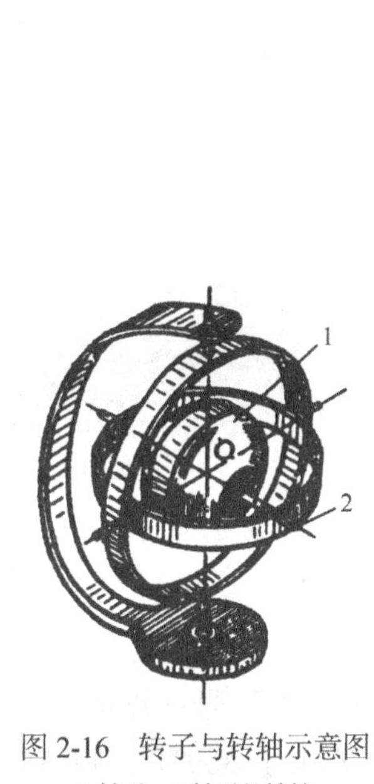

图 2-16　转子与转轴示意图

1-转子；2-转子的转轴

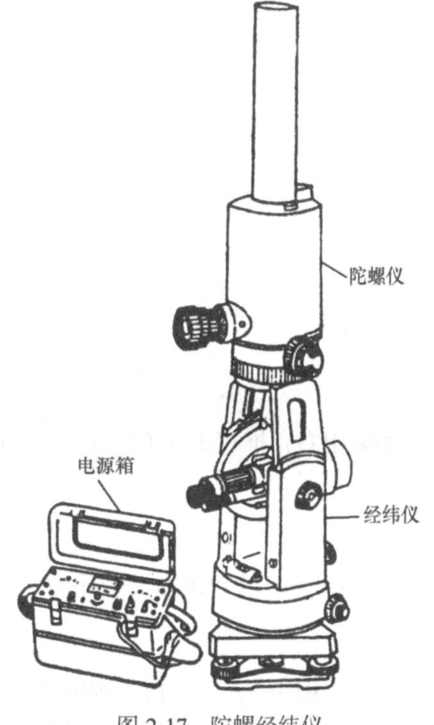

图 2-17　陀螺经纬仪

第四节　坐标方位角的传递

一、正、反坐标方位角

测量工作中的直线都是具有一定方向的。如图 2-18 所示，直线 1→2 的起点是 1，终点是 2；通过起点 1 的坐标纵轴方向与直线 1→2 所夹的坐标方位角 α_{12}，称为直线 1→2 的正坐标方位角。过终点 2 的坐标纵轴方向与直线 2→1 所夹的坐标方位角，称为直线 1→2 的反坐标方位角 α_{21}（直线 2→1 的正坐标方位角）。正、反坐标方位角相差 180°，$\alpha_{21}=\alpha_{12}+180°$或 $\alpha_{12}=\alpha_{21}-180°$，即

$$\alpha_{正}=\alpha_{反}\pm180° \tag{2-6}$$

地面各点的真（或磁）子午线收敛于两极，一般也互相不平行，致使直线的反真（或磁）方位角不与正真（或磁）方位角差 180°，给测量计算带来不便，这也是测量工作中一般用坐标方位角进行直线定向的原因。

二、坐标方位角的传递(推算)

为了整个测区坐标系统的统一，测量工作中并不直接测定每条边的方位，而是通过与已知点（其坐标为已知）的连测，来推算出各边的坐标方位角。如图 2-19 所示，A、B 为已知点，AB 边的坐标方位角 α_{AB} 为已知，测出了各点的左（或右）角 β_B 、β_1 等，现在要推算 B→1、1→2 等边的坐标方位角。所谓左（或右）角是指位于以编号顺序为前进方向的左（或右）边的角度，由图 2-19 可以看出：

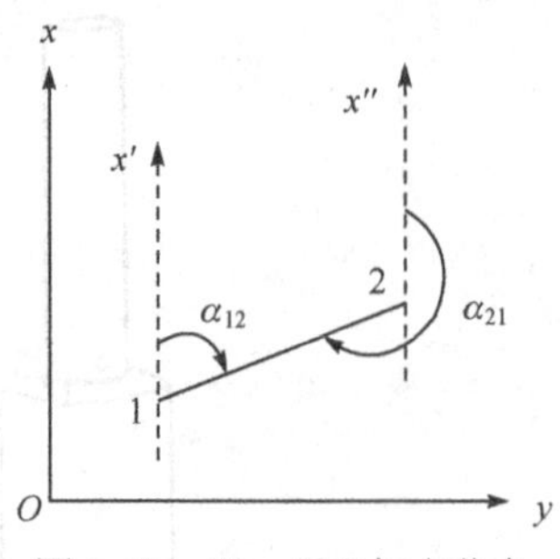

图 2-18　正、反坐标方位角

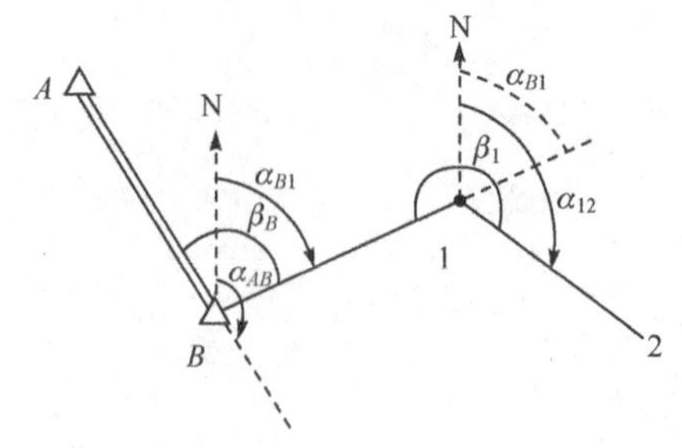

图 2-19　坐标方位角传递示意图

$$\begin{cases}\alpha_{B1}=\alpha_{AB}+\beta_B-180^\circ \\ \alpha_{12}=\alpha_{B1}+\beta_1-180^\circ\end{cases} \tag{2-7}$$

如果用右角推算坐标方位角，由图 2-19 可以看出：

$$\begin{cases}\alpha_{B1}=\alpha_{AB}-\beta_{B(右)}+180^\circ \\ \alpha_{12}=\alpha_{B1}-\beta_{1(右)}+180^\circ\end{cases} \tag{2-8}$$

从式(2-7)、式(2-8)可得出推算坐标方位角的一般公式为

$$\alpha_{前}=\alpha_{后}\pm\beta_{右}^{左}\pm180^\circ \tag{2-9}$$

实际应用中，β 为左角，则取“+”号，β 为右角，则取“−”号；若 $\alpha_{后}\pm\beta_{右}^{左}$ 小于 180°，则式(2-9)中末项取正号，反之取负号；若算出的方位角 $\alpha_{前}$ 大于 360°时，则还应减去 360°，若为负值，应加上 360°。

第五节　平面直角坐标的正、反算问题

在测量工作中，无论测绘地形图，还是测设建筑物在实地的平面位置，都必须要解决平面直角坐标的正、反算问题。

一、坐标的正算问题

在图 2-20 中，设已知 A 点的坐标 x_A、y_A，直线 AB 的水平距离 D_{AB} 及其坐标方位角 α_{AB}，求直线另一端点 B 的坐标 x_B、y_B 的计算过程称为坐标正算。由图 2-20 可知：

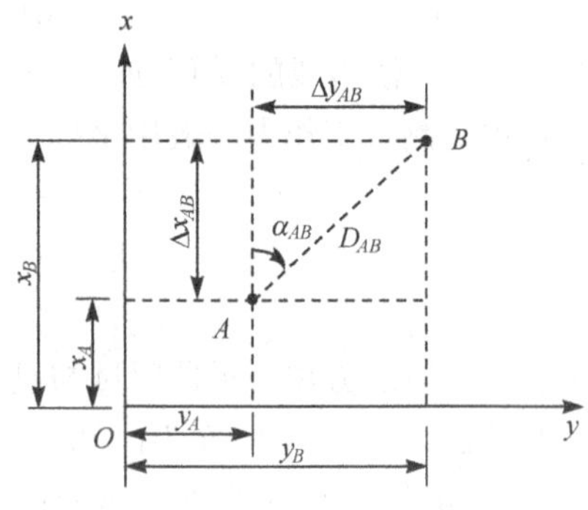

图 2-20　坐标正反算示意图

$$\begin{cases}x_B=x_A+(x_B-x_A)=x_A+\Delta x_{AB} \\ y_B=y_A+(y_B-y_A)=y_A+\Delta y_{AB}\end{cases} \tag{2-10}$$

直线 AB 两端点坐标差称为坐标增量，Δx_{AB}、Δy_{AB} 分别称为纵、横坐标增量。由图 2-20 可以看出，直线 AB 的坐标增量可由该直线的长度 D_{AB} 及其坐标方位 α_{AB} 计算得到，即

$$\begin{cases}\Delta x_{AB}=D_{AB}\cos\alpha_{AB} \\ \Delta y_{AB}=D_{AB}\sin\alpha_{AB}\end{cases} \tag{2-11}$$

坐标增量的符号取决于直线 AB 的坐标方位角所在的象限，其关系见表 2-3。

将式(2-11)代入式(2-10)，可得 B 点的坐标值：

$$\begin{cases} x_B = x_A + D_{AB}\cos\alpha_{AB} \\ y_B = y_A + D_{AB}\sin\alpha_{AB} \end{cases} \tag{2-12}$$

式(2-12)即坐标正算公式。

表 2-3　坐标增量符号与坐标方位角的关系

象限	坐标方位角取值范围	坐标增量符号		方位角α与 R 的关系
		Δx	Δy	
Ⅰ	0°～90°	+	+	$\alpha=R$
Ⅱ	90°～180°	−	+	α=180°+R
Ⅲ	180°～270°	−	−	α=180°+R
Ⅳ	270°～360°	+	−	α=360°+R

二、坐标的反算问题

在图 2-20 中，若已知直线 AB 两端点的坐标 x_A、y_A 和 x_B、y_B，则可计算该直线的水平距离 D_{AB} 及其坐标方位角 α_{AB}，这就是坐标反算问题。

由图 2-20 可知：

则

$$\begin{cases} \Delta x_{AB} = x_B - x_A, \quad \Delta y_{AB} = y_B - y_A \\ \alpha_{AB} = \arctan(\Delta y_{AB} / \Delta x_{AB}) \end{cases} \tag{2-13}$$

$$D_{AB} = \sqrt{\Delta x_{AB}^2 + \Delta y_{AB}^2} \quad 或$$

$$D_{AB} = \Delta x_{AB} / \cos\alpha_{AB} = \Delta y_{AB} / \sin\alpha_{AB} \tag{2-14}$$

式(2-13)、式(2-14)即坐标反算公式。

在进行坐标正反算时，应注意坐标增量的符号，由 A 点至 B 点的方向，应由终点 B 的坐标 $x_B(y_B)$ 减去起点 A 的坐标 $x_A(y_A)$；若直线是由 B 点至 A 点，则计算与前述刚好相反。此外，在坐标反算时，由式(2-13)计算得到的角值实为带有正负号的象限角 R(图 2-21)，范围为 0°～±90°(以 x 轴正向顺时针和负向逆时针量算)。应根据表 2-3 中坐标增量的符号判断其所在的象限，然后根据 R 与方位角α的关系求该直线的坐标方位角。

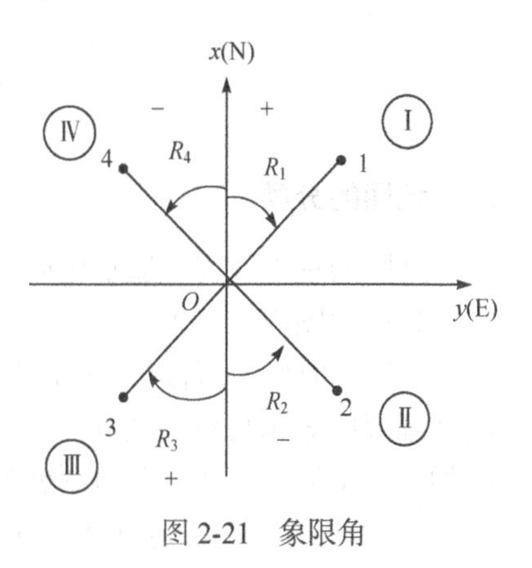

图 2-21　象限角

第六节　地图的分类及图比例尺

地面上所有固定性物体，如农田、森林、道路、河流、建筑物等总称为地物。而地面的高低起伏，凹凸不平的各种形态，如山地、平原，丘陵、盆地等称为地貌。地物和地貌总称为地形。测量的成果之一就是以图的形式及不同比例尺来表示地面的状况，图及其比例尺的种类有很多种，现分述如下。

一、地图

按一定的数学法则，有选择地在平面上表示地球表面上若干信息的图，统称为地图。

当绘制大范围的地面图形时，必须考虑地球曲率的影响，这时可根据一定的要求，按照某种数学条件将地面上的图形投影到参考椭球面上(如图 2-22(a)的 G 面)，再将 G 面上的图形变换为平面图形(图 2-22(b)的 P 面)，再按拟定比例尺缩制成地图(图 2-22(c))，这个过程叫做地图投影。地图上的图形都有一定的变形，这种因投影而产生的变形，可选用不同的投影方法加以限制，以满足不同行业的要求。

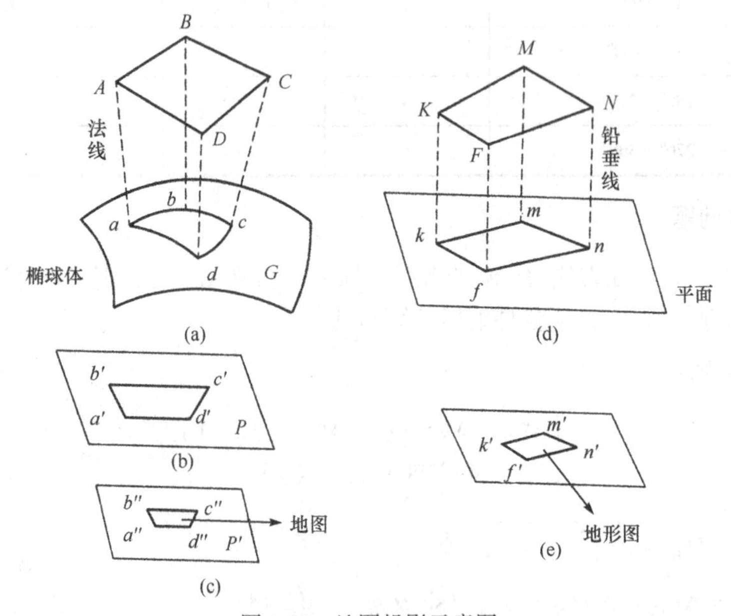

图 2-22 地图投影示意图

二、地图的分类

地图的种类较多，通常按照某些特征进行归类。

1)按地图内容分类

(1)普通地图。普通地图是综合反映地表自然和社会现象一般特征的地图，它以相对均衡的详细程度表示自然要素和社会经济要素。普通地图广泛地应用于经济建设、国防建设和人民的日常生活，有些专题地图就是根据普通地图(如地形图、平面图等)编绘的。

(2)专题地图。专题地图是侧重反映某一专题所需内容的地图，如地籍图、土壤分布图、地质图、水文图、旅游图等。

2)按成图方法分类

(1)线划图。线划图是将地面点位置用符号与线划描绘的地图。

(2)影像图。影像图是把线划图和影像平面图结合的一种图，将航空摄影(或卫星摄影)的像片经处理而得正射像片，并将正射像片与线划符号综合表现在同一张图上。影像图有成图快、信息丰富，能反映微小景观，并具有立体感，便于读图和分析的特点，是近代发展起来的新型地形图。常见的有用彩色航空像片(或卫星像片)以其色彩影像表示的影像地图。

(3)数字地图。数字地图是用数字形式记录和存储的地图，是在一定的坐标系内具有确定位置、属性及关系标志和名称的地面要素的离散数据，在计算机可识别的存储介质上概括的有序集合。数字地图具有可快速存取、传输、动态地更新修改、实时计算方位和距离等地形信息的特点，用户可以利用计算机技术，有选择地显示或输出地图的不同层要素，将地图立体化、动态化显示。

三、地形图及平面图

由第一章可知，当测图范围较小时，可将地球表面当作平面，将地面点沿铅垂线投影到选定的投影面上，这时，铅垂线相互平行，并与投影面正交(图 2-22(d))，这就是正射投影，它的特点就是地面上的图形与投影后图形保持相似。按一定比例尺，用规定的符号和方法，表示地物、地貌平面位置和高程的正射投影图称为地形图(图 2-22(e))。

一般在图上仅表示地物，不表示地貌的正射投影图称为平面图。

四、图的比例尺与比例尺精度

测绘地形图时，不可能把地面上的地物、地貌按其实际大小进行测绘，而是按一定倍数缩小后用规定的符号在图纸上表示出来。在图上的线段长度和地面相应长度之比称为比例尺。比例尺一般用分子为 1 的分数表示。设图上的某一直线长度为 d，地面上相应线段的水平距离为 D，则图的比例尺为

$$\frac{d}{D}=\frac{1}{D/d}=\frac{1}{M} \tag{2-15}$$

式中，M 为缩小的倍数(常称为比例尺分母)。通常使用的比例尺有 1∶500、1∶1000、1∶2000、1∶5000、1∶1 万、1∶2.5 万、1∶5 万等，这种用分数形式表示的比例尺称为数字比例尺，分数值越大，比例尺也越大。

另外，还可用图解法把比例尺绘制在图上，作为图的组成部分之一，称为直线比例尺。如图 2-23 所示，在直线上截取若干基本单位(如 2cm)，将左端的基本单位再十或二十等分(如 1mm)。对于某种比例尺，如 1∶1000 比例尺，直线上每 2cm 及 1mm 分别相当于地面 20m 及 1m。

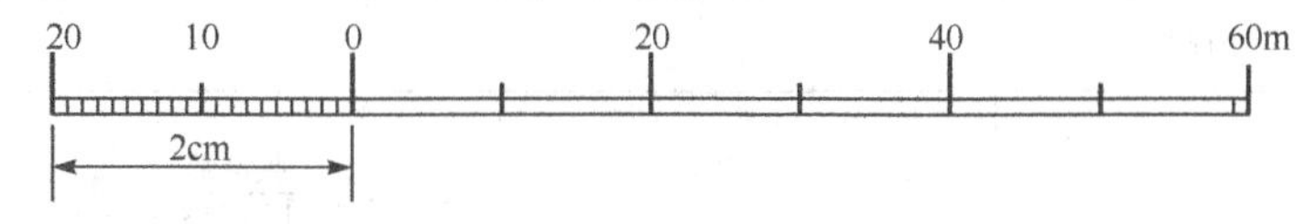

图 2-23　直线比例尺示意图

一般认为，正常人的眼睛只能清楚地分辨出图上大于 0.1mm 的两点间的距离。因此，实地距离按比例尺缩绘到图上时不宜小于 0.1mm。在测量工作中，称相当于图上 0.1mm 的实地水平距离为比例尺精度，若用 δ 表示，则 $\delta = 0.1\text{mm}\times M$，由此可算得不同比例尺的精度。表 2-4 为几种比例尺地形图的比例尺精度，其规律是，比例尺越大，表示地物和地貌的情况越详细，精度越高。

表 2-4　比例尺精度

比例尺	1∶500	1∶1000	1∶2000	1∶5000	1∶10000
比例尺精度/cm	5	10	20	50	100

比例尺精度的概念对测图和用图都具有重要意义。根据地形图比例尺的精度，可以确定地形图测绘时实地距离量测的精度。例如，测绘比例尺为 1∶500 的地形图时，比例尺精度为 5cm，故地物量距精度只需达到 5cm 即可。另外，当设计规定需要在图上能量出的实地最短距离时，根据比例尺精度，可以反算测图比例尺。例如，要求在图上能量出的实地最短距离为 10cm，则所采用的地形图比例尺须不小于 0.1mm/10cm=1∶1000。

第七节　地物和地貌在地形图上的表示方法

一、地物的表示方法

地物一般又可分为自然地物与人工地物，前者如河流、湖泊、森林、泉水等，后者如房屋、道路、桥涵、电力线和水渠等。由于地面上物体种类繁多，形状不一，在图上所表示的是经过综合取舍，并按一定要求和测图比例尺，在遵照国家测绘局制定的地形图图式下进行绘制的，因此测绘和使用地形图时，应参阅和熟悉地形图图式。表 2-5 是比例尺为 1∶500，1∶1000，1∶2000 地形图图式中的一部分。图式中除地物符号外，还有地貌符号和注记符号。

地物符号又有比例符号、非比例符号和半比例符号之分。凡是地面上的房屋、道路、桥梁、河流等地物，若能按测图比例尺缩小、并用规定的符号将其绘出的，则称为比例符号。有些地物，如具有方位意义的独立树，以及界碑、水井等，按比例尺缩小则无法画出，但它们又很重要，这时只能用特定的符号表示出来，称为非比例符号。对于一些呈线状延伸的地物，如铁路、公路、管线、围墙、篱笆等，其长度能按比例缩绘，但其宽度无法按比例表示，用于表示这些地物的符号称为半比例符号。

表 2-5　地形图图式(摘要)

编号	符号名称	1∶500	1∶1000	1∶2000
4.1	定位基础-控制点			
4.1.1	三角点 a.土堆上的 张湾岭、黄土岗——点名 156.718、203.623——高程 5.0——比高	3.0 △ 张湾岭/156.718 a 5.0 △ 黄土岗/203.623		
4.1.2	小三角点 a.土堆上的 摩天岭、张庄——点名 294.91、156.71——高程 4.0——比高	3.0 ▽ 摩天岭/294.91 a 4.0 ▽ 张庄/156.71		
4.1.3	导线点 a.土堆上的 Ⅰ16、Ⅰ23——等级、点号 84.46、94.40——高程	2.0 ⊙ Ⅰ16/84.46 a 2.4 ⊙ Ⅰ23/94.40		

续表

编号	符号名称	1∶500	1∶1000	1∶2000
4.1.4	埋石图根点 a.土堆上的 12、16——点号 275.46、175.64——高程 2.5——比高	2.0 12/275.46 a 2.5 16/175.64		
4.1.5	不埋石图根点 19——点号 84.47——高程	2.0 19/84.47		
4.1.6	水准点 Ⅱ——等级 京石 5——点名点号 32.805——高程	2.0 Ⅱ京石5/32.805		
4.1.7	卫星定位连续运行站点 14——点号 495.266——高程	3.2 14/495.266		
4.1.8	卫星定位等级点 B——等级 14——点号 495.263——高程	3.0 B14/495.263		
4.3	居民地及设施			
4.3.1	单幢房屋 a.一般房屋 b.裙楼 b1.楼层分割线 c.有地下室的房屋 d.简单房屋 e.突出房屋 f.艺术建筑 混、钢——房屋结构 2、3、8、28——房屋层数 (62.5)——建筑高度 -1——地下房屋层数	a 混3　b1 0.1 b 混3 混8 0.2 c 混3-1　d 简2 e 钢28 f 艺28 0.2　艺(65.2) 0.2		a c d 3 b 3 8 0.1 0.2 e f 28 1.0
4.3.2	建筑中的房屋	建 2.0 1.0		
4.3.3	棚房 a.四边有墙的 b.一边有墙的 c.无墙的	a 1.0 b 1.0 c 1.0 1.0 0.5		

续表

编号	符号名称	1：500	1：1000	1：2000
4.3.4	破坏房屋	破 2.0 1.0		
4.3.5	架空房、吊脚楼 4——楼层 3——架空楼层 /1、/2——空层层数	砼4 砼3/2 砼4 2.5 0.5		4 3/1 2.5 0.5
4.3.6	廊房(骑楼)、飘房 a.廊房 b.飘楼	a 混3 1.0 2.5 0.5		b 2 混3 2.5 0.5
4.3.103	围墙 a.依比例尺的 b.不依比例尺的	a 10.0 b 10.0 0.5 0.3		
4.3.106	栅栏、栏杆	10.0 1.0		
4.3.107	篱笆	10.0 1.0 0.5		
4.3.108	活树篱笆	6.0 1.0 0.6		
4.3.112	地下建筑物通风口 a.地下室的天窗 b.其他通风口	a b 2.6 1.6		
4.3.113	柱廊 a.无墙壁的 b.一边有墙壁的	a 1.0 0.5 1.0 b		
4.3.119	悬空通廊	砼4 砼4 2.0 1.0		
4.3.120	门洞、下跨道	砖 5		
4.3.121	台阶	0.6 1.0 1.0		
4.3.122	室外楼梯 a．上楼方向	砼8 a		

续表

编号	符号名称	1∶500	1∶1000	1∶2000
4.3.123	院门 a.围墙门 b.有门房的	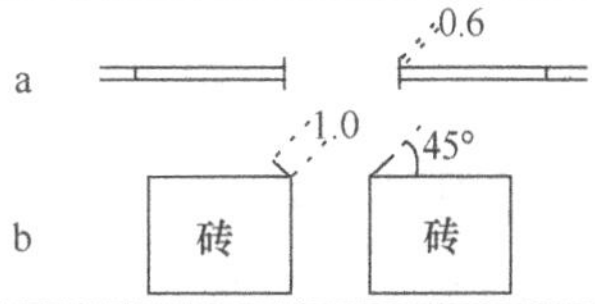 a 0.6 1.0 45° b 砖 砖		
4.3.124	室外自动扶梯 a.上楼方向	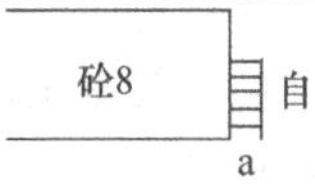 砼8 自 a		
4.3.127	门墩 a.依比例尺的 b.不依比例尺的	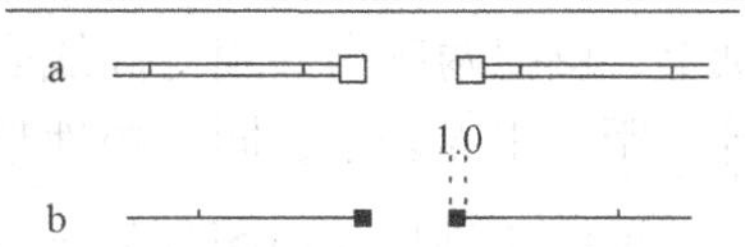 a 1.0 b		
4.7		地貌		
4.7.1	等高线及其注记 a.首曲线 b.计曲线 c.间曲线 25------高程	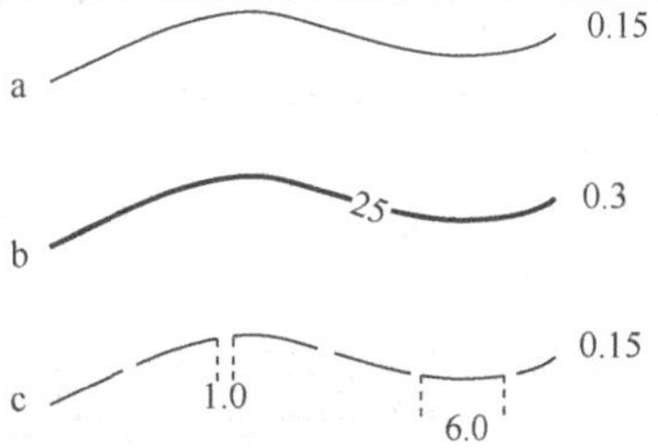 a 0.15 b 25 0.3 c 1.0 6.0 0.15		
4.7.2	示波线	 0.8		
4.7.3	高程点与注记	0.5 • 1520.3 • −15.3		
4.7.13	冲沟 3.4、4.5 比高	 3.4 4.5		
4.7.15	陡崖、陡坎 a.土质的 b.石质的	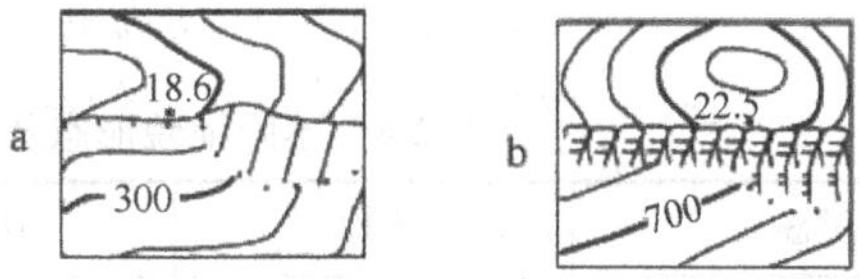 a 18.6 300 b 22.5 700		
4.7.16	人工陡坎 a.未加固的 b.已加固的	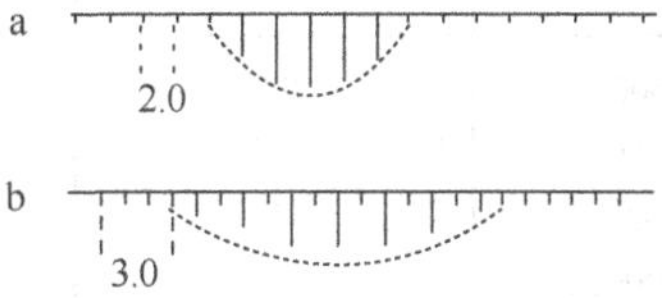 a 2.0 b 3.0		
4.7.21	崩崖 a.沙土崩崖 b.石崩崖	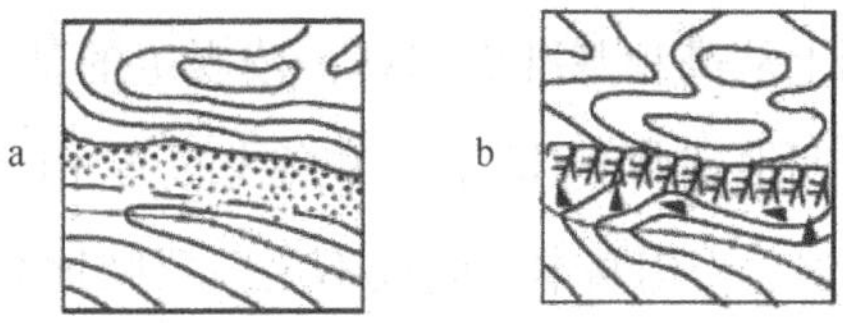 a b		

注：此表摘自中华人民共和国国家标准(GB/T 20257.1—2017)(1∶500、1∶1000、1∶2000)。

在图上用数字表示房屋的层数、高程、水的流速，用文字表示的建筑物名称、地名、专用名称、用箭头表示的水流方向等，这些称为注记符号。

二、地貌的表示方法

在地形图中，地貌符号一般用等高线表示，等高线是地面上高程相同的相邻各点所连成的闭合曲线。

图 2-24(a)为两座山头，设想用一系列等间隔的水平面与它相截，就得到一系列等高线，将等高线投影到基准面上，就可显示出与实地相似的高低起伏形状，若再按一定的比例尺缩绘到图纸上，就把两座山头用等高线表示在地形图上了。地形图上相邻两等高线之间的高差称为等高距，用 h 表示，同一幅地形图的等高距是相同的。地形图上等高距的选择与地形的起伏、测图比例尺和用图目的等因素有关，一般采用表 2-6 中的数值。两相邻等高线间的水平距离称为等高线平距，用 d 表示(图上长度)。相邻等高线之间的地面坡度为 $i=\frac{h}{dM}$，其中 M 为地形图的比例尺分母。同一幅地形图上，等高线平距越大，表示地貌的坡度越小，反之坡度越大，如图 2-24(a)所示。因此，可以根据图上等高线的疏密程度判断地面坡度的陡缓。

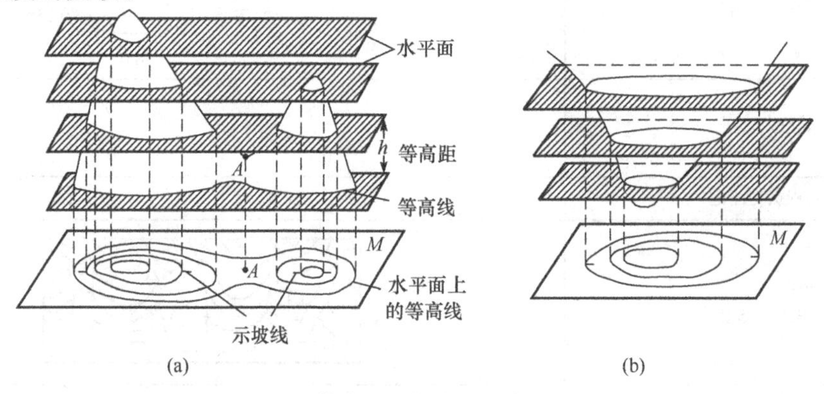

(a) (b)

图 2-24 等高距、等高线示意图

表 2-6 不同地貌形态及比例尺所对应的等高距 (单位：m)

地貌形态		平地	丘陵地	山地	高山地
地面倾斜角		0°～3°	3°～10°	10°～25°	25°以上
比例尺	1∶500	0.5	0.5	1	1
	1∶1000	0.5	1	1	2
	1∶2000	1	2	2	2
	1∶5000	2	5	5	5

在地形图上从高程基准面起算，按规定的基本等高距绘出的等高线称为首曲线。为了便于读图，每隔四根首曲线(即基本等高线的 5 倍)用粗线绘出的等高线称为计曲线。对于坡度较小的局部地区，当用基本等高线不足以反映地貌特征时，可按 1/2 基本等高距加绘一条等高线，该等高线称为间曲线。间曲线可不闭合，如表 2-5 中编号 4.7.1c 所示。

(一)几种地貌的基本形态及其等高线

地貌是地面高低起伏的总称。根据地面的倾斜和起伏程度，一般分为平地、丘陵地、山地和高山地，其地面倾斜角见表2-6。地貌的基本形态有山顶、洼地、山脊、山谷、鞍部等几种。

凸出而高于四周的高地称为山地，高大的称为山峰，矮小的称为山丘。山的最高部分称为山顶，山脊两侧向下倾斜的侧面称为山坡，山地与平面相连接处称山麓(山脚)。山地的等高线见图2-24(a)，图上介于两山顶之间的低地(*A*点)称为鞍部。地面凹下低于四周的低地称为洼地，范围较大的称为盆地(湖泊)，范围较小的称为洼地(池塘)。盆地的形状及等高线如图2-24(b)所示。

由山顶向山脚延伸的凸出地带称为山脊，山脊最高点的连线称为山脊线(分水线)；两山脊之间的低凹部分称为山谷，山谷最低点的连线称为山谷线(集水线)，如图2-25所示。山地与盆地的等高线在外形上相似，它们之间的区别在于：山地的等高线，其高程由里向外逐渐递减，而盆地的等高线则相反。为便于区别，除注记高程外，常在斜坡下降方向绘一短线称为示坡线。示坡线与等高线垂直，一般绘在最高、最低两条等高线上，以便明显地表示坡度方向。

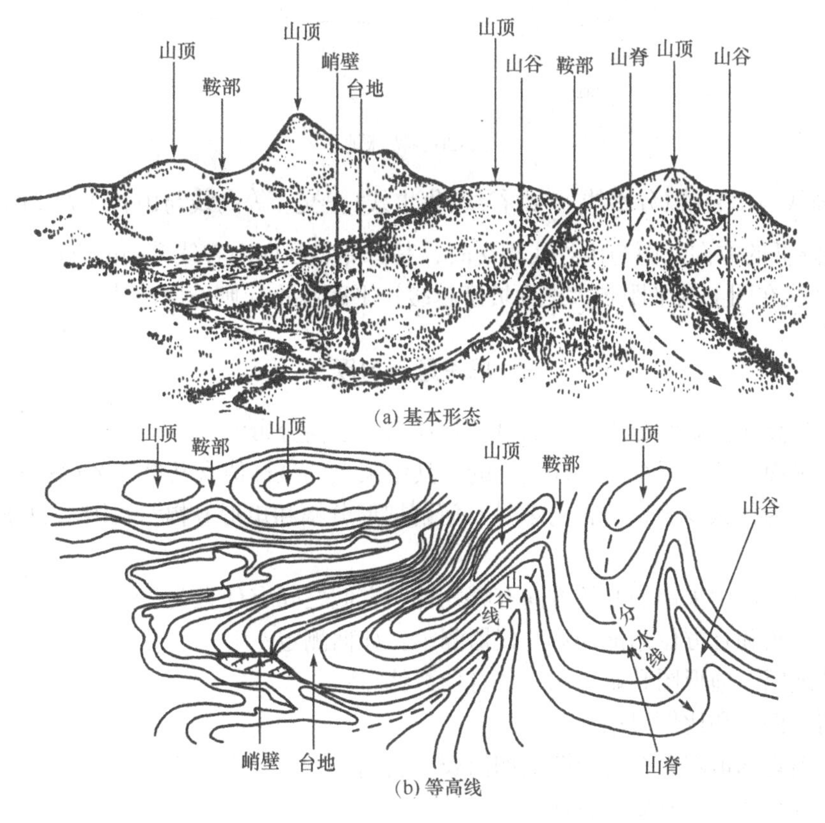

图2-25　地貌的基本形态及其等高线

图2-25表示几种地貌的基本形态及其相应的等高线。图中在台地靠河岸处，有一段近乎垂直的山坡称为峭壁，峭壁处等高线密集不能分开，故用齿形符号表示，这些在图式中都有规定。

(二)等高线的特性

了解等高线的特性，对于阅读与使用地形图，特别是在测绘地形图时描绘等高线是十分重要的，其特性可归纳为以下几点。

(1)位于同一条等高线上各点高程相同。但不能理解为凡是高程相同的点一定在同一条等高线上，如图 2-24(a)中水平面与两个山头相切时，会得出同样高程的两条等高线。

(2)等高线是闭合的曲线。一个无限延伸的水平面与地面相交，构成的交线必然是一个闭合曲线，若不在同一幅图闭合，也将跨越一个或几个图幅闭合。由此特性得出，等高线不能在图中间断，除非在遇到房屋、道路、某些工业设施及数字注记等符号时，为了使图面清晰，需要在中间断开，在其他地方不能中断。

(3)等高线一般不能相交。只有通过悬崖的等高线才可在图上相交，如图 2-26(a)所示。有些特殊地貌，如峭壁则用峭壁符号表示，如图 2-26(b)所示。

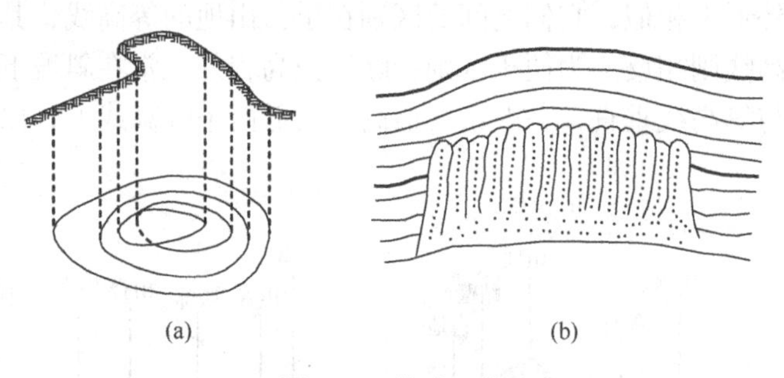

(a)　　(b)

图 2-26　特殊地貌

(4)等高线与山脊线(分水线)、山谷线(集水线)正交。等高线与山脊线相交时，其弯曲点凸向山脊线降低的方向；而与山谷线相交时，其弯曲点凸向山谷线升高的方向。

(5)等高线在图上的平距越大地面坡度越缓；平距越小，则坡度越陡。

思考题与习题

1. 什么是高斯投影？分带投影的目的是什么？如何分带？

2. 高斯平面直角坐标系是怎样建立的？其中某点的坐标值含义是什么(举例说明)？

3. 地形图为什么要进行分幅与编号？何谓梯形分幅和矩形分幅？我国新的分幅编号方法有何特点？

4. 在测量工作中采用的起始方向有哪几种？它们之间有什么关系？

5. 磁方位角和真方位角能用哪些仪器测定？如何测定？

6. 何谓地图、地形图和影像图？各有什么特点？

7. 何谓比例尺和比例尺精度？

8. 何谓地物和地貌？在地形图上如何表示它们？

9. 何谓等高线？它有哪些特性？

10. 何谓坐标的正算和反算？试写出它们的基本公式。

11. 已知 A 点的磁偏角为$-17'$，过 A 点的真子午线与中央子午线的收敛角为$+3'$，直线 AB 的坐标方位角为 $60°20'$，求直线 AB 的真方位角与磁方位角，并绘图说明。

12. 如图 2-27，已知 α_{BA}=30°16′ 30″，测得连接角及折角(左角)为：β_B=70°20′42″，β_1=110°24′54″，β_2=280°18′12″。试计算各边的坐标方位角 α_{B1}、α_{12}、α_{23} 各为多少？

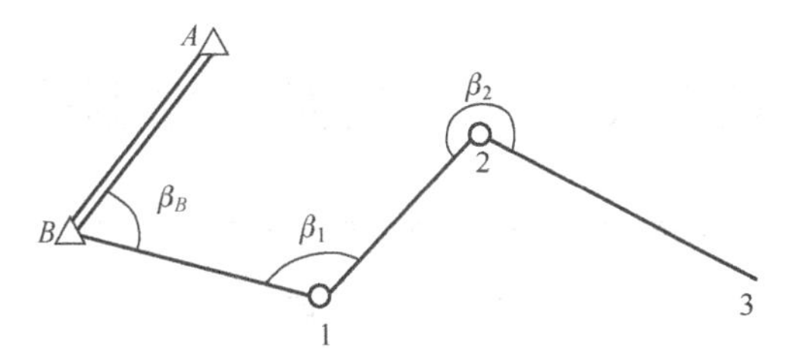

图 2-27　第 12 题附图

13. 已知 X_A=500.98m，Y_A=560.67m，α_{AB}=60° 36′ 30″，D_{AB}=150.00m，计算 B 点坐标 X_B、Y_B，并绘略图说明。

14. 已知 C 点的坐标为：X_C=1287.56m、Y_C=1678.45m；E 点的坐标为：X_E=1578.68m、Y_E=1986.76m，试计算 CE 直线的坐标方位角 α_{CE} 及距离 D_{CE}。

15. 欲测绘一张地形图，要求在图上能表示实地 5m 的长度，试问测图时应选用多大的比例尺？

16. 在平坦地区有一块长度为 265m，宽度为 55m 的长方形土地，将其缩绘在 1∶2000 比例尺的图上，其长度与宽度各是多少？

第三章　水准仪及水准测量

本 章 要 点

本章主要讲述水准测量的原理、水准仪构造与使用及其检校方法、水准测量误差的来源及消除方法；水准路线的施测及数据处理方法。并简要介绍自动安平水准仪、电子水准仪的基本构造和使用。

测量地面点高程的工作称为高程测量。按使用仪器和施测方法的不同，高程测量分为水准测量、三角高程测量、GNSS 高程测量和气压高程测量。水准测量是高程测量中精度最高和最常用的一种方法，广泛应用于高程控制测量和各项工程施工测量中。

第一节　水准测量原理

水准测量利用水准仪提供一条水平视线，借助水准尺来测定地面两点间的高差，从而由已知点高程及测得的高差求出待测点高程。

如图 3-1 所示，欲测定 A、B 两点间的高差 h_{AB}，可在 A、B 两点分别竖立水准尺，在 A、B 之间安置水准仪。利用水准仪的水平视线，分别读取 A 点水准尺上的读数 a 和 B 点水准尺上的读数 b，则 A、B 两点高差为

$$h_{AB}=a-b \tag{3-1}$$

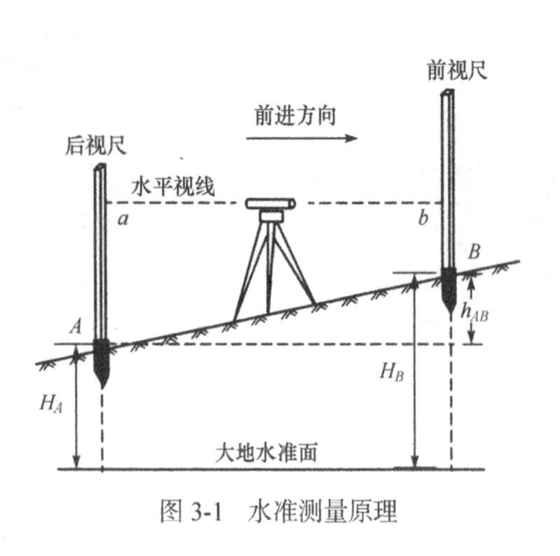

图 3-1　水准测量原理

水准测量方向是由已知高程点开始向待测点方向前进的，即 A(后)→B(前)。在图 3-1 中，A 为已知高程点，B 为待测点，则 A 尺上的读数 a 称为后视读数，B 尺上的读数 b 称为前视读数。在式(3-1)中，若 $a>b$，高差为正，表明 B 点高于 A 点；若 $a<b$，则高差为负，表明 B 点低于 A 点。

计算高程的方法有两种：

(1)由高差计算待测点高程，即

$$H_B=H_A+h_{AB}=H_A+(a-b) \tag{3-2}$$

(2)由仪器的视线高程计算待测点高程。由图 3-1 可知，A 点的高程 H_A 加后视读数 a 就是仪器的视线高程 H_i，即

$$H_i=H_A+a \tag{3-3}$$

则 B 点的高程为

$$H_B=H_i-b=(H_A+a)-b \tag{3-4}$$

式(3-2)是直接用高差计算 B 点高程，称为高差法；式(3-4)是利用仪器视线高程 H_i 计算 B 点高程，称为仪高法(或称视线高法)。在工程测量中，经常根据一个后视点的高程同时测定多个前视点的高程，这时仪高法较高差法简便，故在工程测量中得到了广泛应用。

第二节　DS$_3$型微倾式水准仪及其使用

水准仪是为水准测量提供水平视线的仪器，按仪器精度分，有 DS$_{05}$、DS$_1$、DS$_3$、DS$_{10}$ 四种型号。其中，D、S 分别为“大地测量”和“水准仪”的汉语拼音第一个字母；数字 05、1、3、10 表示该仪器的精度(各型号的技术参数参阅附录二)。如 DS$_3$ 型水准仪，表示该型号仪器进行水准测量时每千米往、返测高差中数的精度可达±3mm。DS$_{05}$、DS$_1$ 型适用于精密水准测量，DS$_3$、DS$_{10}$ 型适用于普通水准测量，图 3-2(见插页)为国产 DS$_3$ 型微倾式水准仪。

一、DS$_3$型微倾式水准仪的构造

DS$_3$ 型微倾式水准仪由望远镜、水准器及基座三个主要部分组成。仪器通过基座与三脚架连接，支承在三脚架上，基座装有三个脚螺旋，用以粗略整平仪器。望远镜旁装有一个管水准器，转动望远镜微倾螺旋，可使望远镜做微小的上仰下俯，管水准器也随之上仰下俯，当管水准器的气泡居中时，则表示望远镜视线水平。仪器在水平方向的转动，是由水平制动螺旋和水平微动螺旋控制的。下面对望远镜和水准器进行较为详细的介绍。

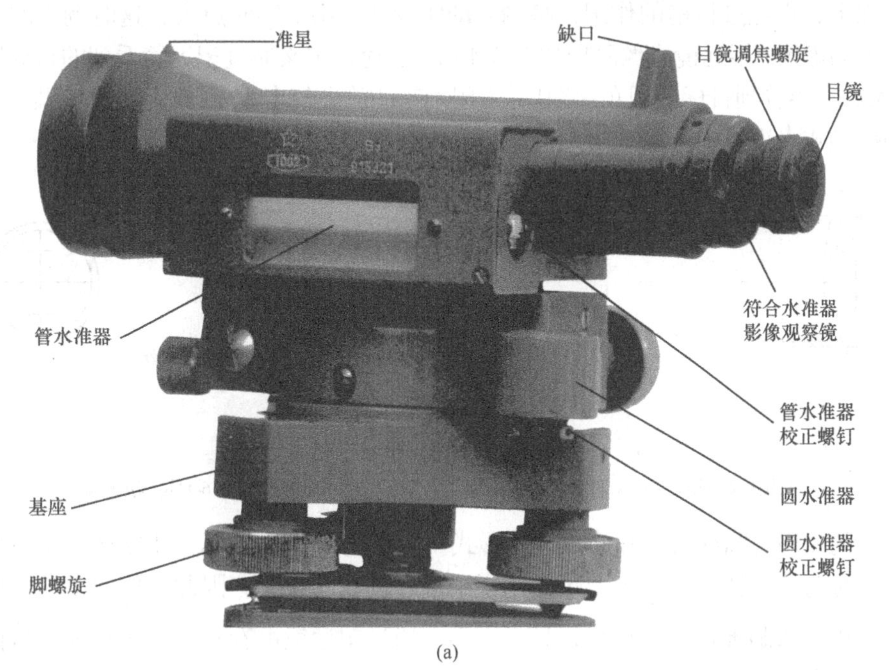

(a)

(b)

图 3-2　DS_3型微倾式水准仪

(一)望远镜

望远镜由物镜、调焦透镜、十字丝分划板和目镜等部分组成，如图 3-3(a)所示。根据几何光学原理可知，目标经过物镜及调焦透镜的作用，在十字丝附近成倒立实像。由于目标离望远镜的远近不同，借转动调焦螺旋使调焦透镜在镜筒内前后移动，即可使其实像恰好落在十字丝平面上，再经过目镜的作用，将倒立的实像和十字丝同时放大，这时倒立的实像成为倒立而放大的虚像。望远镜成像原理如图 3-4 所示。通常定义通过望远镜看到的目标影像的视角β与用人眼直接看到目标的视角α之比，为望远镜的放大倍率 V(或放大倍数)，即 $V=\beta/\alpha$。国产 DS_3 型微倾式水准仪望远镜的放大倍率一般约为 30 倍。

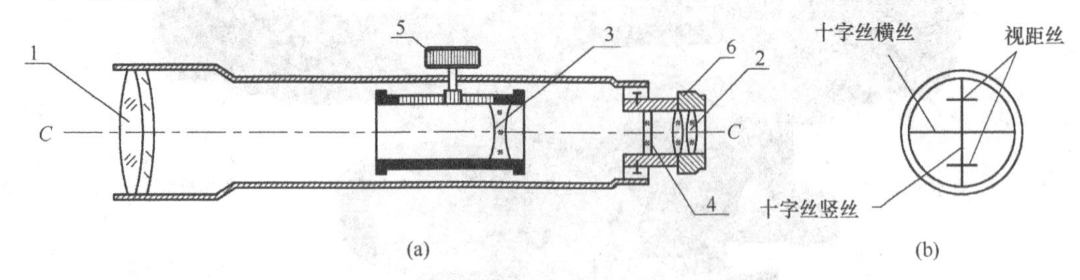

(a)　　(b)

图 3-3　望远镜构造示意图

1-物镜；2-目镜；3-物镜调焦透镜；4-十字丝分划板；5-物镜调焦螺旋；6-目镜调焦螺旋

十字丝的作用是瞄准目标和读数，其形式一般如图 3-3(b)所示。十字丝的交点和物镜光心的连线，称为望远镜的视准轴，也是用于瞄准和读数的视线。因此，望远镜的作用为：一方面可以提供一条瞄准目标的视线；另一方面，通过望远镜可看到十字丝和远处目标的放大影像，提高瞄准和读数的精度。

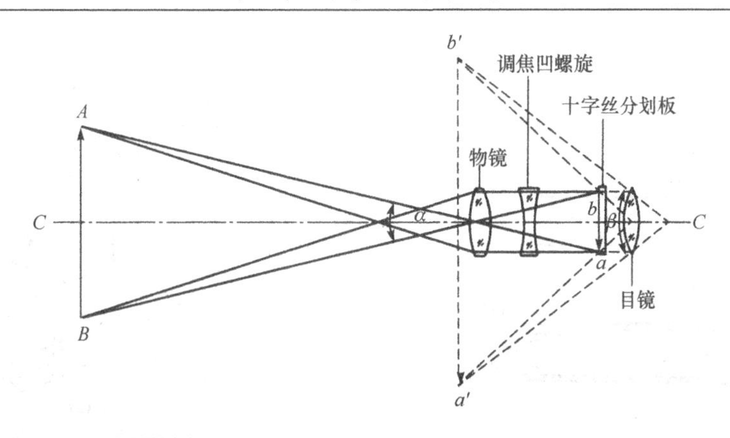

图 3-4　望远镜成像原理

上述望远镜是利用调焦凹透镜的移动来调焦的，称为内调焦望远镜。另有一种老式的望远镜是借助物镜或目镜的前后移动来调焦的，称为外调焦望远镜。外调焦望远镜密封性较差，灰尘湿气易进入镜筒内，镜筒要做得较长，仪器较重，而内调焦望远镜恰好能克服这些缺点，所以目前测量仪器大多采用内调焦望远镜。

(二)水准器

水准器是用以整平仪器的器具，分为管水准器和圆水准器两种。管水准器也称水准管(图 3-5)，是用一个内表面磨成圆弧的玻璃管制成的。一般规定以 2mm 圆弧长度所对圆心角 τ 表示水准管的分划值，分划值越小，灵敏度越高，DS_3 型水准仪的水准管分划值一般为 20″/2mm。水准管内盛满酒精和乙醚的混合液，仅留一个气泡。管内圆弧中点处（圆弧最高点）的切线，称为水准管轴。当气泡两端与圆弧中点对称时，称气泡居中，即表示水准管轴处于水平位置。水准仪上的水准管是与望远镜连在一起的，当水准管轴与望远镜视准轴互相平行时，水准管气泡居中，视线也就水平了。因此，水准管和望远镜是水准仪的主要部件，水准管轴与视准轴互相平行是水准仪构造的主要条件。

为了提高水准管气泡居中的精度，目前生产的水准仪，一般在水准管上方设置一组棱镜，利用棱镜的折射作用，使气泡两端的影像反映在直角棱镜上(图 3-6(a))。从望远镜旁的小孔中可观察到气泡两端半边的影像，当两端半边气泡的影像错开时，表明气泡未居中(图 3-6(b))。当两端半边气泡影像吻合时，则表示气泡居中(图 3-6(c))。这种具有棱镜装置的水准管，称为符合水准器。

圆水准器如图 3-7 所示，它用一个玻璃圆盒制成，装在金属外壳内。玻璃的内表面磨成球面，中央刻有一小圆圈，圆圈中点与球心的连线叫做圆水准器轴(L_1L_1)。当气泡位于小圆圈中央时，圆水准器轴处于铅垂位置。普通水准仪的圆水准器分划值一般是 8′/2mm。圆水准器安装在托板上，其轴线与仪器的竖轴互相平行，所以当圆水准器气泡居中时，表示仪器的竖轴已基本处于铅垂位置。由于圆水准器的精度较低，它主要用于水准仪的粗略整平。

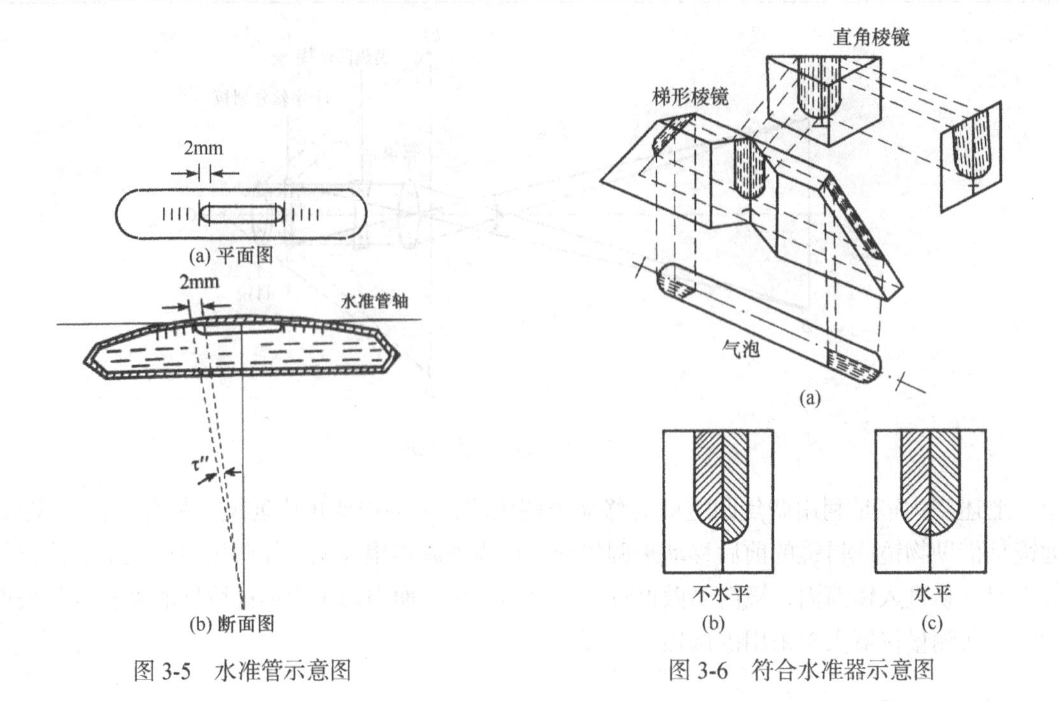

图 3-5　水准管示意图

图 3-6　符合水准器示意图

二、水准尺和尺垫

水准尺是水准测量中的重要工具，常由干燥而良好的木材制成。尺的形式有直尺、折尺和塔尺(图 3-8)。水准测量一般使用直尺，只有精度要求不高时才使用折尺或塔尺。

尺垫又称尺台，其形式有三角形、圆形等。测量时为了防止标尺下沉，常常将尺垫放在地上踏稳，然后将水准尺竖立在尺垫的半圆球顶上，如图 3-8(a)所示。

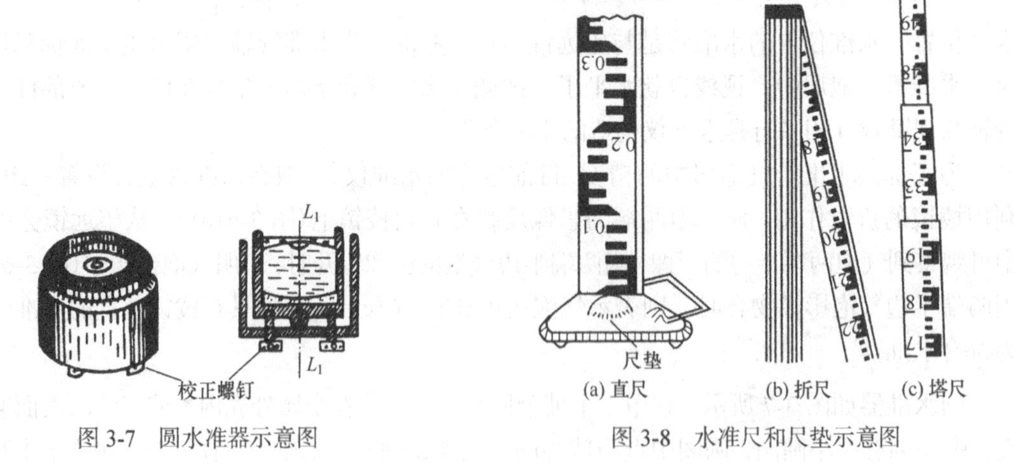

图 3-7　圆水准器示意图

图 3-8　水准尺和尺垫示意图

三、水准仪的使用

1. 仪器安置与粗略整平

支开三脚架，将三脚架插入土中，并使架头大致水平。利用连接螺旋使水准仪与脚架固连，然后旋转脚螺旋使圆水准器的气泡居中，其操作方法如下所述。

如图 3-9 所示，气泡不在圆水准器的中心而偏到 A 点，这表示脚螺旋 1 一侧偏高，此时可用双手按箭头所指的方向对向旋转脚螺旋 1 和 2，即降低脚螺旋 1，升高脚螺旋 2，则气泡向脚螺旋 2 方向移动(气泡总是随着左手拇指转动的方向而移动)，直到移至 B 点位置为止。再旋转脚螺旋 3，如图 3-9(b)所示，使气泡从 B 点移动到圆水准器的中心，这时仪器的竖轴大致竖直，即仪器大致水平。

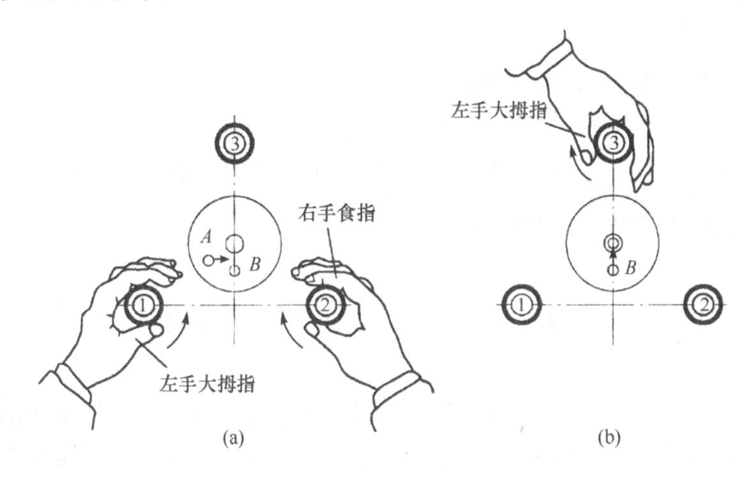

图 3-9　圆水准器整平方法示意图

2. 瞄准

当仪器粗略整平后，松开望远镜的制动螺旋，利用望远镜筒上的缺口和准星大致瞄准水准尺，在望远镜内看到水准尺后，关紧制动螺旋。然后转动目镜调节螺旋，使十字丝的成像清晰，再转动物镜调焦螺旋，使水准尺的分划成像清晰。当十字丝和水准尺的成像均较为清晰时，调焦工作才算完成。这时如发现十字丝纵丝偏离水准尺，则可利用望远镜微动螺旋使十字丝纵丝对准水准尺(图 3-10)。

3. 消除视差

瞄准标尺读数时，若调焦不好，则标尺影像无法落在十字丝平面上，如图 3-11 所示，当眼睛在目镜端上下微微移动时，则十字丝影像与水准尺影像产生相对移动现象(即眼睛上下晃

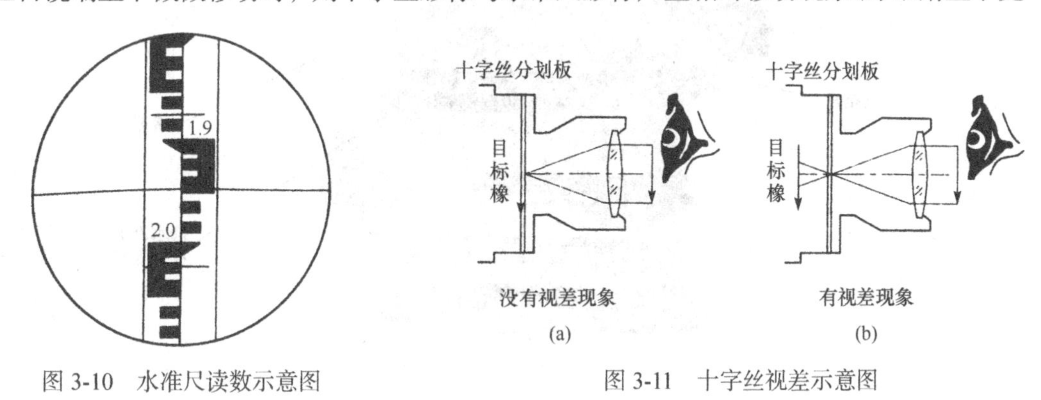

图 3-10　水准尺读数示意图

图 3-11　十字丝视差示意图

动，读数也随之变动），这种现象称为视差。视差会影响读数的正确性，必须予以消除，消除方法是转动目镜调焦螺旋使十字丝成像清晰，再转动物镜调焦螺旋使尺像清晰，而且要反复调节上述两个螺旋，直到十字丝和水准尺成像均清晰，当眼睛在目镜端上下晃动时读数稳定为止。

4. 精确整平和读数

转动微倾螺旋使水准管的气泡精确居中(图 3-6(c))，然后立即利用十字丝中的横丝读取标尺上读数。因为水准仪的望远镜一般是倒像，所以从望远镜中看到的水准尺倒写的数字是正写的，因此读数应从小往大，即由上向下读(而对于正像望远镜则应从下往上读)，在图 3-10 中，从望远镜中读得的读数为 1.948m。

第三节　DZS_{3-1}型自动安平水准仪

用 DS_3 型微倾式水准仪进行水准测量时，必须使水准管气泡严格居中才能读数，这样费时较多。为了提高工效，人们研制了一种自动安平水准仪。使用这种仪器只需将圆水准器气泡居中，就可利用十字丝进行读数，从而加快了测量速度。图 3-12 是我国研制的 DZS_{3-1} 型自动安平水准仪的外形及各部件名称，现以这种仪器为例介绍其构造原理和使用方法。

一、DZS_{3-1}型自动安平水准仪构造

DZS_{3-1} 型自动安平水准仪主要由望远镜、自动安平补偿器及基座等部分组成。

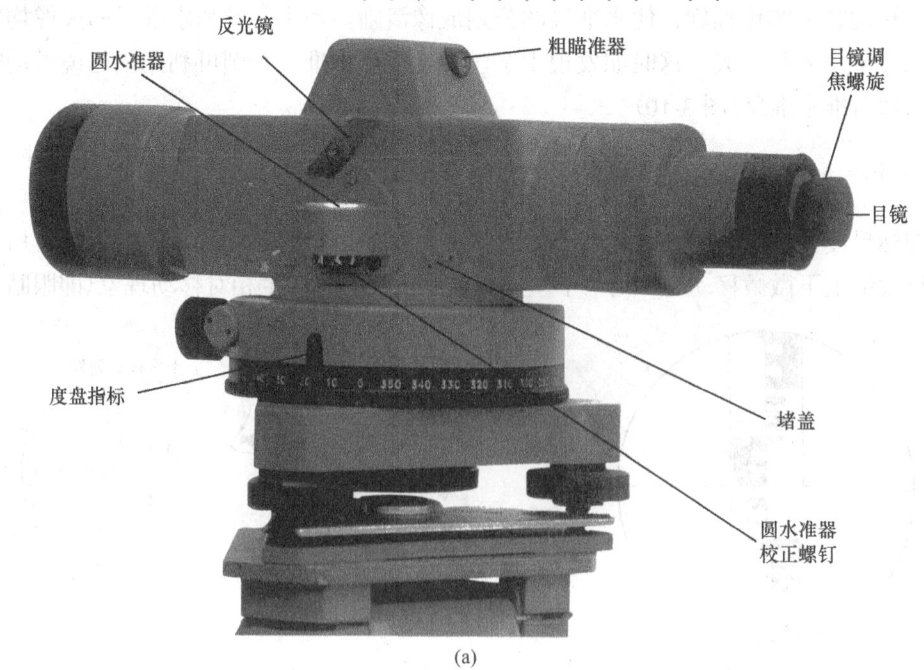

(a)

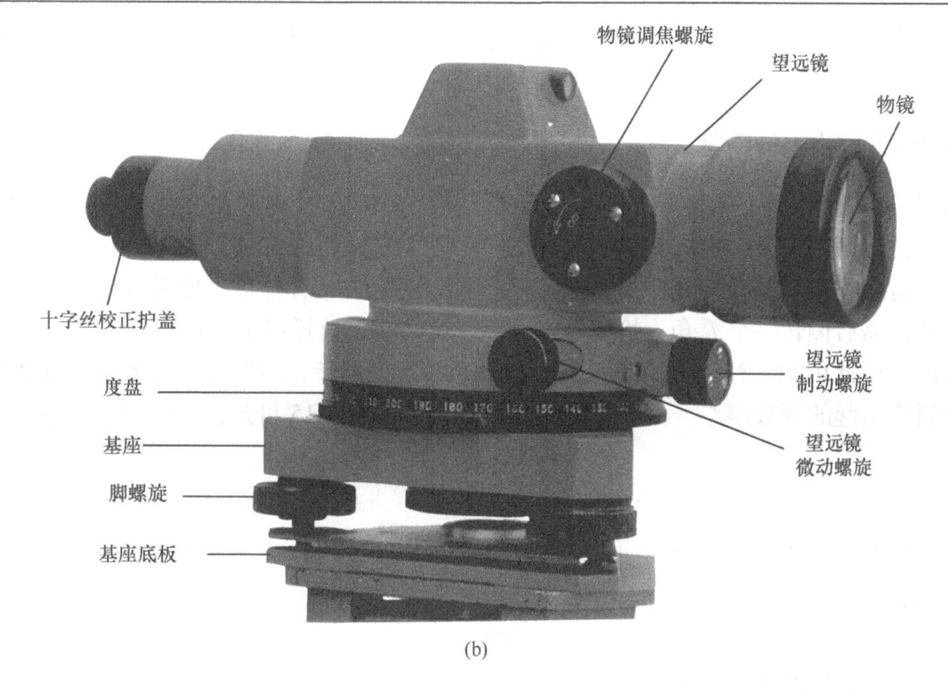

(b)

图 3-12　DZS_{3-1}型自动安平水准仪

望远镜光学系统示意图如图 3-13 所示，望远镜为内调焦式的正像望远镜，物镜采用单片加双胶透镜形式，具有良好的成像质量，结构简单。调焦机构采用齿轮齿条形式，操作方便，望远镜上附有光学粗瞄器。

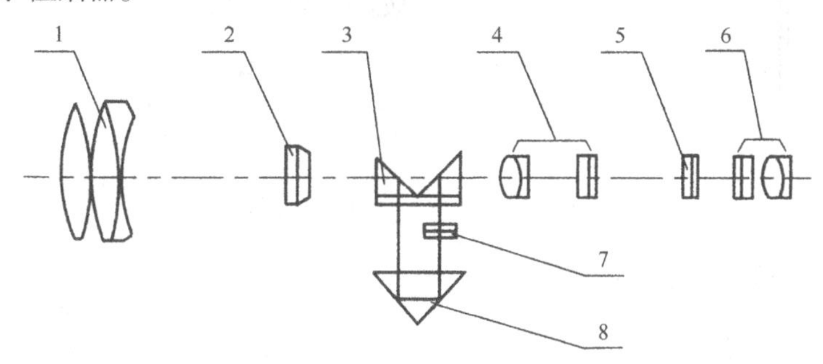

图 3-13　望远镜光学系统示意图

1-望远物镜；2-调焦透镜；3-补偿棱镜；4-转像物镜；5-分划板；6-望远目镜；7-警告指示板；8-底棱镜

自动补偿器采用精密微型轴承吊挂补偿棱镜，整个摆体运转灵敏，摆动范围可通过限位螺钉进行调节。自动补偿器采用空气阻尼机构，使用的两个阻尼活塞具有良好的阻尼性能。补偿器设有警告机构，在望远镜视场(图 3-14)内左侧的长方形小窗即警告指示窗。当仪器竖轴倾角在±5′以内(即补偿器正常有效工作范围内)时，警告指示窗全部为绿色，当仪器竖轴倾角超过±5′时，窗内一端将出现红色，这时应重新安置仪器。当绿色窗口中亮线与三角缺口重合时(图 3-14)，表明圆

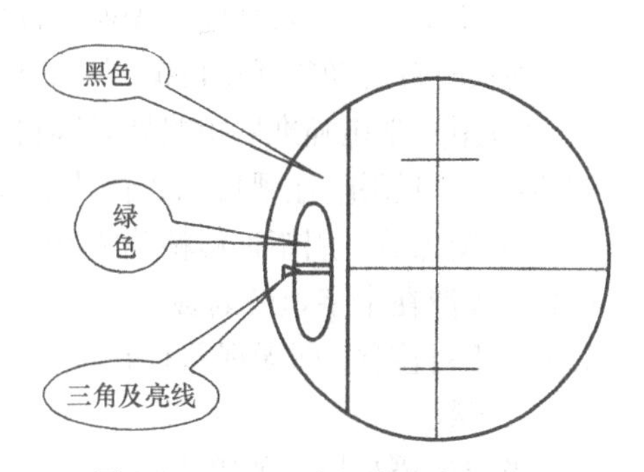

图 3-14　DZS_{3-1}望远镜视场示意图

水准器气泡居中，仪器竖轴处于铅垂状态。根据警告指示，可直观迅速地确定仪器的安平状态，进一步提高了工作效率。

二、自动安平水准仪的原理

如图3-15所示，当视线水平时，水平光线恰好与十字丝交点所在位置K'重合，读数正确无误，如视线倾斜一个α角，十字丝交点移动一段距离d到达K处，这时按十字丝交点K读数，显然有偏差。如果我们在望远镜内的适当位置装置一个补偿器，使进入望远镜的水平光线经过补偿器后偏转一个β角，恰好通过十字丝交点K，这样按十字丝交点K读出的数仍然是正确的。由此可知，补偿器的作用是使水平光线发生偏转，而偏转角的大小正好能够补偿视线倾斜所引起的读数偏差。由于α和β角都很小，从图3-15可知：

$$f\alpha=s\beta$$

即

$$\beta/\alpha=f/s \tag{3-5}$$

式中，α为视线倾斜角；β为水平视线通过补偿器后的偏转角；f为物镜和调焦透镜的组合焦距；s为补偿器至十字丝分划板的距离。

令

$$\beta/\alpha=n \tag{3-6}$$

式中，n为补偿器的补偿系数。

在仪器设计制造时，只要满足式(3-5)的关系，即可达到补偿目的。

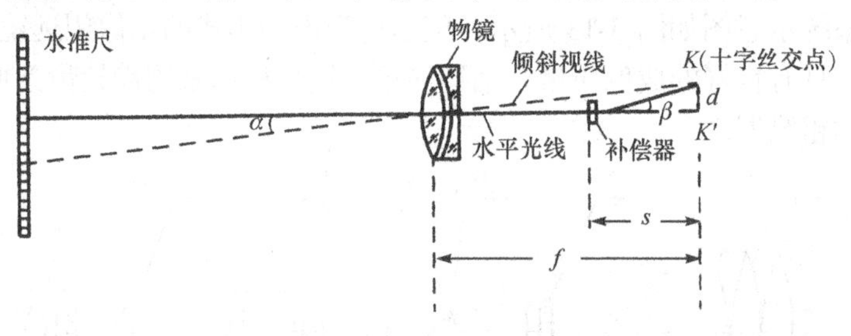

图3-15 DZS$_{3-1}$型自动安平原理

三、DZS$_{3-1}$型自动安平水准仪的使用

1)仪器安置与粗略整平

DZS$_{3-1}$型自动安平水准仪的仪器安置与粗略整平方法与DS$_3$型微倾式水准仪相同。

2)瞄准标尺

(1)使望远镜对着亮处，先逆时针旋转望远镜目镜调焦螺旋，这时分划板变得模糊，然后再慢慢顺时针转动望远镜目镜调焦螺旋，十字丝分划板变得最清晰时停止转动。

(2)用光学粗瞄准器粗略地瞄准目标。瞄准时用双眼同时观测，一只眼睛注视瞄准器内的十字线，一只眼睛注视目标，转动望远镜使十字线和目标重合。

(3)调焦后，用望远镜精确瞄准标尺，拧紧制动螺旋，转动望远镜物镜调焦螺旋，使标尺清晰地成像在十字丝分划板上。这时眼睛做上、下、左、右移动，标尺成像与十字丝影像应无任何相对位移，即无视差存在(若有视差应予以消除)。然后转动微动螺旋，精确瞄准标尺。

3)读数

当望远镜视场内的警告指示窗全部呈绿色时，方可进行标尺读数。若指示窗内上或下端出现红色警告时应及时整平仪器，红色消失后方可读数，读数方法与DS$_3$型微倾式水准仪相同。

使用 DZS_{3-1} 型自动安平水准仪进行水准测量时，要注意检查补偿器是否正常，其方法是：可稍微转动一下脚螺旋(警告指示窗内不能出现红色)，如标尺上读数没有变化，说明补偿器起作用，仪器正常；否则，应进行检查校正。

第四节　普通水准测量

一、水准点与水准路线

为了统一全国的高程系统和满足各种测量的需要，测绘部门在各地埋设且用水准测量方法测定了很多高程点，这些点称为水准点，记为 BM(bench mark)。水准测量通常是从水准点开始，即从已知高程点出发，引测出其他点的高程。按使用和保存时间的长短，将水准点分为永久性水准点和临时性水准点两种。永久性水准点一般用混凝土或用整块的坚硬石料制成，上面嵌入一半球形的金属水准标志(图 3-16(a))。若测区内有多年坚固的建筑物(如房屋、桥基、纪念碑等)，可埋入墙脚水准标志(图 3-16(b))。临时性水准点可用大木桩打入地下，桩顶钉一半球形铁钉(图 3-16(c))。也可在房基石、桥台或露岩石块上刻记号，作为临时性水准点使用。

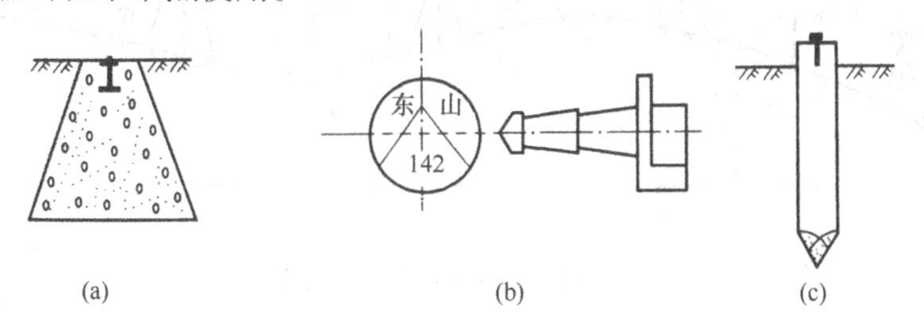

图 3-16　水准点标志示意图

水准点应设在土质坚实、稳定、能长期保存、便于引测和寻找的地方。选定水准点后应进行编号、绘制点位草图，以便以后寻找。

进行水准测量的路线称为水准路线。根据测区实际情况和需要，可布置成单一水准路线和水准网。单一水准路线又分为闭合水准路线、附合水准路线和支水准路线三种形式。

闭合水准路线(图 3-17(a))是从一已知高程的水准点 BM_1 出发，沿一条水准路线进行水准测量，测出 1，2，…，n 等待定水准点的高程，最后回到 BM_1。附合水准路线(图 3-17(b))是从已知高程的水准点 BM_1 出发，测定 1，2，…，n 等点的高程，最后附合到另一已知水准点 BM_7 上。支水准路线则从一已知高程的水准点 BM_5(图 3-17(c))出发，既不闭合到原来的水准点上，也不附合到另外的已知水准点上。为了进行校核，应进行往返测量。

两条以上单一水准路线相交于某一待定水准点则称为水准网，其相交点称为结点，在图 3-17(d)中，水准点 5 即结点。本节主要介绍单一水准路线。

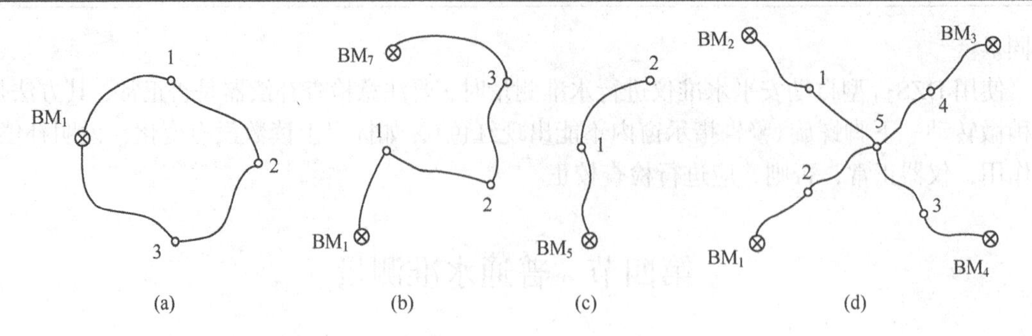

图 3-17　水准路线布设形式示意图

二、水准测量方法

当地面上 A、B 两点间的距离较远，超过水准仪到水准尺规定的视线长度(一般规定为 80m、100m)时，必须将 A、B 间的水准路线分成若干段(图 3-18)，连续设置仪器，依次测得各段高差。然后再根据 A 点高程，求得 B 点高程。

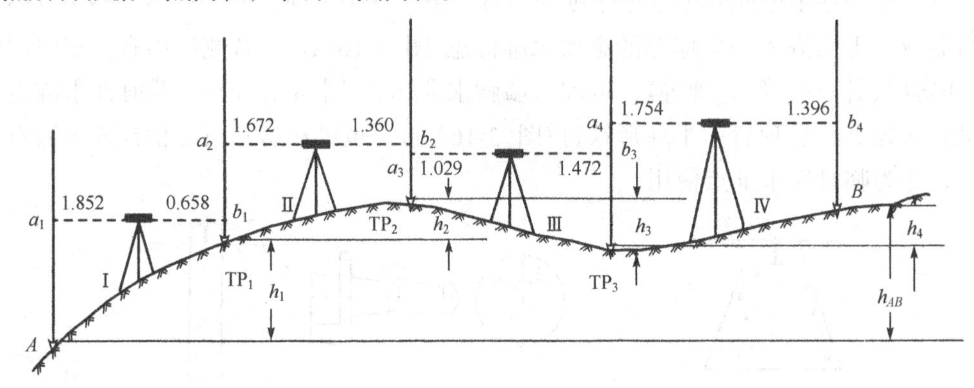

图 3-18　水准测量方法示意图

在图 3-18 中，已知 A 点高程为 H_A=90.123m(点号记为 BM_A)，共设 4 个测站，欲求 B 点高程。首先将仪器安置在第Ⅰ站，后视 A 点标尺读数为 1.852m，在转点 TP_1 立标尺得前视读数 0.658m，其中转点的作用是传递高程。将第Ⅰ站的读数填入表 3-1 第 3、4 栏中，则 A 点与转点 TP_1 间的高差为+1.194m，记入第 5 栏中。当仪器迁到第Ⅱ站时，转点 TP_1 的标尺变为后视尺，其读数为 1.672m，转点 TP_2 上的标尺为前视尺，其读数为 1.360m，则转点 1、2 间的高差为+0.312m。然后依次完成各段的观测工作，并将读数记入水准测量手簿(表 3-1)的相应栏中。

从上例可以看出，由于 A、B 两点的距离较远，或高差较大时，安置一次仪器不能测得它们的高差，这时需要设置转点。转点是临时的立尺点，作为传递高程的过渡点，并不需要求得转点的高程，故在转点上放置尺垫即可(注意在相邻两站观测过程中，转点尺垫不允许有任何变动)。每安置一次仪器，称为一个测站。将表 3-1 中各站的高差计算写成普遍公式为

$$h_i=a_i-b_i \quad (i=1,\ 2,\ \cdots,\ n) \tag{3-7}$$

计算校核：可将表 3-1 中第 3、4 及 5、6 栏分别取和来校核测段高差计算是否正确，即

$$\sum h=\sum a-\sum b \tag{3-8}$$

高差计算检核无误后，根据 A 点高程和 AB 路线上的高差，计算得 B 点的高程为

$$H_B=H_A+h_{AB}=90.123+1.421=91.544\text{m}$$

表 3-1　水准测量记录手簿

测区：高科开发区　　仪器型号：DS3 1078　　观测者：黄大伟

天气：晴　　日期：2006 年 3 月 15 日　　记录者：杨　柳

测站	测点	水准标尺读数/m		高差/m		高程/m	已知点高程/m
		后视(a)	前视(b)	+	−		
1	2	3	4	5	6	7	8
Ⅰ	BM_A	1.852		1.194		90.123	H_A=90.123
	TP_1		0.658				
Ⅱ	TP_1	1.672		0.312			
	TP_2		1.360				
Ⅲ	TP_2	1.029			0.443		
	TP_3		1.472				
Ⅳ	TP_3	1.754		0.358			
	B		1.396			91.544	
计算检核		$\sum a=6.307$	$\sum b=4.886$	$\sum 1.864$	$\sum 0.443$	91.554=90.123+1.421	
		$\sum a-\sum b=+1.421$		$\sum h=+1.421$			

对于每一个测站来说，为了检核读数有无错误，通常需进行测站检核，这种检核方法有两次仪器高法和双面尺法。两次仪器高法又称变动仪器高法，方法为在同一测站上用两次不同的仪器高度(改变仪器高度应在 10cm 以上)，测得两次高差进行比较，若两次高差之差不超过规定限差(普通水准测量的容许值为 6mm)，则取其平均数作为该测站的高差值，否则必须重新观测。双面尺法是指保持仪器的高度不变，用双面尺的黑、红面两次测量高差进行比较，若两次高差之差不超过规定限差，则取其平均数作为该测站的高差值，否则必须重新观测。

三、水准路线的检核与高程计算

测站的检测只能发现读数的错误，为了发现立尺点有无变动、已知点高程有无用错，以及提高和评定水准测量成果的精度，水准测量应布设成图 3-17 的形式，并进行路线的检核和高程计算。

1)闭合水准路线

如图 3-19 所示，测区附近有一已知高程的水准点 BM_5，欲求得 1、2、3 点的高程，可从 BM_5 点起实施水准测量，经过 1、2、3 点再回到 BM_5 点，组成一个闭合水准路线。显然，如果观测过程中没有误差，高差总和在理论上应等于零，即

$$\sum h_{理} = 0$$

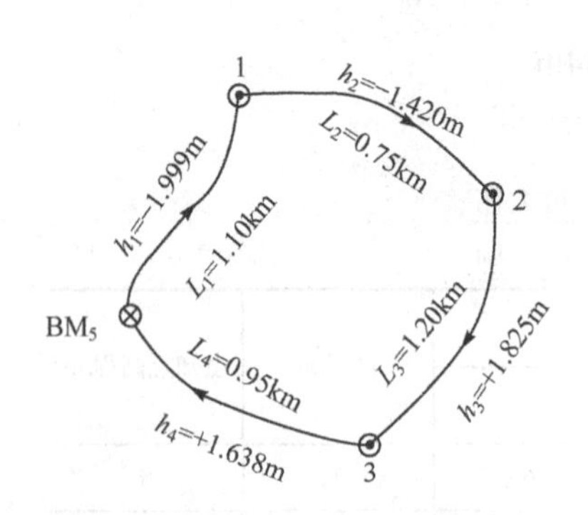

图 3-19　闭合水准路线示意图

但由于测量中各种误差的影响，实测高差总和$\sum h_{测}$不为零，它与理论高差总和的差数称为高差闭合差f_h，用公式表示为

$$f_h = \sum h_{测} - \sum h_{理} = \sum h_{测} \tag{3-9}$$

很多测量规范对不同等级的水准测量都规定了高差闭合差的允许值，我国《工程测量规范》(GB 50026—2007)与《城市测量规范》(CJJ/T 8—2011)中，规定图根水准测量路线闭合差不得超过$\pm 40\sqrt{L}$ mm（L为水准路线的长度，以公里计），在山地每公里超过 16 站时，闭合差不应超过$\pm 12\sqrt{n}$ mm（n 为测站数）。

当$|f_h| \leqslant |f_{h允}|$时，则成果符合要求，否则必须重测。

【例 3-1】　图 3-19 为一闭合水准路线，各测段高差观测值及其长度均注于图中，已知水准点 BM_5的高程为 37.141m，求 1、2、3 点的高程。

现结合表 3-2 说明闭合水准路线高差闭合差调整与高程的计算方法和步骤。

表 3-2　闭合水准路线高差闭合差调整与高程计算表

点号	距离/km	高差观测值/m	高差改正数/m	改正后高差/m	高程/m	已知点高程/m
BM_5					37.141	
	1.10	−1.999	−0.012	−2.011		
1					35.130	
	0.75	−1.420	−0.008	−1.428		
2					33.702	
	1.20	+1.825	−0.013	+1.812		H_{BM5}=37.141
3					35.514	
	0.95	+1.638	−0.011	+1.627		
BM_5					37.141	
$\sum$	4.00	+0.044	−0.044	0		

(1)计算路线闭合差。

$$f_h = \sum h_{测} = +44\text{mm}$$
$$f_{h允} = \pm 40\sqrt{L}\text{mm} = \pm 80\text{mm}$$

可见$f_h < f_{h允}$，说明该成果符合要求。

(2)计算观测高差改正数。

由于存在闭合差，测量成果会产生矛盾。为了消除矛盾和提高成果精度，必须在观测值上加改正数，用以解决因闭合差所产生的矛盾。所以说，改正数与闭合差的符号是相反的，而其数值的总和与闭合差相等。

在同一条水准路线上，一般可认为观测条件是相同的，所以可认为误差的大小与路线的长度或者测站数成正比例。这样，闭合差的调整方法是：将高差闭合差反号，按与距离或测

站数成正比例的原则分配。则各测段路线高差闭合差的改正数 v_i 为

$$v_i = -\frac{f_h}{\sum L} L_i \quad 或 \quad v_i = -\frac{f_h}{\sum n} n_i \tag{3-10}$$

式中，$\sum L$ 为水准路线的总长；L_i 为各测段的距离；$\sum n$ 为水准路线测站数总和；n_i 为各测段的测站数。

计算结果填入表 3-2 高差改正数一栏，分配完后，必须满足 $\sum v = -f_h$，否则说明计算有误，应重新计算。

(3)计算改正后高差。

高差观测值加上高差改正数，即得改正后的高差 $h_{i改}$：

$$h_{i改}=h_i+v_i \tag{3-11}$$

改正后的高差之和 $\sum h_{i改} = 0$，否则应检查计算。

(4)计算待测点高程。

$$H_1=H_{BM5}+h_{1改}$$
$$H_2=H_1+h_{2改}$$
$$H_3=H_2+h_{3改}$$
$$H_{BM5}=H_3+h_{4改}=已知高程(校核)$$

各点高程填入表 3-2“高程”一栏，若最后已知点高程校核有误，则应检查计算。

2)附合水准路线

附合水准路线是从一个已知高程的水准点开始施测，并附合到另一已知高程的水准点，假设已知高程没有误差，观测过程也没有误差，则整个路线高差总和的理论值 $\sum h_{理} = H_{终} - H_{始}$（式中 $H_{终}$与 $H_{始}$分别表示最终点与起始已知点的高程）。按高差闭合差的定义可知：

$$f_h = \sum h_{测} - \sum h_{理} = \sum h_{测} - (H_{终} - H_{始}) \tag{3-12}$$

高差闭合差的允许值和校核要求与闭合水准路线相同。现以图 3-20 和表 3-3 中的观测数据为例来说明附合水准路线高差闭合差调整与高程计算。

【例 3-2】 在图 3-20 中，从已知高程的水准点 BM_3 开始施测，经过 B_{01}、B_{02} 两待定点，最后附合到已知高程的水准点 BM_5，试计算 B_{01}、B_{02} 点高程(观测成果如图注)。

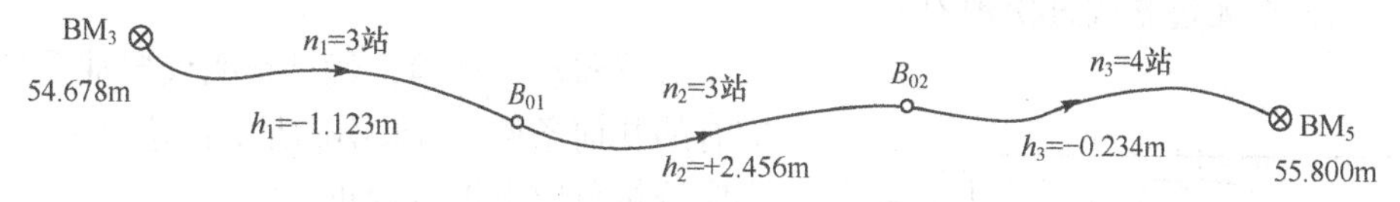

图 3-20　附合水准路线示意图

(1)计算高差闭合差 f_h。

由式(3-12)得

$$f_h = \sum h_{测} - (H_{终} - H_{始}) = +1.099 - (55.800 - 54.678) = -0.023(\text{m})$$

$$允许闭合差\ f_{h允}=\pm 12\sqrt{n}\ \text{mm}=\pm 38\text{mm}$$

可见 $f_h<f_{h允}$，成果符合限差要求，可进行调整计算。

(2)计算高差改正数 v_i。

v_1=+7mm，v_2=+7mm，v_3=+9mm。检核$\sum v$=+23mm=$-f_h$，证明计算无误，将其填入表 3-3“高差改正数”栏。

(3) 计算改正后高差(同闭合水准路线)。

(4) 计算各待测点高程(同闭合水准路线)。

整个计算过程均在表 3-3 中进行。

表 3-3　附合水准路线高差闭合差调整与高程计算表

点号	测站数(n)	高差观测值/m	高差改正数/m	改正后高差/m	高程/m	已知点高程/m
BM_3					54.678	H_{BM3}=54.678
	3	-1.123	+0.007	-1.116		
B_{01}					53.562	
	3	+2.456	+0.007	+2.463		
B_{02}					56.025	
	4	-0.234	+0.009	-0.225		
BM_5					55.800	H_{BM5}=55.800
$\sum$	10	+1.099	+0.023	+1.122		

3) 支水准路线

如图 3-17(c)所示，从水准点 BM_5 测至 1、2 点，再从 2 点返回 1、BM_5，理论上往测与返测高差的绝对值应相等，否则有高差闭合差 $f_h=\sum h_{往}+\sum h_{返}$。高差闭合差的允许值与闭合、附合水准路线的相同，但路线长度按单程计算。若 $f_h<f_{h允}$，则取各测段往、返测高差中数作为本测段高差值，符号以往测为准。待测点高程由起始点推算，因无检核条件，所以支水准路线在推算各点高程时应更加仔细认真，确保结果正确。

第五节　水准仪的检验与校正

在使用仪器之前，应先进行检验，包括通过检查者的感觉器官检查仪器的包装箱和仪器外表等有无损伤、转动是否灵活，水准器有无气味，光学系统有无霉点，螺旋有无松动，脚架是否牢固、有无过紧或过松现象。

对仪器进行检验，就是查明仪器轴系是否满足应有的几何条件。如果不满足，且超出了规定要求，则应按规范要求进行校正。

仪器校正的目的，是使仪器的各轴系满足应有的几何条件。

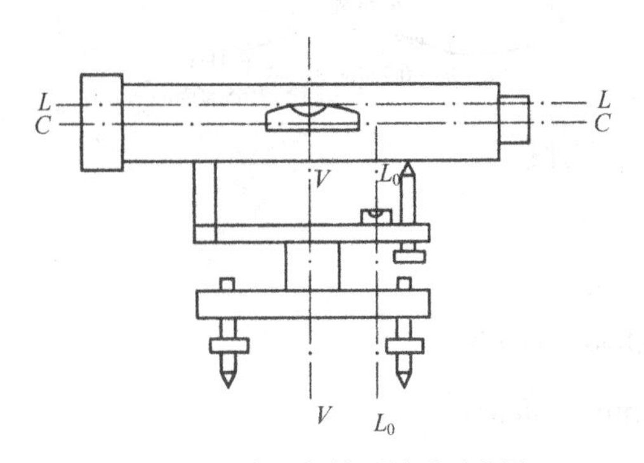

图 3-21　水准仪轴系关系示意图

一、水准仪轴系应满足的几何条件

根据水准测量原理，在进行水准测量时，要求水准仪能提供一条水平视线。为了使水准仪能提供一条水平视线，水准仪各轴线(图 3-21)应满足以下几何条件。

(1)圆水准器轴 L_0L_0 应平行于仪器竖轴 VV，即 $L_0L_0//VV$。

(2)水准管轴 LL 平行于视准轴 CC，即 $LL//CC$。

(3)十字丝横丝垂直于竖轴。

因此在进行水准测量之前，必须对水准仪进行检验和校正，使其各轴线关系正确，才能保证测量精度。

二、DS_3 型微倾式水准仪的检验与校正

(一)圆水准器轴 L_0L_0 与仪器旋转轴 VV 平行的检验与校正

1. 检验原理与方法

为使问题简单起见，现取两个脚螺旋的连线方向加以讨论。

设圆水准器轴 L_0L_0 与仪器旋转轴 VV 不平行，有一夹角 α。假定基准面(基座底板所在的平面)是一个水平面，则这种不平行是由于脚螺旋的不等高与圆水准气泡下面的校正螺丝不等长引起的。所以当气泡居中时，圆水准器轴 L_0L_0 是竖直的，而仪器旋转轴则与竖直位置偏差角度为 α(图 3-22(a))。将望远镜旋转 180°(图 3-22(b))，由于仪器绕 VV 轴旋转，即 VV 轴位置不动，而气泡恒处于最高处，因此圆水准器轴 L_0L_0 与竖直线之间的夹角为 2α。也就是说，气泡偏移的弧度所对的中心角等于 2α。

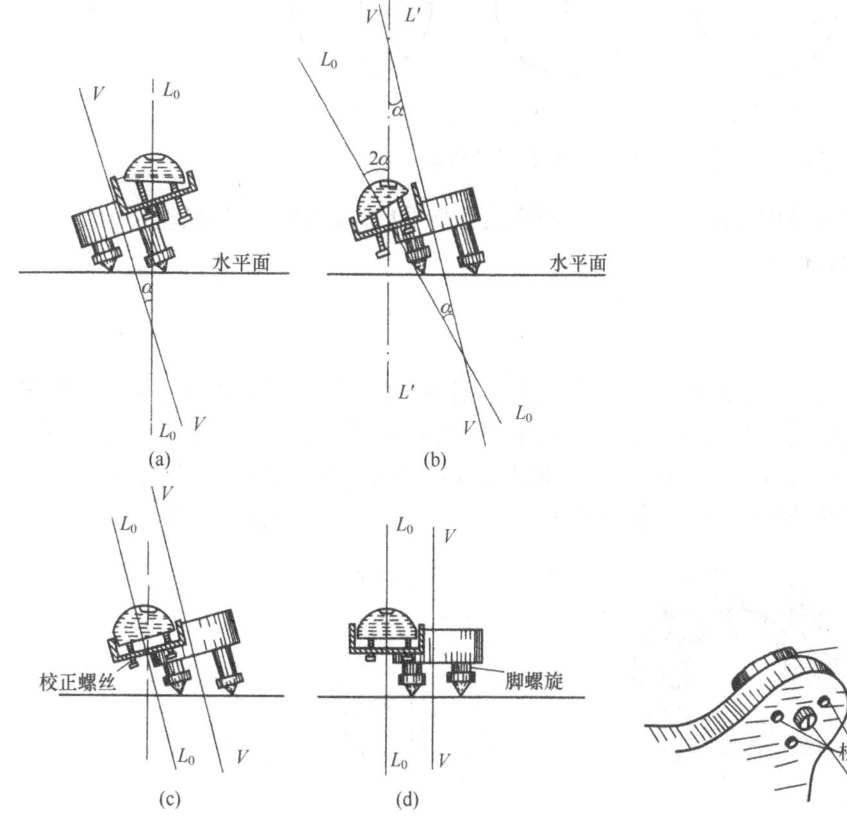

图 3-22　圆水准器检验与校正示意图

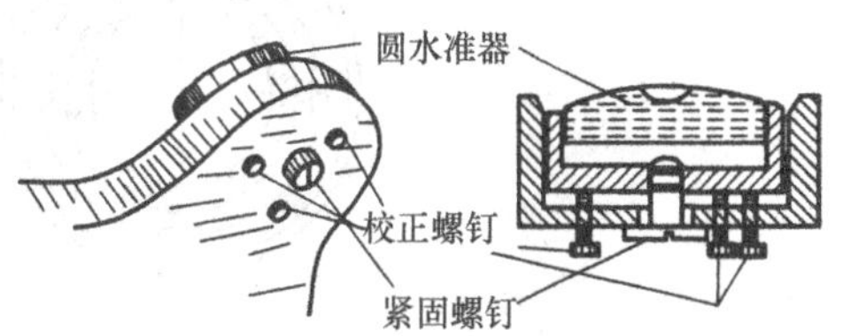

图 3-23　圆水准器校正螺钉

2. 校正方法

检验时若发现圆水准气泡出了圆圈，则用校正针分别拨动圆水准器下面的三个校正螺钉(图 3-23)，使气泡向居中位置移动偏离的一半。这时，如果操作完全正确，圆水准轴将与仪器旋转轴平行，如图 3-22(c)所示。其余一半则用仪器的脚螺旋整平仪器，则仪器旋转轴处于竖直状态(图 3-22(d))。这项检验校正工作需反复进行数次，直到仪器竖轴旋转到任何位置时气泡都居中为止。

(二)十字丝横丝垂直于竖轴的检验和校正

水准测量是利用十字丝中横丝来读数的，当竖轴处于铅垂位置时，如果横丝不水平，这时按横丝的左侧或右侧读数将产生误差。

1. 检验方法

用望远镜中横丝一端对准某一固定标志 A(图 3-24(a))，旋紧制动螺旋，转动微动螺旋，使望远镜左右移动，检查 A 点是否在横丝上移动，若偏离横丝(图 3-24(b))，则需校正。

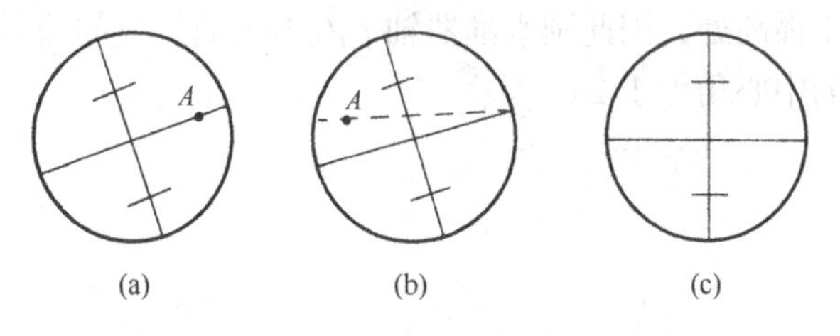

图 3-24　十字丝横丝的检验

此外，也可采用挂垂球的方法进行检验，即将仪器整平后，观察十字丝纵丝是否与垂球线重合，如不重合，则需校正。

2. 校正方法

校正部件有两种形式。图 3-25(a)为拧开目镜护盖后看到的情况，这时松开十字丝分划板座的四颗固定螺丝，轻轻转动分划板座，使横丝水平，然后拧紧四颗螺丝，盖上护盖。另一种情况如图 3-25(b)所示，在目镜端镜筒上有三颗固定十字丝分划板座的埋头螺丝，校正时松开其中任意两颗，轻轻转动分划板座，使横丝水平(如图 3-24(c))，再将埋头螺丝拧紧。

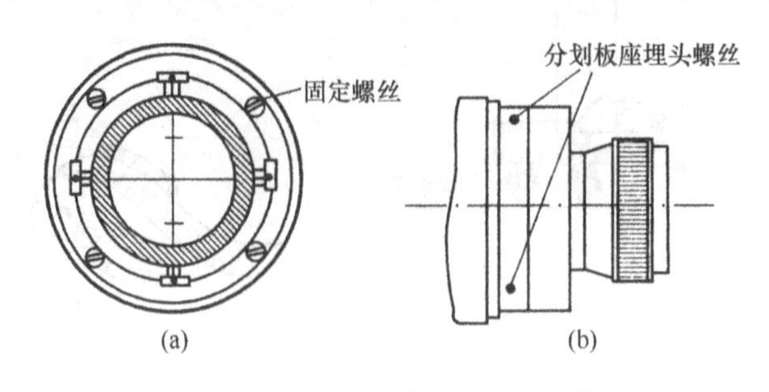

图 3-25　十字丝分划板校正部件

(三)水准管轴平行于视准轴的检验和校正(i角检验)

1. 检验方法

在比较平坦的地面上，选择相距约 80m 左右的 A、B 两点，打木桩或放两个尺垫作为标志，并树立标尺。将水准仪安置在距两点等距离处(图 3-26)，在符合气泡居中的情况下，分别读取 A、B 点上水准尺的读数 a_1 和 b_1，求得高差 $h_1=a_1-b_1$。这时即使水准管轴与视准轴不平行(有一夹角 i)，视线是倾斜的，由于仪器到两水准尺的距离相等，误差也相等，即 $x_1=x_2$(因为 $D_1\tan i=D_2\tan i$)，因此求得的高差 h_1 还是正确的。然后将仪器搬至 B 点附近(相距 2～3m)，在符合气泡居中的情况下,对远尺 A 和近尺 B 分别读得读数 a_2 和 b_2,求得第二次高差 $h_2=a_2-b_2$。若 $h_2=h_1$，说明水准管轴平行于视准轴，无须校正。若 $h_2\neq h_1$，则说明水准管轴不平行于视准轴，当 h_2 与 h_1 的差值大于 3mm 时，需要校正。

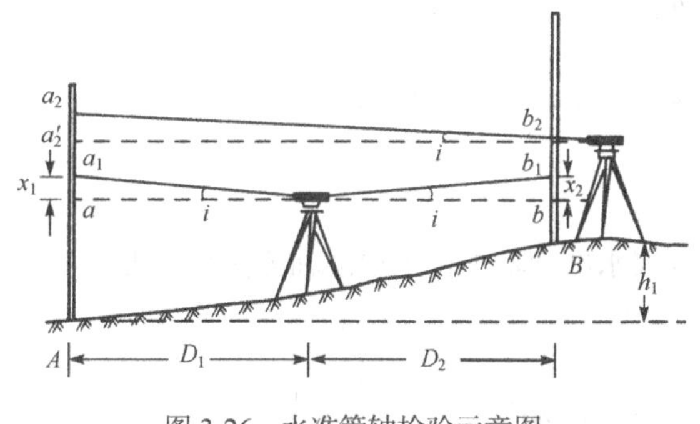

图 3-26　水准管轴检验示意图

2. 校正方法

当仪器安置于 B 点附近时,水准管轴 LL 不平行于视准轴 CC 的误差对近尺 B 读数 b_2 的影响很小，可以忽略不计，而远尺读数 a_2 则含有误差。在校正前应算出远尺的正确读数 a_2'，由图 3-26 可知，$a_2'=h_1+b_2$。

转动微倾螺旋，使远尺 A 上的读数恰为 a_2'，此时视线已水平，而符合气泡不居中了，用校正针拨动水准管上、下两校正螺钉(图 3-27)，使气泡居中，这时水准管轴就平行于视准轴。但为了检查校正是否完善，必须在 B 点附近重新安置仪器，分别读取远尺 A 及近尺 B 的读数 a_3 和 b_3，求得 $h_3=a_3-b_3$，若 $h_3\neq h_1$，如相差在 3mm 以内时，表明已校正好，否则应再次校正。

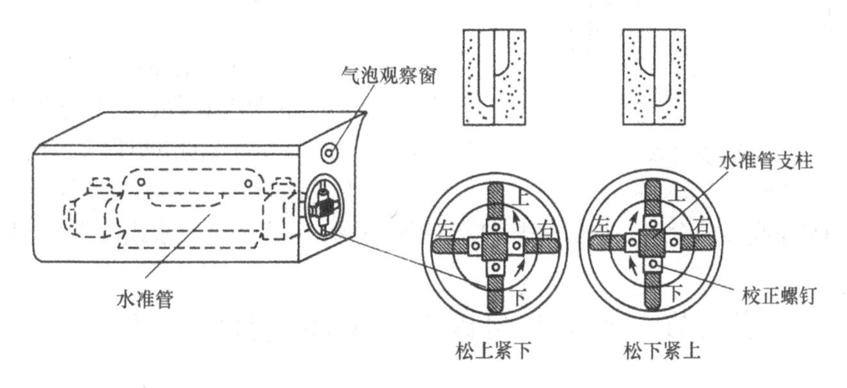

图 3-27　水准管校正示意图

水准管的校正螺钉在上、下，左、右共四个(图 3-27)。校正时，先稍微松开左、右两个中的任一个，然后利用上下两螺钉进行校正。松上紧下，则把该处水准管支柱升高，气泡向目镜方向移动；松下紧上，则把水准管支柱降低，气泡向物镜方向移动。校正时，也应遵守先松后紧的原则，校正要细心，用力不能过猛，所用校正针的粗细要与校正孔的大小相适应，否则容易损坏校正螺钉。校正完毕，应使各校正螺钉与水准管的支柱处于顶紧状态。

三、$DZS_{3\text{-}1}$ 型自动安平水准仪的检验与校正

(一)圆水准器轴平行于竖轴的检验与校正

同 DS_3 型微倾式水准仪。

(二)十字丝横丝垂直于竖轴的检验和校正

同 DS_3 型微倾式水准仪。

(三)望远镜视准轴是否水平的检验与校正

1. 检验方法

同 DS_3 型微倾式水准仪水准管轴平行于视准轴的检验方法。

2. 校正方法

(1)计算远尺的正确读数 a_2'(图 3-26)。

(2)瞄准远方标尺 A，打开十字丝校正护盖(图 3-12)，调节分划板上下校正螺钉，使十字丝中心(中横丝)精确照准正确读数 a_2'。此项校正一般需反复进行 2～3 次。

(四)补偿器警告指示窗亮线位置的检验与校正

1. 检验方法

将圆水准器气泡精确居中，指示窗中亮线若与三角缺口基本重合，说明亮线位置正确。否则，应进行校正。

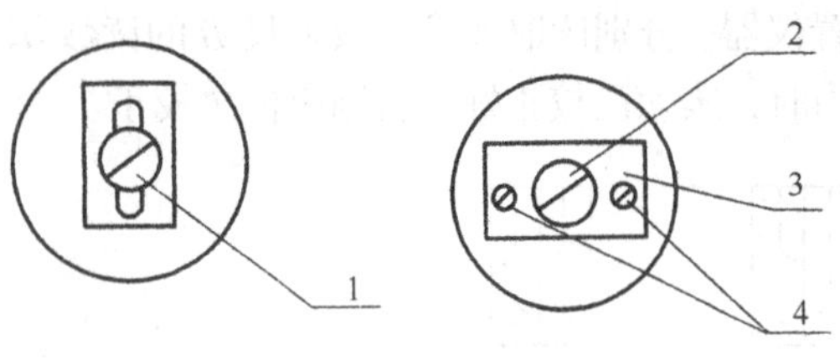

图 3-28　指示窗亮线校正

1-螺丝；2-螺丝；3-滑块；4-顶丝

2. 校正方法

打开仪器两侧的堵盖(图 3-12)，可以看到如图 3-28 所示的调整机件，松开螺丝 1，使其上下移动，可以调节亮线的清晰程度。松开螺丝 2，使滑块 3 左右移动，可以调整亮线的上下位置。拧动顶丝 4，可以调整亮线的歪斜。调整完毕，应将螺丝拧紧，点上少许胶水或清漆，然后拧紧堵盖。

第六节　水准测量误差的来源及其消减方法

测量工作是人们使用仪器在野外进行的。因此，测量误差的来源，一般可分仪器误差、

观测误差和外界条件影响等三个方面。

一、仪器误差

1. 仪器制造与校正不完善的误差

仪器在制造、装配与校正中，不可能完全达到设计与其工作原理的要求，无论制造、装配与校正工作多么仔细认真，水准仪各轴线都会存在一些残余误差，其中主要是水准管轴与视准轴不平行的误差。如前所述，观测时，只要将仪器安置于距前、后视尺等距离处，就可消除这项误差。

2. 调焦误差

由于仪器制造加工不够完善，当转动调焦螺旋调焦时，调焦透镜产生非直线移动而改变视线位置，产生调焦误差。观测时，将仪器安置于距前、后视尺等距离处，后视完毕转向前视，不必重新调焦，就可避免此项误差。

3. 水准尺误差

此项误差包括刻划和尺底零点不准确等误差。观测前应对水准尺进行检验，使一测段的测站数为偶数时，尺子的零点误差即可消除。

二、观测误差

1. 整平误差

利用符合水准器整平仪器的误差约为$\pm 0.075\tau''$（τ''为水准管分划值），若仪器至水准尺的距离为D，则在读数上引起的误差为

$$m_{平} = \frac{0.075\tau''}{\rho''} D \tag{3-13}$$

式中，$\rho''=206265$。

由式(3-13)可知，整平误差与水准管分划值及视线长度成正比。若以 DS_3 型水准仪($\tau''=20''/2\text{mm}$)进行等外水准测量，视线长 $D=100\text{m}$ 时，$m_{平}=\pm 0.7\text{mm}$。因此在观测时必须切实使符合气泡居中，视线不能太长，后视完毕转向前视，要注意重新转动微倾螺旋令气泡居中才能读数，但不能转动脚螺旋，否则将改变仪器视线的高度而产生较大误差。此外，在晴天观测时，必须打伞保护仪器，特别要注意保护水准管。

2. 照准误差

通常当视角小于60″时，人眼就不能分辨尺上的两点，若用放大倍率为V的望远镜照准水准尺，则照准精度为$60''/V$，若水准仪与水准尺的距离为D(m)，则照准误差为

$$m_{照} = \frac{60''}{V\rho''} D \tag{3-14}$$

由式(3-14)可得，当 $V=30$，$D=100\text{m}$ 时，$m_{照}=\pm 0.97\text{mm} \approx \pm 1.0\text{mm}$。

3. 估读误差

估读误差是在区格式厘米分划的水准尺上估读毫米时而产生的误差，它与十字丝的粗细、望远镜放大倍率和视线长度有关，经实验研究证明，在一般水准测量中，当视线长度为100m时，估读误差约为±1.5mm。

若望远镜放大倍率较小或视线过长，尺子成像小，且不够清晰，照准误差和估读误差都将增大。故各等级的水准测量，都规定了仪器应具有的望远镜放大倍率及视线的极限长度。

4. 水准尺倾斜误差

如图3-29所示，若水准尺未竖直立于地面而倾斜时，其读数a'或a''都比尺子竖直时的读数a要大，而且视线越高，误差越大。例如，当倾角$\theta \approx 2°$时，若读数$a'=2.50$m，则产生的误差$\Delta a = a'(1-\cos\theta)=1.5$mm。故作业时应切实将尺子竖直(应使用带水准器的标尺)，并且尺上读数不能太大，一般应不大于2.7m。

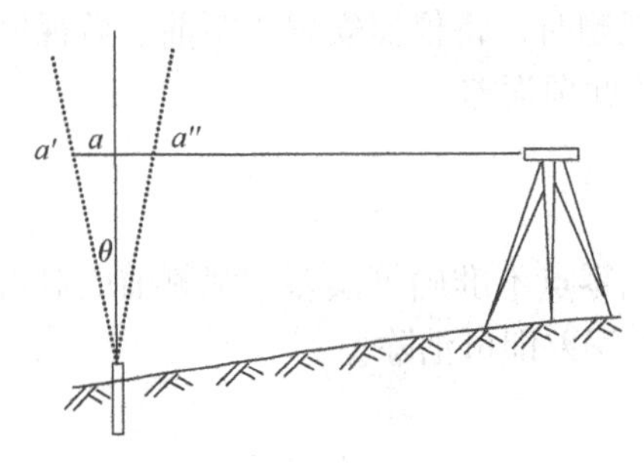

图3-29 水准尺倾斜误差示意图

三、外界条件的影响

1. 仪器升降的误差

由于土壤的弹性及仪器的自重，可能引起仪器上升或下沉，从而产生误差。如图3-30所示，若后视完毕转向前视时，仪器下沉了Δ_1，使前视读数b小了Δ_1，即测得的高差$h_1=a_1-b_1$，大了Δ_1。设在一测站上进行两次测量，第二次先前视再后视，若从前视转向后视过程中仪器又下沉了Δ_2，则第二次测得的高差$h_2=a_2-b_2$，又小了Δ_2。如果仪器随时间均匀下沉，即$\Delta_1 \approx \Delta_2$，当取两次所测高差的平均值时，这项误差就可得到有效减弱。故在国家三等水准测量规范中规定，应按后、前、前、后的顺序观测(参阅第八章)。

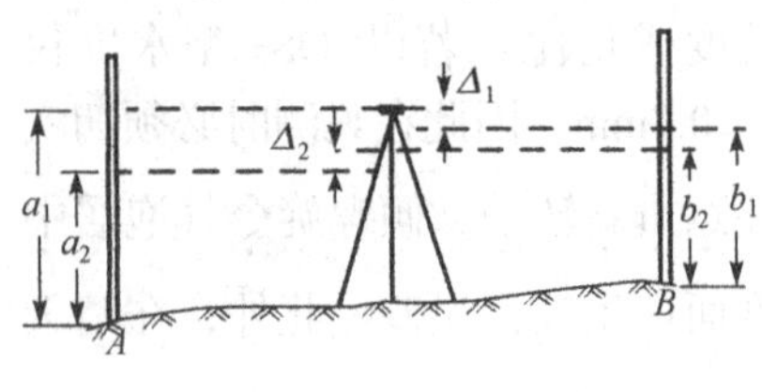

图3-30 仪器下沉的误差

2. 尺垫升降的误差

尺垫升降的误差与仪器升沉情况相类似。如转站时尺垫下沉，使所测高差增大，如上升则使高差减小。故对一条水准路线采用往返观测取平均值，这项误差可以得到减弱。

3. 地球曲率影响

在第一章中已经证明，地球曲率对高程的影响是不能忽略的。如图3-31所示，由于水准仪提供的是水平视线，因此后视读数a和前视读数b分别含有地球曲率误差δ_1和δ_2，则A、B

两点的高差应为 $h_{AB}=(a-\delta_1)-(b-\delta_2)$，但只要将仪器安置于距 A 点和 B 点等距离处(即前后视距相等)，这时 $\delta_1=\delta_2$，$h_{AB}=a-b$，即可消除地球曲率对高差的影响。

4. 大气折光的影响

地面上的空气存在密度梯度，光线通过不同密度的媒质时，将会发生折射，而且总是由疏媒质折向密媒质，因而水准仪的视线往往不是一条理想的水平线。一般情况下，大气层的空气密度总体是上疏下密。视线通过大气层时呈一向下弯折的曲线，使尺上读数减小(图 3-32 左端)，它与水平线的差值 γ 即折光差。在晴天，靠近地面的温度较高，致使近地面的空气密度比上面小，这时视线成为一条向上弯折的曲线，使尺上读数增大(图 3-32 右端)。视线离地面越近，折射也越大，因此一般规定视线必须高出地面一定高度(如 0.3m)，就是为了减少这种影响。若在平坦地面，地面覆盖物基本相同，而且前后视距离相等，这时前后视读数的折光差方向相同，大小基本相等，折光差的影响即可大部分得到抵消或削弱。当在山地连续上坡或下坡时，前后视视线离地面高度相差较大，折光差的影响将增大，而且带有一定的系统性，这时应尽量缩短视线长度，提高视线高度，以减小大气折光的影响。

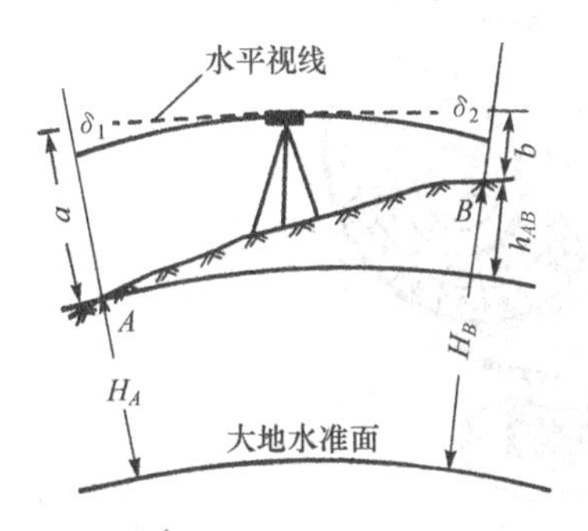

图 3-31　地球曲率影响示意图

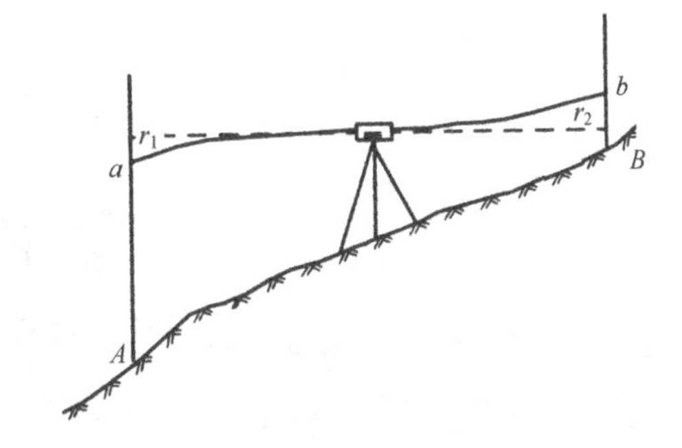

图 3-32　大气折光影响示意图

以上对各种误差进行了逐项分析，实际上由于误差产生的随机性，其综合影响将会相互抵消一部分。在一般情况下，观测误差是主要的，但事物不是固定不变的，在一定条件下，其他因素也可能成为主要方面。测量者的任务之一，就是掌握误差产生的规律，采取相应措施。既能保证测量精度，又能提高工效。

第七节　数字水准仪和条码尺

数字水准仪又称电子水准仪或数字电子水准仪，是集计算机技术、电子技术、图像处理技术、编码技术于一体的新型水准仪。是以自动安平水准仪为基础，在望远镜光路中增加分光镜和读数器(charge-coupled device，CCD 电荷耦合器件)，采用条码水准标尺和图像处理系统构成的光机电一体化产品。1990 年 3 月，徕卡公司推出世界上第一台数字水准仪 NA2000。目前，瑞士徕卡公司、美国天宝导航有限公司、日本拓普康公司等，还有我国的广州南方测绘科技股份有限公司(简称南方测绘)等都可以生产多种型号的数字电子水准仪和条码水准尺。图 3-33 为南方测绘生产的 DL2007 型数字水准仪，图 3-34 为徕卡公司生产的 DNA03 型电子水准仪。

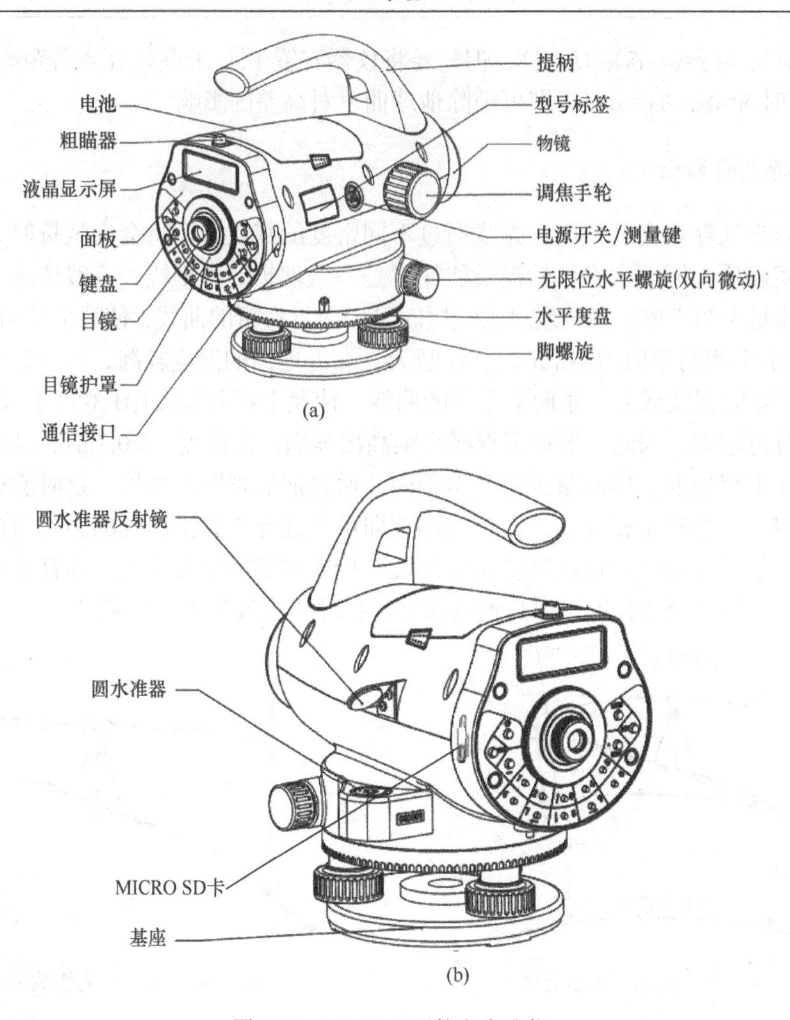

(a)

(b)

图 3-33　DL2007 型数字水准仪

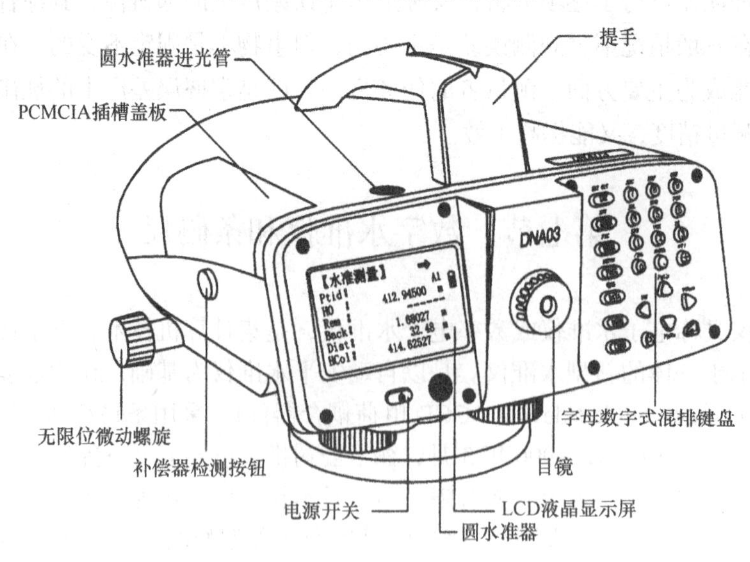

图 3-34　DNA03 型电子水准仪

一、数字水准仪的特点

与光学水准仪相比，数字水准仪的特点有以下几点。

(1)用自动电子读数代替人工读数，不存在读错、记错等问题，没有人为读数误差。

(2)精度高，多条码(等效为多分划)测量，削弱标尺分划误差，多次测量取平均值，可削弱外界环境变化的影响。

(3)速度快、效率高，实现自动记录、检核、处理和存储，可实现水准测量外业数据采集到最后成果计算的内外业一体化。

(4)数字水准仪一般是设置有补偿器的自动安平水准仪，当采用普通水准尺时，数字水准仪又可当作普通自动安平水准仪使用。

二、数字水准仪的构造和基本原理

电子水准仪由望远镜、圆水准器、基座、操作面板和数据处理系统等组成，如图 3-33 和图 3-34 所示。电子水准仪的关键技术是电子自动读数与数据处理，目前，采用的数据处理方法有相位法、几何法和相关法。例如，瑞士徕卡生产的 NA 系列采用相关法读数，日本拓普康生产的 DL 系列采用相位法读数，德国蔡司生产的 DiNi 系列采用几何法读数。图 3-35 为采用相关法读数的徕卡公司生产的 NA3003 型数字水准仪的机械光学结构图。当用望远镜照准标尺并调焦后，标尺上的条形码影像入射到分光镜上，分光镜将其分为可见光和红外光两部分，可见光影像成像在分划板上，供目视观测。红外光影像成像在电荷耦合器件(charge-coupled device ,CCD)线阵光电探测器(简称探测器)上(探测器长约 6.5mm，由 256 个口径为 25μm 的光敏二极管组成，一个光敏二极管就是线阵的一个像素)，探测器将接收到的光图像先转换成模拟信号，再转换为数字信号传送给仪器的处理器，通过与事先存储好的标尺条形码本源数字信息进行相关比较，当两信号处于最佳相关位置时，即可获得水准尺上的水平视线读数和视距读数，最后将处理结果存储并送往屏幕显示。

三、条码水准尺

条码水准尺是与电子水准仪配套使用的专用水准尺，如图 3-36 所示。它是用玻璃钢、铝合金或铟钢制成的单面或双面尺，形式有直尺和折尺两种，长度有 2m、3m 等几种规格。尺面上刻有宽度不同、黑黄(白)相间的条码，该条码相当于水准尺上的分划和注记。通常，双

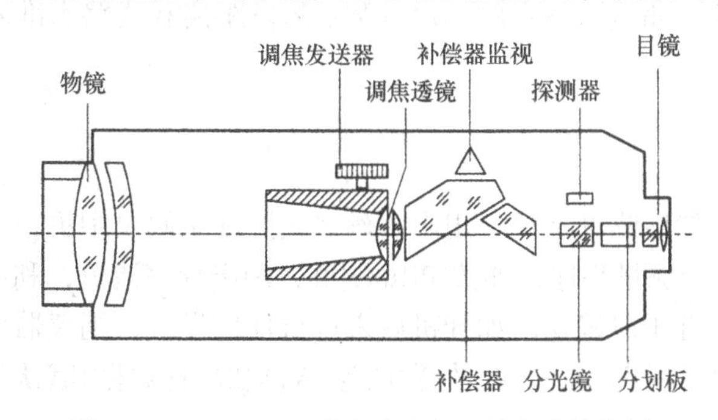

图 3-35　NA3003 型数字水准仪机械光学结构图

图 3-36　条码水准尺

面尺子的分划一面为条码，与数字水准仪配套用于数字水准测量，双面尺的另一面为长度单位的分划线，用于普通水准测量。

综上可知，数字水准仪应与相应厂家生产的条码尺配套使用，不能互换。若不用条码水准尺，改用普通的水准尺，则数字水准仪就是一台普通的自动安平水准仪。

四、徕卡 DNA03 型中文精密电子水准仪简介及其使用方法

1990 年，徕卡公司在世界上首次推出了第一代精密电子水准仪 NA3003，现在又在 NA3003 的基础上推出了第二代精密电子水准仪 DNA03，如图 3-34 所示。其中销往中国市场的 DNA03，其显示界面全部为中文，同时内置了适合我国测量规范的观测程序。DNA03 的主要技术参数如下：

精度：0.3mm/km（采用因瓦水准尺）；

最小读数：0.01mm；

测距精度：1cm/20m；

内存：可以存储 1650 组测站数据或 6000 个测量数据；

补偿器：磁性阻尼补偿器；

补偿范围：±8′；

补偿精度：±0.3″；

单次测量时间：3s；

GEB 电池：连续测量 12h。

为确保外业观测数据的安全，DNA03 上还插有一个 PCMCIA 闪存卡，全部测量数据同时保存在仪器内存和 PCMCIA 闪存卡中。

电子水准仪的操作步骤与自动安平水准仪相似，可分为粗平、瞄准（并消除视差）、按“测量键”读数。现以徕卡数字水准仪 DNA03 为例介绍其基本操作方法（详细说明见数字水准仪 DNA03 用户手册）。

1. 粗平

同普通水准仪一样，转动脚螺旋使圆水准器的气泡居中，气泡居中情况可在圆水准器观察窗口中看到，然后打开仪器电源开关（开机）。仪器开机后，仪器的基本程序“水准测量”总处于接收测量成果的状态。仪器显示新线路的第一个后视数据，在“水准测量”状态，仪器以最简单的方式执行水准仪的基本应用，如读取各点的标尺读数、测量距离和线路水准测量等。

2. 瞄准（并消除视差）

先转动目镜调焦螺旋，看清十字丝，然后瞄准标尺，用十字丝竖丝照准条码尺中央，并注意消除视差。可按相应键选择测量模式和测量程序，如按[PROG]键，调出程序清单，利用上下定位键选择相应的测量程序，按回车键予以确认。如开机后未进行任何设置，则仪器处于基本程序状态，在相应一行输入需要的后视点或已知点号（默认为 A1）和高程数据（默认为 0.0000）即可进行下一步。

3. 按测量键读数

按测量键即可得到相应的数据。显示器显示水准尺读数、仪器至水准尺之间的距离及视线高或所测两点间高差等，仪器以日期和时间对路线计数、标记并自动将记录测量数据于内存卡、记录卡或经 RS232 接口输出。

五、南方测绘 DL2007 型数字水准仪的功能和使用方法

南方测绘 DL2007 型数字水准仪(图 3-33)可以进行高程测量和高程放样等许多功能，与自动安平光学水准仪和其他数字水准仪一样，使用方法也分为安置、粗平、瞄准、读数，区别在于可以自动记录、存储、传输与数据处理。

下面以 DL2007 数字水准仪为例简单介绍其主要操作步骤，其中安置、粗平、瞄准与其他电子水准仪或光学普通水准仪基本相同，这里不再赘述。下面主要介绍其标准测量的操作步骤。其他详细内容参考仪器使用手册。

1. 开机

按 POW/MEAS 键开机。显示屏显示主菜单界面，如图 3-37 所示。

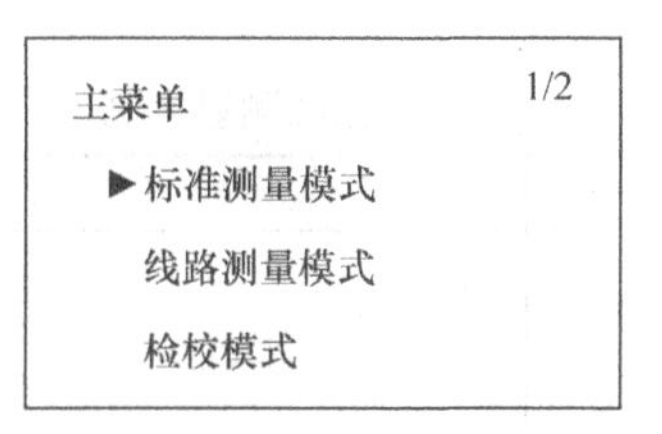

图 3-37　主菜单界面

2. 设置参数

开机之后，进行参数设置，一般设置内容有以下几点。

(1)测量参数。内容包括测量模式(单次测量/*N* 次测量/连续测量)、最小读数(标准 0.1mm/精密 0.01mm)、标尺倒置模式(使用/不使用)、数据单位(米/英尺(1英尺=0.3048m))、限差(前后视距差/累计视距差/高差限差/高差之差限差/视距限值/视高限值)。

(2)条件参数。条件参数包括点号模式(点号递增/点号递减)、显示时间(1～9s)、数据输出(OFF/内存卡/SD 卡/通信口输出)、通信参数(标准参数/用户设置)、自动关机(开/关)。

(3)仪器参数。仪器参数包括对比度(1～9)、背景光(开/关)、仪器信息。

在菜单模式或测量之前按[SET]键，会显示“设置”屏幕，按步骤设置即可。

3. 数据管理——新建文件夹

数据管理菜单功能包含生成文件夹、删除文件夹、输入点、拷贝作业(内存卡/SD 卡)、删除作业(内存卡/SD 卡)、查找作业(内存卡/SD 卡)、文件输出(内存卡/SD 卡)、检查容量(内存卡/SD 卡)、格式化(内存卡/SD 卡)。

数据管理中的生成文件夹操作步骤如下：按主菜单再按[▲]或[▼]直至显示“数据管理创建成功”，如图 3-38 所示。

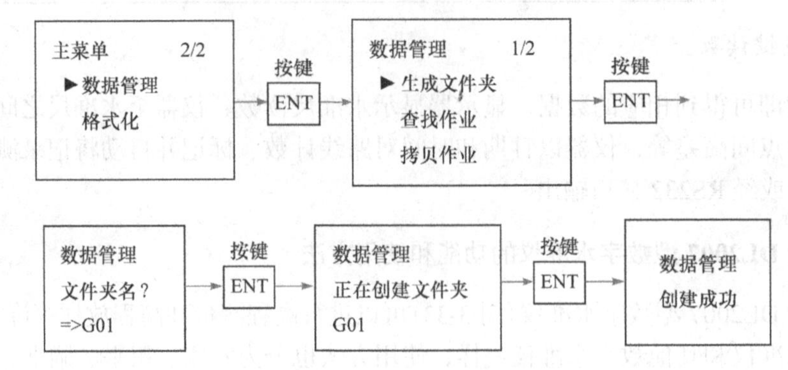

图 3-38　数据管理操作步骤

4. 标准测量——瞄准标尺按测量键并读数

标准测量模式包含标准测量、高程放样、高差放样和视距放样。标准测量只用来测量标尺读数和距离，而不进行高程计算。当“条件参数”的“数据输出”为“内存”或“SD”卡时，则需输入作业名和有关注记，所有的观测值须手动按[REC]记录到内存或数据卡中。

以下详细叙述标准测量操作过程(表 3-4)，其中设置的参数为数据输出(内存)，每次观测进行三次测量。

表 3-4　标准测量实例

操作过程	操作	显示
1. [ENT]键	[ENT]	主菜单 1/2 ▸标准测量模式 线路测量模式 检校模式
2. [ENT]键	[ENT]	标准测量模式 ▸标准测量 高程放样 高差放样
3. 输入作业名并按[ENT]※1)，3)	输入作业名 [ENT]	标准测量 作业? =>J01
4. 输入新测量号 12 并按[ENT]※1)，2)	输入测量号[ENT]	标准测量 测量号 =>12
5. 输入注记 1～3，并按[ENT]※1)，3) ●要跳过注记并直接地进入步骤(6)，只要在“注记#1”提示时按[ENT]即可	输入注记 1 [ENT]	标准测量 注记#1? =>1
	输入注记 2 [ENT]	标准测量 注记#2? =>1
	输入注记 3 [ENT]	标准测量 注记#3? =>1
6.输入测量点的点号	[MEAS] 连续测量 [ESC]	标准测量 点号 =>P01
7.瞄准标尺		标准测量 按[MEAS]开始测量 测量号：12

续表

操 作 过 程	操作	显示
8.按[MEAS]键 进行三次测量并结果显示 *M* 秒※4)※5) ●若水准仪设置为连续测量，则按[ESC]键，这时屏幕显示最后一次测量值 *M* 秒	[REC]	标准测量 标尺： 视距： 开始测量>>>>>>>
9. 按[REC]键，存储显示的数据※6)		标准测量 P1/2 标尺均值：0.8263m 视距均值：18.818m *N*：3,δ: 0.04mm

表 3-4 中，1、2、3、4、5、6 说明如下：

(1)作业名最多可输入 8 个大写字母或数字，而注记可输入 16 个大小写字母、数字或符号；

(2)测量号最多可输入 8 个数字；

(3)当记录模式关时，作业名、测量号和注记不能输入；

(4)显示的时间可在设置模式，参见“设置模式”；

(5)当完成测量时，显示下列数据。按[▲]或[▼]键可以交替显示屏幕内容；

(6)存储后，点号会自动递增或递减，测量之前可以按[ESC]更改测量号。

测量完毕，按[▲]或[▼]键显示屏幕内容如图 3-39 所示。

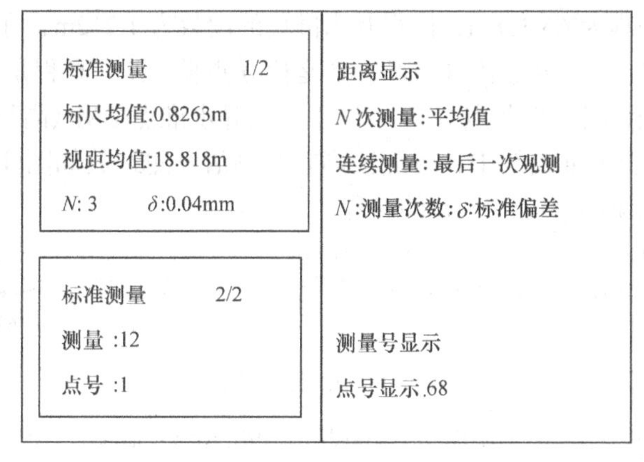

图 3-39　屏幕内容

至此，标尺的视距和中丝读数测量完毕，可按相同方法瞄准观测其他点上的标尺并读数。结束测量可按 POW/MEAS 键 5s 左右即可关机。

如需进行国家二、三、四等等级水准测量观测工作，需要在主菜单选择线路测量模式，详细步骤见仪器操作说明书。

六、数字水准仪的使用注意事项

于数字水准仪测量采用条码图像进行处理来获取标尺读数，因此获取图像的质量会直接影响成果的精度。为保证成果质量和提高效率，需注意以下几点。

(1)精确调焦，多次观测取平均值。

(2)尽可能减少对标尺的遮挡。

(3)若标尺处于逆光或有强光对着目镜时，可使用物镜遮光罩，强烈阳光下应打伞。

(4)安置仪器时踩紧三脚架，测量时轻按测量键，保证仪器稳定。

(5)高精度测量前应先对电子 i 角进行检校。

(6)前后视距尽量相等，减少仪器的调焦误差。

(7)保持条码标尺清洁并使标尺竖直，以免影响测量精度。

(8)视线距地面高度大于 0.5m，减少大气折光的影响。

思考题与习题

1. 简述水准测量原理及测定两点之间高差和待测点高程的方法。

2. DS_3 型水准仪主要由哪几部分组成？各部分有什么功能？

3. $DZS_{3\text{-}1}$ 型自动安平水准仪主要由哪几部分组成？各部分有什么功能？

4. 简述用望远镜瞄准水准尺的步骤。

5. 何谓视差？发生视差的原因是什么？如何消除视差？

6. 何谓水准管分划值？其与水准管的灵敏度有何关系？

7. 怎样用脚螺旋整平圆水准器？圆水准器和水准管各有何作用？

8. 水准仪有哪些轴线？它们之间应满足哪些条件？哪个是主要条件？为什么？

9. 结合水准测量的主要误差来源，说明在观测过程中要注意哪些事项？

10. 试比较用 $DZS_{3\text{-}1}$ 型自动安平水准仪与 DS_3 型微倾式水准仪进行水准测量时的优缺点。

11. 后视点 A 的高程为 65.318m，读得其水准尺的读数为 1.212m，在前视点 B 尺上读数为 1.812m，问高差 h_{AB} 是多少？B 点比 A 点高，还是比 A 点低？B 点高程是多少？试绘图说明。

12. 如图 3-40 所示，图根控制点 A、B 布设于由四等水准点 BM_1(高程 78.698m)和 BM_5(高程 68.576m)组成的附合水准路线中，各测段高差观测值及测站数如图注，试按表 3-3 格式完成各项计算，并求出图根控制点 A、B 的高程。

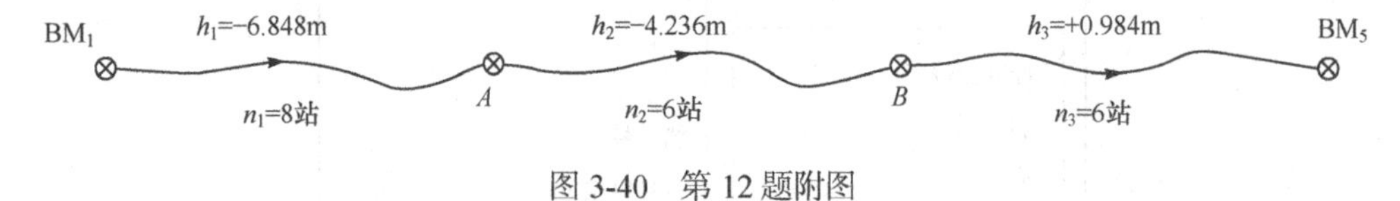

图 3-40 第 12 题附图

13. 如图 3-41 所示，由已知水准点 BM_8(H_{BM_8}=90.765m)起测，经 1、2、3 点又回到 BM_8 组成闭合水准路线，各测段的距离及观测高差均注于图中，试按表 3-2 格式完成闭合水准路线的各项计算，并求出各点的高程。

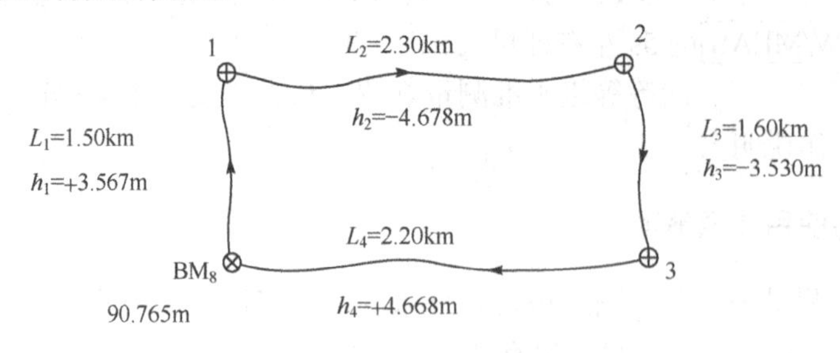

图 3-41 第 13 题附图

14. 已知 A、B 两水准点的高程分别为：H_A=44.286m，H_B=44.175m。水准仪安置在 A 点附近，测得 A 尺上读数 a=1.567m，B 尺上读数 b=1.673m。问这架仪器的水准管轴是否平行于视准轴？若不平行，当水准管的气泡居中时，视准轴是向上倾斜还是向下倾斜？如何校正？

第四章　经纬仪及角度测量

本 章 要 点

本章主要介绍 DJ_6 型经纬仪的构造、操作使用方法及角度测量。经纬仪是测量工作的主要仪器，它可以测量水平角、竖直角、距离及高差。角度测量包括水平角和竖直角，其中水平角是确定地面点平面位置的主要元素；而通过观测竖直角，可以将倾斜距离化为水平距离，同时它又是间接测定高差的主要元素。

第一节　水平角测量原理

如图 4-1 所示，A、B、C 是地面上高程不同的三个点，构成相交于 B 点的 BA 和 BC 两倾斜直线，过 BA 和 BC 的两个竖直面与水平面 P 的交线 ba 和 bc 的夹角 β，即该两直线的水平角。因此，水平角就是地面上两直线之间的夹角在水平面上的投影，而不是空间斜面角 $\angle ABC$。

若在角顶点 B 的铅垂线上任一点 O 放置一个与铅垂线垂直且按顺时针刻划的圆盘(刻度为 0°～360°)，过 BA 和 BC 两竖直面与圆盘平面相交于 oa' 和 oc'，则 $\angle a'oc'$ 为水平角 β，它等于瞄准右目标 C 点时在圆盘上的读数 c' 减去瞄准左目标 A 点时在圆盘上的读数 a'。

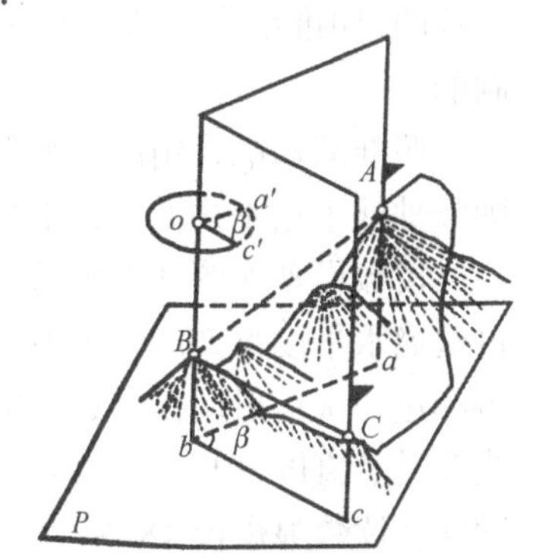

图 4-1　水平角观测原理

因此，对观测水平角的仪器提出如下要求：

(1) 仪器要能安置在角顶点上，而且仪器的中心必须位于通过角顶点的铅垂线上。

(2) 照准设备能在竖直面和水平面内自由转动。

(3) 要具有一个刻度盘，并能使其处于水平位置。

(4) 要有读数设备，读取投影方向的读数。

根据上述要求制成的测角仪器，称为经纬仪。

第二节　DJ_6 型光学经纬仪及其使用

早期的经纬仪用金属材料制成，使用游标读数，称为游标经纬仪。到 20 世纪 30 年代以后普遍采用玻璃度盘和光学机械部件制造，这种经纬仪称为光学经纬仪。随着计算机和微电子技术的迅速发展，自 20 世纪 80 年代以来，相继出现了电子经纬仪和智能型测角测距一体机的全站型电子速测仪(简称全站仪)，以及自动寻找目标并照准观测的测量机器人。经纬仪通常按其观测精度指标(一测回方向值中误差)分为 0.7″、1″、2″、6″等级别；在其精度级别前再冠以大地测量仪器总代号“D”与经纬仪代号“J”，连接起来就是：DJ_{07}、DJ_1、DJ_2、DJ_6型经纬仪(简称J_{07}、J_1、J_2和J_6级经纬仪)。前三类属于精密经纬仪，用于各级控制测量和变形观测；DJ_6属于普通经纬仪，用于地形测图和小型工程测量。本节主要讲述DJ_6型光学经纬仪的构造及操作使用方法，电子经纬仪的介绍见第三节。

一、DJ_6型经纬仪的构造

由于生产厂家不同，每个等级的经纬仪的部件及结构不完全相同，但主要部分是相同的，它们均由照准部、水平度盘和基座三部分组成。图 4-2 所示为两种国产J_6级光学经纬仪，其中(a)为北光厂生产的TDJ_6型经纬仪，(b)为南京 1002 厂生产的J_6型经纬仪，二者的构造基本相同，其区别仅在于竖盘指标的安平(归零)装置不同。TDJ_6型经纬仪为竖盘指标补偿器，而J_6型经纬仪为竖盘指标水准管。现就J_6型经纬仪的构造与读数设备分述如下。

(一)照准部

照准部的主要部件由望远镜、照准部水准管、读数设备等组成。望远镜由物镜、目镜、十字丝环、调焦透镜组成，其作用与水准仪的望远镜相同。它安置在照准部两侧的支架上，由望远镜制动钮和望远镜微动螺旋控制可上下转动。望远镜侧面装有竖直度盘，该盘的中心和望远镜的旋转轴(横轴)是一致的，随望远镜的转动而转动，用以测量竖直角。

整个照准部又以其内轴与水平度盘的外轴相连，从图 4-3 中可以看出，内轴 19 是与竖轴一致的，照准部绕竖轴在水平方向的转动是由图 4-2 中的照准部水平制动钮和水平微动螺旋控制的。

照准部水准管用以整平仪器。当照准部旋转至任意方向时，水准管气泡均保持居中位置，则竖轴处于铅垂线方向，水平度盘处于水平位置。

读数设备如图 4-3 所示，外来光线由反光镜 11 射入仪器内部，经棱镜 1 折射 90°，再通过玻璃水平度盘 20，经过棱镜 2、3 的几次折射，到达有分微尺的指标棱镜 4，通过棱镜 5，再经过一次折射，在读数显微镜 18 内就能看到水平度盘的分划和分微尺的成像。同时，当光线穿过竖直度盘 9，经过棱镜 6、7、8 的折射，到达分微尺指标镜 4，最后经过棱镜 5 的折射，同样在读数显微镜 18 内看到竖盘分划和另一分微尺的影像，如图 4-4 所示。

(二)水平度盘

水平度盘通过外轴装在基座中心的套轴(图 4-3 中 14)内，并用基座锁紧螺旋使之锁紧。当照准部转动(即内轴转动)时，水平度盘并不随之转动。若需要将水平度盘安置在某一读数的位置时，可拨动专门机构，DJ_6型光学经纬仪变动水平度盘的机构有以下两种形式。

1. 度盘变换手轮

如图 4-2(a)所示，按下度盘手轮下的保险手柄，将度盘手轮推进并转动，就可以将度盘转到需要的读数上。有的仪器度盘变换轮与水平度盘直接相连(图 4-2(b))，转动该变换轮，度盘也随之转动，但照准部不动。

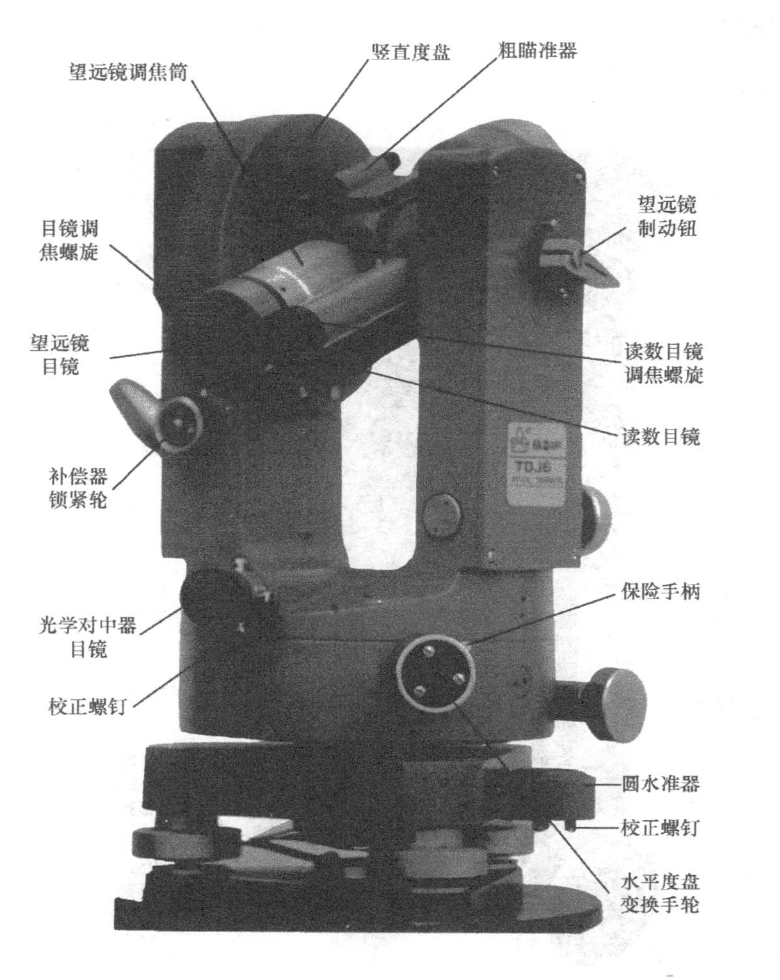

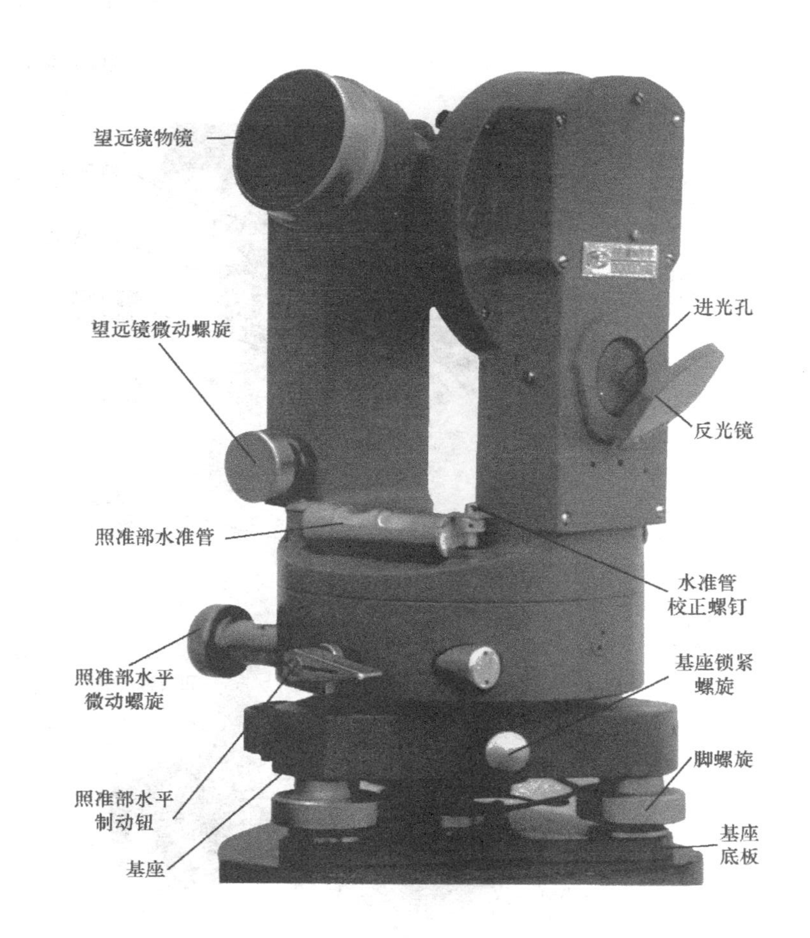

(a) 北光厂TDJ_6型经纬仪

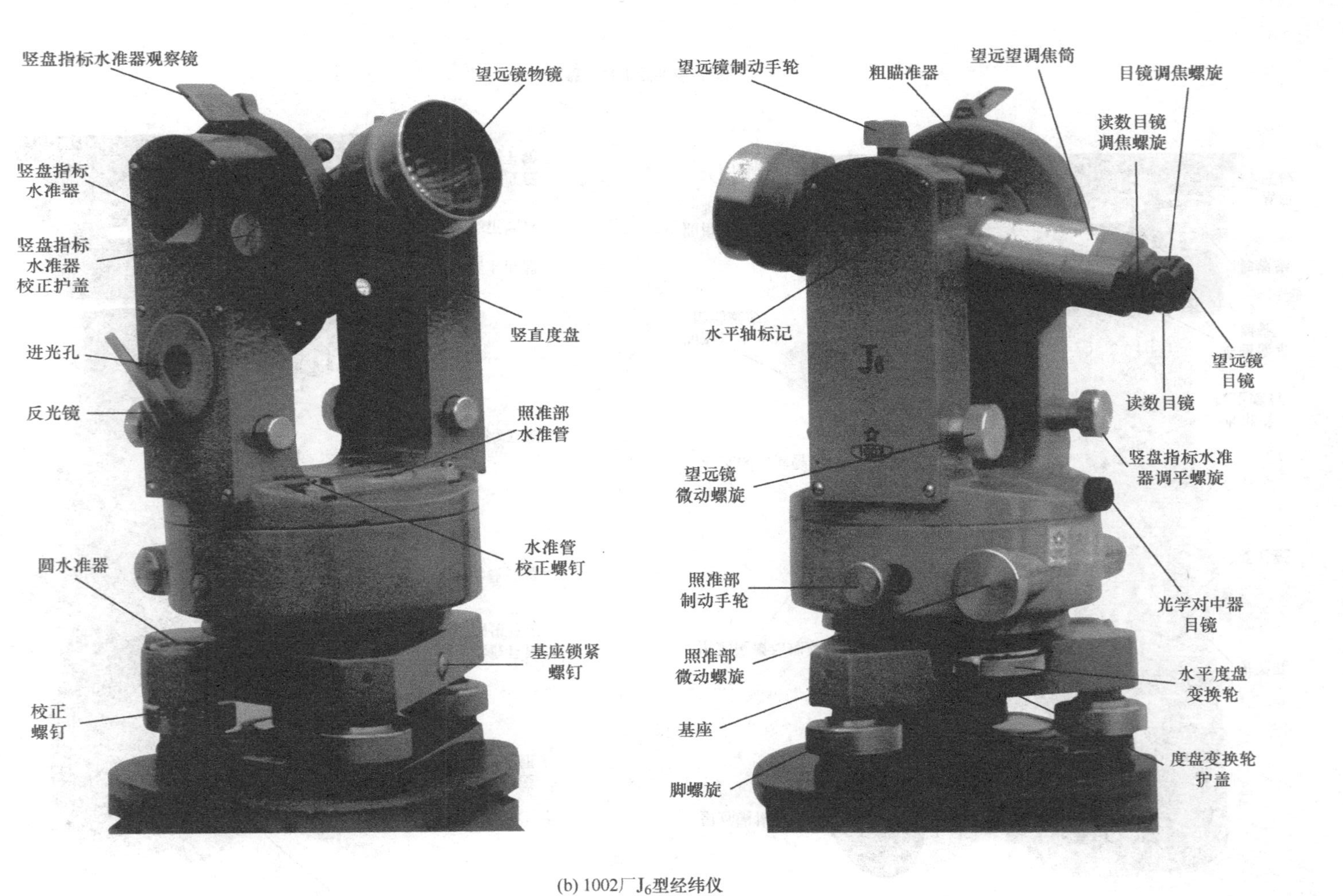

(b) 1002厂J_6型经纬仪

图4-2　两种国产J_6级光学经纬仪

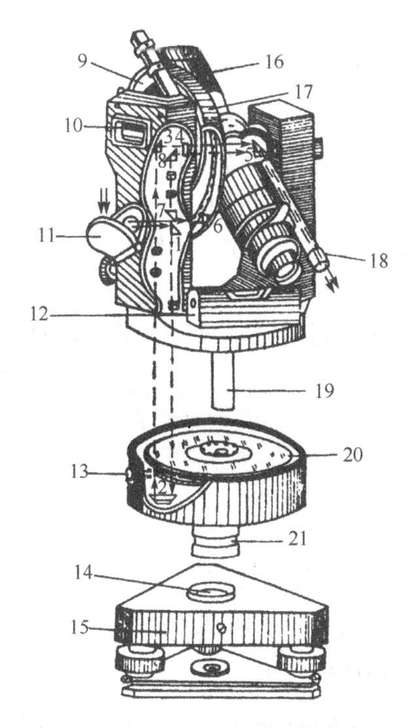

图 4-3　DJ6 型光学经纬仪部件及光路图

1、2、3、5、6、7、8-光学读数系统棱镜；4-分微尺指标棱镜；9-竖直度盘；10-竖盘指标水准管；11-反光镜；12-照准部水准管；13-度盘变换手轮；14-套轴；15-基座；16-望远镜；17-竖直度盘；18-读数显微镜；19-内轴；20-水平度盘；21-外轴

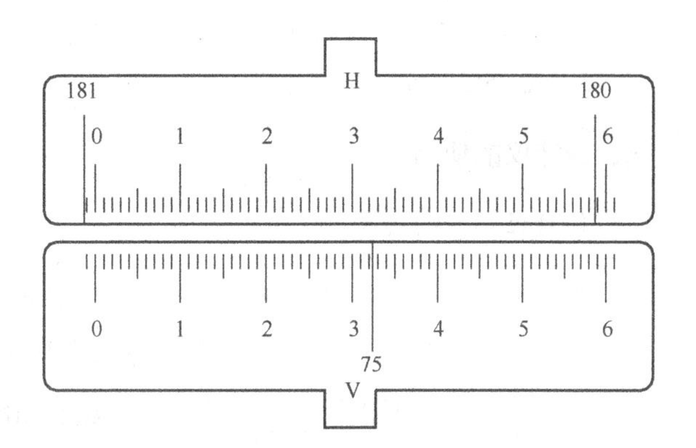

图 4-4　分微尺读数方法示意图

2. 复测扳手

部分 DJ_6 型光学经纬仪装有复测扳手，如图 4-5 所示，在配置度盘时，将复测扳手扳下(图中机构 b)，则水平度盘与照准部结合在一起，二者一起转动，度盘读数不变。在观测时，将复测扳手扳上(图中机构 a)，度盘就与照准部脱开。

无论是使用度盘变换手轮或是复测扳手，目的是将水平度盘安置在任何需要的位置上，例如，在瞄准起始方向时将水平度盘的读数安置在 0°0′00″，而在测角过程中，则必须使水平度盘和照准部脱开。目前，常见的普通光学经纬仪大多属于度盘变换手轮构造形式，复测扳手光学经纬仪不再生产。

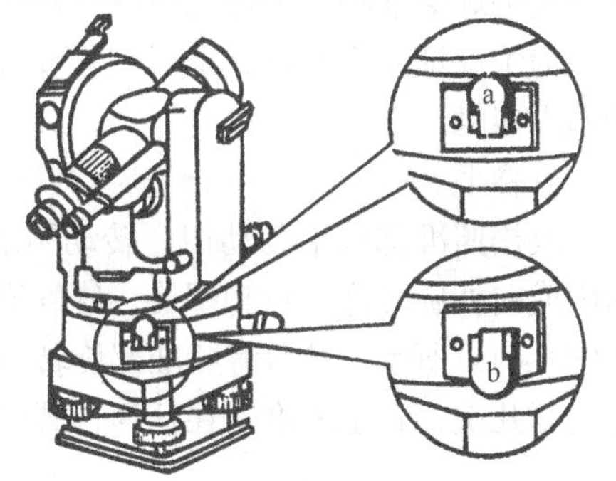

图 4-5　水平度盘变换装置

(三)基座

与水平度盘相连的外轴套插入基座的套轴内，并由中心锁紧螺旋固定。在基座下面用中心螺旋和三脚架顶板相连，基座上装有三个脚螺旋，调节脚螺旋使竖轴与铅垂线方向一致，以达到水平角测量原理所提出的要求。

二、读数设备

DJ_6 型光学经纬仪读数结构主要有分微尺测微器和平板玻璃测微器两种，目前常见的是分微尺测微器，下面主要介绍分微尺测微器读数结构和读数方法。

在读数显微镜内可以看到水平度盘和竖直度盘影像，如图 4-4 所示，水平度盘每隔 1°有一分划线，小于 1°的读数在分微尺上读取。分微尺的零位置(记为 0)称为指标线，用以指示度盘读数。分微尺的长度相当于度盘 1°的间隔，它又分为 60 小格，每个小格相当于 1′(每 10 小格注以 1，2，…，6，表示 10′的倍数)，因此可直读至 1′，估读到 1 格的十分之一即 0.1′(或 6″)。图 4-5 中度盘读数(H 窗)为 180°，再加上分微尺零指标至度盘上 180°分划线的间隔 58.7′，结果为 180°58.7′或 180°58′42″ 。度盘注记按顺时针方向 0°～360°，而分微尺注记是按逆时针方向，这是为了将不足 1°的读数直接加到度盘的整度上去。同理，竖直度盘的读数(V 窗)为 75°32.4′或 75°32′24″ 。

三、经纬仪的使用

(一)经纬仪的安置

经纬仪的安置工作包括对中与整平。对中的目的是使仪器的水平度盘中心位于地面点(即所测角之顶点)的铅垂线上，方法有垂球对中和光学对中。整平的目的是使经纬仪的竖轴成铅垂位置，并使水平度盘处于水平位置，方法有粗略整平和精确整平。

由于对中和整平两项工作相互影响，在安置仪器时，应同时满足对中和整平这两个条件。下面分别介绍采用两种不同对中方法时的经纬仪安置步骤。

1. 利用垂球安置经纬仪

1)对中

张开三脚架，并调节三脚架使其高度与观测者适宜，目估架头水平，使架头中心初步对准测站点的标志中心。然后安上仪器，旋紧中心连接螺旋，挂上垂球。如垂球尖离标志较远，则平移脚架，使垂球尖大致对准标志，踩紧脚架；再稍松中心连接螺旋，在架头上移动经纬仪，使垂球尖准确对准标志中心，对中后及时拧紧中心螺旋。

为了保证对中精度，应及时调整垂球线的长度，使得垂球尖尽量靠近测站点，但不得与测站点接触。

2)整平

放松照准部水平制动钮，转动照准部使水准管与任意一对脚螺旋的连线平行，两手同时向内或向外旋转这一对脚螺旋，使气泡居中。气泡移动的方向和左手大拇指运动的方向一致，如图 4-6(a)所示。然后将照准部旋转 90°，再调节第三个脚螺旋使气泡居中，如图 4-6(b)。这样反复几次，直至水准管在任何位置时气泡居中。

2. 利用光学对中器安置经纬仪

现在的光学经纬仪均装有光学对中器(图 4-2(a)、(b))，它是一个小型外调焦望远镜。当照准部水平时，对中器的视线经棱镜折射后的一段成铅垂方向，且与竖轴中心重合。若地面标志中心与光学对中器分划板中心(小圆圈圆心或十字丝交点)相重合，这说明竖轴中心已位于角顶点的铅垂线上。由于仪器安置的高度不同，光学对中器也需调焦，可先旋转光学对中器目镜调焦螺旋看清对中标志分划板，再推或拉光学对中器(有的是旋转物镜调焦螺旋)使测站点影像清晰。利用光学对中器安置经纬仪的步骤如下。

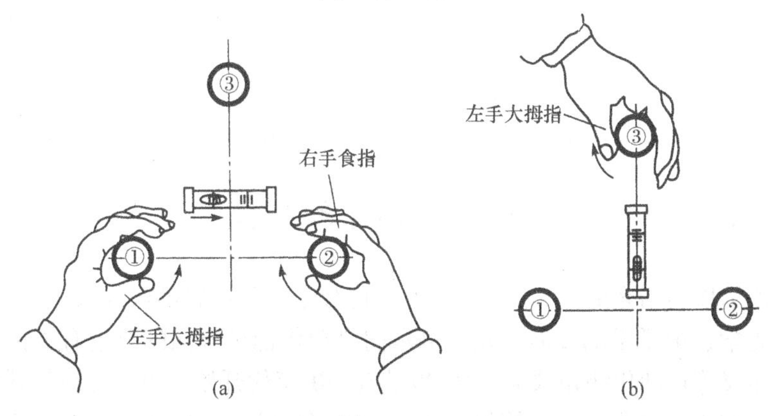

图 4-6　经纬仪的整平方法示意图

1）粗略对中

张开三脚架，并调节三脚架使其高度与观测者适宜，目估架头水平，使架头中心初步对准测站点的标志中心。然后安上仪器，旋紧中心连接螺旋，调节三个脚螺旋至适中部位。固定三脚架的一只脚于适当位置，两手分别握住另外两只脚，眼睛观察光学对中器，移动这两只脚，使对中标志对准测站点的标志中心（为了提高操作速度，可调节脚螺旋使对中器分划圈圆心或十字丝交点对准测站点的标志中心），然后将三脚架的脚尖踩入土中。

2）粗略整平

升降三脚架三只脚的高度，使圆水准器的气泡居中。

3）精确整平

如图 4-6 所示，转动照准部，旋转脚螺旋，直到水准管气泡在相互垂直的两个方向上都居中为止。

4）精确对中并精确整平

精确整平后重新检查对中，如有少许偏离，可松开中心连接螺旋，眼睛观察光学对中器，在架头上平移仪器，使其精确对中后，及时拧紧中心连接螺旋；旋转照准部，在相互垂直的两个方向上检查水准管气泡居中情况，如果仍然居中，则仪器安置工作完成，否则应从上述精确整平开始重复操作。

仪器安置正确与否会直接影响测角的质量。垂球对中操作不方便，且精度较低，对中误差一般不大于 3mm。光学对中不受风力影响，且精度较高，对中误差一般为 1mm。整平时气泡偏离中心的误差应不超过一格。

目前主流测量仪器（全站仪）都含有激光对点器，利用激光对点器对中与利用光学对中器安置经纬仪基本相同；如果条件允许，也可使用电子气泡代替上面的管水准器进行精平仪器，这里不再叙述。

（二）瞄准

瞄准目标前首先要松开照准部和望远镜的制动钮，将望远镜对向天空（或明亮的背影），调节目镜，使十字丝最清晰，消除视差。然后转动照准部和望远镜，先用望远镜的粗瞄准器对准目标，再在望远镜内找到目标，进行物镜调焦，使成像清晰。最后固定照准部和望远镜制动钮，用相应的微动螺旋使十字丝精确对准目标。观测水平角时用竖丝精确瞄准目标（单线平分或双线夹目标)，且尽量瞄准目标的中心位置或底部；观测竖直角时用中横丝精确与目标顶相切，且尽量使目标靠近十字丝交点。

(三)读数

按不同经纬仪的读数设备用本节前述方法读取读数。

第三节　电子经纬仪

电子经纬仪是指利用光电技术测角，带有角度数字显示装置的经纬仪。20 世纪 60 年代以来，随着近代光学、电子学的发展，角度测量向自动化记录方向的改进有了技术基础，从而出现了电子经纬仪等自动化测角仪器。从 20 世纪 70 年代开始，电子经纬仪开始应用于测量工作中，之后它与光电测距仪、计算机、电子绘图仪相结合，使测量工作逐渐实现了自动化和内外业一体化。电子经纬仪既可单独作为测角仪器完成角度测量等测量工作，又可与激光测距仪、电子手簿等组合成全站仪，实现测角、测距等功能(详见第五章)。

一、电子经纬仪的构造和测角原理

电子经纬仪的基本构造、测量方法与光学经纬仪相似，主要区别在于测角原理。如图 4-7 所示为南方测绘生产的 DT-02 型电子经纬仪，各部件名称见图中的注释，测角精度为 2″，角度最小显示到 1″，测角方式采用的是**绝对编码度盘技术**。

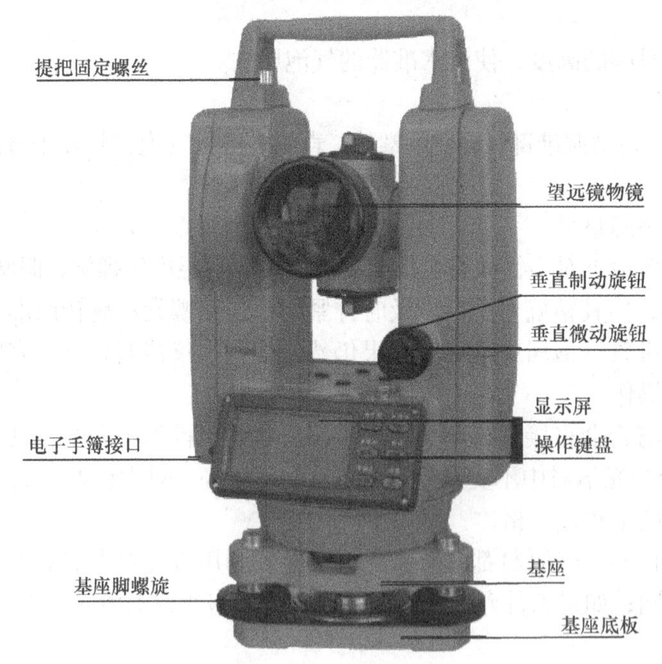

图 4-7　南方测绘 DT-02 型电子经纬仪

电子经纬仪采用电子测角系统，利用光电转换原理将通过度盘的光信号转变为电信号，再将电信号转换为角度值，并将结果以数字形式在显示窗口显示。电子经纬仪的测角原理按取得信号的方式不同可分为编码度盘测角、光栅度盘测角和动态测角三种。下面简要介绍三种测角原理。

(一)编码度盘测角

为了便于角度读数的电子化，电子编码度盘的角度分划则常用二进制码来表示。如图 4-8 所示，在编码度盘上分成若干宽度相同的同心圆环，这种圆环称为编码度盘的“码道”，在码道数目一定的条件下，整个编码度盘又可以分成数目一定、面积相等的扇形区，称为编码度盘的“码区”。每条码道实际上代表一个二进制位，设码道数为 n，则相应的码区数 S 为

$$S=2^n \tag{4-1}$$

在同一码区内的各码道从外到内按二进制码的方式处理成透光或导电(0)、不透光或不导电(1)，即可形成二进制编码度盘。因每一个码区都一一对应度盘分划中的某一角度值，通过光电读数装置可获得相应码区的二进制读数，经译码器转换成十进制值，就可实现编码度盘读数的自动读取与显示，见表 4-1。

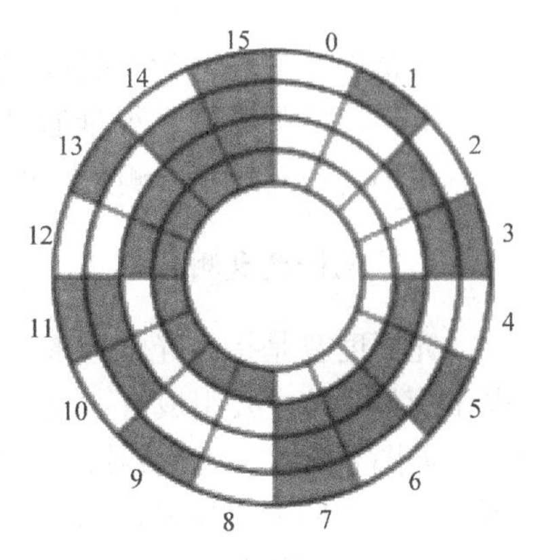

图 4-8　编码度盘

表 4-1　编码度盘二进制编码表

区间号	二进制编码	角度/(°)	区间号	二进制编码	角度/(°)
0	0000	0	8	1000	180
1	0001	22.5	9	1001	202.5
2	0010	45	10	1010	225
3	0011	67.5	11	1011	247.5
4	0100	90	12	1100	270
5	0101	112.5	13	1101	292.5
6	0110	135	14	1110	315
7	0111	157.5	15	1111	337.5

如图 4-9 所示，编码式电子测角用光传感器来识别和获取度盘位置信息，度盘上部为发光二极管，度盘下面的相对位置上是光电二极管，发光二极管发出光信号时，对于码道的透光

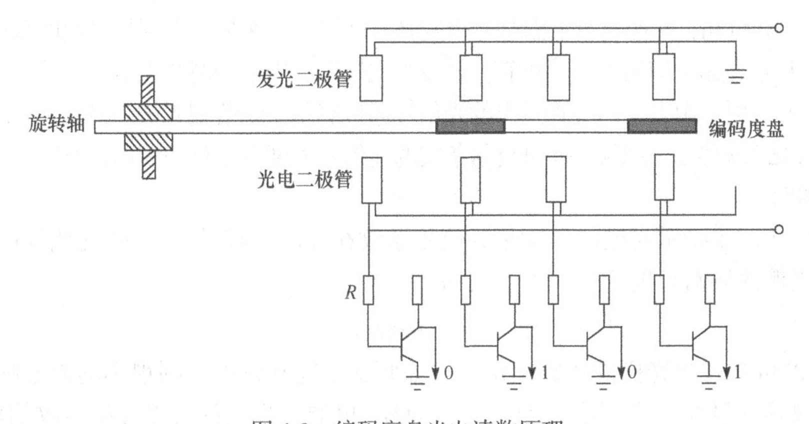

图 4-9　编码度盘光电读数原理

区，发光二极管的光信号能够通过，光电二极管接收到这个信号，则输出为 0；对于码道的不透光区，光电二极管接收不到这个信号，则输出为 1，在图 4-9 中输出的读数编码为 0101，对应的读数在 112.5°区间内。

编码度盘所得到的读数分辨率与码道的宽窄有关系，上述编码度盘的角分辨率为 22.5°，所以其精度不够高，为了提高编码度盘的测角精度，需增加码道数量，但受到发光二极管等光电器件尺寸的限制，很难通过增加码道数来提高度盘的读数精度。因此，单独利用编码度盘方式不能得到较高的测角精度。

(二) 光栅度盘测角

光栅度盘是指在光学玻璃度盘的径向上均匀地刻制明暗相间的等角距细线条。光栅度盘电子读数系统主要组成有：光栅度盘、指示光栅、发光二极管、光敏二极管及其相关电路等。

如图 4-10 所示，辐射状条纹按透明和不透明交替刻线，条纹和间隙的宽度均为α，然后再将密度相同的一块光栅与之重叠，并使它们的刻线相互倾斜一个很小的角度θ，这时便会出现明暗相同的条纹，称为莫尔条纹。光栅的测角精度与光栅刻线的密度有关，一个明暗栅线与间隔宽度之和为一个栅距，每个栅距对应光栅度盘上一个明暗的周期变化，每个周期变化对应一个角度值。

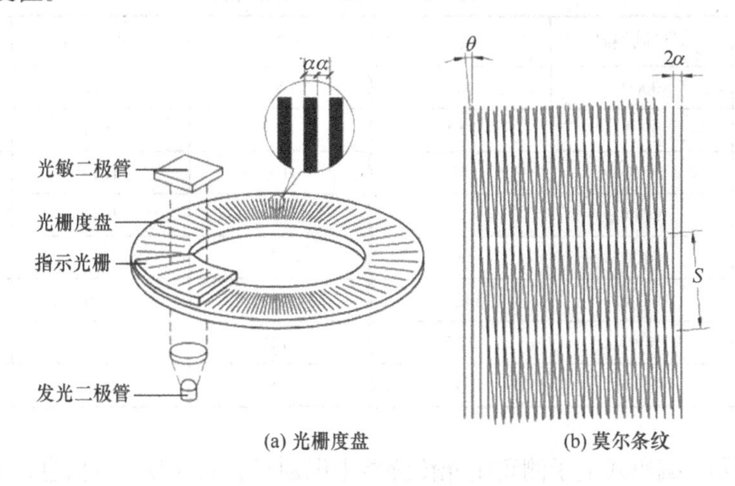

(a) 光栅度盘　(b) 莫尔条纹

图 4-10　光栅度盘与莫尔条纹

由图 4-10(a) 可知，光栅度盘下面是一个发光二极管，上面是一个可与光栅度盘形成莫尔条纹的指示光栅，指示光栅上面为光敏二极管。若发光二极管、指示光栅和光敏二极管的位置固定，当度盘随照准部转动时，由发光二极管发出的光信号通过莫尔条纹落到光敏二极管上。度盘每转动一条光栅，莫尔条纹就移动一周期，通过莫尔条纹的光信号强度也变化一周期，所以光电管输出的电流就变化一周期。

光栅度盘相对于指示光栅的移动量为莫尔条纹在径向的移动量 S，两光栅间的夹角为光栅度盘与指示光栅的倾斜角度θ，其关系式为

$$S = 2\alpha \cot\theta \tag{4-2}$$

由式 (4-2) 可知，当光栅的栅距一定时，如倾斜角度θ较小，则很小的光栅移动量就会产生较大的条纹移动量 S。当经纬仪照准目标的时候，仪器接收元件可以计出条纹的累积移动量，计算出光栅的移动量，从而计算角度变化量。

(三)动态测角

动态测角系统是一种较好的测角系统，图 4-11 为其原理示意图。

测角时，度盘由马达带动按额定转速不断旋转，然后由光栅扫描产生电信号取得角值。度盘刻有 1024 个分划，每个分划间隔为 φ_0，内含有一条反射线(黑色)和一个白色空隙(相当于不透光与透光区)，盘上装有两个指示光栅，L_S 为固定光栅，安置在度盘的外缘，相当于光学经纬仪度盘的零位。L_R 为可动光栅，随照准部转动，安置在度盘的内缘。φ 表示望远镜照准某方向后 L_S 和 L_R 之间的角度，计取通过两指示光栅间的分划信息，即可求得角值。

由图 4-11 可知，$\varphi = n\varphi_0 + \Delta\varphi$，即 φ 角等于 n 个整分划间隔 φ_0 和不足整分划间隔 $\Delta\varphi$ 之和。它通过测定光电扫描的脉冲信息 $nT_0+\Delta T=T$，分别由粗测和精测同时获得。

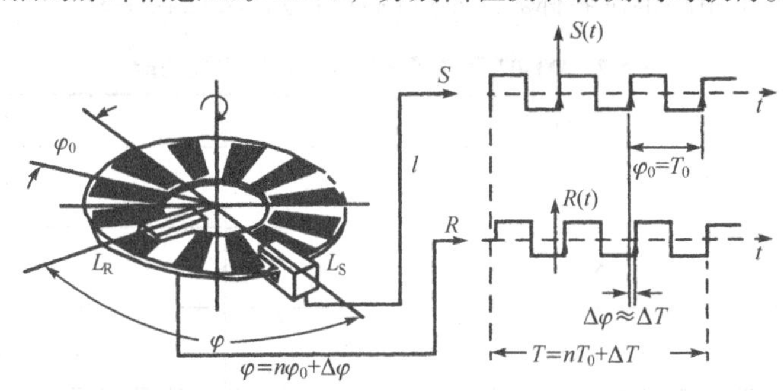

图 4-11　动态测角原理示意图

1. 粗测

测定通过 L_S 和 L_R 给出的脉冲计数(nT_0)求得 φ_0 的个数 n。在度盘径向的外、内缘上设有两个标记 a 和 b，度盘旋转时，从标记 a 通过 L_S 时，计数器开始计取整分划间隔 φ_0 的个数，当 b 标记通过 L_R 时，计数器停止计数，此时计数器所得到数值为 n。

2. 精测

精测即测量 $\Delta\varphi$，由通过光栅 L_S 和 L_R 产生的两个脉冲信号 S 和 R 的相位差 ΔT 求得。精测开始后，当某一分划通过 L_S 时精测计数开始，计取通过的计数脉冲个数，一个脉冲代表一定的角值(如 2″)，而另一分划继而通过 L_R 时停止计数，通过计数器中所计的数值即可求得 $\Delta\varphi$。度盘一周有 1024 个分划间隔，每一间隔计数一次，则度盘转一周可测得 1024 个 $\Delta\varphi$。然后取平均值，可求得最后的 $\Delta\varphi$ 值。

粗测、精测数据由微处理器进行衔接处理后即得角值。

3. 动态测角的过程

从操作键盘上输入的指令由中央处理器传给角处理器，于是相应的度盘开始转动，达到规定转速就开始进行粗测和精测并作出处理，若满足所有要求，粗、精测结果就会被合并成完整的观测结果，并送到中央处理器，由液晶显示器显示或按要求存储于数据终端。

为了消除度盘偏心的影响，在 T2000 度盘对径位置的两端各安置一个光栅，所以度盘上实际配置两个固定光栏和两个可动光栅，同时从度盘整个圆周上的每个间隔获得观测值并取平均值。全圆划分如此多的间隔，因此消除了度盘刻划误差和偏心差，提高了测角精度，水平角和竖直角观测都可达到一测回的方向中误差为±0.5″。

二、操作面板

DT-02 型电子经纬仪操作面板包括显示屏和操作键两部分，如图 4-12 所示，右侧窗口部分为操作键。仪器键盘具有一键双重功能，一般情况下仪器执行按键上所标示的第一(基本)功能，当按下切换键后再按其余各键则执行按键上方面板上所标示的第二(扩展)功能。各操作键主要功能如表 4-2 所示。

液晶显示屏采用线条式液晶，常用符号全部显示时其位置如图 4-12 所示左侧窗口部分，中间两行各 8 个数位显示角度、距离观测结果数据或提示字符串。左右两侧所示的符号、字母表示数据的内容或采用的单位名称。显示屏内各符号含义见表 4-3。

表 4-2 DT-02 型电子经纬仪操作键主要功能

操作键	功能 1	功能 2
◀存储 (左/右)	水平角右旋增量或左旋增量测量数据	存储
▶复测 (锁定)	水平角锁定	重复测角测量
▲输出 (置零)	水平角清零	测量数据串口输出
照明 (切换)	第二功能选择	显示器照明和分划板照明
▼测距 (角/坡)	垂直角/坡度角百分比转换	斜/平/高 距离测量
电源 (Ⓘ)	电源开关	

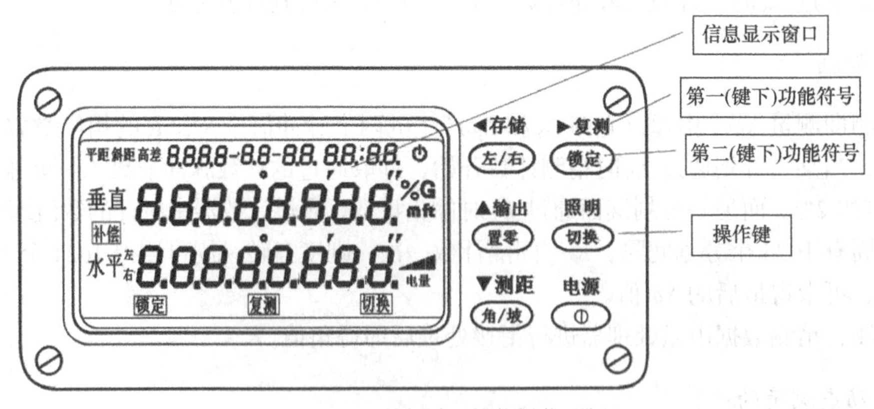

图 4-12 DT-02 型电子经纬仪操作面板

表 4-3 DT-02 型电子经纬仪显示屏符号含义

符号	含义	符号	含义
垂直	垂直角	%	斜率百分比
水平	水平角	G	角度单位：格(Gon) (角度采用度及密位时无符号显示)
水平右	水平右旋(顺时针)增量	m	距离单位：m

续表

符号	含义	符号	含义
水平左	水平左旋(逆时针)增量	ft	距离单位：英尺(1 英尺=0.3048m)
补偿	倾斜补偿功能	电量	电池电量
复测	复测状态	锁定	锁定状态
切换	第二功能切换	⏻	自动关机标志

三、角度测量

由于电子经纬仪采用电子测角系统，精确瞄准目标后，只要仪器处于开机状态时，显示窗自动显示当前视线方向的水平度盘和竖直度盘读数，不需要估读，也不存在读数误差。仪器操作相当简单，角度基本测量内容如下。

1. 水平角置“0”(置零)

将望远镜十字丝中心照准目标 *A* 后，按[置零]键两次，使水平角读数为 0°00′00″。

例如，照准目标 *A* 水平角显示为 [50°10′20″]→按两次[置零]键→显示目标 *A* 的水平角为 [0°00′00″]。

2. 水平角与竖直角测量

(1) 设置水平角右旋与竖直角天顶为 0°。

盘左顺时针方向转动照准部(水平右)，以十字丝中心照准目标 *A*，按两次[置零]键，目标 *A* 的水平角度设置为 0°00′00″，作为水平角起算的零方向。照准目标 *A* 时的具体步骤如图 4-13 所示。

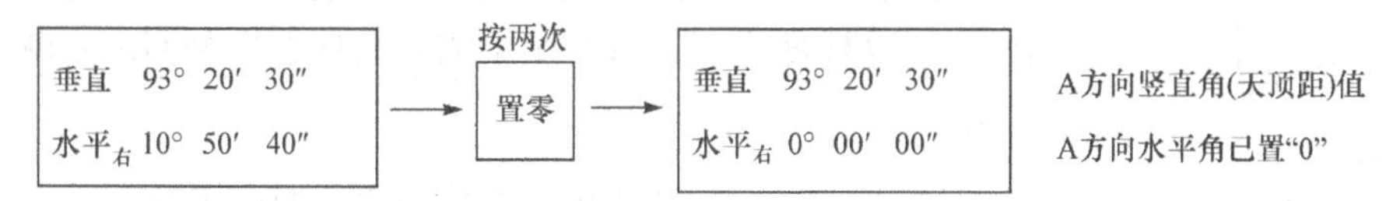

图 4-13　照准目标 *A* 时的具体步骤

顺时针方向转动照准部(水平右)，以十字丝中心照准目标 *B* 时显示如图 4-14 所示。则盘左所测 *AB* 两方向的水平角为 50°10′20″ 。

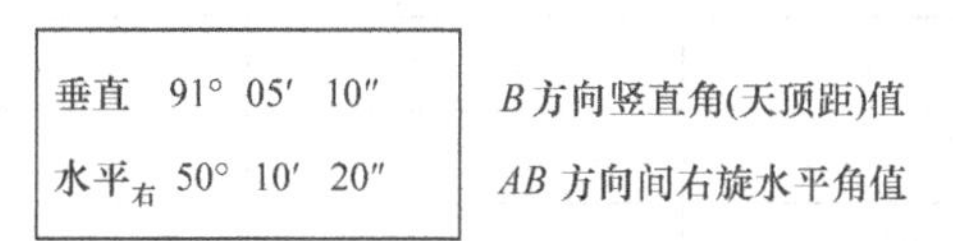

图 4-14　照准目标 *B* 时的显示屏

(2) 如果按[左/右]键后，水平角就会设置成左旋测量方式。

逆时针方向转动照准部(水平左)，以十字丝中心照准目标 *A*，按两次[置零]键将 *A* 方向水平角置“0”。步骤和显示结果与 *A* 目标相同。

逆时针方向转动照准部(水平左)，以十字丝中心照准目标 *B* 时显示如图 4-15 所示。

垂直　91° 05′ 10″	B 方向竖直角(天顶距)值
水平$_{左}$309° 49′ 40″	AB 方向间左旋水平角值

图 4-15 左旋测量方式目标 B 显示结果

如果需要进行盘左盘右多测回观测，其计算方法与光学经纬仪基本相同，这里不再详细叙述，仪器其他功能可详见仪器操作说明书。

第四节　水平角测量

水平角观测应根据观测目标的多少而采用不同的方法，两个方向可采用测回法，三个方向或三个以上方向时可采用方向观测法(又称全圆测回法)。在观测中为了消除仪器的某些误差，通常用盘左和盘右两个位置进行观测。所谓盘左，就是观测者对着望远镜的目镜时，竖盘在望远镜的左边，或称正镜；反之，若竖盘在右边称为盘右，或称倒镜。现将测回法与方向观测法分述如下。

一、测回法

(一)盘左位置

设仪器置于 O 点，地面两目标为 A、B。欲测定∠AOB(图 4-16)。

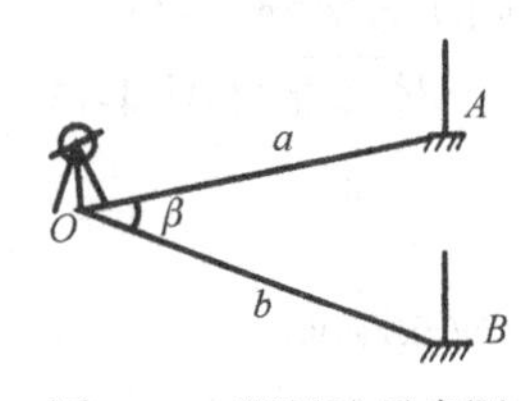

图 4-16　测回法示意图

按本章第二节所述方法，在 O 点安置好仪器，瞄准左目标 A，得读数为 $a_{左}$。设此数为 0°05′00″，随即记入水平角观测手簿(表 4-4)中。再顺时针方向旋转照准部照准 B 目标，得读数 $b_{左}$，设为 80°40′24″，记入表 4-4。这样便完成了盘左半个测回或称上半测回的观测工作，测得角值为

$$\beta_{左}=b_{左}-a_{左}=80°40'24''-0°05'00''=80°35'24''$$

表 4-4　水平角观测手簿(测回法)

点　名：V05　　观测者：李　朋　　记录者：王　伟

仪器型号：DJ$_6$ 99801　　等　级：V　　天　气：晴　　日期：2001 年 3 月 26 日

测站	目标	竖盘位置	水平度盘读数 (° ′ ″)	半测回角值 (° ′ ″)	一测回角值 (° ′ ″)	各测回平均角值 (° ′ ″)
O	A	左	0　05　00	80　35　24	80　35　21	
	B		80　40　24			
	A	右	180　04　12	80　35　18		
	B		260　39　30			

(二)盘右位置

倒转望远镜,变为盘右位置。按上述方法先瞄准右边目标 B,读取 $b_{右}$,设此数为 260°39′30″。

逆时针方向转动照准部，瞄准左边目标 *A*，读取 $a_{右}$，为 180°04′12″，这样就完成了盘右半测回，或称下半测回的观测。测得的角值为

$$\beta_{右}=b_{右}-a_{右}=260°39'30''-180°04'12''=80°35'18''$$

计算角值时，光学经纬仪总是用右目标的读数 *b* 减去左目标的读数 *a*；若 $b<a$，则应加 360°。

盘左和盘右两个半测回合在一起称为一测回。若两个半测回的角值互差不超过限差（如 36″），则取平均值作为该角度一测回的观测值，即

$$B=(\beta_{左}+\beta_{右})/2=(80°35'24''+80°35'18'')/2=80°35'21''$$

将此结果填入表 4-4 中“一测回角值”栏内。

（三）各测回间变换度盘位置

为了提高测角精度，往往需对某角观测几个测回。同时为了减少度盘刻划不均匀对测角的影响，在每一测回盘左的第一个方向应变换度盘位置，变换的数值按 180°/*n* 来计算，其中 *n* 为测回数。如 $n=4$ 时，则各测回盘左起始方向（又称零方向）读数分别为：0°、45°、90°、135°。变换度盘是利用度盘变换手轮或复测扳手来实现的，各测回角值的互差应小于 24″，然后取其平均值填入表 4-4“各测回平均角值”栏内。

二、方向观测法（全圆测回法）

在一个测站上需要观测的方向数为三个或三个以上时，采用方向观测法，又称全圆测回法。如图 4-17 所示，*O* 点为测站点，*A*、*B*、*C*、*D* 为四个目标点，在 *O* 点将仪器安置好以后的观测步骤如下所述。

（一）盘左位置

将水平度盘读数配置在 0°00′附近（一般为 01′～05′），先观测所选定的零方向 *A*，再按顺时针方向依次观测 *B*、*C*、*D* 各方向，分别读取水平度盘读数，并记入表 4-5 第 4 栏内。最后还要回到初始方向 *A*，并读取读数，这一步称为归零，其目的是检查在观测过程中水平度盘的位置有无变动。上述盘左位置的观测称为盘左半测回或称上半测回。

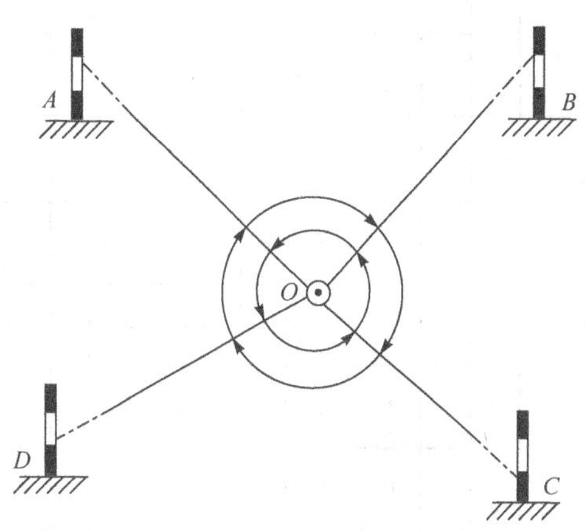

图 4-17　方向观测法示意图

（二）盘右位置

倒转望远镜成盘右位置，观测零方向 *A*，读取和记录水平度盘读数。再按逆时针方向依次观测 *D*、*C*、*B*、*A*，其读数记录在表 4-5 第 5 栏。这样就完成了盘右半测回或下半测回观测。

上、下半测回合起来称为一测回。如果需要观测 *n* 个测回，各测回间水平度盘的变换度数为 180°/*n*，与测回法相同。

(三)计算与限差

1. 半测回归零差的计算

每半测回零方向有两个读数，两者之差称为归零差。表 4-5 中第一测回上、下半测回的归零差分别为 12″与 18″，第二测回分别为 18″与 06″。城市测量规范规定此限差为 18″(表 4-6)。归零差填入表中零方向(归零读数)的下一行(如表 4-5 中的+12″、+18″)。

表 4-5　水平角观测记录(方向观测法)

测区：××工业园　等级：V　仪器型号：DJ_6№0078

天气：晴　观测者：李 朋　记录者：王 伟　日期：2001 年 5 月 3 日

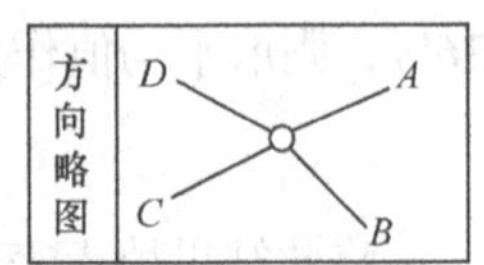

测站	测回数	目标	读数		2C	[L+(R±180°)]/2	归零后的方向值	各测回平均方向值	水平角值
			盘左(L)	盘右(R)					
			(° ′ ″)	(° ′ ″)	(″)	(° ′ ″)	(° ′ ″)	(° ′ ″)	(° ′ ″)
1	2	3	4	5	6	7	8	9	10
O	1					(0 05 16)			
		A	0 05 12	180 05 06	+06	0 05 09	0 00 00	0 00 00	
		B	80 24 36	260 24 12	+24	80 24 24	80 19 08	80 19 12	80 19 12
		C	200 35 36	20 35 30	+06	200 35 33	200 30 17	200 30 08	120 10 56
		D	280 45 24	100 45 18	+06	280 45 21	280 40 05	280 40 10	80 10 02
		A	0 05 24	180 05 24	0	0 05 24			
			+12	+18					
O	2					(90 05 24)			
		A	90 05 18	270 05 24	−06	90 05 21	0 00 00		
		B	170 24 42	350 24 36	+06	170 24 39	80 19 15		
		C	290 35 30	110 35 18	+12	290 35 24	200 30 00		
		D	10 45 42	190 45 36	+06	10 45 39	280 40 15		
		A	90 05 36	270 05 18	+18	90 05 27			
			+18	−06					

2. 2*C* 值的计算

2*C*=*L*(盘左读数)−[*R*(盘右读数)±180°]，2*C* 值填入表 4-5 第 6 栏。此处 *C* 表示视准轴误差(详见本章第六节)，其变动范围应满足表 4-6 的要求。

表 4-6　方向观测法的限差要求

经纬仪型号	半测回归零差	一测回内 2C 互差	同一方向值各测回较差
DJ_2	8″	13″	9″
DJ_6	18″	—	24″

3. 一测回平均方向值的计算

一测回平均方向值=[L+(R±180°)]/2，填入表 4-5 第 7 栏。

4. 零方向平均值的计算

在表 4-5 第 7 栏中零方向有两个“一测回平均值”，应取二者平均值作为零方向一测回的平均值，其值填入表中第 7 栏第一行，如第一测回 A 方向的平均值为 0°05′16″。

5. 计算归零后的方向值

即把零方向的方向值作为“0°00′00″”，其他方向的“一测回平均值”依次减去该值即得各方向归零后的方向值，计算结果填入表 4-5 第 8 栏。

6. 计算各测回平均方向值

如果观测了若干测回，还需比较同一方向各测回归零后方向值较差，若不超过表 4-3 规定的限差，则取各测回方向值的平均值作为各方向的最后方向值，记入表 4-5 第 9 栏。

7. 计算水平角

两方向值之差，即为该两方向之间的水平角，记入表 4-5 第 10 栏。

表 4-6 为城市测量规范中规定的方向观测法的限差要求。在水平角观测中，要及时进行检查，发现超限，应予重测。

第五节　竖直角测量

一、竖直角测量原理

在竖直面内倾斜视线方向与水平视线方向的夹角称为竖直角，因此，竖直角也是两个方向读数之差，但应指出，测定竖直角时，水平视线方向的读数是不需要读取的，它是一个固定的数值。在正确情况下，它是 90°的整倍数，如 0°、90°、180°、270°等。所以实际上测定竖直角时，只要视线对准目标后读一个数就行了。

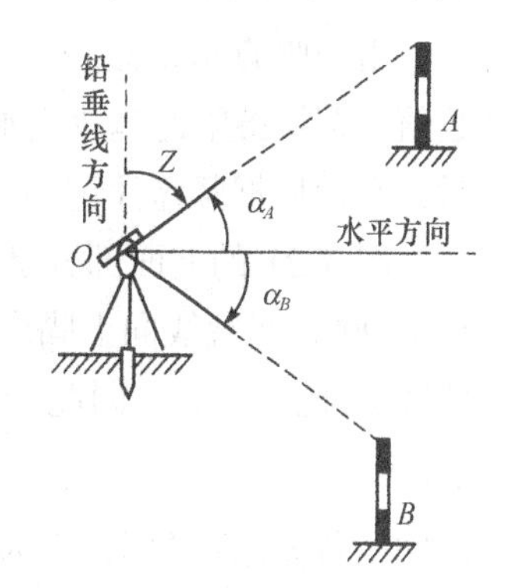

图 4-18　竖直角测量原理

竖直角又称高度角或垂直角。当视线在水平方向线之上时，称为仰角，如图 4-18 中的 α_A，值为 0°～+90°；当视线在水平方向线之下时称为俯角，如图 4-18 中的 α_B，值为−90°～0°。此外，还有以铅垂线为起始方向，从铅垂线天顶顺时针至视线方向的角度，称为天顶距，图 4-18 中以 Z 表示。在工程测量中，一般用

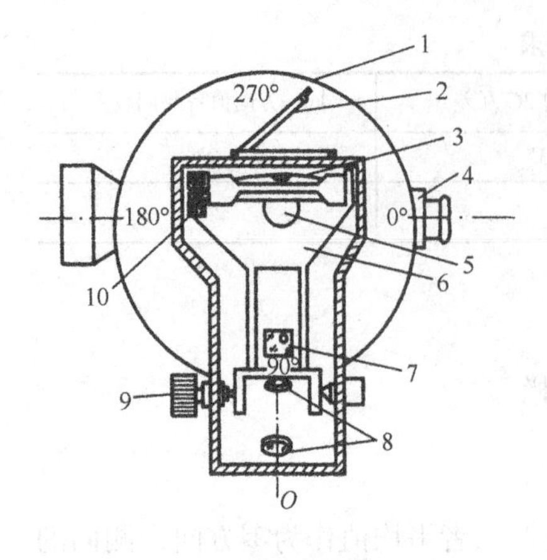

图 4-19　竖盘结构示意图

1-竖直度盘；2-水准管反光镜；3-指标水准管；4-望远镜；5-横轴；6-微动架；7-转像棱镜；8-物镜组；9-水准管微动螺旋；10-水准管校正螺丝

竖直角进行计算。

二、竖直度盘

(一)竖盘结构

在图 4-19 中，竖盘固定在横轴 5 的一端，随望远镜 4 的转动而转动。竖盘的正确位置是以竖盘指标水准管 3 来确定的。水准管与转像棱镜 7、物镜组 8 连接在一个微动架 6 上。当转动竖盘水准管微动螺旋 9 时，不仅能调节水准管，同时也带动物镜组 8 和转像棱镜 7 一起作微小转动，以调节光轴 OO，此光轴 OO 就是竖盘读数的指标线。

当望远镜上下转动时，竖盘转动，此指标线不动，这与水平角测量不同。理想的情况是：当望远镜的视线水平时，指标水准管气泡居中，盘左读数应该是 90°($L_{水平}$)、盘右为 270°($R_{水平}$)，水平视线方向的读数是固定的数值。

(二)竖盘注记形式

不同工厂生产的光学经纬仪，其竖盘刻划的注记形式不尽相同。有顺时针注记的，也有逆时针注记的，故 $L_{水平}$与 $R_{水平}$也各不相同。图 4-20(a)所示的竖盘注记 $L_{水平}$为 90°，$R_{水平}$为 270°；而图 4-17(b)所示注记 $L_{水平}$为 0°，$R_{水平}$为 180°。

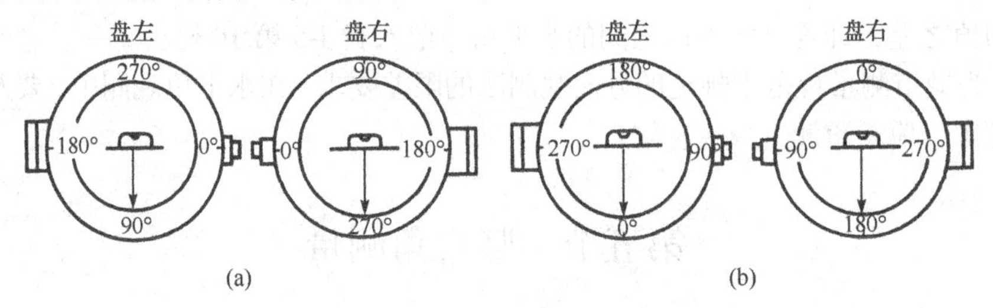

图 4-20　竖盘注记形式

三、竖直角的计算

由于竖直角是倾斜视线与水平视线在竖盘上两读数之差，而水平视线读数是某一固定的数值，无须将望远镜放成水平进行读数，但 $L_{水平}$或 $R_{水平}$因竖盘注记而异。因此，在计算竖直角时，必须根据竖盘注记的形式写出计算公式。

图 4-21 的上面部分是某 DJ_6 型仪器盘左时的三种情况。如果指标位置正确，视线水平时 $L_{水平}$=90°，当视线向上瞄准目标，测得仰角时，读数 $L_{读}$比 $L_{水平}$小。当视线向下，测得俯角时，读数 $L_{读}$比 $L_{水平}$大。因此，盘左时竖角的计算公式为

$$\alpha_{左}=L_{水平}-L_{读} \tag{4-3}$$

式中，若 $\alpha_{左}$为“+”，则为仰角；若 $\alpha_{左}$为“−”，则为俯角。

图 4-21 中下半部分，是盘右的三种情况。$R_{水平}$=270°。与盘左相反，当视线向上时，读数

$R_{读}$比$R_{水平}$大，而俯角时读数$R_{读}$比$R_{水平}$小。因此，盘右时竖直角计算公式为

$$\alpha_{右}=R_{读}-R_{水平} \tag{4-4}$$

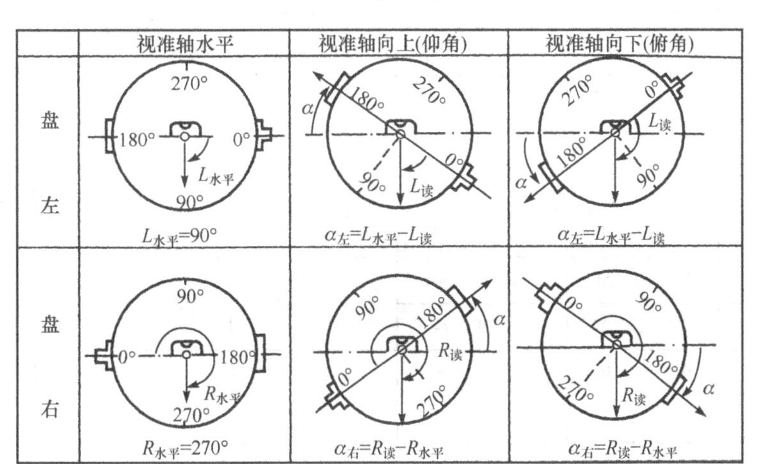

图 4-21　竖直角计算示意图

对于其他竖盘的注记形式，可用上述方法推求计算公式，并得出计算竖直角的普遍规律如下。

(1)当望远镜视线慢慢上仰时，竖盘读数逐渐增加，则竖直角等于瞄准目标时的读数减去视线水平时的读数。

(2)当望远镜视线慢慢上仰时，竖盘读数逐渐减少，则竖直角等于视线水平时的读数减去瞄准目标时的读数。

在测量竖直角时，由于读数、照准误差和仪器误差等的影响，通常$\alpha_{左}\neq\alpha_{右}$，故取平均值作为竖直角的最终结果，即

$$\alpha=\frac{\alpha_{左}+\alpha_{右}}{2} \tag{4-5}$$

四、竖直角观测

竖直角的观测步骤如下。

(1)在测站点上安置仪器，判断竖盘注记形式，确定竖直角的计算公式。

(2)盘左位置用十字丝中丝瞄准目标，调节竖盘指标水准管微动螺旋，使竖盘指标水准管气泡居中，读出竖盘读数$L_{读}$，由式(4-3)计算$\alpha_{左}$。

(3)盘右位置用十字丝中丝瞄准目标同一位置，使竖盘指标水准管气泡居中，读得$R_{读}$，由式(4-4)计算$\alpha_{右}$。

(4)由式(4-5)计算α值。

竖直角记录手簿见表 4-7。该仪器的竖盘注记形式同图 4-21，$L_{水平}=90°$，$R_{水平}=270°$。瞄准A目标时，盘左读数为 88°20′30″，盘右读数为 271°39′48″，填入表 4-7 第 4 栏，按式(4-3)和式(4-4)计算$\alpha_{左}$(+1°39′30″)、$\alpha_{右}$(+1°39′48″)填入表 4-7 第 5 栏，然后按式(4-5)计算一测回的竖直角α(+1°39′ 39″)填入表 4-7 第 6 栏。同理，可得到在测站P观测B、C目标的竖直角。

表 4-7　竖直角观测记录手簿

测　区：白云山　　观测者：刘　华　　记录者：王　伟

仪　器：$DJ_6$10234　天　气：多云　　日　期：2001 年 4 月 12 日

测站	目标	竖盘位置	竖盘读数 (°　′　″)	半测回竖直角 (°　′　″)	一测回竖直角 (°　′　″)	指标差 (″)	竖盘注记略图
1	2	3	4	5	6	7	盘左
P	*A*	左	88　20　30	+1　39　30	+1　39　39	+09	270° 180° 0° 90°
		右	271　39　48	+1　39　48			
P	*B*	左	85　30　24	+4　29　36	+4　29　30	−06	盘右
		右	274　29　24	+4　29　24			
P	*C*	左	92　45　36	−2　45　36	−2　45　33	+03	90° 180° 0° 270°
		右	267　14　30	−2　45　30			

五、竖盘指标差的计算

当望远镜视线水平且竖盘指标水准管气泡居中时，竖盘读数不是理论上应有的读数(即90°的整倍数)，而是大了或小了一个角值，这个角值称为竖盘指标差，通常用 x 表示，也就是说竖盘指标棱镜的光轴 OO(图 4-16)偏离了它正确位置一个小角度 x(图 4-22)。

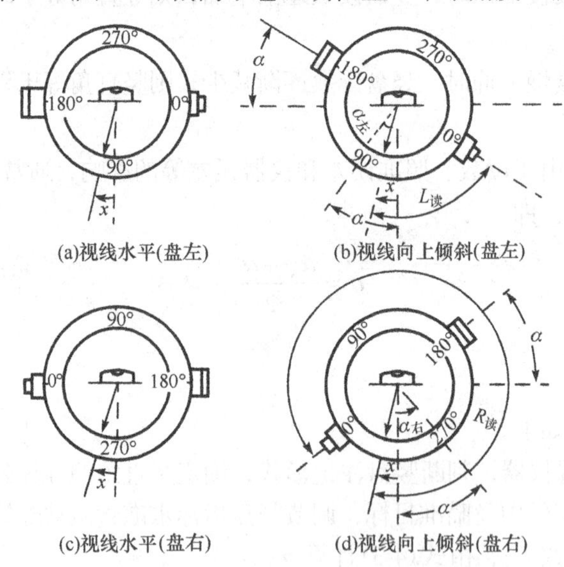

图 4-22　竖盘指标差示意图

现以图 4-22 所示的 DJ_6 型经纬仪竖盘为例，说明指标差的意义及计算公式。图中盘左时 $L_{水平}$不是 90°，而是 $90°+x$，盘右时 $R_{水平}$也不为 270°，而是 $270°+x$，所以当竖盘存在指标差时，正确的竖直角为

$$\alpha=(90°+x)-L_{读}=\alpha_{左}+x \tag{4-6}$$

或

$$\alpha=R_{读}-(270°+x)=\alpha_{右}-x \tag{4-7}$$

取式(4-6)及式(4-7)的平均值得一测回竖直角为

$$\alpha=[(R_{读}-L_{读})-180°]/2 \tag{4-8}$$

将式(4-6)及式(4-7)相减可得竖盘指标差 x 为

$$x=[(L_{读}+R_{读})-360°]/2 \tag{4-9}$$

由此可知，用盘左和盘右观测目标的竖直角时，取其平均值可以消除指标差的影响。对于该竖盘注记，盘左和盘右观测目标读数之和的理论值应为 360°，盘左、盘右之和与 360°之差就是指标差的两倍。指标差有“+”“−”之分，当指标线顺着注记方向移动时，指标差为“+”，反之为“−”。如果测得的指标差太大时，可以通过校正指标水准管来消减。若观测时指标差的变化较大，则说明竖直角测量精度欠佳。观测手簿中一般都要求计算指标差(填入表 4-7 第 7 栏)，以便检查观测质量。

六、竖盘自动归零补偿器简介

观测竖直角时，必须在每次读数之前调节指标水准管的微动螺旋，使气泡居中，这给观测增添了麻烦。现在，只有少数光学经纬仪仍在使用这种竖盘读数装置，大部分光学经纬仪(如图 4-2(a)所示 TDJ_6 型光学经纬仪)及所有的电子经纬仪和全站仪都采用竖盘自动归零补偿器来代替水准管。所谓“自动归零补偿器”，即当经纬仪有微小倾斜时，这种装置的悬吊部件在重力作用下，会自动地调整光路使读数等同于水准管气泡居中时的数值，也就是恒为 90°的整倍数(设指标差为零)，称为自动归零，这与自动安平水准仪的补偿原理是相同的。目前较先进的结构是长摆补偿器，它具有较好的防高频振动的能力，用空气阻尼器作为减振设备。补偿器的工作范围为±2′，安平误差为±1″，从而提高了竖直角观测的速度和精度。应该指出，归零装置长期使用或受振动其灵敏度将会受到影响，所以在作业之前应检验有无指标差存在。若指标差超限，则须校正，一般是送检修机构进行检验。

第六节　DJ_6 型光学经纬仪的检验与校正

一、经纬仪的主要轴系及其应满足的条件

经纬仪的主要轴系(图 4-23)为：仪器旋转轴，也称竖轴或纵轴 VV；望远镜旋转轴或称横轴 HH；望远镜视准轴 CC；照准部水准管轴 LL。根据水平角的定义和观测原理，其轴系之间应满足下列几何条件。

(1)水平度盘应位于水平位置，竖盘应在竖直面内。在工厂制造和装配时，已使水平度盘垂直于竖轴。在经纬仪的使用过程中，此条件是通过调节照准部水准管气泡居中来实现的，即 $LL\perp VV$。

(2)望远镜上、下转动时，视准轴形成的视准面必须是竖直面。这实际上是由两个条件组成的，其一是视准轴旋转时的视准面必须是一个平面，即 $CC\perp HH$，否则 CC 与 HH 之间的夹角与 90°相差一小角度 C，通常称 C 为视准轴误差或视准误差。当盘左与盘右位置时，旋转望远镜各形成一个锥面，如图 4-24 所示。其二，视准面必须是竖直面，即 $HH\perp VV$。

(3)十字丝的竖丝应与横轴垂直。

(4)竖盘指标差应接近于零。

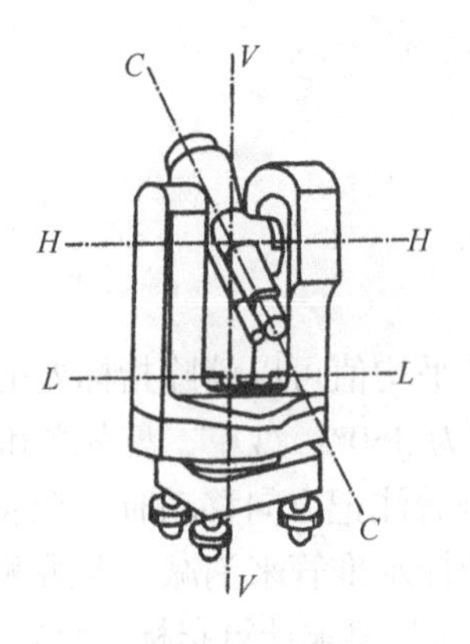

图 4-23　DJ_6 经纬仪轴系示意图

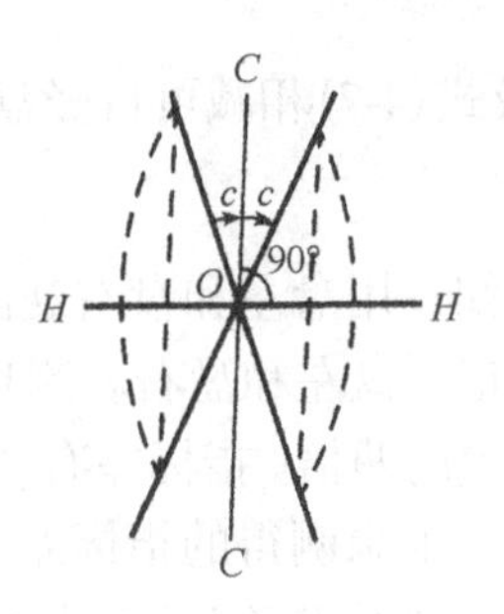

图 4-24　视准轴误差示意图

二、经纬仪的检验与校正

(一)水准管轴 *LL* 垂直于竖轴 *VV*

此项检验与圆水准器的原理相同。安置好仪器后，使水准管气泡居中，然后将照准部旋转 180°，若气泡仍居中，则证明满足 $LL\perp VV$ 条件，否则需要校正。

若水准管轴不垂直于竖轴而偏离了一个角度 α，当调节脚螺旋使水准管轴水平时，竖轴也偏斜 α 角(图 4-25(a))。当仪器绕竖轴旋转 180°后，如图 4-25(b)所示，竖轴仍偏离铅垂方向 α，而水准管轴支架上的高低端却左右交换了位置，使水准管轴共倾斜了 2α 角，气泡不再居中了。校正时，用校正针拨动水准管一端的校正螺丝，使气泡退回到偏离中点格数的一半，这样水准管轴即与竖轴垂直(图 4-25(c))。然后再旋转脚螺旋，使气泡居中，于是竖轴便处于铅垂位置(图 4-25(d))。

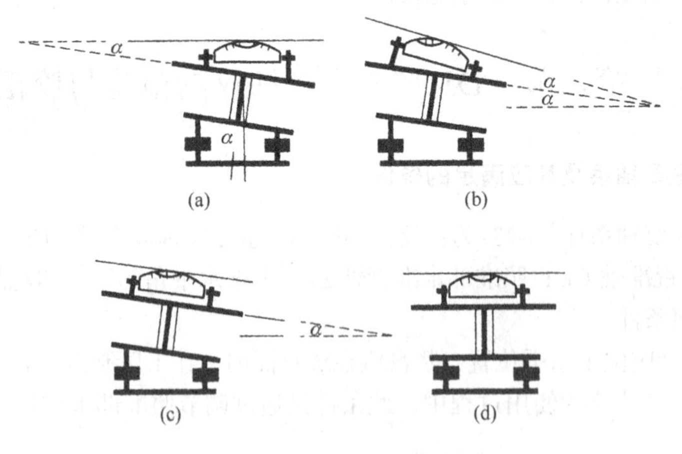

图 4-25　水准管校正示意图轴

(二)视准轴 *CC* 垂直于横轴 *HH*

由于十字丝交点偏离它正确位置，使 *CC* 不垂直于 *HH*。校正的目的是使十字丝位于正确位置，以消除视准差 *C*，其原理见图 4-26。若 $CC\perp HH$，当用盘左、盘右分别瞄准与仪器同高的同一目标后，则 $M_{左}=M_{右}\pm180°$，证明满足条件，否则存在视准轴误差。

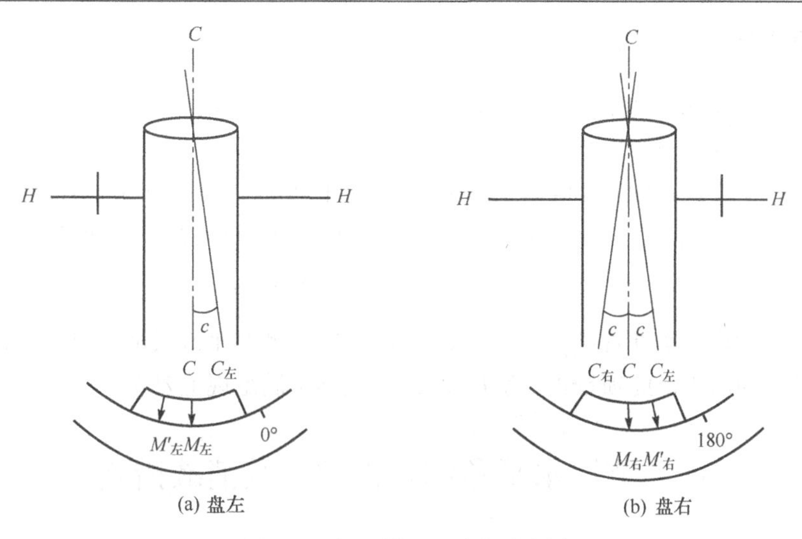

图 4-26　视准轴误差检校示意图

设盘左时十字丝交点 $C_左$偏于右侧(图 4-26(a))，瞄准目标后，使读数增加了 C 角，而正确读数为 $M_左 = M'_左 - C$ 。盘右时，交点 $C_右$偏于左侧(图 4-26(b))，瞄准目标后，使读数减少了 C 角，故盘右时正确读数为 $M_右 = M'_右 + C$ ，则

$$2C = M'_左 - M'_右 \pm 180° \tag{4-10}$$

而取盘左和盘右的平均值，则可消除视准误差的影响：

$$M_均 = (M_左 + M_右 \pm 180°) = (M'_左 + M'_右 \pm 180°) \tag{4-11}$$

检验时安置经纬仪后，在盘左位置使望远镜瞄准远处与仪器约同高的目标 B，读水平度盘读数 $M'_左$ ，再用盘右瞄准该点读得 $M'_右$ ，若 $M'_左 \neq M'_右 \pm 180°$ ，则用水平微动螺旋，使读数为正确的 $M_右 = (M'_右 + M'_左 \pm 180°)/2$ ，这时十字丝的纵丝偏离 B 点，拧开十字丝环护盖，拨动十字丝环左右两校正螺丝，一松一紧，使纵丝对准 B 点，校正后应再次检验，直至 C 值小于所要求的数值(如 30″)。

(三)横轴 HH 应垂直于竖轴 VV

当(一)、(二)两项检校合格后，若横轴倾斜了一个小角度，在望远镜绕横轴旋转时，视准轴所形成的轨迹不是竖直面，而是斜面，它与竖直面产生一小的夹角，因而会对水平方向读数产生影响，其原因是横轴两端的支架不等高。校正时须打开横轴一端支架的护盖，旋松支承横轴的偏心瓦螺丝，转动偏心瓦使横轴略微升高或降低，使横轴水平。此项检校难度较大，应由专门的检修机构完成。

(四)十字丝竖丝垂直于横轴

由于十字丝环的校正螺旋松动，十字丝分划板平面转动，造成十字丝竖丝不垂直于横轴。其检验、校正方法与水准仪十字丝相同。

(五)竖盘指标水准管的检验与校正

仪器的长时间使用或运输过程中受振动，导致竖盘指标水准管检校螺丝松动，使水准管两端支架高度发生变化而产生竖盘指标差。

检验时用盘左、盘右位置读取同一目标读数 $L_{读}$和 $R_{读}$后，按式(4-6)、式(4-7)计算正确的竖直角 α 和指标差 x。仪器若在盘右位置，可由式(4-8)计算该目标的正确读数：

$$R_{正确}=R_{读}-x \quad 或 \quad R_{正确}=270°+\alpha \tag{4-12}$$

然后调节竖盘指标水准管微动螺旋，使读数为 $R_{正确}$，此时水准气泡不再居中，拨动水准管的校正螺丝使气泡居中。此项校正一般反复 2～3 次即可满足规范要求。

第七节　水平角测量误差及其消减措施

水平角测量和其他测量工作一样，也会不可避免地产生偶然和系统误差，可以通过检校仪器、采用合理的观测方法，或将成果施加改正数以减少系统误差的影响。精心作业和采用多次观测可减弱偶然误差的影响，下面对影响水平角观测精度的主要误差进行分析。

一、仪器误差

由于仪器制造不完善和检校残余误差，其轴系仍不完全满足几何条件，产生仪器误差。

(一)视准误差

若视准轴 CC 不完全垂直于横轴 HH(图 4-24)，则有残余视准误差 c。视准误差的存在必然对方向观测值产生影响。经研究分析，视准轴误差对方向值的影响在盘左、盘右观测时，其值大小相等，符号相反。因此，取两个半测回的平均值可以消除视准误差的影响。同时，测角时应尽量注意使两个方向的边长近似相等，以避免望远镜调焦，这样可保持 c 为常数。此外，视准误差还与仪器的温度变化有关，因此，作业时应用伞遮阳，以减小温度变化的影响。

(二)横轴不水平的残余误差

由前面内容所述可知，当横轴不水平时，望远镜绕其旋转所形成的平面不是竖直面而是斜面，它对方向观测值必然产生影响。经研究，此项误差与视准轴误差类似，当盘左、盘右观测同一目标时(如果经纬仪竖轴竖直)，所产生的影响大小相等而符号相反。因此，取盘左，盘右平均值可以消除这项误差的影响。

(三)其他的仪器误差

1. 度盘分划误差

现代光学经纬仪的度盘虽是用精密的刻度机来刻划的，但经实验证明，度盘分划线仍具有偶然误差和系统误差。后者具有周期性质，正常情况下是在 2″～3″的范围内变动，而偶然误差则在十分之几秒内变化。对于此项误差，常采用变动各测回间度盘位置(180°/n，n 为测回数)的方法来加以限制。

2. 照准部偏心误差

经纬仪照准部旋转中心与水平度盘中心不重合，因而会产生照准部偏心误差。此项误差也可以由盘左、盘右读数取平均值消除。

二、仪器对中误差

在进行水平角观测时，会由于对中不准确使仪器竖轴与测站点的铅垂线不重合而产生对中误差(也称测站偏心误差)。此项误差对水平角观测影响较大(边长越短、偏心距越大、影响越大)，所以在测角时一定要精确对中(一般要求对中误差小于3mm)，减小此项误差对水平角观测值的影响。

三、目标偏心误差

测角时因没有将目标准确地设置在地面点上或目标倾斜而产生的误差，称为目标偏心误差。此项误差类似仪器对中误差，它对水平角观测影响较大。因此，在测角时要注意所设置的目标必须在地面点上而且要竖直，以减小目标偏心误差。

四、观测误差

观测误差主要是读数误差和瞄准误差。前者取决于仪器的读数设备和方法。后者与望远镜的放大倍率、目标的性质和光亮程度有关。此外，还与观测员的技术水平和责任心有关，因此在测角时除选用合格的仪器和良好的外界条件外，观测员必须技术熟练、认真负责，这样才能减小观测误差对测角的影响。

五、外界条件所引起的误差

外界条件对角度影响最大的是旁折光，它的出现是由于视线靠近某些物体(如山坡、建筑物、树林、烟囱等)而产生的。光线离物体越近，旁折光影响越大。实验证明，旁折光的影响还与视线附近物体的温度有关，如空气在灼热阳光下密度较小，因而视线弯曲，并趋近于视线附近的物体。为了减少这项误差的影响，应使视线离障碍物一定的距离或选择有利的观测时间。

思考题与习题

1. 何谓水平角？试绘图说明用经纬仪测量水平角的原理。
2. 试述经纬仪的度盘变换手轮或复测扳手有何作用？如何配置度盘读数？
3. 经纬仪安置包括哪些内容？怎样进行？目的是什么？
4. 试述测回法与方向观测法适用的情况及如何操作、记录、计算？有哪些限差规定？
5. 何谓竖直角？测量竖直角与测量水平角有何不同？观测竖直角时竖盘指标水准管的气泡为何一定要居中？
6. 经纬仪有哪些主要轴线？它们之间应满足什么条件？为什么？
7. 试述水平角观测误差的来源及如何消除或减弱？
8. 用经纬仪瞄准同一竖直面内不同高度的两点，水平度盘上读数是否相同？在竖直度盘上的读数差是否就是竖直角？为什么？
9. 测站点与不同高度的两点连线所组成的夹角是不是水平角？为什么？

10. 用 DJ_6 型光学经纬仪按测回法测角，测得水平度盘读数的数据如图 4-27 所示，按表 4-4 进行记录、计算，并说明是否在允许误差范围内？若在允许范围内，一测回角值是多少？如超限，应如何处理？

11. 用 DJ_6 型光学经纬仪观测一目标，盘左的竖盘读数为 81°45′24″，盘右的竖盘读数为 278°15′12″，试计算竖直角及指标差。又用这架仪器在盘左位置观测另一目标，竖盘读数为 93°58′00″，试问正确的竖直角是多少？

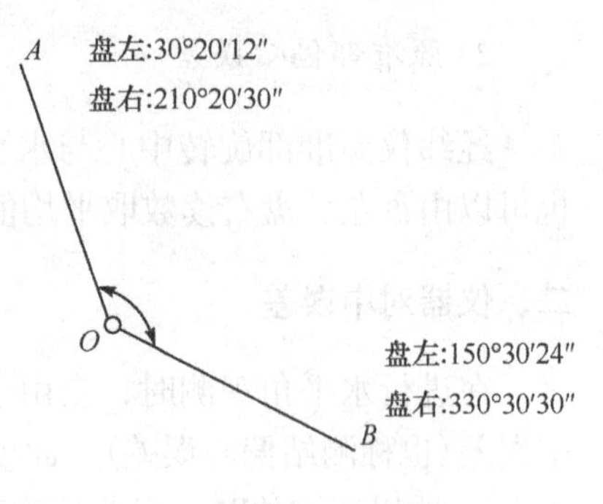

图 4-27　第 10 题附图

第五章　距离测量

本章要点

本章主要讲述钢尺量距方法、钢尺量距成果处理；视距测量原理、测量方法和成果计算；介绍电磁波测距原理，全站仪的构造及其使用方法，三维激光扫描仪的原理及应用。

距离测量是确定地面点位的基本测量工作之一。按所使用的仪器和工具不同，距离测量方法主要分为钢尺量距、视距测量、电磁波测距和全球卫星导航定位系统测量等。本章主要介绍前三种方法，全球卫星导航定位系统测量在第七章介绍。

第一节　钢尺量距

一、量距工具

钢尺量距是使用具有标准长度的钢尺直接量测地面两点间的距离，又称为距离丈量。钢尺量距时，根据不同的精度要求，所用的工具和方法也不同。普通钢尺是钢制带尺，尺宽10～15mm，长度有20m、30m和50m等多种。为了便于携带和保护，将钢尺卷放在圆形皮盒内或金属尺架上。钢尺的分划有三种：①钢尺基本分划为厘米；②基本分划虽为厘米，但在尺端10cm内为毫米分划；③基本分划为毫米。钢尺的零分划位置有两种：①在钢尺前端有一条刻线作为尺长的零分划线，称为刻线尺(图 5-1(a))；②零点位于尺端，即拉环外沿，这种尺称为端点尺(图 5-1(b)，端点尺的缺点是拉环易磨损。钢尺上在分米和米处都刻有注记，便于量距时读数。

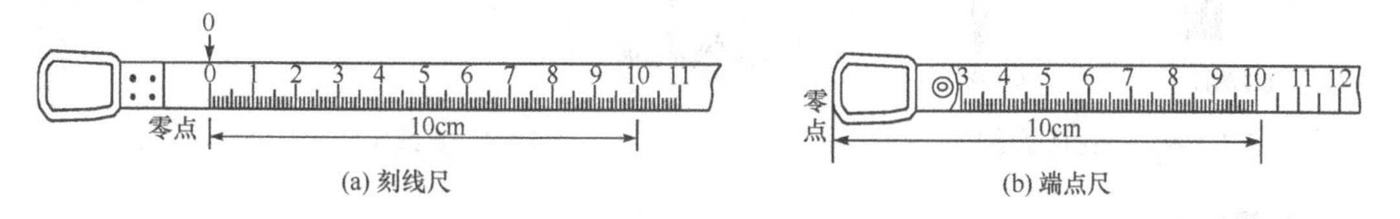

图 5-1　钢尺刻注示意图

钢尺受温度影响时其长度会发生变化，因此，在量距精度要求很高时，可以使用一种由镍铁合金制成的因瓦(Invar)基线尺，其形状是线状，直径1.5mm，长度为24m，尺身无分划和数字注记。在尺两端各连一个三棱形的分划尺，长8cm，最小分划值为1mm(图 5-2)。因瓦基线尺全套由4根主尺、一根8m或4m长的辅尺组成，不用时安放在带有卷鼓的尺箱内。

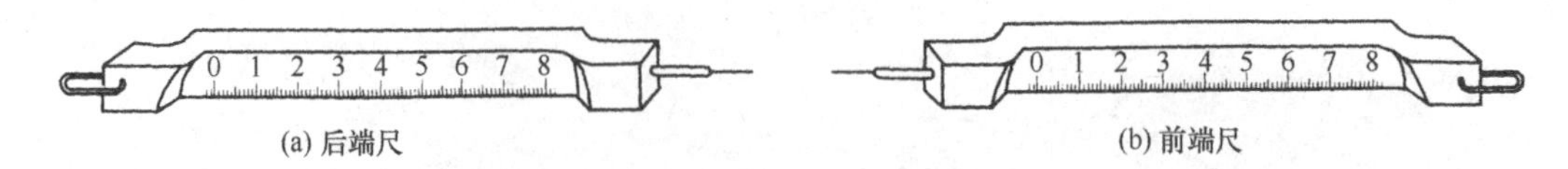

图 5-2　因瓦基线尺两端刻注示意图

量距工具还有皮尺，外形同钢卷尺，用麻皮制成，基本分划为厘米，零点在尺端。皮尺精度低，只用于精度要求不高的距离丈量。钢尺量距最高精度可达到万分之一，由于其在短距离量距中使用方便，常在工程中使用。因瓦尺因受温度变化引起的尺长伸缩变化小，量距精度高，可达到 1/100 万，可用于精密量距，但量距十分烦琐，常用于精度要求很高的基线丈量中。

钢尺量距中辅助工具还有测钎(图 5-3(a))、花杆(图 5-3(b))、垂球、弹簧秤和温度计。其中，测钎用直径 5mm 左右的粗铁丝制成，长约 30cm。它的一端磨尖，便于插入土中，用来标志所量尺段的起、止点，另一端做成环状便于携带。测钎以 6 根或 11 根为一组，用于计算已量过的整尺段数。花杆长 3m，杆上涂以 20cm 间隔的红、白漆，以便远处清晰可见，用于标定直线。弹簧秤和温度计用以控制拉力和测定温度。

二、直线定线

如果地面两点之间距离较长或地面起伏较大，需要分段进行丈量。为了使所量线段在一条直线上，需要在每一尺段首尾立标杆。将所量尺段标定在待测二点间一条直线上的工作称为**直线定线**。

一般量距时，用目测法进行定线。首先，在待测距离两个端点 A、B 上竖立标杆(图 5-4)。甲作业员立于端点 A 后 1～2m 处，瞄 A、B，并指挥在 2 号点持杆的乙作业员左右移动标杆，直至三个标杆在一条直线上，然后将标杆竖直插下。直线定线一般由远到近进行。

当量距精度要求较高时，应使用经纬仪定线，其方法同目测法，只是将经纬仪安置在 A 点，用望远镜瞄准 B 点进行定线。

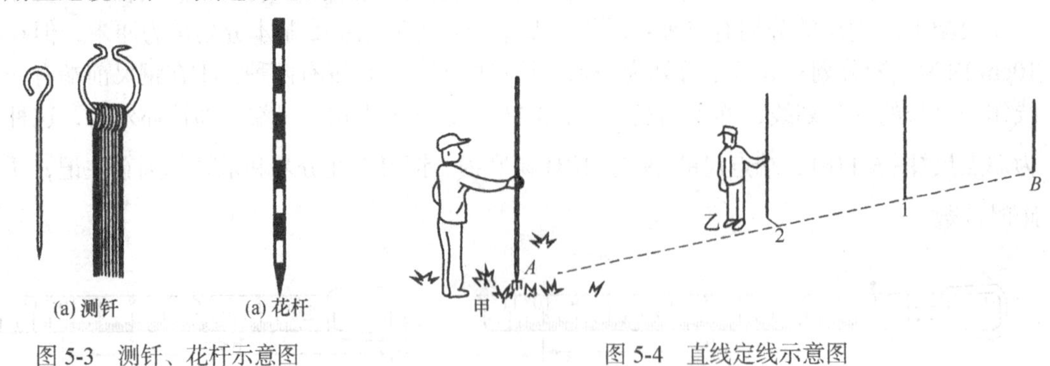

图 5-3　测钎、花杆示意图　　　　图 5-4　直线定线示意图

三、钢尺量距方法

钢尺量距一般采用整尺法量距，根据不同地形可采用水平量距法和倾斜量距法。

(一)平坦地段量距

在平坦地段，量距精度要求不高时可采用整尺法量距，直接将钢尺沿地面丈量，不加温度改正、不用弹簧秤标定施加的拉力。量距前，先将待测距离的两个端点 A、B 用木桩(桩上钉一小钉)或直接在柏油(水泥)路面上钉小钉标记出来。后司尺员持钢尺零端对准地面标志点，前司尺员拿一组测钎持钢尺末端，丈量时前、后司尺员按定线方向沿地面拉紧钢尺(图5-5)。前司尺员在尺末端分划处垂直插下一个测钎，这样就量完一个尺段。然后，前、后司尺员同时将钢尺抬起悬空(勿在地面拖拉)前进。后司尺员走到第一根测钎处，用零端对准测钎，前司尺员拉紧钢尺在整尺端处插下第二根测钎，依此逐段丈量。每量完一尺段，后司尺员要注意收回测钎。最后一尺段不足一整尺时，前司尺员在 B 点标志处读取尺上刻划值。后司尺员手中测钎数为整尺段数，不足一个整尺段的距离为余长 q，则 A、B 间水平距离 D_{AB} 可按式(5-1)计算：

$$D_{AB}=nl+q \tag{5-1}$$

式中，n 为整尺段数；l 为钢尺长度；q 为不足一整尺的余长。

为了提高量距精度，一般采用往、返丈量(往测为 $A \rightarrow B$；返测为 $B \rightarrow A$)，返测时应重新定线。然后，取往、返距离的平均值作为丈量结果。

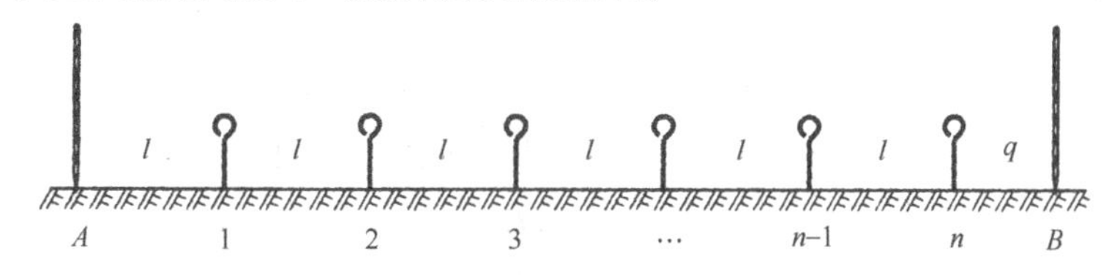

图 5-5　平坦地段量距示意图

(二)倾斜地面距离丈量

在倾斜地面上量距，视地形情况可用“平量法”或“斜量法”。

1. 平量法

当地面起伏不大时，可将钢尺拉平丈量，称为平量法(图 5-6)。后司尺员将零端点对准 A 点标志中心，前司尺员用目测方法，使钢尺水平，并拉紧钢尺。用垂球尖将尺端投于地面，然后插上测钎。量第二段时，后司尺员用零端对准第一根测钎根部，前司尺员用前述方法插上第二个测钎，依次类推，直至 B 点。

2. 斜量法

当倾斜地面坡度均匀时，可以将钢尺贴在地面上量斜距 L，用水准测量方法测出 A、B 两点间的高差 h，再将丈量的斜距 L 换算成平距 D(图 5-7)，此种方法称为斜量法。

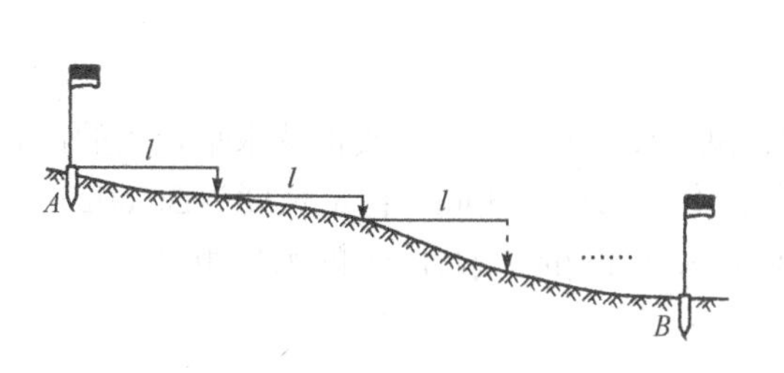

图 5-6　平量法

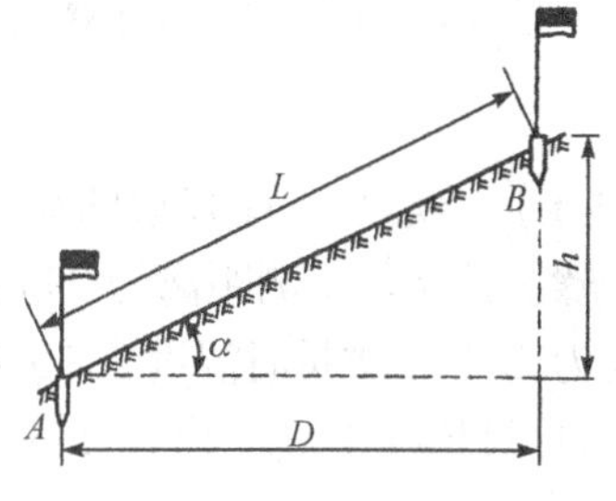

图 5-7　斜量法

为了提高测量精度，防止丈量错误，通常采用往、返丈量，取平均值作为丈量结果，用相对误差 K 衡量测量精度，即

$$K=\frac{|D_{往}-D_{返}|}{D_{AB}}=\frac{1}{N} \tag{5-2}$$

式中，D_{AB}为两点间往返测水平距离的平均值，按式(5-3)计算。

$$D_{AB}=\frac{D_{往}+D_{返}}{2} \tag{5-3}$$

平坦地区钢尺量距相对误差不应大于$\frac{1}{3000}$，困难地区相对误差不应大于$\frac{1}{1000}$。

四、钢尺量距成果整理

钢尺量距时，由于钢尺长度有误差，并受外界环境的影响，量距结果应进行以下几项改正才能保证量距精度。

1. 尺长改正Δl_{d}

钢尺名义长度 l_0 一般和实际长度不相等，每量一段都需加入尺长改正。在标准拉力、标准温度下经过检定实际长度为 l'，其差值Δl 为整尺段的尺长改正，即

$$\Delta l=l'-l_0 \tag{5-4}$$

则任一尺段所量实际长度 l 的尺长改正公式为

$$\Delta l_{\mathrm{d}}=\frac{\Delta l}{l_0}l \tag{5-5}$$

2. 温度改正Δl_{t}

受温度变化影响，钢尺长度会产生伸缩。当野外量距时，钢尺的工作温度 t 与检定时的温度 t_0 不一致时，要进行温度改正，其改正公式为

$$\Delta l_{\mathrm{t}}=\alpha(t-t_0)\times l \tag{5-6}$$

式中，α 为钢尺膨胀系数，一般为1.25×10^{-5}m/(m·℃)。

任一尺段实量长度经尺长改正和温度改正后得该尺段的斜距 d，即

$$d=l+\Delta l_{\mathrm{d}}+\Delta l_{\mathrm{t}} \tag{5-7}$$

3. 计算水平距离 d_0

设某尺段的斜距为 d、两端点高差为 h、平距为 d_0，则参考图 5-7，根据平面几何学中的勾股定理，该尺段的水平距离计算公式为

$$d_0=\sqrt{d^2-h^2} \tag{5-8}$$

【例 5-1】 现以 $A\rightarrow1$ 尺段的观测数据为例，说明尺长改正、温度改正及水平距离的计算方法及步骤。该尺段实测距离为 29.8652m，钢尺的名义长度为 30m，检定长度为 30.0025m，检定温度为 20℃，丈量时温度为 25.8℃，所测高差为−0.152m，求 $A\rightarrow1$ 的水平距离。

解：(1)尺长改正Δl_{d}。由式(5-5)可得：

$$\Delta l_{\mathrm{d}}=\frac{\Delta l}{l_0}l=\frac{0.0025}{30}\times29.8652=+2.5(\mathrm{mm})$$

(2)温度改正Δl_t。由式(5-6)可得

$$\Delta l_t=\alpha(t-t_0)l==1.25\times10^{-5}\times(25.8-20)\times29.8652=+2.2(\text{mm})$$

(3)倾斜距离 d。由式(5-7)可得

$$d=l+\Delta l_d+\Delta l_t=29.8652+0.0025+0.0021=29.8699(\text{m})$$

(4)水平距离 d_0。由式(5-8)可得

$$d_0=\sqrt{d^2-h^2}=\sqrt{29.8699^2-(-0.152)^2}=29.8695\ (\text{m})$$

五、尺长方程式与钢尺检定

钢尺在使用时，在不同的温度条件下，用不同的拉力，尺长会不同。为了表示钢尺真长，通常在一定拉力(如100N)下，用以温度为变量的函数来表示在某一温度时钢尺的实际长度，该函数式称做**尺长方程式**：

$$l_t=l_0+\Delta l+\alpha(t-t_0)l_0 \tag{5-9}$$

式中，l_t为温度为 t 时的钢尺实际长度；l_0为钢尺名义长度；Δl 为钢尺在鉴定温度为 t_0时的尺长改正数；α 为钢尺膨胀系数；t_0为钢尺检定时的温度；t 为量距时的温度。

每根钢尺都应有尺长方程式才能测得实际长度，但尺长方程式中的Δl 会因一些客观因素影响而变化，所以钢尺每使用一段时期后必须重新鉴定。鉴定的方法主要是与标准长度相比较求得，如已鉴定过的钢尺、有标准长度的钢尺鉴定场均可用于鉴定钢尺，求得钢尺的尺长方程式。

第二节 视距测量

一、视距测量原理

视距测量是利用望远镜内的视距装置配合视距尺，根据几何光学和三角测量原理，同时测定距离和高差的方法。最简单的视距装置是在测量仪器(如经纬仪、水准仪)的望远镜十字丝分划板上刻制上、下对称的两条短线，称为**视距丝**(如图 5-8)。在视距测量中，视距尺可用普通水准尺，也可用专用视距尺。

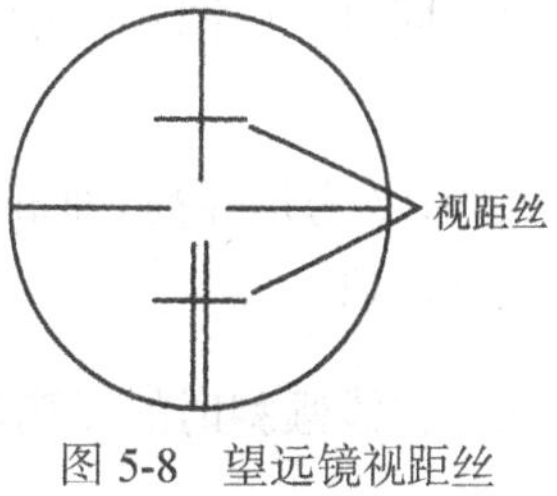

一般视距测量精度为1/200～1/300，精密视距测量可达1/2000。视距测量用一台经纬仪即可同时完成两点间平距和高差的测量，操作简便，所以当地形起伏较大时，常用于碎部测量和图根控制网的加密。

视距丝

图 5-8 望远镜视距丝

二、视线水平时距离与高差公式

如图 5-9 所示，欲测定 A、B 两点间的水平距离 D 及高差 h，可在 A 点安置经纬仪，B 点立视距尺。设望远镜视线水平，瞄准 B 点视距尺，此时视线与视距尺垂直。若尺上 M、N 点成像在十字丝分划板上的两根视距丝 m、n 处，那么尺上 MN 的长度可由上、下视距丝读数之差求得。上、下丝读数之差称为**视距间隔**或**尺间隔**。

图 5-9 中，l 为视距间隔，P 为上、下视距丝的间距，f 为物镜焦距，δ为物镜至仪器中心的距离。

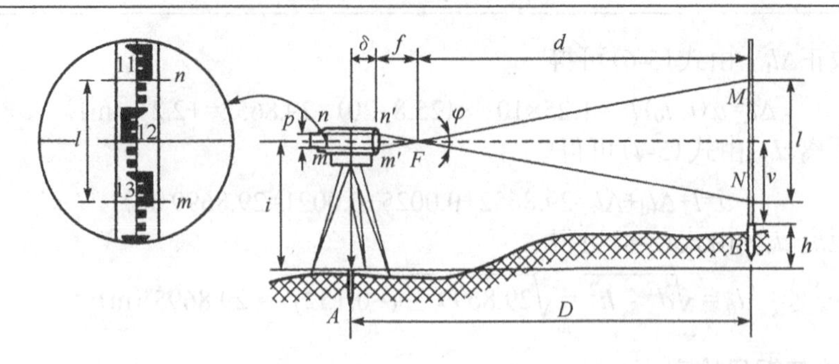

图 5-9 视线水平时视距测量示意图

由于$\triangle m'n'F \backsim \triangle MNF$，所以

$$\frac{d}{f}=\frac{l}{p}，\ d=\frac{f}{p}l \tag{5-10}$$

由图 5-9 可知：

$$D=d+f+\delta \tag{5-11}$$

则 A、B 两点间的水平距离为

$$D=\frac{f}{p}l+f+\delta \tag{5-12}$$

令$\frac{f}{p}=K$，$f+\delta=C$，则

$$D=Kl+C \tag{5-13}$$

式中，K、C 为视距乘常数和视距加常数。

现代常用的内调焦望远镜的视距常数，设计时已设置 K=100，C 接近于零，所以式(5-13)可改写为

$$D=Kl \tag{5-14}$$

同时，由图 5-9 可以看出 A、B 两点的高差 h 计算公式为

$$h=i-v \tag{5-15}$$

式中，i 为仪器高(即桩顶到仪器横轴中心的高度)；v 为瞄准高(目标高)，是十字丝中丝在尺上的读数。

三、视线倾斜时的距离与高差公式

在地面起伏较大的地区进行视距测量时，必须使视线倾斜才能读取视距间隔(图 5-10)。由于视线不垂直于视距尺，不能直接应用式(5-14)。如果能将视距间隔 MN 换算为与视线垂直的视距间隔 $M'N'$，这样就可按式(5-14)计算倾斜距离 L，再根据 L 和竖直角 α 算出水平距离 D 及高差 h。因此解决这个问题的关键在于求出 MN 与 $M'N'$ 之间的关系。

在图 5-10 中，由于 φ 角很小(约为 34′)，故可把$\angle GM'M$ 和$\angle GN'N$ 近似地视为直角。由于$\angle M'GM=\angle N'GN=\alpha$，从图 5-10 中可看出 MN 与 $M'N'$ 有如下关系：

$$M'N'=M'G+GN'=MG\cos\alpha+GN\cos\alpha=(MG+GN)\cos\alpha=MN\cos\alpha$$

设

$$M'N'=l'$$

则

$$l'=l\cos\alpha \tag{5-16}$$

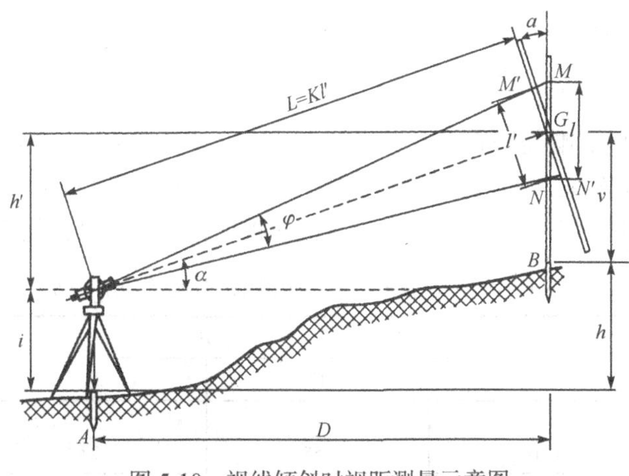

图 5-10 视线倾斜时视距测量示意图

根据式(5-14)可得倾斜距离 L 为

$$L = Kl' = Kl\cos\alpha \tag{5-17}$$

所以 A、B 两点间的水平距离 D 为

$$D=L\cos\alpha=Kl\cos^2\alpha \tag{5-18}$$

由图 5-10 可以看出，A、B 间的高差 h 为

$$h = h' + i - v \tag{5-19}$$

式中，h' 为初算高差，可按式(5-20)计算：

$$h' = L\sin\alpha = Kl\cos\alpha\sin\alpha = \frac{1}{2}Kl\sin2\alpha \tag{5-20}$$

将式(5-20)代入式(5-19)，得

$$h = \frac{1}{2}Kl\sin2\alpha + i - v \tag{5-21}$$

另外，根据式(5-18)计算出 A、B 间的水平距离 D 后，高差 h 也可按式(5-22)计算：

$$h=D\tan\alpha+i-v \tag{5-22}$$

在实际工作中，应尽可能使瞄准高(中丝高 v)等于仪器高，以简化高差 h 的计算工作。

四、视距测量的观测与计算

如图 5-10 所示，进行视距测量时，首先安置仪器于 A 点，量出仪器高 i，然后转动照准部瞄准 B 点视距尺，分别读取上、下、中三丝的读数 M、N、v，计算视距间隔 $l=M-N$。再使竖盘指标水准管气泡居中(竖盘指标自动补偿经纬仪则无此项操作，但是应注意打开补偿器锁紧轮)，读取竖盘读数，并计算竖直角 α。然后按式(5-18)和式(5-21)或式(5-22)用计算器计算出水平距离和高差。

五、视距测量误差及注意事项

(一)视距测量的误差

1. 读数误差

用视距丝在视距尺上读数的误差，与尺子最小分划的宽度、距离的远近和望远镜放大倍率等因素有关。因此，读数误差的大小，视使用的仪器和作业条件而定。在测绘地形图时为了保证视距的精度，通常要求限制最大视距。

2. 视距尺倾斜所引起的误差

视距尺倾斜误差的影响与竖直角有关，如表 5-1 所示。表中δ为视距尺倾斜角，α为竖直角，m'_D/D为视距尺倾斜时所引起的距离相对误差。由表 5-1 可以看出，尺身倾斜对视距精度的影响很大。在山区进行视距测量时，一定要使视距尺立直，最好使用带有水准器的标尺。

表 5-1　视距尺倾斜所引起的距离相对误差（m'_D/D）

α	δ			
	30′	1°	2°	3°
5°	$\frac{1}{1310}$	$\frac{1}{655}$	$\frac{1}{327}$	$\frac{1}{218}$
10°	$\frac{1}{650}$	$\frac{1}{325}$	$\frac{1}{162}$	$\frac{1}{108}$
20°	$\frac{1}{315}$	$\frac{1}{150}$	$\frac{1}{80}$	$\frac{1}{50}$
30°	$\frac{1}{200}$	$\frac{1}{100}$	$\frac{1}{50}$	$\frac{1}{30}$

3. 乘常数不准确的误差

一般视距乘常数 K=100，但由于视距丝间隔误差、视距尺分划误差、仪器检定误差，会使 K 值不为 100，K 值误差使视距测量产生系统误差。K 值应在 100±0.1 之内，否则应加以改正。

视距乘常数测定方法：在平坦地区选择一段直线，沿直线在距离为 25m、50m、100m、150m、200m 的地方分别打下木桩(图 5-11)，编号为 B_1，B_2，…，B_5，仪器安置在 A 点，在 B_i 桩上依次立视距尺，在视线水平时，以盘左、盘右分别用上、下丝在尺上读数，测得尺间隔 l，然后进行返测，将每一段尺间隔平均值除以该段距离 D_i，即可求出 K_i；再取平均值，即仪器视距乘常数 K。

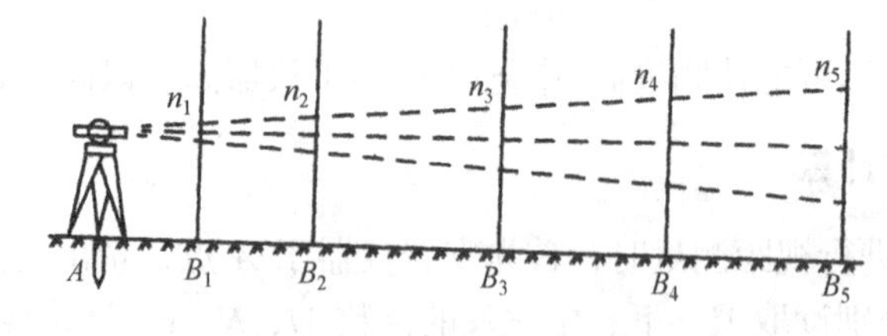

图 5-11　视距乘常数测定示意图

4. 视距尺分划误差

视距尺分划误差若是系统性增大或减小，视距测量将产生系统性误差。这个误差在仪器常数检测时将会反应在视距乘常数 K 上。若视距尺分划误差是偶然误差，对视距测量的影响也是偶然性的。视距尺分划误差一般为±0.5mm。

5. 竖直角测量误差

竖直角测量误差对视距测量有影响。根据视距测量式(5-18)和误差理论(将在第六章讲述)，其影响为

$$m_{\mathrm{d}} = Kl\sin 2\alpha \frac{m_{\alpha}}{\rho} \tag{5-23}$$

式(5-23)中，设 $\alpha=45°$，垂直角观测误差为 $m_{\alpha}=\pm 10''$，$Kl=100\mathrm{m}$，$\rho=206265''$，则 $m_{\mathrm{d}}\approx\pm 5\mathrm{mm}$，可见垂直角观测误差对视距测量影响不大。

6. 外界气象条件对视距测量的影响

(1)大气折光的影响。视线穿过大气时会产生折射，其光程从直线变为曲线，造成误差。视线靠近地面时，大气折光影响较大，所以规定视线应高出地面1m以上。

(2)大气湍流的影响。空气的湍流使视距尺成像不稳定，造成视距误差。当视线接近地面或水面时这种现象更为严重，所以视线要高出地面1m以上。除此以外，风和大气能见度对视距测量也会产生影响。风力过大，尺子会抖动，空气中灰尘和水气会使视距尺成像不清晰，造成读数误差，所以应选择良好的天气进行测量。

(二)注意事项

(1)为减少垂直折光的影响，观测时应尽可能使视线离地面1m以上。

(2)作业时，要将视距尺竖直，并尽量采用带有水准器的视距尺。

(3)要严格测定视距乘常数，K值应在100±0.1之内，否则应加以改正。

(4)视距尺一般应是厘米刻划的整体尺。如果使用塔尺，应注意检查各节尺的接头是否准确。

(5)要在成像稳定的情况下进行观测。

第三节　电磁波测距

一、电磁波测距概述

钢尺量距是一项十分繁重的工作，特别是在山区或沼泽地区，钢尺使用更为困难，而视距测量精度较低，为了提高测距速度和精度，瑞典于20世纪40年代末就研制成功了电磁波测距仪。此后，随着激光技术、电子技术和计算机技术的发展，各种类型的电磁波测距仪相继问世。在20世纪90年代，又出现了将测距仪和电子经纬仪组合成一体的电子全站仪，它可以同时进行角度、距离测量，测量结果经过计算可得出平距、高差、坐标增量等，并能自动显示在液晶屏上。配合电子记录手簿，可以自动完成记录、存储、输出测量结果，使测量工作大为简化，成为野外数字化测图的重要设备。测距仪和全站仪已在小面积控制测量、大比例尺地形图测绘及各种工程测量中得到了广泛使用。

电磁波测距是利用电磁波(微波或光波)作载波传输测距信号，以测量两点间距离的一种方法。与传统的测距方法相比，电磁波测距具有测程长、精度高、操作简单、速度快、工作强度低、受地形限制少等优点。

以电磁波为载波传播测距信号的测距仪器统称为电磁波测距仪。按其所采用的载波不同，可分为：①用微波段的无线电波作为载波的微波测距仪；②用光波作为载波的光电测距仪。光电测距仪中，利用激光作为载波的称为激光测距仪，利用红外光作为载波的称为红外测距仪。微波测距仪和激光测距仪多用于远程测距，测程可达十几甚至几十公里，一般用于大地测量。而红外测距仪多用于中、短程测距，一般用于小地区控制测量、地形测量、地籍测量和各种工程测量。本节主要介绍光电测距仪的基本原理和测距方法。

二、光电测距原理

光电测距仪通过测量光波在待测距离上往、返传播一次所需时间来计算待测距离。如图 5-12 所示，欲测定 A、B 两点间的距离，设在 A 点安置测距仪、B 点安置反射棱镜，由测距仪发出光束经过距离 D 到达反射棱镜，经棱镜反射，又回到仪器。设 c_0 为光在真空中的传播速度，t_{2D} 为光波在待测距离上往返传播的时间，测定 t_{2D} 的方法有直接法和间接法两种，所对应的测距仪分别为**脉冲式测距仪**和**相位式测距仪**。则待测距离 D 为

$$D = \frac{c_0}{2n} t_{2D} \tag{5-24}$$

式中，n 为光在大气中的传输折射率。。

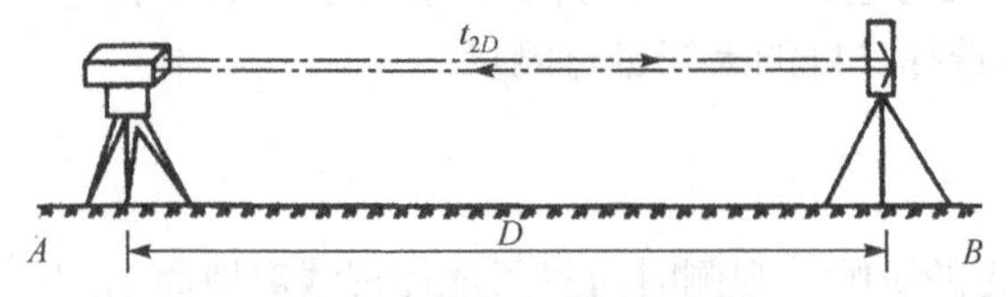

图 5-12　脉冲法测距示意图

(一)脉冲式测距仪

脉冲式测距仪通过直接测定测距仪所发出的光脉冲和接收光脉冲的时间间隔以测定距离。这种方法测定距离的精度取决于 t_{2D} 的量测精度，如要达到±1cm 的测距精度，测定时间的精度应达到 6.7×10^{-11}s，这对电子元件性能要求很高。

目前，脉冲式测距仪一般用固体激光器做光源，能发出高频率的光脉冲，因此这类仪器可不用棱镜(免棱镜)测距，直接用被测目标对光脉冲产生的漫反射进行测距，在地形测量中可实现无人跑尺，从而减轻劳动强度、提高工作效率。近年来，脉冲式测距在硬件和技术上有重要的突破，精度指标达到了很高的水准。例如，瑞士徕卡公司推出的 DI3000 红外激光测距仪，其测程为 14km，测距精度已达到毫米级(标称精度为 m_D=3mm+1ppm·D)。

(二)相位式测距仪

相位式测距仪是将发射光波的光强调制成正弦波的形式，通过测量正弦光波在待测距离上往返传播的相位移，间接地测定电磁波在测线上往返传播时间 t_{2D}，进而求得距离。

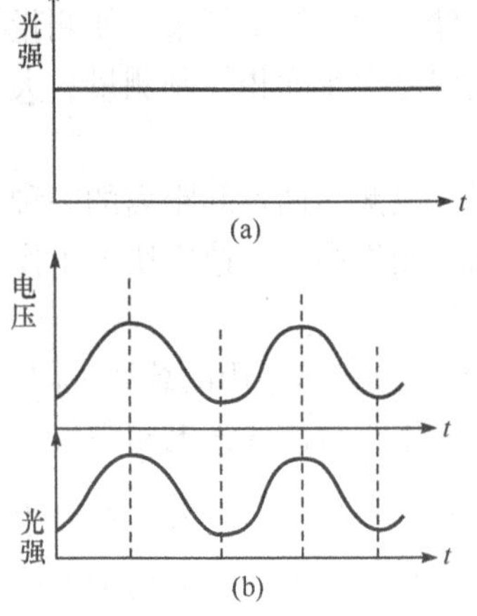

图 5-13　调制光示意图

在 GaAs 发光二极管中注入一定的恒定电流，它发生的红外光，其光强恒定不变，如图 5-13(a)。若改变注入电流的大小，GaAs 发光管发射光强也随之变化。若对发光管注入交变电流，使发光管发射的光强随着注入电流的大小发生变化，见图 5-13(b)，这种光称为调制光。

如图 5-12 所示，在 A 站上测距仪发射的调制光沿 AB 方向传播，到达 B 点后经反光镜反射又回到 A 点，被测距仪接收器接收，所经过的时间为 t_{2D}。为便于说明，将反光镜 B 点反射后回到 A 点的光波沿测线方向展开，则调制光往返经过了 $2D$ 的路程(图 5-14)。

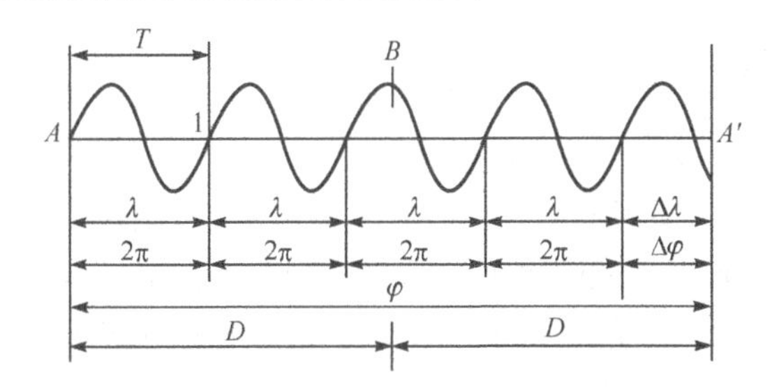

图 5-14 相位法测距原理示意图

设调制光的角频率为 ω，则调制光在测线上传播的相位延迟 φ 为

$$\varphi = \omega t_{2D} = 2\pi f t_{2D} \tag{5-25}$$

$$t_{2D} = \frac{\varphi}{2\pi f} \tag{5-26}$$

将 t_{2D} 代入式(5-24)得

$$D = \frac{c_0}{2nf} \cdot \frac{\varphi}{2\pi} \tag{5-27}$$

式中，f 为调制光的频率；c_0 为光在真空中的传播速度；n 为大气折光率。

由图(5-14)中可以看出，相位 φ 还可以用相位的整周数(2π)的个数 N 和不足一个整周数的 $\Delta\varphi$ 来表示，则

$$\varphi = N \times 2\pi + \Delta\varphi \tag{5-28}$$

将 φ 代入式(5-27)，得到相位法测距基本公式：

$$D = \frac{c_0}{2nf}\left(N + \frac{\Delta\varphi}{2\pi}\right) = \frac{\lambda}{2}(N + \Delta N) \tag{5-29}$$

式中，λ 为调制光的波长，$\lambda = \frac{c_0}{nf}$；$\Delta N = \frac{\Delta\varphi}{2\pi}$。

因为 $\Delta\varphi$ 为不足整周期的相位移尾数，所以 $\Delta\varphi < 2\pi$，则 $\Delta N < 1$ 为不足整周期的比例数。

将式(5-29)与钢尺量距公式(5-1)相比，$\frac{\lambda}{2}$ 相当于尺长 l，N 为整尺段数，ΔN 相当于不足整尺段的比例数。

令 $L_D = \frac{\lambda}{2}$，代入式(5-29)，则相位法测距的基本公式为

$$D = L_D(N + \Delta N) = NL_D + \Delta NL_D \tag{5-30}$$

比较式(5-1)与式(5-30)，可以看出二者完全相似。因此，L_D 常称为“光尺”。

仪器在设计时，选定发射光源后，发射光源波长 λ 即确定，然后确定一个标准温度 t 和标准大气压 P，这样可以求得仪器在确定的标准大气压条件下的折射率 n(大气折射率为载波波长、大气温度、大气压力、大气湿度的函数)。由于测距仪测距时的温度、大气压、湿度与仪器设计时选用的标准温度、大气压、湿度均不相同，在测距时还要测定测线的温度、大气压和湿度，对所测距离进行气象改正。

测距仪对于相位 φ 的测定是采用将接收测线上返回的载波相位与机内固定的参考相位在相位计中比相。相位计只能分辨 0～2π 之间的相位变化，即只能测出不足一个整周期的相位

差$\Delta\varphi$，而不能测出整周数N。例如，光尺为10m，只能测出小于10m的距离；光尺为1000m只能测出小于1000m的距离。仪器测相精度一般为1/1000，所以1km的测尺测量精度只有米级。测尺越长、精度越低；为了兼顾测程和精度，在测距仪设计和制造时常采用多个调制频率(即 n 个测尺)进行测距，用短测尺(称为精尺)测定精确的小数，用长测尺(称为粗尺)测定距离的大数。将两者衔接起来，就解决了长距离测距数字直接显示的问题。

例如，某双频测距仪，测程为 2km，设计了精、粗两个测尺，精尺为 10m(载波频率f_1=15MHz)，粗尺为2000m(载波频率f_2=75kHz)。用精尺测10m以下小数，粗尺测10m以上大数。例如，实测距离为1356.678m，其中，精测距离6.678m，粗测距离1350m，仪器显示距离1356.678m。

对于更远测程的测距仪，可以设计若干个测尺配合测距。

三、测距成果计算

一般测距仪测定的是斜距，因而需对所测成果进行仪器常数改正、气象改正、倾斜改正等，最后求得水平距离。

1. 仪器常数改正

仪器常数有加常数和乘常数两项。对于加常数，由于发光管的发射面、接收面与仪器中心不一致，反光镜的等效反射面与反光镜中心不一致，内光路产生相位延迟及电子元件的相位延迟，测距仪测出的距离值与实际距离值不一致(图 5-15)。此常数一般在仪器出厂时预置在仪器中，但是由于仪器在搬运过程中的震动、电子元件老化，常数还会变化，还会有剩余加常数。这个常数要经过仪器检验测定，并对所测距离加以改正。需要注意的是，不同型号的测距仪，其反光镜常数是不同的，若互换反光镜必须重新测定加常数，方可使用。

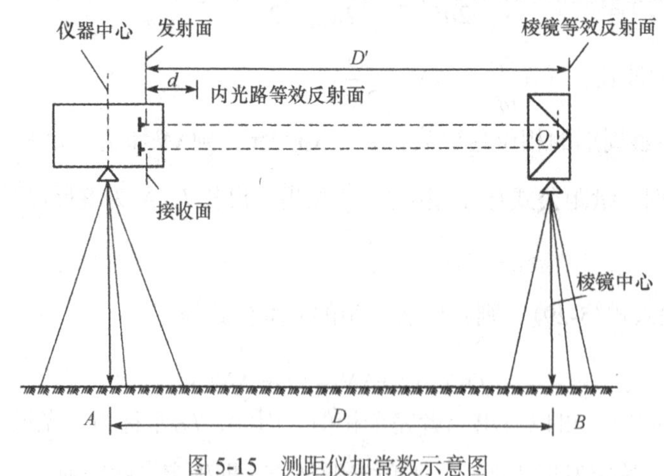

图 5-15　测距仪加常数示意图

仪器的测尺(光尺)长度与仪器振荡频率有关。仪器经过一段时间使用，晶体会老化，致使测距时仪器的晶振频率与设计时的频率有偏移，因此产生与测量距离成正比的系统误差，其比例因子称为乘常数，如晶振有15kHz误差，会产生10^{-6}的系统误差，使1km的距离产生1mm误差。此项误差也应通过检测求定，在所测距离中加以改正。

现代测距仪都具有设置仪器常数的功能，测距前预先设置常数，在仪器测距过程中自动改正。若测距前未设置常数，可按式(5-31)计算加常数和乘常数的改正值：

$$\Delta D_K = K + RD \tag{5-31}$$

式中，K 为仪器加常数；R 为仪器乘常数。

2. 气象改正

仪器的测尺长度是在一定的气象条件下推算出来的。但是仪器在野外测量时气象参数与仪器标准气象元素不一致，因此会使测距值产生系统误差。所以在测距时，应同时测定环境温度(读至 1℃)、大气压(读至 1mmHg(133.3Pa))。利用仪器生产厂家提供的气象改正公式计算距离改正值，如某厂家测距仪气象改正公式为

$$\Delta D_0 = 28.2 - \frac{0.029P}{1+0.0037t}$$

式中，P 为观测时大气压；t 为观测时温度；ΔD_0 为 100m 为单位的改正值。

目前测距仪都具有设置气象参数的功能，在测距前设置气象参数，在测距过程中仪器自动进行气象改正。

3. 倾斜改正

经过前几项改正后的距离是测距仪几何中心到反光镜几何中心的倾斜距离，要改算成平距还应进行倾斜改正。现代测距仪一般都与光学经纬仪或电子经纬仪组合，测距时可以同时测出竖直角 α 或天顶距 z(天顶距是从天顶方向到目标方向的角度)，则可用式(5-32)计算平距 $D_{平}$：

$$D_{平} = D_{斜}\cos\alpha = D_{斜}\sin z \tag{5-32}$$

与电子经纬仪组合的测距仪和全站仪，在测距时，可测出竖直角，由仪器自动换算为平距，按平距键即显示平距。

第四节 全站仪及其使用

一、概述

红外测距仪的产品经历了三个阶段：①单体测距仪；②与光学经纬仪或电子经纬仪以积木方式组合的测距仪；③与电子经纬仪结合为一体的全站仪。

在 20 世纪 70 年代中期，红外测距仪刚问世时，由于受电子元件的限制，其体积大、重量大，难以和经纬仪组合，都是以单独测距形式出现，只能测距。到 80 年代中期，随着电子元件小型化、集成化，红外测距仪的体积逐渐减小，重量也在 12kg 以下，因此出现了将测距仪架在光学经纬仪支架或横轴上，以积木方式组合的测距仪。野外测量时，在一个测站上可完成测距和测角。但是，要将所测的竖直角及水平角手工输入一个与测距仪相连的计算器中，方可进行平距、高差、坐标增量的计算。到 80 年代末，大规模集成电路的出现及电子经纬仪日趋成熟，一种由机械、光学、电子元件组合而成的新型测量仪器诞生了，它可以同时进行角度(水平角、竖直角)测量和距离(斜距、平距)测量，即可以完成该测站的所有测量工作，这种新型测量仪器称为全站仪。

全站仪主要由电源、测角、测距、中央处理器(central processing unit，CPU)、输入、输出几部分组成，其结构如图 5-16 所示。电源是可充电电池，给其他各部分供电，包括望远镜十字丝和显示屏的照明。测角部分相当于电子经纬仪，可以测定水平角、竖直角和设置方位

角。测距部分相当于光电测距仪，一般用红外光源，测定至目标点的斜距，并可根据所测竖直角计算平距及高差。中央处理器接受指令，分配各种观测作业，进行测量数据的运算，如观测值的各种改正、取各次观测值的平均值、极坐标法或交会法的坐标计算及功能更为复杂的运算。输入、输出部分包括键盘、显示屏和接口。键盘可以输入操作指令、数据和设置参数；显示屏可以显示出仪器当前的工作模式、状态、观测数据和运算结果；通信接口使全站仪能与 U 盘、内存卡、计算机交互通信，传输数据。野外的测量数据可以直接传入计算机，进行计算、编辑和绘图；同时，测量作业所需要的已知数据也可以从计算机中输入全站仪。这样，不仅提高了野外测量的工作效率，而且可以实现整个测量作业的高度自动化。电子全站仪已广泛用于控制测量、地形测量、施工放样、变形观测等方面的实际工作中。

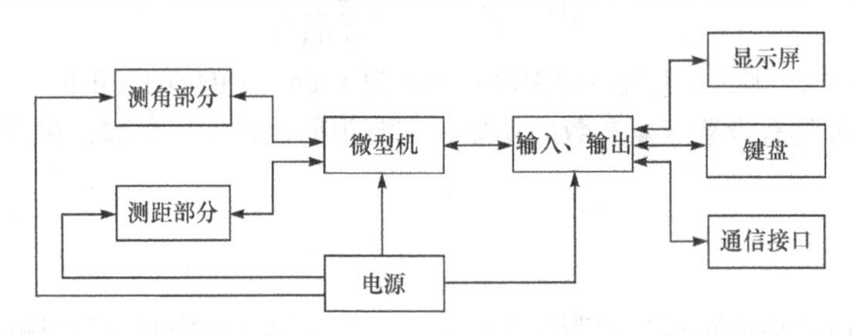

图 5-16　全站仪结构框图

二、全站仪的种类

1. 按外观结构分类

(1) 积木型。早期的全站仪大都是积木型结构，即电子速测仪、电子经纬仪、电子记录器各是一个整体，可以分离使用，也可以通过电缆或接口把它们组合起来，形成完整的全站仪。

(2) 整体型。随着电子测距仪进一步的轻巧化，现代的全站仪大都将测距、测角和记录单元在光学、机械等方面设计成一个不可分割的整体，其中测距仪的发射轴、接收轴和望远镜的视准轴为同轴结构。这对保证较大垂直角条件下的距离测量精度非常有利。

2. 按测量功能分类

(1) 经典型全站仪。经典型全站仪也称为常规全站仪，它具备全站仪电子测角、电子测距和数据自动记录等基本功能，有的还可以运行厂家或用户自主开发的机载测量程序。其经典代表为徕卡公司生产的 TC 系列全站仪。

(2) 机动型全站仪。在经典全站仪的基础上安装轴系步进电机，可自动驱动全站仪照准部和望远镜的旋转。在计算机的在线控制下，机动型全站仪可按计算机给定的方向值自动照准目标，并可实现自动正、倒镜测量。徕卡 TCM 系列全站仪就是典型的机动型全站仪。

(3) 无合作目标型全站仪。无合作目标型全站仪是指在无反射棱镜的条件下，可对一般的目标直接测距的全站仪。因此，对不便安置反射棱镜的目标进行测量时，无合作目标型全站仪具有明显优势，如徕卡公司生产的 TCR 系列全站仪，无合作目标距离测程可达 1000m 甚至更远，可广泛用于地籍测量、房产测量和施工测量等。

(4) 智能型全站仪。在机动型全站仪的基础上，仪器安装自动目标识别与照准的新功能，因此在自动化的进程中，智能型全站仪进一步克服了需要人工照准目标的重大缺陷，实现了全站仪的智能化。在相关软件的控制下，智能型全站仪在无人干预的条件下可自动完成多个目标的识别、照准与测量；因此，智能型全站仪又称为“测量机器人”，典型代表有徕卡公司生产的 TCA 型全站仪等。

3. 按测距仪测距分类

(1)短距离测距全站仪。测程小于 3km，一般精度为±(5mm+5ppm)，主要用于普通测量和城市测量。

(2)中测程全站仪。测程为 3～15km，一般精度为±(5mm+2ppm)，通常用于一般等级的控制测量。

(3)长测程全站仪。测程大于 15km，一般精度为±(5mm+1ppm)，通常用于国家三角网及特级导线的测量。

目前，工程测量中采用的主流仪器大多属于免棱镜、中短程、整体型一体化全站仪，随着经济和社会的发展，智能型全站仪的功能更加完善和普及应用是将来的发展趋势。

三、全站仪的特点

同电子经纬仪、光学经纬仪相比，全站仪增加了许多特殊部件，使得全站仪具有比其他测角、测距仪器更多的功能，使用也更加方便，这些特殊部件构成了全站仪在结构方面独树一帜的特点。

1. 同轴望远镜

全站仪的望远镜实现了视准轴、测距光波的发射、接收光轴同轴化。同轴化的基本原理是：在望远镜物镜与调焦透镜间设置分光棱镜系统，通过该系统实现望远镜的多功能。它既可瞄准目标，使之成像于十字丝分划板，进行角度测量；同时其测距部分的外光路系统又能使测距部分的光敏二极管发射的调制红外光在经物镜射向反光棱镜后，经同一路径反射回来，再经分光棱镜作用使回光被光电二极管接收；为实现测距，需要在仪器内部另设一内光路系统，通过分光棱镜系统中的光导纤维将由光敏二极管发射的调制红外光也传送给光电二极管接收，由内、外光路调制光的相位差间接计算光的传播时间，然后计算实测距离。

同轴性使得望远镜一次瞄准即可实现同时测定水平角、竖直角和斜距等全部基本测量要素的测定功能，加之全站仪强大、便捷的数据处理功能，使全站仪的使用极其方便。

2. 双轴自动补偿

作业时若全站仪纵轴倾斜，会引起角度观测的误差，盘左、盘右观测值取平均也不能使之抵消。而全站仪特有的双轴(或单轴)倾斜自动补偿系统，可对纵轴的倾斜进行识别，并在度盘读数中对因纵轴倾斜造成的测角误差自动加以改正(某些全站仪纵轴最大倾斜可允许至±6′′)，也可通过将纵轴倾斜引起的角度误差，由微处理器按纵轴倾斜改正公式计算，并加入度盘读数中加以改正，使度盘显示读数为正确值，即纵轴倾斜自动补偿。

双轴自动补偿所采用的构造：使用一个气泡(该气泡不能从外部看到，与检验校正中所描述的不是一个气泡)来标定绝对水平面，该气泡中间填充液体，两端是气体。在气泡的上部两侧各放置一个发光二极管，而在气泡的下部两侧各放置一光电管，用以接收发光二极管透过水泡发出的光，然后，通过运算电路比较两二极管获得的光的强度。当在初始位置，即绝对水平时，将运算值置零。当作业中全站仪器倾斜时，运算电路实时计算出光强的差值，从而换算成倾斜的位移，将此信息传达给控制系统，以决定自动补偿的值。自动补偿的方式除由微处理器计算后修正输出外，还有一种方式即通过步进电机驱动微型丝杆，将此轴方向上的偏移进行补正，从而使轴时刻保证绝对水平。

3. 操作面板

操作面板是全站仪在测量时输入操作指令或数据的硬件，全站型仪器的键盘和显示屏均为双面式，便于正、倒镜作业时操作。

4. 存储器

全站仪存储器的作用是将实时采集的测量数据存储起来，再根据需要传送到其他设备(如计算机等)中，供进一步的处理或利用。全站仪的存储器有内存储器和存储卡两种，全站仪内存储器相当于计算机的内存。存储卡是一种外存储媒体，作用相当于计算机的磁盘。

5. 通信接口

全站仪可以通过通信串口和通信电缆将内存中存储的数据输入计算机，或将计算机中的数据和信息经通信电缆传输给全站仪，实现双向信息传输。

四、南方测绘 NTS-380 全站仪及其配套工具

南方测绘 NTS-380 系列全站仪(图 5-17)除具备常用的基本测量模式(角度测量、距离测

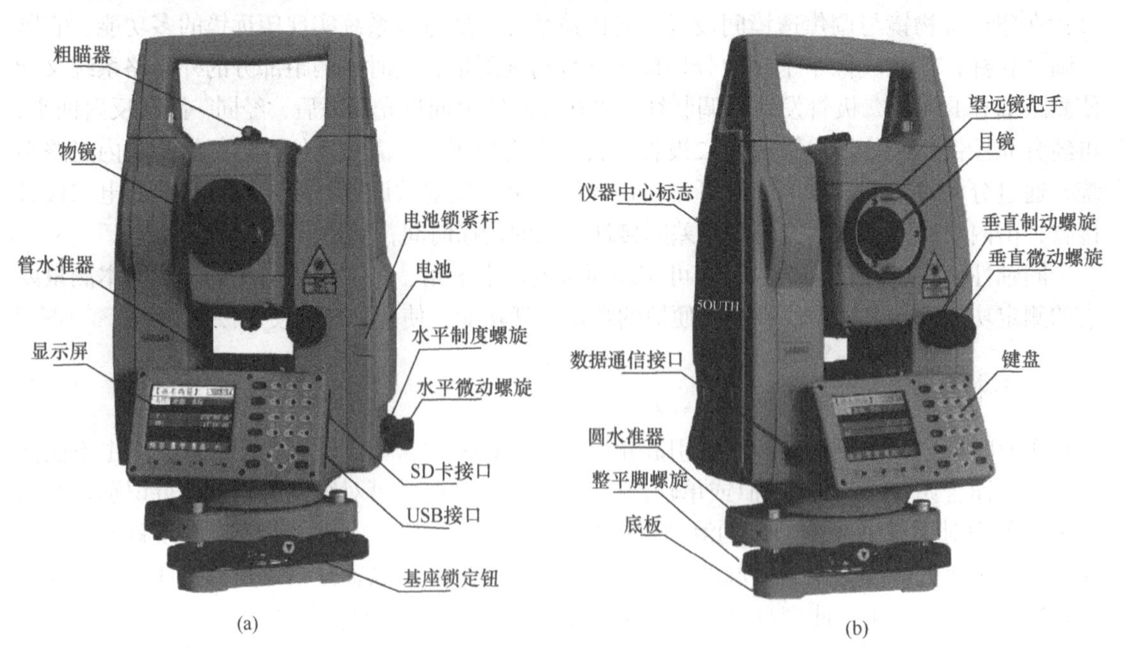

图 5-17　NTS-380 全站仪

量、坐标测量)之外，还具有悬高测量、偏心测量、对边测量、距离放样、坐标放样、道路测量等特殊的测量程序，同时具有数据存储功能、参数设置功能，功能强大，适用于各种专业测量和工程测量。其显示界面与键盘如图 5-18 所示，键盘上各按键的名称和功能列于表 5-2 中，仪器显示器上所显示的含义列于表 5-3 中。本节只介绍 NTS-380 全站仪的常用功能与操作方法，详细请参阅其说明书。NTS-380 全站仪专用棱镜、基座与对中杆如图 5-19 所示。

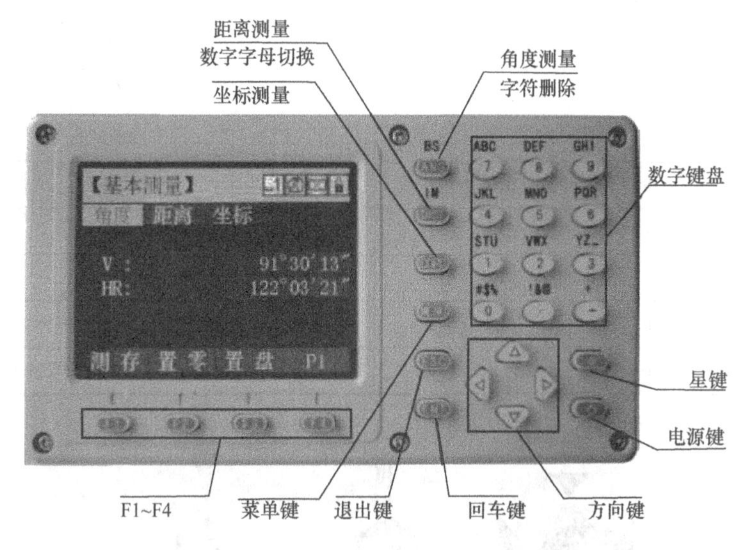

图 5-18 NTS-380 全站仪显示界面与键盘

表 5-2 NTS-380 全站仪键盘上的各按键的名称与功能

按键	名称	功能
ANG	角度测量键	进入角度测量模式(输入时退格删除)
DIST	距离测量键	进入距离测量模式(切换输入数字/字母)
CORD	坐标测量键	进入坐标测量模式
MENU	菜单键	进入菜单模式
ENT	回车键	确认数据输入或存入该行数据并换行
ESC	退出键	取消前一操作，返回到前一个显示屏或前一个模式
⏻	电源键	控制电源的开/关
F1～F4	软键	功能参见所显示的信息
0～9	数字键	输入数字和字母或选取菜单项
·～–	符号键	输入符号、小数点、正负号
★	星键	用于仪器若干常用功能的操作

表 5-3　NTS-380 全站仪屏幕显示符号的含义

显示符号	内容
V%	垂直角(坡度显示)
HR	水平角(右角)
HL	水平角(左角)
HD	水平距离
VD	高差
SD	斜距
N	北向坐标
E	东向坐标
Z	高程
m	以米为单位
ft	以英尺(1 英尺=0.3048 米)为单位
fi	以英尺与英寸(1 英寸=0.0254 米)为单位

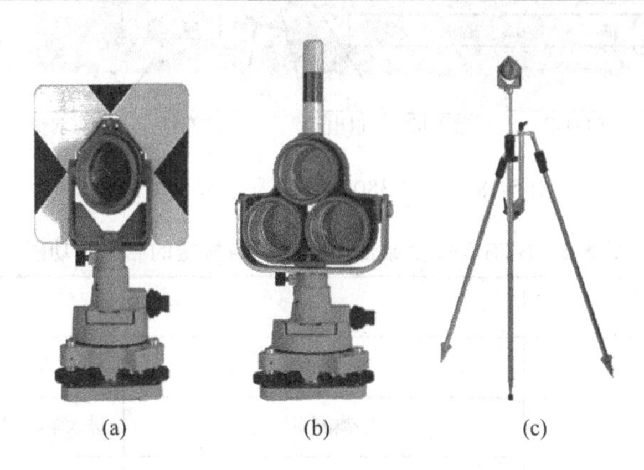

(a)　(b)　(c)

图 5-19　NTS-380 全站仪专用棱镜、基座与对中杆

五、仪器主要技术指标

南方测绘 380 系列全站仪具体型号包含 NTS382R 和 NTS385R 两种，其中 NTS385R 测角精度为 5″。现以 NTS382R 型号为例简要介绍其主要技术指标。

(1)精度。测角精度为±2″；精密测距(棱镜精测)模式为$\pm(2+2\times10^{-6}D)$mm，普通测距模式(即棱镜跟踪或无合作目标精测)为$\pm(3+2\times10^{-6}D)$mm。

(2)测程。在良好大气条件下单棱镜为 5km；免棱镜测程可达 800m 以上。

(3)测角方式。绝对数码度盘测角技术。

六、NTS-380 全站仪的基本操作

1. 测量前的准备工作

在关机状态安装好电池，按照普通光学经纬仪对中、整平的方法，将全站仪安置在测站点上。

短按[POWER]⊙键为开机，在开机的状态下，再按[POWER]⊙键 3s，即关闭电源。按[POWER]⊙键开机后，系统会自动进行自检，检测完毕，并自动进入测量模式。

2. 水平角测量

在对中、整平结束之后，利用全站仪进行水平角测量的方法和过程与利用经纬仪进行水平角测量的方法和过程基本相同。在进行角度测量时，全站仪上显示的界面如图 5-20 所示，从中可知角度测量共有三页，每页界面显示的各功能按钮的含义列于表 5-4 中。

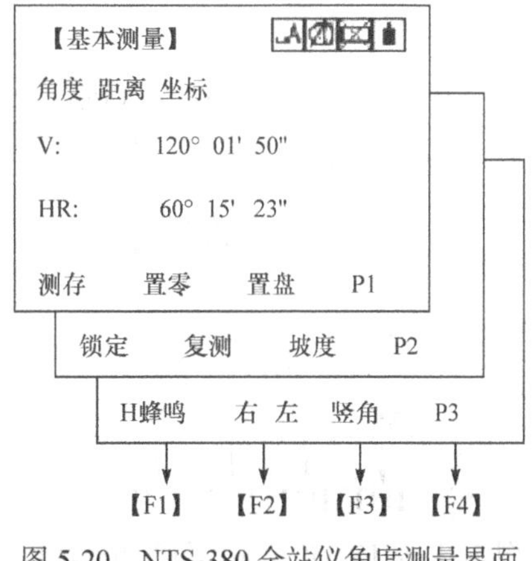

图 5-20 NTS-380 全站仪角度测量界面

表 5-4 NTS-380 全站仪角度测量界面各功能按钮的含义

页数	软键	显示符号	功能
第 1 页 (P1)	F1	测存	启动角度测量，将测量数据记录到相对应的文件中(测量文件和坐标文件在数据采集功能中选定)
	F2	置零	水平角置零
	F3	置盘	通过键盘输入设置一个水平角
	F4	P1↓	显示第 2 页软键功能
第 2 页 (P2)	F1	锁定	水平角读数锁定
	F2	复测	水平角重复测量
	F3	坡度	垂直角/百分比坡度的切换
	F4	P2↓	显示第 3 页软键功能
第 3 页 (P3)	F1	H 蜂鸣	仪器转动至水平角 0°90°180°270°是否产生蜂鸣的设置
	F2	右左	水平角右角/左角的转换
	F3	竖角	垂直角显示格式(高度角/天顶距)的切换
	F4	P3↓	显示第 1 页软键功能

3. 竖直角测量

利用全站仪进行竖直角测量的方法和过程与利用经纬仪进行竖直角测量的方法和过程基本相同。只是在利用全站仪进行竖直角测量时，不需再手动计算半测回竖直角，只需将角度测量界面翻到第 3 页，按 F3 键就可使竖盘显示值在竖直角与天顶距之间转换。在利用此功能进行竖直角测量时，要注意判断竖盘显示值是天顶距还是竖直角。指标差和一测回竖直角的计算仍需手工完成。在进行竖直角测量时，要确保倾斜补偿处于打开状态，以便自动补偿系统自动提高半测回竖直度盘的读数精度。

4. 距离测量

在利用全站仪棱镜模式进行距离测量时，需要在目标点上对棱镜进行严格的对中和整平。在测站点的全站仪及目标点的棱镜对中、整平完成之后，即可对全站仪的距离测量功能进行设置。NTS-380 全站仪距离测量的显示界面如图 5-21 所示，从中可知距离测量界面有两页，每页显示的功能按钮的含义列于表 5-5 中。在进行距离测量时需要对距离单位、电磁波传播路径上的气温、大气压、棱镜常数、测距模式及倾斜改正等进行设置。设置完毕后，用望远镜正确瞄准反射棱镜中心，点击 F1 即可完成距离测量工作。

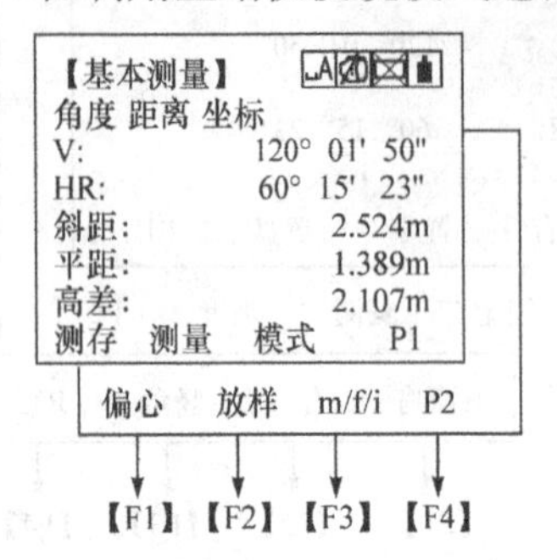

图 5-21　NTS-380 全站仪距离测量界面

表 5-5　NTS-380 全站仪距离测量界面各功能按钮的含义

页数	软键	显示符号	功 能
第 1 页 (P1)	F1	测存	启动距离测量，将测量数据记录到相对应的文件中(测量文件和坐标文件在数据采集功能中选定)
	F2	测量	启动距离测量
	F3	模式	设置测距模式单次精测/N 次精测/重复精测/跟踪的转换
	F4	P1↓	显示第 2 页软键功能
第 2 页 (P2)	F1	偏心	偏心测量模式
	F2	放样	距离放样模式
	F3	m/f/i	设置距离单位米/英尺/英尺·英寸(1 英尺=0.3048 米，1 英寸=0.0254 米)
	F4	P2↓	显示第 1 页软键功能

5. NTS-380 全站仪坐标采集与点位放样

NTS-380 全站仪有丰富的测量程序，能满足不同用户的需要。其中有两项测量程序使用非常广泛，分别是数据采集和点位放样。

1) 数据采集

数据采集程序的功能是将测量过程中所获得的各种原始数据及由原始数据计算得到的部分数据保存到全站仪存储器中的文件中，这些数据包括目标点点号、目标点编码、竖直度盘读数、水平度盘读数、仪器高、目标高、目标点的三维坐标等。这些数据中有些是测量数据，有些是由测量数据计算得到的计算数据。所以在数据采集中用到的文件分为两类：一类是测量数据文件(文件名为.SMD)；另一类是坐标数据文件(文件名为.SCD)。

在测站点上，将全站仪对中、整平完成以后，利用 NTS-380 型全站仪进行数据采集工作的流程如下：

(1) 调出数据采集功能(按下[MENU]键)——创建(或选择已有)数据采集文件(测量文件和坐标文件)——对数据采集功能进行适当设置——将控制点坐标输入创建的坐标文件内。

(2)设置测站点。内容有输入(或从坐标文件中调出)测站点坐标；量取并输入仪器高(不需要待测点的高程时，可以不输入仪器高)；输入大气压、温度、棱镜常数；打开仪器倾斜补偿器。测站点设置的本质是使全站仪清楚其目前处在测量所用坐标系的什么位置。

(3)设置后视。分为两种情况，如果已知测站至后视点的坐标方位角，那么输入坐标方位角进行后视设置；如果已知后视点坐标，那么输入(或从坐标文件调出)后视点坐标进行后视设置。后视设置的本质是将全站仪水平度盘0°00′00″的刻划线与过测站的坐标北方向相重合。

(4)对测站设置和后视设置的结果进行检查。其方法是：在现有的全站仪设置条件下，对某已知控制点进行坐标测量，并将测得的坐标与已知坐标进行比较，如果差异在工程允许的范围内，说明前面的测站点设置和后视设置是正确的。如果差异超出工程允许的范围，就需要找出原因，并重新进行测站点与后视设置，直到检查通过才可进行第五步的工作。

(5)对待测点进行测量。本步骤需要输入待测点的点号、待测点上棱镜的镜高(不需要待测点的高程时，可以不输入待测点的镜高)及待测点的编码(可根据工程需要确定是否需要输入)。当某些待测点不好直接测定其位置时，数据采集程序提供了偏心测量的功能来测量这些待测点，关于偏心测量的原理及使用方法可参考全站仪操作说明书，这里不再赘述。需要强调的是，操作仪器会导致全站仪的对中、整平、后视方位角有一定程度的变化，所以需在测定了一定数量(如50个)的点之后，重新检查及调整仪器的对中、整平和后视定向。

(6)将全站仪中的数据导出到其他设备。关于全站仪与计算机之间的数据传输，请参考全站仪操作说明中有关数据传输的部分。

2)点位放样

点位放样，就是将设计人员设计的建筑物(构筑物)的特征点在生产现场标定出来。利用全站仪进行点位放样的方法非常多，如平面直角坐标放样、平面角度交会法放样、高程放样和平面极坐标放样等。这里只讲授利用全站仪进行平面极坐标的流程。

(1)调出坐标放样功能——选择(或跳过)待放样文件——依据工程需求设置网格因子。

(2)设置测站点。内容有输入(或从坐标文件中调出)测站点坐标、量取并输入仪器高(不需要放样待放样点的高程时，可以不输入仪器高)；输入大气压、温度、棱镜常数，打开仪器倾斜补偿器。测站点设置的本质是使全站仪知道清楚其目前处在测量所用坐标系的什么位置。

(3)设置后视。分为两种情况，如果已知测站至后视点的坐标方位角，那么输入坐标方位角进行后视设置；如果已知后视点坐标，那么输入(或从坐标文件调出)后视点坐标进行后视设置。后视设置的本质是将全站仪水平度盘0°00′00″的刻划线与过测站的坐标北方向相重合。

(4)对测站设置和后视设置的结果进行检查。其方法是：在现有的全站仪设置条件下，对某已知控制点进行坐标测量，并将测得的坐标与已知坐标进行比较，如果差异在工程允许的范围内，说明前面的测站点设置和后视设置是正确的。如果差异超出工程允许的范围，就需要找出原因，并重新进行测站点与后视设置，直到检查通过才可进行第五步的工作。

(5)指挥持镜人员在现场移动执行放样。本步骤需要输入(或从坐标文件调出)待放样点的坐标、输入待放样点上棱镜的镜高(不需要放样待放样点的高程时，可以不输入待放样点的镜高)。当全站仪显示器上显示dHR=0°00′00″、dHD=0m、dZ=0m时，指挥持镜人员在现场标定待放样点。需要强调的是，操作仪器会导致全站仪的对中、整平、后视方位角有一定程度的变化，所以需在测定了一定数量(如50个)的点之后，重新检查及调整仪器的对中、整平和后视定向。

七、全站仪使用的注意事项与维护

(一)全站仪保管的注意事项

(1)仪器的保管由专人负责，每天现场使用完毕后带回办公室，不得放在现场工具箱内。

(2)仪器箱内应保持干燥，要防潮、防水并及时更换干燥剂，须放置于专门架上或固定位置。

(3)仪器长期不用时，应定期(一月左右)通风防霉并通电驱潮，以保持仪器良好的工作状态。

(4)仪器放置要整齐，不得倒置。

(二)使用时应注意事项

(1)开工前应检查仪器箱背带及提手是否牢固。

(2)开箱后提取仪器前，要看准仪器在箱内放置的方式和位置，装卸仪器时，必须握住提手。将仪器从仪器箱取出或装入仪器箱时，握住仪器提手和底座，不可握住显示单元的下部。切不可拿仪器的镜筒，否则会影响内部固定部件，从而降低仪器的精度。应握住仪器的基座部分，或双手握住望远镜支架的下部。仪器用毕，先盖上物镜罩，并擦去表面的灰尘。装箱时各部位要放置妥帖，合上箱盖时应无障碍。

(3)在太阳光照射下观测仪器，应给仪器打伞，并带上遮阳罩，以免影响观测精度。在杂乱环境下测量时，仪器要有专人守护。当仪器架设在光滑的表面时，要用细绳(或细铅丝)将三脚架三个脚连接起来，以防滑倒。

(4)当架设仪器在三脚架上时，尽可能用木制三脚架，因为使用金属三脚架可能会产生振动，从而影响测量精度。

(5)当测站之间的距离较远时，搬站时应将仪器卸下，装箱后背着走。行走前要检查仪器箱是否锁好，检查安全带是否系好。当测站之间的距离较近时，搬站时可将仪器连同三脚架一起靠在肩上，但仪器要尽量保持直立放置。

(6)搬站之前，应检查仪器与脚架的连接是否牢固，搬运时，应将制动螺旋略微关住，避免仪器在搬站过程中晃动。

(7)仪器任何部分发生故障，不要勉强使用，应立即检修，否则会加剧仪器的损坏程度。

(8)元件应保持清洁，如沾染灰尘必须用毛刷或柔软的擦镜纸擦拭，禁止用手指抚摸仪器的任何光学元件表面。清洁仪器透镜表面时，先用干净的毛刷扫去灰尘，再用干净的无线棉布沾酒精后由透镜中心向外一圈圈地轻轻擦拭。除去仪器箱上的灰尘时切不可使用任何稀释剂或汽油，而应使用干净的布块沾中性洗涤剂擦洗。

(9)在湿环境中工作时，作业结束，要用软布擦干仪器表面的水分及灰尘后装箱。回到办公室后立即开箱取出仪器放于干燥处，彻底晾干后再装入箱内。

(10)冬天室内、室外温差较大时，仪器搬出室外或搬入室内，应隔一段时间后才能开箱。

(11)免棱镜型系列全站仪发射光是激光，使用时不能对准眼睛直射。

(三)电池的使用

全站仪的电池是全站仪最重要的部件之一，现在全站仪所配备的电池一般为Ni-MH(镍氢电池)、Ni-Cd(镍镉电池)和锂离子电池，电池的好坏、电量的多少决定了外业时间的长短。

(1)建议在电源打开期间不要将电池取出，此时存储数据可能会丢失，因此在电源关闭后再装入或取出电池。

(2)不要连续进行充电或放电，否则会损坏电池和充电器，如有必要进行充电或放电，则应在停止充电约 30min 后再使用充电器。不要在电池刚充满电后就立即进行充电或放电，这样容易会造成电池损坏。

(3)超过规定的充电时间会缩短电池的使用寿命，应尽量避免电池剩余容量显示级别与当前的测量模式不符。在角度测量的模式下，电池剩余容量够用时，并不能够保证电池在距离测量模式下也能用，因为距离测量模式耗电高于角度测量模式，当从角度模式转换为距离模式时，由于电池容量不足，有可能会中止测距。总之，只有在日常的工作中注意全站仪的使用和维护，注意全站仪电池的充、放电，才能延长全站仪的使用寿命，使全站仪的功效发挥到最大。

八、测量机器人

测量机器人(Measurement Robot)，或称测地机器人(Georobot)，是一种能代替人进行自动搜索、跟踪、辨识和精确照准目标并获取角度、距离、三维坐标及影像等信息的智能型电子全站仪。它在全站仪的基础上增加了两种步进马达和自动跟踪寻找的传感装置(如 CCD 阵列传感器)，且配置了智能化的多功能软件包，此外还有无线电通信装置。测量机器人系统的组成包括 8 个部分，它们是：坐标参考系统、操纵器、换能器、计算机和控制器、闭路控制传感器、决定制作、目标捕获和集成传感器。坐标参考系统采用球面坐标系统，即望远镜能绕仪器的纵轴和横轴旋转，能在水平面 360°和在竖面 180°范围内寻找目标；操纵器主要是控制机器人的转动；换能器可将电能转化为机械能驱动步进马达运动；计算机和控制器的功能是从设计开始到终止操纵系统、存储观测数据并与其他系统接口，控制方式多采用连续路径或点到点的伺服控制系统；闭路控制传感器将反馈信号传送给操纵器和控制器，以进行跟踪测量或精密定位；决定制作主要用于发现目标，例如，采用模拟人识别图像的方法(称试探分析)或对目标局部特征分析的方法(称句法分析)进行影像匹配；目标捕获用于精确地照准目标，常采用开窗法、阈值法、区域分割法、回光信号最强法及方形螺旋式扫描法等；集成传感器包括距离、角度、温度、气压等传感器，用来获取各种观测值。由影像传感器构成的视频成像系统通过影像生成、影像获取和影像处理，在计算机和控制器的操纵下实现自动跟踪和精确照准目标，从而获取物体或物体某部分的长度、厚度、宽度、方位、二维和三维坐标等信息，进而得到物体的形态及其随时间的变化状况。

利用上述功能，测量机器人实现了地面作业的自动化，即代替人进行照准、读数。其测量方式分主动式和被动式两种：主动式是指从镜站发射信号用以遥控指挥仪器进行照准、读数，测量数据通过无线电通信在镜站显示，可用于大比例尺测图和施工放样，测程在百米内。被动式模式在镜站发射信号，需要在测站上首先进行一次初始测量，机器人具有自学功能，其后的重复测量完全由机器自动完成，且具有在不利天气条件下寻找目标等优点。我国一些工程单位在 20 世纪末引进了测量机器人用于多目标的变形监测和施工放样。国外有利用测量机器人实现远距离的监控(如滑坡、大坝安全等)和信息自动化传输等的实例。

随着各项技术的发展，已出现“超站仪”的概念，即在全站仪的基础上，添加 GPS 接收机，实现空间定位，如徕卡公司生产的智能超站仪(图 5-22)；下挂自动定向的陀螺经纬仪，实现真北定向，然后由全站仪实现对目标的坐标测量。可以想象，超站仪的出现和使用，能在没有已知点的位置上实现对目标点的测量或放样，即所谓的“无标石”、“无控制测量”。全站仪的自动化和智能化的发展，把地面测量仪器带领到测量机器人的时代。

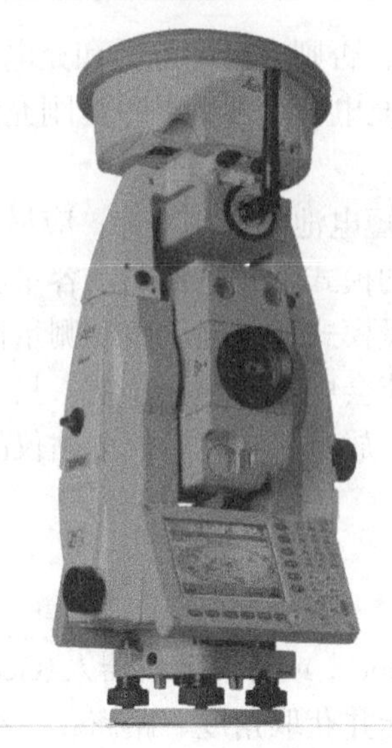

图 5-22　徕卡智能超站仪

第五节　三维激光扫描仪

三维激光扫描仪是无合作目标激光测距仪与角度测量系统组合的自动化快速测量系统，在复杂的现场和空间对被测物体进行快速扫描测量，直接获得激光点所接触的物体表面的水平方向、天顶距、斜距和反射强度，自动存储并计算，获得点云数据。其最远测量距离可达一千多米，最高扫描频率可达每秒几十万，纵向扫描角接近 90°，横向可绕仪器竖轴进行全圆扫描，扫描数据可通过传输控制协议/网际协议(Transmission Control Protocol/Internet Protocol，TCP/IP)协议自动传输到计算机，外置数码相机拍摄的场景图像可通过 USB 数据线同时传输到计算机中。点云数据经过计算机处理后，结合 CAD 可快速重构出被测物体的三维模型及线、面、体、空间等各种制图数据。

目前，生产三维激光扫描仪的公司有很多，典型的有瑞士的徕卡公司，美国的 3D DIGITAL 公司和 Polhemus 公司、加拿大的 Optech 公司等。各公司产品的测距精度、测距范围、数据采样率、最小点间距、模型化点定位精度、激光点大小、扫描视场、激光等级、激光波长等指标会有所不同，可根据不同的情况如成本、模型的精度要求等因素进行综合考虑之后来选择。图 5-23 是几种不同型号的地面三维激光扫描仪。

(a) ScanStation C10

(b) VZ-400

(c) Focus 3D X330

(d) ILRIS-3D

图 5-23　几种地面三维激光扫描仪

一、地面三维激光扫描仪测量原理

三维激光扫描仪的主要构造是一台高速精确的激光测距仪，配上一组可以引导激光并以均匀角速度扫描的反射棱镜。激光测距仪主动发射激光，同时接收由自然物表面反射的信号，从而可以进行测距，针对每一个扫描点可测得测站至扫描点的斜矩，再配合扫描的水平方向和垂直方向角，可以得到每一扫描点与测站点的空间相对坐标。如果测站的空间坐标是已知的，则可以求得每一个扫描点的三维坐标。地面三维激光扫描仪测量原理图如图 5-24 所示。

地面三堆激光扫描仪测量原理主要分为测距、扫描、测角、定向四个方面。

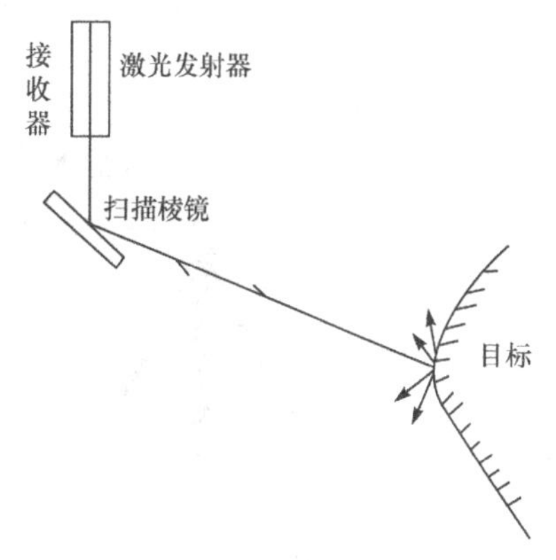

图 5-24　地面三维激光扫描仪测量原理图

1. 测距原理

激光测距作为激光扫描技术的关键组成部分，对于激光扫描的定位、获取空间三维信息具有十分重要的作用。目前，测距方法主要有脉冲法和相位法。

脉冲法和相位法测距各有优缺点，脉冲测量的距离最长，但精度随距离的增加而降低。相位法适合于中程测量，具有较高的测量精度。

2. 扫描和测角原理

三维激光扫描仪通过内置伺服驱动电动机系统精密控制多面扫描棱镜的转动，决定激光束出射方向，从而使脉冲激光束沿横轴方向和纵轴方向快速扫描。目前，扫描控制装置主要有摆动平面扫描镜和旋转正多面体扫描镜。

三维激光扫描仪的测角原理区别于电子经纬仪的度盘测角方式，激光扫描仪通过改变激光光路获得扫描角度。把两个步进电机和扫描棱镜安装在一起，可分别实现水平和垂直方向扫描。其中，步进电机是一种将电脉冲信号转换成角位移的控制微电机，它可以实现对激光扫描仪的精确定位。

3. 定向原理

三维激光扫描仪扫描的点云数据都在其自定义的扫描坐标系中，但是数据的后处理要求是大地坐标系下的数据，这就需要将扫描坐标系下的数据转换到大地坐标系下，这个过程称为三维激光扫描仪的定向。

二、地面三维激光扫描仪的点云数据

点云数据是指通过 3D 扫描仪获取的海量点数据，以点的形式记录，每一个点包含有三维坐标，有些可能含有颜色信息或反射强度信息。颜色信息通常是通过相机获取彩色影像，然后将对应位置的像素的颜色信息赋予点云中对应的点。强度信息的获取是通过激光扫描仪接收装置采集到的回波强度，此强度信息与目标的表面材质、粗糙度、入射角方向，以及仪器的发射能量、激光波长有关。

一般扫描仪采用内部坐标系统：X 轴在横向扫描面内，Y 轴在横向扫描面内与 X 轴垂直，Z 轴与横向扫描面垂直，如图 5-25 所示。测量每个激光脉冲从仪器发出经被测物表面再返回仪器所经过的时间(或者相位差)来计算距离 S，同时内置精密时钟控制编码器，同步测量每个激光脉冲横向扫描角度观测值 α 和纵向扫描角度观测值 θ,因此任意一个被测云点 P 的三维坐标为

$$\begin{cases} x_P = S\sin\theta\cos\alpha \\ y_P = S\sin\theta\sin\alpha \\ z_P = S\cos\theta \end{cases}$$

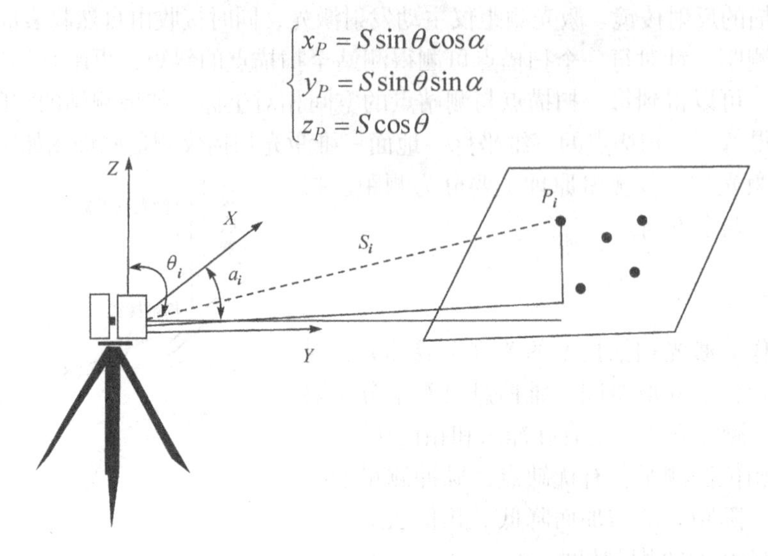

图 5-25　地面三维激光扫描仪测量原理

三、地面三维激光扫描仪的应用

地面三维激光扫描仪具有非接触测量、数据采样率高、高分辨率、高精度、数字化采集、兼容性好等优点，广泛应用于测绘、文物数字化保护、土木工程、自然灾害调查、数字城市模型可视化、城乡规划等领域(图 5-26)。

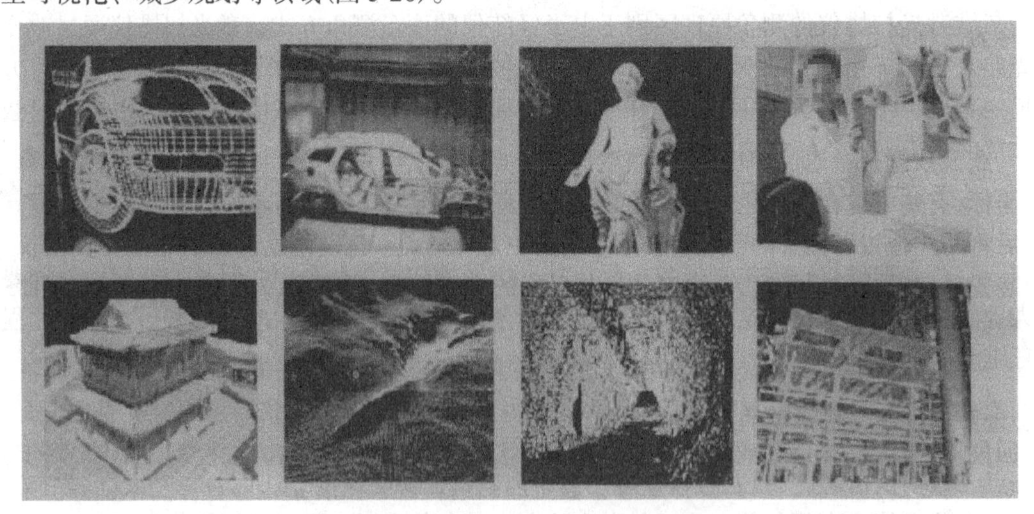

图 5-26　三维激光扫描仪技术的应用

利用三维激光扫描技术制作的地形图精度优于传统方法，而且可以大大缩短外业工作时间，将大部分时间转为在软件中对扫描数据的内业处理，改变了传统测绘的作业流程，提高了作业效率，降低了外业人员的劳动强度，自动化程度也显著提高，特别适合于危险区域或人不可到达的小范围区域的大比例尺数字地形图测绘。三维激光扫描技术还应用于测绘行业

的其他方面，主要包括建筑测绘、道路测绘、矿山测绘、数字城市地形可视化等。

在变形监测中，三维激光扫描通过对变形的实体表面进行精密扫描，然后进行同步或事后测量，利用数据处理软件可直接获得变形体的变化比对的毫米级断面图形数据，对变形体变形数据进行定量分析，并且可以通过三维模型更直观地获取变形的趋势。

在文物保护中利用三维激光扫描技术可以快速地对文物及现场进行数据采集及建模，并且由于其非接触式测量的特点，大大降低了测量过程中对文物的损坏，这些都使其在文物保护中发挥着重要的作用。

在医学方面，其建立的模型可以用在外科整形、人体测量及一些矫正手术等，用以缩短治疗周期和提高患者的治疗效果。另外，可以帮助医疗设备厂商制造新产品来提高医疗质量和挽救患者生命。

在制造业上，使用三维激光扫描仪可以设计新的3D模型，并且方便随时修改以满足客户需求，也可以更精确地建立实物模型，以制造出更高质量的新产品。

在自然灾害防治中，可对一些滑坡等自然灾害进行模型建立，更直观地展开地质灾害研究分析，以采取适当的防治措施。

第六节　全站仪的误差和检验

目前全站仪在工程测量中的使用已基本普及，在进行角度测量时，仪器的视准轴误差、横轴误差和竖轴误差，还有度盘偏心误差、竖直度盘指标差及对中误差对测角结果都会造成一定的影响。所使用的全站仪对测角的影响程度要进行检验，检验方法多参照经纬仪的检验方法，但全站仪的实际工作原理却不像光学经纬仪那么简单明了，所以全站仪的检验还必须包含其原理的正确性验证部分。总结起来，全站仪误差的检验主要包括以下几个方面。

(1)测距仪加、乘常数误差及幅相误差。

(2)全站仪的轴系误差与检验。

(3)全站仪的度盘系统误差与检验。

一、测距仪加、乘常数误差及幅相误差

(一)加常数误差

加常数误差是由仪器的测距部光学零点和仪器对点器不一致造成的，其结果是对所有测量值都加入了一个固定偏差，它由两部分构成，即仪器常数误差和棱镜常数误差。此外，幅相误差也常常影响加常数的检测效果，因为仪器幅相特性不好时，若内外光路不平衡，则内光路的测量结果不能完全抵消外光路测量的延迟，也能产生加常数类似的效果。

(二)乘常数误差

乘常数误差是由仪器的时间基准偏差造成的，其结果是给观测值加入了一个与距离成比例的偏差。而石英晶体振荡器是测距系统产生时间基准的主要元件，其质量直接决定了测距精度。

(三)加、乘常数误差的检验

在已经标定的六段基线场上,按照全组合在强制归心的条件下观测获得21个边长观测值,经气象改正后跟已知边长值比较后获得一组差值,列出误差方程式,求出加、乘常数误差。

(四)加、乘常数误差的处理方法

在检测过程中,偶尔会遇到一些仪器的检测结果中加、乘常数比较大,对此应该从多方面分析原因,以判断仪器合格与否。虽然理论上乘常数误差是由仪器的时标偏差造成的,但是实际上还有诸多因素对乘常数的检测结果产生影响,如仪器内部的比例改正常数、气象参数误差、幅相误差等。当检验得到的乘常数较大时,首先需进行仪器频率测试验证:当频率测试结果与基线检测结果一致时,对时标频率进行校正即可。否则,还要查找其他原因。一般有以下四个方面的原因:

(1)仪器内部人工比例改正常数丢失;

(2)仪器的幅相误差严重;

(3)气象参数错误;

(4)仪器气象单位设置与应用单位不一致。

若是原因1,可以使用乘常数结果对仪器内部的比例常数进行改正;若是原因2,应送维修部门修理;若是原因3、4,应改正设置后重测。虽然理论上加常数误差由仪器常数和棱镜常数构成,但是实际上还有诸多因素会对加常数的检测结果产生影响,主要有仪器内部设置错误及仪器内外光路信号不平衡。对于前者应改正设置重新测量,对于后者则应送维修部门修理。

(五)幅相误差

幅相误差是因为接收电子线路不完善、回光信号强弱不同而导致的测距误差。许多仪器由于使用多年、发光管老化及光路特性变化,内外光路的信号强度不一致,就会导致内光路的测量结果不能完全抵消外光路的电路延迟,主要反映在仪器的加、乘常数比较大。如果确定幅相误差大则应送修理部门修理。

二、全站仪的轴系误差与检验

全站仪的检验和校正和光学经纬仪的检验和校正类似,可以参照DJ_6型光学经纬仪的检验和校正方法进行,主要是以下几个方面:

(1)照准部水准轴应垂直于竖轴的检验和校正;

(2)十字丝竖丝应垂直于横轴的检验和校正;

(3)视准轴应垂直于横轴的检验和校正;

(4)横轴应垂直于竖轴的检验和校正。

三、全站仪的度盘系统误差与检验

与经纬仪一样,全站仪也是利用度盘来实现角度测量的,度盘的制造安装偏差当然会对测量结果产生影响，主要指度盘偏心误差、刻划误差、竖直度盘指标差。

（一）度盘偏心误差

度盘偏心误差是全站仪度盘分划中心与旋转中心安装不重合而导致的误差，如图 5-27 所示。

由图 5-27 可知，在三角形 $OO'A$ 中

$$\frac{OO'}{\sin(\theta-\theta')}=\frac{r}{\sin(180°-\theta)} \tag{5-33}$$

式中，OO'/r 为偏心率，用 A 表示。

经转换为得

$$\begin{cases}\theta-\theta'=\dfrac{OO'}{r}\sin\theta=\sigma\\ \sigma=A\sin\theta\end{cases} \tag{5-34}$$

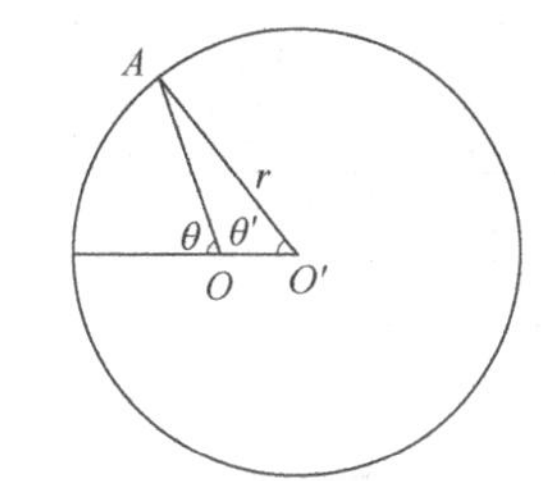

图 5-27　度盘偏心误差示意图

式中，σ 按正弦规律变化。

度盘偏心的误差检验和校正比较麻烦，在此不做展开讨论。值得注意的是利用正倒镜读数取其平均值可以抵消水平度盘偏心误差，但不能通过正倒镜读数取其平均值抵消竖直度盘偏心误差。

（二）度盘刻划误差

全站仪中，不管是增量度盘还是编码度盘或者电磁度盘，都采取区域信息读取的平均效应。个别刻划偏差对精度的影响虽然不会像光学经纬仪那么直接，但局部所有刻划同方向的整体偏差对仪器精度的影响则是不可以忽视的。认为全站仪没有度盘误差是不对的，这一偏差取决于全站仪读数区域的刻划的平均偏差。

（三）竖直度盘指标差

这个概念沿袭了光学经纬仪指标差，即给竖直角加入一个固定的偏差 i。竖直度盘指标差可以理解为竖直度盘零点与望远镜视准轴的不一致。全站仪的竖直度盘物理零位和视准轴的差异称为指标差。和经纬仪不同，全站仪是通过程序的一个简单加减计算来弥补该差异，即指标差的电子补偿。垂直正倒镜差不仅包括指标差，还有补偿器纵向零点误差、竖直度盘偏心误差、刻度误差等。指标差对天顶距的影响和竖轴倾斜对天顶距的影响在形式上相似，但本质不同。i 是定值，反映视准轴与垂直度盘不一致，与状态无关。竖轴倾斜是反映竖轴与重力线不一致的量，是变化的，随仪器的平整状态不同而不同，以及随仪器旋转而可能产生变化。指标差可通过正倒镜差改正实现抵偿，但竖轴倾斜误差不可能通过正倒镜差改正实现抵偿。

思考题与习题

1. 表 5-6 所示为视距测量成果，试计算各点所测水平距离和高差。

测站高程：H_0=50.00m；仪器高：i=1.56m；指标差：x=0

表 5-6　第 1 题附表

点号	上丝读数 下丝读数 尺间隔/m	中丝读数/m	竖盘读数 (°) (′)	竖直角 (°) (′)	高差/m	水平距离/m	高程/m	竖盘注记略图
1	1.845 0.960	1.40	86　28					盘左 270° 180°　0° 90°
2	2.165 0.635	1.40	97　24					
3	1.880 1.242	1.56	87　18					
4	2.875 1.120	2.00	93　18					

2. 相位法测距和脉冲法测距有何不同？
3. 全站仪有哪些部件组成？一般有哪些功能？
4. 简述全站仪的测距步骤。
5. 简述三维激光扫描仪的用途。
6. 简述全站仪与光学经纬仪误差检验内容的异同点。

第六章　测量误差的基本知识

本 章 要 点

通过前几章的学习，我们已经了解到在进行高差、角度、距离等测量工作时，都存在测量误差。本章讲述测量误差的基本知识，其主要内容包括：测量误差概述、偶然误差的特性、评定精度的标准、误差传播定律、等精度观测直接平差及不等精度观测直接平差。

第一节　测量误差概述

测量工作中，经常遇到一些问题，例如，闭合水准路线的高差总和往往不等于零；观测水平角时，两个半测回(或各测回)测得的角值不完全相等；距离往返丈量的结果总有差异。这些都说明观测值中不可避免地有误差存在，即任何观测值都包含测量误差。

一、测量误差的定义

任何一个观测量客观上总是存在着一个能代表其真正大小的数值，这一数值就称为真值。每次观测所得的数值，称为观测值。设观测对象的真值为 X，观测值为 $L_i(i=1,2,\cdots,\ n)$，则观测值与真值之差，称为真误差，其定义式为

$$\Delta_i = L_i - X \quad (i=1,2,\cdots,\ n) \tag{6-1}$$

二、测量误差的来源

测量误差的主要来源有以下三个方面：

(1)测量仪器。由于测量仪器的制造不够完善及检验、校正的残余误差，必然使观测值中包含有因仪器本身而产生的测量误差。

(2)观测者。操作仪器的技术人员感觉器官的鉴别能力有一定的局限性，所以在仪器的安置、照准、读数等方面都不可避免地会产生测量误差。

(3)外界条件。观测时所处的外界条件发生变化，如温度高低、湿度大小、风力强弱及大气折光等因素的影响都会产生测量误差。

以上三个方面的因素综合起来，称为观测条件，同时也是产生测量误差的主要原因。显然，观测条件的好坏与观测成果的质量密切相关。观测条件好，成果质量高；观测条件相同，成果质量相同。在相同的观测条件下进行的观测称为等精度观测，在不相同的观测条件下进行的观测称为不等精度观测。

三、测量误差的分类

根据观测误差对结果的影响性质，可分为系统误差、偶然误差和粗差三类。

(一)系统误差

在相同的观测条件下进行一系列的观测，如果误差在大小、符号上表现出系统性，或按一定的规律变化，这种误差称为系统误差。产生系统误差的原因很多．主要是使用的仪器不够完善及外界条件的影响所引起的。例如，量距时所用钢尺的长度比标准尺略长或略短，则每量一整尺均存在尺长误差，它的大小和符号是一定的，量的整尺数越多，误差就越大，具有累积性。因此，必须尽可能地全部或大部分地消除系统误差的影响。

消除系统误差的影响，可以采用对观测值进行改正的方法。例如，在量距前将所用钢尺与标准长度比较，得出差数，进行尺长改正；也可采用适当的观测方法，例如，进行水准测量时，仪器安置在两水准尺中间(即使前后视距相等)，可以消除水准仪视准轴不平行于水准管轴的误差；又如，用盘左、盘右两个位置观测水平角，并取平均值，可以消除经纬仪视准轴不垂直于横轴的误差。

外界条件(如空气温度变化、地球曲率、大气折光等)的影响，观测者的感觉器官及鉴别能力的不足，也会产生系统误差，有的可以改正，有的难以完全消除。

(二)偶然误差

在相同的观测条件下进行一系列观测，所产生的误差大小不等、符号不同，没有明显的规律性，这类误差称为偶然误差。

偶然误差是由于人的感觉器官和仪器的性能受到一定的限制，以及观测时受到外界条件的影响等原因所造成的。例如，用望远镜瞄准目标时，由于观测者眼睛的分辨能力和望远镜的放大倍数有一定限度，观测时光线强弱的影响等原因，致使照准目标时不可能绝对准确，从而导致产生测量误差。又如，在水准测量中估读毫米时，每次估读也不是绝对相同的，其影响可大可小，纯属偶然性，数学上称随机性，所以偶然误差也称随机误差。单个偶然误差的出现没有规律性，但在相同条件下重复观测某一量时，出现的大量偶然误差却具有一定的规律性，概率论就是研究随机现象规律性的学科。

(三)粗差

粗差即粗大误差，是指比在正常观测条件下所可能出现的比最大误差还要大的误差，是由于观测者使用仪器不正确、疏忽大意或外界条件发生意外而引起的，如测错、读错、听错、算错等。粗差可使观测成果明显偏离真值，因此一旦发现观测值中含有粗差，就必须将其从观测值中剔除。

在观测过程中，系统误差和偶然误差往往同时存在。当观测值中有显著的系统误差时，偶然误差居于次要地位，观测误差必然呈现系统性；反之，则呈现偶然性。因此，对一组剔除了粗差的观测值，首先应判断并排出系统误差，或将其控制在允许的范围之内，然后根据偶然误差的性质对其进行数据处理，求出最接近于未知量真值的估值(或称最或是值)，同时评定观测成果的质量(精度)。该项工作在测量上称为测量平差。

第二节 偶然误差的特性

偶然误差产生的原因纯属随机，只有通过大量观测才能揭示其内在的规律，这种规律具有重要的实用价值，现通过一个实例来阐述偶然误差的统计规律。

在相同的观测条件下，独立地观测了 358 个三角形的全部内角，每个三角形内角之和应等于它的真值 180°。但是，由于观测值存在测量误差而往往与真值不相等。根据式(6-1)可计算各三角形内角和的真误差为

$$\varDelta_i=(L_1+L_2+L_3)_i-180° \tag{6-2}$$

式中，$(L_1+L_2+L_3)_i$ 为第 i 个 $(i=1,2,\cdots,n)$ 三角形内角观测值之和。

现取误差区间的间隔 $\mathrm{d}\varDelta=5''$，将这一组误差按其正负号与误差值的大小排列。出现在某区间内误差的个数称为**频数**，用 K 表示，频数除以误差的总个数 (K/n)，称为误差在该区间的**频率**。统计结果列于表 6-1，此表称为**误差频率分布表**。

表 6-1 误差频率分布表

误差区间	$\varDelta$为负值			$\varDelta$为正值		
	K	K/n	$(K/n)/\mathrm{d}\varDelta$	K	K/n	$(K/n)/\mathrm{d}\varDelta$
0″～5″	45	0.126	0.0252	46	0.128	0.0256
5″～10″	40	0.112	0.0224	41	0.115	0.0230
10″～15″	33	0.092	0.0184	33	0.092	0.0184
15″～20″	23	0.064	0.0128	21	0.059	0.0118
20″～25″	17	0.047	0.0094	16	0.045	0.0090
25″～30″	13	0.036	0.0072	13	0.036	0.0072
30″～35″	6	0.017	0.0034	5	0.014	0.0028
35″～40″	4	0.011	0.0022	2	0.006	0.0012
40″以上	0	0	0	0	0	0
$\sum$	181	0.505	0.101	177	0.495	0.099

为了更直观地分析研究偶然误差的特性，根据表 6-1 的数据绘制的误差直方图如图 6-1 所示。图中横坐标$\varDelta$表示误差的大小，纵坐标 y 为各区间内误差出现的频率除以区间的间隔. 即 $(K/n)/\mathrm{d}\varDelta$。这样，图 6-1 中每一个误差区间上的长方条面积就代表误差出现在该区间的频率。例如，图中画有斜线的面积就是误差出现在+10″～+15″区间的频率，其值为 $(K/n)/\mathrm{d}\varDelta\times\mathrm{d}\varDelta=0.092$。这种图在统计上称为**直方图**。

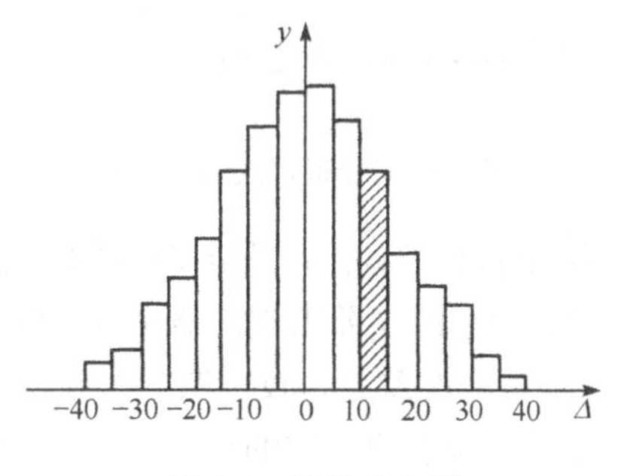

图 6-1 误差直方图

通过对表 6-1 所列数据的分析，可以将偶然误差的特

性归纳如下。

(1)在一定观测条件下的有限个观测值中，其偶然误差的绝对值不会超过一定的界限；或者说，超过一定限值的观测误差，其出现的概率为零。

(2)绝对值较小的误差比绝对值较大的误差出现的次数多；或者说，小误差出现的概率大，大误差出现的概率小。

(3)绝对值相等的正误差与负误差出现的次数大致相同；或者说，它们出现的概率相同。

(4)当观测次数 n 无限增多时，偶然误差的算术平均值趋近于零，如式(6-3)所示。

$$\lim_{n\to\infty}\frac{\Delta_1+\Delta_2+\cdots+\Delta_n}{n}=\lim_{n\to\infty}\frac{[\Delta]}{n}=0 \tag{6-3}$$

式中，$[\Delta]$为偶然误差总和的符号。

换言之，偶然误差的理论均值趋近于零。

从上述偶然误差的特性可以看出：特性一说明误差出现的范围，即误差的有界性；特性二说明误差呈单峰性，或称小误差的密集性；特性三说明误差方向的规律，称为对称性；特性四是由特性三导出的，它说明误差的抵偿性。抵偿性是偶然误差最本质的统计特性，换言之，凡有抵偿性的误差，原则上都可按偶然误差处理。

如果继续观测更多的三角形，即增加误差的个数，当 $n\to\infty$时，各误差出现的频率也就趋近于一个完全确定的值，这个数值就是误差出现在各区间的概率。此时，如将误差区间无限缩小，那么图 6-1 中各长方条顶边所形成的折线将成为一条光滑的连续曲线(图 6-2)，这条曲线称为误差分布曲线，也称为正态分布曲线。曲线上任一点的纵坐标 y 均为横坐标Δ的函数，其函数形式为

$$y=f(\Delta)=\frac{1}{\sqrt{2\pi}\sigma}e^{-\frac{\Delta^2}{2\sigma^2}} \tag{6-4}$$

式中，e 为自然对数的底；σ 为观测值的标准差(下节讨论)，其平方 σ^2 称为方差。

图 6-2 中小长方条的面积为$f(\Delta)\mathrm{d}\Delta$，代表误差出现在该区间的概率，即

$$P=f(\Delta)\mathrm{d}\Delta \tag{6-5}$$

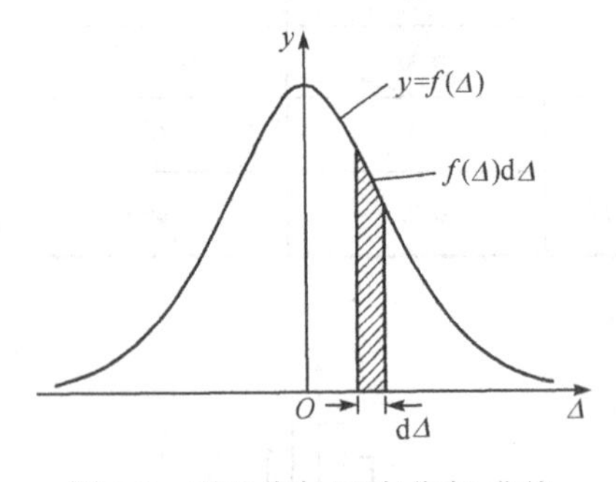

图 6-2　误差分布(正态分布)曲线

由式(6-5)可知，当函数$f(\Delta)$较大时，误差出现在该区间的概率也大，反之则较小，因此，称函数 $f(\Delta)$为概率密度函数，简称密度函数。图中分布曲线与横坐标轴所包围的面积为：$\int_{-\infty}^{+\infty}f(\Delta)\mathrm{d}\Delta=1$(直方图中所有长方条面积总和也等于 1)，即偶然误差出现的概率为 1，是必然事件。

图 6-3 中，有三条误差分布曲线 y_1、y_2及 y_3，代表不同标准差 σ_1、σ_2及 σ_3对应的三组观测。由图 6-3 中可以看出，曲线 1 较高而陡峭，表明绝对值较小的误差出现的概率大，分布密集；曲线 2 较低而平缓，曲线 3 最低、最平缓，可见 2、3 组观测误差分布较离散。因此，第 1 组的观测精度最高，第 2 组次之，第 3 组最低。由误差分布的密集和离散的程度，可以判断观测的精度，但是求误差分布曲线的函数式比较困难，故以误差分布曲线的标准差 σ 来比较不同组别观测值的精度。当Δ=0 时，由式(6-4)可知函数

$f(\Delta)$有最大值：

$$y=f(\Delta)=\frac{1}{\sqrt{2\pi}\sigma}$$

而且 $y_1>y_2>y_3$，则 $\sigma_1<\sigma_2<\sigma_3$。

以上分析表明，标准差越小，误差分布越密集，观测精度越高。所以观测成果质量的优劣常用标准差来衡量。标准差在分布图上的意义是分布曲线拐点的横坐标，即：$\Delta_{拐}=\pm\sigma$，σ 可由函数 $f(\Delta)$ 的二阶导数等于零求得。

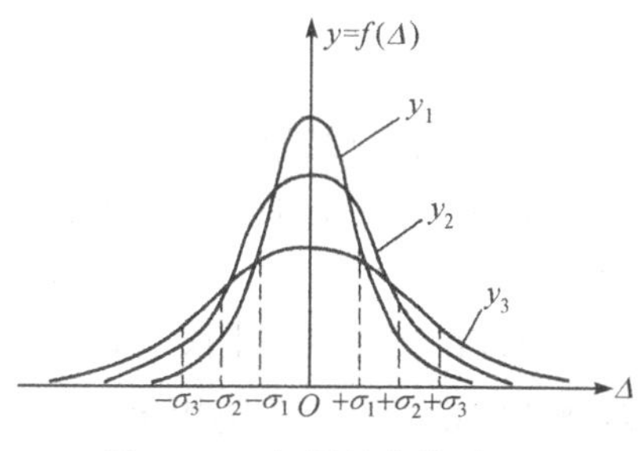

图 6-3　三组误差曲线对比图

第三节　评定精度的标准

在相同的观测条件下，对某量进行多次观测，为了评定观测成果的精确程度，必须有一个衡量精度的标准，本节讨论评定观测值精度的标准。

一、中误差

前面谈及用观测误差的标准差 σ 来评定观测值的精度，由统计学可知，标准差 σ 的定义式为

$$\sigma^2=\lim_{n\to\infty}\frac{[\Delta\Delta]}{n} \tag{6-6}$$

用式(6-6)求 σ 值要求观测数 n 趋近无穷大，实际上是很难办到的。在实际测量工作中，观测数总是有限的，为了评定精度，一般采用下述公式：

$$m=\pm\sqrt{\frac{[\Delta\Delta]}{n}} \tag{6-7}$$

式中，m 为观测值的中误差；$[\Delta\Delta]$为一组同精度观测真误差Δ_i 自乘的总和（$\Delta_i=L_i-X$，$i=1,2,\cdots,n$）；n 为观测值个数。

比较式(6-6)与式(6-7)可以看出，标准差 σ 与中误差 m 的不同就在于观测个数的区别，标准差为理论上的观测精度指标，而中误差则是观测数 n 为有限值时的观测精度指标。所以，中误差实际上是标准差的近似值，统计学上称为“估值”，随着 n 增加，m 将趋近 σ。

必须指出，在相同的观测条件下进行的一组观测，测得的每一个观测值都为同精度观测值，也称为等精度观测值。由于它们对应着一个误差分布，具有一个标准差，其估值为中误差，因此，同精度观测值具有相同的中误差。但是同精度观测值的真误差彼此并不相等，有的差异还比较大，这是由于真误差具有偶然误差的性质。

【例 6-1】 设有甲、乙两组观测值，其真误差分别为

甲组：　$-3''$、$+2''$、$-2''$、$0''$、$+4''$

乙组：　$+5''$、$-4''$、$0''$、$+6''$、$-2''$

则两组观测值的中误差分别为

$$m_{甲}=\sqrt{\frac{9+4+4+0+16}{5}}=\pm2.6''$$

$$m_{乙} = \sqrt{\frac{25+16+0+36+4}{5}} = \pm 4.0''$$

由以上计算结果可以看出，甲组观测值比乙组观测值的精度高。因为乙组观测值中有较大的误差，用平方能反映较大误差的影响，因此，在测量工作中常采用中误差作为衡量精度的标准。

应该再次指出，中误差 m 是表示一组观测值的精度。例如，$m_{甲}$是表示甲组观测值中每一观测值的精度，而不能用每次观测所得的真误差（$-3''$、$+2''$、$-2''$、0、$+4''$）与中误差（$\pm 2.6''$）相比较来说明一组中那一次观测值的精度高或低。

二、相对误差

在测量工作中，有时用中误差还不能完全表达观测结果的精度。例如，分别丈量了 1000m 及 500m 两段距离，其中误差均为±0.1m，这并不能说明丈量距离的精度，因为量距时其误差的大小与距离的长短有关，所以应采用另一种衡量精度的方法，这就是相对中误差或相对误差，它是中误差的绝对值与观测值的比值，通常用分子为 1 的分数形式表示。例如，上例中前者的相对误差为：$\frac{0.1}{1000}=\frac{1}{10000}$，后者为$\frac{0.1}{500}=\frac{1}{5000}$，前者的分母大比值小，丈量精度高；后者分母小比值大，丈量精度低。

三、允许误差

中误差是反映误差分布的密集或离散程度的，不能代表个别误差的大小，因此，要衡量某一观测值的质量，决定其取舍，还要引入允许误差的概念，允许误差简称限差。由偶然误差的第一特性可知，在一定条件下，误差的绝对值有一定的限值。另根据误差理论，在等精度观测的一组误差中，误差落在区间$(-\sigma, +\sigma)$、$(-2\sigma, +2\sigma)$、$(-3\sigma, +3\sigma)$的概率分别为

$$\begin{cases} P(-\sigma < \Delta < +\sigma) \approx 68.3\% \\ P(-2\sigma < \Delta < +2\sigma) \approx 95.4\% \\ P(-3\sigma < \Delta < +3\sigma) \approx 99.7\% \end{cases} \tag{6-8}$$

其概率分布曲线如图 6-4 所示。式（6-8）说明，绝对值大于两倍中误差的误差，其出现的概率为 4.6%。特别是绝对值大于三倍中误差的误差，其出现的概率仅为 3‰，已经是概率接近于零的小概率事件，或者说实际上是不可能事件。因此在测量规范中，为确保观测成果的质量，通常规定以 2～3 倍中误差为偶然误差的允许误差：

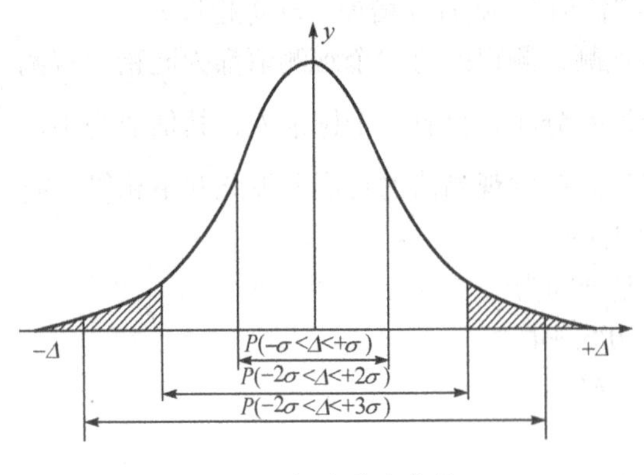

图 6-4　概率分布曲线

$$\Delta_{允}=2\sigma=2m \tag{6-9}$$

或

$$\Delta_{允}=3\sigma=3m \tag{6-10}$$

前者要求较严，后者要求较宽，在测量工作中对于超出限差的观测值，或舍去不用，或

重测。

第四节　误差传播定律

有些未知量往往不能直接测得，而是由某些直接观测值通过一定的函数关系间接计算得到的。例如，在水准测量中，每一测站的高差是由读得的前、后视标尺读数求得的，即 $h=a-b$。又如，两点间的坐标增量是由直接测得的边长 D 及方位角 α，通过三角函数关系式 $(\Delta x = D\cos\alpha,\ \Delta y = D\sin\alpha)$ 间接算得的。前者的函数形式为线性函数，后者为非线性函数。

由于直接观测值含有误差，它的函数必然要受其影响而存在误差。阐述观测值中误差与其函数中误差之间关系的定律，称为误差传播定律。现就线性函数与非线性函数两种形式分别讨论如下。

一、线性函数

线性函数的一般形式为

$$Z = K_1x_1 \pm K_2x_2 \pm \cdots \pm K_nx_n \tag{6-11}$$

式中，x_1，$x_2,\cdots$，x_n 为 n 个独立观测值，其中误差分别为 m_1，$m_2,\cdots$，m_n；K_1，$K_2,\cdots$，K_n 为常数。

设函数 Z 的中误差为 m_Z，下面来推导两者中误差的关系。为推导简便，先以两个独立观测值进行讨论，则式(6-11)为

$$Z=K_1x_1 \pm K_2x_2 \tag{a}$$

设 x_1 和 x_2 的真误差为 Δx_1 和 Δx_2，则函数 Z 必有真误差 ΔZ，即

$$(Z+\Delta Z)=K_1(x_1+\Delta x_1) \pm K_2(x_2+\Delta x_2) \tag{b}$$

式(b)减式(a)得真误差的关系式为

$$\Delta Z=K_1\Delta x_1 \pm K_2\Delta x_2 \tag{c}$$

对 x_1 及 x_2 均进行了 n 次观测，可得一组观测值与其函数真误差的关系式：

$$\Delta Z_i=K_1(\Delta x_1)_i \pm K_2(\Delta x_2)_i\ (i=1,\ 2,\ 3,\ \cdots,\ n) \tag{d}$$

将式(d)等号两边平方、求和，并除以 n，得

$$\frac{[\Delta Z\Delta Z]}{n} = K_1^2\frac{[\Delta x_1\Delta x_1]}{n} \pm 2K_1K_2\frac{[\Delta x_1\Delta x_2]}{n} + K_2^2\frac{[\Delta x_2\Delta x_2]}{n} \tag{e}$$

由于 Δx_1、Δx_2 均为独立观测值的偶然误差。因此乘积 $\Delta x_1 \cdot \Delta x_2$ 也必然呈现偶然性，根据偶然误差的第四特性，则

$$\lim_{n\to\infty}\frac{[\Delta x_1\Delta x_2]}{n} = 0$$

根据中误差的定义，由式(e)可得观测值函数中误差与观测值中误差的关系式为

$$m_Z^2 = K_1^2m_1^2 + K_2^2m_2^2 \tag{6-12}$$

推而广之，可得线性函数中误差的关系式为

$$m_Z^2 = K_1^2m_1^2 + K_2^2m_2^2 + \cdots + K_n^2m_n^2 \tag{6-13}$$

二、非线性函数

设非线性函数（也称一般函数）的形式为

$$Z=f(x_1, x_2,\cdots, x_n) \tag{6-14}$$

式(6-14)可用泰勒级数展开成线性函数的形式，并对函数取全微分，得

$$\mathrm{d}Z=\frac{\partial f}{\partial x_1}\mathrm{d}x_1+\frac{\partial f}{\partial x_2}\mathrm{d}x_2+\cdots+\frac{\partial f}{\partial x_n}\mathrm{d}x_n \tag{f}$$

因为真误差均很小，用其代替式(f)的 $\mathrm{d}Z$，$\mathrm{d}x_1$，$\mathrm{d}x_2$，…，$\mathrm{d}x_n$，得真误差关系式为

$$\Delta Z=\frac{\partial f}{\partial x_1}\Delta x_1+\frac{\partial f}{\partial x_2}\Delta x_2+\cdots+\frac{\partial f}{\partial x_n}\Delta x_n \tag{g}$$

式中，$\frac{\partial f}{\partial x_i}$ $(i=1, 2, \cdots, n)$ 是函数对各变量所取的偏导数，以观测值代入，所得的值为常数，因此，式(g)是线性函数的真误差关系式，仿照式(6-13)，得函数 Z 的中误差为

$$m_Z^2=\left(\frac{\partial f}{\partial x_1}\right)^2 m_1^2+\left(\frac{\partial f}{\partial x_2}\right)^2 m_2^2+\cdots+\left(\frac{\partial f}{\partial x_n}\right)^2 m_n^2 \tag{6-15}$$

常用函数的中误差关系式均可由一般函数中误差关系式导出。现将各类函数中误差关系式，汇总于表 6-2，供学习参考。

表 6-2 观测值函数式及其中误差公式

函数名称	函数关系	$\frac{\partial f}{\partial x_i}$	中误差关系式
和差函数	$Z=x_1\pm x_2$	1	$m_Z^2=m_1^2+m_2^2$ 或 $m_Z=\pm\sqrt{m_1^2+m_2^2}$ $m_Z=\pm\sqrt{2}m$（当$m_1=m_2=m$时）
	$Z=x_1\pm x_2\pm\cdots\pm x_n$	1	$m_Z^2=m_1^2+m_2^2+\cdots+m_n^2$ $m_Z=\pm\sqrt{n}m$（当$m_1=m_2=\cdots=m_n=m$时）
算术平均值	$Z=\frac{1}{2}(x_1+x_2)$	$\frac{1}{2}$	$m_Z=\pm\frac{1}{2}\sqrt{m_1^2+m_2^2}$ $m_Z=\frac{m}{\sqrt{2}}$（当$m_1=m_2=m$时）
	$Z=\frac{1}{n}(x_1+x_2+\cdots+x_n)$ $=\frac{1}{n}x_1+\frac{1}{n}x_2+\cdots+\frac{1}{n}x_n$	$\frac{1}{n}$	$m_Z=\pm\frac{1}{n}\sqrt{m_1^2+m_2^2+\cdots+m_n^2}$ $m_Z=\frac{m}{\sqrt{n}}$（当$m_1=m_2=\cdots=m_n=m$时）
倍数函数	$Z=cx$	c	$m_Z=cm$
线性函数	$Z=k_1x_1\pm k_2x_2\pm\cdots\pm k_nx_n$	k	$m_Z^2=k_1^2m_1^2+k_2^2m_2^2+\cdots+k_n^2m_n^2$
一般函数	$Z=f(x_1,x_2,\cdots,x_n)$	$\frac{\partial f}{\partial x_i}$	$m_Z^2=\left(\frac{\partial f}{\partial x_1}\right)^2m_1^2+\left(\frac{\partial f}{\partial x_2}\right)^2m_2^2+\cdots+\left(\frac{\partial f}{\partial x_n}\right)^2m_n^2$

应用误差传播定律求观测值函数的中误差时，首先应根据问题的性质列出正确的函数关系式，而后用表 6-2 中相应的公式来求解。如果问题属于较复杂的一般函数(非线性函数)，则可对函数式进行全微分，获得真误差关系式后，再求函数的中误差。应用时需注意，观测值必须是独立的观测值，即函数式等号右边的各自变量应互相独立，不包含共同的误差，否则应作并项或分项处理．使其均为独立观测值。

【例 6-2】 在 1∶1000 比例尺地形图上，量得某坝的坝轴线长为 d=345.5mm，其中误差 m 为±0.1mm。求坝轴线的实际长度 D 及其中误差 m_D。

解：坝轴线的实际长度与图上量得长度之间是倍数函数关系，即

$$D=M\times d=1000\times 345.5\text{mm}=345.5\text{m}$$

式中，M 为比例尺分母，常数。

$$m_D=M\times m=1000\times(\pm 0.1\text{mm})=\pm 0.1\text{m}$$

坝轴线的实际长度及其中误差为

$$D=345.5\text{m}\pm 0.1\text{m}$$

【例 6-3】 以等精度观测得三角形内角为 A、B、C，各内角观测值的中误差相等，即 $m_A=m_B=m_C=\pm 5''$，求三角形内角和闭合差 W 的中误差 m_W。

解：由平面几何学可知，$W=A+B+C-180°$。可见，W 与 A、B、C 为和差函数关系，由式(6-13)可得

$$m_W^2=m_A^2+m_B^2+m_C^2=(\pm 5'')^2+(\pm 5'')^2+(\pm 5'')^2=3(\pm 5'')^2$$

所以，该三角形内角和闭合差的中误差为

$$m_W=\pm 5''\sqrt{3}\approx \pm 8.7''$$

【例 6-4】 直线 AB 的长度 D=223.456m±0.004m，方位角 α=125°45′00″±5″。设 A 点坐标已知无误差，求直线端点 B 的点位中误差(图 6-5)。

解：坐标增量的函数式为

$$\Delta x=D\cos\alpha$$

$$\Delta y=D\sin\alpha$$

设 $m_{\Delta x}$、$m_{\Delta y}$、m_D、m_α 分别为 Δx、Δy、D 及 α 的中误差。将两式对 D 及 α 求偏导数，得

$$\frac{\partial(\Delta x)}{\partial D}=\cos\alpha,\quad \frac{\partial(\Delta x)}{\partial\alpha}=-D\sin\alpha$$

$$\frac{\partial(\Delta y)}{\partial D}=\sin\alpha,\quad \frac{\partial(\Delta y)}{\partial\alpha}=D\cos\alpha$$

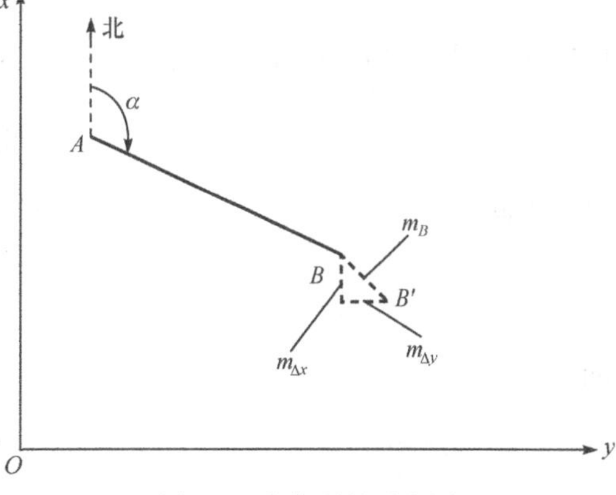

图 6-5　点位误差示意图

由式(6-15)，可得

$$m_{\Delta x}^2=\cos^2\alpha m_D^2+(-D\sin\alpha)^2\left(\frac{m_\alpha}{\rho''}\right)^2$$

$$m_{\Delta y}^2=\sin^2\alpha m_D^2+(D\cos\alpha)^2\left(\frac{m_\alpha}{\rho''}\right)^2$$

由图 6-5 可知，B 点的点位中误差为

$$m^2 = m_{\Delta x}^2 + m_{\Delta y}^2 = m_D^2 + \left(D\frac{m_\alpha}{\rho''}\right)^2$$

故

$$m = \pm\sqrt{m_D^2 + \left(D\frac{m_\alpha}{\rho''}\right)^2}$$

将 m_D=±4mm，m_α=±5″，ρ''=206265″，D=223.456m 代入，得

$$m = \pm\sqrt{4^2 + \left(223.456\times1000\times\frac{5}{206265}\right)^2} = \pm6.7(\text{mm})$$

第五节 等精度观测直接平差

一、算术平均值(最或是值，或最可靠值)

设对某量进行 n 次等精度观测，观测值为 $L_i(i=1,2,\cdots,n)$，算术平均值为 $\hat{L}$，$\varDelta_i$ 为各观测值的真误差，则有

$$\begin{cases}\varDelta_1 = L_1 - X\\ \varDelta_2 = L_2 - X\\ \quad\cdots\\ \varDelta_n = L_n - X\end{cases} \tag{6-16}$$

将上列等式相加并除以 n 得

$$\frac{[\varDelta]}{n} = \frac{[L]}{n} - X \tag{6-17}$$

根据偶然误差的第四个特性，有

$$\lim_{n\to\infty}\frac{[\varDelta]}{n} = 0 \tag{6-18}$$

由此得

$$X = \lim_{n\to\infty}\frac{[L]}{n} \tag{6-19}$$

即

$$\lim_{n\to\infty}\hat{L} = X \tag{6-20}$$

由式(6-20)可知，当观测次数无限增多时，观测值的算术平均值就是该量的真值。但实际工作中观测次数总是有限的，这样算术平均值不等于真值，但它与所有观测值比较更接近于真值。因此，可认为算术平均值是该量的最可靠值，又称为最或是值。

二、按观测值的改正数求观测值的中误差

算术平均值 $\hat{L}$ 与观测值 L_i 之差称为观测值改正数 v_i，即

$$\begin{cases} v_1 = \hat{L} - L_1 \\ v_2 = \hat{L} - L_2 \\ \quad \cdots \\ v_n = \hat{L} - L_n \end{cases} \tag{6-21}$$

将上列等式相加得

$$[v] = n\hat{L} - [L]$$

由$\hat{L} = \frac{[L]}{n}$得

$$[v] = n\frac{[L]}{n} - [L] = 0$$

由上式可知，一组观测值取算术平均值后，其改正数之和等于零。这一特性可以作为计算中的校核。

在第三节中，已经给出了评定精度的中误差公式(定义式)(6-7)，由于真值一般难以知道，那么真误差也就难以求得，因此在实际工作中往往用观测值的改正数 v 来推求观测值的中误差，为此，将式(6-1)与式(6-21)相加得

$$\varDelta_i + v_i = L_i - X + \hat{L} - L_i$$

则

$$\varDelta_i = (\hat{L} - X) - v_i \quad (i = 1, 2, \cdots, n) \tag{6-22}$$

将式(6-22)等号两边自乘取和，得

$$[\varDelta\varDelta] = n(\hat{L} - X)^2 + [vv] - 2(\hat{L} - X)[v] \tag{6-23}$$

将式(6-23)等号两边再除以 n，并顾及$[v]=0$，得

$$\frac{[\varDelta\varDelta]}{n} = \frac{[vv]}{n} + (\hat{L} - X)^2 \tag{6-24}$$

式中，$\hat{L} - X$ 是最或是值(算术平均值)的真误差，也难以求得，通常以算术平均值的中误差 $m_{\hat{L}}$ 代替。

由表 6-2 可知，算术平均值的中误差为：$m_{\hat{L}} = \frac{m}{\sqrt{n}}$，则

$$(\hat{L} - X)^2 = m_{\hat{L}}^2 = \frac{m^2}{n} \tag{6-25}$$

将式(6-25)代入式(6-24)，并考虑$m = \pm\sqrt{\frac{[\varDelta\varDelta]}{n}}$，得

$$m^2 = \frac{[vv]}{n} + \frac{m^2}{n} \tag{6-26}$$

经整理，得

$$m = \pm\sqrt{\frac{[vv]}{n-1}} \tag{6-27}$$

式(6-27)是在等精度观测时，用观测值的改正数求观测值中误差的公式，又称为**白塞尔公式**。

三、算术平均值的中误差

根据误差传播定律，等精度观测由观测值中误差 m 求得算术平均值的中误差 $m_{\hat{L}}$ 为

$$m_{\hat{L}}=\pm\frac{m}{\sqrt{n}}=\sqrt{\frac{[vv]}{n(n-1)}} \tag{6-28}$$

【例 6-5】 用某经纬仪对某一水平角进行了 4 次观测。观测值列于表中，求观测值的算术平均值及算术平均值的中误差。计算过程及结果，见表 6-3。

表 6-3　算术平均值及其中误差计算表

测回次序	观测值 L_i	v	vv	计算
1	90°34′12″	+3″	9	$m=\pm\sqrt{\frac{180}{4-1}}=\pm7.7''$ $m_{\hat{L}}=\pm\frac{7.7}{\sqrt{4}}=\pm3.8''$ 观测成果为：90°34′15″±3.8″
2	90°34′24″	−9″	81	
3	90°34′06″	+9″	81	
4	90°34′18″	−3″	9	
算术平均值：90°34′15″		$[v]=0$	$[vv]=180$	

假如，我们将观测成果用误差界限法来描述，则上例说明该水平角的真值以较大的概率落在 90°34′11″～90°34′19″(即 90°34′15″±3.8″)中。

第六节　非等精度观测直接平差

如第一节所述，在不同的观测条件下进行的观测，称为不等精度观测。

一、观测值的权

在不同的观测条件下进行观测(如观测时使用的仪器精度不同，或采用不同的观测方法，或观测次数不同)，观测值的可靠程度(即精度)也不同。在求观测量的最或是值时，就不能使用简单的算术平均值公式。较可靠的观测值，应给予其最或是值较大的影响，或者说，精度高的观测值在其最或是值中占的比重应较大。

不等精度观测时，用以衡量观测值可靠程度的数值，称为观测值的权，通常以 P 表示。观测值精度越高权就越大，它是衡量可靠程度的一个相对性数值。例如，观测某一量，用相同的仪器和相同的方法，分两组按不同的次数观测，第一组观测了 2 次，第二组观测了 4 次，其观测值与中误差列于表 6-4 中。

表 6-4　非等精度观测值的中误差

组别	观测值	观测值中误差	算术平均值	算术平均值中误差
1	L_1、L_2	$m_1=m_2=m$	$\hat{L}=\frac{L_1+L_2}{2}$	$m_{\hat{L}}=\pm\frac{m}{\sqrt{2}}$
2	L_1、L_2、L_3、L_4	$m_1=m_2=m_3=m_4=m$	$\hat{L}=\frac{L_1+L_2+L_3+L_4}{4}$	$m_{\hat{L}}=\pm\frac{m}{\sqrt{4}}$

由表 6-4 可知，第 2 组算术平均值的中误差小，结果比较精确可靠，应有较大的权。因此，可以根据中误差来确定观测值的权，权的定义公式为

$$P_i = \frac{c_0}{m_i^2} \quad (i = 1, 2, 3, \cdots, n) \tag{6-29}$$

式中，c_0为任意大于零的常数。

在表 6-4 中，若设 m=±2.0″，算得 $m_{L_1}^2 = 2$，$m_{L_2}^2 = 1$，则两组的权为

$$P_1 = \frac{c_0}{2}, \quad P_2 = \frac{c_0}{1} \tag{6-30}$$

若设　c_0=1，则 P_1=0.5，P_2=1；

c_0=2，则 P_1=1，P_2=2；

c_0=4，则 P_1=2，P_2=4；

则　$P_1 : P_2 = 0.5 : 1 = 1 : 2 = 2 : 4$

可见，权是衡量可靠程度的相对性数值，选择适当的 c_0，可使权成为便利计算的数值。例如，选 c_0=2 时，P_1、P_2均为整数；选 c_0=4 时，权就是观测次数。

二、加权平均值(最或是值)

在不等精度观测时，考虑各观测值的权，通常采用取加权平均值的方法计算未知量(观测量)的最或是值。

设对某未知量进行 n 组不等精度观测，其观测值、中误差及权各为

观测值　$L_1, L_2, \cdots, L_n$

中误差　$m_1, m_2, \cdots, m_n$

权　$P_1, P_2, \cdots, P_n$

其加权平均值为

$$\hat{L} = \frac{P_1 L_1 + P_2 L_2 + \cdots + P_n L_n}{P_1 + P_2 + \cdots + P_n} = \frac{[PL]}{[P]} \tag{6-31}$$

三、精度评定

由式(6-29)权的定义式可知，观测值的权与其中误差的关系为

$$P_1 = \frac{c_0}{m_1^2}, \quad P_2 = \frac{c_0}{m_2^2}, \quad \dots, \quad P_n = \frac{c_0}{m_n^2}$$

在非等精度观测平差中，权仅表示观测值的相对可靠程度。因此，可取任一观测值的权作为标准，以求其他观测值的权。若令第一次观测值的权为标准，并令其为 1，即取 $c_0 = m_1^2$，则

$$P_1 = \frac{m_1^2}{m_1^2}, \quad P_1 = \frac{m_1^2}{m_2^2}, \quad \dots, \quad P_n = \frac{m_1^2}{m_n^2}$$

等于1的权称为单位权，权等于 1 的观测值中误差称为单位权中误差。设单位权中误差为 μ，则权与中误差的关系为

$$P_i = \frac{\mu^2}{m_i^2} \tag{6-32}$$

单位权中误差 μ 按式(6-33)计算：

$$\mu = \sqrt{\frac{[Pvv]}{n-1}} \tag{6-33}$$

式中，v 为观测值的改正数。

最或是值(加权平均值) $\hat{L}$ 的中误差为

$$m_{\hat{L}} = \pm \frac{\mu}{\sqrt{[P]}} \tag{6-34}$$

四、单结点水准路线的平差及高程计算

如图 6-6，A、B、C 为三个已知水准点，高程分别为 H_A、H_B、H_C，沿三条水准路线测得各点与结点 E 的高差分别为 h_{AE}、h_{BE}、h_{CE}。由此算得 E 点三个高程为

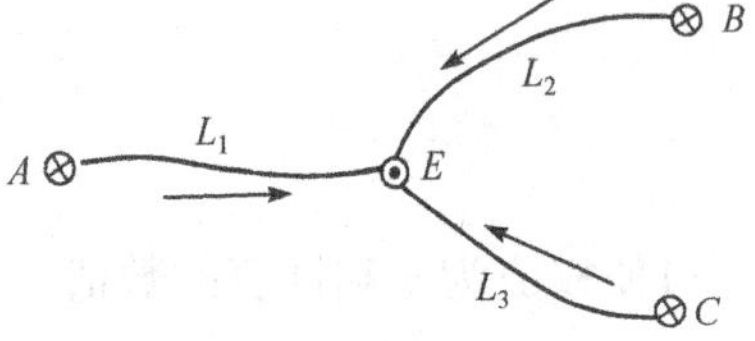

图 6-6　单结点水准路线

$$\begin{cases} H_{E_1} = H_A + h_{AE} \\ H_{E_2} = H_B + h_{BE} \\ H_{E_3} = H_C + h_{CE} \end{cases} \tag{6-35}$$

由于观测高差存在误差，三个高程一般不相等。水准路线越长，测站数越多，可能产生的误差就越大，所以三条水准路线观测的精度是不等的，一般观测值的权与路线的长度成反比。设 L_1、L_2、L_3 为水准路线的长度(以 km 为单位)，其相应观测值的权为 P_1、P_2、P_3，则

$$P_1 = \frac{c_0}{L_1},\quad P_2 = \frac{c_0}{L_2},\quad \dots,\quad P_n = \frac{c_0}{L_n} \tag{6-36}$$

式中，c_0 为任意大于零的常数(以 km 为单位)。

在确定各观测值的权之后，即可按式(6-31)、式(6-33)及式(6-34)计算加权平均值、单位权中误差及最或是值中误差。

【例 6-6】　在图 6-6 中，设 A、B、C 三点的高程为 20.145m、24.030m、19.898m，测得 h_{AE}=+1.538m，h_{BE}=−2.330m，h_{CE}=+1.782m，水准路线长度分别为 L_1=2.5km，L_2=4km，L_3=2km。求结点 E 的高程 H_E、单位权中误差及 H_E 的中误差。

解：(1)确定单位权及各观测值的权。

选取 c_0=1km，即以 1km 水准路线的高差观测值的权为 1(单位权)，则由式(6-36)可得

$$P_1=0.4,\quad P_2=0.25,\quad P_3=0.5$$

(2)求结点的加权平均值。

① 计算结点 E 的高程观测值。由式(6-35)可得

$$H_{E1}=20.145+1.538=21.683\,(\text{m})$$
$$H_{E2}=24.030-2.330=21.700\,(\text{m})$$
$$H_{E3}=19.898+1.782=21.680\,(\text{m})$$

② 计算结点 E 的加权平均值。由式(6-31)可得

$$H_E = \frac{0.4\times 21.638 + 0.25\times 21.700 + 0.5\times 21.680}{0.4+0.25+0.5} = 21.6854(\text{m})$$

(3)计算单位权中误差 μ。

① 计算改正数：v_1=+2.4mm，v_2=−14.6mm，v_3=+5.4mm

② 计算单位权中误差，由式(6-33)可得

$$\mu = \pm\sqrt{\frac{[Pvv]}{n-1}} = \pm\sqrt{\frac{70.17}{2}} = \pm 5.9(\text{mm})$$

(4)计算加权平均值(最或是值)H_E的中误差。

由式(6-34)可得

$$m_L=\pm\frac{\mu}{\sqrt{[P]}}=\pm\frac{5.9}{\sqrt{1.15}}=\pm5.5(\text{mm})$$

单结点水准路线的平差计算通常用表格进行，本例的计算过程见表6-5。

表6-5　单结点水准路线平差计算表

水准路线	已知点	已知点高程/m	观测高差/m	结点高程观测值/m	路线长/km	权 $P=1/L$	v/mm	Pv	Pvv	H_E/m
1	A	20.145	+1.538	21.683	2.5	0.40	+2.4	+0.96	2.30	21.6854
2	B	24.030	−2.330	21.700	4.0	0.25	−14.6	−3.65	53.29	
3	C	19.898	+1.782	21.680	2.0	0.50	+5.4	+2.70	14.58	
Σ						1.15		+0.01	70.17	

第七节　测量精度分析举例

一、水准测量的精度分析

(一)在水准尺上读一个数的中误差

影响在水准尺上读数的因素很多，其中产生较大影响的有：整平误差、照准误差及估读误差。现以DS_3型水准仪和普通水准尺为例(望远镜放大倍率不小于25倍，符合水准器水准管分划值为20″/2mm，视距$D\leqslant100$m)，来说明以上三项误差的影响。

1. 整平误差

整平误差主要是水准管气泡居中的误差，其值约为水准管格值的0.15倍，当采用符合水准器时，居中精度提高一倍，整平误差的计算公式为

$$m_{平}=\pm\frac{0.15\times20''}{2\rho''}D=\pm0.7(\text{mm})$$

2. 照准误差

照准误差与人眼睛的分辨率(一般认为60″)和望远镜的放大倍率有关，计算公式为

$$m_{照}=\pm\frac{60''}{25\rho''}D=\pm1.2(\text{mm})$$

3. 估读误差

当望远镜的放大倍率一定时，估读误差主要与标尺分划值有关，当分划值为1cm时，估读误差为

$$m_{估}=\pm1.5\text{mm}$$

综合上述影响，读一个数的中误差m读为

$$m_{读}=\pm\sqrt{m_{平}^2+m_{照}^2+m_{估}^2}=\sqrt{0.7^2+1.2^2+1.5^2}=\pm2.0(\text{mm})$$

(二)一个测站高差的中误差

一个测站上测得的高差等于后视读数减前视读数，根据表 6-2 中的等精度观测和差函数的公式，一个测站的高差中误差为：$m_{站}=\pm\sqrt{2}m_{读}$，以 $m_{读}$=±2.0mm 代入，得

$$m_{站}=\pm2.8\text{mm}(可近似取为\pm3.0\text{mm})$$

(三)水准路线的高差中误差及允许误差

设在两点间进行水准测量，共测了 n 测站，求得高差为

$$h=h_1+h_2+\cdots+h_n$$

设每一测站所测高差的中误差为 $m_{站}$，按表 6-2 中的等精度和差函数的公式，得一测段高差 h 的中误差为

$$m_h=\pm m_{站}\sqrt{n}$$

将 $m_{站}$=±3mm 代入，得

$$m_h=\pm3\sqrt{n}(\text{mm})$$

对于平坦地区，一般 1km 水准路线不超过 15 站，如用公里数 L 代替测站数 n，则

$$m_h=\pm3\sqrt{15L}\approx\pm12\sqrt{L}(\text{mm})$$

以三倍中误差作为极限误差，并考虑其他因素的影响，规范规定等外水准测量高差闭合差的允许值为

$$f_{h允}=\pm12\sqrt{n}(\text{mm}) \quad 或 \quad f_{h允}=\pm40\sqrt{L}(\text{mm})\ (L 以 \text{km} 为单位)$$

二、水平角观测的精度分析

用 DJ_6 型经纬仪观测水平角，一测回方向值的中误差为±6″。设望远镜在盘左(或盘右)位置观测该方向半测回的中误差为 $m_{方半}$，按表 6-2 中等精度算术平均值的中误差公式，则有：±6″=$m_{方半}/\sqrt{2}$，即 $m_{方半}$=±8.5″。

(一)半测回角值的中误差

半测回的角值等于两方向值之差，故半测回角值的中误差为

$$m_{半}=\pm m_{方半}\sqrt{2}=\pm8.5''\sqrt{2}=\pm12''$$

(二)上、下两个半测回的限差

上、下两个半测回的限差是以两个半测回的角值之差Δ来衡量的，两个半测回角值之差Δ的中误差为

$$m_{\Delta}=\pm m_{半}\sqrt{2}=\pm12\sqrt{2}=\pm17''$$

取两倍中误差为允许误差，则

$$f_{\Delta允}=2\times17''=34''$$

考虑其他因素影响，规范规定为 36″。

(三)测角中误差

因为一个水平角是取上、下两个半测回的平均值，故一测回的测角中误差为

$$m_{角} = \pm m_{半} / \sqrt{2} = \pm 12'' / \sqrt{2} = \pm 8.5''$$

(四)测回差的限差

两个测回角值之差为测回差$\Delta\beta$，它的中误差$m_{\Delta\beta}$为

$$m_{\Delta\beta} = \pm m_{角}\sqrt{2} = \pm 8.5''\sqrt{2} = \pm 12''$$

取两倍中误差作为允许误差，则测回差的限差为

$$f_{测回差} = 2 \times 12'' = 24''$$

思考题与习题

1. 试述测量误差的定义。测量误差的主要来源有哪些方面？
2. 偶然误差和系统误差有什么不同？
3. 偶然误差具有哪些特性？
4. 测量平差的目的何在？
5. 何谓中误差？何谓相对误差？各在什么条件下被应用来描述精度？
6. 为什么用中误差作为衡量精度的主要标准？
7. 何谓误差传播定律？试述应用它求函数值中误差的步骤。
8. 如何求未知量的最可靠值？
9. 中误差定义式与白塞尔公式有何区别？
10. 甲、乙两组在相同观测条件下，对同一段距离测量 10 次，各观测值之真误差分别为：

甲　　–3、0、+2、+3、–2、+1、–1、+2、0、+1(mm)

乙　　0、–1、+5、0、–6、0、+1、+6、–4、–3(mm)

试求甲、乙两组各自的观测中误差，并比较其优劣。

11. 用钢尺丈量两段距离，其成果为：

$$D_1=150.56\text{m}\pm 0.03\text{m}$$

$$D_2=234.45\text{m}\pm 0.03\text{m}$$

求：(1)每段距离的相对中误差；(2)两段距离之和(D_1+D_2)与两段距离之差$(D–D_2)$的相对中误差。

12. 在 1∶1000 比例尺地形图上，量得 A、B 两点之距离为：d_{AB}=25.5mm±0.2mm，求该两点的实地水平距离 D_{AB} 及其中误差 m_{AB}。

13. 在一个三角形中，等精度观测了两个内角，其中误差均为±5″，求三角形中第三个角的中误差为多少？

14. 在一个 n 边的多边形中，等精度观测了各内角，每一个角度的测角中误差均为±10″，求该 n 边闭合多边形内角和的中误差为多少？

15. 用经纬仪观测水平角，一测回的中误差为±4″，若欲使该角的精度提高一倍，需观测几测回？

16. 设一正方形场地，测得一边的长度为 a，中误差为 m_a，试求周长及其中误差。若以相同精度分别测出它的四条边，则周长及其中误差又是多少？

17. 设有函数式 $Z=D\tan\alpha$，独立观测值为：D=300.00m±0.10m，α=25°00′±1′，试求 Z 的中误差 m_Z。

第七章　全球卫星导航定位系统

本 章 要 点

全球卫星导航定位系统是测绘工作的新技术之一，本章简要介绍 GPS 的基本概念及其组成部分、GPS 坐标系、全球卫星导航定位的基本原理及施测过程。

第一节　概　　述

全球卫星导航定位系统(GNSS)是 global navigation satellite system 的英文缩写词，泛指所有的卫星导航定位系统，包括全球的、区域的和增强的，如美国的 GPS、俄罗斯的格洛纳斯(Global Navigation Satellite System,GLONASS)、欧洲的 Galileo(伽利略)卫星导航系统、中国的北斗卫星导航系统(BeiDou Navigation Satellite System,BDS)、美国的广域增强系统(wide area augmentation system, WAAS)、欧洲的静地导航重叠系统(European geostationary navigation overlay service, EGNOS)和日本的多功能运输卫星增强系统(multi-functional satellite augmentation system, MSAS)等，还涵盖了在建和以后要建设的其他卫星导航系统。国际 GNSS 是个多系统、多层面、多模式的复杂组合系统。

一、GPS

GPS 是由美国国防部的陆海空三军在 20 世纪 70 年代联合研制的新型卫星导航系统，它的英文名称是“navigation satellite timing and ranging / global positioning system”，其意为“卫星测时测距导航全球定位系统”，简称 GPS。该系统是以卫星为基础的无线电导航定位系统，具有全能性(陆地、海洋、航空和航天)、全球性、全天候、连续性和实时性的导航定位和定时功能，能为各类用户提供精密的三维坐标、速度和时间。

GPS 的研制最初主要用于军事目的，为陆海空三军提供实时、全天候和全球性的导航服务，并用于情报收集、核爆监测、应急通信和爆破定位等方面。随着全球定位系统的不断改进及软件、硬件的不断完善，GPS 精密定位技术已经广泛地渗透到了经济建设和科学技术的许多领域，并开始逐渐深入到人们的日常生活中。由于它具有定位速度快、精度高、不受气候影响、点与点之间无须通视、无须建造觇标，可提供三维坐标，且仪器轻巧、操作简便、多功能应用广等优点，已成功应用于大地测量学、精密工程测量、变形监测、航空摄影测量、城市和矿山测量、水利测量、资源勘察、地球动力学等多种学科，从而给测绘领域带来一场深刻的技术革命，使测绘领域步入一个崭新的时代。

二、GLONASS

俄罗斯的 GLONASS 始建于 20 世纪 80 年代，与美国的 GPS 始于同期，主要用于满足苏联军方在军事上的需求。GLONASS 由空间段、地面监控段和用户段三部分组成。为保持 GLONASS 的运作，需要有 24 颗卫星在轨道运行。这些卫星均匀地分布在高度 19100km、倾角 64.8°的 3 个圆形轨道面上。地面控制段包括 1 个控制中心、1 个同步中心和若干遥测、跟踪控制站和监测站。GLONASS 起步虽早，但受政治影响，在 20 世纪发展相当缓慢，与同期的 GPS 拉开了较大差距。近几年随着 GLONASS-M 和更现代化的 GLONASS-K 卫星的相继推出，GLONASS 的空间星座逐渐更新。随着俄罗斯经济复苏和政府的大力投入，2011 年底，GLONASS 重新达到 24 颗在轨卫星的工作状态，恢复了提供导航定位服务的能力。GLONASS 将在 2020 年完成全面部署，将足以满足特殊和民用用户及国际上对俄罗斯卫星导航技术的需求。

三、BDS

BDS 是我国完全自主研发和独立运行的全球导航定位系统。我国导航卫星系统的积极探索始于 20 世纪 80 年代初，从 2000 年 10 月 31 日第一颗北斗导航试验卫星的发射开始，日渐壮大为北斗试验系统，使我国立足于拥有自主导航卫星系统的国家之列。随着 BDS 建设的稳步推进，我国在 2012 年 12 月完成了连续覆盖亚太地区的北斗区域系统的建设。当前，我国仍在秉承“开放、自主、兼容、渐进”的建设原则上，依照“三步走”发展规划稳步推进 BDS 的建设，并预计于 2020 年完成全球组网。依照“三步走”发展规划，我国的 BDS 分为验证系统、扩展的区域导航系统和全球导航卫星系统（又称为北斗一号系统、北斗二号系统、北斗三号全球系统）三个发展阶段。

与 GPS 只有一种中地球轨道（middle earth orbit, MEO）卫星星座不同的是，BDS 的卫星星座是由 5 颗地球同步轨道（geostationary orbit,GEO）卫星、27 颗中地球轨道卫星、3 颗倾斜同步轨道（inclined geosynchronous orbit,IGSO）卫星共 35 颗卫星组成。其中，地球同步轨道卫星定点分布在赤道上空同一轨道面上，轨道高度为 36000km，轨道倾角接近 0°。中地球轨道卫星均匀分布在 3 个轨道面上，轨道高度为 21500km，轨道倾角 55°。3 颗倾斜同步轨道卫星也分布于 3 个不同的倾斜同步轨道面上，轨道高度 36000km，轨道倾角 55°。BDS 旨在与世界其他导航卫星系统实现兼容互操作，不断推进导航系统的技术创新及拓展新的应用领域，为全球用户提供高性能的导航、定位、授时、短报文通信服务。

四、Galileo 卫星导航系统

Galileo 卫星导航系统由欧空局和欧盟发起并给予资金支持，由欧洲自主研制，并为用户提供实时定位、授时及导航服务，以建立一个独立的、性能优于 GPS、与现有的全球导航卫星系统具有互用性的民用全球导航卫星系统为目标。Galileo 卫星导航系统是第一个专门基于民用服务的全球导航卫星系统，采用更加先进的技术，预计建成后将为用户提供米级的实时定位服务。

Galileo 导航卫星系统的星座由 27 颗工作卫星和 3 颗备用卫星构成。这 30 颗中轨卫星分布在 3 个圆形轨道面上，每个轨道的夹角为 120°；每 10 颗卫星分布在一个轨道面上；10 颗卫星中，9 颗是工作卫星，1 颗是备用卫星，并且每颗工作卫星之间的夹角为 40°。卫星轨道的长半径为 29601km，轨道的高度为 23222km，轨道面与赤道面之间的夹角为 56°。

美国的 GPS 作为全球四大卫星导航系统之一，应用最广泛，在全球占有重要地位。下面主要以 GPS 为主，从组成、定位原理、特点、定位方法等方面对其简要介绍。

第二节 GPS的组成

GPS主要由空间星座(GPS卫星星座)、地面监控和用户设备三大部分组成(图7-1)。

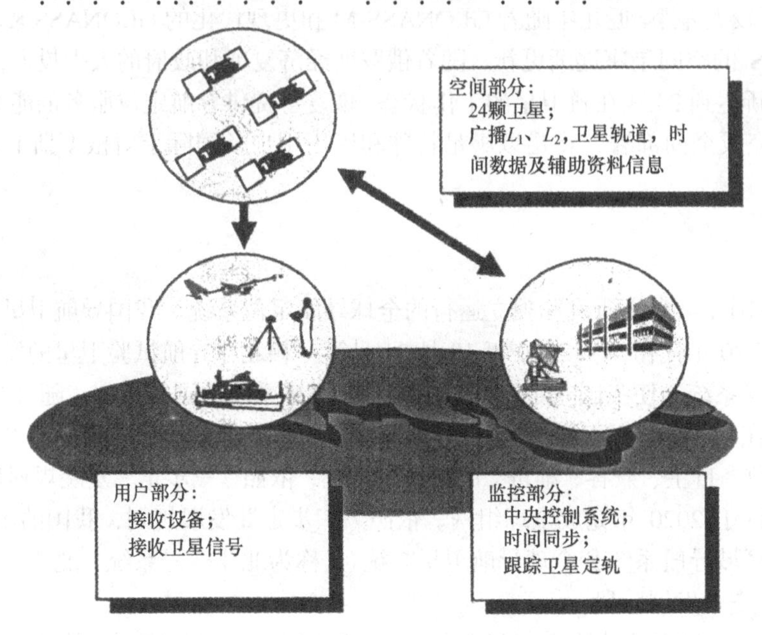

图7-1 GPS系统的组成

一、空间星座部分

(一)GPS卫星星座

全球定位系统的空间星座部分，由24颗卫星组成(包括3颗可随时启用的备用卫星)。工作卫星分布在6个近圆形轨道面内，每个轨道面上有4颗卫星(图7-2)。卫星轨道面相对地球赤道面的倾角为55°，各轨道平面升交点的赤经相差60°，同一轨道上两卫星之间的升交距角相差90°，轨道平均高度为20200km，卫星运行周期为11h 58min。同时在地平线以上的卫星数目随时间和地点而异，最少为4颗，最多达11颗。

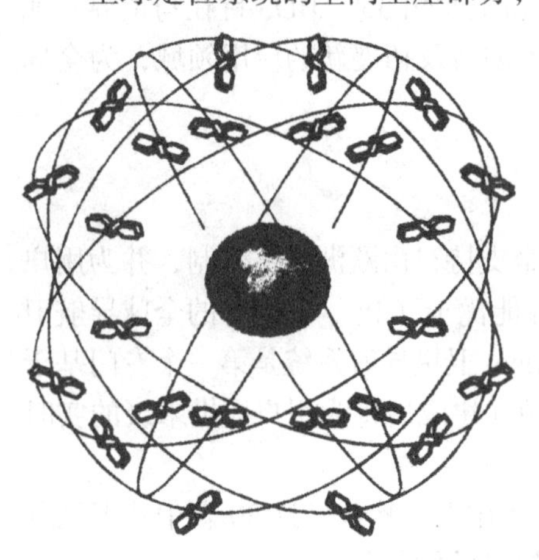

图7-2 GPS卫星星座

(二)GPS卫星及功能

GPS卫星的主体呈圆柱形，设计寿命为7.5年。主体两侧配有能自动对日定向的双叶太阳能集电板，为保证卫星正常工作提供电源；通过一个驱动系统保持卫星运转并稳定轨道位置。每颗卫星装有4台高精度原子钟(铷钟和铯钟各两台)，以保证提供高稳定度的频率标准(稳定度为10^{-13}～10^{-12})，为GPS测量提供高精度的时间信息。

在全球定位系统中，GPS 卫星的主要功能是：接收、储存和处理地面监控系统发射来的导航电文及其他有关信息；向用户连续不断地发送导航与定位信息，并提供时间标准、卫星本身的空间实时位置及其他在轨卫星的概略位置；接收并执行地面监控系统发送的控制指令，如调整卫星姿态和启用备用时钟、备用卫星等。

二、地面监控部分

GPS 的地面监控系统主要由分布在全球的五个地面站组成，按其功能分为主控站、注入站和监测站三种。

主控站有 1 个，设在美国科罗拉多的斯普林斯(Colorado Springs)。主控站负责协调和管理所有地面监控系统的工作，其具体任务是：根据所有地面监测站的观测资料推算编制各卫星的星历、卫星钟差和大气层修正参数等，并把这些数据及导航电文传送到注入站；提供全球定位系统的时间基准；调整卫星状态和启用备用卫星等。

注入站又称地面天线站，其主要任务是通过一台直径为 3.6m 的天线，将来自主控站的卫星星历、钟差、导航电文和其他控制指令注入相应卫星的存储系统，并监测注入信息的正确性。注入站现有 3 个，分别设在印度洋的迪戈加西亚(Diego Garcia)、南太平洋的卡瓦加兰(Kwajalein)和南大西洋的阿森松岛(Ascencion)。

监测站共有 5 个，除上述的主控站和 3 个注入站具有监测站功能外，还在夏威夷(Hawaii)设有一个监测站。监测站的主要任务是连续观测和接收所有 GPS 卫星发出的信号并监测卫星的工作状况，将采集到的数据连同当地气象观测资料和时间信息经初步处理后传送到主控站。

整个系统除主控站外均由计算机自动控制，而无须人工操作。各地面站间由现代化通信系统联系，实现了高度的自动化和标准化。

三、用户设备部分

全球定位系统的用户设备部分，包括 GPS 接收机硬件、数据处理软件和微处理机及其终端设备等。

GPS 信号接收机是用户设备部分的核心，一般由主机、天线和电源三部分组成。其主要功能是跟踪接收 GPS 卫星发射的信号并进行变换、放大、处理，以便测量出 GPS 信号从卫星到接收机天线的传播时间；解译导航电文，实时地计算出测站的三维位置，甚至三维速度和时间。GPS 信号接收机根据其用途可分为导航型、大地型和授时型，根据接收的卫星信号频率，又可分为单频(L_1)和双频(L_1、L_2)接收机等。各种类型的 GPS 信号接收机如图 7-3 所示。

在精密定位测量工作中，一般均采用大地型双频接收机或单频接收机。单频接收机适用于 15km 以内的精密定位工作，其相对定位的精度能达到 10mm+2ppm · D(D 为基线长度，以 km 计)。而双频接收机能同时接收到卫星发射的两种频率(L_1=1575.42MHz 和 L_2=1227.60MHz)的载波信号，利用双频对电离层延迟的不一样，可以消除电离层对电磁波延迟的影响，故可用于长达几千公里的精密定位工作，其相对定位的精度可优于 5mm+1ppm · D，但其结构复杂，价格较贵。用于精密定位测量工作的 GPS 接收机，其观测数据必须进行后期处理，因此必须配有功能完善的后处理软件，才能求得所需测站点的三维坐标。

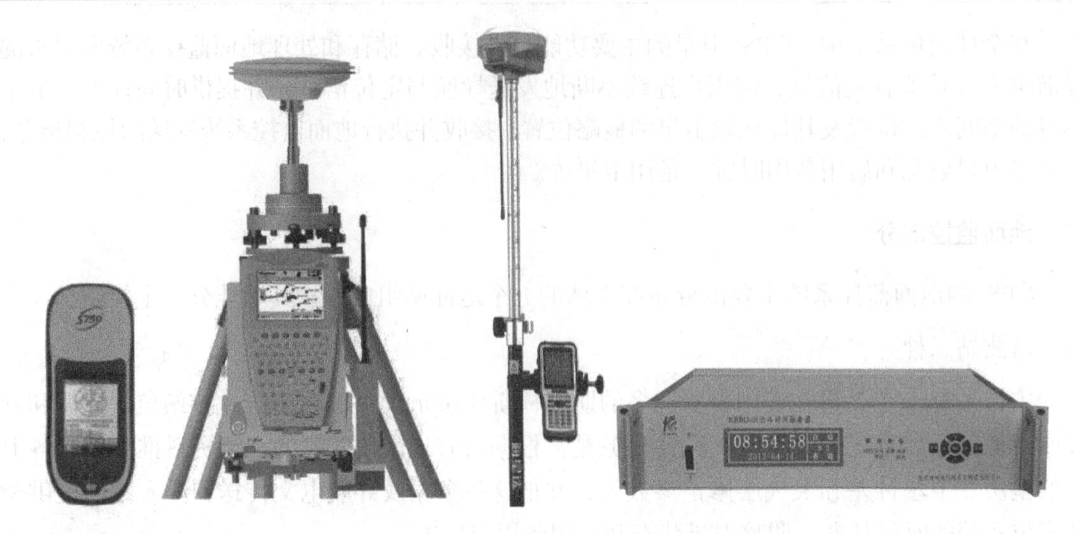

图 7-3　各种类型的 GPS 接收机

第三节　GPS 坐标系

任何一项测量工作都离不开一个基准，都需要一个特定的坐标系。例如，在常规大地测量中，各国都有自己的测量基准和坐标系(如我国的 CGCS2000 国家大地坐标系)。目前，GPS 定位测量采用的是协议地球坐标系(conventional terrestrial system, CTS)，称为 1984 年世界大地坐标系(world geodetic system 1984, WGS-84)。该坐标系由美国国防部研制，自 1987 年 1 月 10 日开始启用。

WGS-84 的原点是地球质心，Z 轴指向瞬时地极(BIH1984.0)定义的协议地极(conventional terrestrial pole, CTP)方向，X 轴指向瞬时地极(BIH1984.0)的零子午面和 CTP 赤道的交点，Y 轴与 Z 轴、X 轴构成右手坐标系，如图 7-4 所示。

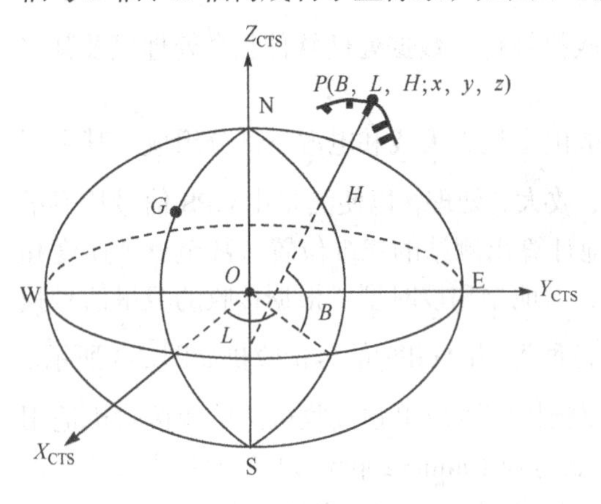

图 7-4　WGS-84 大地坐标系

由于极移现象的存在，地极的位置在地极平面坐标系中是一个连续的变量，其瞬时坐标(x_p, y_p)由国际时间局(Bureau International de I' Heure, BIH)定期向用户公布。WGS-84 就是以国际时间局 1984 年第一次公布的瞬时地极(BIH1984.0)作为基准，建立的地球瞬时坐标系，严格来讲属于准协议地球坐标系。

除上述几何定义外，WGS-84 还有它严格的物理定义，它拥有自己的重力场模型和重力计算公式，可以算出相对于 WGS-84 椭球的大地水准面差距。现将 WGS-84 与我国 1980 年国家大地坐标系和 CGCS2000 的基本大地参数列于表 7-1，以便比较。关于两坐标系之间坐标的互相转换方法，请参阅有关书籍。

表 7-1　WGS-84 与 C80 基本大地参数对照表

基本大地参数	WGS-84	CGCS2000	C80
a/m	6378137	6378137	6 378140
ω/(rad/s)	7.292115×10^{-5}	7.292115×10^{-5}	7.292115×10^{-5}
GM/(m³/s²)	3.986005×10^{14}	3.986004418×10^{14}	3.986005×10^{14}
扁率 f	1/298.257223563	1/298.257222101	1/298.257

注：a 为参考椭球的长半径；ω 为地球自转角速度；GM 为地心引力常数与地球质量的乘积；f 为参考椭球的扁率。

在实际测量定位工作中，虽然 GPS 卫星的信号依据 WGS-84，但求解结果则是测站之间的基线向量或三维坐标差。在数据处理时，根据上述结果，并以现有已知点的坐标值作为约束条件，进行整体平差计算，得到各 GPS 测站点在当地现有坐标系中的实用坐标，从而完成 GPS 测量结果向 CGCS2000、C80 或当地独立坐标系的转换。

需要说明的是，CGCS2000 的定义实质与 WGS-84 一样，采用的参考椭球非常接近，扁率差异引起椭球面上的纬度和高度变化最大达 0.1mm。当前测量精度范围内，可以忽略这点差异，可以说两者相容至 cm 级水平，但若一点的坐标精度达不到 cm 级水平，则不认为 CGCS2000 和 WGS-84 的坐标是相容的。

第四节　GPS 定位的基本原理

一、GPS 定位原理

设在天空中有若干绕地球运行的 GPS 卫星，其三维坐标(x_j，y_j，z_j，j=1，2，⋯，n)是已知的，现欲求得某地面待定点 T_i 的三维坐标(X_i，Y_i，Z_i)。如果知道了 GPS 卫星到地面点间的距离，则可应用距离后方交会的方法，由 4 颗 GPS 卫星到待定点间距离，计算出地面点的坐标，见图 7-5。

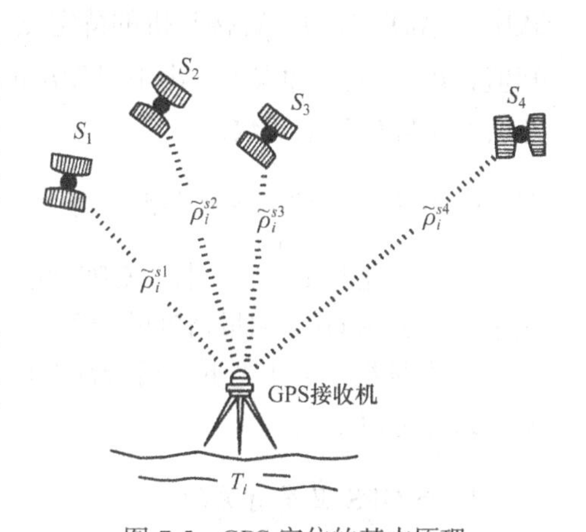

图 7-5　GPS 定位的基本原理

设 $\tilde{\rho}_i^j$ 为 GPS 卫星到地面点间的距离，它是这样获得的：通过卫星上安置的无线电信号发射机，并在卫星时钟的控制下按预定方式发射信号，地面待定点上也安置有信号接收机，并在接收机钟控制下，可以测定信号从卫星到达接收机的时间 Δt_i^j，从而求得卫星和接收机间的距离 $\tilde{\rho}_i^j$。

$$\tilde{\rho}_i^j = c\Delta t_i^j \tag{7-1}$$

式中，c 为信号传播速度；Δt_i^j 为第 j 颗卫星信号传播的时间差；$\tilde{\rho}_i^j$ 并非真实地反映卫星到测站的几何距离，而是含有各种误差的影响，习惯上称为伪距。

事实上，卫星钟和接收机钟不是同步的，这是因为卫星上的原子钟，基稳定度约为 10^{-13}，而地面接收机为节省成本和便于推广应用，它安置的是石英钟，其稳定度为 10^{-10}，两种钟的精度相差约 1000 倍。假定接收机钟与卫星钟之间有 1μs 的相对钟差，由此引起的等效距离误差约 300m。因此，必须将这个时间差即钟差也设为未知数。这样，每个地面点就有 4 个未知数，其中 3 个为地面待定点的空间三维坐标，另一个为钟差，这就是必须同时观测 4 颗 GPS 卫星的缘故。通过 4 个空间距离 $\tilde{\rho}_i^j$，建立 4 个方程，解出 4 个未知数，且具有唯一解。如果同时观测的卫星数超过 4 颗，则产生多余观测情况，这时则需按最小二乘原理进行解算。

现设卫星上原子钟差为 V^j，接收机上石英钟的钟差为 V_i，因它们的不同步对距离的影响设为 $\Delta\rho$，则

$$\Delta\rho = c\,(V_i - V^j) \tag{7-2}$$

若再考虑到信号传播经电离层的延迟和大气对流层的延迟，于是可得出在某一观测时间 t_i 同时测得 4 颗 GPS 卫星到接收机之间真正的几何距离 ρ_i^j，有

$$\rho_i^j = c\Delta t_i^j + c\,(V_i - V^j) + \delta I_i^j + \delta T_i^j \tag{7-3}$$

式中，δI_i^j、δT_i^j 分别为电离层及对流层的改正项。

而 ρ_i^j 与卫星坐标 (x_j,y_j,z_j)、接收机坐标 (X_i,Y_i,Z_i) 之间有如下关系：

$$\rho_i^j = \sqrt{(X_i - x_j)^2 + (Y_i - y_j)^2 + (Z_i - z_j)^2} \tag{7-4}$$

将式(7-4)代入式(7-3)，可得

$$\sqrt{(X_i - x_j)^2 + (Y_i - y_j)^2 + (Z_i - z_j)^2} = c\Delta t_i^j + c\,(V_i - V^j) + \delta I_i^j + \delta T_i^j \tag{7-5}$$

即

$$\tilde{\rho}_i^j = \rho_i^j - c\,(V_i - V^j) - \delta I_i^j - \delta T_i^j \tag{7-6}$$

式中，(X_i,Y_i,Z_i) 为安置接收机的待定点 T_i 点的坐标；(x_j,y_j,z_j) 为第 j 颗卫星的空间坐标，为已知值；V^j 为卫星钟误差，由卫星发出的导航电文给出；δI_i^j 和 δT_i^j 可通过数学模型计算出来；T_i 点坐标与 V_i 为未知数。

二、GPS 卫星定位的主要误差来源

正如其他测量工作一样，GPS 测量同样不可避免地会受到测量误差的干扰。按照误差性质来讲，影响 GPS 测量精度的误差主要是系统误差和偶然误差，其中，系统误差的影响又远大于偶然误差，相比之下，后者甚至可以忽略不计。从误差来源分析，GPS 测量误差大体上又可以分为以下三类。

1. 与 GPS 卫星有关的误差

这类误差主要包括卫星星历误差和卫星钟误差，两者都是系统误差。在 GPS 测量作业中，可以通过一定的方法消除或者削弱其影响，也可以采用某种数学模型对其进行改正。

2. 与 GPS 卫星信号传播有关的误差

GPS 卫星发射的信号，需穿过地球上空电离层和对流层才能到达地面。当信号通过电离层和对流层时，由于传播速度发生变化而产生延迟，测量结果产生系统误差，称为 GPS 信号的电离层折射误差和对流层折射误差。在 GPS 测量作业中，同样可以通过一定的方法消除或

者削弱其影响，也可以通过观测气象元素并采用一定的数学模型对其进行改正。

当卫星信号到达地面时，往往受到某些物体表面反射，使接收机收到的信号不单纯是直接来自卫星的信号，而包含了一部分反射信号，从而产生信号的多路径误差。多路径误差取决于测站周围的环境，具有一定的随机性，是一种偶然误差。

3. 与 GPS 信号接收机有关的误差

与 GPS 信号接收机有关的误差包括接收机的分辨率误差、接收机的时钟误差及接收机天线相位中心的位置偏差。

接收机的分辨率误差即 GPS 测量的观测误差，具有随机性质，是一种偶然误差，通过增加观测量可以明显减弱其影响。接收机时钟误差，是指接收机内部安装的高精度石英钟的钟面时间相对 GPS 标准时间的偏差。这项误差与卫星钟误差一样属于系统误差，并且通常比卫星钟误差大，同样可以通过一定的方法消除或削弱。在进行 GPS 定位测量中，是以接收机天线相位中心代表接收机位置的。理论上来讲，天线相位中心与天线几何中心应当一致，但事实上天线相位中心随着信号强度和输入方向的不同而变化，使天线相位中心偏离天线几何相位而产生定位系统误差。

在 GPS 定位测量中，除了上述 3 种主要误差源之外，还受到其他一些误差来源的影响。其中，最主要的是地球自转影响和相对论效应。

卫星在协议地球坐标系中的瞬间位置，是根据信号传播的瞬间时刻计算的，当信号到达测站时，由于地球自转的影响，卫星在上述瞬间的位置也产生了相应的旋转变化。因此，对于卫星的瞬时位置，应加地球自转改正。

根据相对论原理，处在不同运动速度中的时钟振荡器会产生频率偏移，而引力位不同的时钟振荡器会产生引力频移现象。在进行 GPS 定位测量时，由于卫星钟和接收机钟所处的状态不同，即它们的运动速度和引力位不同，卫星钟和接收机钟就会由于相对论原因而产生相对钟差，称为相对论效应。

人们想了很多办法来削弱和消除上述各种误差的影响，例如，针对实时广播星历提供的卫星坐标精度不高的问题，国际上的 GNSS 服务机构(International GNSS Service，IGS)提供了事后 GPS 卫星的精密星历，其轨道坐标精度可达 3～5m。同时也提供卫星钟差、电离层延迟的精密事后修正数据，利用这些数据，人们可以进行多种精密定位和定时。

第五节 GPS 定位的方法

如第四节中所述，GPS 卫星定位的基本原理是空间距离交会。根据测距原理和观测值类型，其定位方法主要有伪距定位和载波相位测量定位等。对于所求定位点，按其所处运动状态又可分为静态定位和动态定位，根据定位模式可分为绝对定位和相对定位。静态定位是指用 GPS 测量相对于地球不运动的点位，GPS 接收机在该点上接收数分钟或更长时间的卫星信号，以确定该点位置。动态定位是指在进行 GPS 定位时，待定点的位置在观测过程中是变化的。绝对定位又称单点定位，采用一台接收机独立进行定位，主要用于低精度导航和定位中。相对定位是利用两台或两台以上的 GPS 接收机通过同步接收相同 GPS 卫星信号(图 7-6)，确定待定点的相对位置，广泛应用于精密导航、大地测量和地球动力学的研究等。

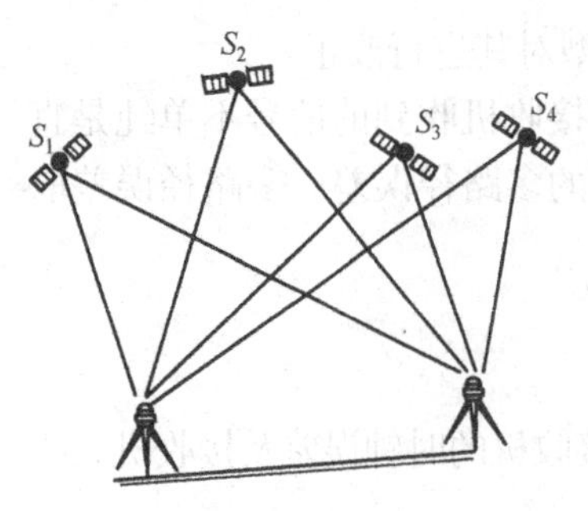

图 7-6 相对定位

利用伪距测量和载波相位测量均可进行静态定位，但伪距法定位精度较低，通常采用载波相位测量及其各种线性组合即差分法，以减弱卫星轨道误差、钟差、电离层和对流层延迟等误差的影响，以提高定位精度。

一、GPS 卫星信号

GPS 卫星信号是 GPS 卫星向广大用户发送的用于导航定位的调制波，它包括有载波、测距码(C/A 码和 *P* 码)和数据码(导航电文或称 D 码)，它们都是在同一个原子钟频率 f_0=10.23MHz 下产生的，如图 7-7 所示。

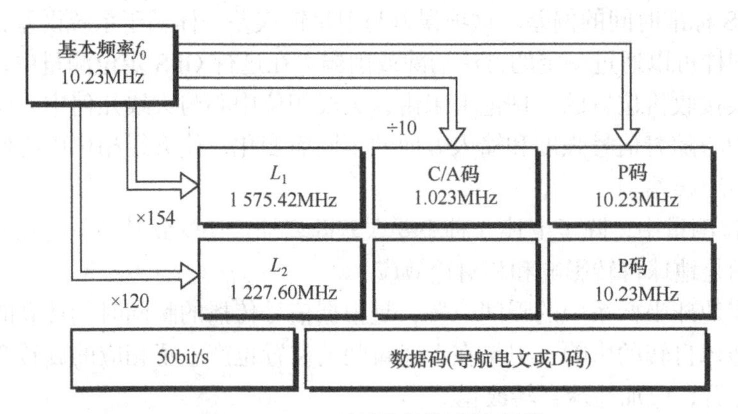

图 7-7 GPS 卫星信号构成示意图

1. 载波信号

载波信号使用的是无线电中 *L* 波段的两种不同频率的电磁波，其频率和波长为

L_1载波： $f_1=154\times f_0=1575.42\text{MH}_z$，$\lambda_1\approx19.03\text{cm}$

L_2载波： $f_2=120\times f_0=1227.60\text{MH}_z$，$\lambda_2\approx24.42\text{cm}$

选择两个载频的目的在于测量出或消除由于电离层效应而引起的延迟误差。

在载波 L_1 上调制有 C/A 码、P 码和数据码，在载波 L_2 上调制有 P 码和数据码，如图 7-7 所示。2005 年 GPS 实现现代化后，在 L_2 上增加了第二民用信号 L_2C 码、第三民用频道 L_5 信号及第四民用信号 L_1C 码。

2. 测距码(C/A 码、P 码)

C/A 码、P 码统称为测距码，是通过调相技术调制到载波上去的。测距码是二进制码，由“1”和“0”组成，对电压为±1 的矩形波，正波形代表“0”，负波形代表“1”。在二进制中，一位二进制数叫做一比特(bit)或一个码元，每秒钟传输的比特数称为数码率。工作卫星采用的两种测距码 C/A 码和 P 码均属于伪随机码，它们具有良好的自相关特性和周期性，可以容易地复制。两种码的参数列于表 7-2。

表 7-2 C/A 码和 P 码参数

参数	C/A 码	P 码
码长 N_u/bit	1023	2.35×10^{14}
频率 f/MHz	1.023	10.23
码元宽度 $t_u=1/f(\mu s)$	0.97752	0.097752
码元宽度时间传播的距离 $c\,t_u$/m	293.1	29.31
周期 $T_u=N_u t_u$	1ms	265d
数码率 P_u/(Mbit/s)	1.023	10.23

3. 数据码

数据码就是导航电文，也称 D 码，它包含了卫星星历、卫星工作状态、时间系统、卫星时钟运行状态、轨道摄动改正、大气折射改正和由 C/A 码捕获 P 码的信息等。导航电文也是二进制码，依规定的格式按帧发射，每帧电文的长度为 1500bit，播发速率为 50bit/s 。

二、伪距法单点定位

由卫星发射的测距码信号到达 GPS 接收机的传播时间乘以光速所得的距离，称为伪距，即式(7-1)中的 $\tilde{\rho}_i^j$ 。伪距测量的实质是通过码相关技术求定测距码信号到达 GPS 接收机的时间延迟。

我们知道，GPS 卫星会根据自己的时钟发出某一结构的伪随机码(又称伪噪声码)，该测距码与卫星星历的数据码叠加后，调制在载波上，经过时间 Δt 后到达接收机。接收机在本机时钟控制下，也产生一组结构完全相同的复制码(也称本地码)，复制码通过接收机内的延时器进行相关处理。假定当延迟的时间为 τ 时，复制码与接收到的测距码正好对齐，即二者的自相关系数 $R(\tau)=1$，这时，测定的延迟时间 τ 为卫星信号传送到接收机天线的时间，该时间乘以光速 c，即卫星到接收机间的伪距。

伪距法单点定位，就是根据接收机在待定点测出某一时刻 4 颗以上卫星的伪距，以及从卫星导航电文中获得的卫星位置，按式(7-6)计算出待定点的位置。式(7-6)为伪距定位的观测方程。伪随机码的波长较长，假设卫星与接收机的测距码对齐精度为 1/100，则对于 P 码，码长 29.3m，伪距精度为 0.29m；对于 C/A 码，码长 293m，伪距精度为 2.93m，因此伪距定位精度不高。但因其定位速度快，无多值性问题，在运动载体的导航定位上应用很广。

三、载波相位定位

由于载波 L_1、L_2 的频率比测距码(C/A 码和 P 码)的频率高得多，因此其波长就比测距码短得多，$\lambda_{L_1}\approx19.03$cm，$\lambda_{L_2}\approx24.42$cm。如果使用载波 L_1 或 L_2 作为测距信号，将卫星传播到接收机天线的正弦波与接收机产生的基准信号(其频率和初相位与卫星载波信号完全相同)进行比相，求出它们之间的相位延迟，从而计算出伪距，就可以获得很高精度的测距精度。如果测量 L_1 载波相位移的误差为 1/100，则载波相位测量精度可达 2mm。但载波信号是一种周期性的正弦信号，而相位测量又只能测定不足一个波长的部分，而无法测定其整数波长的个数，存在整周不确定性问题，因此载波相位的解算过程显得较为麻烦。

(一)载波相位绝对定位

假设接收机在时刻 t_0 跟踪卫星信号，并开始进行载波相位测量。又设接收机本机振荡能够产生一个角频率和初相位与卫星载波信号完全一致的基准信号，那么 t_0 时刻接收机基准信号的相位为 $\varphi_i(t_0)$，如图 7-8 所示。它接收到的卫星载波信号的相位为 $\varphi^j(t_0)$（φ 以 2π 为单位），并假定这两个相位之间相差 N_0 个整周数和不到一周的相位值 $\Delta\varphi_0$，则 t_0 时刻包含整周数的相位观测值为

$$\Phi_i^j(t_0) = \varphi_i(t_0) - \varphi^j(t_0) = N_0 + \Delta\varphi_0 \tag{7-7}$$

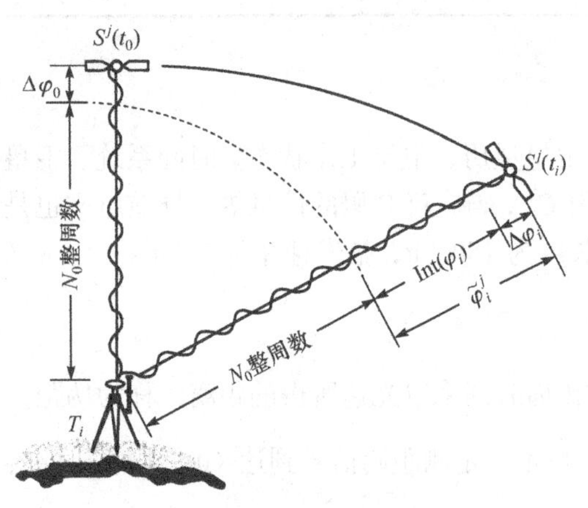

图 7-8　卫星载波相位信号

由于载波是个正弦波，在载波相位测量中，接收机无法测定载波的整周数 N_0，也称整周模糊度，但可以精确测定 $\Delta\varphi_0$。当接收机对卫星进行连续跟踪观测时，不断测定小于一周的相位差 $\Delta\varphi_i$，并利用整波计数器记录从 t_0～t_i 时间内的整周变化量 $\mathrm{Int}(\varphi_i)$。以符号 $\tilde{\varphi}_i^j$ 表示在 t_i 时刻测得的相位观测值，则

$$\tilde{\varphi}_i^j = \mathrm{Int}(\varphi_i) + \Delta\varphi_i \tag{7-8}$$

只要卫星信号不失锁，N_0 值就不变(当卫星信号中断时，将丢失 $\mathrm{Int}(\varphi_i)$ 中的一部分整周数，称为整周跳变，简称周跳)，所以在任意时刻 t_i，卫星到接收机的一个完整的相位差为

$$\Phi_i^j(t_i) = N_0 + \tilde{\varphi}_i^j = N_0 + \mathrm{Int}(\varphi_i) + \Delta\varphi_i \tag{7-9}$$

对应的传播时间差 Δt_i^j 为

$$\Delta t_i^j = \Phi_i^j(t_i) / f = \frac{N_0 + \tilde{\varphi}_i^j}{f} \tag{7-10}$$

现仍设卫星原子钟差改正为 V^j、接收机钟差改正为 V_i、电离层延迟改正为 δI_i^j、对流层折射改正为 δT_i^j，将式(7-10)代入式(7-3)并整理后，可得到载波相位测量观测方程：

$$\tilde{\varphi}_i^j = \frac{f}{c}\rho_i^j - f\,(V_i - V^j) - \frac{f}{c}\delta I_i^j - \frac{f}{c}\delta T_i^j - N_0 \tag{7-11}$$

令 $\tilde{\rho}_i^j = \lambda\tilde{\varphi}_i^j$，并考虑到载波波长 $\lambda = \dfrac{c}{f}$，则

$$\tilde{\rho}_i^j = \rho_i^j - c\,(V_i - V^j) - \delta I_i^j - \delta T_i^j - \lambda N_0 \tag{7-12}$$

每颗卫星观测方程中都有 N_0，所以无法像伪距法那样用单机进行定位，通常是采用两台以上接收机进行相对定位。确定 N_0 是载波相位测量中的关键问题，这里不作详细介绍。

若将接收机至卫星的几何距离 ρ_i^j 用接收机和卫星的坐标来表示，并在接收机的近似坐标

$(X_0、Y_0、Z_0)$处用泰勒级数展开，将线性化方程(7-13)代入式(7-12)，便可得线性化的载波相位测量的观测方程。

$$\rho_i^j = \rho_0 + \frac{X_0 - x_i}{\rho_0}\mathrm{d}x + \frac{Y_0 - y_i}{\rho_0}\mathrm{d}y + \frac{Z_0 - z_i}{\rho_0}\mathrm{d}z \tag{7-13}$$

式中，$\rho_0 = \sqrt{(X_0 - x_j)^2 + (Y_0 - y_j)^2 + (Z_0 - z_j)^2}$ 为站星几何距离近似值。

(二)载波相位相对定位

用载波相位测量进行相对定位一般用两台以上 GPS 接收机，分别安置在测线(又称基线)两端，固定后同步接收卫星信号，利用相同卫星的相位观测值进行解算，求定基线端点在 WGS-84 中的相对位置(或称基线向量)。当其中一个端点坐标已知时，则可推算另一个待定点坐标。

载波相位相对定位普遍采用将相位观测值进行线性组合的方法，具体有单差法、双差法和三差法(图 7-9)。

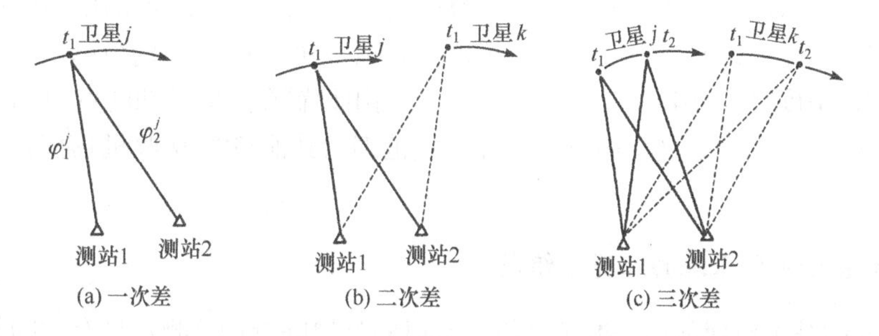

图 7-9　相位观测值求差法

1. 在接收机间求一次差

如图 7-9(a)所示，在 t_1 时刻于测站 1、2 同时对卫星 j 进行载波相位测量，可得测站 1 对卫星 j 的观测方程 $\tilde{\varphi}_1^j(t_1)$ 和测站 2 对卫星 j 的观测方程 $\tilde{\varphi}_2^j(t_1)$，将两个观测方程两端对应相减，可求得一次差(单差)后的虚拟观测方程。其具体表达形式为

$$\Delta\tilde{\varphi}_{1,2}^j(t_1) = \tilde{\varphi}_2^j(t_1) - \tilde{\varphi}_1^j(t_1) \tag{7-14}$$

在相对定位中，一次差是观测量组合的最基本线性形式。一次差可消除卫星钟差的影响，同时也可削弱卫星星历误差和大气折射改正残余误差的影响。

2. 在接收机和卫星间求二次差

若在同一时刻 t_1，接收机 1、2 除对卫星 j 处进行了观测外，还对卫星 k 进行了观测(图 7-9(b))，则可得另一个一次差观测方程，将两个一次差分方程的两端对应相减，即可得接收机 1、2 与卫星 j、k 间的二次差(双差)虚拟观测值方程，其表达式为

$$\Delta\tilde{\varphi}_{1,2}^{jk}(t_1) = \Delta\tilde{\varphi}_{1,2}^k(t_1) - \Delta\tilde{\varphi}_{1,2}^j(t_1) = [\tilde{\varphi}_2^k(t_1) - \tilde{\varphi}_1^k(t_1) - \tilde{\varphi}_2^j(t_1) + \tilde{\varphi}_1^j(t_1)] \tag{7-15}$$

二次差方程进一步消去了 t_1 时刻接收机的相对钟差改正数，减少了未知数的个数，因此，在 GPS 相对定位中广泛采用双差法进行平差计算和数据处理。

3. 在接收机、卫星和历元之间求三次差

将时刻 t_1 和 t_2 的双差方程两端对应相减，可得接收机 1、2 和卫星 j、k 在历元 t_1 和 t_2 间的三差方程(图 7-9(c))，其表达式为

$$\begin{aligned}\Delta\tilde{\varphi}_{1,2}^{jk}(t_1,\ t_2) &= \Delta\tilde{\varphi}_{1,2}^{jk}(t_2) - \Delta\tilde{\varphi}_{1,2}^{jk}(t_1) \\ &= [\tilde{\varphi}_2^k(t_2) - \tilde{\varphi}_1^k(t_2) - \tilde{\varphi}_2^j(t_2) + \tilde{\varphi}_1^j(t_2)] - [\tilde{\varphi}_2^k(t_1) - \tilde{\varphi}_1^k(t_1) - \tilde{\varphi}_2^j(t_1) + \tilde{\varphi}_1^j(t_1)]\end{aligned} \tag{7-16}$$

在三差观测方程中已不存在整周未知数了。引入三差法的目的，就在于解决前两种方法中存在的整周未知数 N_0 和整周跳变(由于各种原因引起的整周观测值丢失现象)待定的问题，这是三差法的主要优点。但在三差模型中，未知参数的数目较少，独立的观测量方程的数目也明显减少，这对未知数的解算可能产生不良的影响，使精度降低。正是由于这个原因，通常将消除了整周未知数的三差法结果，仅用作前两种方法的初次解(近似值)，而在实际工作中采用双差法结果更加适宜。

四、GPS 实时差分定位

利用 GPS 对运动物体进行实时定位(如 1Hz 或 10Hz 采样率)，可采用 GPS 接收机单点定位，由于其定位精度受钟差、大气折射率等误差影响，利用 C/A 码伪距单点定位精度很低。为提高实时定位精度，常采用 GPS 差分定位技术，利用设置在坐标已知的点(基准站)上的 GPS 接收机测定 GPS 测量定位误差，用以提高在一定范围内其他 GPS 接收机(流动站)测量定位精度的方法。

(一) GPS 差分定位系统的原理与组成

差分 GPS 的基本原理利用基准站(设在坐标精确已知的点上)测定具有空间相关性的误差或其对测量定位结果的影响，供流动站改正其观测值或定位结果。

(1) 基准站。在已有地心坐标点上(称基准站)安置 GPS 接收机(图 7-10)，利用已知坐标和星历计算 GPS 的观测值，并通过无线电通信设备(称数据链)将校正值实时地向运动中的 GPS 接收机(称流动站)提供差分修正信号。

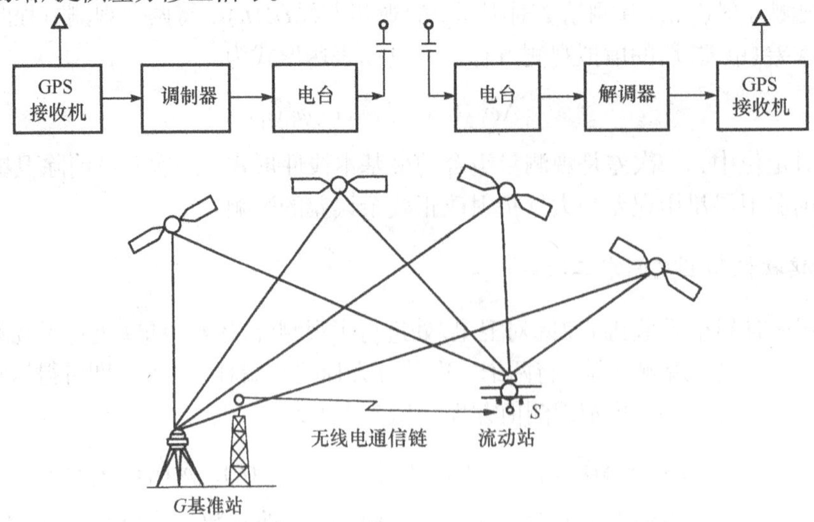

图 7-10　GPS 实时差分定位原理

(2)流动站。接收GPS卫星信号和基准站发送的差分修正信号，利用校正值对自己的GPS观测值进行修正，并进行实时定位。

(3)无线电数据链。将基准站差分信息传送到流动站。

(二)GPS动态差分的方法

1. 位置差分

位置差分是将基准站GPS接收机伪距单点定位得到的坐标值与已知坐标作差分，并将坐标修正值通过无线电传送至流动站，对流动站测得坐标进行修正。位置差分要求流动站接收机单点定位所用卫星与基准站所用卫星完全一致，这在近距离时可以做到，距离较长时很难满足，故位置差分只适用于基准站与流动站相距100km以内的情况。

2. 伪距差分

利用基准站已知坐标和卫星星历，求卫星到基准站的几何距离，作为距离精确值，将此值与基准站所测的伪距值求差，作为差分修正值，通过数据链传给流动站，流动站接收差分信号后，对所接收的每颗卫星的伪距观测值进行修正，然后再进行单点定位。

伪距差分是对每颗卫星的伪距观测值进行修正，所以不要求基准站和流动站接收的卫星完全一致，只要有4颗以上相同卫星即可，其定位精度随基准站与流动站距离的增加而降低。

近年来又发展用相位观测值精化伪距值，称相位平滑伪距差分，其精度高于单独采用码伪距差分测量。

3. 载波相位实时差分

GPS实时动态(real time kinematic, RTK)，是以载波相位观测量为基础的实时差分(real time differential, RTD)GPS测量技术，它能够实时地提供测站点在指定坐标系中的三维定位结果，并达到厘米级精度，是当代GPS测量技术发展中的一个新突破，其组成部分与图7-10所示相同。RTD测量技术的精度取决于高频数据传输设备的可靠性与抗干扰性；软件解算系统对保障成果可靠与精确具有决定性作用。在城市及隐蔽地区，因受环境影响，流动站载波相位观测值可能发生失锁现象，这将限制RTK测量技术的应用。

近年来有研究将实时单点定位技术同Internet技术及卫星通信技术结合起来，构成全球动态定位(global RTK)。全球RTK测量技术采用世界范围内的几十个固定位置的双频接收机对卫星信号跟踪，并实时地发回至数据处理中心，经处理后形成一组差分改正数，将其传送到国际海事卫星上，然后通过卫星向全世界广播，采用global RTK测量技术的GPS接收机在接收GPS卫星信号的同时，也接收到国际海事卫星发出的差分改正信息，从而达到全球实时高精度定位。

4. 网络RTK

最近在常规RTK测量技术和差分GPS的基础上又建立起一种多基准站RTK测量技术，又称网络RTK，是对普通RTK方法的改进。它是一种基于多基准站网络的实时差分定位系统，可克服常规RTK的缺陷，实现长距离(70～100km)RTK定位。它是在一定区域内建立多个(一般 3 个以上）坐标为已知的 GPS 基准站，对该地区进行网状覆盖，并以这些基准站为基准，计算和发播相位观测值误差改正等信息。该方法的主要优点为覆盖面广、定位精度高，可实时提供厘米级定位。

网络 RTK 测量技术的基础是建立多个 GPS 基准站，通常是常年运行的 GPS 卫星永久性跟踪站，这就是所谓的连续运行参考站系统（continuously operating reference stations, CORS）。

CORS 是基于全球卫星导航定位技术，在一个国家、一个地区或一个城市，根据需求按照一定的距离建立的常年连续运行的一个或若干个固定的 GNSS 参考站，利用计算机、数据通信和互联网技术将各个参考站与数据中心组成网络，实时将参考站数据传输到数据处理中心，利用数据处理软件进行处理，向用户自动发布不同类型的 GNSS 原始值和各种改正数等信息的系统。

CORS 有若干个连续运行的基准站、数据处理中心、数据传输系统、数据播发系统和移动站（用户—单台 RTK 接收机）等组成，其工作流程如图 7-11 所示。

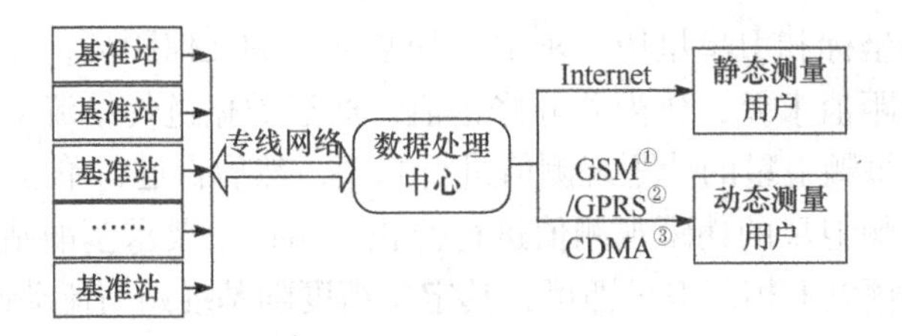

图 7-11　CORS 的工作流程

①表示全球移动通信系统（global system for mobile communications, GSM）；
②表示通用无线分组业务(general packet radio service, GPRS)；③表示码分多址（code division multiple access, CDMA）

网络 RTK 作业方式非常简单，只需一台有 GPRS 模块（或具有 WAP 上网功能的蓝牙手机）的流动站主机、一个控制手簿、一根对中杆，通过登陆当地的 CORS 系统就可以作业了。

CORS 是目前国内乃至全世界 GNSS 的最新技术和发展趋势，欧美及日本已经建立起完整的系统，单就国内而言，继深圳率先建立 CORS 以来，CORS 热潮不断，基本上每个省都在省国土厅或其他相关部门的领导和组织下开始进行论证与实施。

目前国内 CORS 主要有两大巨头，其中之一就是由我国自然资源部测绘部门组织建设的“全国卫星导航定位基准服务系统”，主要适用于测绘行业。该系统包括一个 2700 座站点规模的卫星导航定位基准站网、一个国家数据中心和 30 个省级数据中心。其中，基准站网包括 410 座国家级卫星导航定位基准站，以及各省测绘地理信息部门和地震、气象等部门建设的 2300 余座站点资源。分布上，东部点位间距大约 30 公里，西部大约 50～70 公里。而另一个巨头就是由千寻位置网络有限公司建设和运营的国家北斗地基增强系统——“全国一张网”。两者都以北斗导航系统为主体，兼容 GPS、GLONASS、Galileo 等卫星导航系统信号。尤其是千寻位置网络有限公司，是中国兵器工业集团有限公司和阿里巴巴网络技术有限公司于 2015 年 8 月共同发起成立的全球领先的精准位置服务公司，提供高达动态厘米级和静态毫米级的定位服务。实现了统一规划、组网及跨区域无缝服务，同时支持大规模、高并发的基准站及用户接入，突破了行业瓶颈，为各类市场及应用提供更低成本的服务。一个 CORS 账号在全国的千寻位置覆盖地区都可用，有网络信号和 CORS 覆盖范围的地方就选择网络 RTK 工作模式（CORS），没有网络信号和

CORS 覆盖范围的地方就选择传统(电台)RTK 工作模式。

第六节　GPS 静态相对定位测量的实施

GPS 静态相对定位测量工作主要包括 GPS 外业观测和数据处理。

一、GPS 控制网的外业观测

GPS 静态相对定位的外业观测工作包括天线安置、开机观测、观测记录和观测数据检查等。

1. 天线安置

天线精确安置是实现精确定位的重要条件之一，因此要求天线应尽量利用三脚架安置在标志中心的垂线方向上直接对中观测，一般最好不要进行偏心观测。对于有观测墩的强制对中点，应将天线直接强制对中到中心。

对天线进行整平，使基座上的圆水准气泡居中。天线定向标志线指向正北，定向误差不大于±5°。

天线安置后，应在各观测时段前后，各量测天线高一次。两次测量结果之差不应超过 3mm，并取其平均值。

天线高指的是天线相位中心至地面标志中心之间的垂直距离。而天线相位中心至天线底面之间的距离在天线内部无法直接测定，由于其是一个固定常数，通常是由厂家直接给出，天线底面至地面标志中心的高度可直接测定，两部分之和为天线高。

对于有觇标、钢标的标志点，安置天线时应将觇标顶部拆除，以防止其对 GPS 信号遮挡，也可采用偏心观测，归心元素应精确测定。

2. 开机作业

GPS 定位观测主要是利用接收机跟踪接收卫星信号，储存信号数据，并通过对信号数据的处理获得定位信息。

利用 GPS 接收机作业的具体操作步骤和方法，随接收机的类型和作业模式不同而有所差异。总体而言，GPS 接收机作业的自动化程度很高，随着其设备软硬件的不断改善和发展，性能和自动化程度将进一步提高，需要人工干预的地方越来越少，作业将变得越来越简单，尽管如此，作业时仍需注意以下几点。

(1) 首次使用某种接收机前，应认真阅读操作手册，作业时应严格按操作要求进行。

(2) 在启动接收机之前，首先应通过电缆将外接电源和天线连接到接收机专门接口上，并确认各项连接准确无误。

(3) 为确保在同一时间段内获取相同卫星的信号数据，各接收机应按观测计划规定的时间作业，且各接收机应具有相同获取信号数据的时间间隔(采样间隔)。

(4) 接收机跟踪锁住卫星，开始记录数据后，如果能够查看，作业员应注意查看有关观测卫星数量、相位测量残差、实时定位结果及其变化和存储介质的记录情况。

(5) 在一个观测时段中，一般不得关闭并重新启动接收机；不准改变卫星高度角限值、数据采样间隔及天线高的参数值。

(6) 在开测前应认真检查电源电量是否饱满，作业时，应注意供电情况，一旦听到低电压报警要及时更换电池，否则可能会造成观测数据损坏或丢失。

(7) 在进行长距离或高精度 GPS 测量时，应在观测前后测量气象元素，若观测时间长，还应在观测中间加测气象元素。

(8) 每日观测结束后，应及时将接收机内存中的数据传输到计算机中，并保存在软、硬盘中，同时还需检查数据是否正确完整，当确保数据正确无误地记录保存后，应及时清除接收机内存中的数据以确保下次观测数据的记录有足够的存储空间。

3. 观测记录

GPS 接收机获取的卫星信号由接收机内置的存储介质记录，其中包括载波相位观测值及相应的观测历元、伪距观测值、相应的 GPS 时间、GPS 卫星星历及卫星钟差参数、测站信息及单点定位近似坐标值。

在观测现场，观测者还应填写观测手簿，对于测站间距离小于 10km 的边长，可不必记录气象元素。为保证记录的准确性，必须在作业过程中随时填写，不得测后补记。

二、数据处理

数据处理与所有测量任务相同，由 GPS 定位技术所获得的测量数据，同样需要经过数据处理，方能成为合理而实用的成果。

GPS 外业观测结束后，应及时对所获得的外业数据进行处理，解算出基线向量，并对基线向量的解算结果进行质量评估。然后对由合格基线向量所构建成的 GPS 基线向量网进行平差计算，得出网中各点的坐标成果。

此外，由于 GPS 定位结果属于协议地球地心坐标系（WGS-84 坐标系），在 GPS 定位测量数据处理中，还需要考虑如何将 GPS 测量成果由 WGS-84 转换至实用的国家坐标系或地方独立坐标系。

1. GPS 基线向量解算

对两台及两台以上接收机同步观测的数据，需根据双差模型和三差模型对每一个观测值建立相应的观测方程，双差模型共应建立 $(n_i-1)(n^j-1)n_t$ 个方程，三差模型共应建立 $(n_i-1)(n^j-1)(n_t-1)$ 个方程（n_i 为测站数，n^j 为观测的卫星数，n_t 为观测历元数），无论采用哪种模型，均应按最小二乘原理对其进行求解，从而求出方程中的未知参数。通常一个时段接收的卫星数据量非常大，所列的方程数也很多，所以，相对定位的基线向量一般均采用仪器厂家提供的专门软件来求解。不同厂家的软件功能和使用上均可能有所不同，但大体上均包括如下基本处理过程。

(1) 数据传输。将 GPS 接收机记录的观测数据传输到计算机内存或存储介质上。

(2) 数据分流。从原始数据中，剔除无效观测值和冗余信息，形成各种数据文件，如星历文件、载波相位和伪距观测文件、测站信息文件。

(3) GPS 数据的预处理。对数据进行平滑滤波检验，剔除粗差；统一数据文件格式，将不同类型接收机的数据记录格式统一为标准化的文件格式；周跳探测，修复观测值。

(4) 基线向量解算。一般先采用三差模型法对基线向量进行预求解，然后再采用双差模型对基线向量进行精确求解。

2. GPS 网平差与坐标转换

由同步观测和异步观测的基线向量互相连接构成 GPS 网，称为 GPS 基线向量网。由于存在观测误差，网中由不同时段观测的基线向量组成的闭合图形存在不符值。因此，应在 WGS-84 下，以 GPS 基线向量及其相应的方差阵作为观测信息，对 GPS 网进行平差计算，消除不符值，获得网中点的平差后的三维坐标、基线边长的平差值、基线向量观测值改正数及其对观测值和点位坐标的精度评定。

GPS 网平差可采用多种平差方法进行。为检验基线向量观测值的 GPS 网内部符合精度及观测值是否存在系统误差和粗差，一般常采用无约束平差法，即以 WGS-84 坐标系下一个点的三维坐标作为位置基准的平差，该平差避免了基准信息误差，因此，平差后的结果可以准确地反映观测值的精度，并可通过单位权方差检验观测值改正数的分布及其粗差检验，发现 GPS 网中可能存在的系统误差及粗差。

常用的 GPS 网平差，还有约束平差和联合平差。约束平差是以国家大地坐标或地方坐标系下的某些点的坐标、边长、方位角作为网平差的基准信息，也就是作为平差的约束条件，再将 GPS 网的 WGS-84 与国家或地方坐标系之间的转换参数作为未知参数与 GPS 基线向量一起进行平差计算。平差后不但可获得 GPS 网的坐标平差值及精度评定，而且还实现了将 WGS-84 成果向国家或地方坐标系统的转换，最终可获得国家坐标系或地方坐标系的精确坐标值。联合平差是 GPS 基线向量观测值与地方常规观测值的联合平差，平差计算中除包含基线观测值和基准约束数据外，还包含边长、方位、高差等一些常规观测值。联合平差仍带有约束条件，所以平差后也可将 GPS 成果转换到国家或地方坐标系。

三、技术总结

在完成了 GPS 网的布测后，应该认真完成技术总结。每项 GPS 工程的技术总结不仅是工程中一系列必要文档的主要组成部分，而且它有助于测绘工作者对工程的各个细节有完整而充分的了解，从而便于今后对成果有充分而全面地利用。另一方面，通过对整个工程的总结，测量作业单位能够总结经验，发现不足，为今后开展新的工程项目提供参考。技术总结的内容一般应包括以下几点。

(1) 测区范围与位置，自然地理条件，气候特点，交通及经济等情况。

(2) 任务来源，测区已有测量成果的情况，施测目的和基本精度要求。

(3) 施测单位，施测起止时间，技术依据，作业人员情况，使用接收机类型和数量及检验情况，观测方法，重测、补测情况，作业环境，重合点情况，工作量与工作日情况。

(4) 野外数据检核情况和分析，起算数据和坐标系统，数据后处理内容、方法及软件情况，精度分析。

(5) 外业观测数据质量分析与野外检核情况。

(6) 方案实施与规范执行情况。

(7) 工作量与定额计算。

(8) 提交成果中尚存在的问题和需要说明的其他问题。

(9) 上交资料清单。

(10)各种附表与附图。

第七节　GPS RTK 测量

常规的 GPS 测量方法，如静态、快速静态、动态测量都需要事后进行解算才能获取厘米级的精度，而 RTK 是能够在野外实时得到厘米级定位精度的测量方法，它采用了载波相位动态实时差分方法，能够适时地提供测站点在指定坐标系中的三维定位结果，达到厘米级精度。RTK 包含单基站和网络 RTK 模式，本节主要介绍单基站模式的测量方法。

一、GPS RTK 测量的基本原理

在基准站上安置一台 GPS 接收机，对卫星进行连续观测，并通过无线电传输设备实时地将观测数据及站坐标信息传送给用户(流动)站；流动站一方面通过接收机接收 GPS 卫星信号，同时还通过无线电接收设备接收基准站传送的观测数据，然后根据相对定位原理，实时地进行数据处理，并实时地以厘米级的精度给出用户站的三维坐标。

二、GPS RTK 测量系统的组成

单基站 GPS RTK 测量系统的构成主要包括基准站、流动站和数据链等三部分。其作业系统硬件连接如图 7-12 所示。

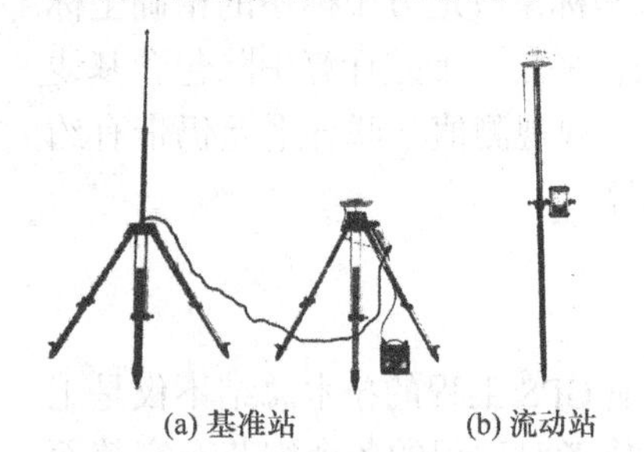

(a) 基准站　　(b) 流动站

图 7-12　GPS RTK 组成与连接图

1. 基准站

基准站包括 GPS 双频 RTK 接收机，天线和天线电缆，电源，脚架，基座和连接器，仪器运输箱等。

2. 流动站

流动站包括 GPS 双频 RTK 接收机，天线和天线电缆，流动站数据链电台套件，手簿托架，流动杆，流动站背包(分体机需要)，仪器运输箱等。

3. 数据链

1)基准站发射电台

一般为外置的独立电台。

2)流动站接收电台

一般内置在 GPS 接收机内部，也有外置的独立电台。

除了采用电台外，也可以采用公众网络，如 GSM，CDMA，通用无线分组业务等。

三、GPS RTK 测量步骤

下面说明单基站 RTK(电台模式)的作业方法和流程。RTK 测量主要包括测量前的准备工作、基准站设置、流动站设置、数据采集等内容。

1. 测量前的准备工作

在赴野外进行工作之前，一定要检查 GPS RTK 测量系统在运输箱中所有必须部件和测量所需的已知数据及其他资料是否齐备、电池电量是否饱满，以免影响工作。

2. 基准站设置

1）选择合适的基准站点

选择基准站点有以下两个问题需要考虑：

（1）基准站与 GPS 天线与卫星之间应无遮挡物，保证地平线 15° 以上没有障碍，以保证系统可以接到最多的可用卫星数量；

（2）相对于周围的地形，基准站点应处于较高处，目的是获得基准点电台传输的最大可能作用半径。

2）基准站系统的架设

基准站接收机通常要安置在已知点上，接收机天线可架设在三脚架或固定高度的 GPS 观测墩上，架设好之后要从互为 120°角的三个方向分别量取基准站 GPS 接收机的天线高度，并取其平均值作为最终结果，以确保天线高正确无误。如果架在待定点上，无须量仪器高。

3）基准站功能验证并设置有关参数

按一下 GPS 接收机上的电源开关，接通电源。打开电子手簿，确认所有部件电源接通。GPS 接收机和电台上均由 LED 指示灯明示电源已接通，部件处于启动状态。然后设置 GPS 接收机为 RTK 基准站模式，数据链设置为“电台”等参数，并用电子手簿中的 RTK 软件确定基准站系统是否工作正常，正确设置基准站点的 WGS-84 坐标及天线高等相关参数。至此，基准站系统已设置完毕。

3. 流动站设置

（1）流动站安置在对中杆（不是三脚架）上，在所有部件都连接好后，接通电源，打开电子手簿，设置流动站接收机为 RTK 流动站模式，并设置与基准站相对应的电台通道和频道、杆高等参数。然后确认流动站系统是否工作正常，完成流动站系统的设置。

（2）转换参数的设置（或坐标系设置）

流动站直接测量计算得到的是 WGS-84 坐标，需要输入正确的坐标系转换参数或求解校正参数才能转换为施工坐标系坐标或需要的地方坐标系坐标。设置完参数通常在一个已知点上测量对比检核无误后再进行下一步工作。

4. 数据采集

利用流动站接收机的流动杆放在待定点上观测，电子手簿实时显示所测点的坐标及精度信息。利用 RTK 测量技术还可放样设计点位，将流动站实时坐标与设计值比较，利用差值指导放样。

思考题

1. GPS 由哪几部分组成？各部分的作用是什么？
2. 什么是静态定位和动态定位？

3. 什么是伪距？简述伪距法绝对定位的原理。
4. 载波相位测量的观测值是什么？
5. 简述各种差分法的特点。
6. 什么是同步环、异步环和复测基线的闭合条件？
7. 什么是载波相位 RTK 测量技术？
8. 简述 RTK 的组成。
9. 简述 GPS RTK 测量技术的基本原理。
10. 简述 CORS 系统的功能。

第八章　小地区控制测量

本章要点

控制测量包括平面控制测量和高程控制测量。本章主要介绍小地区平面和高程控制网的布设方案及其观测数据的处理方法。主要内容包括导线测量、GNSS控制测量、交会定点测量、自由设站法、三四等水准测量和三角高程测量。

第一节　控制测量概述

为了限制误差的累积和传播，保证测图和施工的精度和效率，测量工作必须遵循“从整体到局部，先控制后碎部”的原则，即先对整个测区进行控制测量，再进行碎部测量。在测量工作中，首先在测区选定若干个测量控制点(简称控制点)，构成几何图形(图1-9)，形成测区的骨架，用相对精确的测量手段和计算方法，在统一坐标系中，确定这些点的平面坐标和高程，然后以此为基础来测定其他地面点的点位或展开其他测量工作。其中，这些具有控制意义的点称为控制点；由控制点组成的几何图形称为控制网；对控制网进行布设、观测、计算，确定控制点位置的工作称为控制测量。

控制测量分为平面控制测量和高程控制测量。在传统测量工作中，平面控制与高程控制通常分别单独布设，有时也将两种控制网合起来布设成三维控制网。

一、平面控制测量

测定控制点平面坐标所进行的测量工作，称为平面控制测量。平面控制测量的主要方法有三角测量、导线测量、交会测量、GNSS控制测量等。目前，GNSS控制测量和导线测量是最常用的方法。

二、高程控制测量

测量控制点的高程所进行的测量工作，称为高程控制测量。高程控制测量的主要方法有水准测量、三角高程和GNSS高程控制测量。用水准测量方法建立的高程控制网称为水准网。三角高程测量主要用于地形起伏较大、直接利用水准测量方法测量高程较困难的地区建立高程控制网，以便为地形测图提供高程控制。GNSS高程控制测量可精确测定控制点的大地高，可通过高程异常模型将其转化为工程需要的高程。

三、国家基本控制网

在全国范围内建立的控制网，称为国家基本控制网，分为国家平面控制网和国家高程控制网。国家平面控制网提供全国性的、统一的空间定位基准，是全国各种比例尺测图和工程建设的基本控制，同时也为空间科学技术和军事提供精确的点位坐标，并为研究地球的形状和大小、地壳运动及地震预报提供重要依据。

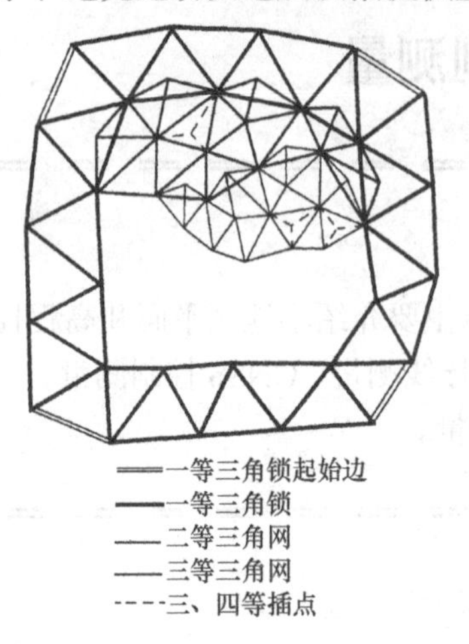

图 8-1　国家平面控制网布设示意图

我国原有的国家平面控制网主要采用三角测量和精密导线测量建立起来，按精度分为一、二、三、四等(图 8-1)，其中一、二等三角测量是国家基本控制测量，三、四等三角测量属于加密控制测量。

20 世纪 80 年代末，GNSS 技术开始在我国用于建立平面控制网。GNSS 控制网按其精度从高到低分为 A、B、C、D、E 等。

“2000 国家 GNSS 控制网”由国家测绘局布设的高精度 GNSS A、B 级网，中国人民解放军总参谋部测绘导航局布设的 GNSS 一、二级网，中国地震局、中国人民解放军总参谋部测绘导航局、中国科学院、国家测绘局共建的中国地壳运动观测网组成。该控制网整合了上述三个大型的、有重要影响的 GNSS 观测网的成果，共 2609 个点，通过联合处理将其归于一个坐标参考框架，形成了紧密的联系体系，可满足现代测量技术对地心坐标的需求，同时为建立我国新一代的地心坐标系打下了坚实的基础。

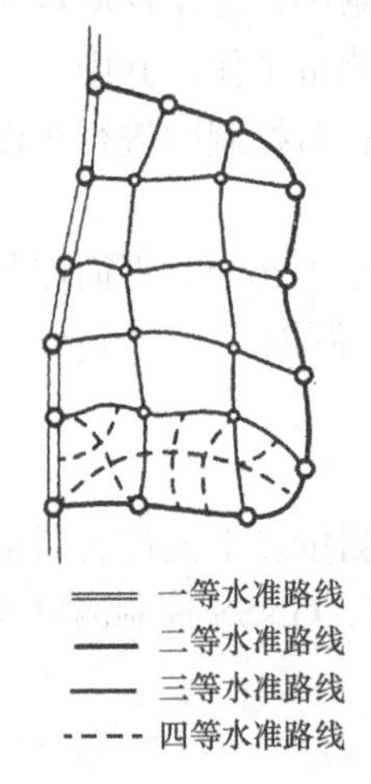

图 8-2　国家高程控制网布设示意图

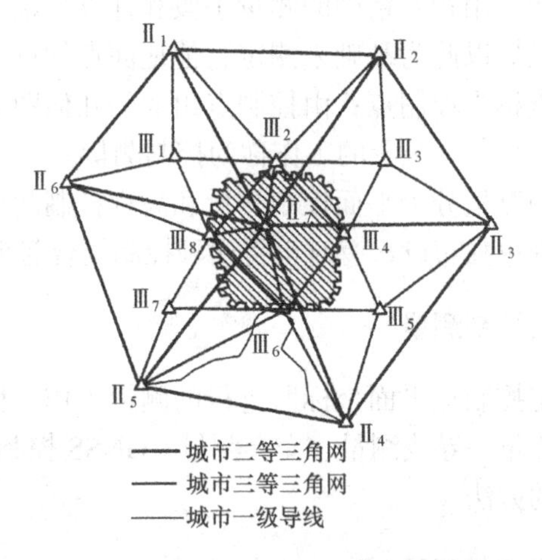

图 8-3　城市平面控制网示意图

在全国范围内采用水准测量方法建立的高程控制网，称为国家水准网。国家水准网按精度高低分为一、二、三、四等(图 8-2)。国家一等水准网是国家高程控制网的骨干，二等水准网是在一等水准网环内布设，是国家高程控制网的全面基础。国家三、四等水准网是国家高程控制点的进一步加密，附合于高级水准点之间。它直接为地形测图和工程建设提供高程控制点。

四、城市控制网

在城市地区，为满足 1∶500～1∶2000 比例尺地形测图和城市建设施工放样的需要，应进一步布设城市平面控制网和高程控制网。如图 8-3 所示，城市平面控制网在国家控制网的控制下布设，按城市范围大小布设不同等级的平面控制网，分为二、三、四等三角网或三、四等导线网和一、二级小三角网或一、二、三级导线网。最早采用的仪器主要是经纬仪、全站仪等，现在大都采用 GNSS 技术建立各等级城市测量控制网。城市边角组合网、电磁波测距和图根电磁波测距导线的主要技术要求见表 8-1～表 8-3。高程控制网主要是水准网，等级依次为二、三、四等。城市首级高程控制网不应低于三等水准，而且应布设成闭合环线。加密网可布设成附合路线、闭合环等，一般不允许布设支水准路线。城市各等级水准测量及图根水准测量的主要技术要求见表 8-4。

表 8-1 城市边角组合网的主要技术要求

等级	测角中误差/(″)	三角形最大闭合差/(″)	平均边长/km	起始边相对中误差	最弱边相对中误差	测回数		
						DJ_1	DJ_2	DJ_6
二等	±1.0	±3.5	9	1/30 万	1/12 万	12		
三等	±1.8	±7.0	5	首级 1/20 万	1/8 万	6	9	
四等	±2.5	±9.0	2	首级 1/12 万	1/4.5 万	4	6	
一级	±5	±15	1	1/4 万	1/2 万		2	6
二级	±10	±30	0.5	1/2 万	1/1 万		1	2

表 8-2 城市电磁波测距导线的主要技术要求

等级	测角中误差/(″)	方位角闭合差/(″)	附合导线长度/km	平均边长/m	测距中误差/mm	全长相对中误差
一级	±5	$\pm10\sqrt{n}$	3.6	300	±15	1/14000
二级	±8	$\pm16\sqrt{n}$	2.4	200	±15	1/10000
三级	±12	$\pm24\sqrt{n}$	1.5	120	±15	1/6000
图根	±30	$\pm40\sqrt{n}$				1/4000

表 8-3 图根电磁波测距导线的主要技术要求

比例尺	附合导线长度/m	平均边长/m	导线相对闭合差	测回数 DJ_6	方位角闭合差/(″)	测距	
						仪器类型	方法与测回数
1∶500	900	80	1/4000	1	$\pm40\sqrt{n}$	Ⅱ级	单程观测 1
1∶1000	1800	150					
1∶2000	3000	250					

表 8-4 城市水准测量及图根水准测量主要技术要求

等级	每公里高差中数中误差/mm	附合路线长度/km	水准仪型号	水准尺	观测次数（附合或环形）	往返较差或环线闭合差/mm	
						平地	山地
二等	±2	400	DS_1	因瓦	往返观测	$\pm4\sqrt{L}$	
三等	±6	45	DS_3	双面		$\pm12\sqrt{L}$	$\pm4\sqrt{n}$
四等	±10	15	DS_3	双面	单程测量	$\pm20\sqrt{L}$	$\pm6\sqrt{n}$
图根	±20	5	DS_{10}			$\pm40\sqrt{L}$	$\pm12\sqrt{n}$

注：L 为水准路线长度，以 km 为单位；n 为测站个数。

五、工程控制网

为工程建设而布设的测量控制网称为工程控制网，按其用途分为测图控制网、施工控制网和变形监测网等，其内容包括平面控制网和高程控制网。直接为测图而建立的控制网称为图根控制网，图根控制网一般应在测区的首级控制网或在上一级控制网的控制下进行控制点加密；为建(构)筑物等工程的施工放样而建立的测量控制网称为施工控制网；为建筑物、构筑物的变形监测而建立的测量控制网称为变形监测网，主要有为沉降监测建立的高程控制网和为位移观测建立的平面控制网。

在小于 $10km^2$ 的范围内建立的控制网，称为小区域控制网。在这个范围内，水准面可视为水平面，采用平面直角坐标系，计算控制点的坐标，不需将测量成果归算到高斯平面上。小区域平面控制网，应尽可能与国家控制网或城市控制网联测，将国家或城市高级控制点坐标作为小区域控制网的起算和校核数据。如果测区内或测区附近无高级控制点，或联测较为困难，也可建立独立平面控制网。

直接用于测绘地形图的控制点称为图根控制点(也称地形控制点)，简称图根点。图根点密度(包括高级点)取决于测图比例尺和地物、地貌的复杂程度。平坦开阔地区常规成图方法图根点的密度可参考表 8-5 的规定；数字化成图图根点的密度可参考表 8-6 的规定；困难地区、山区点数应适当增加。

表 8-5　模拟法测图图根点密度参考表

测图比例尺	1∶500	1∶1000	1∶2000	1∶5000
图根点密度/(点/km^2)	150	50	15	5

表 8-6　数字法测图图根点密度参考表

测图比例尺	1∶500	1∶1000	1∶2000
图根点密度/(点/km^2)	64	16	4

测定图根点的平面位置和高程的工作，称为图根控制测量(也称地形控制测量)。图根平面控制常采用导线测量、前方交会、后方交会、自由设站法、卫星定位技术等方法。图根高程控制常采用水准测量、三角高程测量、GNSS RTK 等方法。

国家制定了一系列相应的控制测量规范，如《国家一、二等水准测量规范》(GB/T 12897—2006)、《国家三、四等水准测量规范》(GB/T 12898—2009)、《城市测量规范》(CJJ/T 8—2011)、《工程测量规范》(GB 50026—2007)及《卫星定位城市测量技术标准》(CJJ/T 73—2019)、全球定位系统实时动态测量(RTK)技术规范(CH/T 2009-2010)等，对各种控制测量的技术要求做了详细的规定。在测量工作中应严格遵守和执行这些规范。

第二节　导 线 测 量

一、导线测量概述

将测区内相邻控制点连成直线而组成的折线，称为导线。这些控制点，称为导线点。导线测量就是依次测定各导线边的长度和各转折角值，根据起算数据，推算各边的坐标方位角，从而求出各导线点的坐标值。

导线测量是建立小地区平面控制网常用的一种方法，特别是地物分布较复杂的建筑工地、视线障碍较多的隐蔽地区、带状地区和地下工程等，多采用导线测量的方法。

按使用的仪器和工具不同，导线可分为经纬仪导线、光电测距导线和全站仪导线三种。用经纬仪测量转折角，用钢尺测定边长的导线，称为经纬仪导线。若用光电测距仪测定导线边长，经纬仪测角，则称为光电测距导线。若用全站仪测量边长和角度，称为全站仪导线。后两种可合称为电磁波测距导线。

按导线的布设形式可分为闭合导线、附合导线、支导线三种形式。

(一)闭合导线

起闭于同一已知点的导线，称为闭合导线。如图 8-4，导线从已知高级控制点 A 和已知方向 AB 出发，经过 C、D、E、F 等点，最后又闭合到起始点 A，形成闭合多边形 。它本身具有严密的几何条件，起到检核作用。

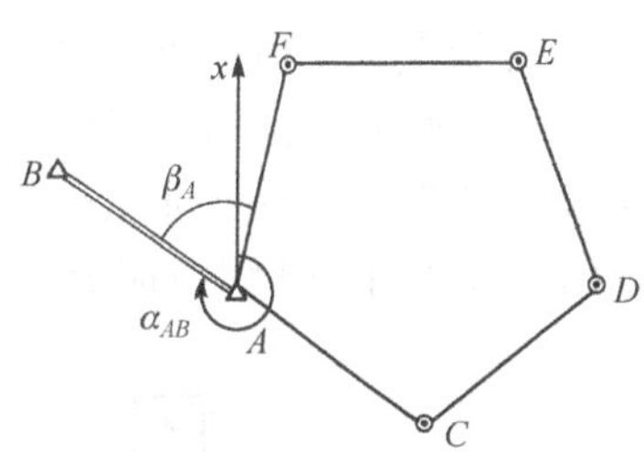

图 8-4　闭合导线示意图

(二)附合导线

布设在两已知点之间的导线，称为附合导线。如图 8-5 所示，导线从高级控制点 A 和已知方向 AB 出发，经过 1、2、3、4 点，最后附合到另一已知高级控制点 C 和已知方向 CD。此种布设形式可以用已知方位角和坐标检核观测成果。

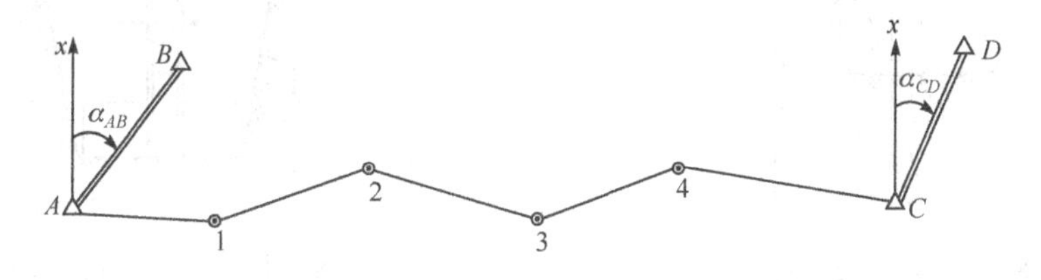

图 8-5　附合导线示意图

(三)支导线

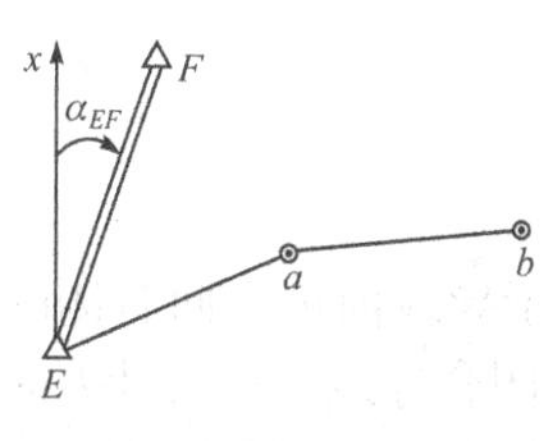

图 8-6　支导线示意图

由一已知点和一已知方向出发，既不附合到另一已知点，又不回到原起始点的导线，称为支导线。如图 8-6 所示，E 为已知点，EF 为已知方向，a、b 为支导线点。由于支导线缺乏检核条件，其边数一般不超过 3 条。

用导线测量方法建立小地区平面控制网，通常分为一级导线、二级导线(必要时可布设三级导线，一般布设两级)和图根导线等几个等级。电磁波测距导线的主要技术要求参见表 8-2 和表 8-3。

二、导线测量的外业工作

导线测量的外业工作包括踏勘选点及建立标志、量边、测角和连测，现分述如下。

(一)踏勘选点及建立标志

选点前应首先调查、搜集测区已有地形图和高一级的控制点成果资料，把控制点展绘在地形图上，然后在地形图上拟定导线的布设方案，最后到野外去踏勘，实地核对、修改、落实点位和建立标志。如果测区没有地形图资料，则需详细踏勘现场，根据已知控制点的分布、测区地形条件及测图和施工需要等具体情况，合理地选定导线点的位置。

实地选点时，应注意下列几点。

(1)相邻导线点之间应通视良好，地势较平坦，便于测角和量距。

(2)点位应选在土质坚实处，便于保存标志和安置仪器。

(3)视野开阔，便于施测碎部。

(4)导线各边的长度应大致相等，除特殊情形外，应不大于 350m，也不宜小于 50m，平均边长参见表 8-2 和表 8-3。

(5)导线点应有足够的密度(见表 8-5 和表 8-6)，分布较均匀，便于控制整个测区。

导线点选定后，要在每一点位上打一个大木桩，其周围浇灌混凝土(图 8-7)，桩顶钉一小钉，作为临时性标志。若导线点需要保存的时间较长，需埋设混凝土桩(如图 8-8)或石桩，桩顶刻“十”字，作为永久性标志。导线点应统一编号，为了便于寻找，应量出导线点与附近固定而明显的地物点的距离，绘出草图，注明尺寸，如图 8-9，该图称为点之记。

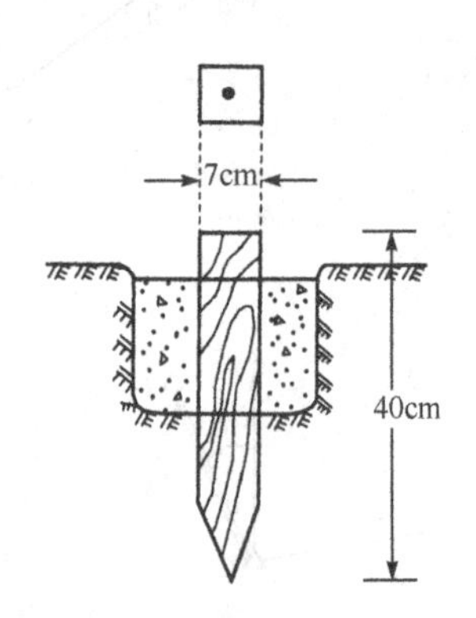

图 8-7　木桩埋设示意图

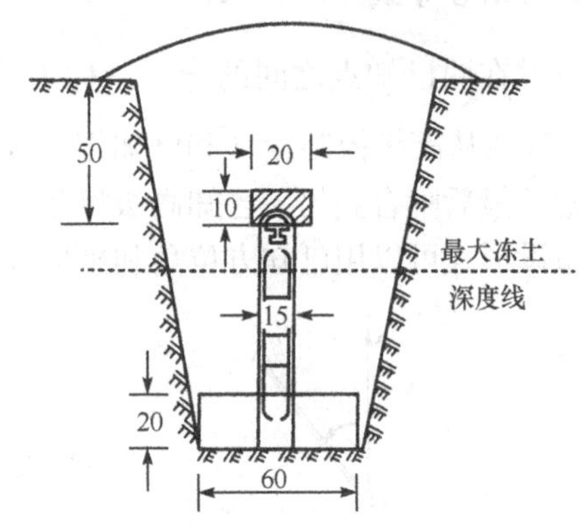

图 8-8　永久性导线点标志(单位：cm)

(二)量边

导线的边长可用电磁波测距仪测量，亦可用全站仪在测取导线转折角的同时测取导线边的边长。电磁波测距仪测量的通常是斜距，还要测竖直角。

(三)测角

用测回法施测导线左角(位于导线前进方向左侧的角)或右角(位于导线前进方向右侧的角)。一般在附合导线中，测量导线左角，在闭合导线中均测内角。若闭合导线按逆时针方向编号，则其左角就是内角。不同等级的导线的测角要求已列入表 8-2 及表 8-3。图根导线，一般用 DJ_6 级光学经纬仪测一个测回。若盘左、盘右测得角值的较差不超过 36″，则取其平均值。

测角时，为了便于瞄准，可在已埋设的标志上用三根竹竿吊一个大垂球(图 8-10)，或用测钎、觇牌作为照准标志。

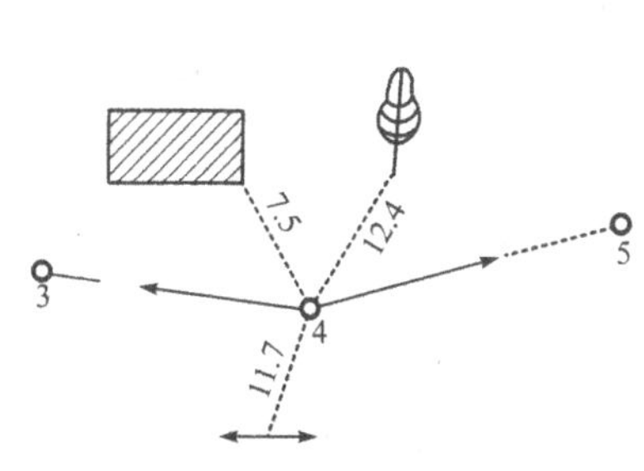

图 8-9　点之记示意图

图 8-10　照准标志示意图

(四)连测

如图 8-11 所示，导线与高级控制点连接，必须观测连接角 β_A、β_1 和连接边 D_{A1}，作为传递坐标方位角和坐标之用。如果附近无高级控制点，则应用罗盘仪施测导线起始边的磁方位角，并假定起始点的坐标作为起算数据。

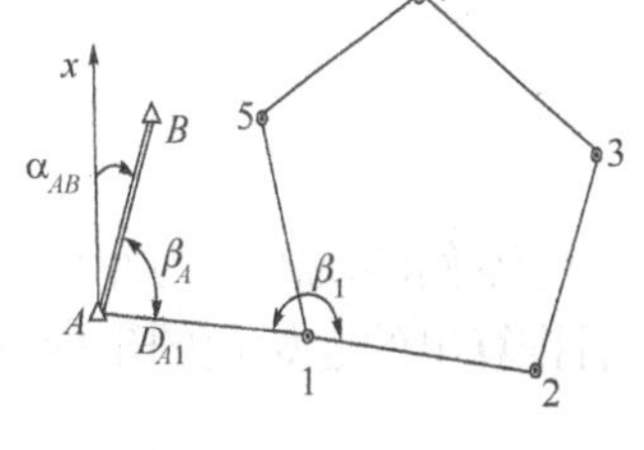

图 8-11　导线连测示意图

参照第四、五章角度和距离测量的记录格式，做好导线测量的外业记录，并要妥善保存，以供内业计算使用。

三、导线测量的内业计算

导线测量内业计算的目的就是计算各导线点的坐标。计算之前，应全面检查导线测量外业记录，数据是否齐全，有无记错、算错，成果是否符合规范要求，起算数据是否准确。然后绘制导线略图，把各项数据注于图上相应位置，如表 8-7 中简略图所示。

内业计算中数字的取位：对于四等以下的小三角及导线，角值取至秒，边长及坐标取至毫米(mm)。对于图根三角锁及图根导线，角值取至秒，边长和坐标取至厘米(cm)。

(一)闭合导线坐标计算

【例 8-1】　现以表 8-7 及其附图的实测数据为例，说明闭合导线坐标计算的步骤。

1. 准备工作

将校核过的外业观测数据及起算数据填入“闭合导线坐标计算表”(表 8-7)中，起算数据用双线标注。

2. 角度闭合差的计算与调整

n 边形闭合导线内角和的理论值为

$$\sum\beta_{理}=(n-2)180° \tag{8-1}$$

由于观测角不可避免地包含有测量误差，致使实测的内角之和 $\sum\beta_{测}$ 不等于理论值 [$(n-2)180$]，从而产生角度闭合差 f_β:

$$f_\beta = \sum \beta_{测} - \sum \beta_{理} \tag{8-2}$$

各级导线角度闭合差的允许值$f_{\beta允}$，见表 8-2、表 8-3。若$f_\beta > f_{\beta允}$，则说明所测角度不符合要求，应重新检测导线各转折角观测值是否正确。若 $f_\beta \leqslant f_{\beta允}$，则需进行角度闭合差的调整。由于各转折角是等精度观测的，可按“闭合差反符号平均分配”的原则，计算各角改正数 v_i:

$$v_i = -f_\beta / n \tag{8-3}$$

然后将 v_i 加至各观测角上，求出改正后的角值。

$$\hat{\beta}_i = \beta_i + v_i \tag{8-4}$$

角度改正数和改正后的角值计算见表 8-7 第 3、4 栏。

改正后之内角和应为$(n-2)180°$，本例为 360°，以作计算校核。

3. 用改正后的导线左角或右角推算各边的坐标方位角

根据起始边的已知坐标方位角及改正后角值，按下列公式推算其他各导线边的坐标方位角：

$$\alpha_{前} = \alpha_{后} + \hat{\beta}_{左} \pm 180° \quad （适用于测左角） \tag{8-5}$$

$$\alpha_{前} = \alpha_{后} - \hat{\beta}_{右} \pm 180° \quad （适用于测右角） \tag{8-6}$$

本例的观测角为左角，按式(8-5)推算各导线边的坐标方位角，列入表 8-7 的第 5 栏。最后推算出的起始边的坐标方位角应与原已知坐标方位角值相等，否则应重新检查计算。

4. 坐标增量的计算及其闭合差的调整

1)坐标增量的计算

如表 8-7 中略图，设点 1 的坐标 x_1、y_1 和 1→2 边的坐标方位角 α_{12} 均为已知，边长 D_{12} 也已测得，则点 2 的坐标为

$$\begin{cases} x_2 = x_1 + \Delta x_{12} \\ y_2 = y_1 + \Delta y_{12} \end{cases} \tag{8-7}$$

式中，Δx_{12}、Δy_{12} 称为坐标增量，也就是直线两端点的坐标值之差。

可见，欲求待定点的坐标，必须先求出坐标增量。根据第二章第五节坐标正算中的式(2-11)，可知 1、2 两点之间的坐标增量计算公式为

$$\begin{cases} \Delta x_{12} = D_{12} \cos \alpha_{12} \\ \Delta y_{12} = D_{12} \sin \alpha_{12} \end{cases} \tag{8-8}$$

式中，Δx 及Δy 的正负号由 $\cos\alpha$ 及 $\sin\alpha$ 的正负号决定(参见第二章第五节)。

本例按式(8-8)所算得的坐标增量，填入表 8-7 的第 7、8 两栏中。

2)坐标增量闭合差的计算与调整

从图 8-12 中可以看出，闭合导线纵、横坐标增量代数和的理论值应为零，即

$$\begin{cases} \sum \Delta x_{理} = 0 \\ \sum \Delta y_{理} = 0 \end{cases} \tag{8-9}$$

表 8-7　闭合导线坐标计算表(使用计算器计算)

点号	观测角 (° ′ ″)	改正数/(″)	改正角 (° ′ ″)	坐标方位角 (° ′ ″)	距离/m	坐标增量计算值 Δx/m	坐标增量计算值 Δy/m	改正后坐标增量 Δx/m	改正后坐标增量 Δy/m	坐标值 x/m	坐标值 y/m	点号
1	2	3	4=2+3	5	6	7	8	9	10	11	12	13
1										<u>500.00</u>	<u>500.00</u>	1
				<u>125 30 00</u>	105.22	−2 −61.10	+1 +85.66	−61.12	+85.67			
2	107 48 30	+13	107 48 43							438.88	585.68	2
				53 18 43	80.18	−2 +47.90	+1 +64.30	+47.88	+64.31			
3	73 00 20	+12	73 00 32							486.76	650.00	3
				306 19 15	129.31	−2 +76.59	+2 −104.19	+76.57	−104.17			
4	89 33 50	+12	89 34 02							563.33	545.81	4
				215 53 17	78.16	−1 −63.32	+1 −45.82	−63.33	−45.81			
1	89 36 30	+13	89 36 43							500.00	500.00	1
				125 30 00								
2												
总和	359 59 10	+50	360 00 00		392.87	+0.07	−0.05	0.00	0.00			

辅助计算：

$f_\beta = \sum\beta_{测} - (n-2)180° = -50''$　　$f_x = \sum\Delta x_{测} = +0.07$　　$f_y = \sum\Delta y_{测} = -0.05$

$f_{\beta容} = \pm 40''\sqrt{4} = \pm 80''$　　$f_D = \sqrt{f_x^2 + f_y^2} = \pm 0.09$　　$K = \dfrac{0.09}{392.87} = \dfrac{1}{4300}$

$K_{容} = \dfrac{1}{4000}$

其实，由于量边的误差和角度闭合差调整后的残余误差，往往使$\sum \Delta x_{测}$、$\sum \Delta y_{测}$不等于零，从而产生纵坐标增量闭合差f_x与横坐标增量闭合差f_y：

$$\begin{cases} f_x = \sum \Delta x_{测} \\ f_y = \sum \Delta y_{测} \end{cases} \tag{8-10}$$

从图 8-13 中可以明显看出，由于f_x、f_y的存在，导线不能闭合，1 到 1′ 的长度f称为导线全长闭合差，并用式(7-11)计算：

$$f_D = \sqrt{f_x^2 + f_y^2} \tag{8-11}$$

仅从f_D值的大小还不能显示导线测量的精度，应将f_D与导线全长$\sum D$相比，以分子为 1 的分数形式来表示导线全长相对闭合差，即

$$K = \frac{f_D}{\sum D} = \frac{1}{\sum D / f_D} \tag{8-12}$$

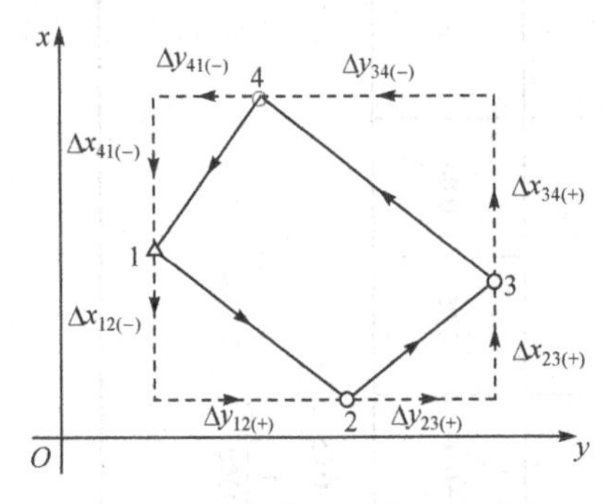

图 8-12　坐标增量闭合差示意图

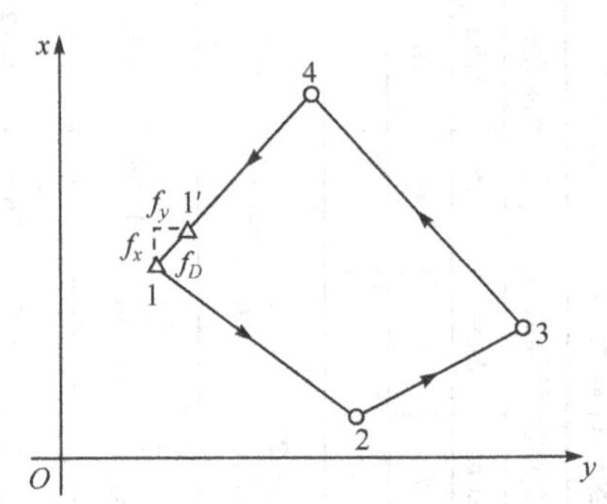

图 8-13　导线全长闭合差示意图

以导线全长相对闭合差 K 来衡量导线测量的精度，K 的分母越大，精度越高。不同等级的导线全长相对闭合差的允许值 $K_{允}$，已列入表 8-2、表 8-3。若 K 超过 $K_{允}$，则说明成果不合格，首先应检查内业计算有无错误，然后检查外业观测成果，必要时重测。若 K 不超过 $K_{允}$，则说明符合精度要求，可以进行调整。即将 f_x、f_y 反其符号按与边长成正比的关系分配到各边的纵、横坐标增量中去。以$v_{\Delta x_{ij}}$、$v_{\Delta y_{ij}}$分别表示第 i 点到第 j 点边的纵、横坐标增量改正数，即

$$\begin{cases} v_{\Delta x_{ij}} = -\dfrac{f_x}{\sum D} D_{ij} \\ v_{\Delta y_{ij}} = -\dfrac{f_y}{\sum D} D_{ij} \end{cases} \tag{8-13}$$

纵、横坐标增量改正数之和应满足式(8-14)：

$$\begin{cases} \sum v_{\Delta x} = -f_x \\ \sum v_{\Delta y} = -f_y \end{cases} \tag{8-14}$$

算出的各坐标增量改正数(取位到 cm)填入表 8-7 中的 7、8 两栏相应坐标增量计算值的右上方(如−2、+2 等)。

各边增量值加改正数，即得各边的改正后增量：

$$\begin{cases}\Delta\hat{x}_{ij}=\Delta x_{ij}+v_{\Delta x_{ij}}\\ \Delta\hat{y}_{ij}=\Delta y_{ij}+v_{\Delta y_{ij}}\end{cases} \tag{8-15}$$

计算在表 8-7 中的 9、10 两栏中进行。改正后纵、横坐标增量之代数和应分别为零，以作计算校核。

5. 计算各导线点的坐标

根据起点 1 的已知坐标（本例为假定值：x_1=500.00m，y_1=500.00m）及改正后的各坐标增量，用式（8-16）依次推算 2、3、4 各点的坐标：

$$\begin{cases}x_j=x_i+\Delta\hat{x}_{ij}\\ y_j=y_i+\Delta\hat{y}_{ij}\end{cases} \tag{8-16}$$

式中，i、j 为相邻导线点。

算得的坐标值填入表 8-7 中的 11、12 两栏。最后还应推算起点 1 的坐标，其值应与原坐标值相等，以作校核。

（二）附合导线坐标计算

附合导线的坐标计算步骤与闭合导线基本相同，仅因为两者形式不同，致使角度闭合差与坐标增量闭合差的计算稍有区别。下面以表 8-8 及附图为例着重介绍其不同点。

【例 8-2】 现以表 8-8 及附图为例着重介绍附合导线坐标计算步骤。

1. 角度闭合差的计算

设一附合导线，如表 8-8 之附图，用式（8-5）根据起始边已知坐标方位角 α_{BA} 及观测的左角（包括连接角 β_A 和 β_C）可以依次推算出 A-1，1-2，2-3，3-4，4-C，直至终边 CD 的坐标方位角 α'_{CD}（即 $\alpha'_{终}$），其与终边的已知方位角 α_{CD}（即 $\alpha_{终}$）的差值即附合导线的角度闭合差。角度闭合差 f_β 的计算公式为

$$f_\beta=\alpha'_{终}-\alpha_{终} \tag{8-17}$$

角度闭合差 f_β 的允许值和调整原则与闭合导线相同。

2. 坐标增量闭合差的计算

根据附合导线的图形，各边坐标增量代数和的理论值应等于终、始两点的已知坐标值之差，即

$$\begin{cases}\sum\Delta x_{理}=x_{终}-x_{始}\\ \sum\Delta y_{理}=y_{终}-y_{始}\end{cases} \tag{8-18}$$

按式（8-8）计算各相邻点间的 Δx 和 Δy，则纵、横坐标增量闭合差按式（8-19）计算：

$$\begin{cases}f_x=\sum\Delta x_{测}-(x_{终}-x_{始})\\ f_y=\sum\Delta y_{测}-(y_{终}-y_{始})\end{cases} \tag{8-19}$$

附合导线的导线全长闭合差、全长相对闭合差和容许相对闭合差的计算及增量闭合差的调整，均与闭合导线完全相同，在此不再赘述。附合导线坐标计算【例 8-2】见表 8-8（使用计算器计算）。

表 8-8 附合导线坐标计算表

点号	观测角 (° ′ ″)	改正数/(″)	改正角 (° ′ ″)	坐标方位角 (° ′ ″)	距离/m	增量计算值 Δx/m	增量计算值 Δy/m	改正后坐标增量 Δx/m	改正后坐标增量 Δy/m	坐标值 x/m	坐标值 y/m	点号
1	2	3	4 =2 +3	5	6	7	8	9	10	11	12	13
B												B
				237 59 30								
A	99 01 00	+6	99 01 06							2507.69	1215.63	A
				157 00 36	225.85	+4 −207.91	−4 +88.21	−207.87	+88.17			
1	167 45 36	+6	167 45 42							2299.82	1303.80	1
				144 46 18	139.03	+2 −113.57	−2 +80.20	−113.55	+80.18			
2	123 11 24	+6	123 11 30							2 186.27	1 383.98	2
				87 57 48	172.57	+3 +6.13	−3 +172.46	+6.16	+172.43			
3	189 20 36	+6	18920 42							2192.43	1556.41	3
				97 18 30	100.07	+2 −12.73	−1 +99.26	−12.71	+99.25			
4	179 59 18	+6	179 59 24							2179.72	1655.66	4
				97 17 54	102.48	+2 −13.02	−2 +101.65	−13.00	+101.63			
C	129 27 24	+6	129 27 30							2166.72	1757.29	C
				46 45 24								
D												
总和	888 45 18	+36	888 45 54		740.00	−341.10	+541.78	−340.97	+541.66			

辅助计算：

$f_\beta = \alpha'_{CD} - \alpha_{CD} = 46°44'48'' - 46°45'24'' = -36''$

$f_{\beta容} = \pm 40''\sqrt{6} = \pm 97''$

$f_x = \sum \Delta x_{测} - (x_C - x_A) = -0.13\text{m}$　　$f_y = \sum \Delta y_{测} - (y_C - y_A) = +0.12\text{m}$

$f = \sqrt{f_x^2 + f_y^2} \approx \pm 0.18\text{m}$　　$K = \dfrac{0.18}{740.00} = \dfrac{1}{4100}$　　$K_{容} = \dfrac{1}{4000}$

(三)支导线坐标计算

如图 8-6 所示，支导线 $E \rightarrow a \rightarrow b$ 中，E 为已知点，EF 为已知方向，观测值是连接角、转折角和边长，它既不闭合也不附合到已知点上，没有检核条件(无多余观测)，所以支导线的边数一般不超过 3 条。支导线边的方位角推算、坐标增量及坐标值计算和闭合导线、附合导线相同，不再重复。

(四)利用 Excel 软件计算导线

导线的方位角、坐标增量和坐标的计算都是按导线边依次计算，称为递推计算方式，简称推算。因此，在表格中进行导线计算是较为直观而方便的，尤其是利用 Office 的 Excel 软件，将导线计算的公式纳入设计的表格之中，利用 Excel 的各种“函数”和“拖曳”(递推)等功能，即可达到自动连续推算的目的。不同的导线形式，其计算程序也稍有不同，据此设计各种导线的 Excel 表格，用以计算支导线、闭合导线和各种附合导线。支导线可以直接推算方位角、坐标增量和坐标，而闭合导线和附合导线还需要进行各种闭合差的调整，才能推算方位角、坐标增量和坐标。

Excel 的表格以 A,B,C,⋯为列号，以 1,2,3,⋯为行号。每一单元格以“列号和行号”命名，如 A3、B2 等。根据计算的需要及表达的清晰，可以合并一些单元格和添加表格的边框和内框；为了简化显示和打印输出，可以“隐藏”某些计算过程的行或列。设计计算支导线的 Excel 表格的屏幕显示如图 8-14 所示，表中数例为支导线 D-C-T1-T2-T3，导线的转折角为右角。

支导线坐标计算表

点号	转折角			转折角弧度	方位角弧度推算	方位角			边长	坐标增量		坐标		点号
	°	′	″			°	′	″		ΔX	ΔY	X	Y	
D														D
					3.6610366	209	45	43						
C	143	33	12	2.505478319								282.291	744.32	C
					4.2971509	246	12	31	127.747	-51.534	-116.891			
T1	284	19	39	4.962451029								230.757	627.429	T1
					2.4762926	141	52	52	128.096	-100.777	79.073			
T2	210	40	15	3.67689968								129.98	706.502	T2
					1.9409855	111	12	37	126.614	-45.808	118.037			
T3												84.172	824.539	T3

图 8-14　支导线计算表的 Excel 屏幕

每一单元格中可以写入一个计算式，并能以“拖曳”方式使在该单元格的同一列中具有同样的计算式，仅变量的下标随行号而变，实际上就是递推计算的功能。计算式中可以利用 Excel 的“粘贴函数”(快捷键为“fx”)。对于导线计算，有用的函数为：INT(取整)，RADIANS(角度化弧度)，DEGREES(弧度化 360°制的度)，SIN(正弦)，COS(余弦)，PI()，IF(条件)，ROUND(小数取位)等。

算例：用以上支导线计算为例。

在 E6 单元格中，为了将以 360°制的度、分、秒表示的转折角化为弧度，写入：

```
=RADIANS(B6+C6/60+D6/3600)
```

在 F7 单元格中，按右角推算方位角，写入：

```
=F4+PI-E6
```

在 G7 单元格中，为了使算得的方位角不大于 2π，不小于 0，写入：

```
=IF(F7>2*PI(),F7-2*PI(),IF(F7<0,F7+2*PI(),F7))
```

G 列在图 8-14 的表格中已作隐藏处理，它实际存在，但在图中看不到它。

在 H7，I7，J7 单元格中，为了将推算而得方位角的弧度化为以 360°制的度、分、秒表示，分别写入：

```
=INT(DEGREES(G7))
=INT((DEGREES(G7)-H7)*60)
=INT((DEGREES(G7)*60-H7*60-I7)*60)
```

在 M7，N7 单元格中计算坐标增量，并使取 3 位小数，分别写入：

```
=ROUND(L7*COS(F7), 3)
=ROUND(L7*SIN(F7), 3)
```

在 O8,P8 单元格中计算各点坐标，分别写入：

```
=X6+M7
=Y6+N7
```

完成单元格的公式写入，经过鼠标按住已输入计算公式的单元格的右下角，并向下“拖曳”后，该 Excel 表格就具有递推计算支导线的功能。应用时只需在表格中输入导线点号、起始点坐标和起始方位角、观测的导线右角和边长，即能自动完成待定点的坐标计算，其结果如表 8-9 所示。其中，在相关单元格中，输入导线的已知数据和观测数据，其余均为自动完成计算的数据。

表 8-9　支导线坐标计算表

点号	转折角(右)			方位角			边长/m	坐标增量		坐标		点号
	(°)	(′)	(″)	(°)	(′)	(″)		ΔX/m	ΔY/m	X/m	Y/m	
D												*D*
				209	45	43						
C	143	33	12							282.291	744.32	*C*
				246	12	31	127.747	−51.534	−116.891			
*T*1	284	19	39							230.757	627.429	*T*1
				141	52	52	128.096	−100.777	79.073			
*T*2	210	40	15							129.980	706.502	*T*2
				111	12	37	126.614	−45.808	118.037			
*T*3										84.172	824.539	*T*3

(五)导线计算的表格

导线计算表格的设计，无论是用Excel进行计算还是用计算器进行手工计算，都按照导线计算的程序，因此基本上是相同的。唯一的不同是用Excel计算时，角度的加减和三角函数的运算必须以弧度为单位，因此需要进行角度与弧度的换算，如图8-14中的E列和F列所示。而用计算器时，角度可以直接用360°制的度、分、秒进行运算。利用Excel的隐藏某些行或列的功能，可以使其在屏幕上不显示或输出时不打印，而其计算功能则仍然保留。按照上述类似的方法可以设计用于闭合导线坐标计算、附合导线坐标计算。

(六)可编程序计算器的导线计算程序设计

具有大储存容量的可编程序计算器可以用于编制导线计算的程序，例如CASIOfx-5800P计算器在程序区域中可储存28500字节的计算器语言和数据。由于计算器携带方便，尤其适合于在测量现场进行导线等计算。

四、查找导线测量错误的方法

在外业结束时，发现角度闭合差超限，如果仅仅测错一个角度，则可用以下方法查找测错的角度。

1. 闭合导线

可按边长和角度，用一定的比例尺绘出导线图，如图8-15所示，并在全长闭合差1-1′的中点作垂线。如果垂线通过或接近通过某导线点(如点2)，则该点发生错误的可能性最大。

2. 附合导线

先将两个端点展绘在图上，则分别自导线的两个端点B、M按边长和角度绘出两条导线，如图8-16所示，在两条导线的交点(如点3)处发生测角错误的可能性最大。如果误差较小，用图解法难以显示角度测错的点位，则可从导线的两端开始，分别计算各点的坐标，若某点的两个坐标值相近，则该点就是测错角度的导线点。

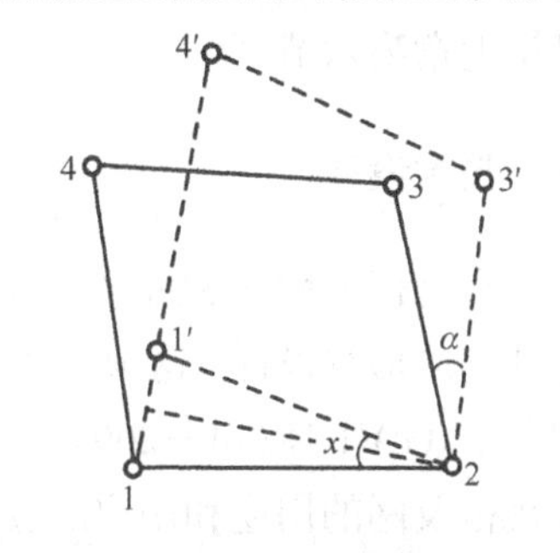

图8-15　闭合导线角度测错示意图

内业计算过程中，在角度闭合差符合要求的情况下，发现导线相对闭合差超限太大，则可能是边长测错，可先按边长和角度绘出导线图，如图8-16，然后找出与闭合差1-1′平行或大致平行的导线边(如2-3导线边)，则该边发生错误的可能性最大。还可用式(8-20)计算闭合差1-1′的坐标方位角α'_{1-1}：

$$\alpha'_{1-1}=\arctan(f_y/f_x) \tag{8-20}$$

如果某一导线边的坐标方位角与α'_{1-1}很接近，则该导线边量距发生错误的可能性最大，如图8-17中的2-3边。

上述查找测错边长的方法，也仅仅对只有一条边长测错，而其他边、角均未测错时方为有效。

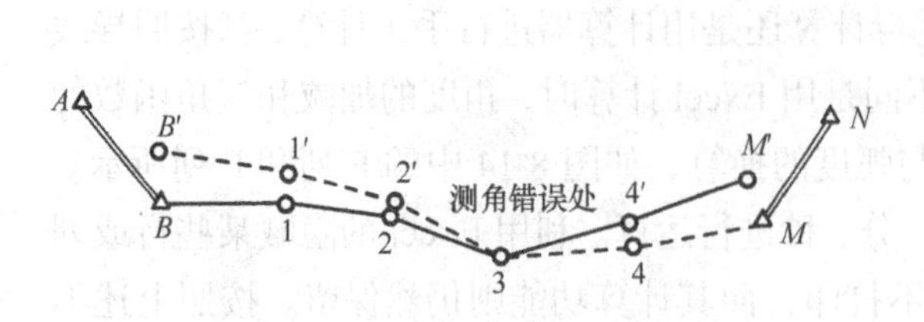

图 8-16　查找附合导线测错的角度

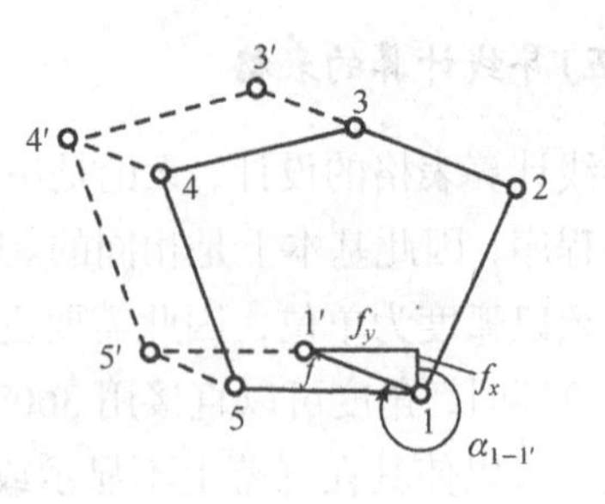

图 8-17　查找量边错误

第三节　GNSS 控制测量

目前，GNSS 定位技术已经被广泛应用于建立各种级别、不同用途的 GNSS 控制网。较之于常规方法，GNSS 在布设控制网方面具有测量精度高、选点灵活、费用低、可全天候作业、观测与数据处理全自动化等。GNSS 等级控制测量包含静态测量和 RTK 动态测量，低等级和图根控制可采用 RTK 动态测量方法。本节主要介绍静态测量实施的工作程序，RTK 动态测量详见第七章第七节及相关规范。

静态相对定位工作主要包括 GNSS 外业观测和数据处理。GNSS 测量的外业工作主要包括选点、建立观测标志、野外观测及成果质量检核等；内业工作主要包括 GNSS 测量的技术设计、测后数据处理及技术总结等。如果按照 GNSS 测量实施的工作程序，则可分为技术设计、选点与建立标志、外业观测、成果检核与数据处理等阶段。其中外业观测与处理部分内容详见第七章第六节。

一、技术设计

在进行 GNSS 测量时，必须先进行 GNSS 网的技术设计，其主要内容包括精度指标的确定和网的形状设计，这项工作应根据国家标准化管理委员会颁发的《全球定位系统（GPS）测量规范》（GB/T 18314—2009）、建设部颁发的《卫星定位城市测量技术标准》（CJJ/T 73—2019）等规范及网的用途和用户的要求来进行。

（一）GNSS 测量的精度指标

GNSS 规范和规程中对 GPS 测量的等级进行了划分，不同等级的 GPS 有不同的精度和密度指标，适合于不同的用途。网中相邻点之间的距离误差 m_D 可用下式表示。

$$m_D = \sqrt{a^2 + \left(b \times D\right)^2} \tag{8-21}$$

式中，D 为相邻点间的距离，km；a 为常量误差（或称固定误差），mm；b 为比例误差，mm/km（1ppm=1mm/1km=1×10^{-6}）。

我国国家基本 GPS 控制网及工程控制网的精度指标如表 8-10、表 8-11 所示。

表 8-10　国家基本 GNSS 控制网精度指标

级别	主要用途	水平分量/mm	垂直分量/mm	相邻点间平均距离/km
B	用于建立国家二等大地控制网，建立地方或城市坐标基准框架、区域性的地球动力学研究、地壳形变测量、局部变形监测和各种精密工程测量等 GNSS 测量	5	10	50
C	用于建立三等大地控制网，以及区域、城市及工程测量的基本控制网等的 GNSS 测量	10	20	20
D	用于建立四等大地控制网的 GNSS 测量	20	40	5
E	用于建立中小城市、城镇及测图、地籍、土地信息、房产、物探、勘测、建筑施工等的控制测量等 GNSS 测量	20	40	3

表 8-11　城市及工程 GNSS 控制网精度指标

等级	平均距离/km	a/mm	b/ppm	最弱边相对中误差
二	9	≤5	≤2	1/12 万
三	5	≤5	≤2	1/8 万
四	2	≤10	≤5	1/4.5 万
一级	1	≤10	≤5	1/2 万
二级	<1	≤15	≤5	1/1 万

（二）网形设计

GNSS 网的布设十分灵活方便，可根据用户要求和测区交通状况确定具体方案，可分级布设，也可越级布设或布设成全面网。对点位图形结构没有苛刻限制，对点位间是否通视也没有严格要求。

GNSS 网的图形设计就是根据规范和用户要求，确定具体布网观测方案，其核心是如何高质量、低成本地完成既定的测量任务。通常在进行 GNSS 网设计时，必须顾及测站选址、卫星选择、仪器装备与后勤交通保障等因素。当网点位置、接收机数量确定以后，GNSS 网的设计就主要体现在观测时间的确定及各点设站观测的次数等方面。

GNSS 网应由一个或若干个独立观测环构成，以增加检核条件，提高网的可靠性，也可采用附合路线形式。各个同步观测环之间可以按点连式、边连式、网连式及混连式等基本构网，并有机连接成一体。现以采用四台接收机为例，建立一个由 17 个点组成的 GNSS 网，其布网形式及说明列于表 8-12。其中表中的边连式，各同步图形间之间的连接为一条公共基线，该方案几何强度较高，有较多的复测边和非同步环图形闭合条件。

表 8-12　GNSS 网形设计示例

构网方式	点连式	边连式	网连式
网形	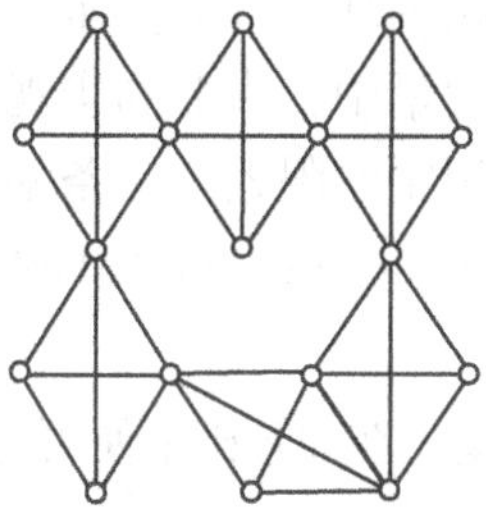	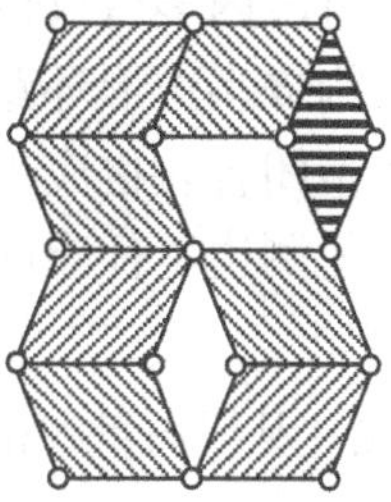	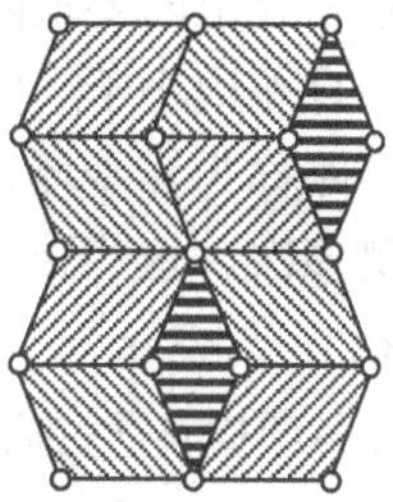

续表

构网方式	点连式	边连式	网连式
说明	有6个同步四边形，有1个非同步闭合条件，1条复测边	有8个同步四边形，有2个非同步闭合条件，有6条复测边	有10个同步四边形，有14条复测边

GNSS网应与附近的国家高等级控制点联测，联测点数一般不应少于3个。为了求定GNSS点的正常高，还应进行水准测量联测，一般地区每 20～30km^2 联测一个几何水准点，平原地区可少些，山区应多些，且分布均匀。

二、选点与建立标志

由于 GNSS 测量观测站之间不要求通视，而且网形结构灵活，选点工作远较常规大地测量简便，并且省去了建立高标的费用，降低了成本。但 GNSS 测量又有其自身的特点，因此选点时，应满足以下要求：点位应选在交通方便、易于安置接收设备的地方，且视野要开阔，以便于同常规测量控制网的联测；GNSS点应避开对电磁波接收有强烈吸收、反射等干扰影响的金属和其他障碍物体，如高压线、电台、电视台、高层建筑、大范围水面等。点位选定后，应按要求埋置标石，以便长期保存。最后，应绘制点之记、测站环视图和 GNSS 网选点图，作为提交的选点技术资料。

三、外业观测

外业观测是指利用 GNSS 接收机采集来自 GNSS 卫星的电磁波信号，其工作内容包括天线安置、开机观测和观测记录。外业观测必须严格按照技术设计时所拟定的观测计划实施，并且做好各观测站的配合协调工作；同时，在外业观测之前，还必须对所选定的接收设备进行严格的检验，才能保证测量精度和提高工作效率。

天线的妥善安置是实现精密定位的重要条件之一，其具体内容包括对中、整平、定向并量取天线高。

四、成果检核与数据处理

1. 观测数据预处理

对于 2 台及 2 台以上接收机同步观测值进行独立基线向量(坐标差)的平差计算，称基线向量解算，也称观测数据预处理。

2. 观测成果检核

根据规范的要求限差，同一时段内多台仪器组成的闭合环，称为同步环，各坐标增量分量的闭合差应小于一定数值。在构成多边形环路和基线向量中，由非同步观测基线组成的多边形环路称为异步环，其坐标增量闭合差也应小于规范规定的限差。一条基线在不同时段重复观测多次，这些独立基线称为复测边。任意两个时段所得基线差应小于该等级规定精度的 $2\sqrt{2}$ 倍。

在各项检查通过后，得到各独立基线向量和相应的精度，在此基础上便可进行网平差计算。

3. GNSS 网无约束平差

在地心坐标 WGS-84 中，以一个点的三维坐标作为起算值进行网的整体无约束平差。平差结果提供各控制点在 WGS-84 中的三维坐标，以及基线边长和相应的精度信息。其平差后基线向量改正数的绝对值应满足规范的要求。

4. GNSS 网的约束平差

为了建立国家或城市、工矿等统一的坐标系统，GNSS 网应与国家或城市等已有的控制点进行联测，将原有高级点的已知坐标(或已知距离、已知坐标方位角)作为强制约束条件，进行 GNSS 网的二维或三维约束平差。平差结果应是在国家坐标系或城市、工矿地方坐标系中的三维或二维坐标值。

GNSS 测量工作结束后，应按规范要求编写技术总结报告。

第四节　交会定点测量

交会定点是加密控制点的一种方法，适用于少量控制点的加密。交会定点包括前方交会、侧方交会、后方交会、边长交会与自由设站法等，现分述如下。

一、测角前方交会

如图 8-18(a)所示，已知 A、B 两点的坐标，分别在 A、B 点观测 α、β 角，则根据已知点坐标和观测角值可求得待定点 P 的坐标，这就是前方交会。

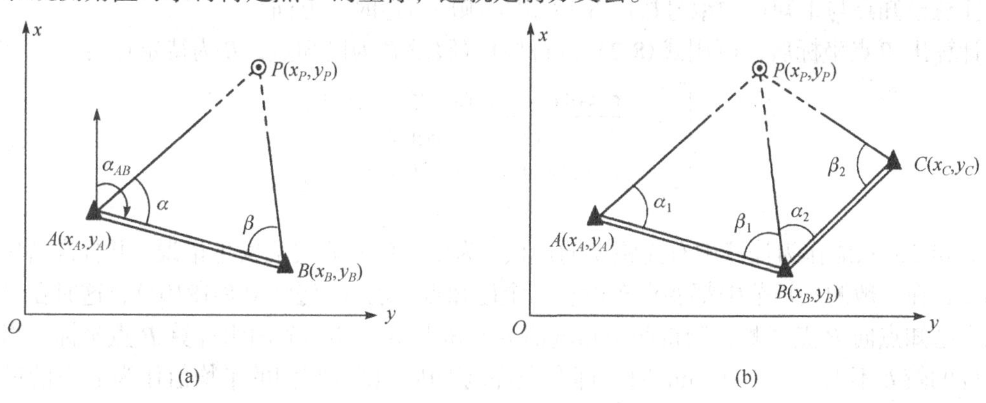

图 8-18　测角前方交会示意图

按坐标正算公式(2-12)，即

$$x_P=x_A+D_{AP}\cos\alpha_{AP}$$
$$y_P=y_A+D_{AP}\sin\alpha_{AP}$$

由图 8-18(a)可知，$\alpha_{AP}=\alpha_{AB}-\alpha$，代入可得

$$x_P=x_A+D_{AP}\cos(\alpha_{AB}-\alpha)=x_A+D_{AP}(\cos\alpha_{AB}\cos\alpha+\sin\alpha_{AB}\sin\alpha)$$
$$y_P=y_A+D_{AP}\sin(\alpha_{AB}-\alpha)=y_A+D_{AP}(\sin\alpha_{AB}\cos\alpha-\cos\alpha_{AB}\sin\alpha)$$

或

$$
\begin{cases}
x_P = x_A + \dfrac{D_{AP}}{D_{AB}}[(x_B - x_A)\cos\alpha + (y_B - y_A)\sin\alpha] \\
\quad = x_A + \dfrac{D_{AP}\sin\alpha}{D_{AB}}[(x_B - x_A)\cot\alpha + (y_B - y_A)] \\
y_P = y_A + \dfrac{D_{AP}}{D_{AB}}[(y_B - y_A)\cos\alpha - (x_B - x_A)\sin\alpha] \\
\quad = y_A + \dfrac{D_{AP}\sin\alpha}{D_{AB}}[(y_B - y_A)\cot\alpha - (x_B - x_A)]
\end{cases}
\tag{8-22}
$$

根据正弦定理可得

$$
\frac{D_{AP}}{D_{AB}} = \frac{\sin\beta}{\sin P} = \frac{\sin\beta}{\sin(\alpha+\beta)} = \frac{\sin\beta}{\sin\alpha\cos\beta + \cos\alpha\sin\beta}
$$

则

$$
\frac{D_{AP}\sin\alpha}{D_{AB}} = \frac{\sin\alpha\sin\beta}{\sin\alpha\cos\beta + \cos\alpha\sin\beta} = \frac{1}{\cot\alpha + \cot\beta}
\tag{8-23}
$$

将式(8-23)代入式(8-22)，经整理可得

$$
\begin{cases}
x_P = \dfrac{x_A\cot\beta + x_B\cot\alpha - y_A + y_B}{\cot\alpha + \cot\beta} \\
y_P = \dfrac{y_A\cot\beta + y_B\cot\alpha + x_A - x_B}{\cot\alpha + \cot\beta}
\end{cases}
\tag{8-24}
$$

式(8-24)中，除已知点的坐标外，还有观测角的余切函数，故称为余切公式。应用此公式时应注意已知点与未知点的编号按图 8-18(a)的顺序（逆时针方向）。

计算出 P 点坐标后，可用式(8-25)进行检核(假设 P 为已知点，B 为待定点)：

$$
\begin{cases}
x_B = \dfrac{x_P\cot\alpha + x_A\cot\angle P - y_P + y_A}{\cot\angle P + \cot\alpha} \\
y_P = \dfrac{y_P\cot\alpha + y_A\cot\angle P + x_P - x_A}{\cot\angle P + \cot\alpha}
\end{cases}
\tag{8-25}
$$

式(8-25)只能作为计算中有无错误的校核。为了避免外业观测发生错误，并提高待定点 P 的精度，在一般测量规范中都要求布设有三个已知点的前方交会(图 8-18(b))，这时在 A、B、C 三个已知点向 P 点观测，测得两组角度值 α_1、β_1 与 α_2、β_2，分两组计算 P 点坐标。当这两组坐标的较差不大于图上 0.2mm 时，即在允许范围内，则取它们的平均值作为 P 点的最后坐标值。为了提高交会点的精度，在选定 P 点时，P 点的交会角不应大于 150°或小于 30°，最好使交会角接近于 90°。

在前方交会图形中，如果在一个已知点(如 B 点)上不便安置仪器(如图 8-19 所示)，而观测了一个已知点及未知点上的两个角度，则同样可以计算 P 点的坐标，这样的交会定点方法，称为侧方交会。这时只要计算出 B 点的 $\angle B$，即可应用前方交会公式(8-24)求解 x_P 与 y_P。

二、测角后方交会

若在待定点 P 上瞄准三个已知点 A、B 和 C，观测 α 及 β 角(图 8-20)，这种方法称为后方

交会法。用后方交会法计算待定点坐标的公式较多，现介绍一种适合于计算器编程计算的公式(略去推导过程)。

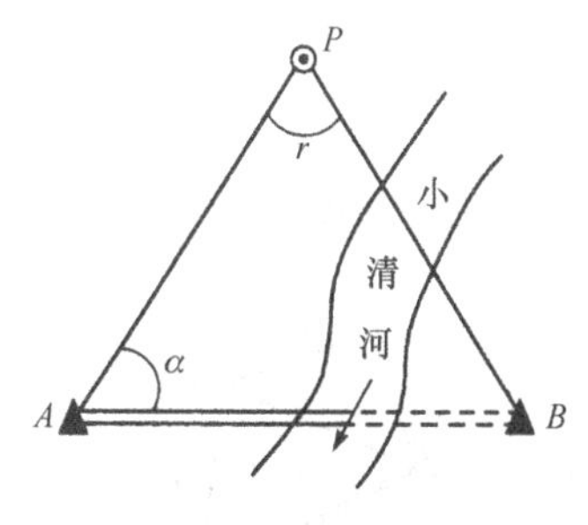

图 8-19　侧方交会示意图

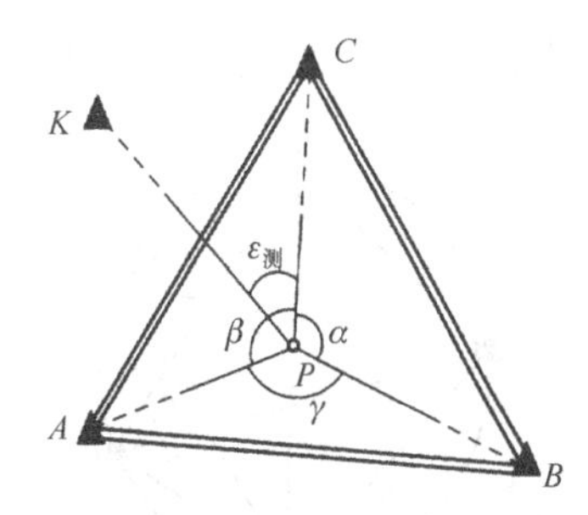

图 8-20　后方交会示意图

如图 8-20 所示，A、B、C 三点按逆时针编号，$\angle A$、$\angle B$、$\angle C$ 为三个已知点构成的三角形的内角，其值由三条已知边的坐标方位角计算，在 P 点对三点观测的水平方向值为 R_A、R_B、R_C，构成的三个水平角 α、β、γ 分别为

$$\begin{cases}\alpha = R_B - R_C \\ \beta = R_C - R_A \\ \gamma = R_A - R_B\end{cases} \tag{8-26}$$

令

$$\begin{cases}P_A = \dfrac{1}{\cot A - \cot\alpha} \\ P_B = \dfrac{1}{\cot B - \cot\beta} \\ P_C = \dfrac{1}{\cot C - \cot\gamma}\end{cases} \tag{8-27}$$

则待定点 P 的坐标计算公式为

$$\begin{cases}x_P = \dfrac{P_A x_A + P_B x_B + P_C x_C}{P_A + P_B + P_C} \\ y_P = \dfrac{P_A y_A + P_B y_B + P_C y_C}{P_A + P_B + P_C}\end{cases} \tag{8-28}$$

如果将 P_A、P_B、P_C 看作三个已知点的权，则待定点 P 的坐标就是三个已知点坐标的加权平均值。

选择后方交会点 P 时，若 P 点刚好选在过已知点 A、B、C 的圆周上(如图 8-21 所示)，无论 P 点位于圆周上任何位置，所测得角值都是不变的，因此 P 点位置不定。测量上把该圆称为危险圆。P 点若位于危险圆上则无解，因此作业时应使 P 点离危险圆圆周的距离大于该圆半径的 1/5。

为了进行检验，需在 P 点观测第四个方向 K(检查方向)，测得 $\varepsilon_{测}$角。同时可由 P 点坐标及 C、K 点坐标，按坐标反算公式求得 α_{PC} 及 α_{PK}。求出 $\varepsilon_{算}=\alpha_{PC}-\alpha_{PK}$，再求其较差 $\Delta\varepsilon=\varepsilon_{算}-\varepsilon_{测}$。由此，可求出 P 点的横向位移值：$e=D_{PK}(\Delta\varepsilon''/\rho'')$。在一般测量规范中，规定最大横向位移 $e_{允}$不大于比例尺精度的两倍，即 $e_{允}<2\times0.1M$(mm)，其中 M 为测图比例尺的分母。

三、测边交会

如图 8-22 所示，已知 A、B 两点的坐标，观测了两已知点至待定点 P 的距离 D_1 及 D_2，则可以根据已知坐标及边长 D_1 和 D_2 计算待定点 P 的坐标，这种方法称为测边交会。

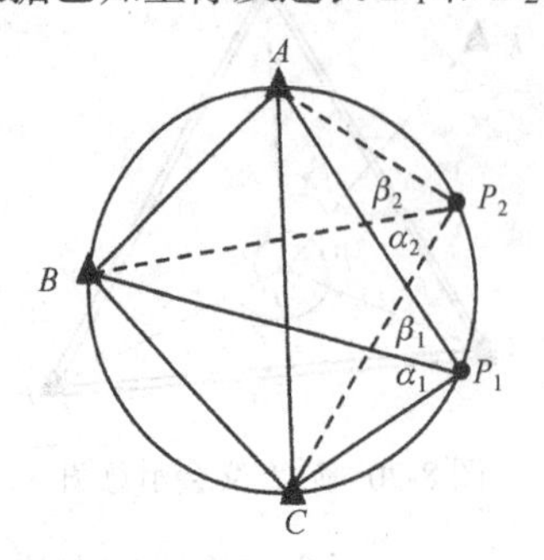

图 8-21　后方交会危险圆

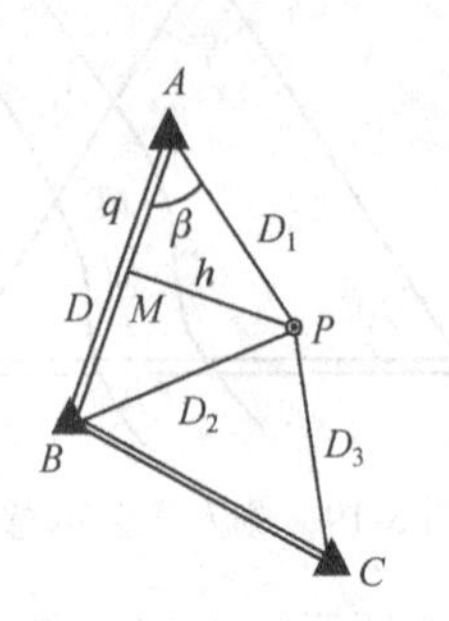

图 8-22　测边交会示意图

在△APM 中，$h^2+q^2=D_1^2$；在△BPM 中，$h^2+(D-q)^2=D_2^2$，两式相减可得

$$D_2^2=D^2+D_1^2-2Dq \tag{8-29}$$

由式(8-29)可得，AP 在 AB 边上的投影 q 为

$$q=\frac{D^2+D_1^2-D_2^2}{2D} \tag{8-30}$$

此外，

$$h=\pm\sqrt{D_1^2-q^2} \tag{8-31}$$

式中，当图(8-22)中 A、P、B 点是顺时针方向编号时，h 取"+"，反之取"−"号(以下公式以顺时针编号进行推导)。

由于
$$\Delta x_{AP}=D_1\cos\alpha_{AP}$$
而
$$\alpha_{AP}=\alpha_{AB}-\beta$$
则
$$\Delta x_{AP}=D_1\cos(\alpha_{AB}-\beta)=D_1\cos\alpha_{AB}\cos\beta+D_1\sin\alpha_{AB}\sin\beta$$
以 $D_1\cos\beta=q$，$D_1\sin\beta=h$，$\cos\alpha_{AB}=(x_B-x_A)/D$，$\sin\alpha_{AB}=(y_B-y_A)/D$ 代入，得

$$\Delta x_{AP}=\frac{q(x_B-x_A)+h(y_B-y_A)}{D} \tag{8-32}$$

同理可得

$$\Delta y_{AP}=\frac{q(y_B-y_A)-h(x_B-x_A)}{D} \tag{8-33}$$

则待定点 P 的坐标为

$$\begin{cases}x_P=x_A+\Delta x_{AP}\\ y_P=y_A+\Delta y_{AP}\end{cases} \tag{8-34}$$

为了进行检核，可由坐标反算公式计算出的 BP 边长 $D_{2算}$与观测得到的 BP 边长 $D_{2测}$进行比较，其互差满足规范要求即可。

为了进行观测检核，还应由第三个已知点 C 观测 D_3，分两组计算 P 点坐标，如较差在允许值范围内，则取平均值作为 P 点的最后坐标。

四、自由设站法

自由设站法又称自由测站法，是上述测角后方交会和测边交会法的综合。此方法是在待定点上安置仪器，测量到两个以上已知点的距离和方向，然后根据已知点的坐标和观测数据，计算出待定点的坐标。这种方法能检核测量的精度，多于两个已知点，则可提高待定点的定位精度。全站仪即能测角又能测距，所以，目前的主流全站仪都内置自由设站法的程序，具有自由设站法的功能，只要按照全站仪的观测程序输入已知点坐标，并按一定次序观测，即可得出测站点的坐标。

在图 8-23 中，设在待定点 P 上安置全站仪，除测量至已知点 $A_1,A_2,\cdots,A_n$ 的距离 $D_1,D_2,\cdots,D_n$ 外，还观测至已知点的方向 $L_1,L_2,\cdots,L_n$。计算 P 点坐标的步骤如下。

(1) 建立测站的假定坐标系 x',y'，原点在测站 P 点（$x'_P=0,y'_P=0$），x' 轴的正方向与观测时度盘 0°刻划方向重合。

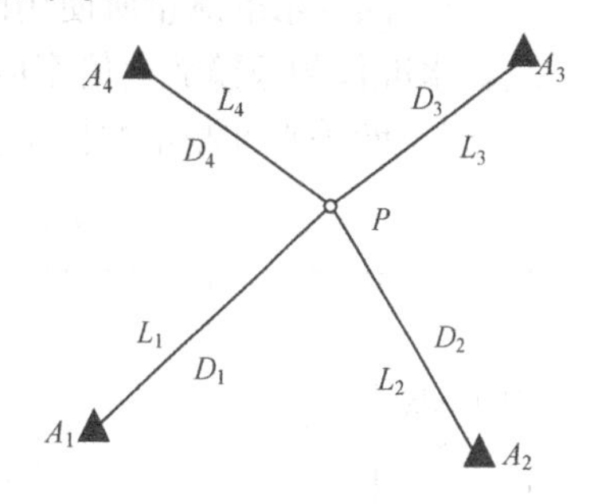

图 8-23　自由测站法

(2) 计算各已知点在假定坐标系中的坐标 x'_i、y'_i，即

$$x'_i = D_i\cos L_i\text{，}\quad y'_i = D_i\sin L_i$$

(3) 利用已知点在两个坐标系中的两套坐标，即原已知大地坐标 $A_i(x_i,y_i)$ 与假定坐标 $A_i(x'_i,y'_i)$，按最小二乘法 $\left[V_x^2+V_y^2\right]=\min$，求两坐标系之间的平面转换参数，即平移参数——假定坐标系的原点在已知大地坐标系的坐标 x_P,y_P；旋转参数——假定坐标系的 x' 轴在原已知大地坐标系中的坐标方位角 α_0；尺度比——假定坐标系中单位长度在原已知大地坐标系中的长度 k。于是有

$$x_i = x_P + k\left(x'_i\cos\alpha_0 - y'_i\sin\alpha_0\right)$$
$$y_i = y_P + k\left(x'_i\sin\alpha_0 + y'_i\cos\alpha_0\right)$$

(4) 计算四个参数 x_P,y_P,α_0,k。

为计算方便计，引入下列辅助量

$$x'_0=\sum_{i=1}^{n}x'_i/n\text{，}\quad y'_0=\sum_{i=1}^{n}y'_i/n$$
$$\mu_i = x'_i - x'_0\text{，}\quad \nu_i = y'_i - y'_0$$

且

$$a=\sum_{i=1}^{n}\left(\mu_i x_i + \nu_i y_i\right)$$
$$b=\sum_{i=1}^{n}\left(\mu_i y_i - \nu_i x_i\right)$$
$$d=\sum_{i=1}^{n}\left(\mu_i^2+\nu_i^2\right)\text{，}\quad c={}^{a}\!/\!_{d}\text{，}\quad s={}^{b}\!/\!_{d}$$

则四个参数分别为

$$k=\sqrt{c^2+s^2}$$
$$\alpha_0=\arctan\frac{b}{a}$$

$$x_P = \frac{\sum_{i=1}^{n} x_i}{n} - cx_0' + sy_0'$$

$$y_P = \frac{\sum_{i=1}^{n} y_i}{n} - sx_0' - cy_0'$$

第五节　三、四等水准测量

三、四等水准测量所使用的水准仪，其精度应不低于 DS_3 型水准仪的精度指标(参见附录二)。水准仪望远镜放大倍率应大于 30 倍，符合水准器的水准管分划值为 20″/2mm。

三、四等水准测量的技术指标及观测要求参见表 8-13。

表 8-13　三、四等水准测量的技术指标及观测要求

水准测量等级	使用仪器	高差闭合差的限差/mm		视线长度/m	视线高度	前后视距离差/m	前后视距离累积差/m	基辅分划或黑红面读数差/mm	基辅分划或黑红面所测高差之差/mm
		附合、闭合路线	往、返测较差						
三等	S_3	$\pm12\sqrt{L}$	$\pm12\sqrt{K}$	⩽75	三丝能读数	⩽3	⩽6	2	3
	S_{05}、S_1			⩽100				1	1.5
四等	S_3	$\pm20\sqrt{L}$	$\pm20\sqrt{K}$	⩽100	三丝能读数	⩽5	⩽10	3	5
	S_{05}、S_1			⩽150					

注：1. 表中 L、K 均表示路线长度，以 km 为单位；

2. 数字水准仪或电子水准仪观测，不受基辅分划或黑红面读数较差指标的限制，但测站两次观测的高差较差，应满足表中相应等级基辅分划或黑红面所测高差较差的限值。

一、观测方法

光学水准仪进行三、四等水准测量时主要采用双面水准尺观测法，除各种限差有所区别外，观测方法大同小异。现以三等水准测量的观测、记录、计算方法和限差为例叙述如下。

在每一测站上，首先安置仪器，调整圆水准器使气泡居中。分别瞄准后、前视尺估读视距，使前、后视距离差不超过 3m。如超限，则需移动前视尺或水准仪，以满足要求。然后按下列顺序进行观测，并记入三(四)等水准测量手簿中(表 8-14)。

(1)读取后视尺黑面读数：下丝(1)，上丝(2)，中丝(3)。

(2)读取前视尺黑面读数：中丝(4)，下丝(5)，上丝(6)。

(3)读取前视尺红面读数：中丝(7)。

(4)读取后视尺红面读数：中丝(8)。

测得上述 8 个数据后，随即进行计算，如果符合规定要求，可以迁站继续施测；否则应重新观测，直至所测数据符合规定要求后，才能迁到下一站。

二、测站计算与校核

测站上的计算有下面几项(见表 8-14)。

1. 视距部分

后距　(9)=[(1)-(2)]×100　(其中“100”为视距乘常数，下同)

前距　(10)=[(5)-(6)]×100

后、前视距离差　(11)=(9)-(10)　(绝对值不应超过 3m)

后、前视距离累积差　(12)=本站的(11)+前站的(12)　(绝对值不应超过 6m)

2. 高差部分

后视尺黑、红面读数差　(13)=K_1+(3)-(8)　(绝对值不应超过 2mm)

前视尺黑、红面读数差　(14)=K_2+(4)-(7)　(绝对值不应超过 2mm)

K_1 及 K_2 分别为两水准尺的黑、红面的起点读数差，也称尺常数或起点差。表 8-14 观测所用双面(黑、红面)水准尺的尺常数为：K_1=4.787m、K_2=4.687m。尺常数的作用是检核黑、红面观测读数是否正确。

黑面高差：　(16)=(3)-(4)

红面高差：　(17)=(8)-(7)

黑、红面高差之差：

(15)=[(16)-(17)±0.100]=(13)-(14)(绝对值不应超过 3mm)

表 8-14　三、四等水准测量手簿

测自III2 至 BM5　　观测者：李小明　　记录者：徐　海　　开始：8:10　结束：8:40

日期：2000 年 10 月 12 日　天气：　晴　　呈像：清晰稳定　　仪器型号：S3　210033

测站编号	点号	后尺 下丝 / 上丝	前尺 下丝 / 上丝	方向及尺号	标尺读数/m		K 加黑减红	高差中数
		后距/m	前距/m		黑面	红面		
		视距差 d	累积差 $\sum d$					
		(1)	(5)	后	(3)	(8)	(13)	
		(2)	(6)	前	(4)	(7)	(14)	
		(9)	(10)	后-前	(16)	(17)	(15)	(18)
		(11)	(12)					
1	III_2	1.614	0.774	后 1	1.384	6.171	0	K_1=4.787
	↓	1.156	0.326	前 2	0.551	5.239	-1	K_2=4.687
	Z_1	45.8	44.8	后-前	+0.833	+0.932	+1	+0.832 5
		+1.0	+1.0					
2	Z_1	2.188	2.252	后 2	1.934	6.622	-1	
	↓	1.682	1.758	前 1	2.008	6.796	-1	
	Z_2	50.6	49.4	后-前	-0.074	-0.174	0	-0.074 0
		+1.2	+2.2					

续表

测站编号	点号	后尺 下丝 / 上丝 / 后距/m / 视距差 d	前尺 下丝 / 上丝 / 前距/m / 累积差 $\sum d$	方向及尺号	标尺读数/m 黑面	标尺读数/m 红面	K加黑减红	高差中数
3	Z_2 ↓ Z_3	1.922	2.066	后 1	1.726	6.512	+1	
		1.529	1.668	前 2	1.866	6.554	−1	
		39.3	39.8	后−前	−0.140	−0.042	+2	−0.141 0
		−0.5	+1.7					
4	Z_3 ↓ MB_5	2.041	2.220	后 2	1.832	6.520	−1	
		1.622	1.790	前 1	2.007	6.793	+1	
		41.9	43.0	后−前	−0.175	−0.273	−2	−0.174 0
		−1.1	+0.6					
检核		$\sum(9)$=177.6		后	$\sum(3)$=6.876	$\sum(8)$=25.825		$\Sigma(18)$=+0.443 5
		$\sum(10)$=177.0		前	$\sum(4)$=6.432	$\sum(7)$=25.382		
		$\sum d=(12)_{末}$=+0.6		后−前	$\sum(16)$=+0.444	$\sum(17)$=+0.443		
		L=354.6m			$[\sum(16)+\sum(17)]/2$=+0.443 5=$\sum(18)$			

由于两水准尺的红面起始读数相差 0.100m，即 4.787m 与 4.687m 之差，因此，红面测得的实际高差应为(17)±0.100m。取“+”或“−”应根据后、前视尺的 K 值来确定。例如，表 8-14 中第一个测站，后视尺 K_1=4.787、前视尺 K_2=4.687，因此，红面高差为(17)−0.100m。第二个测站因两水准尺交换，红面高差为(17)+0.100m。在本例中，奇数站取“−”号，偶数站取“+”号。

每一测站经过上述计算，符合限差要求后，才能计算高差中数：(18)=[(16)+(17)±0.100]/2，作为该站测得的高差值。表 8-14 为三等水准测量手簿，括号内的数字表示观测记录和计算校核的顺序。当整个水准路线测量完毕，应逐页校核计算有无错误，校核的方法是：

先计算：$\sum(3)$、$\sum(4)$、$\sum(7)$、$\sum(8)$、$\sum(9)$、$\sum(10)$、$\sum(16)$、$\sum(17)$、$\sum(18)$，则

$$\sum(3)-\sum(4)=\sum(16)$$
$$\sum(8)-\sum(7)=\sum(17)$$
$$\sum(9)-\sum(10)=(12)_{末站}$$

当测站总数为奇数时：　$[\sum(16)+(\sum(17)\pm0.100)]/2=\sum(18)$

当测站总数为偶数时：　$[\sum(16)+\sum(17)]/2=\sum(18)$

水准路线总长度：　$L=\sum(9)+\sum(10)$

四等水准测量一个测站的观测顺序，可采用：后(黑)、后(红)、前(黑)、前(红)，即读取后视尺黑面读数后随即读红面读数，而后瞄准前视尺，读取黑面及红面读数，测站记录计算与三等水准测量完全相同。

三、三、四等水准测量的成果整理

当一条水准路线的测量工作完成后，首先应将手簿的记录计算进行详细检查，并计算高差闭合差是否符合表 8-13 的要求。符合要求后，才能进行高差闭合差的调整和高程计算；若不符合要求，则需要返工。

工程水准测量，一般布设单一水准路线(附合水准路线、闭合水准路线和支水准路线)，外业成果经检查合格、高差闭合差符合表 8-13 的限差要求后，方可进行高差闭合差的调整和高程计算。闭合差的调整及高程计算与第三章所讲述的一般水准测量方法相同，它是把闭合差反符号，按与测段长度或测站数成正比例的关系进行分配。支水准路线进行往、返测量，取往、返测高差的平均值计算高程。

若布设单结点水准路线，可按第六章第六节(四)所述方法进行高程计算。

以上讲述的三、四等水准测量记录、计算方法是一般的常规方法，近年来随着程序计算器、掌上电脑(或称电子手簿)等在测量工作中的广泛应用，水准测量的外业记录、计算工具已得到很大的改善。现在，一般生产单位在进行水准测量时都使用程序计算器等记录，并进行数据处理或直接采用数字水准仪观测、计算，基本实现了数据处理自动化。

第六节　三角高程测量

第三章介绍了用水准测量确定点的高程的方法。这种方法精度虽高，但在山区或丘陵地区工作速度缓慢，有时甚至相当困难。因此，对于地面高低起伏较大或不便于水准测量的地区，精度要求不高的情况下，常采用三角高程测量的方法传递高程。三角高程测量的基本思想是根据两点间的水平距离或斜距，以及竖直角(或天顶距)，计算两点之间的高差。这种方法简便灵活，但精度较水准测量低。目前电磁波测距三角高程测量可以达到三、四等水准测量精度。

一、三角高程测量原理

如图 8-24 所示，在已知高程点 A 上安置经纬仪，在 B 点竖立标杆，照准杆顶，测出竖直角 α。设 A、B 之间的水平距离为 D_{AB}，则 A、B 之间的高差可用式(8-35)计算：

$$h_{AB}=D_{AB}\tan\alpha+i-l \tag{8-35}$$

式中，i 为经纬仪的仪器高；l 为标杆的高度。

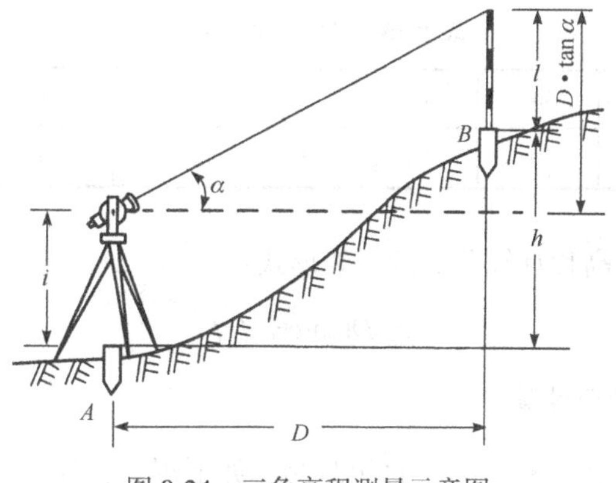

图 8-24　三角高程测量示意图

如果已知 A 点的高程为 H_A，则 B 点的高程为

$$H_B=H_A+h_{AB}=H_A+D_{AB}\tan\alpha+i-l \tag{8-36}$$

式(8-35)是在假定地球表面为水平面、观测视线为直线的条件下导出的，当地面上两点间距离小于 300m 时可以使用。如果两点间的距离大于 300m，就要考虑地球曲率及观测视线受大气垂直折光(呈一条上凸的弧线)的影响。前者为地球曲率差，简称“球差”，后者为大气垂直折光差，简称“气差”。

二、地球曲率和大气折光对高差的影响

在图 8-25 中，f_1 是以水平面代替水准面而产生的地球曲率差。在 A 点，望远镜的视线按直线应照准标杆上的 M 点，由于大气垂直折光的影响成为一上凸的弧线而照准标杆上的 M'，即 $MM'=f_2$ 为大气垂直折光差。由图 8-25 可知，A、B 两点的高差应为

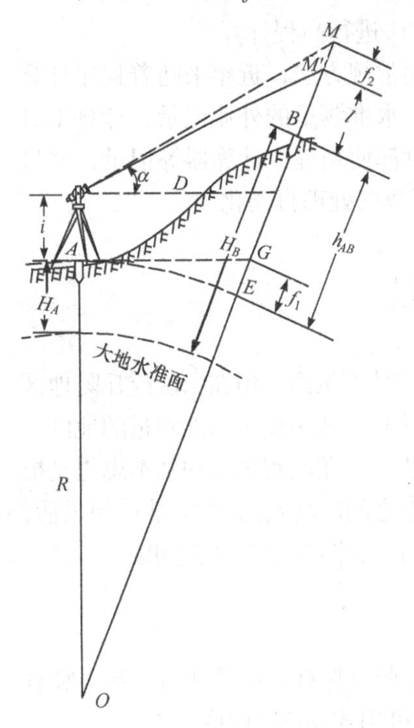

图 8-25　球气差对高差的影响示意图

$$h=D\tan\alpha+(i+f_1)-(l+f_2)=D\tan\alpha+(i-l)+(f_1-f_2) \tag{8-37}$$

式中，D 为两点间的水平距离；(f_1-f_2) 为球差与气差的综合影响，简称“球气差改正”或“两差改正”。

根据式(1-5)可知，地球曲率对高程的影响为

$$f_1=\frac{D^2}{2R}$$

式中，R 为地球半径，其值取为 6371km。

研究结果表明，大气垂直折光差约为球差的 $\frac{1}{7}$，即

$$f_2=\frac{D^2}{14R}$$

于是两差改正数 f 为

$$f=f_1-f_2=\frac{D^2}{2R}-\frac{D^2}{14R}\approx 0.43\frac{D^2}{R} \tag{8-38}$$

用不同的 D 值为引数，计算出改正值列于表 8-15。

表 8-15　球气差改正值 $f_{改}$

D/m	100	200	300	400	500	600	700	800	900	1000
$f_{改}$/cm	0.1	0.3	0.6	1.1	1.7	2.4	3.3	4.3	5.5	6.8

则式(8-35)可改写为三角高程计算公式的一般形式：

$$h=D\tan\alpha+i-l+f \tag{8-39}$$

三、三角高程测量的观测与计算

在测量规范中，对三角高程测量竖直角观测有如下规定：仅从 A 点向 B 点观测，称为单

向观测。当距离超过 300m 时，测算得的高差应加球气差改正。如果不仅由 A 点向 B 点观测（称为直觇），而且又从 B 点向 A 点观测（称为反觇），则称为双向观测或对向观测。因为两次观测高差取平均值可以消减地球曲率和大气垂直折光的影响，所以一般采用对向观测。另外为了减少大气垂直折光的影响，观测视线应高出地面或障碍物 1m 以上。

三角高程测量的一般观测方法和步骤如下。

（1）安置仪器于测站，量仪器高 i 和标杆高 l，读至 0.5cm，量取两次,互差不超过 1cm 时，取平均值后取至 cm 记入表 8-16。

表 8-16　三角高程测量观测记录与计算表

待求点	B	
起算点	A	
觇标	直觇	反觇
平距 D/m	341.23	341.23
竖直角 α	+14°06′30″	−13°19′00″
$D\tan\alpha$/m	+85.76	−80.77
仪器高 i/m	+1.31	+1.43
标杆高 l/m	−3.80	−4.00
高差改正/m	+0.01	+0.01
高差 h/m	+83.28	−83.33
平均高差/m	+83.30	
其算点高程/m	279.25	
待求点高程/m	362.55	

（2）观测竖直角。用经纬仪中横丝瞄准目标,将竖盘水准管气泡居中（若竖盘指标为自动安平装置，应注意打开补偿器的锁定旋钮），读取竖盘读数，盘左、盘右观测一测回。经纬仪三角高程测量测定高程时，竖直角观测测回数及限差见表 8-17。

表 8-17　竖直角观测测回数及限差

等级	一、二级小三角		一、二、三级导线		图根控制
仪器	DJ_2	DJ_6	DJ_2	DJ_6	DJ_6
测回数	2	4	1	2	1
各测回竖直角互差/（″）	15	25	15	25	25
各测回指标差互差/（″）	15	25	15	25	25

（3）高差及高程计算（见表 8-16）。用三角高程测量方法测定平面控制点的高程时，应组成闭合或附合的三角高程路线。每边均要进行对向观测。由对向观测所求得的高差平均值，计算闭合环线或附合路线的高程闭合差的限值 $f_{h允}$（单位为 m），对于图根经纬仪路线，有

$$f_{h允} = \pm 0.1 H_d \sqrt{n} \tag{8-40}$$

式中，H_d为基本等高距；n为边数。

当f_h不超过$f_{h允}$时，按边长成正比例的原则，将f_h反号分配于各高差之中，然后用改正后的高差，由起始点的高程计算各待求点的高程。

第七节　电磁波测距三角高程测量

利用测距仪测距、经纬仪测竖直角或全站仪测距、测竖直角完成的三角高程测量工作，称为**电磁波测距三角高程测量**，所测高程称为电磁波测距三角高程。它解决了高山、峡谷等困难地区的高程控制问题，在工程测量中已被广泛应用。实验证明，选用具有一定测距、测角精度的测距仪、经纬仪或全站仪施测三角高程，可以代替三、四等水准测量，大大减少了高程控制测量的野外工作量。

如图 8-26 所示，仪器安置在A点，向 B点观测，测得竖直角α_A及斜距S_{AB}，量得仪器高i_A及镜站镜高l_B，则高差为

$$h_{AB}=S_{AB}\sin\alpha_A+i_A-l_B+f \tag{8-41}$$

式中，f为球气差。

如果将斜距S_{AB}改为平距D_{AB}，则可用式(8-39)计算两点间的高差。

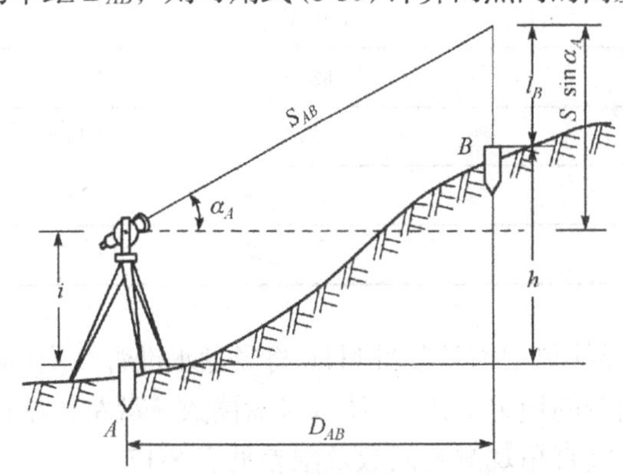

图 8-26　电磁波测距三角高程测量示意图

再将仪器搬至B点，返测A点，求得高差h_{BA}。由于往返测时大气折光情况大致相似，当取往返测高差中数时，球气差相互抵消，f可忽略不计，则高差中数为

$$h_{中}=(h_{AB}-h_{BA})/2$$

$$=[(S_{AB}\sin\alpha_A-S_{BA}\sin\alpha_B)+(i_A-i_B)+(l_A-l_B)]/2 \tag{8-42}$$

式(8-42)为对向观测三角高程测量的高差中数计算公式。

当用电磁波测距三角高程测量代替水准测量时，除选用适当测距、测角精度的仪器外，还要限制观测边长，否则难以达到水准测量的精度。

思考题与习题

1. 简述国家控制网和工程控制网的布设方法及技术要求。
2. 建立平面控制网的方法有哪些？各有何优缺点？各在什么情况下采用？
3. 选定导线点应注意哪些问题？何谓连接角、连接边？它们有什么用处？
4. 在什么情况下，建立测区独立平面和高程控制网？其工作如何进行？
5. 三、四等水准测量与普通水准测量在精度要求、观测方法及成果处理方面有何不同？
6. 在何种情况下采用三角高程测量？何谓单向观测和双向观测？
7. 如图 8-27 所示，在闭合导线 1→2→3→4→1 中，已知：x_1=300.00m，y_1=300.00m，α_{12}=95°30′00″；观测数据为：∠1=125°52′12″，∠2=82°46′24″，∠3=91°08′06″，∠4=60°14′02″；导线边长为：s_{12}=100.29m，s_{23}=78.96m，s_{34}=137.22m，s_{41}=78.67m。按表 8-7 格式计算 2、3、4 点的坐标。

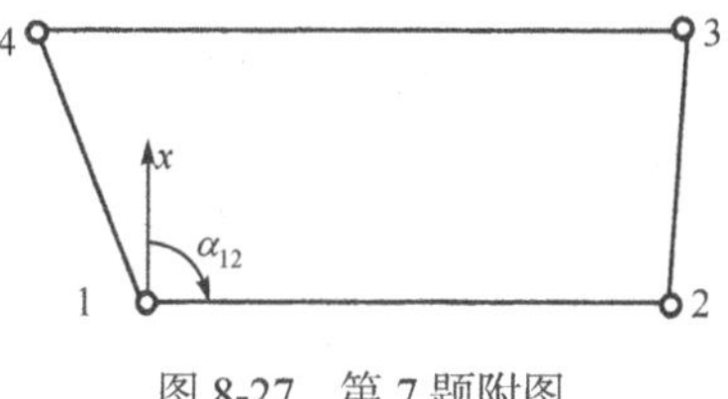

图 8-27　第 7 题附图

8. 试根据图 8-28 中的已知数据及观测数据按表 8-8 格式列表计算 1、2 两点的坐标。

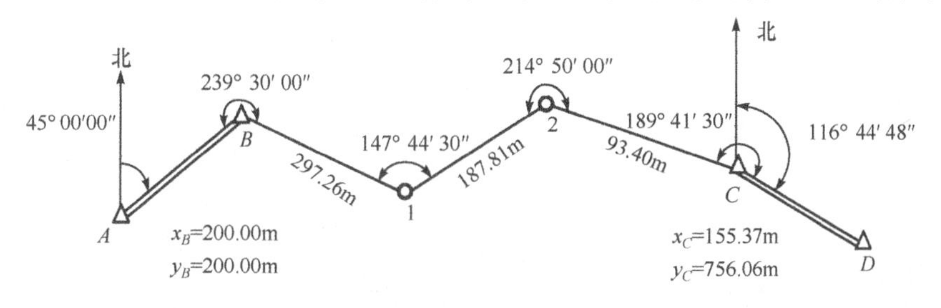

图 8-28　第 8 题附图

9. 图 8-29 为测角前方交会法示意图，已知数据为

x_A=3646.35m　x_B=3873.96m　x_C=4538.45m

y_A=1054.54m　y_B=1772.68m　y_C=1862.57m

观测数据为

α_1=64°03′30″　α_2=55°30′36″

β_1=59°46′40″　β_2=72°44′47″

试计算 P 点的坐标 x_P、y_P。

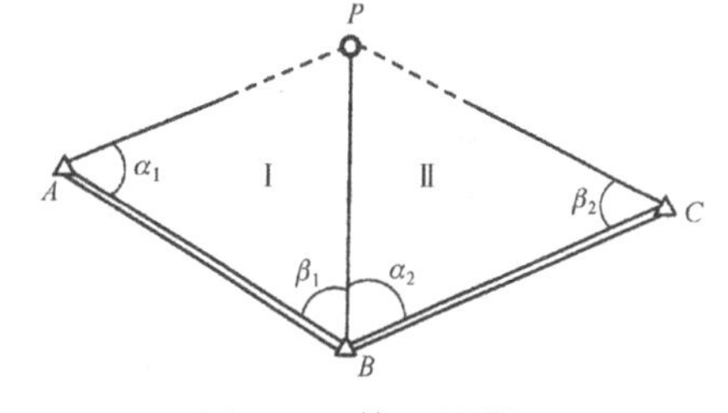

图 8-29　第 9 题附图

10. 如图 8-30 所示，用双面尺法进行四等水准测量，由 BM_1→BM_2 组成附合水准路线，各站观测的黑面下、中、上丝及红面中丝读数均注在图中，试按表 8-15 的格式进行记录、计算，并判断各项检核计算是否符合限差要求？若符合要求，按附合路线计算 A 点高程。

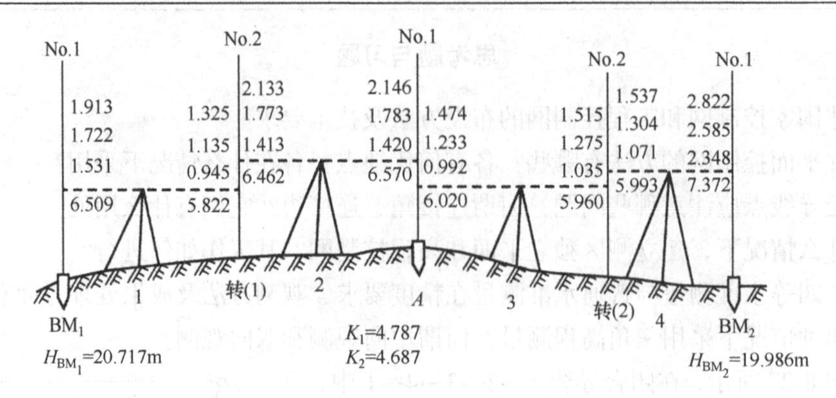
No.1
1.913
1.722
1.531
6.509
No.2
1.325
1.135
0.945
5.822
2.133
1.773
1.413
6.462
No.1
2.146
1.783
1.420
6.570
1.474
1.233
0.992
6.020
No.2
1.515
1.275
1.035
5.960
1.537
1.304
1.071
5.993
No.1
2.822
2.585
2.348
7.372
BM1
H_BM1=20.717m
1
转(1)
2
A
K1=4.787
K2=4.687
3
转(2)
4
BM2
H_BM2=19.986m

图 8-30　第 10 题附图

第九章　大比例尺地形图测绘

本 章 要 点

本章主要讲述大比例尺地形图的测绘方法及其原理，其主要内容包括传统测图法的测图前的准备工作、碎部点测绘原理、经纬仪测绘法及地面数字化测图法。此外，还简单介绍地籍测量的有关知识。

第一节　大比例尺地形图测绘概述

一、大比例尺地形图测绘的概念

大比例尺地形图通常是指 1∶5000、1∶2000、1∶1000 和 1∶500 的地形图。在国民经济建设中，大比例尺地形图是各项工程建设的常用图件，所以其测绘和应用较为频繁。大比例尺地形图测绘的特点是：测区范围小、比例尺大、精度要求高，在如何真实地反映地表形态和地物分布方面，具有特殊的矛盾。

在大比例尺地形图测绘中，地物的测绘就是地物平面形状的测绘。地物平面形状即地物平面轮廓线的形状，它由轮廓线上的拐点或中心点等特征点来表征。因此，地物的测绘可归结为地物特征点的测绘。至于地貌，尽管形态十分复杂，但可将其归结为许多不同方向、不同坡度的平面交合而成的几何体，其平面交线就是方向变化线和坡度变化线。只要确定这些线上的方向和坡度变换点（称为地貌特征点）的平面位置和高程，地貌的基本形态也就反映出来了。因此，无论地物还是地貌，它们的形态都是由一些特征点（称为碎部点）的点位所决定的。地形图测绘的实质就是测定碎部点的平面坐标和高程，因此，地形图测绘又称为碎部测量。

二、大比例尺地形图测绘的基本要求

大比例尺地形图测绘必须遵循国家统一颁发的《城市测量规范》（CJJ/T 8—2011）、《工程测量规范》（GB 50026—2007）等相关规范，地形图上的地物和地貌轮廓必须按国家统一制定的《国家基本比例尺地图图式（第 1 部分：1∶500、1∶1000、1∶2000 地形图图式）》（GB/T 2025.1—2017）规定的符号表示，地貌用等高线配合特殊地貌符号和注记来表示。

大比例尺地形图测绘的平面坐标和高程，一般均采用国家统一坐标系和高程系统。各级平面控制点的坐标，应在 3°带高斯投影平面直角坐标系内进行计算，3°带的中央子午线按国家统一规定选取。只有在测区跨于两个投影带时，可采用两投影带间的分带子午线作为中央子午线。独立地区在为工程需要而测图时，若与国家坐标系联测的确有困难，可采用独立坐标系。

三、大比例尺地形图测绘的基本程序

在进行大比例尺地形图测绘时，应按照一定的程序进行工作，即在收集资料和现场初期踏勘的基础上，拟定技术计划；进行测区的基本控制测量和图根控制测量；进行测绘前的准备工作，以保证测图工作的顺利进行；逐步完成碎部测量工作；进行检查、验收及资料整理等结束工作。

四、大比例尺地形图测绘的方法

大比例尺地形图测绘的方法主要有经纬仪（平板仪）测图等传统测图法、数字测图法。

传统测图法的实质即图解法测图（或模拟法测图），具有测图周期长、精度低等缺点，目前基本不采用。数字测图是对利用各种手段采集到的地表数据进行计算机处理，并自动生成以数字形式存储在计算机介质上的地形图的方法。数字测图法根据采集数据的手段不同分为地面数字测图法、数字摄影测量测图法和地形图数字化三种方法。

地面数字测图法可采用全站仪、RTK 接收机和三维激光扫描仪等仪器。由于其具有自动化程度高、精度高、不受图幅限制、便于使用管理等优点，地面数字测图已成为获取大比例尺地形图、各类地理信息系统及保持其现势性所进行的空间数据更新的主要方法。

数字摄影测量测图具有速度快、精度均匀、效率高等优点。它可以将大量野外测绘工作移到室内进行，以减轻测绘工作者的劳动强度，尤其对高山区或人不易到达的地区，数字摄影测量更具有优越性。目前，数字摄影测量广泛应用于大面积的地形图测绘。

地形图数字化是将地图图形或图像的模拟量转换成离散的数字量的过程，换言之就是由纸质地形图转换成计算机能存储、识别和处理的数字地形图，这一过程称为纸质地形图的数字化，简称地图数字化或原图数字化，其主要种类有数字化仪法与扫描矢量化法。数字化仪法是利用数字化仪将图纸特征点坐标转换为数字坐标，然后在计算机上借助成图软件，得到数字化图。由于采点转换等误差，成图精度低于原始图。扫描矢量化法是借助图像扫描仪，仪器沿着 x 方向扫描，沿 y 方向走纸，图在扫描仪上走一遍，即完成图的扫描栅格化，然后借助人机交互方式或矢量软件将栅格数据转换成矢量数据，经过编辑最终得到数字化图。

本章首先简要介绍大比例尺地形图传统测图法，然后讲述地面数字测图方法。数字摄影测量测图方法见第十章。

第二节　大比例尺地形图传统测图法

传统的地面测图方法（模拟法测图）利用平板仪或经纬仪配合视距尺（水准标尺）、测距仪在野外测站上测量至地物点（或地貌点）间的方向、距离和高差，现场利用量角器、直尺等工具，将测量数据按测图比例尺及图式符号展绘到白纸（或聚酯薄膜）上，所以又俗称白纸测图，测绘出的地形图（地籍图）称为模拟法地图。这种测图方法的实质是图解法测图。

控制测量工作结束后，就可根据图根控制点测定地物、地貌特征点的平面位置和高程，并按规定的比例尺和符号缩绘成地形图。应用大比例尺地形图传统测图法测图前，除做好仪器、工具及资料的准备工作外，还应着重做好测图板的准备工作，它包括图纸的准备，绘制坐标格网及展绘控制点等工作。

一、测图前的准备工作

(一)图纸准备

为了保证测图的质量，应选用质地较好的图纸。对于临时性测图，可将图纸直接固定在图板上进行测绘，对于需要长期保存的地形图，为了减少图纸变形，应将图纸裱糊在锌板、铝板或胶合板上。

目前，各测绘部门普遍采用聚酯薄膜，其厚度为0.07～0.1mm，表面经打毛后，便可代替图纸用来绘图。聚酯薄膜具有透明度高、伸缩性小(伸缩率小于0.3‰)、不怕潮湿、牢固耐用等优点。如果表面不清洁，还可用水洗涤，并可直接在底图上着墨、复晒蓝图。但聚酯薄膜有易燃、易折和老化等缺点，故在使用过程中应注意防火、防折。

(二)绘制坐标格网

为了准确地将图根控制点展绘在图纸上，首先要在图纸上精确地绘制10cm×10cm的直角坐标格网。绘制坐标格网可用坐标仪或坐标格网尺等专用仪器工具，如无上述仪器工具，则可按下述对角线法绘制。

如图9-1所示，先在图纸上画出两条对角线，以交点 M 为圆心，取适当长度为半径画弧，于对角线相交得 A、B、C、D 点，用直线连接各点，得矩形 $ABCD$。从 A、D 两点起分别沿 AB、DC 方向每隔10cm定一点；再从 A、B 两点起各沿 AD、BC 方向每隔10cm定一点，连接各对应边的相应点，即得到坐标格网。坐标格网画好后，要用直尺检查各格网的交点是否在同一直线上(如图9-1中 ab 直线)，其偏离值不应超过0.2mm。检查10cm小方格网的边长，其值与理论值相差不应超过0.2mm。小方格网对角线长度(14.14cm)误差不应超过0.3mm。如超限，应重新绘制。

(三)展绘控制点

展点前，要按本图的分幅，将格网线的坐标值注在左、下格网边线外侧的相应格网线处(如图9-2)。展点时，先要根据控制点的坐标，确定所在的方格。如控制点 A 的坐标 x_A=647.43m，y_A=634.52m，可确定其位置应在 $plmn$ 方格内。然后按 y 坐标值分别从 l、p

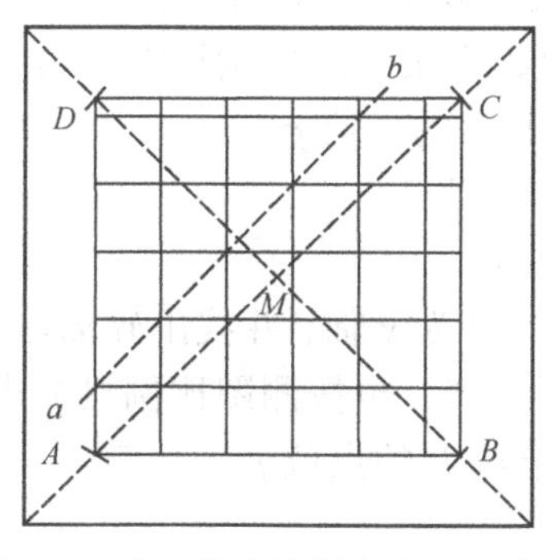

图9-1　对角线法绘制方格网示意图

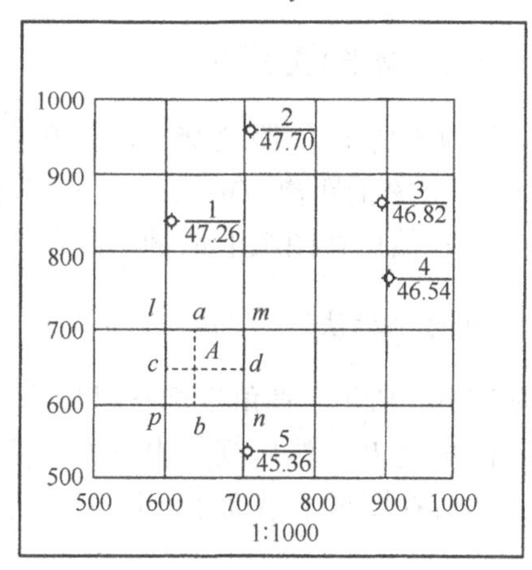

图9-2　展绘控制点示意图

点按测图比例尺向右各量34.52m，得a、b两点。同理，从p、n点向上各量47.43m；得c、d两点。连接ab和cd，其交点即为A点的位置。同理，将图幅内所有控制点展绘在图纸上，并在点的右侧以分数形式注明点号及高程(分子为点号、分母为高程)，如图9-2中1、2、3、4、5点。最后用比例尺量出各相邻控制点之间的距离，与相应的实地距离比较，其差值不应超过图上0.3mm，若超过限差应查找原因，修正错误的点位。

二、碎部点的测绘原理及方法

(一)碎部点平面位置的测绘原理及方法

1. 极坐标法

如图9-3所示，设A、B为实地已知控制点，欲测绘碎部点P在图纸上的位置p，若在A点安置仪器，测量AP方向与AB方向的夹角β和AP的距离D，并且将D化算为水平距离，再按测图比例尺缩小为图上距离d，即可得极坐标法定点位的两个参数β(极角)和d(极半径)，然后在图纸上借助作图工具即可以a为极点，ab为极轴(后视方向)，由β、d绘出P点在图纸上的位置p。

2. 角度交会法

如图9-4所示，角度交会法是在实地已知控制点A、B上分别安置测角仪器，测得AP(或BP)方向与后视方向($A \rightarrow B$或$B \rightarrow A$)的夹角β_A、β_B，然后在图纸上借助于绘图工具由角度交会出P的点位p。

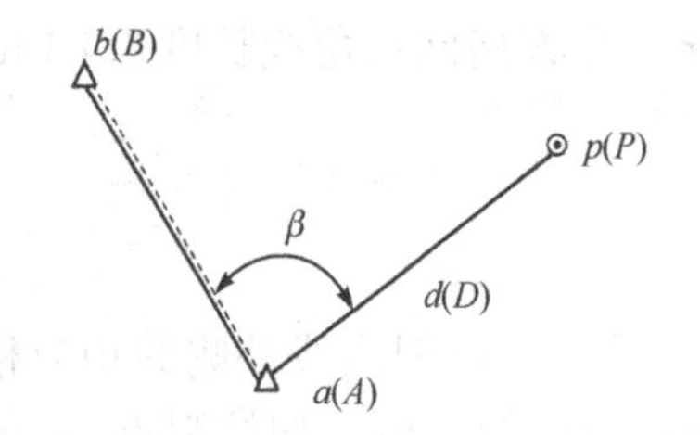

图9-3　极坐标法测绘碎部点示意图

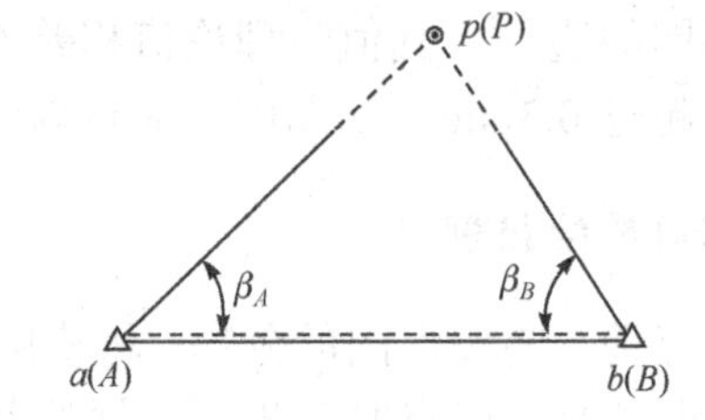

图9-4　角度交会法示意图

3. 距离(边长)交会法

如图9-5所示，距离交会法是在实地已知控制点A、B上分别安置测距仪器，测得A至P和B至P的距离(D_1、D_2)，并且化算为水平距离，再按测图比例尺缩小为图上距离d(d_1、d_2)，然后在图纸上借助于绘图工具用边长交会出P的点位p。

4. 直角坐标法

如图9-6所示，直角坐标法是以实地已知控制点A、B为x轴，并找出碎部点P在AB连线上的垂足P_0，然后测量出$AP_0(x)$和$PP_0(y)$的水平距离，再按测图比例尺缩小为图上距离，然后在图纸上借助于绘图工具用几何作图方法求得P的点位p。

(二)碎部点高程的计算

在地形测图中，通常采用视距三角高程测量或电磁波测距三角高程测量测定碎部点的

高程。在采用经纬仪进行传统测图时，计算碎部点高程的公式(参见第五章)为

$$H=H_0+\frac{1}{2}kl\sin2\alpha+i-v \tag{9-1}$$

或

$$\begin{cases} D=kl\cos\alpha^2 \\ h=D\tan\alpha+i-v \\ H=H_0+h \end{cases} \tag{9-2}$$

式中，H_0为测站点高程；i为仪器高；v为中丝在碎部点地形尺上的读数；k为视距乘常数(通常取k=100)；l、α分别为相应的尺间隔和竖直角；D为测站至碎部点的水平距离；h为高差。

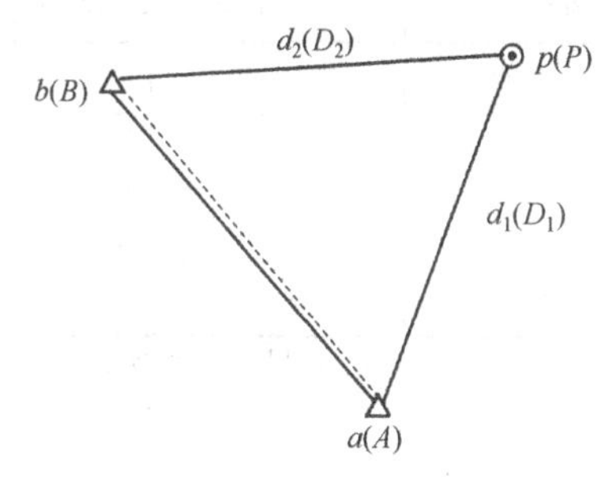

图 9-5 距离(边长)交会法示意图

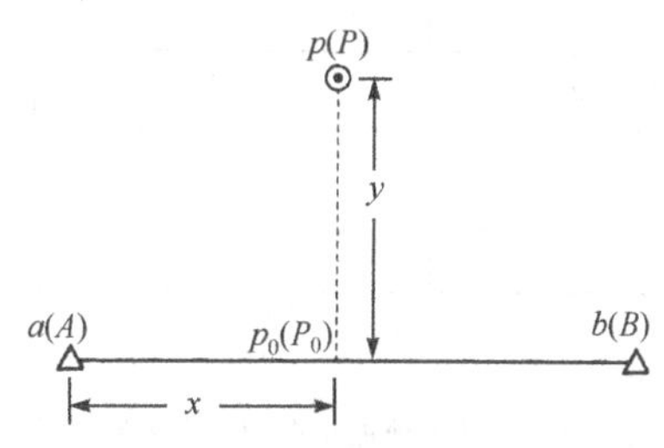

图 9-6 直角坐标法示意图

在采用全站仪或测距仪进行测距时，计算碎部点高程的公式为

$$H=H_0+S\sin\alpha+i-v \tag{9-3}$$

式中，H_0为测站点高程；i为仪器高；v为镜高；S为斜距；α为竖直角。

(三)碎部点的选择

碎部点应选择地物和地貌特征点(即地物和地貌的方向转折点和坡度变化点)。碎部点选择是否得当，将直接影响到成图的精度和速度。若选择正确，就可以真实地反映地形现状，保证工程要求的精度；若选择不当或漏选碎部点，则将导致地形图失真走样，影响工程设计或施工用图。

1. 地物特征点的选择

地物特征点一般是选择地物轮廓线上的转折点、交叉点，河流和道路的拐弯点，独立地物的中心点等。连接这些特征点，便可得到与实地相似的地物形状和位置。测绘地物时必须根据规定的测图比例尺，按测量规范和地形图图式的要求，经过综合取舍，将各种地物恰当地表示在图上。

2. 地貌特征点的选择

最能反映地貌特征的是地性线(也称地貌结构线，它是地貌形态变化的棱线，如山脊线、山谷线、倾斜变换线、方向变换线等，其具体含意可参阅第二章第七节)。因此，地貌特征点应选在地性线上(图 9-7)，如山顶的最高点、鞍部、山脊、山谷的地形变换点、山坡倾斜变换点、山脚地形变换点等处都必须选定碎部点进行测绘。

图 9-7 地貌特征点及地性线示意图

3. 碎部点间距、视距和测距的最大长度

碎部点间距、视距和测距的最大长度一般应符合表 9-1 的规定。

表 9-1 碎部点间距、视距和测距的最大长度

测图比例尺	高程注记点间距/m	视距最大长度/m		测距最大长度/m	
		地物点	地形点	地物点	地形点
1 : 500	15	—	70	80	150
1 : 1000	30	80	120	160	250
1 : 2000	50	150	200	300	400

注：1. 按 1 : 500 比例尺测图时，在建成区和平坦地区及丘陵地，地物点距离应采用皮尺量距或测距，皮尺丈量最大长度为 50m；

2. 山地、高山地地物点的最大视距可按地形点要求；

3. 采用数字化测图或按坐标展点测图时，其测距最大长度可按表中地形点放大一倍；

4. 平坦及地形简单地区的高程注记点间距可放宽至 1.5 倍，地貌变化较大的丘陵地、山地与高山地应适当加密。

4. 地形图的等高距

等高距的选择与地面坡度有关，具体数值可参阅表 2-6。当基本等高距为 0.5m 时，高程注记点的高程应注至厘米；基本等高距大于 0.5m 时可注至分米。

三、经纬仪测绘法

传统的地面测图方法有：经纬仪测绘法、大平板仪测图法、小平板仪与经纬仪(或水准仪)联合测图法等，本节介绍经纬仪测绘法。

如图 9-8 所示，将经纬仪安置于测站点(如导线点 A)上，将测图板(不需置平，仅供作绘图台用)安置于测站旁，用经纬仪测定碎部点方向与已知(后视)方向之间的夹角，用视距测量方法(参阅第五章第二节)测定测站到碎部点的水平距离和高差，然后根据测定数据按极坐标法(参见图 9-3)，用量角器和比例尺把碎部点的平面位置展绘于图纸上，并在点位的右侧注明高程，再对照实地勾绘地形图。这个方法的特点是可以在野外边测边绘，优点是便于检查碎部有无遗漏及观测、记录、计算、绘图有无错误；就地勾绘等高线，地形更为逼真；此法操作简单灵活，适用于各类地区的测图工作。现将经纬仪测绘法在一个测站上的作业步骤简述如下。

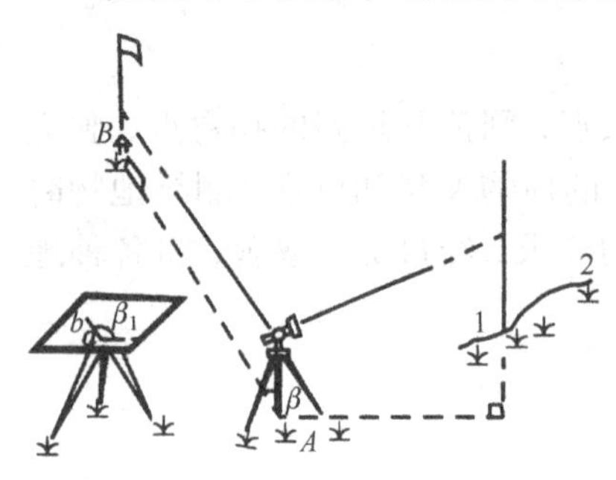

图 9-8 经纬仪法测图

(一)安置仪器

(1)安置经纬仪于图根控制点 A 上，对中、整平、量取仪器高 i，记入碎部测量手簿(表 9-2)。

(2)定向。置盘左水平度盘读数为 0°00′00″，后视另一个控制点 B(图 9-8)，方向 AB 称为零方向(或称后视方向)。

(3)测定竖盘指标差 x，记入手簿；或利用竖盘指标水准管一端的校正螺丝将 x 校正为 0。若使用竖盘指标自动安平的经纬仪，应检查自动安平补偿器的正确性。

(二)测定碎部点

(1)立尺。立尺员依次将视距尺立在选好的地物和地貌特征点上。

(2)观测。观测员先将经纬仪望远镜中丝大致瞄准视距尺上与仪器高 i 等高的读数处，再用视距上丝对准尺上整分米处(设为 a)，然后读取下丝所截数值(设为 b)，并立即算出 $(a-b)$ 值，或由观测员直接读出视距值，记入手簿。此时观测员再使中丝准确对准尺上之仪器高 i 的读数处，并使竖盘指标水准管的气泡居中，读记竖盘读数及水平角读数。在观测竖直角时，如不能瞄准尺上对应仪器高的读数处，可改为将中丝对准标尺的适当高度。无论哪种方法，都必须将中丝读数 v 记入手簿(表 9-2)。

(三)计算水平距离、高差和高程

(1)按第五章视距测量公式(5-18)、式(5-22)或式(9-2)，计算相应的水平距离及高差值，并记入手簿(表 9-2)。

表 9-2 碎部测量手簿

测站：A 后视点：B 仪器高：i=1.45m 指标差：x=0 测站高程：H=243.76m

点号	水平角 β	视距 kl/m	中丝高 v/m	竖盘读数 L	竖直角 α	水平距离 D/m	高差 h/m	高程 H/m	点位
1	113°45′	38.0	1.45	93°28′	−3°28′	37.9	−2.29	241.47	山脚
2	135°50′	51.4	1.45	87°26′	+2°34′	51.3	+2.30	246.06	山顶
⋮	⋮	⋮	⋮	⋮	⋮	⋮	⋮	⋮	⋮
100	204°30′	37.5	2.45	93°00′	−3°00′	37.4	−2.96	240.80	电杆

注：1. 经纬仪的视距乘常数 K=100，视距加常数 q=0；

2. 望远镜视线水平时，盘左竖盘读数为 90°，视线向上倾斜时，盘左竖盘读数减小。

(2)计算高程：测点高程=测站高程+高差。

(四)展绘碎部点(俗称上点)和勾绘地形图

1. 展绘碎部点

绘图员根据水平角和水平距离按极坐标法把碎部点展绘到图纸上(现结合图 9-8 简略说明展绘方法)。用细针将量角器的圆心插在图纸上的测站点 a 上，转动量角器，使在量角器上对应所测碎部点 1 的水平角度(113°45′)的分划线对准零方向线 ab，再用量角器直径上的刻划尺或借助三棱比例尺，按测得的水平距离 D_{A1}=37.9m 在图纸上展绘出点 1 的位置。

图 9-9 为测图中常用的半圆形量角器(通常称为半圆仪)，在分划线上注记两圈度数，外圈为 0°～180°，红色字；内圈为 180°～360°，黑色字。展点时，凡水平角在 0°～180°，则用外圈红色度数，并用该量角器直径上一端以红色字注记的长度刻划量取水平距离 D；凡水平角在 180°～360°，则用内圈黑色度数，并用该量角器直径上另一端以黑色字注记的长度刻划量取水平距离 D。

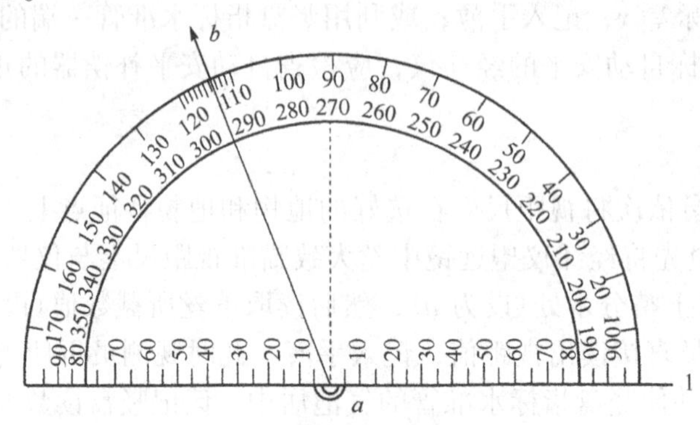

图 9-9　半圆形量角器示意图

在绘图纸上展绘碎部点时，可用一种专用细针刺出点位，在聚酯绘图薄膜上展绘碎部点时，可用 5H 或 6H 铅笔直接点出点位。并在点位右侧注记高程 H_1=241.47≈241.5m。同法展绘其他各点，高程注记的数字，一般字头朝北，书写清楚整齐。

2. 绘制地形图

绘制地形图时，一边展绘碎部点，一边参照实地情况进行勾绘。所有的地物、地貌都应按地形图图式规定的符号绘制。城市建筑区和不便于绘等高线的地方，可不绘等高线。其他地区的地貌，则应根据碎部点的高程来勾绘等高线。地貌点选在坡度变化和方向变化处，相邻两点的坡度可视为均匀坡度，所以通过该坡度的等高线之间的平距与高差成正比，这就是内插等高线依据的原理。内插等高线的方法一般有计算法、图解法和目估法三种。现以表 9-2 的 1、2 两地貌点为例，说明计算法。

如图 9-10 所示，1′、2′为地面上的点位，1、2 为其图上位置，其高程录自表 9-2，只取至分米。设 1、2 两点的图上距离为 d、基本等高距为 1m，则 1、2 两点之间必有高程为 242m、243m、244m、245m 和 246m 的五条等高线通过，其在 1-2 连线上的具体通过位置对应的水平距离 d_1、d_2、d_3、d_4 和 d_5 计算如下：

$$\text{因为}\ \frac{0.5}{4.6}=\frac{d_1}{d}\qquad \text{所以}\ d_1=\frac{0.5}{4.6}d=\frac{5}{46}d$$

$$\text{因为}\ \frac{1.5}{4.6}=\frac{d_2}{d}\qquad \text{所以}\ d_2=\frac{1.5}{4.6}d=\frac{15}{46}d$$

$$\text{因为}\ \frac{2.5}{4.6}=\frac{d_3}{d}\qquad \text{所以}\ d_3=\frac{2.5}{4.6}d=\frac{25}{46}d$$

$$\text{因为}\ \frac{3.5}{4.6}=\frac{d_4}{d}\qquad \text{所以}\ d_4=\frac{3.5}{4.6}d=\frac{35}{46}d$$

$$\text{因为}\ \frac{4.5}{4.6}=\frac{d_5}{d}\qquad \text{所以}\ d_5=\frac{4.5}{4.6}d=\frac{45}{46}d$$

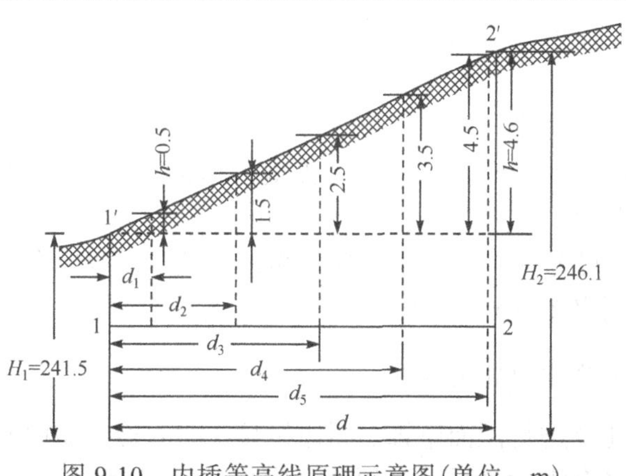

图 9-10　内插等高线原理示意图(单位：m)

上述方法仅说明内插等高线的基本原理，而实用时都是用目估法内插等高线的。目估法内插等高线的步骤如下。

(1)定有无，即确定两碎部点之间有无等高线通过。

(2)定根数，即确定两碎部点之间有几根等高线通过。

(3)定两端，如图 9-11(a)中的 *a*、*g* 点。

(4)平分中间，如图 9-11(a)中的 *b*、*c*、*d*、*e*、*f* 点。

如图 9-11(a)及(b)所示，设两点的高程分别为 201.6m 和 208.60m，根据目估法定出两点间有 7 根等高线通过，则 *a*、*b*、*c*、*d*、*e*、*f*、*g* 各点分别为 202～208m 共 7 条等高线通过的位置。用光滑的曲线将高程相等的相邻点连接起来即等高线。

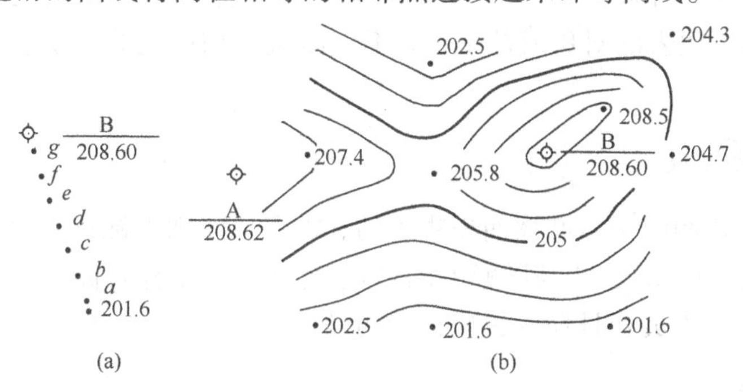

图 9-11　目估法勾绘等高线示意图(单位：m)

(五)测绘碎部点过程中应注意的事项

(1)全组人员要互相配合，协调一致。绘图时做到站站清，板板清，有条不紊。

(2)观测员读数时应注意记录者、绘图者是否听清楚，要随时把地面情况和图面点位联系起来。观测碎部点的精度要适当，测重要地物点的精度较地貌点要求高些。一般竖直角读到 1′，水平角读到 5′即可。

(3)立尺员选点要有计划，点子分布要均匀恰当，必要时勾绘草图，供绘图参考。

(4)记录、计算应正确、工整、清楚，重要地物在备注栏加以注明，碎部点水平距离和高程均计算到厘米，不要搞错高差的正负号。

(5)绘图员应随时保持图面整洁。抓紧在野外对照实际地形勾绘等高线，做到边测、边绘；注意随时将图上点位与实地对照检查，根据距离、水平角和高程进行核对。

(6)检查定向。在一个测站上每测 20～30 个碎部点后或在结束本站工作之前均应检查后视方向(零方向)有无变动，若有变动应及时纠正，并应检查已测碎部点是否移位。

为了检查测图质量，仪器搬到下一测站时，应先观测前站所测的某些明显碎部点，以检查由两个测站所测同一点的平面位置和高程是否相符。如相差较大，则应查明原因，纠正错误，再继续进行测绘。

若测区面积较大，可分成若干图幅，分别测绘，最后拼接成全区地形图。为了相邻图幅的拼接，每幅图应测出图廓外 5～10mm。

四、地形图的拼接、检查验收和清绘

外业测图完成后还要进行图面整饰、图边拼接、图的检查验收和清绘等项工作，这些工作与最后的成图质量有密切关系，必须认真完成。

(一)图面整饰

1. 线条、符号

图内一切地物、地貌的线条都应整饰清楚。若有线条模糊不清、连接不整齐或错连、漏连及符号画错等，都要按地形图图式规定加以整饰，但应注意不能把大片的线条擦光重绘，以免产生地物、地貌严重移位，甚至造成错误。

2. 文字注记

名称、地物属性及各种数字注记的字体要端正清楚，字头一般朝北，位置及排列要适当，既要能表示其所代表的对象或范围，又不应压盖地物地貌的线条，一般可适当空出注记的位置。

3. 图号及其他记载

图号常易在外业测图中被摩擦而模糊不清，要先与图廓坐标核对后再注写清楚，防止写错。其他如图名、接图表(相邻图幅的图号)、比例尺、坐标及高程系统、测图方法、图式版本、测图单位、人员和日期等也应记载清楚。

(二)图边拼接

在较大面积的测图中，整个测区划分为若干幅图，由于测量误差等原因，相邻图幅衔接处的地物轮廓、等高线往往不能完全吻合。因此，为了图幅拼接的需要，每幅图的四个图边都要测出图廓 5～10mm。接图时，若所用图纸是聚酯绘图薄膜，则可直接按图廓线将两幅图重叠拼接。若为白纸测图，则可用 3～4cm 宽的透明纸条先把左幅图(图 9-12)的东图廓线及靠近图廓线的地物和等高线透描下来，然后将透明纸条坐标格网线蒙到右图幅的西图廓线上，以检验相应地物及等高线的差异。每幅图的绘图员一般只透描东和南两个图边，而西和北两个图边由相邻图幅负责透描。若接图边上两侧同名等高线或地物之差不超过表 9-3～表 9-5 中规定的平面、高程中误差的 $2\sqrt{2}$ 倍时，可在透明纸上用红墨水画线取其平均位置，然后以此平均位置为根据对相邻两图幅进行改正。

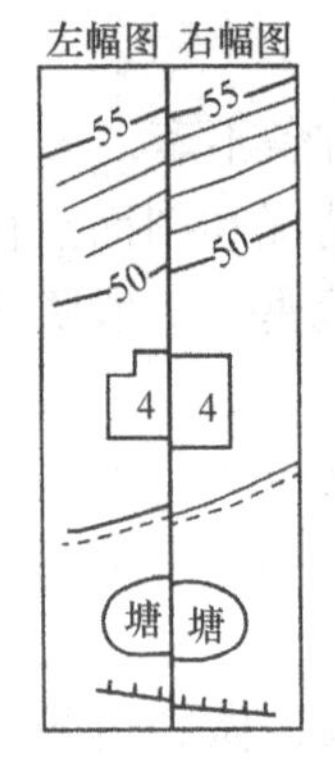

图 9-12　图边拼接

(三)地形图的检查验收

在测图中，测绘人员应对测图认真进行检查，以保证成图质量。一般在测图过程中首先要加强自检，发现问题立即查清纠正；然后在全幅测完后，应组织互检，以及由上级业务管理部门组织的专人检查验收和质量评定。地形图的检查一般从以下几方面进行。

1. 室内检查

内容是检查坐标格网、图廓线，各级控制点的展绘，外业手簿的记录计算，控制点和碎部点的数量和位置是否符合规定，地形图内容综合取舍是否恰当，图式符号使用是否正确，等高线表示是否合理，图面是否清晰易读，接边是否符合规定等。若发现疑问和错误，应到实地检查、修改。

2. 巡视检查

按拟定的路线实地巡视，将原图与实地对照。巡视中着重检查地物、地貌有无遗漏、等高线走势与实地地貌是否一致、综合取舍是否恰当等。

3. 仪器检查

仪器检查是在上述两项检查的基础上进行的。在图幅范围内设站，一般采用散点法进行检查。除对已发现的问题进行修改和补测外，还要重点抽查原图的成图质量，将抽查的地物点、地貌点与原图上已有的相应点的平面位置和高程进行比较，算出较差，均记入专门的手簿，最后按小于或等于$\sqrt{2}m$（m为中误差，其数值见表9-3～表9-5），大于$\sqrt{2}m$但小于$2m$，大于$2m$但小于$2\sqrt{2}m$这三个区间分别统计其个数，算出各占总数的百分比，作为评定图幅数学精度的主要依据。大于$2\sqrt{2}m$的较差算作粗差，其个数不得超过总数的2%，否则认为不合格。若各项符合要求，即可予以验收，交有关单位使用或存档。

表9-3　图上地物点点位中误差与间距中误差

地区分类	点位中误差（图上）/mm	邻近地物点间距中误差（图上）/mm
城市建筑区和平地、丘陵地区	±0.5	±0.4
山地、高山地和设站困难的旧街坊内部	±0.75	±0.6

注：森林隐蔽等特殊困难地区，可按表放宽50%。

表9-4　城市建筑区和平坦地区高程注记点的高程中误差

分类	高程中误差/m
铺装地面的高程注记点	±0.07
一般高程注记点	±0.15

表9-5　等高线插求点的高程中误差

地形类别	平地	丘陵地	山地	高山地
高程中误差（等高距）	1/3	1/2	2/3	1

注：森林隐蔽等特殊困难地区，可按表放宽50%。

(四)地形图的清绘和整饰

铅笔原图经检查合格后，应进一步根据地形图图式规定进行着墨清绘和整饰，使图面更加清晰、合理、美观。其顺序是先图内后图外，先注记后符号，先地物后地貌。

第三节 大比例尺地形图地面数字测图法

地面数字测图是指利用全站仪、GNSS 接收机等仪器采集坐标数据及其编码(属性及连接关系信息)，通过计算机图形处理而自动绘制地形图的方法。

地面数字测图的基本思想是利用上述技术将采集到的地形数据传输到计算机，并由成图软件进行数据处理、成图显示，再经过编辑、处理，生成数字地形图，最后将地形数据和地形图分类建立数据库，或用数控绘图仪或打印机完成地形图和相关数据的输出。图 9-13 为数字化测图的流程示意图。地面数字测图系统基本硬件包括：全站仪、RTK、计算机和绘图仪等。软件基本功能主要有：野外数据的输入和处理、图形文件生成、等高线自动生成、图形编辑与注记和地形图自动绘制。

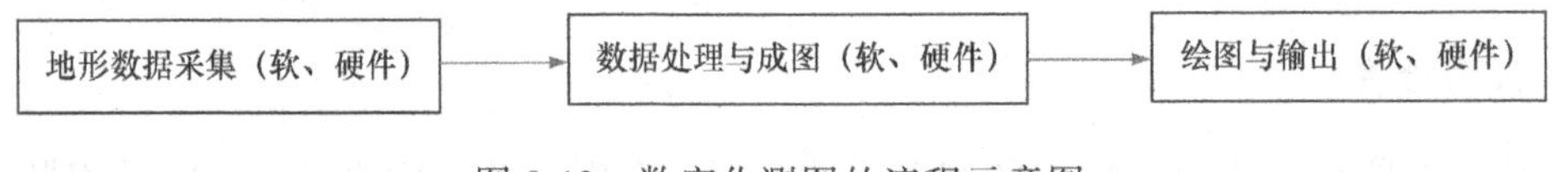

图 9-13 数字化测图的流程示意图

野外数据采集即以控制点为基础测定碎部点的三维坐标并对其进行编码，包括碎部点的选取、测定及编码。

一、野外数据采集

(一)测记法全站仪野外数据采集

1. 图根控制点的加密测量

当高级控制点的密度不能满足大比例尺数字测图的需求时，应加密适当数量的图根控制点，直接供测图使用。可采用辐射法对图根控制点进行加密，辐射法就是在某一通视良好的等级控制点上，用极坐标测量方法，按全圆方向观测方法，一次测定周围几个图根控制点，这种方法无须平差计算，可直接测定坐标。为了保证图根控制点的可靠性，一般进行两次观测。

2. 测站点的测定

数字测图时，应尽量利用各级控制点作为测站点，但地表上的地物、地貌有时是极其复杂零碎的，要全部在各级控制点上采集到所有碎部点往往比较困难，因此除了利用各级控制点之外，还要增设测站点。尤其是在地形琐碎、分水线地形复杂地段，小沟、小山脊转弯处，房屋密集的居民地，以及雨裂冲沟众多的地方，对测站点的数量要求会多些，但是不应增设测站点做大面积的测图。

增设测站点是在控制点或图根点上，采用极坐标测量法、支导线法、辐射法等方法测定测站点的平面位置和高程。数字测图时，测站点的点位精度，相对于附近图根点的中误差不应大于图上 0.2mm，高程中误差不应大于测图基本等高距的 1/6。

3. 作业人员组织与分工

(1)观测员 1 人，负责操作全站仪。

(2)领图员 1 人，负责指挥跑尺员(立镜员)，并现场勾绘草图。要求熟悉地形图图式，并负责与观测员随时核对点号。草图纸应用固定格式，每张草图应填写日期，测站、后视、测量员、绘图员信息。应清楚记录测点与测点之间的关系，做到既清楚又简单。

(3)跑尺员 1～2 人(依测量作业熟练情况而定)，负责现场立镜。有经验的立镜员立镜时能根据后期数字图编辑的特点综合取舍。对于经验不足者，应由领图员指挥立镜。

(4)内业制图员 1 人，其根据草图和坐标文件，使用数字成图软件绘制地形图。

领图员绘制的草图好坏，直接影响内业成图的速度与质量，因此领图员是整个小组的核心成员。

4. 全站仪野外数据采集步骤

(1)仪器安置。在测站点上安置全站仪，对中、整平。

(2)测站设置。安置好全站仪后，进行测站设置。将测站点坐标值输入全站仪，并量取仪器高和棱镜高，将其值输入仪器。

(3)后视定向。测站设置好后，用全站仪瞄准后视已知点进行定向，即将后视点坐标值输入仪器并进行精确瞄准定向，测定后视点位坐标和高程进行复核，定向完成后最好再找另一个已知点进行复核。

(4)测地碎部点。用全站仪瞄准碎部点上的棱镜并进行观测，即可直接获得碎部点的三维坐标，并保存在全站仪中。

(5)工作草图绘制。野外数据采集除采集碎部点的坐标外，还要获取与绘图有关的其他信息，如碎部点的地形要素名称、碎部点连接线形等，以便计算机生成图形文件，进行图形处理。为了便于室内机助成图，一般还要在野外绘制工作草图(也可以用编码的形式记录)，也就是在工作草图上记录地形要素名称、碎部点连接关系。然后在室内将碎部点显示在计算机屏幕上，根据工作草图，采用人机交互方式连接碎部点绘制成地形图。

(6)迁站。在一个测站上将测站四周所要测的全部碎部点测完后，经过全部检查无误和无遗漏后，即可迁至下一站，重新按上述方法、步骤进行施测。

在全站仪进行野外数据采集时，应注意的事项如下。

(1)每次观测时，应注意检查管水准器气泡是否居中；如重新对中、整平后，应重新定向。

(2)立镜人员应将棱镜杆立直，并随时观察立尺点周围地形，弄清碎部点间关系；地形复杂时还需协助草图绘制人员绘制草图。

(3)一测站工作结束时，应检查有无地物、地貌遗漏，确认无遗漏后，方可迁站。

(二)测记法 RTK 野外数据采集

利用 RTK 测定碎部点的作业步骤为基准站设置、流动站设置、碎部点的数据采集(包括外业草图的绘制和编码)，其方法见第七章 RTK 部分。

RTK 数据采集时应注意的事项如下：

(1)电台不宜放在离 GNSS 接收机过近的地方，否则电台信号会干扰 GNSS 卫星信号。

同时，电台的信号线和电源线过长时不宜卷起来，这样会因为涡流而产生磁场，干扰 GNSS 信号，基准站 GNSS 天线与无线电发射天线间最好相距 3m 以上。

(2)流动站无线电的频率与基准站的相同。

(3)流动站的位置应在基准站的控制范围之内(一般不应超过 20km)。

(4)在量取天线高时，应注意所量至的位置应与设置的位置一致。

(5)基准站宜布设在中央最高控制点上，旁边不能有大面积水面、高大树木、建筑物或电磁干扰源(如电台的发射塔、高压电线等)。

(6)GNSS 信号失锁时需要重新进行初始化，等到重新锁定卫星时再进行碎部测量，仪器显示固定解时代表定位结果准确可以保存。为了确保安全可靠，最好回到一个参考点上进行校核。

(7)在作业结束时，应先保存好数据后再关机，否则，有可能造成测量数据的丢失。

(8)在 RTK 接收信号困难地区，可用全站仪配合测量。

(三)电子平板法野外数据采集

电子平板法野外数据采集采用笔记本电脑或掌上电脑作为野外数据采集记录器，可以在采集碎部点之后，对照实际地形输入图形信息码，现场生成图形。基本操作过程如下。

(1)利用计算机将测区的已知控制点及测站点的坐标传输到全站仪的内存中。

(2)在测站点上架设好仪器，并把笔记本电脑或者掌上电脑与全站仪用相应的电缆或蓝牙连接好，设置全站仪的通信参数，开启数字测图软件，分别在全站仪和笔记本电脑或掌上电脑上完成测站、定向点的设置工作。

全站仪照准碎部点，每测完一个点，屏幕上都会及时显示出来；根据测点的类型，在测图软件上找到相应的操作，现场将被测点绘制成图。

二、数字地形图内业成图

目前，市场上比较成熟的大比例尺数字测图(绘图)软件，主要是广州南方测绘仪器股份有限公司的 CASS 系列。CASS 系列软件是在 AutoCAD 平台上开发的。因此，在图形编辑过程中还可以充分利用 AutoCAD 强大的图形编辑功能。

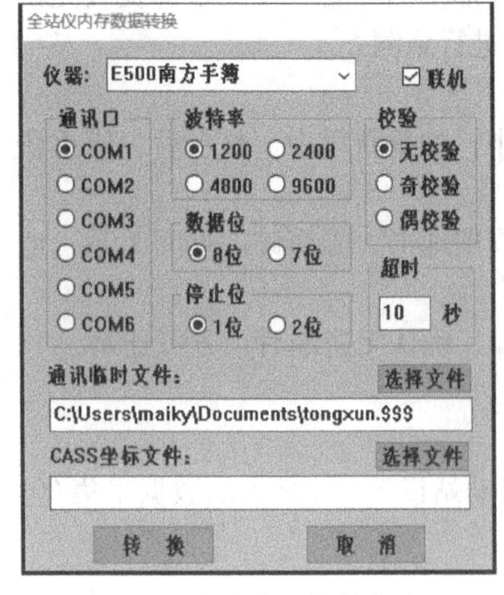

图 9-14　全站仪内存文件转换成 CASS 坐标文件

这些绘图软件提供了多种成图方法：简编码自动成图法、引导文件自动成图法、测点点号定位成图法、测点坐标定位成图法。下面以 CASS 软件介绍测点点号定位成图法。

1. 数据下载与转换

采集设备通过 RS232 传输线连接好计算机，然后开机并打开 CASS 软件，单击“数据”菜单下的“读取全站仪数据”按钮，系统弹出“全站仪内存数据转换”对话框，如图 9-14 所示。根据全站仪的不同，在“仪器”下拉菜单栏，选择对应全站仪品牌；在全站仪临时文件栏，单击“选择文件”按钮，选择从全站仪下载的测量内存文件，在 CASS 坐标文件栏，单击“选择文件”按钮，确定转换后文件的保存路径，再单击“转换”按钮，即可将各种全站仪内存文件转换成 CASS 软件格式后缀为“dat”的文本格式文件。目前多数测量仪器都带有数据存储卡(如 SD 卡)，在作业当中各种数据都可以方便地保存到(或导入)SD 卡中，通过笔记本电脑插槽或读卡器就可以轻松在电脑上读取 SD 卡内的数据。

2. 定显示区及设定比例尺

在菜单栏“绘图处理”下，单击“定显示区”按钮，输入“dat”格式的 CASS 坐标文件；单击“改变当前图形比例尺”按钮，根据命令行提示输入作图的比例尺分母，系统默认的比例尺为 1∶500。

3. 展点和展高程点

展点指 CASS 坐标文件中全部点的平面位置在当前图形中展出，并标注各点的点号。其步骤是在菜单栏“绘图处理”下单击“展野外测点点号”按钮，系统弹出对话框，选择并打开 CASS 坐标文件，如图 9-15 所示。

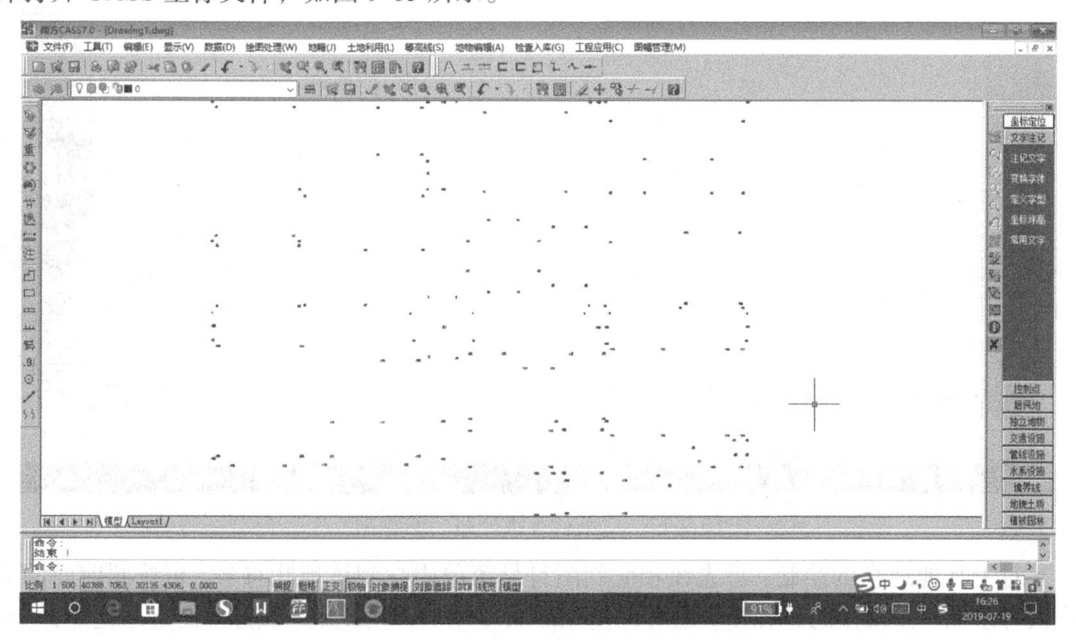

图 9-15　CASS 软件“展野外测点点号”界面

完成连线成图操作后，若需要注记点的高程，则可以在菜单栏“绘图处理”下选择“展高程点”选项，系统弹出对话框，选择并打开与前面展点相同的 CASS 坐标文件。

4. 根据草图绘制相应的图式符号

CASS 软件将所有地物要素细分为文字注记、控制点、界址点、居民地等菜单，此时即可按照其分类分别绘制，例如，绘制平行等级公路就单击右侧屏幕菜单的“交通设施”按钮，并单击“公路”按钮，弹出如图 9-16 所示的界面，在此界面选择“平行等级公路”。

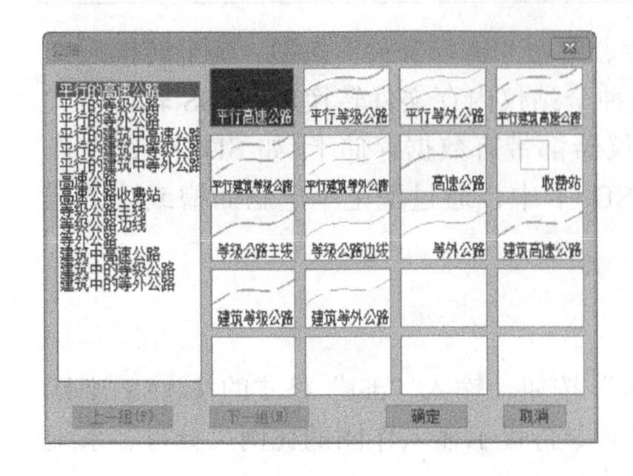

图 9-16　“平行等级公路”界面

在屏幕菜单定位方法中选择“点号定位”选项，此时命令行提示：〈点号〉输入 105，按回车键；〈点号〉输入 106，按回车键。

拟合线〈N〉？输入 Y，按回车键(输入 Y，将该边拟合成光滑曲线；输入 N(缺省为 N)，则不拟合)。

1.边点式/2.边宽式〈1〉：按回车键(默认 1)，将要求输入公路对边上的一点；选 2，要求输入公路宽度。

对面一点：鼠标定点 *P*〈点号〉输入 113，按回车键。

这时，“平行等级公路”就绘制好了，如图 9-17 所示。

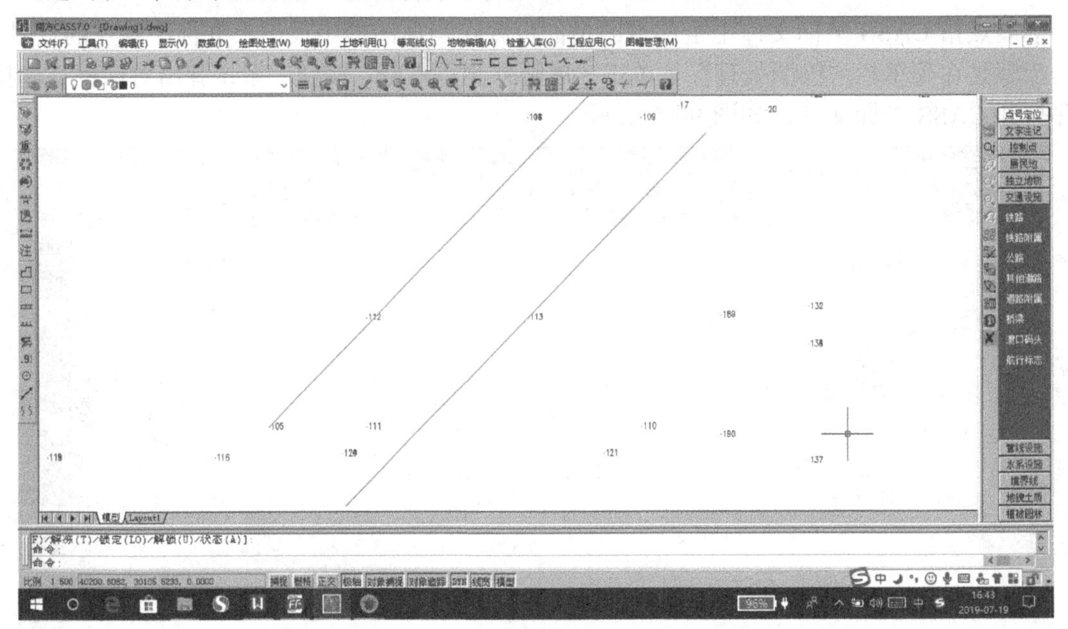

图 9-17　“平行等级公路”的绘制

对于其他地物的绘制，首先在相应制图符号菜单中找到该地物符号，再按照前面的方法进行绘制。在操作的过程中，还可以使用放大显示、移动图纸、删除、文字注记等命令。

5. 绘制等高线

CASS 软件可自动生成等高线，但在生成等高线时，要充分考虑等高线通过地性线和断裂线的处理，如陡坎、陡崖等。该软件还能自动切断通过地物、注记、陡坎的等高线。

绘制等高线，通常先建立数字地面模型(digital terrain model, DTM)，再勾绘等高线。具体步骤如下。

(1)展高程点。执行菜单“绘图处理”下拉菜单中“展高程点”命令，将高程点全部展出来。

(2)建立 DTM。执行菜单“等高线”下拉菜单中“建立 DTM”命令，在屏幕区域将点连接成三角网，如图 9-18 所示。

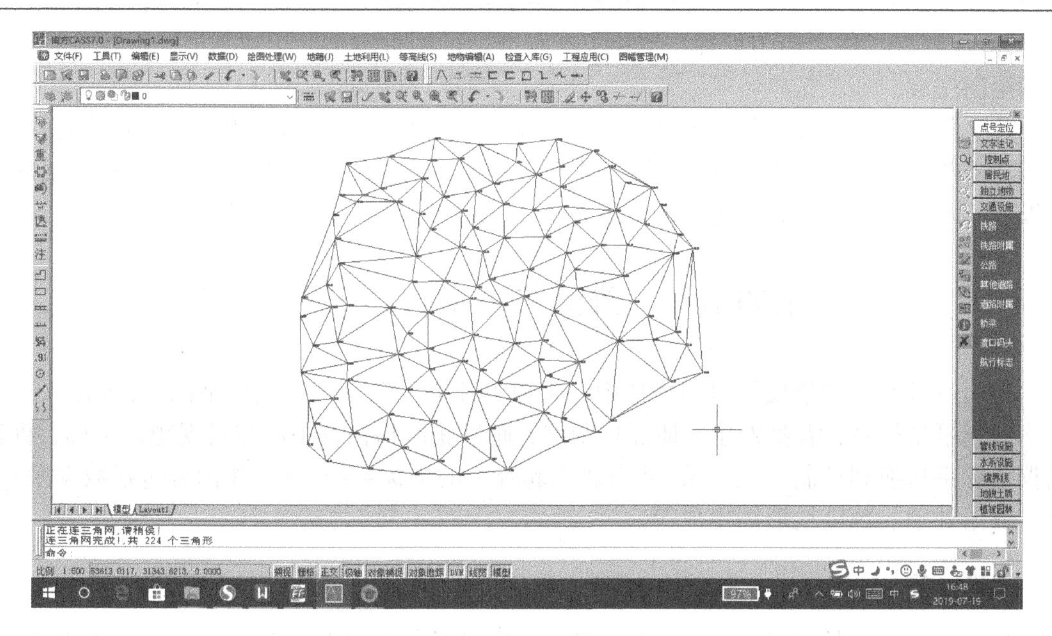

图 9-18　DTM 的建立

(3)编辑三角网。依据测绘现场的实际情况，对三角网进行适当的编辑，如删除三角网、增加三角网、过滤三角网等。三角网编辑功能都在“等高线”菜单中。注意，编辑完三角网后，务必选择“绘制等高线”下拉菜单中的“修改结果存盘”选项。

(4)绘制等高线。执行菜单“等高线”下拉菜单中“绘制等高线”命令，弹出对话框，这时屏幕区域会显示如图 9-19 所示。输入等高距，选择拟合方式后单击“确定”按钮，系统自动绘制出等高线。

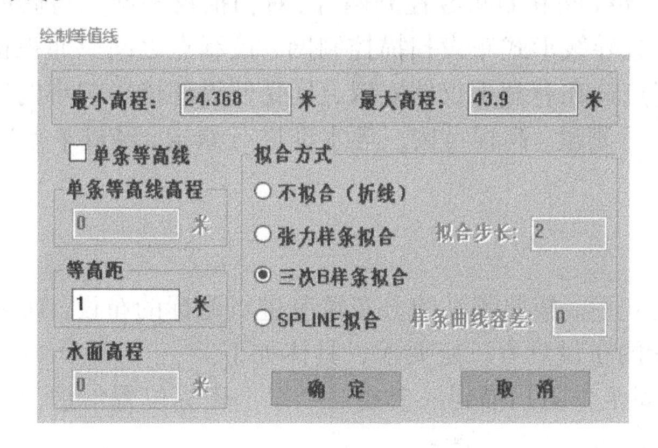

图 9-19　绘制等高线对话框

(5)删除三角网。执行“等高线”下拉菜单中“删三角网”命令。

(6)等高线的修剪。执行“等高线”下拉菜单下“等高线修剪”二级菜单中的“切除指定二线间等高线”“切除指定区域内等高线”“批量修剪等高线”“取消等高线消隐”等命令。绘图软件将自动搜寻，把等高线穿过的部分切除。配合“等高线注记”命令可为等高线注记高程值，并在注记位置消隐等高线。

(7)为地形图添加注记。选择“右侧屏幕单”中的“文字注记”选项，按照要求进行文字、数字等注记，最后生成含注记等辅助说明信息的地物、地貌信息。

(8)加图框。在“绘图处理”菜单下选择合适的图框类型，生成图框。至此，一幅地形图绘制完成。

数字化测图工作进程包括野外数据采集、数据处理、图形编辑、成果输出和数据管理。一般在外业完成数据采集、数据编码工作，它是计算机绘图的基础。内业要进行数据的图形处理，在人机交互方式下进行图形编辑，生成绘图文件，由绘图仪绘制成图。

第四节　三维激光扫描仪地形测量

地面三维激光扫描仪是以扫描仪中心为原点建立的独立局部扫描坐标系，为建立一个统一的测量坐标系，需要先建立地面控制网，通过获取扫描仪中心与后视靶标坐标，将扫描仪坐标系转换到控制网坐标系，从而建立起统一的坐标系统。其工作内容包括数据采集、点云数据处理、数字地形图生成等。

一、数据采集

地面点云数据的采集主要包括场地踏勘、控制网布设、靶标布设、扫描作业四个步骤。

1. 场地踏勘

场地踏勘的目的是根据扫描目标的范围、形态及需要获取的重点目标等，完成扫描作业方案的整体设计，其中主要是扫描仪设站位置的选择。

2. 控制网布设

对大场景可采用导线网和GNSS控制网等，对扫描仪测站点与后视点可用GNSS RTK进行测定。若采用闭合导线形式布设扫描控制网，控制点之间应通视良好，各控制点的点间距大致相同，控制点选在有利于仪器安置，且受外界环境影响小的地方。平面控制可按二级导线技术要求进行测量，高程可按三等水准进行测量，经过平差后得到各控制点的三维坐标。

3. 靶标布设

扫描测站位置选定后，按照测站的分布情况进行靶标的布设。通过靶标配准统一各测站点云坐标时，靶标的布设具有一定要求，具体如下。

(1)相邻测站之间至少需扫描到三个或三个以上靶标位置信息，以作为不同测站间点云配准转换的基准。

(2)靶标应分散布设，不能放置在同一直线或同一高程平面上，防止配准过程中出现无解情况。

(3)在条件许可的情况下，尽量选择球形靶标，这不仅可以克服扫描位置不同所引起的标靶畸变问题(平面靶标易产生畸变，不利于后续靶标坐标的提取)，同时也可提高配准精度。

4. 扫描作业

扫描目的是获取地形的三维坐标数据，建立精确的数字地面模型，提取等高线为工程应用等方面服务。扫描点云数据配准统一坐标时，每个测站至少需要三个靶标参与坐标转换，每次测站扫描的点云坐标通过靶标中心坐标进行转换，因此多个测站点云数据的配准不产生累积误差。如图 9-20 所示，测站 1 与测站 2 附近分别放置 4 个球靶标，扫描仪同时扫描 4 个球靶标，通过球靶标上的点云拟合出靶标中心坐标，然后采用全站仪观测球靶标中心在控制网中的坐标，通过两组公共坐标计算出坐标转换参数，将每个测站扫描的点云坐标转换为控制网的统一坐标。

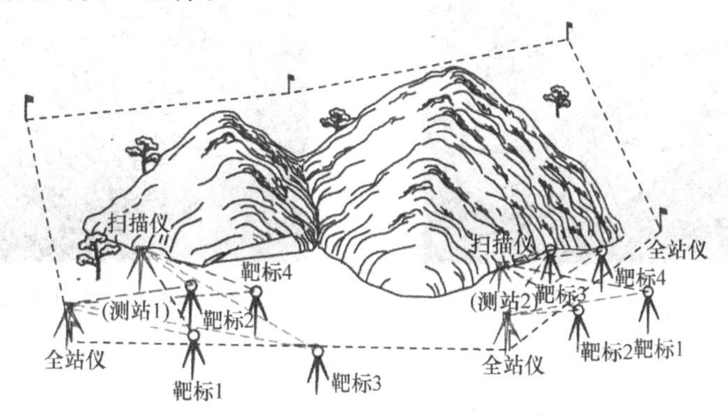

图 9-20　基于控制网的球靶标布设

根据场地实际情况确定扫描方案后，在设置好的每个扫描测站中，应采用不同的分辨率进行扫描，首先以非常低的分辨率(如 1/20 的分辨率)扫描整体场景，然后选择欲采集区域，按照正常分辨率(如 1/4 的分辨率)扫描该区域，这样一站扫描结束后分别保存区域点云文件。在提取扫描测站点与后视靶标的坐标时，应确保提取精度，否则无法将各测站的点云转到同一个坐标系统。

二、点云数据处理及地形图绘制

首先对获取的点云数据进行处理，处理内容包括点云拼接、点云去噪、重采样、模型生成。再将模型数据转换为点数据并按一定的间距进行抽稀，将抽稀后的数据导入数字地形图绘制软件进行地形图绘制。图 9-21 为点云数据处理框图，图 9-22 为某山体的点云图，图 9-23 为该山体的等高线地形图。

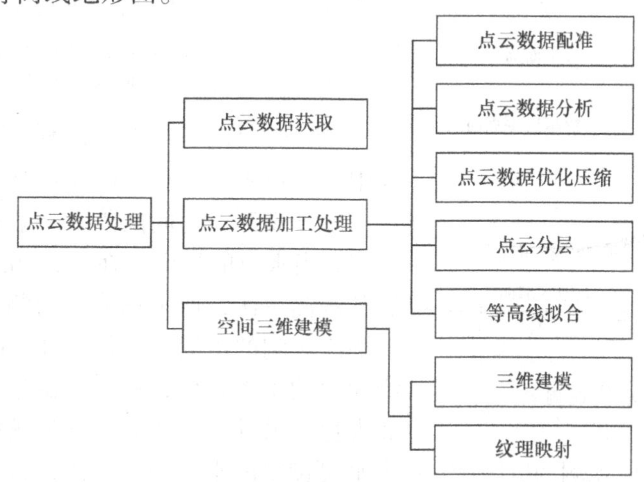

图 9-21　点云数据处理框图

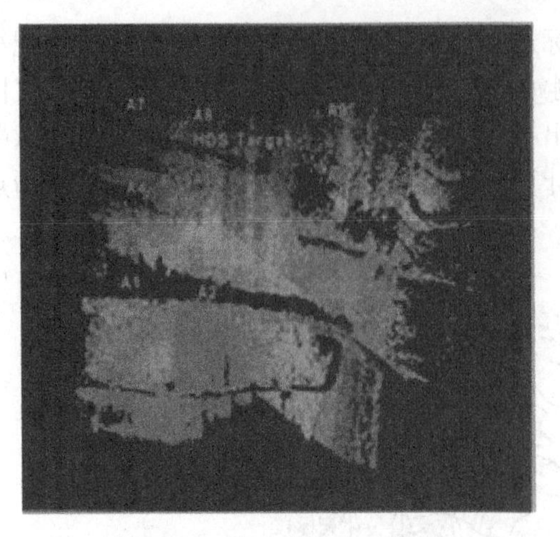

图 9-22　某山体的点云数据

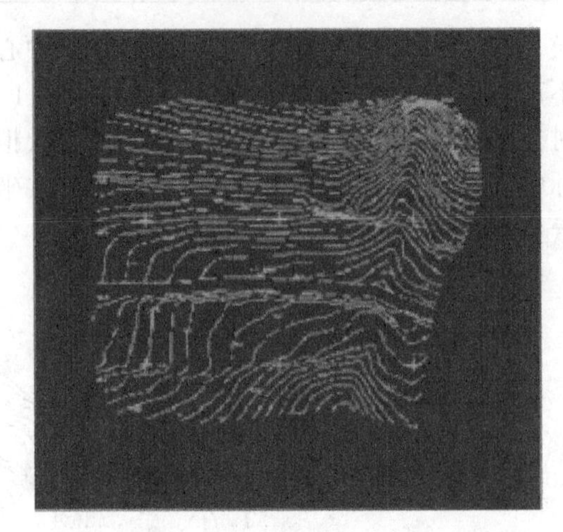

图 9-23　某山体的等高线

第五节　水下地形测量

在水利工程和航运工程建设中，除测绘陆上地形外，还需测绘河道、湖泊或海洋的水下地形。水下地形有两种表示方法，一是以航运基准面为基准的等深线表示的航道图，用以显示河道的深浅、暗礁、浅滩等水下地形情况；二是以大地水准面为基准的、与陆地高程一致的等高线表示的水下地形图。显然两种表示方法只是形式差异，无本质区别。本节主要介绍以等高线表示水下地形的测绘方法。

测量水面以下的河道地形，是根据陆上布设的控制点，利用船只在水面测出水底地形点的平面位置及该点水深来完成的。测量工作包括水位观测、测深和定位。

一、水位观测

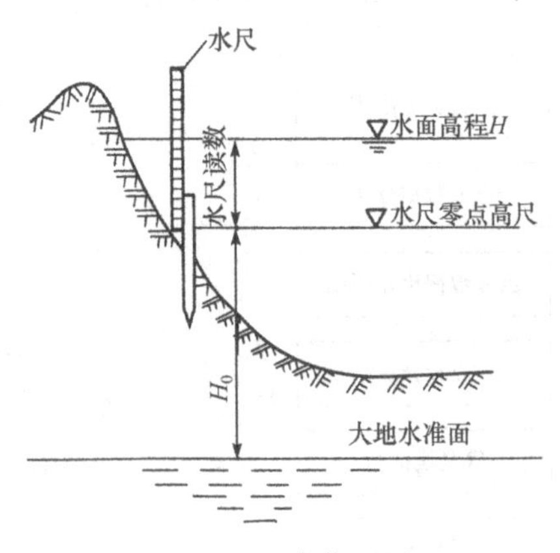

图 9-24　水位观测

水下地形点的高程是以测深时的水面高程(水位)减去水深得到的。因此，在测深的同时，必须测定水面高程。水面高程采用设置水尺，定时读取水面在水尺上截取读数的方法测得，如图 9-24 所示，且有

$$水面高程=水尺零点高程+水尺读数 \quad (9\text{-}4)$$

式中，水尺零点高程由已知水准点联测。

水位观测的时间间隔，一般按测区水位变化大小而定，当水位的日变化在 0.1～0.2m 时，每次测深前、后各观测一次，取平均值作为测深时的工作水位。在受潮汐影响的水域，一般每 10～30min 观测一次水位。测深时的工作水位，根据测深记录纸上记载的时间内插求得。另外，当测区存在显著的水面比降时，应分段设水尺进行水位观测，按上下游两个水尺读得的水位与距离成比例内插测深区域的工作水位。

如果附近有水文站，可向水文站索取水位资料，不必再测。如果是小河或水位变化不大，可直接测定水边线(水面)高程，不必另设水尺。

二、测深设备

(一)测深杆、测深锤

测深杆为木质，长为4～6m。表面以分米划分、红白或黑白相间并注记。杆底装有铁垫，以免测深时杆底陷入泥沙。测深杆适用于水深小于5m且流速不大的河道。

测深锤也称水铊，由铅铊和铊绳组成。铊绳最长10m左右，以分米划分并系有不同标志以区别。水铊适用水深为2～10m且流速小于1m/s的河道。

(二)回声测深仪

回声测深仪是船载测深电子设备，其测深基本原理是，由发射换能器S向水底发射超声波，接收换能器E则接收水底反射回的超声波，根据经历时间t及超声波在水中传播速度v算出h_0。显然，实际水深$h=h_0+h'$，如图9-25所示。其中h'为换能器在水面下的深度，又称吃水。

测深仪测量水深时，测得水深h能直接在记录器上记录下来。图9-26为圆弧式记录器的示意图。测深瞬间，按下定位钮，纸上立即呈现一条测深定位线，通过标尺可读取该处水深。除上述模拟方法记录外，现有许多测深仪直接采用数字方式记录。

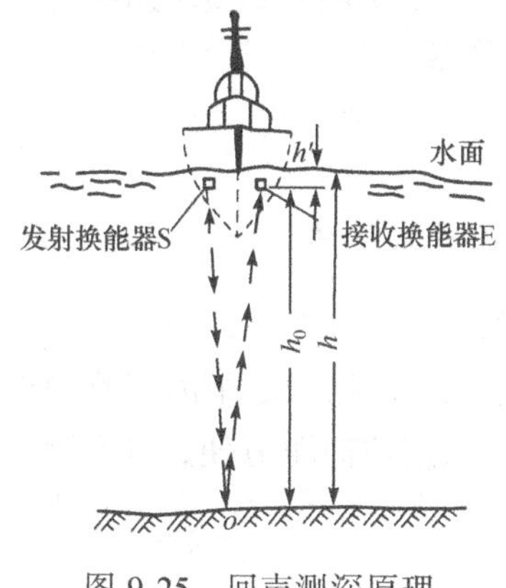

图9-25　回声测深原理

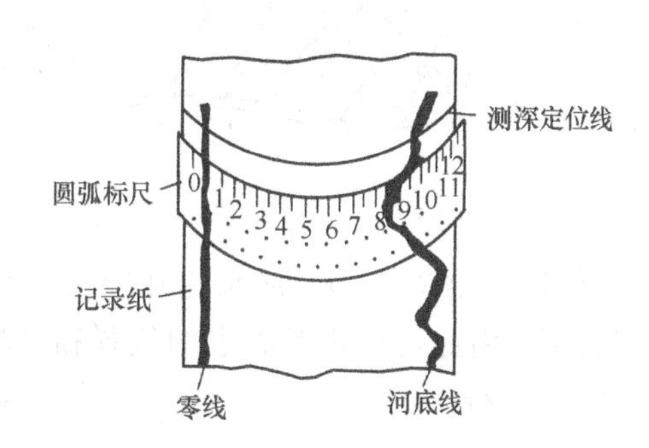

图9-26　圆弧式记录器示意图

三、水下地形点的布设

因水下地形不可见，故只能按一定形式布置适当数量的地形点进行观测，布点方式有断面法和散点法。

(一)断面法

沿河道纵向每隔一定距离(图上1～2cm)布设一个横断面。对每个断面，用船沿断面每隔一定距离(图上0.6～0.8cm)施测一点。

布设的断面一般应与河道纵剖面垂直。河道弯曲处，断面一般布设成辐射状，辐射线

的交角 α 按式(9-5)计算：

$$\alpha = 57.3° \cdot S/m \tag{9-5}$$

式中，S 为辐射线的最大间距(近似弧长)；m 为弧半径(二者都可在图上量出，如图 9-27 所示)。

对流速较大的河段，测深断面可布设成与纵断面成 45°角，以便于船的航行与定位。

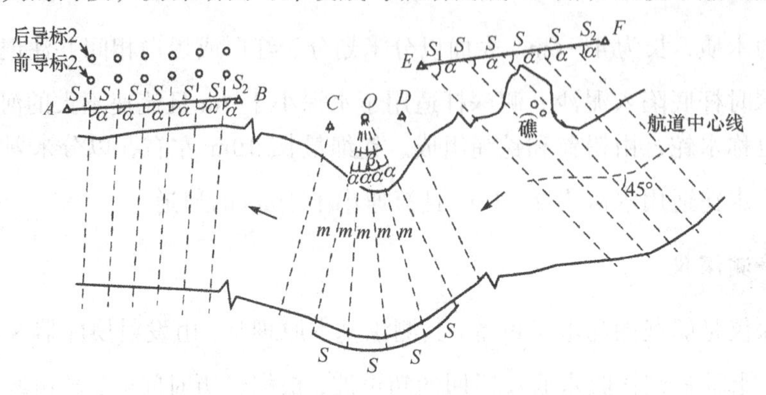

图 9-27　测深断面布设

(二) 散点法

当在流速大、险滩礁石多、水位变化悬殊的河流测深时，很难使船只按照严格的断面航行，这时可斜航。如图 9-28 所示，航线为点 1 至点 2，点 2 至点 9，点 9 回至点 3，如此连续进行，边行边测，形成散点。

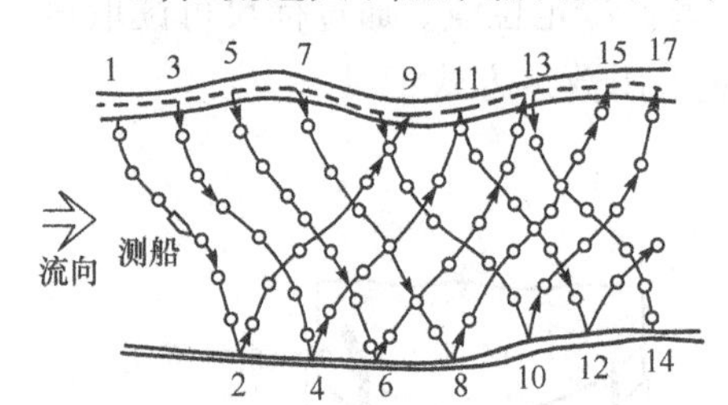

图 9-28　散点法布点

四、水下地形施测

(一) 断面索测深定位法

如图 9-29 所示，A、B 为控制点，架设断面索 AC，测得 $\angle CAB$ 为 α。从水边开始，小船沿断面索行驶，每隔一定距离用测深杆或水铊测定水深，由此可确定各测点的位置和高程。此方法测深定位简单方便，但施测时会阻碍其他船只通行。

(二) 经纬仪交会测深定位

在控制点 A、B 上各自架设经纬仪，分别以控制点 C、D 定向归零。船只沿断面导杆所指示的方向前进，到达 1 点时，由船上人员发出信号，由两台经纬仪同时瞄准船上旗杆，测得交会角 α 和 β，船上同步测深。由前方交会算法确定点 1 的平面位置，由水深和水位算得点 1 处水下地形点的高程。当船只沿断面继续航行，可完成点 2、3、…的测量。类似进行其他断面测量，如图 9-30 所示。

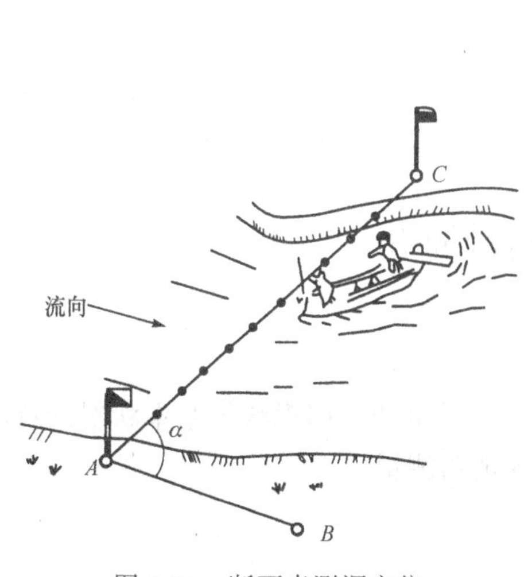

图 9-29　断面索测深定位

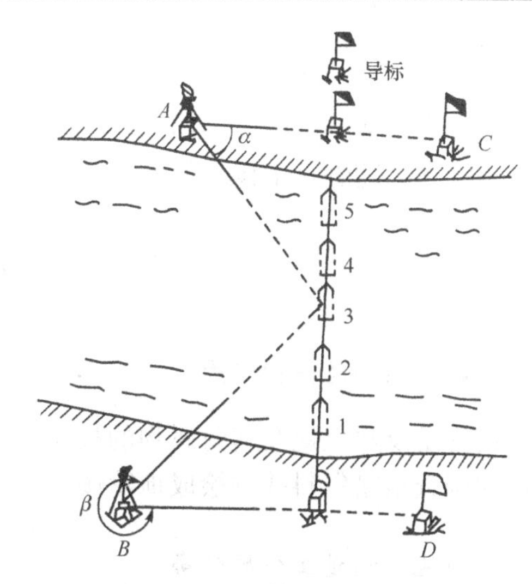

图 9-30　经纬仪交会测深定位

此方法可用于对较宽河道的测量，且不影响航道通行，但作业时人多、工作分散，同步协调是保证测绘质量的关键。

近年来，随着电子经纬仪的普遍使用，传统的光学经纬仪前方交会法定位已很少采用。新的方法是直接利用全站仪，按方位-距离的极坐标法进行定位。此方法自动化程度高、方便灵活、精度高，目前在港口及近岸水下地形测量中用得越来越多。

(三)GPS 测深定位法

上述两种施测方法均无法进行大面积水域(如水库、湖泊、海洋等)的水下地形测绘。在 GPS 投入应用之前，对在大面积水域测量的船只一般采用无线电测距定位，即由船载主台向岸上不同位置设置的两副台发射无线电信号，副台接收并返回无线电信号至主台，由电波行程的时间确定主副台间的距离，主台至两副台的距离交会即可确定主台位置。GPS 诞生后，则被广泛应用于导航与定位。GPS 与测深仪结合，使水下地形测绘变得迅速方便，并且自动化程度大为提高。

船载 GPS 接收机，利用 GPS 导航信号的 P 码或 C/A 码进行伪距法实时定位，可以实现水下地形测绘时的导航和定位。驾驶员可直接在显示屏上看到计划航线和实际航迹，并及时修正。甚至可由计算机来统一控制导航系统、自动驾驶系统和测深仪，边航行边定位边测深，全自动地完成水下地形测量。美国于 2000 年 5 月起停止实施选择可用性(selective availability, SA)技术，使动态定位精度提高 10 倍，使用 C/A 码也能达到 10m 左右的精度。

当对测点定位精度要求较高时，可采用差分法 GPS 定位。这时至少同时使用两台 GPS 接收机，一台固定在地面已知点上，另一台设置在船上，按一定时间间隔进行地-船同步记录 GPS 的伪距或相位观测值。当然，测深仪也做同步观测记录。动态差分定位计算一般采用后处理方式，由此计算得到各观测点在测图坐标系中的平面位置，结合各自测点的测深记录，即可获得观测成果。动态差分定位精度约 10～20cm，可满足各种比例尺的水下地形测绘要求。另据试验，当两台接收机相距近 500km 时，差分定位精度仍未下降。

当动态差分定位结果同时用作导航或实时定位时，则必须将固定接收机的记录通过无线电远程通信方式实时地传送到船上，由船载导航计算机将其与船载接收机数据一起处理，随时确定船只位置。

水下地形测量获得的地形数据点经过数据编辑、数据格式转换、坐标系统转换、数据点分块排列及数据压缩后存储。必要时，在软件支持下，由数控绘图仪绘出水下等高线图或等深线图。随着科学技术的发展，水下地形测量已趋向自动化。

第六节　地籍测量简介

一、地籍测量的任务和作用

地籍是反映土地及其附属物的权属、位置、数量、质量和利用现状等基本状况的资料；测定和调查地籍资料并编绘成地籍图的工作，称为地籍测量。

(一)地籍测量工作的任务

(1)地籍平面控制测量。

(2)测定行政区划界和土地权属界的位置及界址点的坐标。

(3)调查土地使用单位名称或个人姓名、住址和门牌号、土地编号、土地数量、面积、利用状况、土地类别及房产属性等。

(4)由测定和调查的资料和数据编制地籍数字册和地籍图，计算土地权属范围面积。

(5)进行地籍更新测量，包括地籍图的修测、重测和地籍簿册的修编工作。

(二)地籍测量工作在国家建设事业中所起的作用

(1)为土地整治、土地利用、土地规划和制定土地政策提供可靠的依据。

(2)为土地登记和颁发土地使用证书，为保护土地所有者和使用者的合法权益提供法律依据。可见，地籍测量成果具有法律效力。

(3)为研究和制定征收土地税或土地使用费的收费标准提供正确、科学的依据。

(4)为科学研究作参考资料。现在很多学科都与土地有关，各学科对地籍资料的要求相应增多了。

地籍测量工作人员必须按照有关部门制定的规范和规程进行工作，特别是地产权属境界的界址点位置必须满足规定的精度。界址点的正确与否，涉及个人和单位的权益问题。同时地籍资料应不断更新，以保持它的准确性和现势性。

二、地籍平面控制测量

根据我国《地籍测绘规范》(CH 5002—1994)的规定，地籍控制测量包括基本控制点测量和地籍图根控制点测量。基本控制点包括国家各等级大地控制点、城镇地籍控制网二、三、四等控制点和一、二级小三角(或导线)控制点。以上各等级控制点，除二级外，均可作为地籍测量的首级控制，在较小地区二级控制点也可作首级控制。各等级控制点的施测方法、精度要求及各项技术规定，可参阅有关规程和规范。

地籍测量图根控制点是在各等级基本控制点的基础上加密施测的，主要供测绘地籍图和恢复地籍界址点使用，其施测方法可采用第八章所述的导线测量、交会定点测量及GPS测量等。

小地区地籍平面控制网应尽量与国家(或城市)已建立的高级控制网(点)连测,若无法连测，也可建立独立的地籍控制网。

三、地籍图的测绘与地籍调查

地形图是地物和地貌(也称地形要素)的综合,而地籍图则是必要的地形要素和地籍要素的综合。必要的地形要素是指房屋、围墙、栏栅、道路、水系、植被等地物、地貌和地理名称；地籍要素是指行政境界、权属界线、界址点、房产性质及土地编号、土地利用类别、土地等级、土地面积等。地籍图还应按规定符号展绘各等级测量控制点和地籍测量图根埋石点。此外，地籍图的坐标系统、图幅分幅与编号及地籍细部测绘方法等与地形图测绘基本相同。

(一)地籍图的测绘方法

1)编绘法

编绘法是利用符合地籍规范精度要求的已有地形图、影像平面图复制成二底图，在二底图上加测地籍要素，保留必要的地形要素，经着墨后，制作成地籍图的工作底图，再在工作底图上用薄膜透绘，经清绘整饰后，制作成正式的地籍图。此法具有成图速度快、成本低的优点，但精度较低，是我国前期为解决地籍管理工作中急需用图而普遍采用的一种方法。

2)常规测绘

可选用经纬仪测绘法、小平板仪与经纬仪联合测绘法、光电测距仪测绘法及大平板仪测绘等方法进行实地测绘。平板仪测量成图速度慢、精度较低，而成本较高，仅适用于精度要求不高的小范围地籍测量(如乡镇等)。

3)航空摄影测量

航测法地籍测量既克服了常规方法效率低、成本高的缺点,又弥补了其精度低的不足；而且精度均匀，规格统一，适用于测制大面积地籍图。其成图方法见第十章有关内容。

4)数字化测图法

用全站仪(或 GPS)观测，可自动计算并显示界址点和碎部点的三维坐标(X、Y、H)，也可用电子记录器自动记录，通过传输设备将数据输入计算机进行处理，再与绘图机连接进行自动绘图。这是一种高精度、高速度、高效率的自动化测图方法。数字化测图，是建立数字(坐标)地籍图和地形图的理想方法，测图方法见本章第三节内容。

(二)地籍调查

地籍调查是土地管理的基础工作，内容包括土地权属调查、土地利用状况调查和界址调查。地籍调查目的是调查清楚每一宗地(土地权属的基本单元)的位置、界线、权属(所有权和使用权)、面积和用途等，并把调查结果编制成地籍簿册和地籍图，为土地登记发证、统计、土地定级估价、合理利用土地和依法管理土地提供原始资料和基本依据。

被权属界线所封闭的地块称为一宗地(也称为一丘地)。一宗地原则上由一个土地使用者使用,但由几个土地使用者使用又难以完全划清的也合称一宗地。地籍调查的核心是土地权属调查。土地权属调查的单元是一宗地，内容包括：要查清每宗地的单位名称或户主名称、宗地位置及四至、权属界线、权属性质及权源、土地利用状况(包括用途、出租等情况)、土地启用时间、有无纠纷等。

地籍调查是一项十分细致和严肃的工作。因此调查人员应认真按照有关部门制定的法规、条例和实施细则进行，同时应取得当地政府有关部门的支持，必要时，应由测量人员、国土管理部门、土地所有权人三方一起实地调查，以利于调查工作的顺利开展及确保调查结果的可靠性。

地籍调查结果应编制成地籍簿册，并按规定的方法和符号表示在地籍图上。图 9-31 是某城镇一幅地籍图中的一部分，仅供参考。

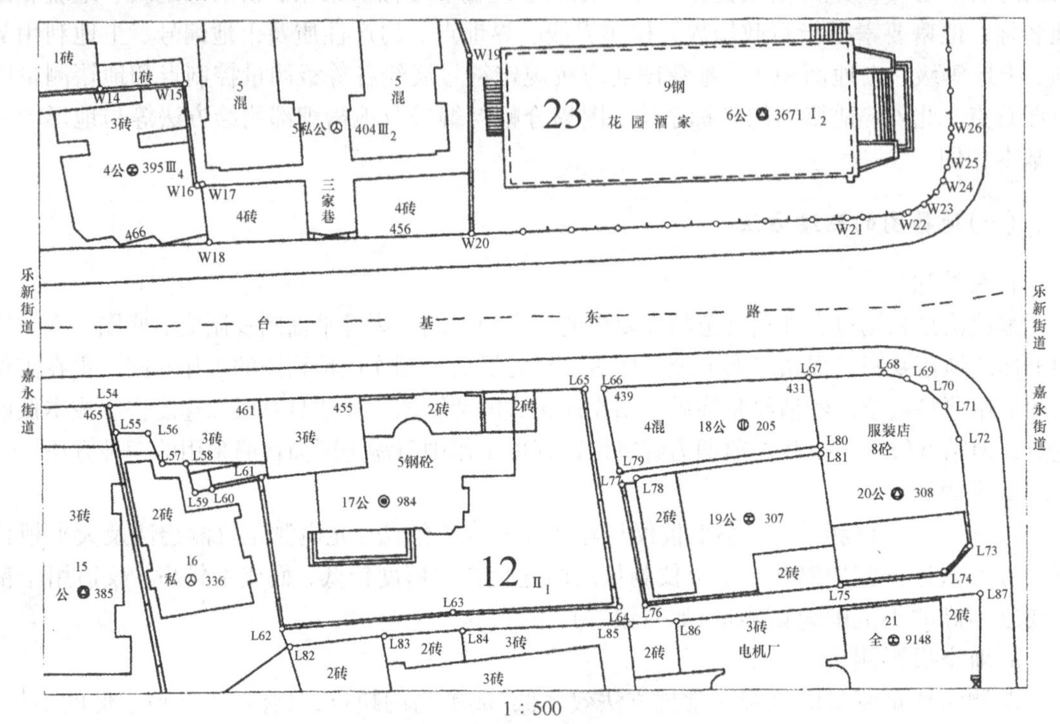

图 9-31　城镇地籍图示例

四、土地面积量算

面积的量算有多种方法，比较常用的方法主要有解析法、方格法、求积仪法及图解法等(见第十一章)，这些方法是对单一图形而言的。在地籍测量工作中，往往要求计算土地使用单位(如县、乡、村等)的地类面积或土地总面积分类汇总表。

为保证量算面积正确可靠，量算时应按下列几点要求进行。

(1)量算面积应在聚酯薄膜原图上进行。当用其他图纸时，必须考虑图纸变形的影响。

(2)面积计算不论采用何种方法，均应独立进行两次量算。两次量算结果的较差ΔS应满足式(9-6)的要求：

$$\Delta S<0.0003\,M\sqrt{S} \tag{9-6}$$

式中，S为量算面积；M为原图比例尺分母。

(3)量算面积采用两级控制，两级平差的原则。

第一级以图幅理论面积为首级控制。当各区块面积之和与图幅理论面积之差小于$\pm0.0025S_0$(S_0为图幅理论面积)时，将闭合差按比例配赋给各区块，得出分区的控制面积。

第二级以平差后的区块面积为二级控制。当区块内各宗地的面积之和与区块面积之差符合限差(其相对误差小于 1/100)要求时，将闭合差按比例配赋给各宗地，得出各宗地面积的平差值。

思考题与习题

1. 测图前要做哪些准备工作？如何进行？
2. 试述对角线法绘制坐标格网的方法与步骤，并举例说明展绘控制点的方法。
3. 测定碎部点平面位置有哪些方法？各在什么情况下使用？
4. 碎部测图时，立尺员应怎样选择地物和地貌特征点？
5. 试述经纬仪测绘法在一个测站上测绘地形图的作业步骤。
6. 在进行碎部测量工作中应注意哪些事项？
7. 地形图如何拼接？如何检查？
8. 完成表 9-6 计算。

表 9-6　第 8 题附表

测站：A　后视点：B　仪器高：i=1.42m　指标差：x=0　测站高程：H=46.54m

点号	水平角 β	视距 kl/m	中丝高 v/m	竖盘读数 L	竖直角 α	水平距离 D/m	高差 h/m	高程 H/m	点位
1	150°25′	52.7	1.42	86°10′					房角
2	135°50′	87.1	1.42	90°45′					电杆
3	204°30′	32.5	2.42	91°18′					路边
⋮	⋮	⋮	⋮	⋮					⋮

注：1. 经纬仪的视距乘常数 K=100，视距加常数 q=0；
2. 望远镜视线水平时，盘左竖盘读数为 90°，视线向上倾斜时，盘左竖盘读数减小。

9. 根据图 9-32 中各碎部点的平面位置及高程，勾绘等高距为 1m 的等高线。
10. 什么是数字化测图？
11. 试阐述大比例尺地形图传统测绘法与数字化测图法的区别。
12. 数字测图的基本过程有哪些？数据采集的模式有哪些？
13. 如何利用全站仪进行野外地面数据采集？
14. 简述地籍测量的意义、任务与要求。

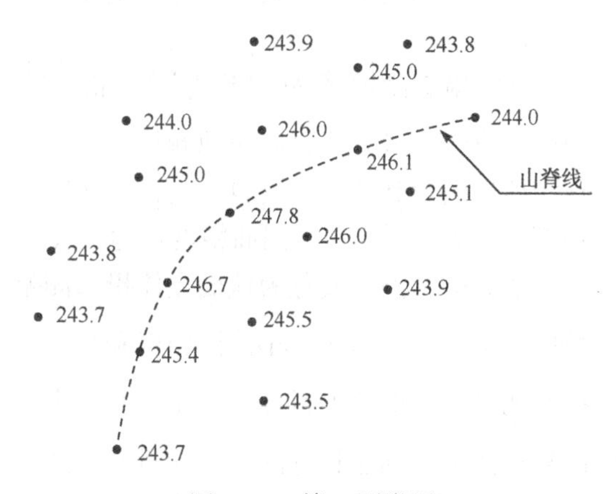

图 9-32　第 9 题附图

第十章　摄影测量与遥感技术的基本知识

本章要点

本章主要讲述摄影测量与遥感技术的概念、航空摄影与航摄像片的基本知识、航测内业成图的基本方法及无人机摄影测量技术，并简单介绍航摄像片与卫星遥感图像在工程建设规划中的应用。

第一节　摄影测量与遥感技术的概念

摄影测量是利用摄影机或其他传感器采集被测对象的图像信息，经过加工处理和分析，获取有价值的可靠信息的理论和技术的一门学科。它的主要研究内容有：获取目标的影像，对影像进行处理，将所得的成果用图形、图像或数字表示。

影像表现物体信息丰富、客观真实。摄影测量不仅具有不触及物体的间接式测量优点，而且具有可量测复杂形态物体及动态物体的优点。

摄影机可以装在不同高度的平台(如卫星、航天器、飞机和经纬仪)上，因此又将摄影测量分为：航天摄影测量、航空摄影测量与地面摄影测量等。

航天摄影测量是从人造地球卫星或宇宙飞船上进行摄影，可有效地研究地球、月球和其他天体。

航空摄影测量(简称“航测”)是指从航摄飞机上对地面进行摄影，它是摄影测量的主干。用航空摄影测量方法可以快速测绘大、中、小比例尺的地形图，为各项工程建设提供可靠的现实地形图及其他设计资料。与常规测图或全站仪数字化测图相比，航空摄影测量具有劳动强度低、成图周期短、图面精度均匀、大范围测图省经费等优点。

地面摄影测量又分为地面立体摄影测量与近景摄影测量。地面立体摄影测量适宜于某些特殊情况，如高山区、小范围山区和丘陵地区。近代发展起来的近景摄影测量又称为非地形摄影测量，对非地形目标进行摄影并确定其外形、状态和几何位置，其内容包括不规则物体的外形测量、动态目标的轨迹测量及燃烧爆炸与晶体生长等不可接触物体的测量，广泛应用于建筑工程、考古、医学、生物、机械构造、结构物变形等方面。非地形摄影测量一般以提供物体的等值线图或动态目标的形态与轨迹为目的，在建筑领域中应用较广。例如，对建筑物的建筑特点进行研究，观测建筑群、亭台、楼阁、古老建筑、石窟雕琢等的状况，以及古代文物的修复、雕塑像的复制等。

按技术处理手段，摄影测量可分为模拟摄影测量、解析摄影测量和数字摄影测量。其中，模拟摄影测量的直接成果为各种图件(地形图、专题图等)，它们必须经过数字化才能进入计算机。而解析和数字摄影测量可以直接为各种地理数据库和信息系统提供数字形式的基础地理信息。

遥感技术是20世纪60年代以来迅速发展的一门有广阔前景的学科。顾名思义，“遥感”一词就是“遥远的感知”。遥感技术是空间科学技术中的重要组成部分，被称为宇宙中的“眼睛”，它是建立在现代光学技术、红外技术、雷达技术、激光技术、全息技术、电子计算机技术、电子学和信息论等新的技术科学及地球科学理论基础上的一门新兴的综合性很强的科学技术。遥感技术的特点是不直接接触研究的对象，在高空或远距离处，接收物体辐射或反射的电磁波信息，应用电子计算机或其他信息处理技术，加工处理成能识别的图像或电子计算机用的记录磁带，经分析判读，揭示出被测物体的性质、形状和动态变化。

按照探测波段划分，遥感技术可分为可见光遥感、红外遥感、微波遥感、多波段遥感等；按照工作方式划分，分为被动遥感、主动遥感；按工作平台划分，分为地面遥感、航空遥感、航天遥感、航宇遥感；按是否成像划分，分为成像遥感、非成像遥感。从摄影测量与遥感的定义来看，可以认为摄影测量是遥感技术在测量工作中的应用。不过，现今的遥感技术有着更广泛的应用领域。目前已经有对大气、陆地和海洋进行遥感的环境资源卫星系列，用地球资源卫星进行遥感可以勘测地质构造、地层分布，为资源调查和地震分析预报服务；同时，还可发现与监测灾情(如水灾、火灾等)及环境污染，为实情评估和环境保护提供论据。在军事侦察方面，遥感技术早已成为一种非常重要的侦察手段。

第二节　航空摄影与航摄像片

一、航空摄影

航空摄影就是利用安置在飞机底部的摄影机，按一定的飞行高度、飞行方向和规定的摄影时间间隔，对地面进行连续的重叠摄影。

航空摄影机又称航摄仪，其构造原理与普通照相机基本相同，但在结构上有特殊要求，例如，感光软片必须严格压平、要求像片像幅(像幅大小可为 18cm×18cm、23cm×23cm)四个边框的中央各有一框标，如图 10-1 所示，两两相对框标的连线相互垂直，其交点为框标坐标系的原点 o。摄影机主光轴与像片的交点称为像主点 p，通常情况下，框标连线的交点与像主点并不重合，会出现图中 x_0、y_0 的小值偏差。以像主点为原点，以框标连线方向为 x 轴和 y 轴，可构成像平面坐标系，用于量测像点坐标。随着数码技术与数字摄影测量的发展，数码航空摄影机已取代传统的光学航空摄影机而成为主要的传感器设备。

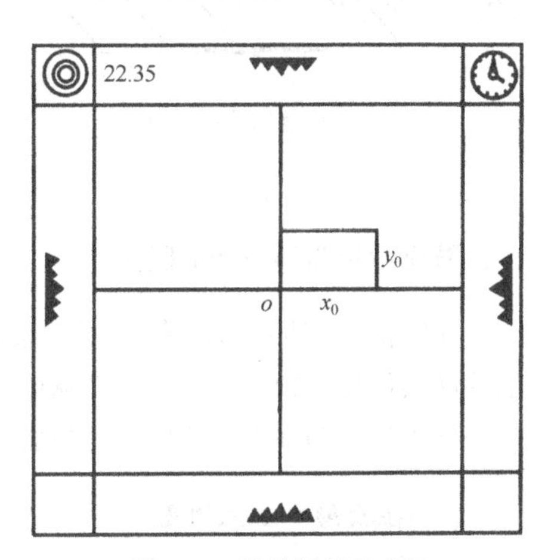

图 10-1　像片框标示意图

为了保证测区影像不致遗漏和满足内业量测的需要，相邻的像片必须有一定的重叠度，沿航线方向的重叠，称为航向重叠 q_x，如图 10-2 所示。一般要求航向重叠度为 60%，最小不能小于 53%。相邻航线间的重叠称为旁向重叠 q_y，其重叠度为 30%，最小不能小于 15%。同一航线上，相邻两摄影站之间的距离 B，称为摄影基线。在第一条航线摄完后，飞机调转 180°，按重叠度要求，继续摄第二条航线。

在航空摄影时，除了要求航摄像片具有一定的重叠度外，还要求航摄像片的倾斜角(即摄影光轴与铅垂线的夹角)一般不超过 2°，最大不超过 3°；像片的旋偏角(相邻两像片的主点的连线与像幅沿航线方向的两框标连线之间的夹角)一般不大于 6°，最大不超过 8°，而且不能连续三片有超过 6°的情况。

像主点在框标坐标系中的坐标 x_0、y_0 及摄影仪焦距 f 称为像片的三个内方位元素，它们通常是已知的。

二、航摄像片比例尺

航摄像片上某两点间的距离与地面上相应两点间水平距离之比，称为航摄像片比例尺，用 $\frac{1}{M}$ 表示。

假定地面平坦，像片又水平，则主光轴垂直于像平面与地面。在图 10-2 中，由摄影中心 S 组成的相似三角形可得出

$$\frac{f}{H}=\frac{1}{M} \tag{10-1}$$

式中，M 为像片比例尺分母；f 为摄影机的主距(焦距)；H 为航高。

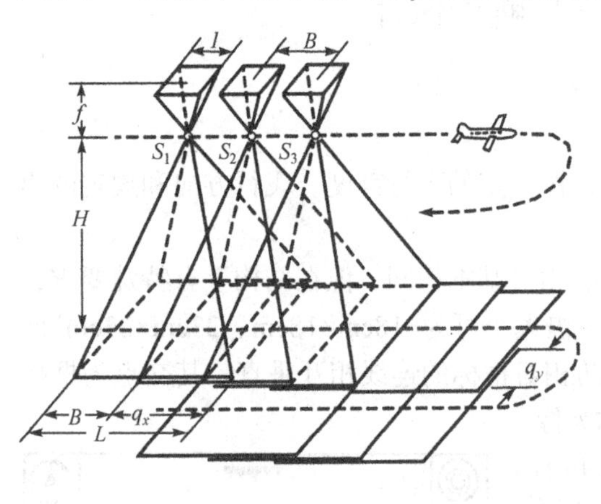

图 10-2　航空摄影过程示意图

因此，当像片和地面水平时，同一张像片上的比例尺是一个常数。但当地面有起伏或像片对地面有倾斜时，像片上各部分的比例尺就不一致了。此外，对于一架航摄仪来说，f 是固定值，要使各像片比例尺一致，就必须保持同一航高。但由于飞机受气流影响而产生波动，在良好的大气条件下，同一航线的航高变化限制在±20m 以内，在不利情况下，也不允许超过±50m，天气恶劣时不能进行航空摄影。

航摄像片比例尺依据成图比例尺而定，一般地说，将像片比例尺放大 4 倍绘制成所需比例尺的地形图。

三、航摄像片与地形图的区别

航空摄影测量的基本任务就是通过外业和内业各项工作来纠正航摄像片上的各种误差、消除航摄像片与地形图的差异，从而获得某种比例尺地形图。

航摄像片与地形图相比，在投影和表示方法上都有很大差别。

(一)在投影方法上的差别

地形图是正射投影，即利用平行光束将空间物体垂直投影到水平面上，从而在水平面上

获得空间物体的影像。正射投影的特点是投影面上两点间的距离与相应空间两点间水平距离之比是一个常数。也就是说，一幅地形图的比例尺是固定的。而航空像片是中心投影，它的定义是：空间任一点 A'(物点)与一个固定点 S(投影中心)连成的一直线被一平面(像面)所截，则此直线与该平面的交点 a'(像点)就叫做 A'点的中心投影，如图 10-3(a)所示。图 10-3(b)为正射投影时地形图上投影点的位置。在图 10-3(a)中，像片上的 $a'b'$称为投影误差。

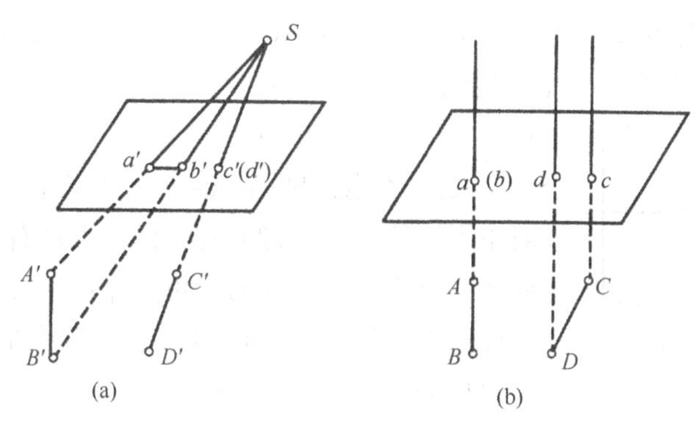

图 10-3　中心投影与正射投影的差别示意图

(二)在表示方法上的差别

地形图是用各种规定的地物符号、文字注记及等高线来表示地物、地貌的，而航摄像片是由地物和地貌影像的大小、形状及色调(影像黑白程度)来反映地物、地貌的。像片图的信息虽然丰富，但它不能表示居民地的名称、房屋的性质、河流流速、道路等级，以及地面点高程数值等有意义的内容。因此，航摄像片要通过野外调绘工作来弥补这些不足。

第三节　像对立体观察

为了正确使用和判读航摄像片，需经常进行像对立体观察，从而获得立体模型。即使使用数字化摄影测量自动化测图系统，仍有部分工作需要人眼立体观察辅助完成。

一、立体观察原理

人用双眼观察物体，不仅能感觉物体的存在，而且能区别物体的远近与高低。这是由于双眼观察同一物体时，在左右两眼的视网膜上成像的位置不同。如图 10-4 所示，远近不同的两点 A、B，在左右视网膜上的成像分别为：a_1、b_1 和 a_2、b_2，在视网膜上构成的弧长 a_1b_1 和 a_2b_2 不等，其差数 $p=a_1b_1-a_2b_2$，称为生理视差校。不同的生理视差较传到大脑皮层的视觉中心，便产生物体的立体感觉。

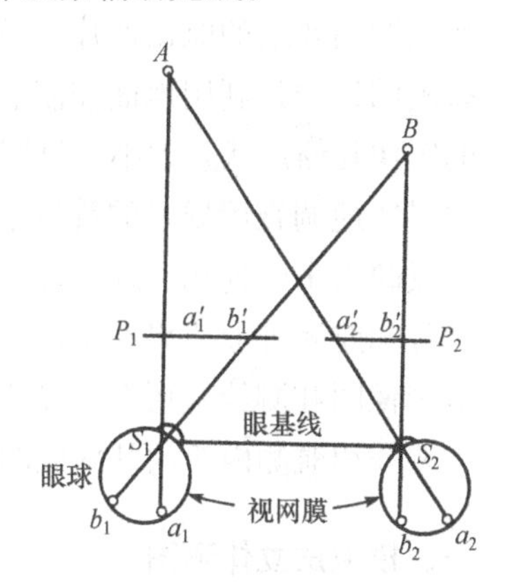

图 10-4　立体观察原理示意图

从这一原理出发，若在双眼前放一对玻璃片 P_1 和 P_2，透过它们去看物体，并在其上留下影像 $a_1'b_1'$ 和 $a_2'b_2'$（相当于摄影机摄取的一对重叠像片)，然后拿走后面的物体 A、B，只观察其留在玻璃上的影像，则仍然可得到与观察原物体一样的立体感觉。这就是立体观察的原理，是立体摄影测量的基础，也是当今计算机立体视觉与“虚拟现实”的重要基础之一。

二、用立体镜进行立体观察

凭两眼直接观察像对可以得到立体效果，但这对初学者是比较困难的。通常利用反光立体镜观察立体。它是由两对平面镜和一对透镜组成的，可将左右两眼的视线分隔开，扩大人的眼距，以便两眼同时各看到同名像点而形成立体效应。其观察步骤如下。

(1)在立体镜下安置有一定重叠度的立体像对，左片放左边，右片放右边，像对主点连线在一直线上(图 10-5)。

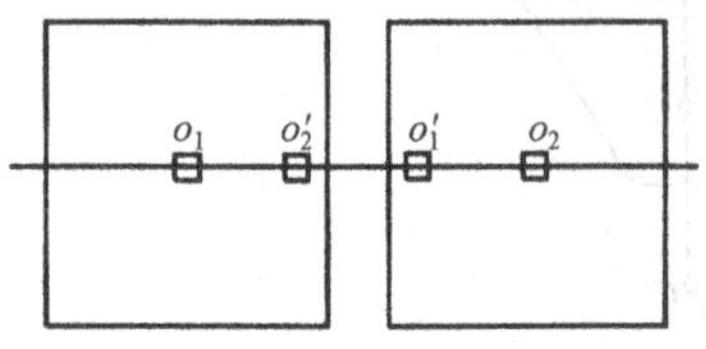

图 10-5　立体镜观察方法示意图

(2)立体镜的眼基线(即两透镜中心的连线)应保持与像对主点连线平行。像对在立体镜下左右相对移动，直至同名像点融合为一。操作时，可用左右手食指分别指在像对的同名像点上，然后左右移动像片，直至两食指重合。此时，移开手指即可得到立体效应。

在立体观察时应注意不要出现以下情况，当左右像片易位或两像片各旋转 180°时，重叠部分向外安放，则看到立体模型的凹凸情况与实地完全相反(称为反立体)，这种情况不是我们所要的。

除立体反光镜外，还可借用红绿眼镜、偏振光眼镜进行立体分像观察。立体反光镜等只能观察立体，而各类模拟测图仪则是另一种具有量测装置能量取立体像对视差或像点坐标的分像设备。

第四节　航测成图的方法

通过航测方法绘制地形图大体上分为三个阶段：航空摄影、航测外业和航测内业。航空摄影就是在飞机上安装摄影机，从空中对地面测区按事先制作的计划进行摄影，以取得适合航测制图要求的航摄像片。航测外业是在野外实地进行像片控制点联测和像片调绘。控制点联测的目的是利用地面控制点把航摄像片上的影像与地面联系起来；像片调绘是跟据像片上的影像几何形状、大小、色调、阴影、相互位置和地面的光谱特性来判别地物的类别、特性，通过实地调查用规定的符号绘出必要的地物、地貌并注记有关名称，同时在像片上补绘出没有反映出来的地物、地类界等。航测内业包括空中三角测量、影像纠正和测图，即依据航摄像片和航测外业成果在室内专用的航测仪器上或计算机上加密像片控制点、纠正影像得到正射影像图和测绘地形图。航空摄影在第二节中已有介绍，一般委托专门的部门来完成。本节主要介绍航测内业的基本成图方法。

一、模拟法立体测图

模拟法立体测图是以一个像对作为测图的基本单元，根据摄影过程的几何反转原理，用光学或机械投影的方法，在室内重建与摄区地形相似的立体模型，量测此立体模型而成图的方法。

如图 10-6 所示，地面上任一点 M 发出的光线，经摄影基线两端的摄影物镜，在像对上构成同名像点。设想保持像对摄影位置不动，移走地物点，再用光学投影方法恢复这两条同名光线，则这一对同名光线必交于一点，且正好落在该地面点的原位置上。这个投影过程称为摄影过程的**几何反转**。地表面可认为是无数的地物点聚合而成的，像对重叠部分内所有像点所投影的同名光线要对对相交于原位置上，重新得到地表的形态，构成地面的几何模型。量测几何模型，就完全等同于实地测量。本着这种思想所设计的立体测图仪称为**模拟测图仪**。如图 10-7(a)所示的 A8 立体测图仪，它由两根精密的金属导杆代替投影光线，构成机械投影器，实现几何反转。操作立体测图仪就可以对该立体模型进行量测，得到模型上各点的平面位置和高程，从而将中心投影的像片转化为正射投影的地形图。

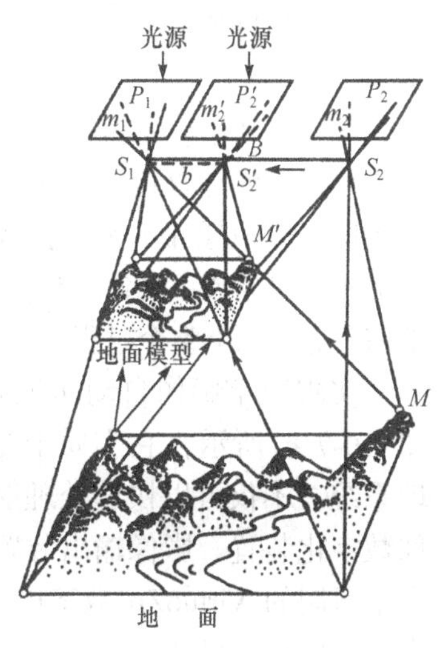

图 10-6　地面模型构成示意图

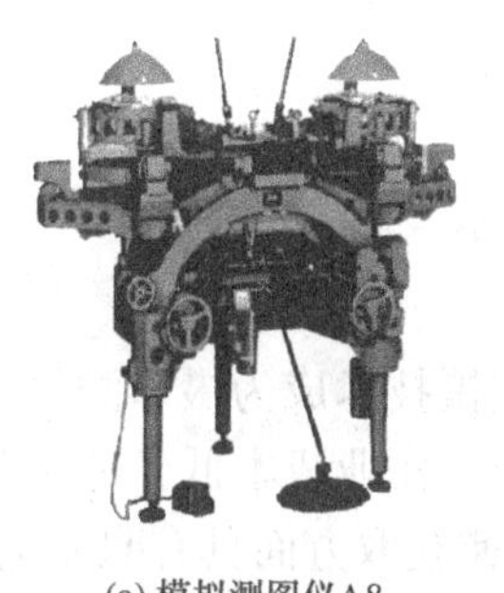

(a) 模拟测图仪A8

(b) 解析测图仪

(c) 数字摄影测量系统

图 10-7　摄影测量典型仪器

二、解析法立体测图

解析法立体测图是根据物点、像点和摄影中心之间的数学关系——共线方程，借助计算机通过严格的数学解算方法，建立被摄目标的数字立体模型。用于解析法立体测图的仪器是解析测图仪，它是由一台精密的立体坐标量测仪、电子计算机、数控绘图桌、相应接口设备及软件系统组成的测图系统，是实现测量成果数字化的仪器。如图 10-7(b)所示的解析测图仪，其实质是利用数学导杆(共线方程)代替金属导杆，实现摄影过程的几何反转。在借助测图软件的控制下，将立体模型上测得的模型点坐标首先以数字形式存储在计算机中，然后再传送到数控绘图仪上绘出图件。这种以数字形式存储在计算机中的地图，通过必要的格式转换，可以进入测量数据库和地理信息系统。

全球定位系统应用于航空摄影测量，利用安装在飞机上的 GPS 接收机，获得摄影曝光时刻摄站的高精度三维坐标，使摄影测量中的几何定位可以越来越少地依赖于(或完全取代)地面控制测量。

三、数字摄影测量

数字摄影测量是解析摄影测量的进一步发展，是采用数字摄影影像或数字化影像，在计算机中进行各种数值、图形和影像处理，以研究目标的几何和物理特性，从而获得各种形式的数字化和目视化的产品。如数字地图、数字正射影像、数字高程模型(digital elevation model, DEM)、测量数据库、地理信息系统及地形图、剖面图、专题图、正射影像图等。数字摄影测量的核心是利用计算机视觉替代人工的目视视觉，如自动识别同名点等。

数字影像是直接用数字摄像机获得的，数字化影像是用各种数字化扫描仪对已得到的像片影像（模拟像片）进行扫描获得的。利用数字影像，采用数字相关技术量测同名点，通过解析计算建立数字立体模型，自动绘制等高线、制作正射影像图，以及为地理信息系统提供基础信息等，以上整个过程都是以数字形式在计算机中完成的，因而又称为全数字化摄影测量。

实现数字影像自动匹配测图的系统称为数字摄影测量系统或数字摄影测量工作站，如图 10-7(c)所示，它实质上是一个完全没有光学机械、全部计算机化的计算机影像数据处理系统，不仅可以快速处理航空像片，也适合于处理各种传感器的遥感图像。该系统包括影像数字化装置、影像输出装置、计算机和完成影像相关的各种测量任务的软件系统，如武汉大学研制的 VirtuoZo 数字摄影测量工作站，具有自动化程度高、处理效率高、应用面广、成本低的优点，可适用于 1∶500～1∶5 万比例尺的数字测图，进行地理信息系统数据采集等。目前，数字摄影测量系统已在我国摄影测量中大规模用于生产，但摄影测量完全自动化有待进一步研究和完善，尤其是自动影像解译还处于研究阶段。

第五节　无人机倾斜摄影测量技术

随着无人机与数码相机技术的发展，基于无人机平台的数字航摄技术成为摄影测量与遥感领域的一个崭新发展方向，具有机动灵活、高效快速、精细准确、作业成本低、适用范围广、生产周期短等特点，在小区域和飞行困难地区高分辨率影像快速获取方面具有明显优势，有效弥补了传统航空摄影的局限性。尤其是近年来发展起来的无人机倾斜摄影测量这一高新技术，借助无人机飞行平台搭载多台传感器，可同时从垂直、侧视等不同的角度对地物前后左右摄影，快速采集影像数据，实现全自动化三维建模。它不仅能够真实地反映地物情况，高精度地获取物方纹理信息，还可通过先进的定位、融合、建模等技术，生成真实的三维城市模型，可真实反映地物的外观、位置、高度等属性。倾斜摄影测量技术在国内外已广泛运用，目前已经成为三维建模技术的主流，代表着未来测绘技术新的发展方向。

传统的摄影测量主要用于生产正射影像、绘制各种比例尺地形图，而倾斜摄影测量除了可以生产正射影像、绘制各种比例尺地形图，还能生产三维实景模型、测量地物的侧立面和纵横断面、进行三维场景模拟等，360°无死角地对地物进行研究，极大地扩展了摄影测量的应用。

一、无人机倾斜摄影测量概述

倾斜摄影技术是国际测绘遥感领域近年发展起来的一项高新技术，通过在同一飞行平台上搭载多台传感器(目前常用的是五镜头相机)，同时从垂直、倾斜等不同角度采集影像，获取地面物体更为完整准确的信息。垂直地面角度拍摄获取的影像称为正片(一组影像)，镜头朝向与地面成一定夹角拍摄获取的影像称为斜片(四组影像)。

无人机倾斜摄影测量，简单来说就是以无人机作为载体，搭载摄影机从偏离铅垂线一定角度方向进行倾斜拍摄，有别于传统摄影测量中使用摄影机从垂直角度进行拍摄。倾斜摄影测量从多个角度进行影像信息的采集，从不同方面获取目标地物的影像信息，为后期地物三维建模提供数据保障，保证建模成果能够进行多角度浏览、量测。总的来说，与传统技术相比，倾斜摄影技术具有更高的效率、性价比及更高的精度，应用范围也越来越广泛。

二、无人机系统组成

无人机系统也称无人驾驶航空器系统，主要包括飞行系统、导航与控制系统、链路系统、载荷系统及地面站系统五大部分。

(一)飞行系统

飞行系统包括飞机平台、动力系统、飞行控制系统、遥控遥测机载部分等。

1)飞机平台

飞机平台将机翼、尾翼、动力装置等部件连接成一个整体，并为飞行控制装置、油箱、有效荷载等设备提供安装空间。可分为多旋翼无人机、固定翼无人机、直升无人机、其他平台无人机。多旋翼无人机(图 10-8)体积小、重量轻、结构简单、方便灵活机动性强，适合多平台多空间使用；固定翼无人机(图 10-9)具有抗风能力强、续航时间长、工作效率高、比较经济的特点，适合远距离连续工作，民用涉及较少，主要是军事、工业级应用。

图 10-8　多旋翼无人机

图 10-9　固定翼无人机

2)动力系统

动力系统为无人机提供保持飞行速度所需的动力，是无人机的“心脏”，常见的能源有油、电等，不同用途的无人机对动力装置的要求不同，但最终追求的都是发动机的体积小、成本低、工作可靠，这也是无人机研究领域需要解决的问题。

3)飞行控制系统

飞行控制系统是无人机机载部分的核心，由敏感装置、飞行控制计算机和执行机构组成。通过接收地面控制系统的指令，控制无人机的飞行和其他机载子系统的工作，综合控制无人机各子系统。

(二)导航与控制系统

导航与控制系统是无人机系统不可或缺的一部分，导航系统判断飞机所处的位置，控制系统判断应当如何对动力系统发出指令。两者搭配使用，可以用来实现无人机精准悬停，以及按照规划好的航线实现自主飞行。

1)导航系统

传统的无人机导航系统基于卫星导航定位系统，无人机能够根据导航系统分析出自身所在的位置，目前使用最多的是美国的 GPS 系统，随着我国的北斗卫星导航系统的日趋成熟，BDS 也将被广泛应用。导航系统的作用有以下几点。

(1)配合控制系统实现无人机的定点悬停功能。

(2)配合地面站系统，引导无人机按照预先设定的计划飞行。

(3)获取无人机的导航要素，向飞机发送无人机的实时位置。

2)控制系统

控制系统就是自动驾驶仪，俗称“飞控”，主要由主控和传感器组成，是整个飞行任务的核心系统，能够实现对无人机的管理和控制作用。控制系统可以通过传感器和动力系统控制无人机的飞行姿态，另外，还可以通过配合导航系统和链路系统，实现定点悬停和飞行数据的反馈。

(三)链路系统

链路系统是连接地面站和飞机的唯一纽带，它的本质就是两个相互通信的电台，其作用有以下几点。

(1)用来帮助无人机接收来自地面的指令。

(2)将无人机载荷系统采集的图像信息传给地面站。

(3)将无人机的姿态、位置、高度及电量等信息传回地面站。

(四)载荷系统

载荷系统是游离于飞行器之外的分系统，是无人机的任务系统，常见的有可见光相机、热红外成像仪、多光谱相机和多功能吊舱等。

(五)地面站系统

地面控制站是指地面上所有能对无人机发出指令及接收无人机回传信息的设备，主要由硬件和软件组成，可以用来规划航线、上传指令并进行数据管理，因此也称为“地面任务规划与控制站”。

三、无人机倾斜摄影测量特点

无人机摄影测量技术能够有效地弥补传统摄影测量和遥感的不足，作为一种有利的手段，具有以下特点。

(1)无人机飞行高度低，多角度相机组能够多方位、高覆盖获取地物顶面、侧面影像数据。

(2)相邻影像间航向重叠度和旁向重叠度高，影像表达内容丰富。

(3)少量人工干预，自动化的影像匹配、建模，主要过程由计算机完成。

(4)实体侧面纹理可见。传统的数字正射影像图主要获取实体顶部纹理，而倾斜摄影技术能够同时映射侧面纹理。

(5)综合成本低。无人机倾斜摄影测量技术在数据采集和城市三维建模生产工作上具有更高的效率，可以减少时间和降低人力成本。

四、基于无人机倾斜摄影技术的大比例尺地形图测图技术流程

基于无人机倾斜摄影技术的大比例尺地形图测图技术流程主要包括资料收集与分析、像

控点布设、无人机航空摄影、实景三维建模、基于实景三维建模成果的内业数据采集及外业补绘与调绘工作，如图 10-10 所示。

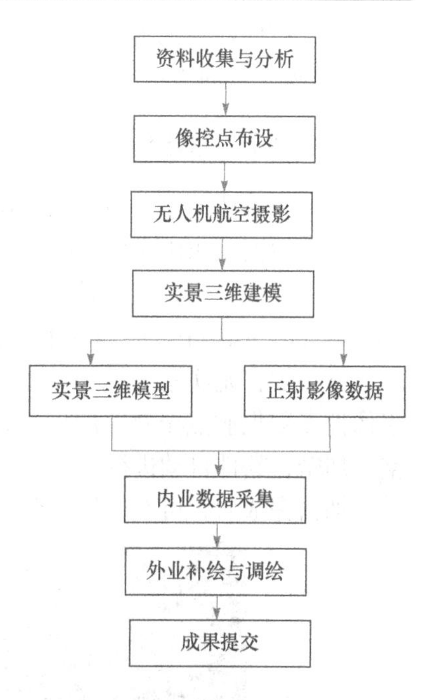

图 10-10 基于无人机倾斜摄影技术的大比例尺地形图测图技术流程

(一)资料收集与分析

收集测区相关数据资源，包括数字线划图数据、影像图数据、数字高程模型数据、测区自然人文地理情况等。基于上述信息，需完成以下两项工作：①根据测区的地物分布情况，主要依据道路网的分布，大致确定无人机的起降场地范围和行车路线；②根据成果要求的精度水平和相机主距、像元大小等参数，计算航飞高度。此外，需要重点关注测区范围内是否分布有高层建筑或较高信号塔等可能增加航飞难度的因素，以及拟定航高是否符合安全作业要求。

(二)像控点布设

像控点的布设策略取决于建模精度需求、是否有销售终端(point of sale，POS)数据辅助、像幅大小等因素。对于无人机倾斜摄影技术，目前多采用区域网布点的像控点布设法，即测区四周布设平高点，内部布设一定数量的平高点或高程点。根据经验估计，对于一般地形区域，采用间隔 10000 个像素布设一个平高点的方法进行加密。

根据拟定的像控点布设方法，并结合已有资料，在影像图上大致确定像控点的预设范围。关于像控点的位置选取，在预设范围内尽量选择平整地面明显标志点，如斑马线角点、检修井中心点等地面点点位。当预设范围内不易寻找标志明显的特征点时，可使用油漆在地面绘制人工标记或使用像控纸作为像控点。图 10-11 为典型像控点选点示意图。

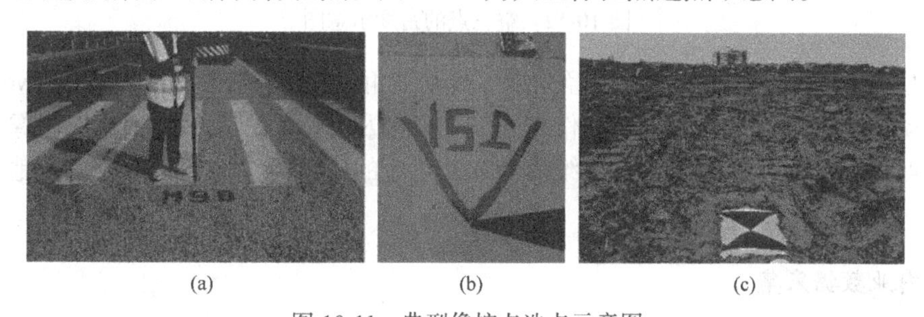

(a) (b) (c)

图 10-11 典型像控点选点示意图

(三)无人机航空摄影

根据外业现场的实际情况确定无人机航空摄影分区，需保证像控点分布均匀，一般优先选择路网作为分界线。根据内业初步拟定的无人机起降场地，结合现场实际情况，选择视野开阔、周围遮挡小、无明显信号干扰、远离人群和建筑物的地方作为无人机起降场地，重点避开高层建筑及信号塔。对于进行实景三维建模，一般采集 5 个视角的影像，分别包含 1 个正射角度和 4 个倾斜角度。

无人机航空摄影时，按照设定的航飞高度进行数据采集，其中航向重叠度一般设定为70%～80%，旁向重叠度设定为60%～70%。

(四)实景三维建模

实景三维建模过程包括数据准备、空三加密、建模输出三个环节。数据准备主要是整理航飞影像数据、相机文件、POS数据及像控点数据，使其满足软件平台的要求。将整理后的数据载入实景三维建模软件，常用的三维建模软件有 Context Capture Master、Photomesh、PhotoScan、Altizure、Pix4DMapper 等。

空三加密是实景三维建模的核心环节之一，为提高成果的位置精度水平，需要将外业采集像控点数据刺点至对应的像片，要求各个视角均选刺一定数量的像片。刺点完成后，运行空三加密，软件自动进行多视角影像密集匹配、区域网平差，确定像片之间的位置对应关系。空三加密完成后，可在软件平台查看空三点的密度示意图，如图10-12所示。

图10-12 空三点的密度示意图

基于原始影像数据和空三成果，经三维不规则三角网(triangulated irregular network，TIN)构建、自动纹理映射等流程，生产制作实景三维模型及其派生数据，包括正射影像、数字表面模型、点云等数据。其中，实景三维模型和其对应的正射影像将作为大比例尺地形图测绘的数据源。

(五)内业数据采集

内业数据采用二三维联动一体化测图模式进行采集，即利用分屏方式分别加载正射影像数据和实景三维模型数据，并使其同步，可实现二维或三维状态下的地形图测量，数据采集界面示意图如图10-13所示。在三维或者二维环境下采集各种地物类型的特征点或特征线，并借助地物本身和地物之间的几何关系，绘制完成地物。对于地貌信息的采集，由于实景三维模型具有高程信息，可通过直接在模型表面拾取高程点完成。常用的二三维一体化测图软件有经济预测系统(economy prediction system，EPS)地理信息工作站、航天远景三维智能测图系统、Dp-Modeler等。

图 10-13　数据采集界面示意图

（六）外业补绘与调绘

内业数据采集完成后，需通过外业补绘与调绘工作检核内业数据成果，对于内业无法测量、识别的地物通过外业现场进行实地确认，主要关注以下几个方面。

(1) 对内业预判的地形图要素进行核查、纠错、定性。

(2) 对内业漏测和难以准确判绘的图形信息(如遮盖区域)，特别是由于地物遮挡造成的实景三维模型的局部变形、模糊，少量地物要素难以准确采集的情况要重点关注。部分线状悬空的地物，如电力线等，实景三维建模难度大，难以从模型中准确辨别其走向和连接关系的情况也要注意。

(3) 对内业难以获取的属性信息(如地理名称等)进行调绘，如检修井的属性信息、路名、企事业单位等注记信息。

五、无人机摄影测量产品成果

无人机摄影测量所获测绘数据是原始像片，利用摄影测量相关软件进行处理可以得到以下结果。

(1) 数字正射影像图(digital orthophoto map，DOM)是摄影像片经倾斜纠正和投影差处理后裁剪形成的影像平面图。数字正射影像图信息量大，结构层次丰富，便于进行解译处理，并且能够直观地从图上量测出所需的相关资料信息。同时正射影像图包含了专业的信息，可以通过计算机进行相关处理，从而提高工作效率。

(2) 数字地面模型(digital terrain model, DTM)是以数字的形式来表示实际地形特征的空间分布。当所指的地形特征点仅指地面点的高程时，就将这种数字地形描述称为数字高程模型，即 DEM(digital elevation model，DEM)。在航摄影像内业数据处理中，数字高程模型是制作数字正射影像图的基础数据，同时数字高程模型在测绘、军事、工程建设等领域应用广泛。

(3) 数字表面模型(digital surface model，DSM)是指用数字形式对物体表面的形态进行表达，是在 DEM 的基础上表示了除地面外其他地表的高程信息，包含植被表面、房屋表面等有高度的地面高程模型，能够真实地反映地面物体高低起伏的情况，因此其应用范围更加广泛。

(4)数字线划图(digital line graphic，DLG)在集结各地图要素的矢量数据的前提下，保存了各要素间的空间属性关系，一般作为外业测绘的最终成果。该产品能够直观完整地表现出地物表面信息，能够满足各种空间分析要求，也可以与其他信息进行叠加，进行空间分析并做出决策，在城镇规划建设中应用广泛。

第六节　卫星遥感图像及其在水利方面的应用(简介)

地球资源卫星对地面进行扫描而获得的遥感图像(卫星像片)，可以当作垂直投影看待(由于卫星距地面高达900多公里，像片上各部位的比例尺大致相似)。资源卫星底片比例尺为1∶336.9万，在使用时一般常放大洗印成1∶100万比例尺像片，像幅面积相当于地面185×185km^2。

美国的地球资源技术卫星(earth resource technology satellite，ERTS)-1、2号(ERST-l、ERST-2)和陆地卫星-3号(LANDSAT-3)，使用反束光导管电视摄像机(return bpam vidicon，RBV)与多光谱扫描仪(multispectral scan，MSS)，其不同波段像片的光谱特征和传感器光谱特征，如表10-1所示。利用同一地区多光谱底片，如MSS第4波段，MSS第5波段正片分别配以蓝、绿滤光片，再重叠投影，就会产生不同于原彩色的假彩色合成影像。其结果是水体为蓝色，植被为红色，云和雪为白色，岩石为橙红、黄、绿等色组合。假彩色合成影像，色彩鲜明，地物轮廓清楚，易于判读。彩色合成的效果主要视所选的波段与滤光片而定，目的是突出某些现象，以帮助区分与辨认一些地物。

表10-1　ERTS-1、ERTS-2及LANDSAT-3不同波段像片的光谱特征和传感器光谱特征

遥感仪器	光谱段	光谱范围/μm	颜色特征	效用	备注
RBV	1	0.475～0.575	蓝～绿(绿)	对水体有透射能力	陆地卫星3号资源技术卫星1、2号
	2	0.580～0.680	黄～红(红)	分辨地形、海中泥沙流	
	3	0.690～0.830	近红外	对水体、植被分辨清楚	
MSS	4	0.5～0.6	绿—黄	可测水下地形，沙地、沙与植被过度区别明显	
	5	0.6～0.7	橙—红	分辨地形、海中泥沙流，岩性沙地与沼泽有明显区别	
	6	0.7～0.8	近红外	水陆边界、水与植被过度明显	
	7	0.8～1.1	反射红外	分辨水体、浅层地下水、地质构造、隐伏构造、农作物病虫害	
	8	10.4～12.6	热红外	分辨地热、火山口……	

卫星图像在水利建设方面的应用较为广泛。由于该图像具有多光谱影像特征，有一定的透视信息，例如，MSS第4波段具有一定的穿透水体光谱特征，能看到一定深度的水下地势起伏，这对水利工程上的应用十分有利；MSS第6波段对水体与湿地反映比较清楚，水体为黑色；浅层地下水丰富地段，土壤湿度大的地段具有较深的灰阶，这对于研究水体分布和浅层地下水有很大的帮助。有些地区利用卫片寻找地下水、选择井站已取得成功的经验。又如根据地物的形态标志和相关位置特征，可以看到河道的变迁情况，为研究河道演变与治理提

供了一定的资料。由于卫星遥感图像具有实时动态的特性，对汛期洪水预报、调洪管理、洪水淹没范围等信息都能及时提供准确可靠的资料；同时，对干旱地区的旱灾面积及干旱程度均能提供可靠的资料。目前，江河流域治理规划、水资源的调查与监测、水体演变、径流形成过程的研究等方面都应用了卫星遥感图像。

此外，卫星像片还可用于更新中、小比例尺地形图，编绘 1∶10 万～1∶100 万比例尺地图，编制中、小比例尺专题地图和各种影像地图。

思 考 题

1. 航摄像片与地形图有何不同？
2. 何谓像片比例尺？如何求得像片比例尺？
3. 试述像对立体观察原理及立体观察的方法。
4. 试述航空摄影测量的三个历史发展阶段及其特点。
5. 在工程建设规划设计中，如何应用航测资料及卫星遥感图像？

第十一章　地形图的识读和应用

本 章 要 点

本章主要讲述地形图的识读和应用方法。主要内容有：图外注记、地物、地貌的识读方法；如何应用地形图求点的坐标和高程、求某直线的坐标方位角、长度和坡度；如何利用地形图绘制断面图和选定等坡度线；如何在地形图上确定汇水面积、进行场地平整及土(石)方量计算；如何在地形图上量算图形面积；数字地形图的应用等。

第一节　地形图的识读

大、中比例尺地形图是土木建筑工程规划设计和施工中的重要地形资料。特别是在规划设计阶段，不仅要以地形图为底图，进行总平面的布设，而且还要根据需要，在地形图上进行一定的量算工作，以便因地制宜地进行合理的规划和设计。

为了正确地应用地形图，首先要能看懂地形图。地形图是用各种规定的符号和注记来表示地物、地貌及其他地面信息的。通过对这些符号和注记的识读，可使地形图成为展现在使用者面前的实地立体模型，以判断各种地图要素之间的相互关系和自然形态，这就是地形图识读的主要目的。

现以“李家村”地形图(1∶1000)的一部分(图 11-1)为例，说明地形图识读的一般方法和步骤。

一、图外注记识读

首先了解测图的年月和测绘单位，以判定地形图的新旧；然后了解图名、图号、接图表、比例尺、坐标系统、高程系统、基本等高距、测图方法、所用图式版本及图幅范围，参见图 11-1。如果是国家基本图，在其左下方还绘有三北方向图(真子午线、磁子午线和坐标纵轴三者关系图)及坡度尺，在右侧附有图例(主要地物符号)。

二、地物识读

图 11-1 为矩形分幅的大比例尺地形图。图名为该图幅内的较大居民地名，图号为该图幅西南角的坐标。坐标系统、高程系统、基本等高距、测图方法、所用图式版本等内容注于左下角外图廓线之下。西南部有一居民点李家村，李家村北边有一条自西北向东流经的清水河，且有一渡口(人渡)可供过河，河北岸有一条铁路和公路通过，铁路南侧有加固岸坡，公路北侧有路堑；清水河两侧均为稻田，在南部山坡上有旱地和大面积的灌木林，李家村周围有零星树木和竹林，公路北侧有果园(梨树)；凤凰山顶埋设有一小三角点。

对于 1∶2.5 万比例尺等的国家基本图，图幅采用梯形分幅法，在内图廓线的四角均注有经纬度，图号为国家统一编号，左上角一般也有四至接图表，图外注记如前所述相同。内外图廓线之间一般还注有坐标值(公里格网值)。根据该图幅左下角的经度和 y 坐标值前的带号，可判知该图幅在六度高斯投影带的第几带、中央子午线的经度值，以及图幅在中央子午线的左侧还是右侧等内容。

图 11-1　李家村地形图(部分)

三、地貌识读

如图 11-1 所示，李家村图幅的基本等高距为 1m。图幅西南部为山区，凤凰岭小三角点的高程为 202.7m，为该部分图幅的最高点。图幅南部山地形态比较明显，山脊、山谷由西向东排列，山脊线和山谷线比较明显。根据山脊线和山谷线的位置、走向，以及等高线的疏密可以看出整个山地地貌的起伏变化。整个图幅内的地貌形态是西南部较高，清水河两岸较低。

四、综合分析及实地识读

识读地形图是一项非常复杂而细致的工作，要想准确掌握某图幅或某地区的详细情况，必须在粗读的基础上再逐项细读，并对与工程规划设计有关的地图要素进行综合分析，确定其相互关系。若使用旧图，还应注意图上与实地的各类地物地貌的变化。由于城乡建设事业的迅速发展，地面上的地物、地貌也随之发生变化。因此，在应用地形图进行规划，以及解决工程设计和施工中的各种问题时，除了细致地识读地形图外，还需进行实地勘察，以便对建设用地作全面正确的了解。

综上所述，可见地形图识读应遵循“先图外，后图内；先地物，后地貌；先主要，后次要；先室内，后野外”的基本原则。

第二节　地形图应用的基本内容

一、求图上某点的坐标和高程

（一）确定点的坐标

如图 11-2 所示，欲确定图上 p 点的坐标，首先根据图廓坐标注记和点 p 的图上位置，绘出坐标方格 $abcd$，过 p 点作 ab、ad 的垂线，再量取 af 和 ak 的图上长度：

$$af=80.2\,(\text{mm})$$

$$ak=50.3\,(\text{mm})$$

则

$$x_p=x_a+af\times M=20100\text{m}+80.2\text{mm}\times1000=20180.2\,(\text{m})$$

$$y_p=y_a+ak\times M=10200\text{m}+50.3\text{mm}\times1000=10250.3\,(\text{m})$$

式中，M=1000 为地形图的比例尺分母。

为了校核，还应量取 ab 和 ad 的长度。但是，由于图纸会产生伸缩，方格边长往往不等于理论长度 l（一般为 10cm）。为了使求得的坐标值精确，可采用式(11-1)进行计算：

$$\begin{cases} x_p = x_a + \dfrac{l}{ab}af \times M \\ y_p = y_a + \dfrac{l}{ad}ak \times M \end{cases} \tag{11-1}$$

（二）确定点的高程

在地形图上可以根据等高线及其高程注记确定任一点的高程。如图 11-3 所示，p 点正好在等高线上，则其高程与所在的等高线高程相同(27m)。如果所求点不在等高线上，如图中的 k 点，则过 k 点作一条大致垂直于相邻两等高线的线段 mn，量取 mn 的长度 d，再量取 mk 的长度 d_1，k 点的高程 H_k 可按比例内插求得

$$H_k = H_m + \frac{d_1}{d}h \tag{11-2}$$

式中，H_m 为 m 点的高程；h 为等高距(本例 h=1m)。

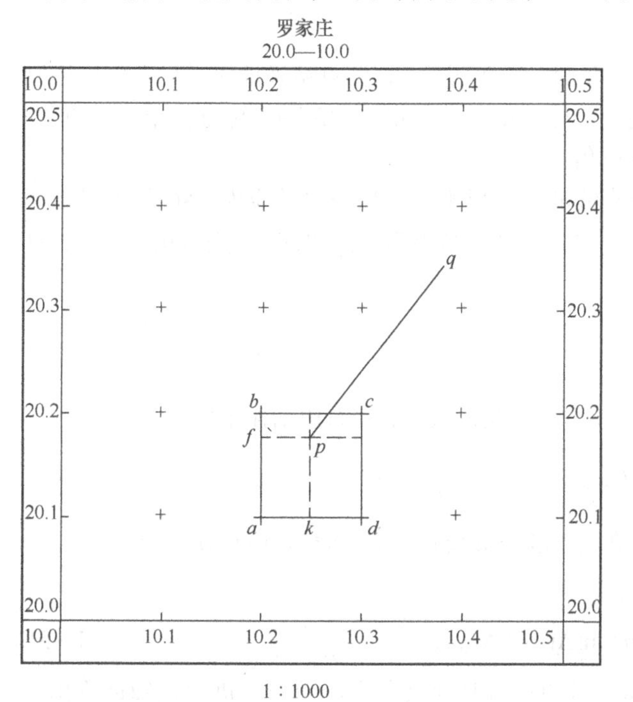

图 11-2　在图上求点的坐标示意图

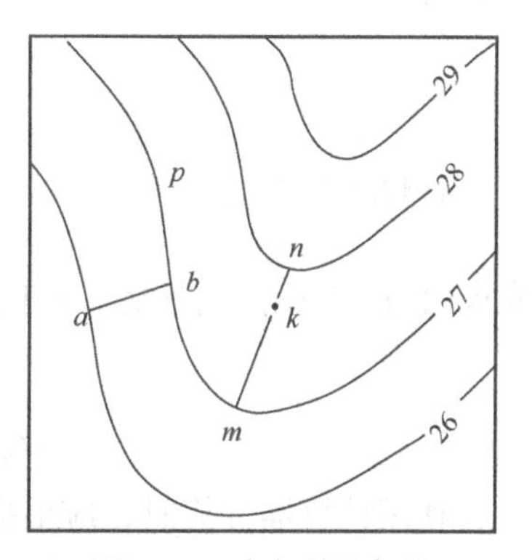

图 11-3　确定点的高程

在图上求某点的高程时，通常可以根据相邻两等高线的高程目估确定。例如，图 11-3 中 k 点高程可估计为 27.7m(目估误差不超过 $0.2h$)，其高程精度低于等高线注记的精度。规范中规定，在平坦地区，等高线的高程中误差不应超过 1/3 等高距；丘陵地区，不应超过 1/2 等高距；山区不应超过 1 倍等高距。由此可见，如果等高距为 1m，则平坦地区等高线本身的高程误差允许到 0.3m、丘陵地区为 0.5m，山区可达 1m。因此，用目估确定点的高程是允许的。

二、确定图上直线的长度、坐标方位角及坡度

(一)确定图上直线的长度

1. 直量法

用卡规在图上直接卡出线段长度，再与图示比例尺比量，即可得其水平距离；或者用毫米尺直接量取图上长度，并按比例尺换算为水平距离，但后者易受到图纸伸缩的影响。

2. 解析法

当两点之间的距离较长时，为了消除图纸变形的影响以提高精度，可先求出两点的坐标，

然后利用第二章的坐标反算公式(2-13)计算水平距离。如在图 11-2 中，求 pq 的水平距离，首先按式(11-1)求出两点的坐标值 x_q、y_q 和 x_p、y_p，然后按式(11-3)计算水平距离 D_{pq}：

$$D_{pq}=\sqrt{(x_q-x_p)^2+(y_q-y_p)^2}=\sqrt{\Delta x_{pq}^2+\Delta y_{pq}^2} \tag{11-3}$$

(二)求某直线的坐标方位角

1. 图解法

如图 11-4 所示，求直线 AB 的坐标方位角时，可先过 A、B 两点精确地作平行于坐标格网纵线的直线，然后用量角器量测 AB 的坐标方位角 α_{AB} 和 BA 的坐标方位角 α_{BA}。

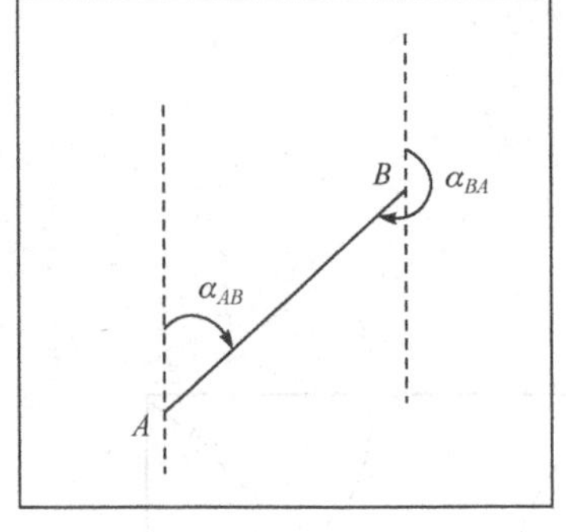

图 11-4　量测直线的坐标方位角

同一直线的正、反坐标方位角之差应为 180°。但是由于量测存在误差，设量测结果为 α'_{AB} 和 α'_{BA}，则可按式(11-4)计算 α_{AB}：

$$\alpha_{AB}=\frac{1}{2}(\alpha'_{AB}+\alpha'_{BA}\pm 180^\circ) \tag{11-4}$$

按图 11-4 的情况，式(11-4)右边括弧中应取“–”号。

2. 解析法

先求出 A、B 两点的坐标，然后利用第二章的坐标反算公式(2-13)计算 AB 的坐标方位角 α_{AB}：

$$\alpha_{AB}=\arctan(\Delta y_{AB}/\Delta x_{AB}) \tag{11-5}$$

注意利用计算器计算时，应根据坐标增量的符号判断其所在的象限，进而正确计算出该直线的坐标方位角。

当直线较长时，解析法可取得较好的结果。

(三)确定直线的坡度

设在地形图上量得两点间的图上直线长度为 d，高差为 h，则坡度 i 可用式(11-6)计算：

$$i=\frac{h}{D}=\frac{h}{dM} \tag{11-6}$$

式中，D 为两点间的实地水平距离；M 为地形图比例尺分母。

例如，图 11-3 中的 a、b 两点，其高差 h 为 1m，若量得 ab 在图上长度为 1cm，并设地形图比例尺为 1∶5000，则 $a\rightarrow b$ 的地面坡度为

$$i_{ab}=\frac{h}{dM}=\frac{1}{0.01\times 5000}=\frac{1}{50}=+2\%$$

坡度 i 常以百分率或千分率表示；“+”表示上坡，“–”表示下坡。

如果两点间的距离较长，中间通过疏密不等的等高线，则式(11-6)所求的地面坡度为两点间的平均坡度。

第三节　按设计线路绘制纵断面图

在各种线路工程设计中，为了进行填挖方量的概算，以及合理地确定线路的纵坡，都需要了解沿线路方向的地面起伏情况，为此，常需要利用地形图绘制沿设计线路方向的纵断面图。

如图 11-5 所示，设 MN 方向为设计线路，现欲沿 MN 方向绘制断面图，可在绘图纸或方格纸上绘制水平线 MN(图 11-6)为水平距离轴线，再过 M 点作 MN 的垂线作为高程轴线。然后在地形图上用卡规自 M 点分别卡出 M 点至 a，b，c，…，i，N 各点的距离，并分别在图 11-6 上自 M 点沿 MN 方向(水平距离轴线)截出相应的 a，b，c，…，i，N 等点。再从地形图上读取各点的高程，由水平距离轴线上各点向上作垂线，与其高程对应的水平线相交，即得各点的地面位置。最后，用光滑的曲线将各点(高程线顶点)连接起来，即得 MN 方向的断面图。

断面过山脊、山顶或山谷处的高程变化点的高程(如 f、g 和 h、i 点之间)，可按比例内插法求得。绘制断面图时，为了使地面的起伏变化更加明显，高程比例尺应比水平比例尺放大 10～20 倍。例如，图 11-6 的水平比例尺为 1∶2000，而高程比例尺为 1∶200。

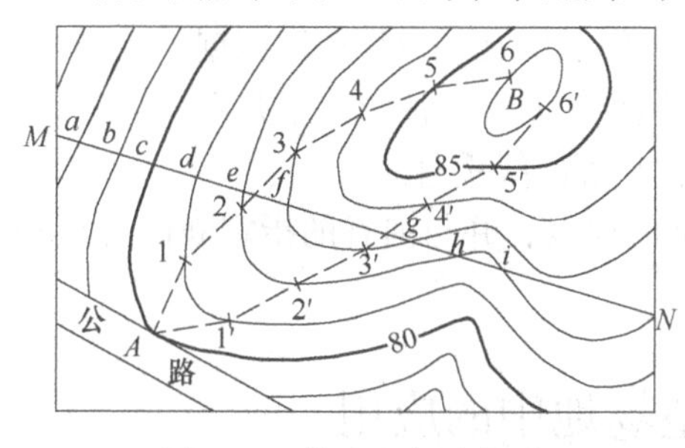

图 11-5　线路方向示意图

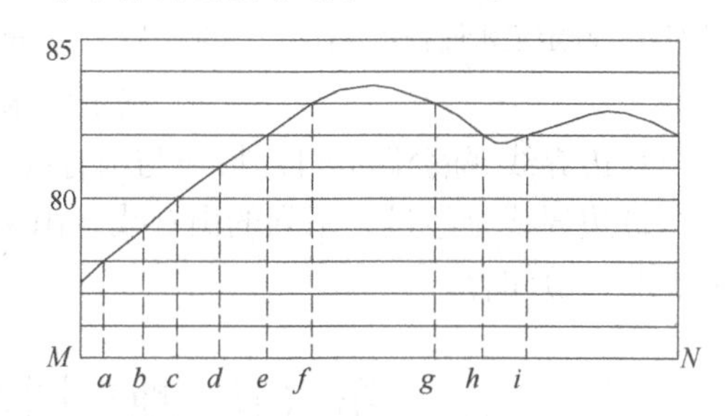

图 11-6　设计线路纵断面图

第四节　在地形图上按限制坡度选线

在进行道路、管线、渠道等工程设计时，都要求线路在不超过某一限制坡度的条件下，选择一条最短路线或等坡度线。

如图 11-5，设从公路上的 A 点到高地上的 B 点要选择一条公路线，要求其坡度不大于 5%(限制坡度)。设计用的地形图比例尺为 1∶2000，等高距为 1m。为了满足限制坡度 i 的要求，根据式(11-6)计算出该路线经过相邻等高线之间的最小水平距离 d 为

$$d=\frac{h}{iM}=\frac{1}{0.05\times 2000}=0.01(\mathrm{m})=1(\mathrm{cm})$$

于是，以 A 点为圆心，以 d 为半径画弧，交 81m 等高线于点 1；再以点 1 为圆心，以 d 为半径画弧，交 82m 等高线于点 2；依次类推，直到 B 点附近为止。然后连接 A，1，2，…，B，便在图上得到符合限制坡度(5%)的路线。这只是 A 到 B 的路线之一，为了选出最佳路线，还需另选一条路线进行比较，如 A，1′，2′，…，B。同时考虑其他因素，如尽量少占农田，建筑费用最少，避开塌方或崩裂地带等，以便确定路线的最佳方案。

如遇等高线之间的平距大于 d 时，以 d 为半径的圆弧将不会与等高线相交。这说明两等高线之间坡度小于限制坡度。在这种情况下，路线方向可按最短距离绘出。

第五节　确定汇水面积

修筑道路时经常要跨越河流或山谷，这时就必须建桥梁或涵洞。兴修水库必须筑坝拦水。而桥梁、涵洞孔径的大小，水坝的设计位置与坝高，水库的蓄水量等，都要根据汇集于这个地区的水流量来确定。汇集水流量的面积称为汇水面积。

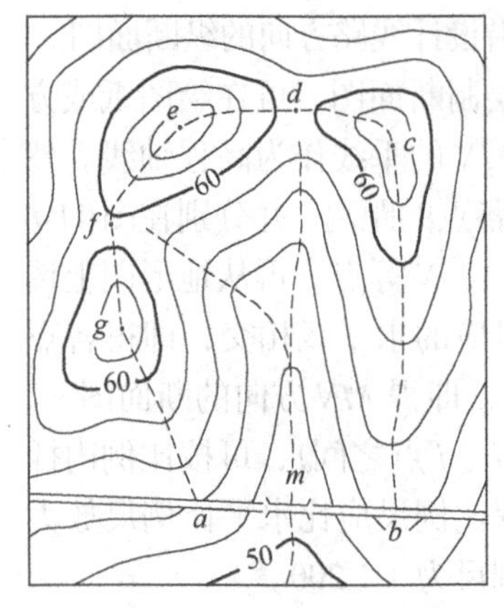

图 11-7　确定汇水面积示意图

雨水是从山脊线(分水线)向两侧山坡分流，所以汇水面积的边界线是由一系列的山脊线连接而成的。如图 11-7 所示，一条公路经过山谷，拟在 *m* 处架桥或修涵洞，其孔径大小应根据流经该处的流水量决定，而流水量又与山谷的汇水面积有关。由图可以看出，由山脊线 *bc*、*cd*、*de*、*ef*、*fg*、*ga* 与公路上的 *ab* 线段所围成的面积，就是这个山谷的汇水面积。量测该面积的大小，再结合气象水文资料，便可进一步确定流经公路 *m* 处的水量，从而对桥梁或涵洞的孔径设计提供依据。

确定汇水面积的边界线时，应注意以下几点。

(1)边界线(除公路 *ab* 段外)应与山脊线一致，且与等高线垂直。

(2)边界线是经过一系列的山脊线、山头和鞍部的曲线，并与河谷的指定断面(公路或水坝的中心线)闭合。

第六节　地形图在平整场地中的应用

在各种工程建设中，除了要对建筑物做合理的平面布置外，往往还要对原地貌进行必要的改造，以便适于布置各类建筑物，排除地面水，以及满足交通运输和敷设地下管线等。这种地貌改造称为平整场地。

在平整场地工作中，常需预算土(石)方的工程量，即利用地形图进行填、挖土(石)方量计算。其方法有多种，其中方格法是应用最广泛的一种。下面分两种情况介绍该方法。

一、要求平整为水平面

如图 11-8 所示，假设要求将原地貌按“挖、填土方量平衡”的原则平整为水平面，其步骤如下。

1. 在地形图上绘制方格网

在地形图上的拟建场地内绘制方格网时，方格网的大小取决于地形复杂程度、地形图比例尺大小及土方概算的精度要求。例如，在设计阶段采用 1∶500 的地形图时，根据地形复杂情况，一般边长为 10m 或 20m。方格网绘制完后，根据地形图上的等高线，用内插法求出每一方格顶点的地面高程，并注记在相应方格顶点的右上方，如图 11-8 所示。

2. 计算设计高程

先将每一方格顶点的高程加起来除以 4，得到各方格的平均高程，再把每个方格的平均高

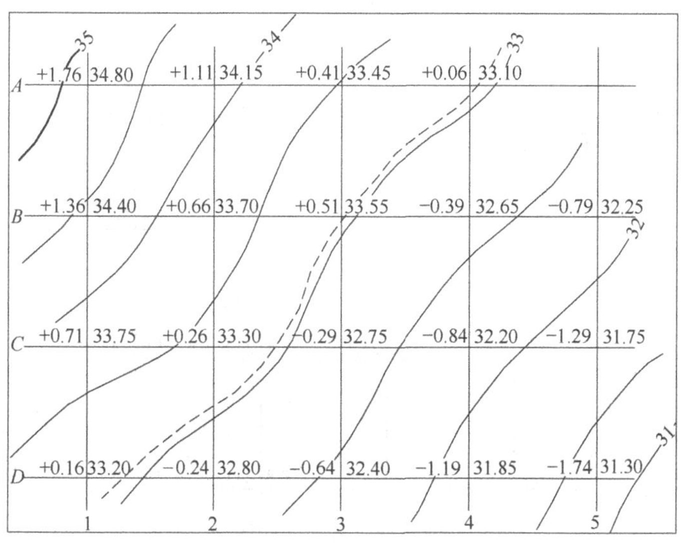

图 11-8　将场地平整为水平面示意图

程相加除以方格总数，就得到设计高程 H_0。

$$H_0=\frac{H_1+H_2+\cdots+H_n}{n} \tag{11-7}$$

式中，$H_i\ (i=1，2，\cdots，n)$为每一方格的平均高程；n 为方格总数。

从设计高程 H_0 的计算方法和图 11-8 可以看出：方格网的角点 $A1$、$A4$、$B5$、$D1$、$D5$ 的高程只用了一次；边点 $A2$、$A3$、$B1$、$C1$、$D2$、$D3$ 等的高程用了二次；拐点 $B4$ 的高程用了三次；而中间点 $B2$、$B3$、$C2$、$C3$ 等的高程都用了四次。因此，设计高程的计算公式可写为

$$H_0=\frac{\sum H_{角}+2\sum H_{边}+3\sum H_{拐}+4\sum H_{中}}{4n} \tag{11-8}$$

将图 11-8 中各方格顶点的高程代入式(11-8)，计算出的设计高程为 33.04m。然后在图上内插出 33.04m 等高线(图中虚线)，称为**填挖边界线**(也称**零线**)。

3. 计算挖、填高度

根据设计高程和方格顶点的高程，可以计算出每一方格顶点的挖、填高度，即

$$挖(填)高度=地面高程-设计高程 \tag{11-9}$$

将各挖(填)高度写于相应方格顶点的左上方。挖深为正号，填高为负号。

4. 计算挖、填土方量

挖(填)土方量可按角点、边点、拐点和中点分别按式(11-10)列表计算。

$$\begin{cases}角点：挖（填）高\times 方格面积\times 1/4\\ 边点：挖（填）高\times 方格面积\times 2/4\\ 拐点：挖（填）高\times 方格面积\times 3/4\\ 中点：挖（填）高\times 方格面积\times 4/4\end{cases} \tag{11-10}$$

【例 11-1】　如图 11-9 所示，设每一方格面积为 400m^2，计算的设计高程是 25.2m，每一方格的挖深或填高数据已分别按式(11-9)计算出，并已注记在相应方格顶点的左上方。于是，可按式(11-10)列表(见表 11-1)分别计算出挖方量和填方量；从计算结果可以看出，挖方量和填方量是相等的，满足“挖、填平衡”的要求。

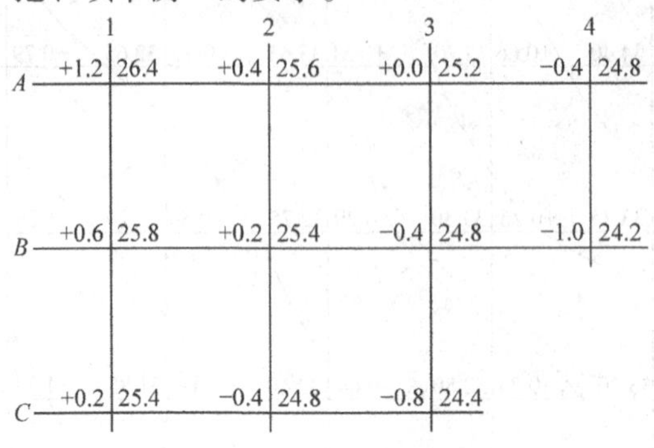

图 11-9　例 11-1 附图

表 11-1　挖、填方量计算表

点号	挖深/m	填高/m	所占面积/m^2	挖方量/m^2	填方量/m^2
*A*1	+1.2		100	120	
*A*2	+0.4		200	80	
*A*3	0		200	0	
*A*4		−0.4	100		40
*B*1	+0.6		200	120	
*B*2	+0.2		400	80	
*B*3		−0.4	300		120
*B*4		−1.0	100		100
*C*1	+0.2		100	20	
*C*2		−0.4	200		80
*C*3		−0.8	100		80
$\sum$				420	420

二、要求按设计等高线整理成倾斜面

将原地面改造成设计坡度的倾斜面，一般可根据填、挖平衡的原则，绘出设计倾斜面的等高线。但是有时要求所设计的倾斜面必须包含不能改动的某些高程点(称为设计斜面的控制高程点)，如已有道路的中线高程点、永久性或大型建筑物的外墙地坪高程等。如图 11-10 所示，设 *a*、*b*、*c* 三点为控制高程点；其地面高程分别为 54.6m、51.3m 和 53.7m。要求将原地面改造为通过 *a*、*b*、*c* 三点的倾斜面，其步骤如下。

1. 确定设计等高线的平距

如图 11-10，过 *a*、*b* 二点作直线，按比例内插法在 *ab* 线上求出高程为 54m、53m、52m、

51m 各点的位置，即设计等高线应经过 ab 线上的相应位置，如 d、e、f、g 等点。

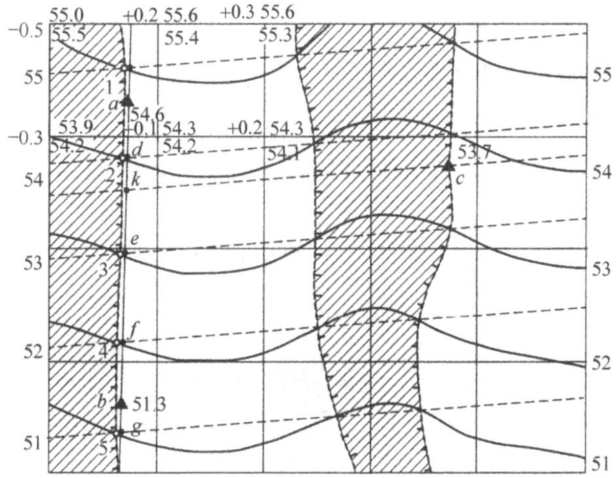

图 11-10　将原地面整理为设计坡度的倾斜面

2. 确定设计等高线的方向

在 ab 直线上求出一点 k，使其高程等于 c 点的高程(53.7m)，过 k、c 作一直线，则 kc 方向就是设计等高线的方向。

3. 插绘设计倾斜面的等高线

过 d、e、f、g 各点作 kc 的平行线(见图中虚线)，即设计倾斜面的等高线。过高程相同的设计等高线和原等高线交点的连线，即为挖、填边界线。如图 11-10 中 1、2、3、4、5 等点的连线，图中绘有短线的一侧为填土区，另一侧为挖土区。

4. 计算挖、填土方量

与前一种方法相同，首先在图上绘方格网，并确定各方格顶点的挖深和填高量。不同之处是各方格顶点的设计高程是根据设计等高线内插求得的，并注记在方格顶点的右下方。其填高和挖深量仍记在各顶点的左上方。挖方量和填方量的计算和前一种方法相同。

第七节　在地形图上量算图形面积

在土木工程的规划设计中，常需要在地形图上量算一定轮廓范围内的面积。下面介绍几种常用的方法。

一、透明方格纸法

如图 11-11 所示，欲计算曲线内的面积，先将毫米透明方格纸覆盖在图形上，数出图形内完整的方格数 n_1 和不完整的方格数 n_2，则面积 S 可按式(11-11)计算：

$$S=(n_1+n_2/2)\times M^2\times 10^{-6} \tag{11-11}$$

式中，M 为地形图比例尺分母；S 为面积，单位为 m^2。

二、平行线法

如图 11-12，将绘有等距平行线的透明纸覆盖在图形上，使两条平行线与图形边缘相切，则相邻两平行线间截割的图形面积可近似视为梯形。梯形的高为平行线间距 h，图形截割各平行线的长度为 l_1，l_2，…，l_n，则各梯形面积分别为

$$S_1 = \frac{1}{2}h(0 + l_1)$$

$$S_2 = \frac{1}{2}h(l_1 + l_2)$$

$$\cdots$$

$$S_n = \frac{1}{2}h(l_{n-1} + l_n)$$

$$S_{n+1} = \frac{1}{2}h(l_n + 0)$$

则总面积 S 为

$$S = S_1 + S_2 + \cdots + S_n + S_{n+1} = h\sum_{i=1}^{n} l_i \tag{11-12}$$

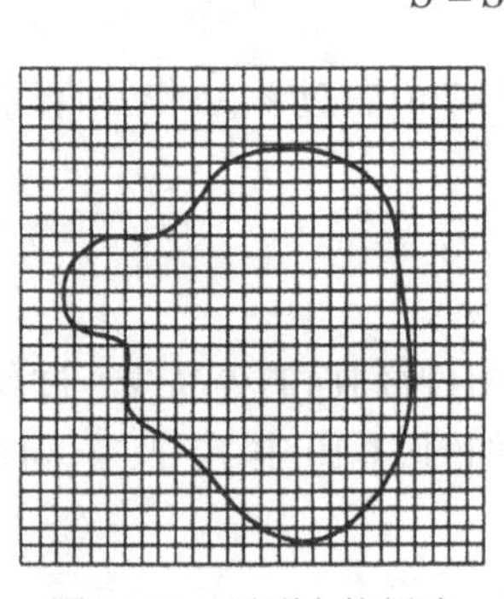

图 11-11　透明方格纸法

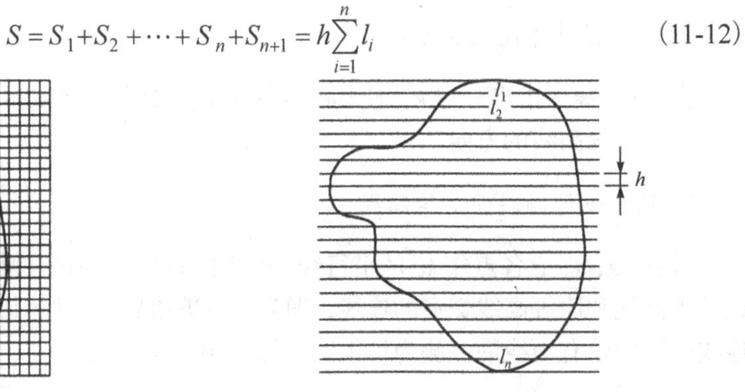

图 11-12　平行线法

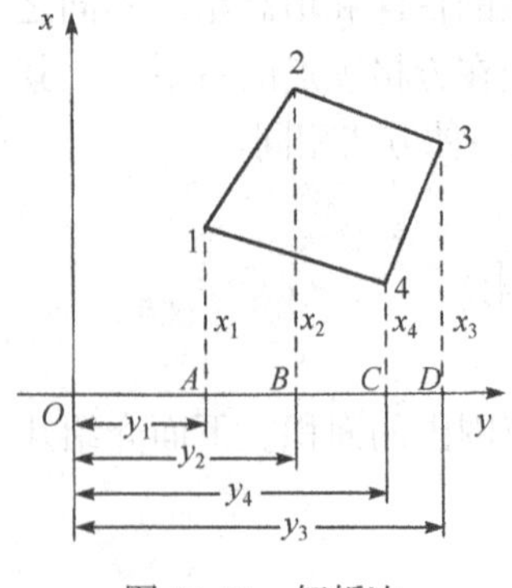

图 11-13　解析法

三、解析法

如果图形为任意多边形，且各顶点的坐标已在图上量出或已在实地测定，可利用各点坐标用解析法计算面积。

如图 11-13 所示，为一任意四边形。各顶点按顺时针编号为 1、2、3、4。可以看出，四边形 1234 的面积 S 等于四边形 $12BA$ 的面积 S_1 加四边形 $23DB$ 的面积 S_2，再减去四边形 $14CA$ 的面积 S_3 和四边形 $43DC$ 的面积 S_4。

即

$$S = S_1 + S_2 - S_3 - S_4$$

设 1、2、3、4 各顶点的坐标为：(x_1, y_1)、(x_2, y_2)、(x_3, y_3)、(x_4, y_4)，则

$$\begin{aligned} S &= [(y_2 - y_1)(x_2 + x_1) + (y_3 - y_2)(x_3 + x_2) - (y_4 - y_1)(x_4 + x_1) - (y_3 - y_4)(x_3 + x_4)]/2 \\ &= [y_2x_1 - y_1x_2 + y_3x_2 - y_2x_3 - y_4x_1 + y_1x_4 - y_3x_4 + y_4x_3]/2 \\ &= [x_1(y_2 - y_4) + x_2(y_3 - y_1) + x_3(y_4 - y_2) + x_4(y_1 - y_3)]/2 \end{aligned}$$

若图形有 n 个顶点，则上式可扩展为

$$S=[x_1(y_2-y_n)+x_2(y_3-y_1)+\cdots+x_n(y_1-y_{n-1})]/2$$

即

$$S=\frac{1}{2}\sum_{i=1}^{n}x_i(y_{i+1}-y_{i-1}) \tag{11-13}$$

注意：当 i=1 时，取 $y_{i-1}=y_n$；当 $i=n$ 时，取 $y_{i+1}=y_1$。

同理还可推导出其他形式的图形面积计算公式为

$$S=\frac{1}{2}\sum_{i=1}^{n}y_i(x_{i+1}-x_{i-1}) \tag{11-14}$$

注意：当 i=1 时，取 $x_{i-1}=x_n$；当 $i=n$ 时，取 $x_{i+1}=x_1$。

将式(11-13)和式(11-14)编程输入计算机，任意多边形各顶点的坐标按顺时针编号，依次输入计算机，即可求得其面积。同时，式(11-13)和式(11-14)可以互为计算检核。

四、求积仪法

用机械的或电子的测定装置来测定图纸上任意曲线图形的面积，这种装置统称为求积仪，前者称为机械式求积仪，后者称为数字式求积仪。它们的优点是操作简便、速度快、适用于任意曲线图形的面积量算，且能保证一定的精度。尤其是数字式求积仪，采用了集成电路技术使量算工作基本实现了自动化。由于求积仪的型号较多，下面对两类求积仪仅作简单介绍。

1. 机械式求积仪

机械式求积仪由极臂、描迹臂(航臂)和计数器三部分组成(图11-14(a))。极臂是控制求积仪运行方向的拉杆，它使求积仪整体只能以极点为中心作弧形运行。在极臂的一端有一重锤，重锤的下面有一短针，使用时短针借重锤的重量刺入图纸(图板)固定不动，短针端点称为求积仪的极点。极臂的另一端有一个圆头的短柄，短柄可以插在接合套的圆洞内，接合套又套在描迹臂上(用制动螺旋和微动螺旋连接)，把极臂和描迹臂铰连成一体。在描迹臂一端有一个描迹针(航针)，描迹针旁有一支撑描迹针的小圆柱和一个手柄(有的求积仪用描迹放大镜代替描迹针和小圆柱)。自描迹针尖端至短柄旋转轴的距离称为描迹臂的臂长，它是可以调节的。极臂长是指极点至短柄旋转轴的距离(为定长)。

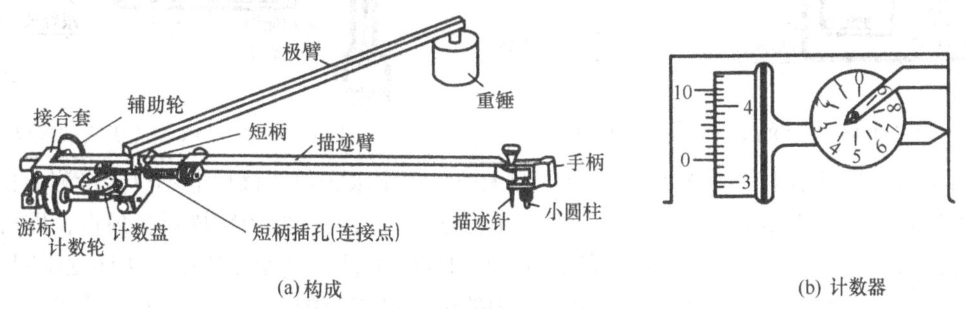

图 11-14　机械式求积仪

计数器(图 11-14(b))是求积仪上最重要的部件，它由计数盘、计数轮和游标组成。当描迹臂移动时，计数轮随着转动，计数轮转动一周时，计数盘转动一格。计数盘共分十格；由 0～9 注有数字。计数轮分为 10 等分，每一等分又分成 10 个小格。在计数轮旁有游标，可读出计数

取百位数和十位数，最后按游标读取个位数，如图 11-14(b)的读数为 3332。

使用时，当图形面积不大时，可将极点放在图形外，定好描迹臂长度和极点位置，把描迹针放在轮廓的某一点 p 上，作一个记号，读出起始读数 n_1，然后描迹针严格绕轮廓线顺时针方向描摹一周，回到起点，读出终了读数 n_2，则图形面积 S 为

$$S=C(n_2-n_1) \tag{11-15}$$

式中，C 为一定描迹臂长的求积仪分划值，可在说明书中查取或自行测定。

当图形较大时，可以分块量算(极点在图形外)，也可将极点放在图形内，操作方法同前面所述。当极点在图形内时，图形面积按式(11-16)计算：

$$S=C(n_2-n_1)+Q \tag{11-16}$$

式中，Q 为加常数，可在仪器说明书中查取。

2. 数字式求积仪

数字式求积仪用一个有专用程序的小型计算器来代替传统的机械计数部分，又有有极式与无极式求积仪之分。数字式求积仪具有性能优越、可靠性好、操作简便的优点，因此广泛应用于生产实践中。

图 11-15 为日本生产的 KP-80N 型有极式求积仪，左边为各功能键和输入数字键，右边为数字显示窗。由于采用脉冲计数显示，显示位数可提高到 6 位，从而使最大累加面积达 10m^2(比例尺为 1∶1)。

图 11-16 为日本产 KP-90N 型无极式数字求积仪，其采用了两个相互平行而又不能独立运行的滚轮组成的回转体，使铰结点做直线运动。因此，这种求积仪又称为直线求积仪或滚轮求积仪。它使用了两条互相平行的轨道，功能键、显示窗与 KP-80N 型基本相同。

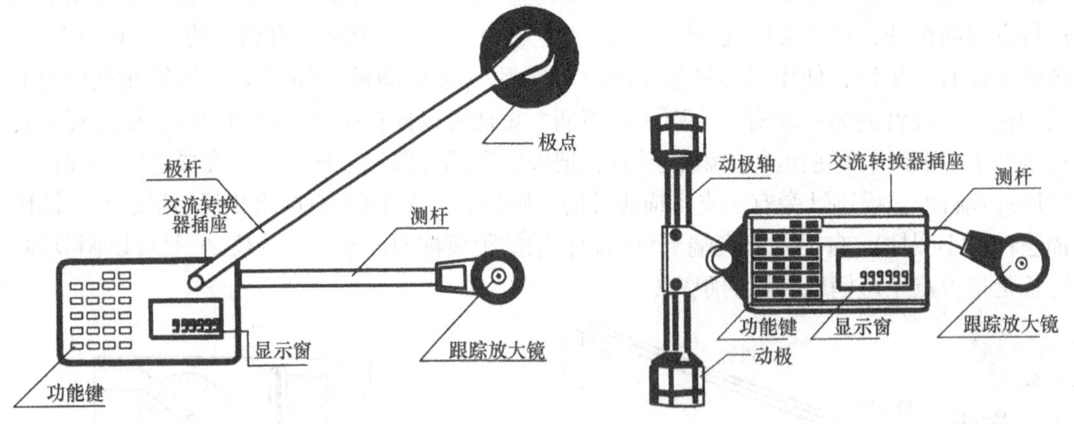

图 11-15　KP-80N 型有极式求积仪　　图 11-16　KP-90N 型无极式求积仪

图 11-17 是日本生产的 X-PLAN360d 型无极式数字求积仪。该仪器不仅能量测面积，且同时可量测线长。当图形面积为多边形时，不需描迹各边，只要依次描对各顶点，即可自动显示其面积和周长。该求积仪各部件的名称如图 11-17 所注，其操作使用方法详见说明书。

由于上述求积仪构造上的制约，测定面积的最大可能范围是：当使用有极式求积仪，限定在极杆和测杆拉成一条直线时，范围为描点(测点)绕极点旋转所画圆的内部；当使用无极式求积仪时，其可能测定的面积范围是铰结点和测针间距离的两倍宽的带状区域。实际上当回转体和测杆成平行时，测点走动时回转体则平滑运动，这时计数不变，因此可以在很窄的

范围内使用。

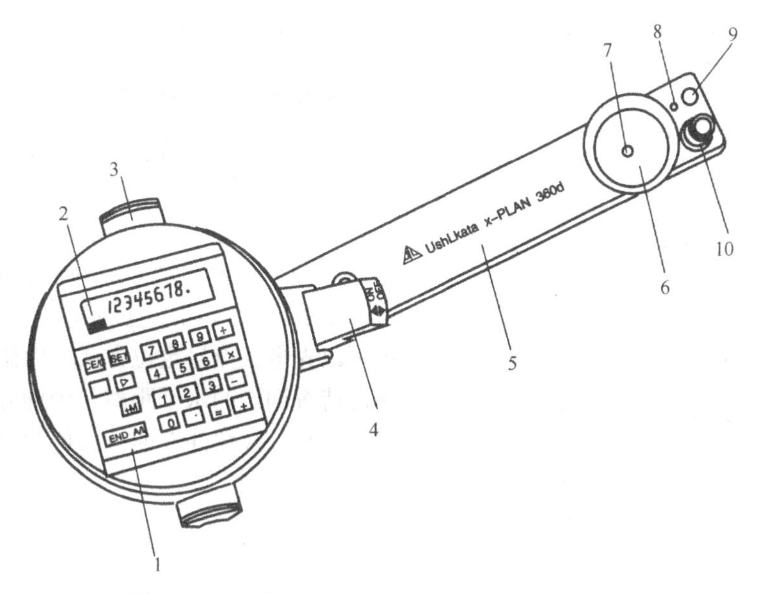

图 11-17　日本 X-PLAN360d 型无极式数字求积仪

1-键盘；2-显示器；3-滚轮；4-描杆固定扳手；5-描杆；6-描迹放大镜；7-描点；8-LED 表示；9-测定方式变换开关；10-STAT/POINT

第八节　数字地形图的应用

无论是在精度还是效率等方面，数字地形图都比图解地形图高得多。本节主要介绍使用南方测绘 CASS 软件在数字地形图上查询点位坐标、直线方位角和距离、查询指定区域的面积、绘制路线纵横断面图、计算填挖土方量等命令的操作。CASS 的数字地形图应用命令主要位于“工程应用”下拉菜单，如图 11-18 所示。

一、查询计算与结果注记

（一）查询指定点的坐标

执行下拉菜单“工程应用/查询指定点的坐标”命令，提示如下：

输入点：（点取要查询的点位，注意使用对象捕捉）

测量坐标：*X*=31173.642m　*Y*=53175.444m　*H*=0.000m

如要在图上注记点的坐标，应执行屏幕菜单的“文字注记”命令，在弹出的“注记”对话框中双击“坐标注记”图标，鼠标点取指定点和注记位置后，CASS 自动标注该点的 *X*、*Y* 坐标。图 11-19 注记了图根点 D121 和 D123 点的坐标。在使用该功能时，要特别注意 CASS 软件坐标系统与测量坐标系的区别。CASS 软件系统左下角状态栏显示的坐标是屏幕水平方向为 *X* 坐标轴、屏幕竖向为 *Y* 坐标轴，与测

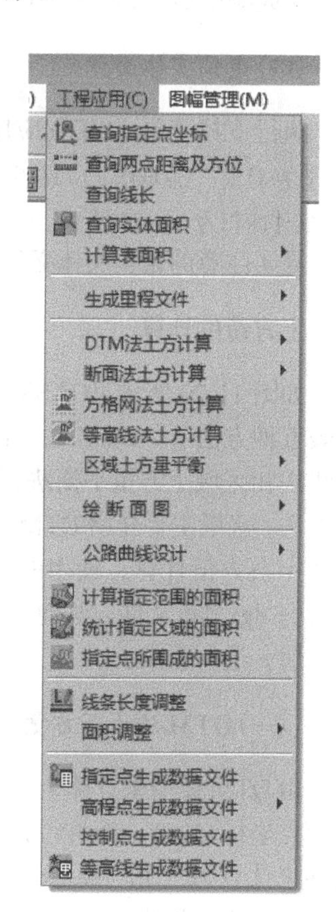

图 11-18　“工程应用”面板/菜单

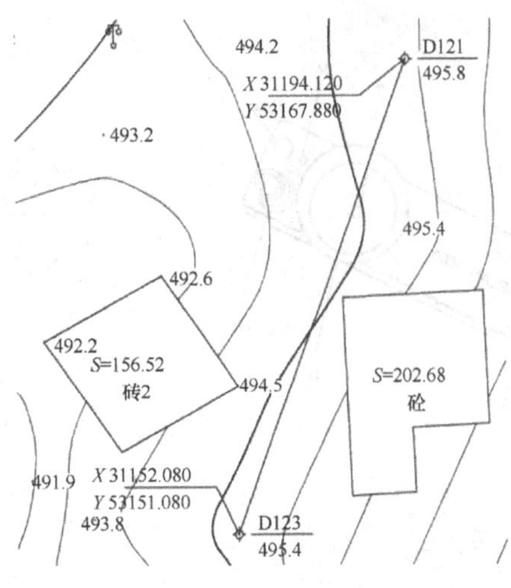

图 11-19 数字地形图应用实例

量坐标系的 X 和 Y 的顺序相反。用此功能查询时，系统在命令行给出的 X、Y 是测量坐标系的值。

(二)查询两点的距离和方位角

执行下拉菜单，“工程应用/查询两点距离及方位”命令，提示如下：

第一点：(圆心捕捉图 11-19 中的 D121 点)

第二点：(圆心捕捉图 11-19 中的 D123 点)

两点间距离=45.273m，方位角= 201°46′57.39″

也可以先进入点号定位方式，再输入两点的点号即可获得待查询边的水平距离及坐标方位角。需要注意的是利用 CASS 软件查询所获得的两点间水平距离为实地距离不是图上距离。

(三)查询线长

执行下拉菜单，“工程应用/查询线长”命令，提示如下：

选择精度：(1)0.1m(2)1m(3)0.01m<1>3Enter

选择曲线：(点取图 11-19 中 D121 点～D1213 的直线)

完成响应后，CASS 弹出提示框给出查询的线长值。

(四)查询实体面积

执行下拉菜单，“工程应用/查询实体面积”命令，提示如下：

选择对象：(点取图 11-19 中砼房屋轮廓线上的点)

实体面积为 202.683m²

需要注意的是：实体必须是闭合的。

二、土方量的计算

如图 11-20 所示，CASS 在“工程应用”下拉菜单下设置了 5 个土方计算命令，他们分别代表五种方法——DTM 法、断面法、方格网法、等高线法和区域土方量平衡法，每类方法中又有若干种子方法。这里主要介绍 DTM 法土石方量计算和方格网法土石方量计算，使用的案例坐标文件为 CASS 自带的 dgx.dat 文件。其他方法可以参照《CASS 用户手册》进行自学。

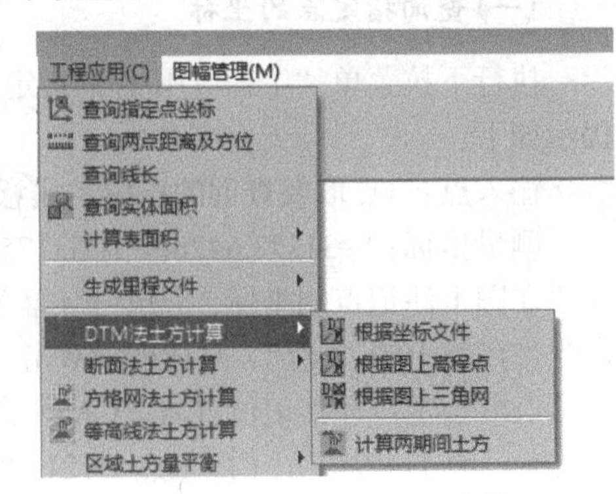

图 11-20 DTM 土方量计算

(一)DTM 法土石方量计算

由 DTM 模型来计算土石方量是根据实地测定的地面点坐标(X，Y，H)和设计高程，首先通过生成三角网来计算每一个三棱锥的填挖方量，最后累计得到指定范围内填方和挖方的土石方量，并绘出填挖方分界线。

DTM 法土石方量计算共有三种子方法：第一种是由坐标数据文件计算；第二种是依照图上高程点进行计算；第三种是依照图上的三角网进行计算。前两种算法包含重新建立三角网的过程，第三种方法直接采用图上已有的三角形，不再重建三角网。下面分述三种方法的操作过程。

1. 根据坐标数据文件计算

(1)用复合线画出所要计算土石方量的区域，所画复合线一定要闭合，但是尽量不要拟合，因为拟合过的曲线在进行土石方量计算时会使用折线迭代，影响计算结果的精度。

(2)执行“工程应用”、“DTM 法土方计算”、“根据坐标文件”命令，进入利用坐标文件计算土石方功能。

(3)点取所画的闭合复合线，弹出图 11-21 所示的“DTM 土方计算参数设置”对话框。对话框中各参数含义如下。

区域面积：该值为复合线围成的多边形的水平投影面积。

平场标高：指设计要达到的目标高程(本例输入 38m)。

边界采样间距：边界采样间距的设定，默认值为 20m。

边坡设置：选中处理边坡复选框后，则坡度设置功能变为可选，选中放坡的方式(向上或向下：指平场高程相对于实际地面高程的高低，平场高程高于地面高程则设置为向下放坡不能设置为向上放坡。不能计算向范围线内部放坡的工程)，然后输入坡度值。

(4)设置好计算参数后屏幕上显示填挖方的提示框，命令行显示：

挖方量=26124.1 立方米，填方量=236197.5 立方米

同时，图上绘出所分析的三角网、填挖方的分界线。

(5)关闭对话框后系统提示：

请指定表格左下角位置：<直接按 Enter 键不绘表格>用鼠标在图上适当位置单击，CASS 软件会在该处绘出一个表格(图 11-22)，包含平场面积、最大高程、最小高程、平场标高、填方量、挖方量和图形。

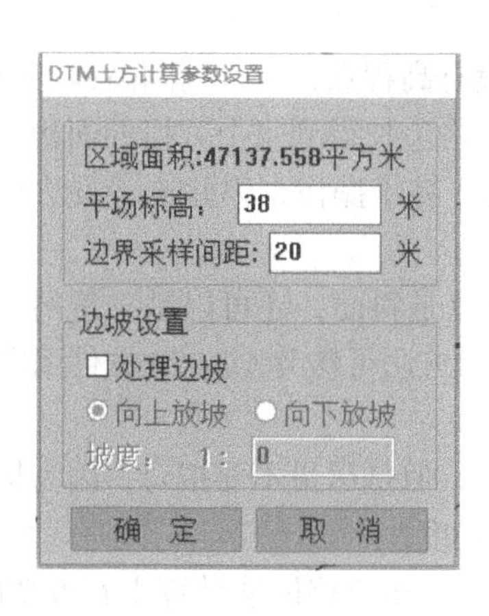

图 11-21　“DTM 土方计算参数设置”对话框

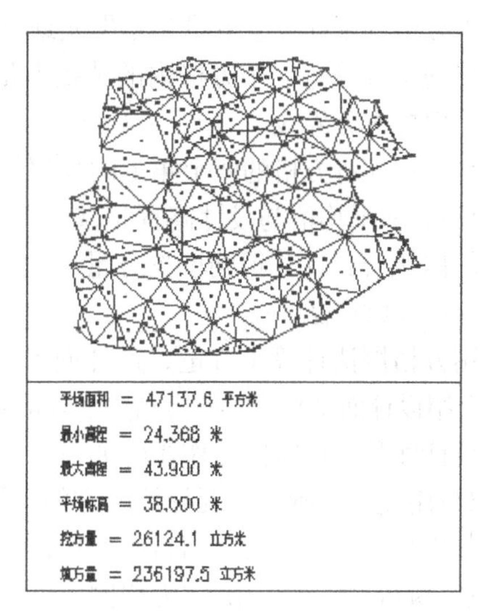

图 11-22　DTM 法土石方量计算结果对话框

还可在记事本中打开 dtmtf.log 文件查看土方计算时三角网的构建情况。

2. 根据图上高程点计算

(1)展绘高程点，并用复合线画出所要计算土石方量的区域。所画复合线一定要闭合，但是尽量不要拟合。因为拟合过的曲线在进行土方计算时会用折线迭代，影响计算结果的精度。

(2)执行“工程应用”、“DTM 法土方计算”、“根据图上高程点计算”命令。进入利用根据图上高程点计算土石方功能。

(3)选择边界线，用鼠标点取所画的闭合复合线。

(4)选择参与计算土石方的高程点或控制点。此时可逐个选取要参与计算的高程点或控制点，也可拖框选择。如果输入“ALL”按 Enter 键，将选取图上所有已经绘出的高程点或控制点。弹出“DTM 土方计算参数设置”对话框，以后操作则与根据坐标计算土石方量的方法相同。

3. 根据图上的三角网计算

(1)对已经生成的三角网进行必要的添加和删除，结果更接近实际地形。

(2)执行“工程应用”、“DTM 法土方计算”、“依图上三角网计算”命令。进入利用根据图上三角网计算土石方功能。

(3)平场标高(m)：输入平整的目标高程。

(4)在图上选取三角网：用鼠标在图上选取三角形，可以逐个选取也可拉框批量选取。

(5)选好三角网后按 Enter 键，屏幕上显示填挖方的提示框，同时图上绘出所分析的三角网、填挖方的分界线。

用此方法计算土石方量时不要求给定区域边界，因为系统会分析所有被选取的三角形，因此，在选择三角形时一定要注意不要漏选或多选，否则计算结果有误，且很难检查出问题所在。

(二)方格网法土方量计算

由方格网来计算土方量是根据实地测定的地面点坐标(X, Y, H)和设计高程，首先通过生成方格网来计算每一个方格内的填挖方量，最后累计得到指定范围内填方和挖方的土方量，并绘出填挖方分界线。

系统首先将方格的四个角上的高程相加(如果角上没有高程点，通过周围高程点内插得出其高程)，取平均值与设计高程相减。然后通过指定的方格边长得到每个方格的面积，再用长方体的体积公式计算得到填挖方量。方格网法简便直观，易于操作，因此这一方法在实际工作中应用非常广泛。

用方格网法计算土方量，设计面可以是平面，也可以是斜面，还可以是三角网文件。这里只介绍设计面是平面的方格网法土方量的计算步骤，其他方法可参考《CASS 软件用户手册》。

设计面是平面时的操作步骤如下。

(1)用复合线画出所要计算土方的区域，一定要闭合，但是尽量不要拟合，因为拟合过的曲线在进行土方计算时会用折线迭代，影响计算结果的精度。

(2)执行“工程应用”“方格网土方计算”命令，进入利用方格网法计算土石方功能。

(3)命令行提示：“选择计算区域边界线”；选择土方计算区域的边界线(闭合复合线)。

(4)在屏幕上将弹出的对话框(图 11-23)中选择所需的坐标文件(本例选取 dgx.dat 文件)。

在“设计面”栏选择“平面”，并输入目标高程(本例输入 35 米)；在“方格宽度”栏，输入方格网的宽度，这是每个方格的边长，默认值为 20 米(本例输入 10 米)。

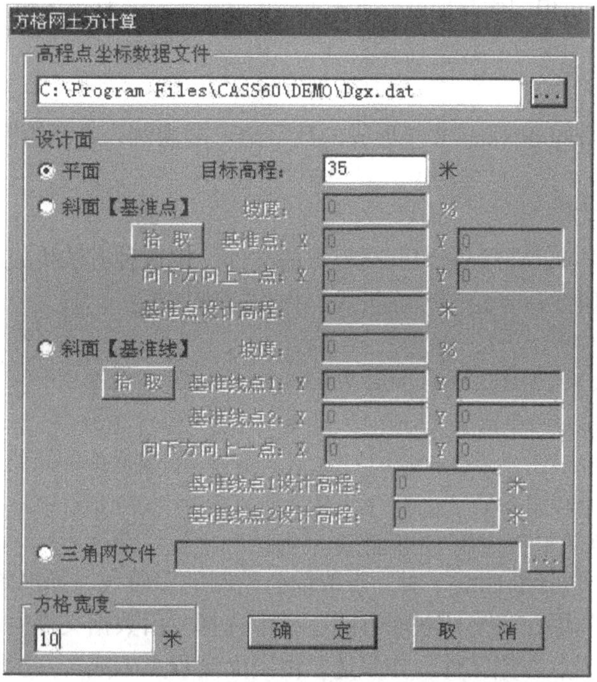

方格网土方计算
高程点坐标数据文件
C:\Program Files\CASS60\DEMO\Dgx.dat
设计面
平面　目标高程：35 米
斜面【基准点】　坡度：0 %
拾取　基准点：X 0 Y 0
向下方向上一点：X 0 Y 0
基准点设计高程：0 米
斜面【基准线】　坡度：0 %
拾取　基准线点1：X 0 Y 0
基准线点2：X 0 Y 0
向下方向上一点：X 0 Y 0
基准线点1设计高程：0 米
基准线点2设计高程：0 米
三角网文件
方格宽度
10 米　确　定　取　消

图 11-23　“方格网土方计算”对话框设置内容

(5)单击“确定”按钮，CASS 按对话框的设置自动绘制方格网、计算每个方格网的挖填土方量、将计算结果绘制土方量图，结果如图 11-24 所示，并在命令行给出下列计算结果提示：

最小高程=24.368 米，最大高程=43.900 米

请确定方格起始位置：〈缺省位置〉Enter

总填方=15.0 立方米，总挖方=52048.7 立方米

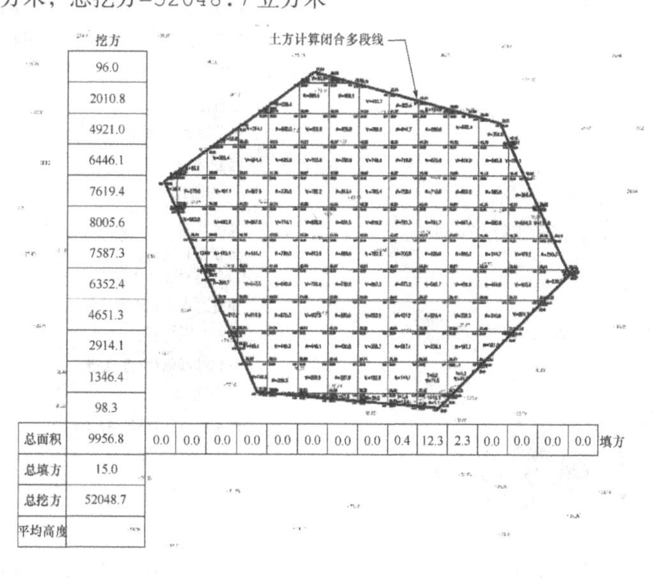

图 11-24　CASS 自动生成的方格网法土方计算表格

方格宽度一般要求为图上 2cm，在 1：500 比例尺的地形图上，2cm 的实地距离为 10m。一般情况下方格网越小，土方计算精度越高，但如果给的值太小，超过了野外采集点的密度也是没有实际意义的。可根据实际地形、高程点密度和土方计算精度等情况综合确定方格宽度。

三、绘制断面图

还是以 CASS 自带的 dgx.dat 文件形成的数字地形图为例，介绍绘制断面图的操作方法。

(一)由坐标文件生成

坐标文件是指野外观测得到的包含高程点的文件。用这种方法生成断面图的方法如下：

在命令行执行多段线命令绘制断面折线，操作过程如下：

命令：pline

指定起点：53319.279,31362.694 当前线宽为 0.0000

指定下一个点或[圆弧(A)/半宽(H)/长度(L)/放弃(U)/宽度(W)]:53456.266,31437.888

指定下一点或[圆弧(A)/闭合(C)/半宽(H)/长度(L)/放弃(U)/宽度(W)]:53621.756,31403.756

指定下一点或[圆弧(A)/闭合(C)/半宽(H)/长度(L)/放弃(U)/宽度(W)]:Enter

(1)执行下拉菜单“工程应用/绘断面图/根据已知坐标”命令。

(2)命令行提示“选择断面线”时，点取前已绘制的多段线，弹出图 11-25 所示的“断面线上取值”对话框，如果在“坐标获取方式”栏中选择“由数据文件生成”，则在“坐标数据文件名”栏中选择高程点数据文件。如果选“由图面高程点生成”，此步则为在图上选取高程点，前提是图面存在高程点，否则此方法无法生成断面图。

(3)在对话框中输入采样点的间距，系统的默认值为 20m。采样点的间距的含义是复合线上两顶点之间若大于此间距，则每隔此间距内插一个点。

(4)输入起始里程<0.0>，系统默认起始里程为 0。

(5)单击“确定”按钮之后，屏幕弹出“绘制纵断面图”对话框，如图 11-26 所示。

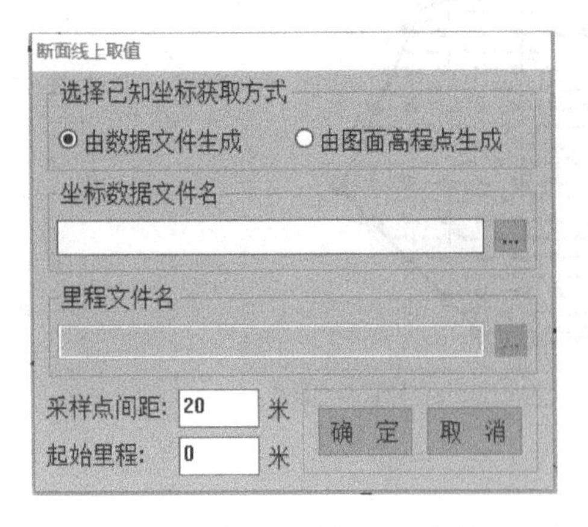

图 11-25　断面线参数设置对话框

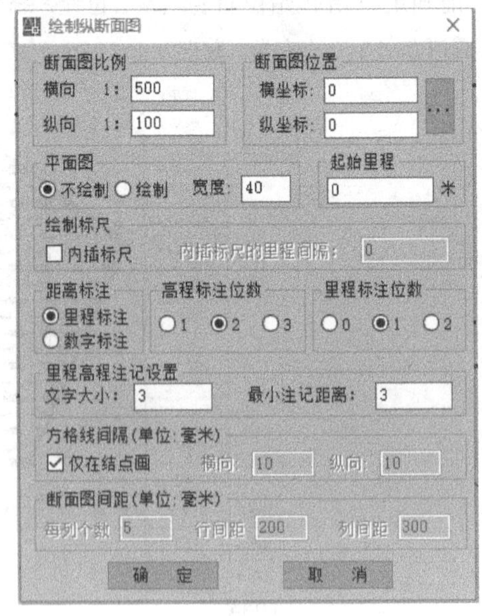

图 11-26　“绘制纵断面图”对话框

输入相关参数，如：

横向比例为 1：<500>输入横向比例，系统的默认值为 1：500。

纵向比例为 1：<100>输入纵向比例，系统的默认值为 1：100。

断面图位置：可以手工输入，也可在图面上拾取。可以选择是否绘制平面图、标尺、标注；还有一些关于注记的设置。

单击“确定”按钮之后，在屏幕上出现所选断面线的断面图。本例结果如图 11-27 所示。

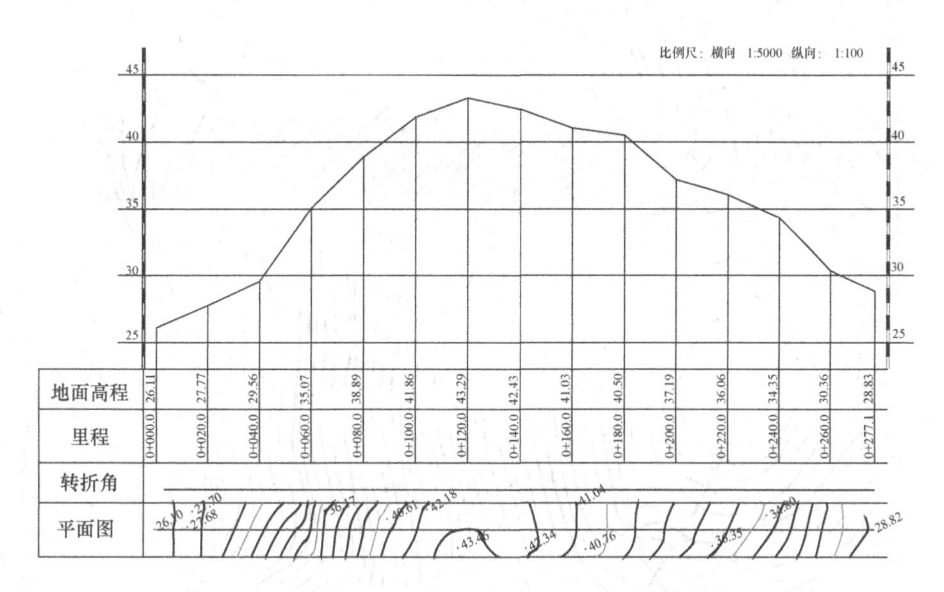

图 11-27　“工程应用/绘断面图/根据已知坐标”生成的断面图

(二)根据里程文件绘制

根据里程文件绘制断面图，里程文件格式见《CASS 软件用户手册》。

一个里程文件可包含多个断面的信息，此时绘断面图就可一次绘出多个断面。

里程文件的一个断面信息内允许有该断面不同时期的断面数据，这样绘制这个断面时就可以同时绘出实际断面线和设计断面线。

其他方法参考《CASS 软件用户手册》。

思考题与习题

1. 地形图识读的主要目的是什么？应遵循哪些原则？主要从哪几个方面进行？

2. 地形图应用的基本内容有哪些？并简述各项应用的作业方法。

3. 利用图 11-28 完成下列作业(地形图比例尺为 1：2000)。

(1)图解高程点 76.8m 和高程点 63.4m 的坐标。

(2)求上述两个高程点之间的水平距离和坐标方位角。

(3)绘制高程点 92.5 至导线点 580 之间的断面图。

4. 欲在图 11-29(比例尺为 1：2000)中汪家凹村北进行土地平整，其设计要求如下：

(1)平整后要求成为高程为 44m 的水平面；

(2)平整位置：以 533 号导线点为起点，向东 60m，向北 50m。

根据设计要求绘出边长为 10m 的方格网，求出挖、填土方量(参照表 11-1 格式)。

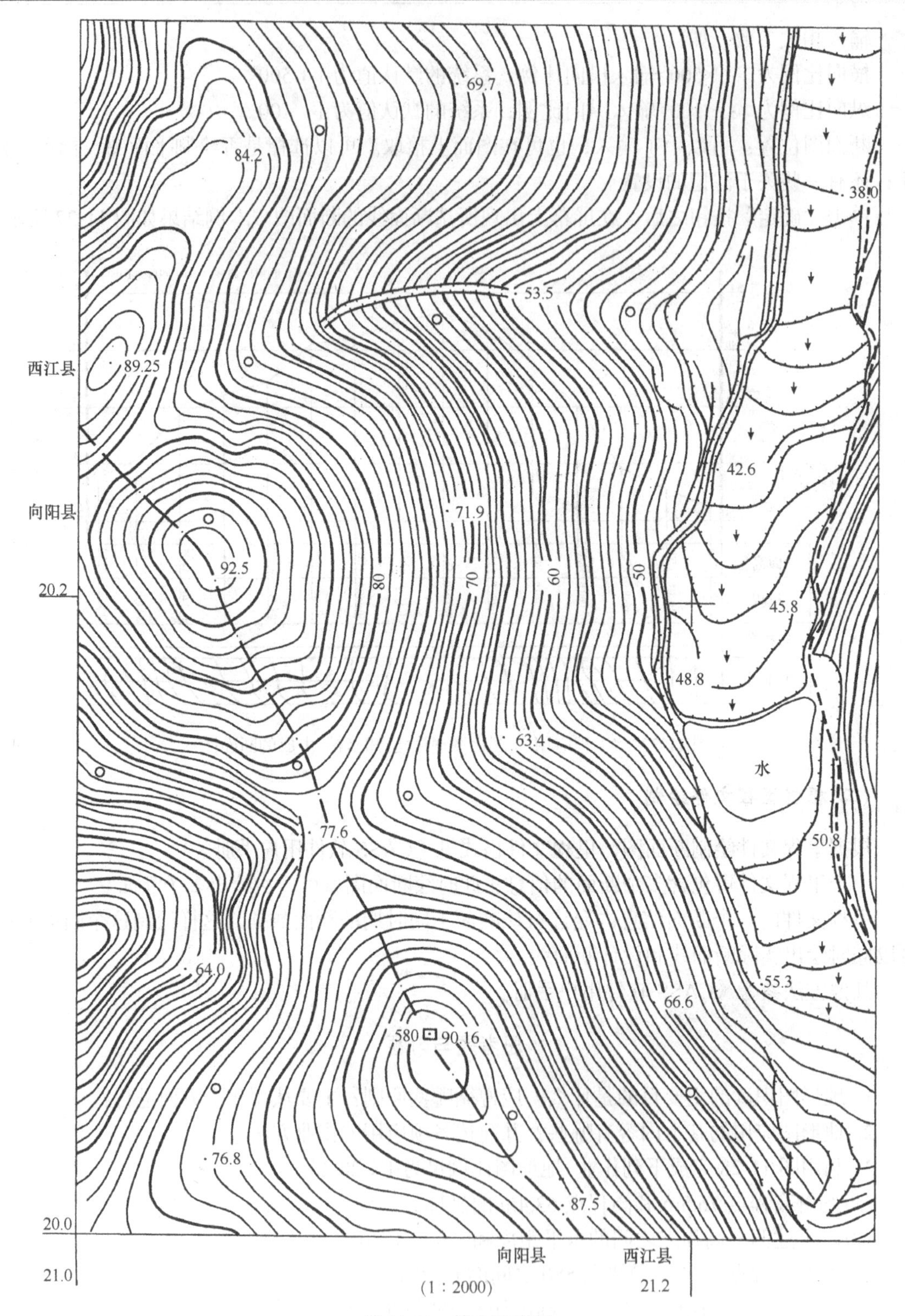
69.7
84.2
38.0
53.5
西江县
89.25
42.6
向阳县
71.9
92.5
20.2
80
70
60
50
45.8
48.8
63.4
水
77.6
50.8
64.0
55.3
66.6
580
90.16
76.8
87.5
20.0
向阳县
西江县
21.0
(1 : 2000)
21.2

图 11-28　第 3 题附图

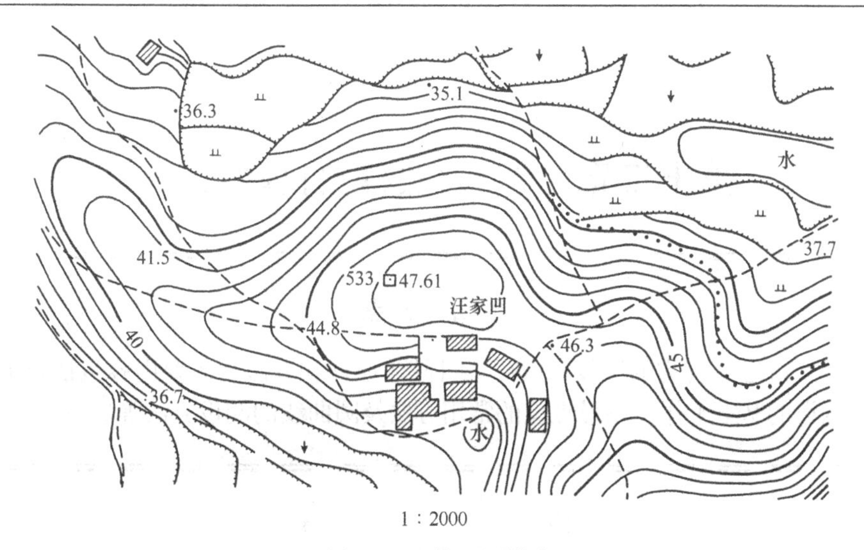

1：2000

图 11-29　第 4 题附图

第十二章　测设(放样)的基本工作

本章要点

本章主要讲述建筑物的测设(或称“放样”)原理和方法。主要内容包括施工控制网的布设、测设的基本工作、测设点位的常用方法及圆曲线的测设方法等。

第一节　概　　述

把图纸上设计的建筑物的平面位置和高程，用一定的测量仪器和方法测设到实地上去的测量工作称为测设(放样)。测图工作利用控制点测定地面上地形特征点，按一定比例尺缩绘到图纸上；而测设(施工放样)则与此相反，是根据建筑物的设计尺寸，找出建筑物各部分特征点与控制点之间位置的几何关系，计算出距离、角度、高程(或高差)等放样数据，然后利用控制点，在实地上定出建筑物的特征点、线，作为施工的依据。

建筑物的放样工作也必须遵循“由整体到局部”、“先控制后细部”的原则。一般先由施工控制网测设建筑物的主轴线，用它来控制建筑物的整个位置。对于中小型工程，测设主轴线如有误差，仅使整个建筑物位置产生微小偏移；但当主轴线确定后，根据它来测设建筑物细部时，必须保证各部分设计的相互位置准确。因此，测设细部的精度往往高于测设主轴线的精度。例如，测设水闸中心线(即主轴线)的误差不应超过 1cm，而闸门对闸中心线的误差不应超过 3mm。但是，对于大型水利枢纽、大型工业厂房等，各主要工程主轴线间的相对位置精度要求较高，也应精确测设。

施工放样的精度与建筑物的大小、结构形式、建筑材料等因素有关。例如，水利工程施工中，钢筋混凝土工程较土石方工程的放样精度要求高，而金属结构物安装放样的精度要求则更高。因此，应根据不同施工对象，选用不同精度的仪器和测量方法，既能保证工程质量又不致浪费人力和物力。

施工放样与很多工种有密切的联系，例如，测量人员弹出立模线位置后，木工才能立模；模板上定出浇筑混凝土的高程，混凝土工才能开始浇筑；石工要求测量人员放出块石护坡的拉线桩；起重工要求测量人员放出吊装预制构件的位置，等等。因此，测量工作必须按施工进程及时测设建筑物各部分的位置，还要在施工过程中和施工后进行检测。

在同一工地进行各建筑物放样时，所利用的所有控制点必须是同一坐标和高程系统，这样才能保证各建筑物之间的关系正确，符合设计要求。

第二节　施工控制网的布设

施工控制网分为平面控制网和高程控制网两种。为了节约经费，在工程勘测阶段所建立的测图控制网的点位分布、密度和精度满足施工放样要求的前提下，测图控制网可作为施工控制网，否则，应根据测图控制网重新布设施工控制网。

一、施工平面控制网

施工平面控制网一般布设成两级：一级为基本网，它起着控制施工区域内各建筑物主轴线的作用，组成基本网的控制点，称为基本控制点；另一级是定线网(或称放样网)，它直接控制建筑物的辅助轴线及细部点位置。

目前，常用的平面施工控制网形式有建筑方格网、导线网、GNSS 网和三角网(包括测角三角网、测边三角网和边角网)等。对于不同的工程要求和地形条件可选择不同的布网形式，如对于位于山岭地区的工程(水利枢纽、桥梁、隧道等)，一般采用三角网；对于地形平坦的建筑场地，则可采用任意形式的导线网；对于建筑物布置密集且规则的工业建设场地可采用建筑方格网(或称为矩形控制网，见第十五章的介绍)。有时布网形式可以混合使用，如首级网采用 GNSS 网，在其下加密的控制网则可以采用导线或建筑方格网。

现以拦水坝工程为例来说明施工控制网的建立方法。如图 12-1 所示，由两个四边形构成基本网(图中实线)，并用交会法加密定线网(图中虚线)，坝轴线端点 A、B 包含在定线网内。图 12-2 是由中心多边形组成的基本网，用以测设坝轴线 A、B 与隧洞中心线上的 01、02 等点的位置，再以坝轴线为基准布置矩形网，作为坝体的定线网。

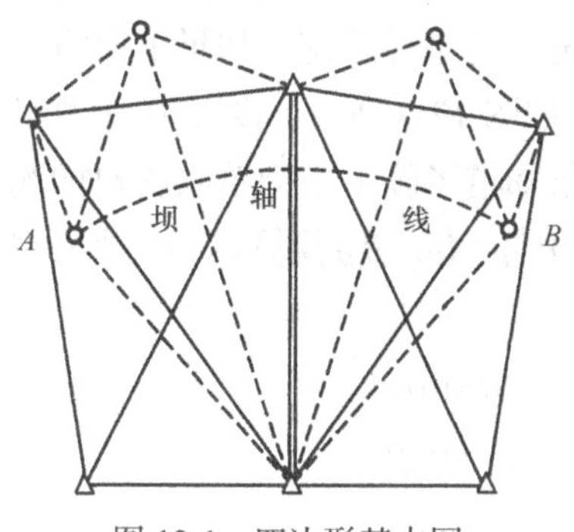

图 12-1　四边形基本网

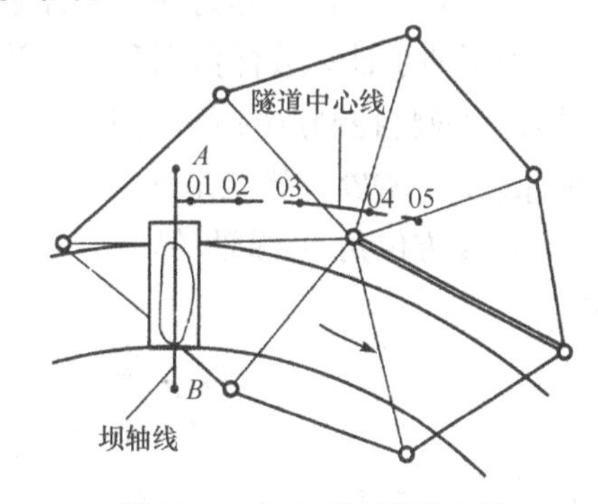

图 12-2　中心多边形基本网

施工控制点必须根据工区的范围和地形条件、建筑物的位置和大小、施工的方法和程序等因素进行选择。基本网一般布设在施工区域以外，以便长期保存，定线网应尽可能靠近建筑物，便于放样。

应该指出，尽管施工控制网的形式有其特殊性，但在其布设和实测的过程中目前大多采用 GNSS、全站仪等新的技术手段以提高精度和效益。特别是范围大、距离远、地面通视差的工程，如大范围测图、隧道、桥梁工程、各种线型工程的首级控制网等，大都采用 GNSS 网。

(一)平面控制网的精度

施工控制网是建筑物的特征点、线放样到实地的依据，建筑物放样的精度要求是根据建筑物竣工时对于设计尺寸的容许偏差(即建筑限差)来确定的。建筑物竣工时实际误差包括施工误差(构件制造误差、施工安装误差)、测量放样误差，以及外界条件(如温度)所引起的误差。测量误差只是其中的一部分，但它是建筑施工的先行，位置测定的不正确将造成较大损失。

测量误差是细部点放样后平面位置的总误差，它包括控制点误差对细部点的影响及施工放样过程中产生的误差。在建立施工控制网时应使控制点误差所引起的细部点误差相对于施工放样的误差来说，小到可以忽略不计，具体地说，若施工控制点误差的影响，在数值上小于点位总误差的45%～50%时，它对细部点的影响仅为总误差的10%，可以忽略不计。例如，水利水电施工规范规定主要水工建筑物轮廓点的放样中误差为20mm，施工控制点的点位中误差应小于9～10mm，因此施工控制网的精度要求较高。要获得高精度的控制网，可通过以下三个途径。

(1)提高观测精度。应选用较精密的测量仪器测量角度和距离，或采用较高精度GNSS接收机进行定位。

(2)优化网形结构。测角网有利于控制横向误差(方位误差)，测边网有利于控制纵向误差。如将两种网形结构组合成边角网的形式，则可实现优化网形结构的目的。

(3)增加控制网中的多余观测数。

(二)测量坐标系与施工坐标系的换算

设计图纸上建筑物各部分的平面位置，是以建筑物的主轴线(如坝轴线、厂房轴线等)为定位的依据。以一主轴线为坐标轴及该轴线的一个端点为原点，或以相互垂直的两主轴线为坐标轴，所建立的坐标系称为施工坐标系。而建立平面控制网时所布设的控制点的坐标是测量坐标，为了便于计算放样数据和实地放样，必须用统一的坐标系统。如果采用施工坐标系进行放样，则应将控制点的测量坐标化算为施工坐标。如图12-3所示，设XOY为测量坐标系(第一坐标系)；$AO'B$为施工坐标系(第二坐标系)。如果知道了施工坐标系原点O'的测量坐标($X_{O'}$，$Y_{O'}$)及方位角α(纵轴的转角)，则P点由施工坐标(A_P，B_P)换算成测量坐标(X_P，Y_P)的公式为

$$\begin{cases} X_P = X_{O'} + A_P\cos\alpha - B_P\sin\alpha \\ Y_P = Y_{O'} + A_P\sin\alpha + B_P\cos\alpha \end{cases} \tag{12-1}$$

而由测量坐标换算为施工坐标的公式为

$$\begin{cases} A_P = (X_P - X_{O'})\cos\alpha + (Y_P - Y_{O'})\sin\alpha \\ B_P = -(X_P - X_{O'})\sin\alpha + (Y_P - Y_{O'})\cos\alpha \end{cases} \tag{12-2}$$

以上各式中施工坐标系原点O'的测量坐标($X_{O'}$，$Y_{O'}$)与方位角α，可在设计资料中查得或在地形图上用图解法求得。

二、施工高程控制网的建立

施工高程控制网一般也分两级，一级水准网与施工区域附近的国家水准点连测，布设成闭合(或附合)形式，称为基本网。基本网的水准点应布设在施工爆破区外，作为整个施工期间高程测量的依据。另一级是由基本网水准点引测的临时性作业水准点，它应尽可能靠近建筑物，以便进行高程放样。

图12-4为某大坝施工高程控制网，BM_1、1、2、3、4、5、6、7、BM_1为一个闭合形式的基本网，P_1、P_2、P_3、P_4为作业水准点。

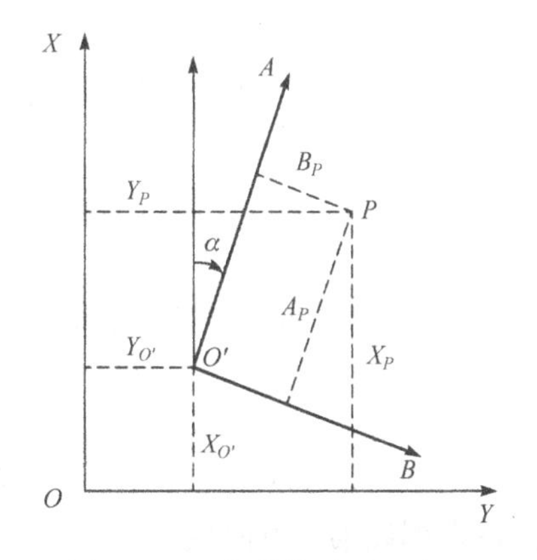

图 12-3　坐标换算关系示意图

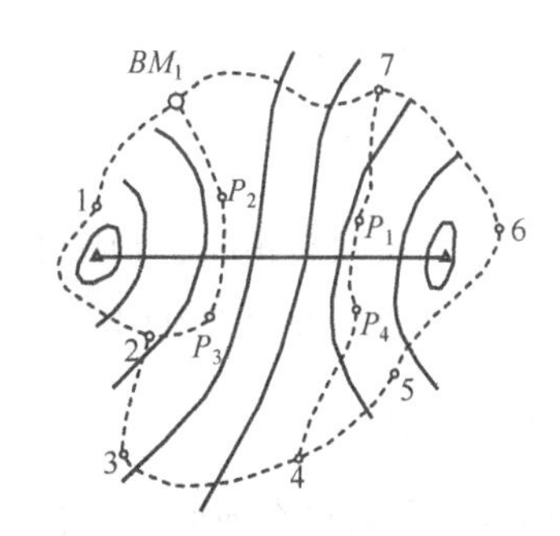

图 12-4　高程控制网布设示意图

第三节　测设(放样)的基本工作

一、测设已知水平距离

如图 12-5 所示，a 为一已知点，要求在 ab 方向上，测设另一点，使两点间的距离为设计长度，此项工作称为距离测设，或称为长度放样。

(一)用钢尺测设水平距离

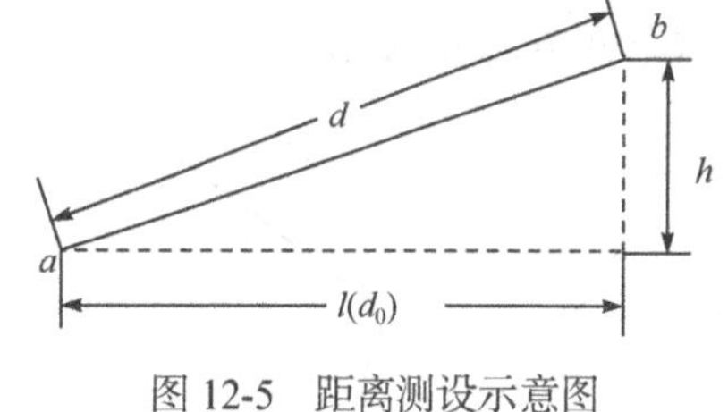

图 12-5　距离测设示意图

在图 12-5 中，设 d_0 为欲测设的设计长度(水平距离)，在测设之前必须根据所使用钢尺的尺长方程式计算尺长改正、温度改正，求得该尺应量水平长度，由式(5-7)可得钢尺读数(尚未考虑倾斜改正)为

$$l=d_0-\Delta l_d-\Delta l_t$$

式中，Δl_d 为尺长改正数；Δl_t 为温度改正数。

顾及高差改正，可得实地应量距离为

$$d=\sqrt{l^2+h^2} \tag{12-3}$$

上述各项改正数的计算方法见第五章。

【例 12-1】　如图 12-5 所示，假如欲测设的设计长度 d_0=25.530m，所使用钢尺的尺长方程式为：l_t=30m+0.005m+1.25×10^{-5}(t−20℃)×30m，量距时的温度为 15℃，a、b 两点的高差 h_{ab}=+0.530m，试求测设时应量的实地长度 d。

(1) 计算尺长改正数 Δl_d　　Δl_d=0.005×25.530/30=+4(mm)

(2) 计算温度改正数 Δl_t　　Δl_t=1.25×10^{-5}(15−20)×25.530=−2(mm)

(3) 计算应量水平长度 l　　l=25.530m−4mm+2mm=25.528(m)

(4) 计算应量的实地长度 d　　$d=\sqrt{25.528^2+0.530^2}=25.534(\text{m})$

(二)用测距仪测设水平距离

用光电测距仪进行直线长度放样时，可先在欲测设方向上目测安置反射棱镜，用测距仪测出的水平距离设为 d_0'，若 d_0'与欲测设的距离（设计长度）d_0不等而相差为Δd，则可前后移动反射棱镜，直到$\Delta d=0$，即测出的水平距离等于 d_0为止。如测距仪有自动跟踪功能，可对反射棱镜进行跟踪，直到显示的水平距离为设计长度。

二、测设已知水平角

在地面上测量水平角时，角度的两个方向已经固定在地面上，而在测设水平角时，只知道角度的一个方向，另一个方向线需要在地面上标定出来。

（一）一般方法

如图 12-6 所示，设在地面上已有一方向线 OA，欲在 O 点测设第二方向线 OB，使$\angle AOB=\beta$。可将经纬仪安置在 O 点上，在盘左位置，用望远镜瞄准 A 点，使度盘读数为 0°00′00″，然后转动照准部，使度盘读数为 β，在视线方向上定出 B'点。再倒转望远镜变为盘右位置，重复上述步骤，在地面上定出 B''点。B'与 B''往往不相重合，取两点连线的中点 B，则 OB 即所测设的方向，$\angle AOB$ 就是要测设的水平角 β。

（二）精确方法

如图 12-7 所示，在 O 点根据已知方向线 OA，精确的测设$\angle AOB$，使它等于设计角 β。可先用经纬仪按一般方法放出方向线 OB'，而后用测回法多次观测$\angle AOB'$得平均角值 β'，它与设计角 β 之差为$\Delta\beta$。根据 OB'的长度 $D_{OB'}$计算垂距 $D_{B'B}$：$D_{B'B}\approx D_{OB'}(\Delta\beta/\rho'')$，$\rho''=206265''$。

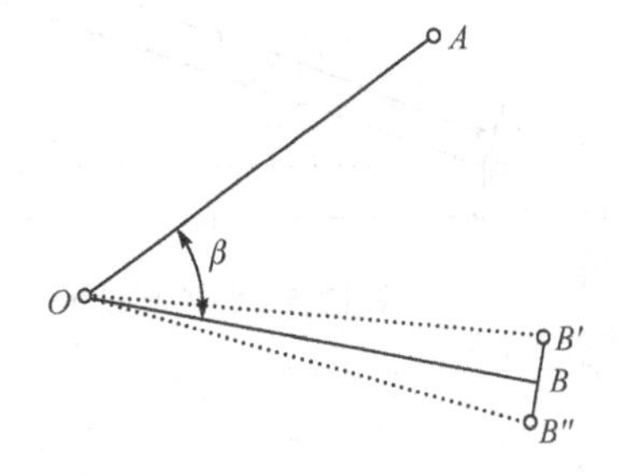

图 12-6　角度测设的一般方法

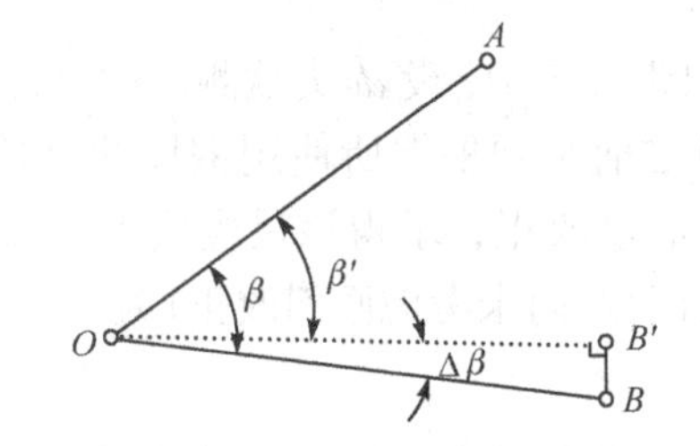

图 12-7　角度测设的精确方法

从 B'沿垂线方向量取 $D_{B'B}$得 B 点，连接 OB，即得到 β 角的另一方向的精确位置。实际放样时应注意点位改正的方向。

三、测设已知高程

在施工放样中，经常要把设计的室内地坪（±0）高程及房屋其他各部位的设计高程（在工地上，常将高程称为“标高”）在地面上标定出来，作为施工的依据。这项工作称为高程测设（或称标高放样）。

（一）一般方法

如图 12-8 所示，安置水准仪于水准点 R 与待测设高程点 A 之间，得后视读数 a，则视线高程 $H_{视}=H_R+a$；前视应读数 $b_{应}=H_{视}-H_{设}$（$H_{设}$为放样点的设计高程）。此时，在 A 点木桩侧面，上下移动标尺，直至水准仪在标尺上截取的读数恰好等于 $b_{应}$时，紧靠尺底在木桩侧面画一横线，此横线即设计高程位置。为求醒目，再在横线下用红油漆画出“▼”符号。若 A 点为室内地坪，则在横线上注明“±0”。

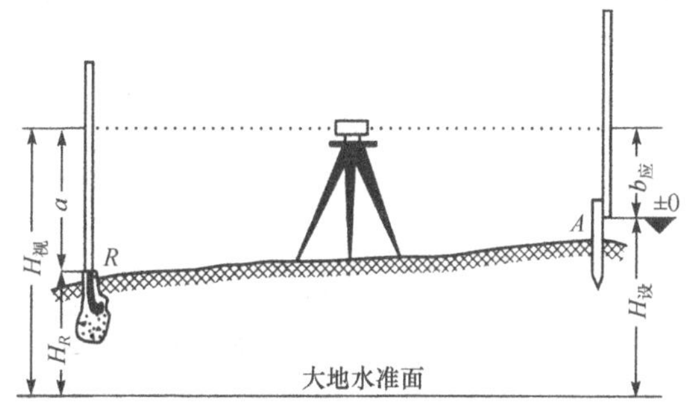

图 12-8　高程测设的一般方法

(二)高程上下传递法

若待测设高程点的设计高程与水准点的高程相差很大，如测设较深的基坑标高或测设高层建筑物的标高时，只用标尺已无法放样，此时可借助钢尺将地面水准点的高程传递到在坑底或高楼上所设置的临时水准点上，然后再根据临时水准点测设其他各点的设计高程。

如图 12-9(a)所示，是将地面水准点 A 的高程传递到基坑临时水准点 B 上。在坑边木杆上悬挂经过检定的钢尺，零点在下端并挂 10kg 重锤，为减少摆动，重锤放入盛废机油或水的桶内，在地面上和坑内分别安置水准仪，瞄准水准尺和钢尺读数(见图中 a、b、c、d)，则

$$H_B=H_A+a-(c-d)-b \tag{12-4}$$

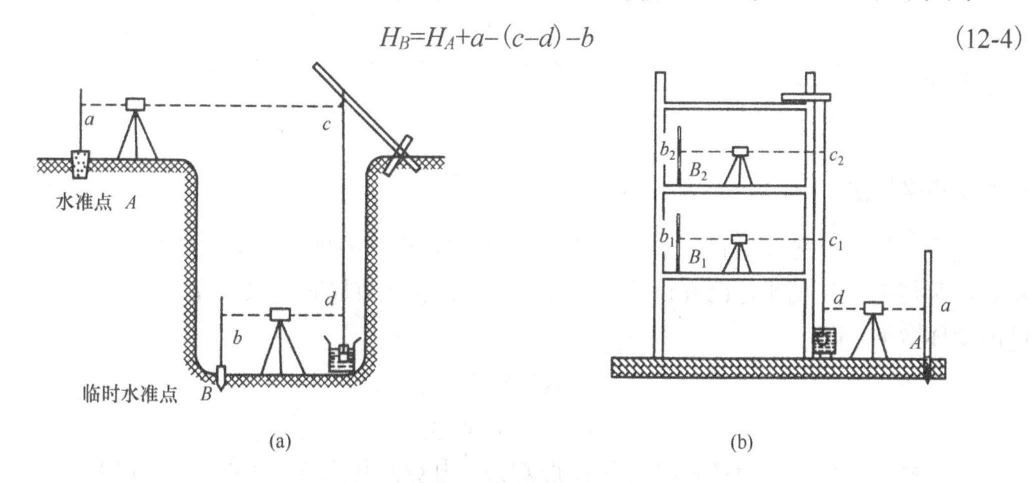

图 12-9　高程测设的传递方法

H_B 求出后，即可以临时水准点 B 作为后视点，测设坑底其他各待测设高程点的设计高程。

如图 12-9(b)所示，是将地面水准点 A 的高程传递到高层建筑物上，方法与上述相似，任一层上临时水准点 B_i 的高程为

$$H_{Bi}=H_A+a+(c_i-d)-b_i \tag{12-5}$$

H_{Bi} 求出后，即可以临时水准点 B_i 作为后视点，测设第 i 层楼上其他各待测设高程点的设计高程。

(三)无仪器高法测设高程

对于起伏较大的高程测设，如大型厂房屋架的高程测设，用水准测量法测设比较困难，则可以采用不量高全站仪高程放样法(因无须量仪器高所以简称无仪器高法)。如图 12-10 所示，在 O 处安置全站仪，在已知高程点 A 及待放样高程 B 处架设等高的棱镜，测量 A、B 的垂距分别为 Δh_1、Δh_2，则 A、B 两点之间的高差为 $h_{AB}=\Delta h_2-\Delta h_1$，由此可求出 B 点高程 H_B 为

$$H_B=H_A+h_{AB}=H_A-\Delta h_1+\Delta h_2$$

将测得的 H_B 与设计值比较，在 B 处，指挥并放样出高程 H_B，做上标记。该方法不仅解

决了大高差的高程测设问题，而且无须量取仪器高，作业速度快，测设精度高。

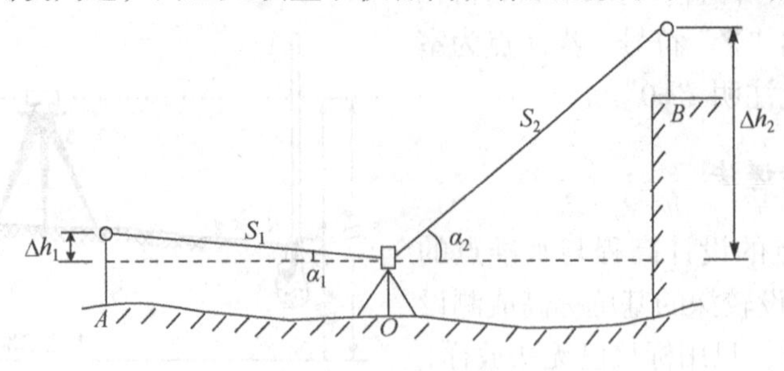

图 12-10　无仪器高法测设高程

第四节　测设点的平面位置

工程建筑物的形状和大小常通过其特征点在实地表示出来，如矩形建筑的四个角点，线形建筑的转折点等，因此，点位放样是建筑物放样的基础。测设点的平面位置的基本方法有：直角坐标法、极坐标法、角度交会法、距离交会法等几种。放样点位时应有两个以上的控制点，且放样点的坐标是已知的。

一、直角坐标法

当施工场地上已布置了矩形控制网时，可利用矩形网的坐标轴来测设点位。如图 12-11 所示，建筑物中 A 点的坐标已在设计图纸上得到。在实地放样时，只要先求出 A 点与方格顶点 O 的坐标增量，即

$$AQ=\Delta x=x_A-x_O$$

$$AP=\Delta y=y_A-y_O$$

在实地上自 O 点沿 OM 方向量出Δy 得 Q 点，由 Q 点作垂线，在垂线上量出Δx，即得 A 点。

二、极坐标法

如图 12-12 所示，A、B 为测量控制点，设某矩形建筑的角点 P 为欲测设的点位，则采用极坐标法测设 P 点时，需要计算出 A 与 P 点的距离 D_{AP} 及 AP 方向与 AB 方向的夹角 β（$\beta=\alpha_{AP}-\alpha_{AB}$，坐标方位角的计算方法见第二章第五节）。

测设 P 点时，可将经纬仪安置在控制点 A 上，用第三节中测设角度的方法放样 β 角，然后由 A 点沿 AP 方向线测设距离 D_{AP}，即得 P 点的平面位置。

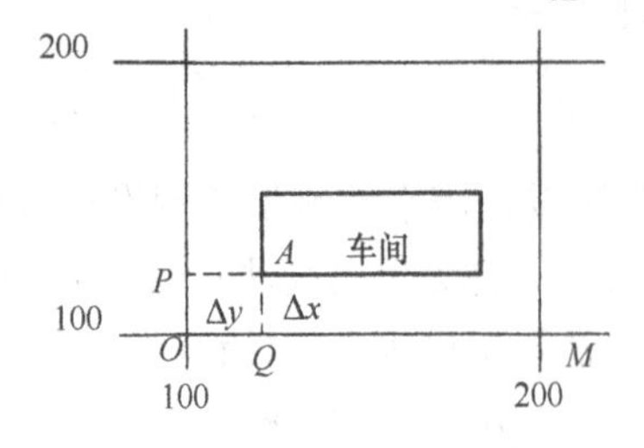

图 12-11　直角坐标法示意图

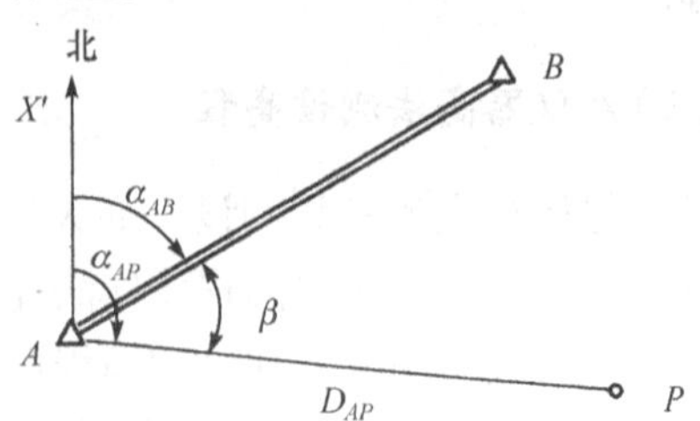

图 12-12　极坐标法示意图

三、角度交会法

如图 12-13 所示，A、B、C 为三个测量控制点。P 为码头上某一点，需要测设它的位置。首先根据 P 点的设计坐标和三个控制点的坐标，计算放样数据 α_1、β_1 及 α_2、β_2。测设时，在控制点 A、B、C 三点上各安置一架经纬仪，分别以 α_1、β_1 及 β_2 交会出 P 点的概略位置，然后进行精确定位。由观测者指挥在码头面板上定出 AP、BP、CP 三条方向线，由于放样有误差，三条方向线不相交于一点，形成一个三角形，称为“示误三角形”。当示误三角形内切圆半径不大于 1cm、最大边长不大于 4cm 时，则可取内切圆的圆心作为 P 点的正确位置。为了消除仪器误差，AP、BP、CP 三条方向线必须用盘左、盘右取平均的方法定出，并在拟定放样方案时，应使交会角 α_1 及 α_2 不小于 30°且不大于 120°。

四、距离交会法

如图 12-14 所示，以控制点 A、B 为圆心，分别以 AP、BP 的长度(可用坐标反算公式求得)为半径在地面上画圆弧，两圆弧的交点，即为欲测设的 P 点平面位置。

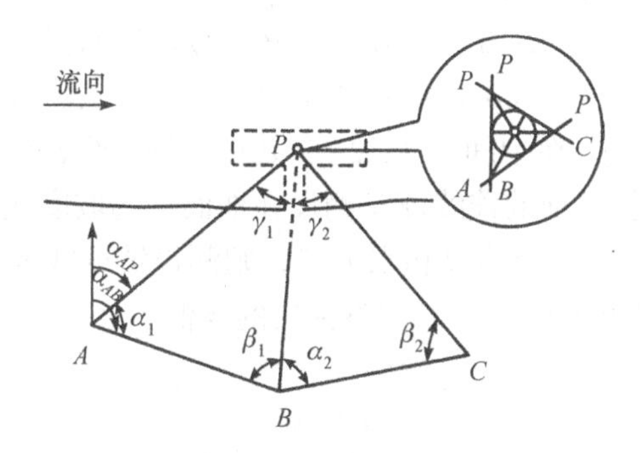

图 12-13 角度交会法示意图

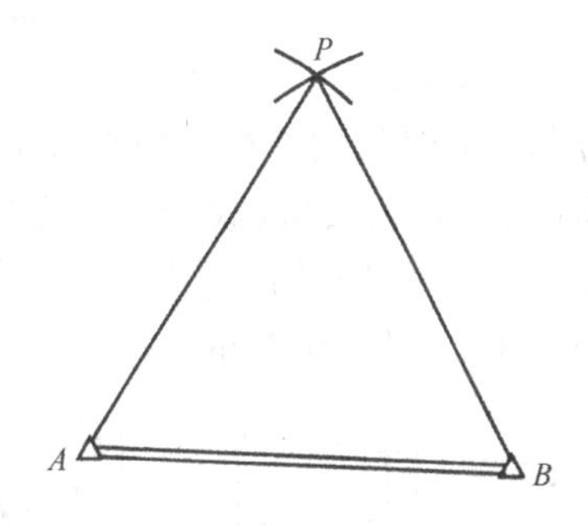

图 12-14 距离交会法示意图

五、全站仪坐标法

全站仪坐标法是利用待定点的设计坐标以全站仪测量技术进行点位放样的方法。其原理实际上还是极坐标法。

全站仪坐标法的测设步骤如下。

(1) 测站 A 安置全站仪，将已知点 A、B 和待定点 P 的坐标等参数输入全站仪。设置 AB 的坐标方位角 α_{AB} 并以 AB 方向定向。

(2) 测设时，全站仪瞄准 P'点的反射棱镜，测量 P'点的坐标(x'_{AB}, y'_{AB})。同时与 P 点的设计坐标(x_{AB}，y_{AB})比较，计算坐标增量Δx，Δy，如图 12-15 所示。

(3) 观人员根据Δx、Δy 的大小及正负指挥棱镜移动，并连续跟踪观测，直至Δx=0、Δy=0。此时，镜站所在点位就是待定点 P 的实际点位。

(4) 在地面点上标定 P 点的位置。

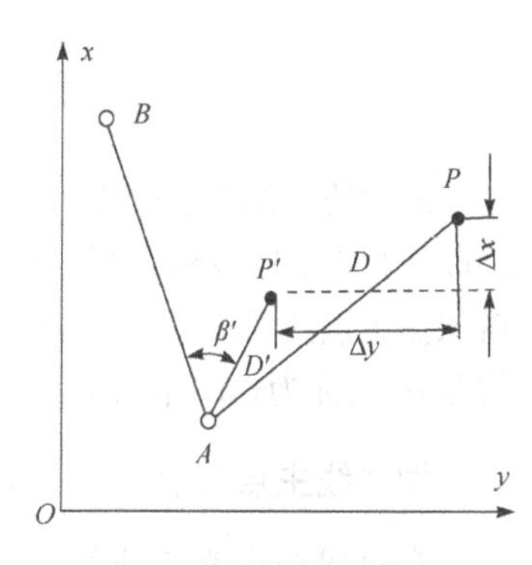

图 12-15 全站仪坐标法

六、RTK 坐标放样法

RTK 坐标放样法能够在不通视条件下远距离实时传递三维坐标，即可放样平面位置又可放样高程，不产生误差累积，可以快速、高效地完成放样任务，有着其他仪器不能比拟的优势。因此 RTK 坐标放样法在物化探工程、道路工程等测量放样工作中已得到广泛应用。

RTK 坐标放样方法和步骤参见第七章第七节。

第五节 已知坡度直线的测设

测设指定的坡度线，在修建渠道、道路、隧洞等工程中应用较为广泛。如图 12-16 所示，设地面上 A 点高程为 H_A，现要从 A 点沿 AB 方向测设出一条坡度 i 为−1%的直线。先根据已定坡度和 A、B 两点间的水平距离 D 计算出 B 点的高程：$H_B=H_A+iD$，再用第三节所述测设已知高程的方法，把 B 点的高程测设出来。在坡度线中间的各点即可用经纬仪的倾斜视线进行标定。若坡度不大也可用水准仪，用水准仪测设时，在 A 点安置仪器(图 12-16(a))，使一个脚螺旋在 AB 方向线上，而另两个脚螺旋的连线垂直于 AB 方向线(图 12-16(b))；量取仪器高 i，用望远镜瞄准 B 点上的水准尺，旋转 AB 方向上的脚螺旋，使视线倾斜，对准尺上读数为仪器高 i 值，此时仪器的视线即平行于设计的坡度线。在中间点 1、2、3 处打木桩，然后在桩顶上分别立水准尺使其读数皆等于仪器高 i，这样各桩顶的连线就是测设在地面上的坡度线。如果条件允许，采用激光经纬仪及激光水准仪代替普通经纬仪和水准仪，则测设坡度线的中间点更为方便，因为在中间点可根据光斑落在标尺上的位置，来调整标尺的高低。

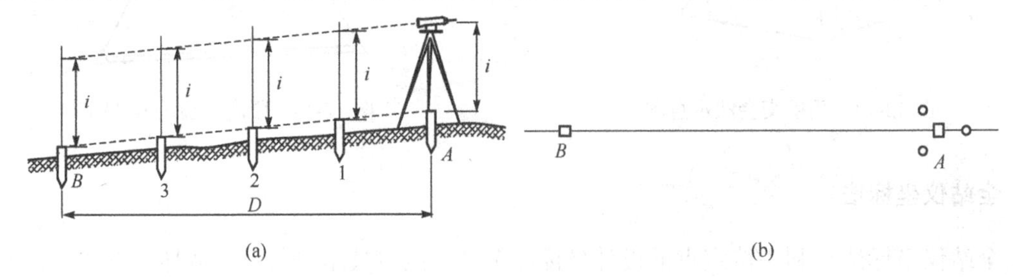

图 12-16 测设已知坡度线示意图

第六节 圆曲线测设

圆曲线的测设，通常分两步进行。如图 12-17 所示，先测设曲线上起控制作用的主点，即圆曲线起点 ZY(或称直圆点)、圆曲线中点 QZ(或称曲中点)和曲线终点 YZ(或称圆直点)；然后再依据主点测设曲线上每隔一定距离的加密细部点，用以详细标定圆曲线的形状和位置。图中偏角 α(或称为转向角)，在线路定测时测定。圆曲线半径 R，根据地形条件和工程要求设计选定。

一、圆曲线主点测设

(一)圆曲线要素计算

由图 12-17 可以看出，若 α、R 为已知，则

$$
\begin{cases}
\text{切线长} & T = R\tan\dfrac{\alpha}{2} \\
\text{曲线长} & L = R\dfrac{\alpha}{\rho} = R\alpha\dfrac{\pi}{180°} \\
\text{外矢距} & E = R\sec\dfrac{\alpha}{2} - R = R(\sec\dfrac{\alpha}{2} - 1) \\
\text{圆曲线弦长} & C = 2R\sin\dfrac{\alpha}{2} \\
\text{切曲差} & J = 2T - L
\end{cases}
\tag{12-6}
$$

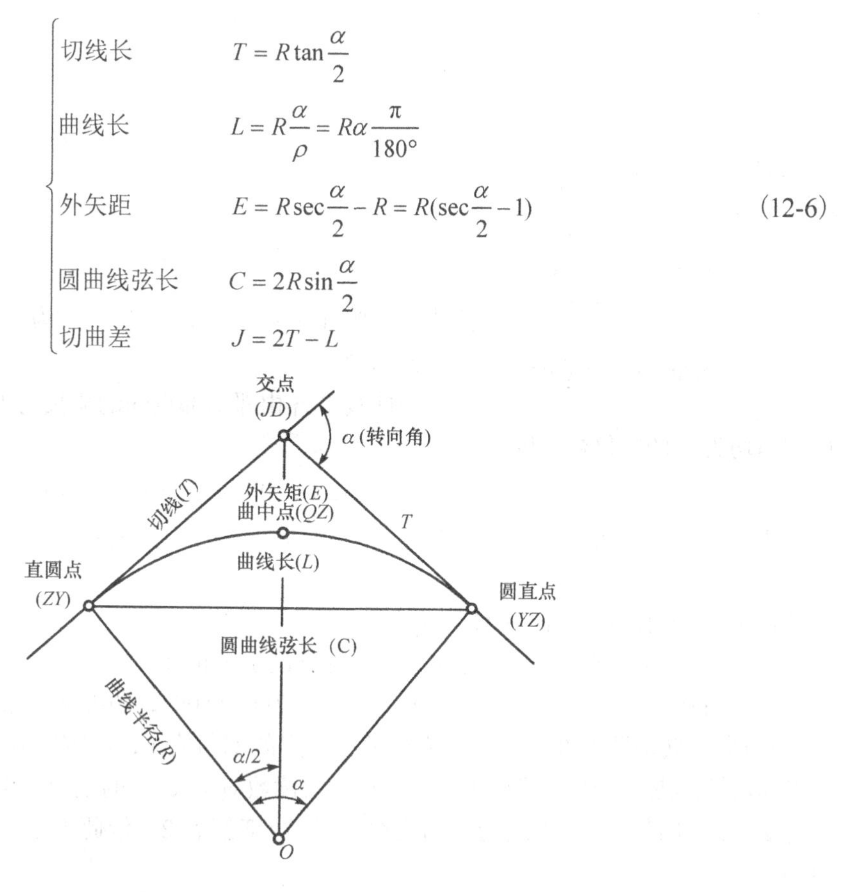

图 12-17　圆曲线主点测设示意图

(二)主点的测设方法

安置经纬仪于交点 *JD*，望远镜后视 *ZY* 方向，自 *JD* 点沿此方向量切线长 *T*，打下曲线起点桩(*ZY*)。然后转动望远镜前视 *YZ* 方向，自 *JD* 点沿方向量切线长 *T*，打下曲线终点桩(*YZ*)。再以 *YZ* 为零方向，测设水平角$(180°-\alpha)/2$，可得两切线夹角的平分线方向，沿此方向，从 *JD* 点量外矢矩 *E*，打下曲线中点桩。

二、圆曲线细部点的测设

由于曲线较长，除了测定三个主点外，还要在曲线上每隔一定距离测设一些细部点(如图 12-18 中的 1、2、3 等点)，这样就能把圆曲线的形状和位置详细的标定于实地。在实测时一般规定：$R \geqslant 150$m 时，曲线上每隔 20m 测设一个细部点；150m>R>50m 时，曲线上每隔 10m 测设一个细部点；R<50m 时，曲线上每隔 5m 测设一个细部点。下面介绍两种常用的圆曲线细部点测设方法，在实际工作中，可结合地形情况、精度要求和仪器条件合理选用。

(一)偏角法

根据偏角Δ(即数学上的弦切角)和弦长 C' 测设细部点。如图 12-18 所示，从 *ZY*(或 *YZ*)点出发根据偏角Δ_1及弦长 C'(*ZY*-1)测设细部点 1，根据Δ_2及弦长 C'(1-2)测设细部点 2，以此类推。

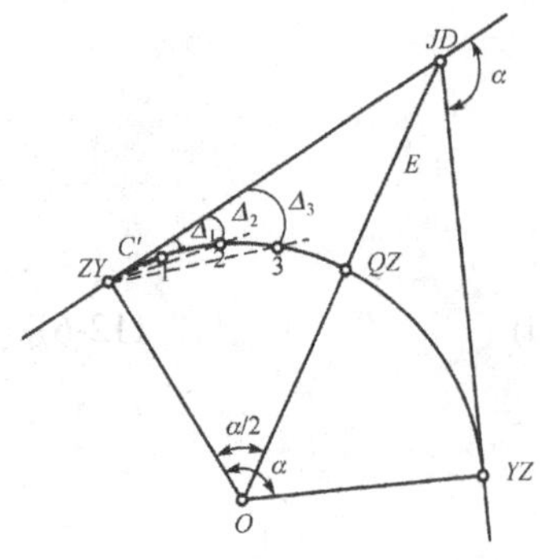

图 12-18　偏角法测设示意图

按几何学原理，偏角等于弦长所对圆心角之半，则偏角Δ_1、弦长 C'、弦弧差δ的计算分别为

$$\begin{cases}\Delta_1=\dfrac{1}{2}\dfrac{l}{R}\rho'' \\ C'=2R\sin\Delta_1 \\ \delta=C'-l=-\dfrac{l^3}{24R^2}\end{cases} \tag{12-7}$$

式中，l 为相邻细部点间弧长；C'为相邻细部点间之弦长；$\rho''=206265''$。

当曲线上各相邻细部点间的弧长均等于 l 时，则各细部点的偏角均为Δ_1的整倍数，即

$$\Delta_2=2\Delta_1,\ \Delta_3=3\Delta_1,\ \cdots,\ \Delta_n=n\Delta_1$$

由图 12-18 可知，中点(*QZ*)的偏角Δ_{QZ}是 $\alpha/4$，终点(*YZ*)的偏角$\Delta_{终}$为 $\alpha/2$，这两个偏角值作为检核。

用偏角法测设各细部点的具体步骤如下。

(1)检核三个主点(*ZY*、*QZ*、*YZ*)的位置测设是否正确。

(2)安置经纬仪于 *ZY* 点，将水平度盘配置为 0°00′00″，照准 *JD* 点。

(3)向右转动照准部，将度盘读数对准 1 点的偏角值Δ_1，用钢尺沿 *ZY*-1 方向测设整弦长 C'以标定细部点 1。继续转动照准部，将度盘读数对准 2 点的偏角值Δ_2，并从点 1 起量弦长 C'与 *ZY*-2 方向相交(即距离与方向交会)，以定细部点 2，依此方法逐一测设曲线上所有细部点。

(4)最后应闭合于曲线终点 *YZ*。即转动照准部，将度盘读数对准 *YZ* 点的偏角值$\Delta_{终}=\alpha/2$，由曲线上最后一个细部点起量出尾段弧长(曲线终点与相邻细部点间弧长不一定是整弧长 l)相应的弦长，其应与视线方向相交于先前测设的主点 *YZ*。如两者不重合，其闭合差不得超过规范要求。

此法灵活性较大，但存在测点误差累积的缺点。为提高测设精度，可将经纬仪分别安置在 *ZY* 和 *YZ* 两点，向中点 *QZ* 测设曲线细部点，以减少误差的累积。

(二)直角坐标法(切线支距法)

直角坐标法又叫切线支距法，以曲线起点 *ZY* 或终点 *YZ* 为坐标原点，以切线为 *X* 轴，切线的垂线为 *Y* 轴，如图 12-19 所示。根据坐标 x_i、y_i来测设曲线上各细部点。设各细部点间弧长为 l，所对的圆心角为φ，则

$$\begin{cases}x_i=R\sin(i\varphi) \\ y_i=R[1-\cos(i\varphi)] \\ \varphi=\dfrac{l}{R}\cdot\dfrac{180°}{\pi}\end{cases} \tag{12-8}$$

式(12-8)中，已知 R，又定出 l 值后即可求出 x_i，y_i，其中 l 值一般为 10m(即每隔 10m 测设一个细部点)、20m、30m 等。

测设前可按式(12-8)计算，将算得结果列表备用，测设的具体步骤如下。

(1)首先检核已测设的三个主点 *ZY*、*QZ*、*YZ* 的点位有无错误。

(2)参照图 12-19，用钢尺沿切线 ZY-JD 方向测设 $x_1, x_2, x_3, \cdots$，并在地面上标定出垂足 $m, n, p, \cdots$。

(3)在垂足 m，n，p，…处用经纬仪、直角尺或以“勾股弦”法作切线的垂线，分别在各自的垂线上测设 y_1，y_2，y_3，…，以标定细部点 1，2，3，…等。

(4)为了避免支距过长，影响测设精度，可用同法，从 YZ-JD 切线方向上测设圆曲线另一半弧上的细部点。

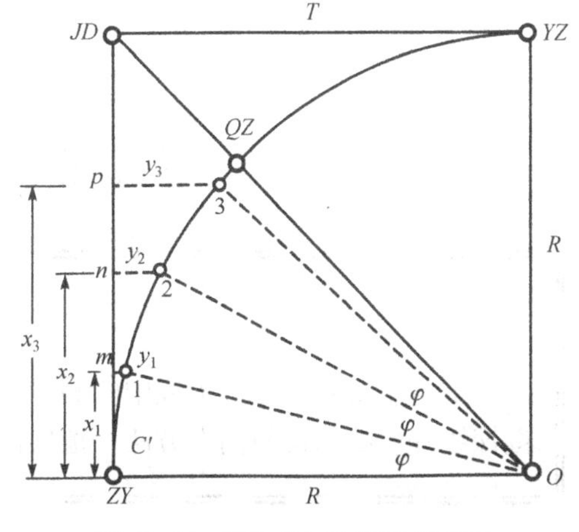

图 12-19　直角坐标法测设示意图

以上两种方法适合用经纬仪拨角和钢尺量距，随着全站仪和 RTK 技术的出现，上述两种方法应用地越来越少了。目前主要采用全站仪或 RTK 技术按极坐标法等方法进行坐标点放样。首先需要按一定间隔求出路线上各点设计坐标，或采用仪器内置程序实时计算待放样路线坐标，然后按前几节内容即可进行坐标放样，此方法不但可以放样设计点的平面位置，还可放样各点高程，方便、快捷，自动化水平和精度较高。

思考题与习题

1. 测设与测图工作有何区别？测设工作在工程施工中起什么作用？

2. 施工控制网有哪两种？如何布设？

3. 测设的基本工作包括哪些内容？

4. 简述距离、水平角和高程测设的基本方法及步骤。

5. 测设点的平面位置有哪几种方法？并简述各种方法的放样步骤。

6. 在地面上欲测设一段水平距离 AB，其设计长度为 28.000m，所使用的钢尺尺长方程式为：l_t=[30+0.005+0.0000125(t−20℃)×30]m。测设时钢尺的温度为 12℃，所施于钢尺的拉力与检定时的拉力相同，概量后测得 A、B 两点间桩顶的高差 h=+0.400m，试计算在地面上需要量出的实际长度。

7. 图 12-20 所示，在地面上要测设一个直角，先用一般方法测设出∠AOB，再测量该角 4 个测回，取平均值为∠AOB=90°00′30″，又知 OB 的长度为 150m，问在垂直于 OB 的方向上，B 点应该移动多少距离才能得到 90°00′00″的角？

8. 利用高程为 27.531m 的水准点 A，测设高程为 27.831m 的 B 点. 设标尺立在水准点 A 上时，按水准仪的水平视线在标尺上画了一条横线，再将标尺立于 B 点上，问在该尺上的什么地方再画一条横线，才能使视线对准此线时，尺子底部就是 B 点的高程。

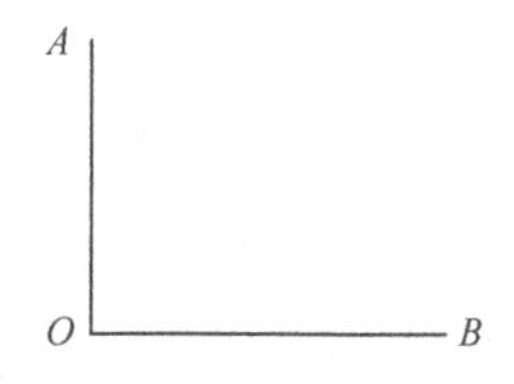

图 12-20　第 7 题附图

9. 已知 α_{MN}=300°04′00″，已知点 M 的坐标为 x_M=114.22m，y_M=186.71m；若欲测设的 P 点坐标为 x_P=142.34m，y_P=185.00m，试计算仪器安置在 M 点时，用极坐标法测设 P 点所需的数据。绘出放样草图，并简述测设方法。

10. 设已知路线的转角 α=39°15′、曲线半径 R=220m，请计算该圆曲线的要素。

第十三章　地质工程测量

本 章 要 点

本章主要介绍地质工程中的测量工作。主要内容有：物(化)探网的设计与测设方法；勘探线(网)的布设与测设方法；地质剖面测量与剖面图的绘制方法；地质填图测量等。

第一节　物(化)探工程测量

一、物(化)探工程测量的任务

应用地球物理探矿指根据岩石的物理性质测定其物理参数，按磁性、导电性、密度、弹性波等差异来了解地质情况和寻找矿产(如解决疑难地质问题及探矿、找水等)。目前常采用的方法有：磁法、电法、重力、地震等。但是，不管使用那种方法都必须在物探网的基础上进行物探工作。

物探网由基线与测线组成，一般情况下，如工区较小，则布设一条通过异常轴的直线，这条直线称为基线（如图 13-1 中的 xFy）；再以一定的间距，布设垂直于基线的测线。如工区较大时，可布设几条平行的基线，其中最好有一条通过异常轴。基线上的点称为基点。如果基点是由与控制点进行连测而确定其坐标与高程的，则称为控制基点。在测线上根据要求布设若干测点，测线两端应闭合在基点上。这样物探基线与测线构成了规则的网形，即为物探网(图 13-2)。

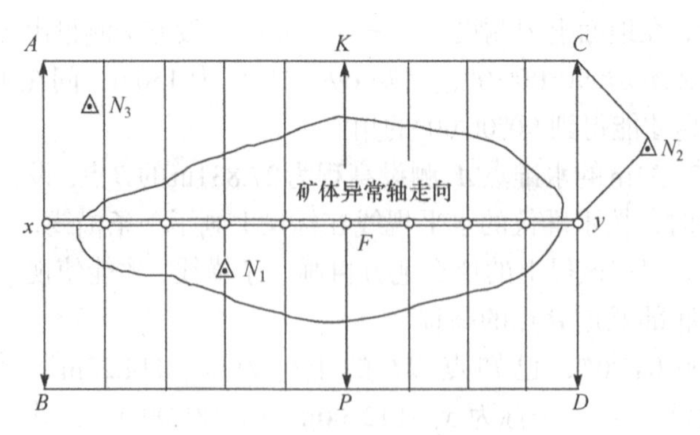

图 13-1　基线、测线布设示意图

物(化)探工程测量的任务是：将已设计好的物探网测设到地面上去，或者将地面上已布设的物探网与国家控制点连测，再绘到图上。以上工作可根据物探工作比例尺(即绘制物探网图件的图比例尺)的大小及精度要求采用全站仪、经纬仪、罗盘仪、测绳等不同的仪器和方法施测，也可以利用地形图、航摄像片采用目估或交会的方法定点。

二、物(化)探网的设计

物(化)探网的设计应先到现场踏勘，在调查研究的基础上，根据物探的目的和要求，从实际出发，进行设计。

物探网设计的主要任务是：设计基线及测线的线距和点距、起始基点的位置、并提出测设方法和精度要求。

在详查工区中，几条相互平行的基线，其中最好有一条基线通过异常轴。对于大测区(基线较长)，一般宜将基线的起始点布设在测区中央的制高点，以便向四周延伸布设基线。至于小测区，则可将基线的起始点布设在基线的一端。基线的线距(测线的长度)、测线上的点距、基线上控制基点的间距等，在设计中应明确提出。

布设物(化)探网的方法主要根据物探工作的目的及测区内已知控制点的分布情况来确定。目前，常用的方法有以下几种。

(1)在详查阶段，当有足够的控制点时，首先在地形图上设计，然后将图上设计的物探网测设于实地。

(2)测区内无控制点或控制点很少，所进行的物探工作又属普查阶段时，可先在图上设计，然后到现场，根据地形地质条件决定起始基点及基线方向，即可布设测网(图上设计仅供参考)。最后将测网与国家控制点进行联测。

(3)当所进行的物探工作为大比例尺详查阶段，而测区内控制点又不能满足物探测量的需要时，应先作控制测量，然后再进行物探测量工作。

物探网的编号，一般用分式表示。编号从物探网的左下角开始，分母代表线号，沿基线方向增大。分子代表点号，沿测线方向增大。如图 13-2 所示，线号及点号均从 1000 编起，这

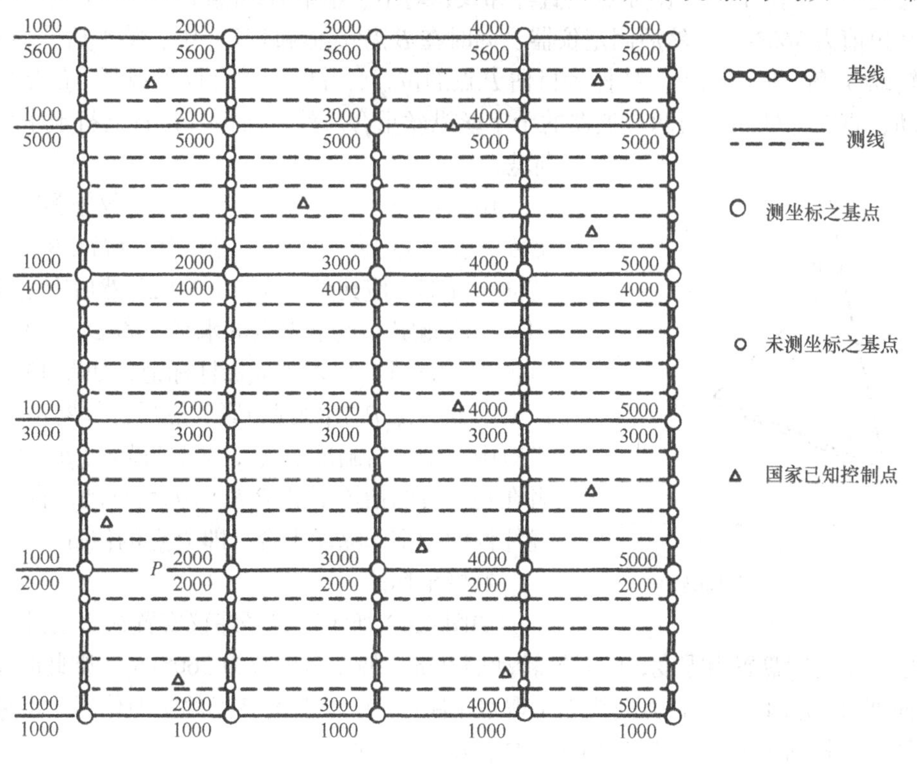

图 13-2　物探网布设示意图

是为了万一扩大测区，编号沿基线、测线方向而递减时，不至出现负数。基线的间距为 1000m，测线的线距为 200m（根据比例尺的大小，线距可为 100m、50m、20m 等）。物探网的编号，亦有按序号来表示点、线位置的。

三、(物化)探网的施测

根据测区已有的国家控制点，将设计的物探网测设于实地，其步骤如下。

(一)测设起始基点

1. 计算测设数据（水平角及水平距离）

根据已知控制点分布及通视情况，首先确定哪一点作为起始基点，如图 13-2 所示，选定 $P\left(\dfrac{2000}{2000}\right)$ 为起始基点并在地形图上量取设计坐标 x_P、y_P。有了设计坐标，则可按第二章第五节公式(2-13)反算其到已知控制点的坐标方位角与水平距离。在图 13-3 中，设 P 为欲测定的起始基点，A、B 为已知控制点。可根据反算的坐标方位角 α_{AB}、α_{AP}、α_{BP} 按式(13-1)计算放样角度：

$$\beta_A=\alpha_{AB}-\alpha_{AP},\qquad \beta_B=\alpha_{BP}-\alpha_{BA} \tag{13-1}$$

2. 现场测设

1)交会法

用两台经纬仪同时测设：根据计算的测设数据 β_A 及 β_B，在 A、B 两控制点上同时安置经纬仪进行交会，如图 13-3，在 A 点安置经纬仪，对中、整平后，瞄准 B 点，顺时针转动照准部，使其角值为 $360°-\beta_A$，然后固定仪器。同时在 B 点安置经纬仪对中、整平后，瞄准 A 点，顺时针转动 β_B 角，固定仪器。持杆者目估 P 点的位置，并听从两台仪器观测员的指挥，前后左右移动，直至标杆同时与两台仪器的十字丝纵丝重合。然后在标杆位置处打上木桩，作为标志。

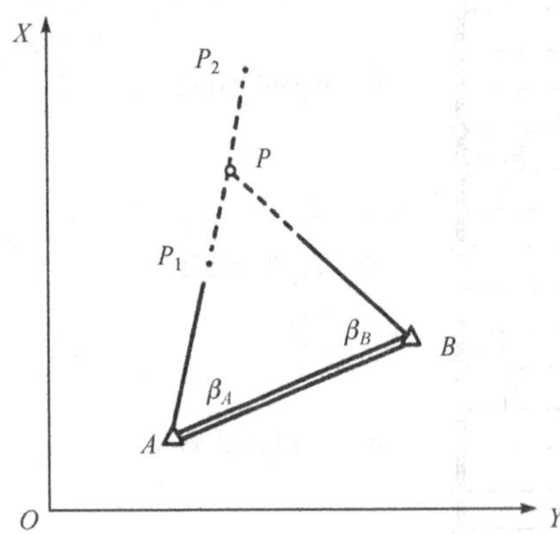

图 13-3　角度交会法测设起始基点

用一台经纬仪测设：用一台经纬仪施测时，先将仪器安置在 A 点上，经对中、整平后，瞄准 B 点，顺时针转动照准部，使其角值为 $360°-\beta_A$，然后固定仪器，再用视距法测定 A 点至 P 点的水平距离 D_{AP}。在此距离前后各 1～2m 处，以木桩或标杆标记，如图 13-3 中 P_1、P_2 点，将 P_1、P_2 用细绳拉紧。然后将仪器移至 B 点，经对中、整平后瞄准 A 点，顺时针转动 β_B 角，持标杆者在观测者的指挥下沿 P_1P_2 方向线移动，直至与 B 点经纬仪的十字丝纵丝重合，即 P 点的位置。

2)极坐标法

如图 13-3 所示，将经纬仪安置在 A 点上，瞄准 B 点(后视)，水平度盘置为零度，顺时针转动照准部，使度盘读数为 $360°-\beta_A$，则此时望远镜视线的方向即 AP 方向。在 AP 方向线上量取水平距离 D_{AP}，即得 P 点的实地位置。也可在 B 点安置经纬仪，根据水平角 β_B 及水平距离 D_{BP} 来确定 P 点的位置。

3)测定起始基点的坐标

将起始基点测设于地面后，应重新根据周围的国家控制点，用前方交会、侧方交会或后方交会法测定其坐标值。重新测定的坐标值应与图上设计坐标值相符合。其不符值按规范规定不能超过图上 2mm(详查)或 2.5mm(普查)，否则应重新计算与测设。

若测区内已知控制点较多，在进行物(化)探网设计时，可以考虑将某一个已知控制点作为起始基点，这样可免除施测起始基点的工作。

(二)测设控制基点

基线上两端的基点一定要测定其坐标值，并埋设标石以便长期保留，这样的点叫控制基点。若基线长度超过规范规定，基线当中必须加测某些基点的坐标。

1. 计算控制基点的理论坐标值

起始基点的坐标确定后，即可推算其他欲测设的控制基点理论坐标值。如图 13-2 所示，根据设计要求，基线间距为 1000m，控制基点距为 1000m 及 600m，基线和测线的方位角是已知的。设基线方位角 α=330°；测线方位角 α'=330°+90°−360°=60°。这样对 4000m×4600m 的物探网，我们只要计算三组不同的坐标增量，即可推算所有控制基点的理论坐标。

$$\begin{cases}\Delta X_1 = 1000\text{m}\times\cos 330^\circ \\ \Delta Y_1 = 1000\text{m}\times\sin 330^\circ \\ \Delta X_2 = 600\text{m}\times\cos 330^\circ \\ \Delta Y_2 = 600\text{m}\times\sin 330^\circ \\ \Delta X_3 = 1000\text{m}\times\cos 60^\circ \\ \Delta Y_3 = 1000\text{m}\times\sin 60^\circ\end{cases} \tag{13-2}$$

推算各控制基点的坐标时，要慎重选择路线，使其成为闭合的或附合的图形，如图 13-2 所示，可以选择以下几条推算路线：

(1) $P\left(\dfrac{2000}{2000}\right)\rightarrow\left(\dfrac{3000}{2000}\right)\cdots\rightarrow\left(\dfrac{5000}{2000}\right)\rightarrow\left(\dfrac{5000}{3000}\right)\cdots\rightarrow\left(\dfrac{5000}{5600}\right)\cdots\rightarrow\left(\dfrac{1000}{5600}\right)\rightarrow\left(\dfrac{1000}{2000}\right)\rightarrow P\left(\dfrac{2000}{2000}\right)$；

(2) $\left(\dfrac{5000}{2000}\right)\rightarrow\left(\dfrac{5000}{1000}\right)\cdots\rightarrow\left(\dfrac{1000}{1000}\right)\rightarrow\left(\dfrac{1000}{2000}\right)$；

(3) $P\left(\dfrac{2000}{2000}\right)\rightarrow\left(\dfrac{2000}{3000}\right)\cdots\rightarrow\left(\dfrac{2000}{5600}\right)$；

(4) $\left(\dfrac{3000}{5600}\right)\rightarrow\left(\dfrac{3000}{5000}\right)\cdots\rightarrow\left(\dfrac{3000}{2000}\right)$；

(5) $\left(\dfrac{4000}{2000}\right)\rightarrow\left(\dfrac{4000}{3000}\right)\cdots\rightarrow\left(\dfrac{4000}{5600}\right)$。

推算坐标时，应特别注意坐标增量符号的变化，如点 $P\left(\dfrac{2000}{2000}\right)$ 到点 $\left(\dfrac{3000}{2000}\right)$ 的 ΔX 及 ΔY 为正时，与此两点方向相反的两点均为负值。推算应在规定的专门用表上进行，或用计算机编程序计算，最好将各个坐标增量书写在草图上，以免出错。

2. 计算测设数据及野外施测

测设数据(水平角 β、水平距离 D)的计算及野外施测方法完全与起始基点相同。

待基点在地面上确定后，应立即在该点上架设经纬仪，测量其与两已知控制点的夹角，并检查该三角形之内角和是否等于180°，若其差值超过容许范围，应检查原因，并重新施测，直到符合要求。

控制基点测设工作完成后，根据设计要求，应全部或部分重新测算其坐标，当其坐标与理论坐标相等时，方能作为基线的控制基点。否则，不得作为控制基点。

(三)测设基线

基线施测可采用全站仪、经纬仪视距法或经纬仪配合钢尺量距法进行，其步骤如下。

1. 基线方向的确定

将经纬仪安置在基线的一端，当基线两端通视时，可直接确定基线方向；当基线两端不通视时，必须首先计算基线方向与已知控制点方向的夹角 β。在图13-4中，A、B 为两个已知控制点，P 为基线一端的起始点，Q 为基线的终点，根据设计要求基线方位角 α_{PQ} 是已知的，方位角 α_{PA}、α_{PB} 也是已知的。因此，$\beta_A=\alpha_{PQ}-\alpha_{PA}$，$\beta_B=\alpha_{PB}-\alpha_{PQ}$。

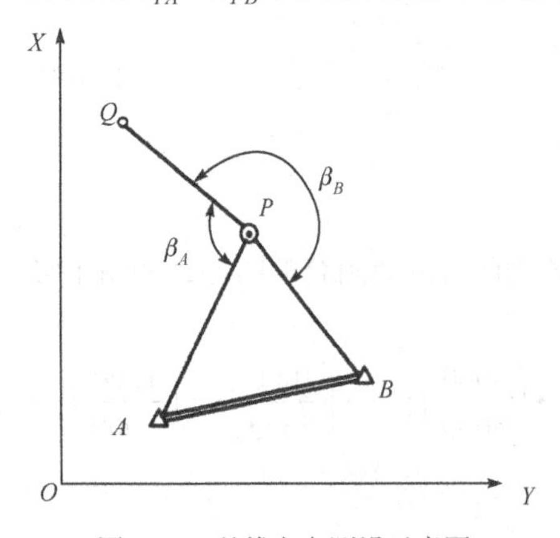

图13-4 基线方向测设示意图

如图13-4所示，将经纬仪安置在 P 点上，对中、整平后，瞄准 A 点，顺时针转动 β_A 角，即基线 PQ 的方向，并用木桩在地面上做出标记。为了检查施测过程中的误差或错误，再将仪器对准 B 点，逆时针转动 β_B 角，检查望远镜纵丝是否通过地面上的标记。

2. 用视距法测定基点

基线的方向确定后，则可在此方向上用视距法，按设计要求的间距测定各基点的位置。具体测定方法是：持尺者沿基线方向目估距离初步选定立尺点，观测者指挥其左右移动，直至尺子完全在基线方向上，即可读取视距及竖盘的读数，计算出水平距离 D。如果测出的距离与要求的距离之差超过2m，而地形又较陡时，则后退或前进2m，重新立尺测定之；如果测出的距离与要求的距离之差在2m之内，且地形又较平坦时，可用视距尺量出差值，沿基线方向改正之。基点确定后，即可在地面上钉木桩，并写上编号。

根据实地观测情况，经纬仪需要转站时，转站点要选在通视良好处，最好是以最后一个基点作为转站点。转站观测前要重新检查基线方向是否正确，距离采取往返测定。转站后的定向可采用一次或两次倒镜法进行，即用盘左位置对准后视点，纵转望远镜，在延长基线方向上钉一个木桩作标记，然后再用盘右位置对准后视点，纵转望远镜观测基线上所标记的点，检查是否有错。若经过多次观测，并没有发现仪器误差或者误差很小，则说明此仪器是比较可靠的，以后采取一次倒镜法延长基线即可。

3. 经纬仪配合钢卷尺测设基点

当测区地形比较平坦时，则可用经纬仪瞄准方向，用钢卷尺(或测绳)直接量取距离测定基点。其测定的方法为，前尺员持标杆到欲定的基点处，按观测员的指挥将标杆立于基线方向上，然后用钢卷尺量距，以确定基点的位置，并用木桩标记之。

4. 全站仪测设基点

用全站仪测设基点的操作方法与前述方法基本相同。由于全站仪具有测距、测角的功能，且能跟踪棱镜，持镜者只需在观测员的指挥下，沿基线方向前后、左右移动棱镜，直至仪器显示距离为测设距离，基点位置即测定，并用木桩标记之。此种方法有用人少、速度快、精度高的优点。

在测量过程中，当基线由一控制基点进行到另一控制基点时，应即时检查其方向及距离的附合精度。若超过其规定限差，应查清原因，并重测。

5. 基线遇障碍物的施测方法

当施测基线遇有障碍物而不通视时，则可采用下述方法进行观测。

(1) 90°转站法，如图 13-5 所示。

(2) 等腰三角形法，如图 13-6 所示，在点 1 设站，沿基线方向转一角度(设转角为 30°)，躲过障碍物定点 2，并测定点 1 至点 2 的距离 D_{1-2}；仪器转站到点 2 后，先照准后视点 1，再顺时针转动 180°−2×30°=120°的角度值，在此方向线上量取 D_{1-2} 定出点 3(D_{2-3}=D_{1-2})。由等腰三角形 123 可得点 1 至点 3 的距离为

$$D_{1-3}=2D_{1-2}\cos 30° \tag{13-3}$$

再将仪器转站到点 3，后视点 2，逆时针转动 150°，此时望远镜的视线方向即为基线的原方向。

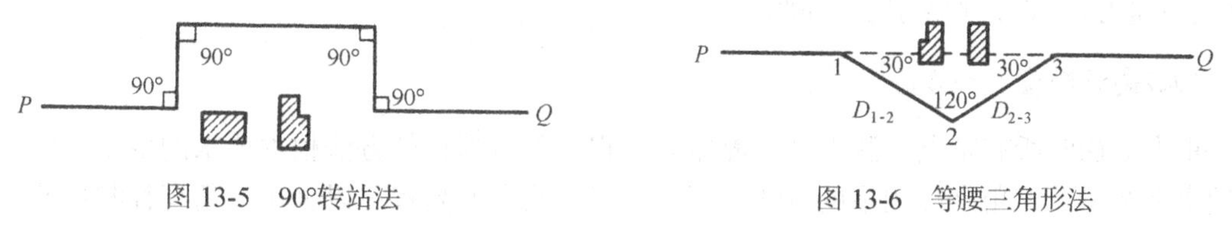

图 13-5　90°转站法　　图 13-6　等腰三角形法

(四) 测设测线

当基线测设完毕后，即可施测测线，根据设计要求及地形情况可采用下述方法在测线上测设测点。

1. 视距直伸导线法

如图 13-7 所示，将仪器安置在测线一端的基点上，对中、整平、定向后，即可按规定的点距在测线上测设测点。定向可瞄准相邻基点(亦可瞄准测线的另一端点)转 90°或 270°，若远处基点上插有标杆，定向应尽量瞄准远处的基点。测点的标记一般不钉木桩，用编好号的红纸或红布条直接放在地面上，用石块压住即可。若为深草或庄稼茂密地区，则可将标记点标于草棵之上。测量距离用经纬仪视距法，其操作步骤与基线测量相同。转站点必

须在地面钉木桩，转站前应检查一次测线的方向。由测线一端点测至另一端点时，应及时检查闭合差。

根据地形条件及设计要求亦可相隔三个测点用经纬仪视距法测定一点，其间二点则由物探测量人员目估测线方向，以步测距离内插。

2. 用极坐标法测定测点

如图 13-8 所示，在地形开阔的丘陵地区或平坦地区，均宜用极坐标法测定测点的位置，尤其使用全站仪测设非常方便。测设数据可按直角三角形的边角关系由式(13-4)计算得到：

$$\begin{cases} d=\sqrt{a^2+b^2} \\ \alpha=\arctan\dfrac{a}{b} \end{cases} \tag{13-4}$$

式中，d 为测站至测点的距离；α 为测点方向与主测线(AC)的夹角；a 为测线距；b 为测点距的整倍数。

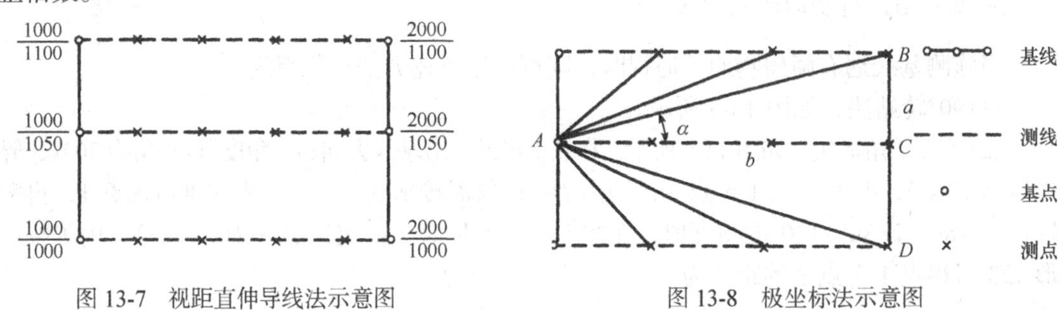

图 13-7　视距直伸导线法示意图　　图 13-8　极坐标法示意图

应用此方法时可事先根据规定的测网密度，计算出所有 d 及 α 值，并排列成表，并绘制草图，将 α 的角值都换算为瞄准主测线为 0°的角值，同时标注于草图上。如图 13-8 所示，设 AB 线的偏角 α=30°，则换算为 330°。

(五)高程测量

重力勘探时所有基点、测点都应测定其高程。测量高程的方法根据要求的精度不同，可采用水准测量及三角高程测量的方法进行。基点、测点的高程可以采用三角高程测量的方法由单向观测求得，但必须从一已知高程点出发附合到另一已知高程点上；或采用闭合路线进行检查，起始基点、控制基点应在测定其坐标的同时测定高程。

精测物探剖面上的所有测点、端点应同时测定其平面位置及高程。物探工作所需要的地形剖面图按本章第二节中讲述的方法测定。

四、独立地区的物探工程测量

对于测区内没有国家控制点的地区，则采用基线自行闭合的方法布设独立物探网，如图 13-9 所示，其中，实线表示基线，虚线表示测线，最后再联测其坐标及高程。根据物探网设计、测区大小及测区内地形情况，在现场选定起始基点及基线的方向。起始基点最好选在测区中央地形较高的地方，以便向四周扩展。

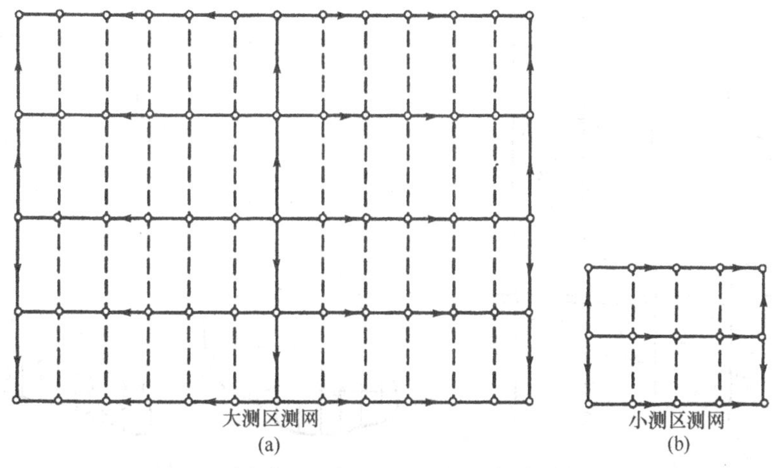

图 13-9　独立地区物探网布设示意图

起始基点确定后，将经纬仪安置在该点上，经对中、整平后，把罗盘仪紧贴望远镜的竖盘，转动经纬仪使罗盘的磁针对准所要求的磁方位角，则此时望远镜视线的方向即基线的方向，并在基线前方的制高点插上方向旗。

基线方向确定以后，则按前述方法测设基线上各个基点。因为没有测设控制基点，故必须采用自行闭合的方法，以检查测量中的误差及错误。闭合基线按图 13-9 箭头所指的方向测定，基线闭合点要选在与起始基点等距离的地方(如测区的四个角)。若闭合差超过允许范围，应及时检查其原因，并进行重测。

全部物探工作结束后，根据设计进行联测物探网的四个角及当中的部分基点，并埋设标石，以便长期保存。联测工作根据周围的已知控制点的分布情况及地形情况，可采用前方交会法或后方交会法进行。

需要指出的是，对于大面积物探测量除可使用常规的光学经纬仪、电子经纬仪、光学水准仪、电子水准仪及全站仪外，GPS 技术已得到广泛应用，GPS 可用于测设基点、基线和测点、测线，精度高且操作方便。

第二节　地质勘探工程测量

地质勘探工程测量的主要任务有：①勘探线、勘探网的测设；②钻孔、探井、探槽等勘探工程位置的测定；③地形地质剖面图的测绘；④地质填图测量等。

一、勘探线、勘探网的测设

地质勘探工程通常布置在勘探线或勘探网上，勘探线的布置方向一般约与矿体走向垂直，如图 13-10 所示。

如图 13-11 所示，勘探网由两组平行的勘探线相交组成。为了控制勘探线、勘探网的测设精度，通常沿矿体走向布设一条基线，基线两端应连接于控制点上，以便检查。

勘探线、勘探网的设计必须通过现场踏勘后研究确定，然后由测量员根据图上设计的形状与大小，测设于地面上。如图 13-12 所示：*MN* 为基线，*P* 为基点，*A*、*B*、*C*、*D* 为已知国家控制点。根据已知控制点与欲测设点的位置关系及野外通视情况，则可计算测设数据(水平角及水平距离)。有了测设数据即可测设 *P*、*M*、*N* 点的位置，其测设方法与物探网相同。

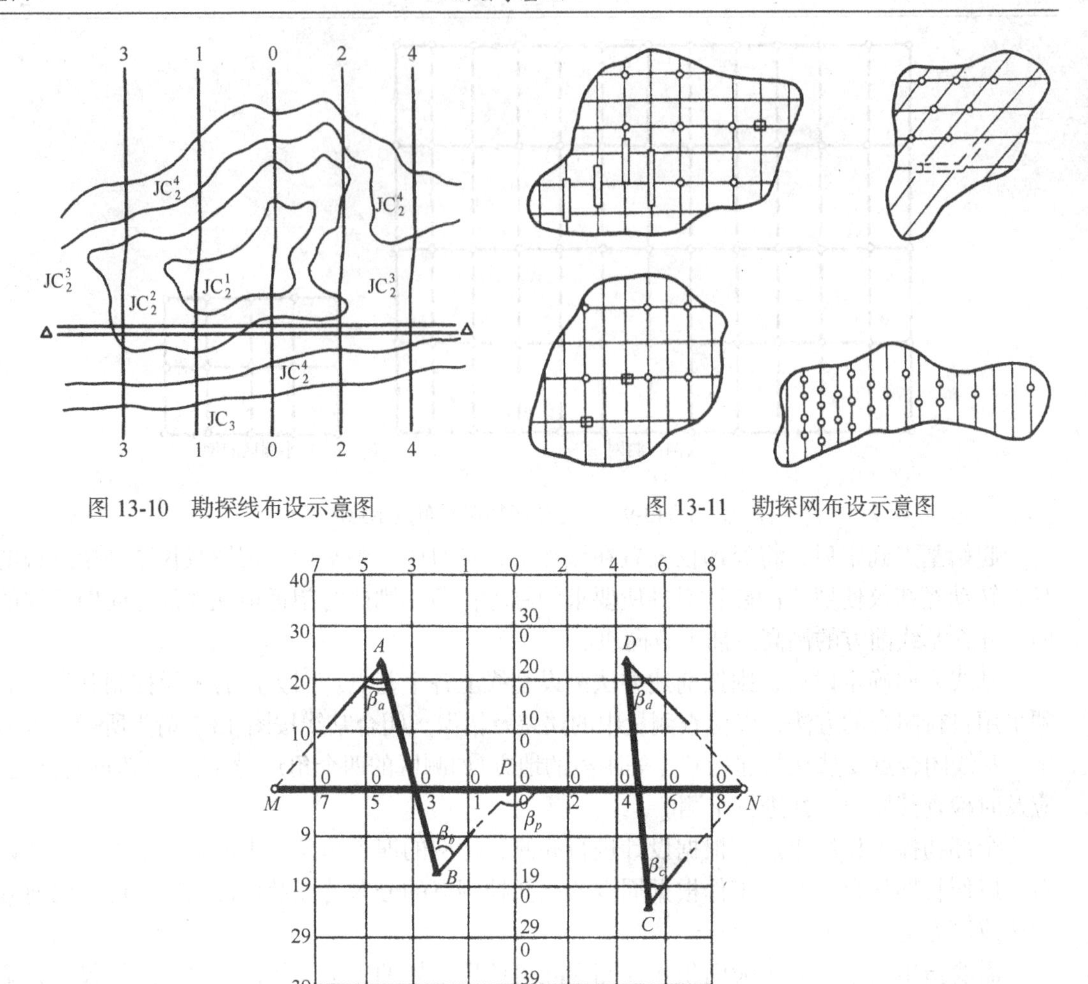

图 13-12　勘探线(网)测设示意图

当基线端点 M、N 及基点 P 确定后，应将经纬仪安置在其中任一点上，检查三点是否在一条直线上。若误差超出允许范围，应重新检查计算成果，重新测设。

勘探线垂直于基线，其编号方法如图 13-12 所示：通过基点 P 为零号勘探线，所有左边的勘探线均用奇数号表示，右边的则用偶数号表示。各勘探线上的点号，以北用偶数号，以南用奇数号；各点均以分数形式表示，分子代表点号，分母代表线号。在基线上 P 点两侧按设计的勘探线距定出点 $\frac{0}{2}$、$\frac{0}{4}$、$\frac{0}{6}$、$\frac{0}{8}$ 及 $\frac{0}{1}$、$\frac{0}{3}$、$\frac{0}{5}$、$\frac{0}{7}$ 等。然后在各点上安置经纬仪，测出与基线相垂直的直线，即为勘探线。在各条勘探线上按设计要求测出各网点(如 $\frac{10}{0}$、$\frac{20}{0}$、$\frac{30}{0}$ 等)。在勘探线的两端要埋设固定桩并编号，同时测出各点间的水平距离及高程，并将所测结果绘制成勘探线剖面图。

对于没有国家控制点的独立地区，则可按本章第一节所述方法布设基线，以检查其观测过程中的误差或错误。

二、钻孔、探井及探槽等勘探工程位置的测定

(一)钻孔位置测量

钻孔一般应布置在勘探线上，但根据地形条件可以允许偏离勘探线一定的距离。钻孔定位应由地质人员、钻机工人和测量人员共同研究决定。

钻孔施测分为初测、复测及定测。

1. 初测

根据钻孔的设计坐标，将钻孔测设于实地上，测设方法可采用交会法或极坐标法等进行。孔位在实地确定后，应立即在其附近建立校正点。校正点要建在不妨碍平整机台的地方，以免被破坏。根据钻孔位置周围的情况，可采用下述方法建立校正点。

(1)十字交叉法。在孔位四周近于垂直的地方选择四个校正点，使相对两点连线的交点通过孔位，如图 13-13 所示。

(2)距离交会法。在孔位四周不同方向上选定三个以上的点，分别量取其到钻孔的距离。

(3)直线通过法。在钻孔前后确定两个校正点，使两点的连线通过孔位的中心，然后量出孔位至两端点的距离，如图 13-14(为剖面图)所示。

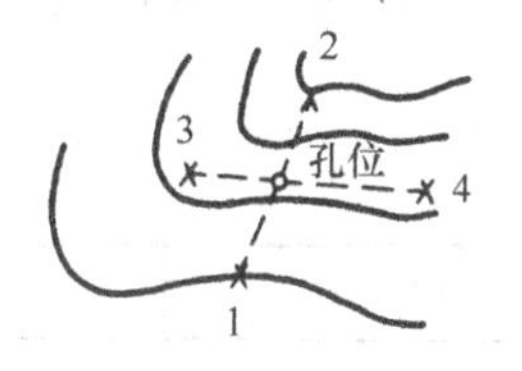

图 13-13　十字交叉法

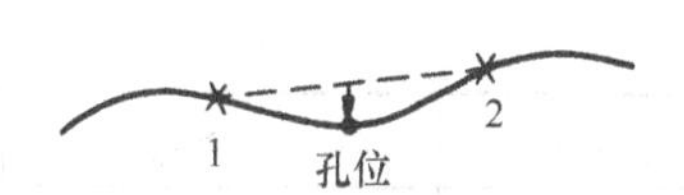

图 13-14　直线通过法

2. 复测

钻孔位置的复测在平整机台后进行。根据校正点与记录的原始数据，对钻孔位置进行校核。若偏差超过 0.1m 时，应检查校正点是否有错误。一般情况下，平整机台后孔位的木桩大部分会丢失，此时即可利用校正点重新测定孔位。若校正点的木桩丢失或对校正点有怀疑，则必须重新测定孔位，最后测出平整机台后的孔位高程。

3. 定测

钻探完毕封孔后，再测定封孔标石或封孔套管中心的坐标及高程。坐标测定可采用交会法、GPS 定位等，也可采用经纬仪导线法或精密视距导线法。高程可采用水准测量或三角高程测量方法测定。不参加储量计算的钻孔，其坐标及高程可采用经纬仪视距导线施测。

(二)探槽、探井测量

探槽、探井都是轻型山地工程，主要用于覆盖地区揭露地质现象，其测量工作分两个步骤。

(1)初测。将图上设计的探槽、探井位置用全站仪或经纬仪，按极坐标法或交会法测设于实地上，或采用 GPS 定位。对于较长的探槽，一般要求测设两端点的位置。

(2)定测。探槽、探井施工完毕后，再次测定其坐标及高程。

三、剖面测量

剖面测量通常是沿着给定的勘探线方向，测出该方向线上的地形特征点、地物点、工程点及地质点的平面位置及高程。根据图上剖面线两端点的设计坐标，用交会法将其测设于实地。为了保证剖面测量的精度，在剖面线两端点之间布设若干剖面控制点。如剖面线是折线，则需按测设剖面线端点同样的方法、同等的精度，将其转折点测设于地面上。在进行剖面测量时，一般规定 1：500 的剖面图进行距离测量应使用经纬仪定向，采用钢尺量距法；而 1：1000～1：5000 的剖面图进行距离测量可采用经纬仪视距法。

(一) 剖面端点的测设

将剖面端点按设计坐标测设于地面后，应立即根据周围的控制点采用前方交会、后方交会或其他方法重新测定其坐标及高程。重新测定的坐标与设计坐标之差，应在一定的容许范围内。高程测定可采用三角高程测量或等外水准测量的方法。

(二) 剖面控制测量

根据剖面图的比例尺及剖面线的长度，在剖面线中间尚需布设若干个控制点。按规范要求，一般在表 13-1 中规定的间距内应有一控制点。剖面控制点的布设则根据地形条件的差异而采用不同的方法。

表 13-1　剖面控制点间距表

剖面图横比例尺	1：500	1：1000	1：2000	1：5000
间距/m	600	700	1500	3000

(1) 在地形起伏不大、通视良好的地区，可将经纬仪架设在任一端点上对准另一端点，在剖面线上找出欲定剖面控制点的位置，并以木桩标记之。然后用测定端点的方法测定其坐标及高程，同时计算出剖面控制点之间及其到剖面端点之间的水平距离和高差，以检查测定距离的精度。

(2) 在地形起伏较大、通视不好的地区，则依据图上的设计坐标，按极坐标法或交会法等，将剖面控制点测设于地面上，然后再测定其坐标及高程。

测定剖面控制点，在第一种情况下，可沿剖面线前后移动，既要使点选在剖面线上，同时又要选在视野开阔的地方。在第二种情况下，当在图上量取剖面控制点的设计坐标时，要估计到该点是否位于隐蔽的地方(如山沟内)，以免影响观测。

未建立控制网的地区，可先进行剖面测量，待控制网点建立后，再测端点及剖面控制点的坐标和高程。补测时，剖面控制点必须为剖面测量中设过站的点，其测量方法及数目与上述两种情况相同。

(三) 剖面测量

首先将仪器架设于剖面一端点上，对中、整平后，瞄准剖面另一端点或当中任一剖面控制点，然后沿剖面线测出地形坡度变化点、工程地质点、地物点及地质界限点的水平距离和高程。第一站测量工作结束前必须测出下一站的位置，选测站点时，应注意在前进方向上视线要开阔，测定测站点的距离及高差必须采用往返观测。在勘探剖面测量中，测量距离的相对误差不得超过 1/200；普查剖面测量中测量距离的相对误差不得超过 1/150。高差在允许范围(1/3 等高距)内时，取其平均值推算其高程。大于 1/1000 比例尺的勘探剖面测量，测定测站点的距离应采用钢尺或测绳直接丈量。

由剖面的一端点测量到另一端点时，应及时检查水平距离及高程是否与其已知值相符，若不相符应查找其原因。

(四)剖面图的绘制

绘制剖面图之前，先检查、整理外业观测手簿。根据观测成果，求出剖面线上各控制点、测站点、地形点、地质工程点、地质点到起始端点的水平距离。并求出其高程 。

根据剖面线上各点的高程，首先设计一组高程线，高程线是由许多条等间隔的平行线组成，每条高程线应为 10m 或 100m 的整倍数。如图 13-15，按剖面线上各点与起始端点的水平距离及规定的比例尺，在水平方向上展绘出各点，然后在各点的垂直方向上按高程与选定的垂直比例尺展绘出各点的位置，以圆滑的曲线连接，即得地形剖面图。地质工程点、主要地质点在剖面上应加以编号注记，在剖面的左右两端应注明剖面线的方位角，并在剖面图最下边一条高程线上标出坐标线 X、Y 的位置(即剖面线与坐标线的交点)。各条坐标线与起始端点的距离可按式(13-5)计算(参照图 13-16)：

$$D_Y = \frac{Y_i - Y_A}{\sin\alpha}, \quad D_X = \frac{X_i - X_A}{\cos\alpha} \tag{13-5}$$

式中，α 为剖面线的方位角；Y_i、X_i 为坐标线的坐标值；Y_A、X_A 为起始端点的坐标值。

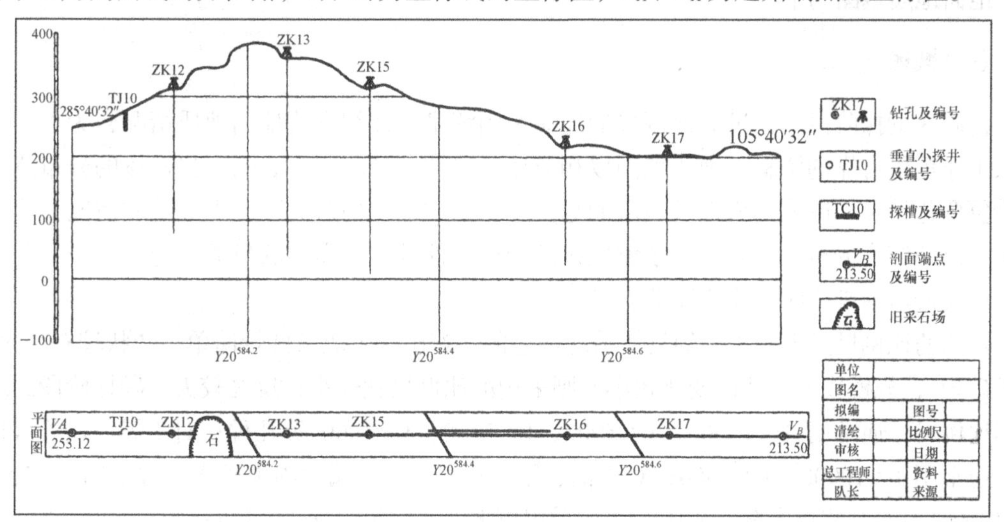

图 13-15　剖面图的绘制方法

坐标格网之间的间隔可计算为

$$D'_Y = \frac{Y_{i+1} - Y_i}{\sin\alpha}, \quad D'_X = \frac{X_{i+1} - X_i}{\cos\alpha} \tag{13-6}$$

综上所述，绘制剖面图的步骤是：①将剖面起始端点展绘在剖面上的最低一条高程线上，然后根据 D_X 及 D_Y 值画出第一条坐标线；②根据 D'_X 及 D'_Y 将剖面线与各条坐标线的交点位

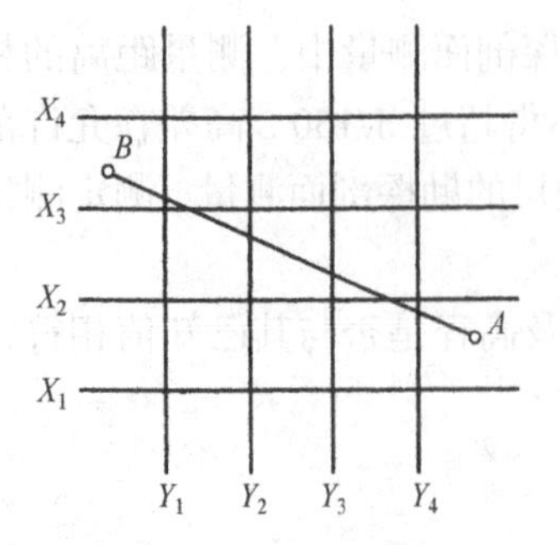

图 13-16　坐标格网与起始端点关系

置展绘出来，并注上坐标值；③绘制地形剖面及剖面投影平面图。

剖面投影平面图绘制在地形剖面的下方，其比例尺与剖面比例尺相同。绘制时，首先在投影平面图图廓的中央绘一条与高程线平行的横线，作为剖面投影线。然后将剖面图上的 X 线及 Y 线垂直投影于该线上，依剖面方位角绘制投影平面的 X 及 Y 轴坐标线，并注记其相应的坐标值。剖面图上的工程点、主要地质点、剖面端点等可直接投影到剖面投影线上，并注记编号。最后写明剖面图的名称、编号、比例尺、绘图日期，并绘出图例、图廓线等。

(五)对剖面测量的要求

(1)剖面线一般是沿勘探线方向布设，成为互相平行、间隔相等的平行线。因此,应确保各剖面线的方向及间距的精度要求。

(2)剖面线上的勘探工程(尤其是钻孔)的位置，是用于设计和矿产储量计算的主要依据，因此它比普通的地形点及地质点的精度要求更高。故孔位等重要工程位置要采用精度较高的交会法或 GPS 技术等测定其坐标值，而地形点及地质点可采用视距法测定。

(3)当地表有矿时，对地形剖面线上任一点的高程都要有较高的精度要求，应实测剖面地形。若无矿体时，可利用地形图和工程位置测量的资料进行编绘复制。

四、地面地质填图测量

(一)概述

在矿区勘探阶段，通过大比例尺的地质填图测量，详细查清地面地质情况，为下一步的勘探工作提供可靠的资料。地质填图以相应比例尺的地形图作为底图，将矿体的分布范围及其品位变化情况、围岩的岩性及地层的划分、矿区的地质构造类型及水文地质情况等填绘到图上，以便综合分析，达到正确了解成矿的地质条件及矿床类型的目的，为下一步的勘探工程设计及最后的矿产储量计算提供依据。

填图的比例尺是根据矿床的具体情况而定的。若矿床生成条件较简单，产状较有规律(如沉积矿床)，规模较大，品位变化较小，则采用的比例尺就较小；反之较大。勘探阶段的地质填图比例尺，通常用 1∶10000、1∶5000、1∶2000、1∶1000 等几种；对于煤、铁等沉积矿床，通常用 1∶10000、1∶5000；对于铜、铅、锌等有色金属的内生矿床，常采用 1∶2000、1∶1000；对于某些稀有金属矿床，还可采用更大的比例尺，如 1∶500 等。

无论何种比例尺的地质填图测量，其最根本的工作都是从地质观察点做起，然后根据地质点描绘各种岩层和矿体的界线，并相应填绘各种地质符号，最后制成一幅地质地形图。因此，内容庞杂的地质填图测量，可分解为地质点测量及地质界线测量两个步骤，其中地质点测量是填图测量的基本工作，下面详细介绍其主要内容。

(二)地质点测量

地质点包括露头点、构造点、岩体、矿体界限点、水文点、重砂点等。测定地质点一般采用极坐标法，测前应有足够的控制点作为测站点。

1. 准备工作

用地形图作为施测地质点的底图时，应对控制点进行检查。施测前应取得地质点分布略图，以便计划和寻找点位。

2. 测站点

在进行地质点测量时，测站点应充分利用已有控制点外，当已有控制点不足时可采用全站仪或经纬仪进行导线测量获得加密测站点。对于 1∶2000～1∶10000 比例尺填图测量，还允许采用图解法交会求得。

当矿区地形地质图采用 0.5m 等高距时，测站点的高程应用等外水准测量方法直接测定。当地形图的等高距等于或大于 1m 时，测站高程可用三角高程测量的方法测定。当控制点不够用时，可从邻近控制点用支导线引测，但需进行往、返测。引测时量距规定：1∶500～1∶1000 比例尺，用钢尺量距；1∶2000～1∶10000 比例尺，用视距法，引测的点数及边长应符合规范要求。

3. 地质点的测定

将经纬仪安置在一个测站点上，对中、整平后，以另一控制点定向(水平度盘置于 0°00′)，然后测量各地质点的水平角、水平距离及高程，方法与地形测图中的碎部点测量相同。

4. 矿体及岩层界线的圈定

为使地质填图速度快、质量高，测量人员要密切配合地质人员在野外共同进行填图。在测定地质点的基础上，根据矿体及岩层的产状与实际地形的关系，按“V”字形法则，将同类地质界线点连接起来，并在其变换处适当地加密测点，以保证界线位置正确。所有地质点的位置均由地质人员选定，由测量员在实地测绘。地质界线的圈定，由地质人员在现场进行，也可根据记录在室内完成。如图 13-17 所示，是用地形图作为底图施测的部分地质界线，图中 SQ 为志留纪石英岩，SE 为志留纪石英角斑岩。

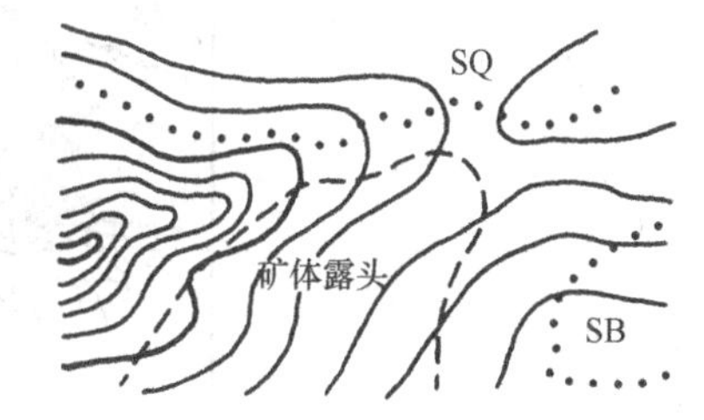

图 13-17　矿体及岩层界线的圈定

思考题

1. 物(化)探工程测量的任务是什么？
2. 试述物探网的施测方法及步骤。
3. 试述地质勘探线、勘探网的测设方法。
4. 试述地质剖面测量及剖面图的绘制方法及步骤。
5. 地质填图测量包括哪些工作内容？如何进行？

第十四章　拦河坝施工测量

本 章 要 点

本章主要介绍拦河坝的施工测量工作。主要内容包括：大坝的施工控制测量；清基开挖及施工测量；混凝土重力坝的立模放样。

第一节　概　　述

治理江河，兴修水利，需要修建防洪、灌溉、排涝、发电、航运等多项工程，进行综合治理。一般由若干水工建筑物组成的一个整体，称其为水利枢纽。图 14-1 为某水利枢纽示意图，主要由拦河大坝、电站、泄洪涵洞、溢洪道等几项工程组成。

拦河大坝是重要的水工建筑物，按坝型可分为土坝、堆石坝、重力坝及拱坝等(后两类大中型多为混凝土坝，中小型多为浆砌块石坝)。修建大坝需按施工顺序进行下列测量工作：①布设平面和高程基本控制网，控制整个工程的施工放样；②确定坝轴线和布设控制坝体细部放样的定线控制网；③清基开挖的放样；④坝体细部放样。对于不同筑坝材料及不同坝型，施工放样的精度要求有所不同，内容也有些差异。但施工放样的基本方法大同小异。本章分别就土(石)坝及混凝土重力坝施工放样的主要内容及基本方法进行介绍。

图 14-1　某水利枢纽示意图

第二节　土(石)坝的施工控制测量

土(石)坝是一种较为普遍的坝型。1949 年后，我国修建的数以万计的各类坝中，中小型土(石)坝约占 90%以上。根据土(石)料在坝体中的分布及其结构的不同，其类型又分为多种。图 14-2 是一种黏土心墙土(石)坝的示意图。

土(石)坝的控制测量是根据基本网确定坝轴线，然后以坝轴线为依据，布设坝身控制网以控制坝体细部的放样，现分述如下。

一、坝轴线的确定

对于中小型土(石)坝的坝轴线，一般由工程设计人员和勘测人员组成选线小组，深入现场进行实地踏勘，根据工区地形、地质和建筑材料等条件，经过方案比较，直接在现场选定。

对于大型土(石)坝及与混凝土坝衔接的土质副坝，一般经过现场踏勘，图上规划等多次调查研究和方案比较，确定建坝位置，并在坝址地形图上结合枢纽的整体布置，将坝轴线标于地形图上，如图 14-3 中的 M_1、M_2。将图上设计好的坝轴线标定在实地上，如图 14-3 所示，采用根据预先建立的施工控制网用角度交会法将 M_1 和 M_2 测设到地面上。放样时，先根据控制点 A、B、C 的坐标和坝轴线两端点 M_1、M_2 的设计坐标算出交会角 β_1、β_2、β_3 和 γ_1、γ_2、γ_3，然后安置经纬仪于 A、B、C 点。测设交会角，用三个方向进行交会，在实地定出 M_1、M_2。

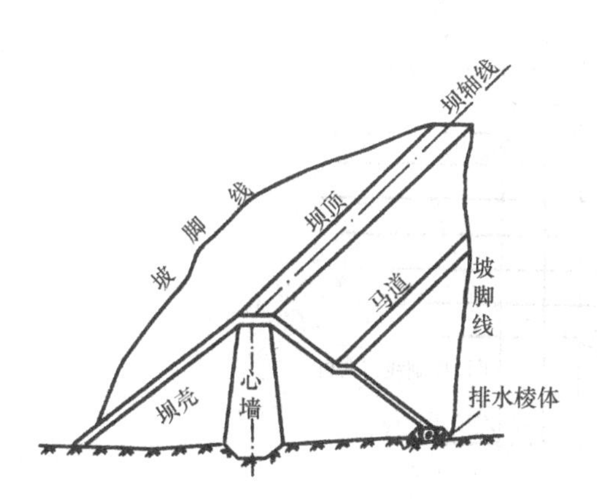

图 14-2　黏土心墙土(石)坝结构示意图

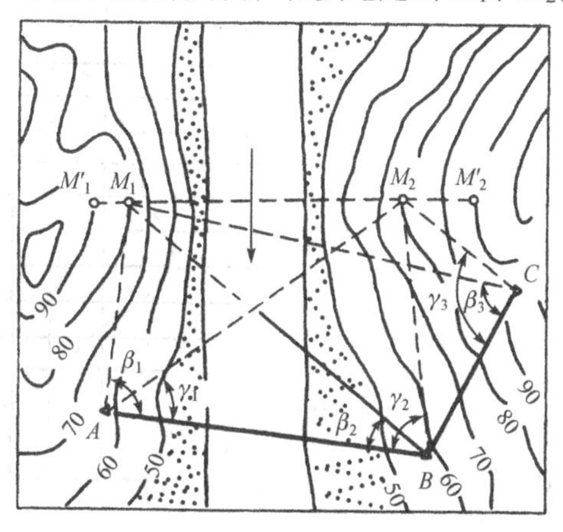

图 14-3　坝轴线测设示意图

坝轴线的两端点在现场标定后，应用永久性标志标明。为了防止施工时端点被破坏，应将坝轴线的端点延长到两面山坡上，如图 14-3 中的 M'_1、M'_2。

二、坝身控制线的测设

为了方便大坝施工期间的放样工作，一般要布设一些与坝轴线平行和垂直的控制线，这些控制线称为坝身控制线。此项工作需在清理基础前进行(如修筑围堰，在合拢后将水排尽，才能进行)。

(一)测设平行于坝轴线的控制线

平行于坝轴线的控制线可布设在坝顶上下游线、上下游坡面变化处、下游马道中线，也可按一定间隔布设(如 10m、20m、30m 等)，以便控制坝体的填筑和收方。

测设平行于坝轴线的控制线时，分别在坝轴线的端点 M_1、M_2 安置经纬仪，用测设 90°的方法各作一条垂直于坝轴线的基准线(图 14-4)，然后沿此基准线量取各平行控制线距坝轴线的距离，得各平行线的位置，并用方向桩在实地标定。

(二)测设垂直于坝轴线的控制线

垂直于坝轴线的控制线，一般按 20～50m 的间距，以里程来测设，其步骤如下。

(1)沿坝轴线测设里程桩。

由坝轴线的一端，如 M_1(图 14-4)，在轴线上定出坝顶与地面的交点，作为零号桩，其桩号为 0+000。具体方法是：在 M_1 安置经纬仪，瞄准另一端点 M_2，得坝轴线方向，用第十二章高程放样的方法，根据附近已知高程水准点上水准尺的后视读数及坝顶高程，求得水准尺上的前视读数 $b(H_{BM}+a-H_{顶})$；然后持水准尺在坝轴线方向(由经纬仪控制)移动，当水准仪读得的前视读数刚好为 b 时，立尺点即零号桩。然后由零号桩起，用经纬仪定线，沿坝轴线方向按确定的间距(图 12-4 中为 30m)丈量距离，依次钉下 0+030、0+060、0+090 等里程桩，直到另一端坝顶与地面的交点为止。

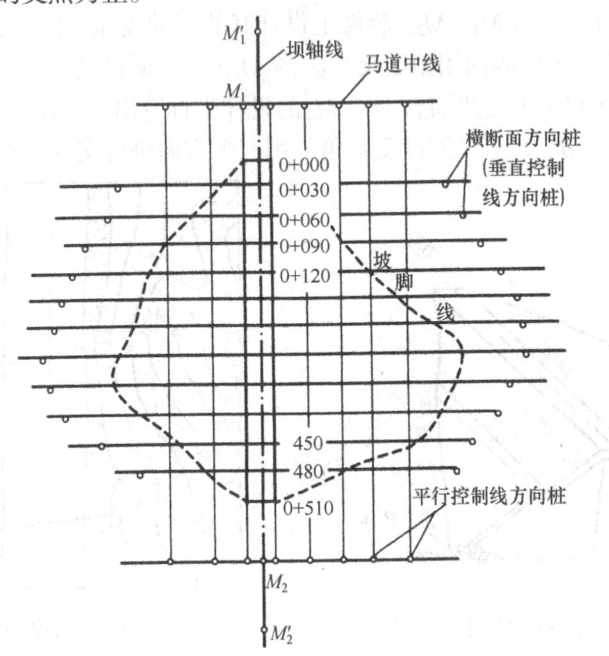

图 14-4　坝身控制线测设示意图

(2)测设垂直于坝轴线的控制线。

将经纬仪安置在各里程桩上，瞄准 M_1 或 M_2，转 90°，即定出垂直于坝轴线的一系列平行线，并在上下游施工范围以外用方向桩标定在实地上，作为测量横断面和放样的依据，这些桩也称横断面方向桩。此外，当有条件时，用全站仪测设垂直于坝轴线的控制线。将全站仪安置在 $M_1(M_2)$ 或附近的测量控制点上，用极坐标法测设出各横断面方向桩(方向桩的坐标可在施工图纸上设计)，则同一横断面上两方向桩的连线，即为垂直于坝轴线的控制线。

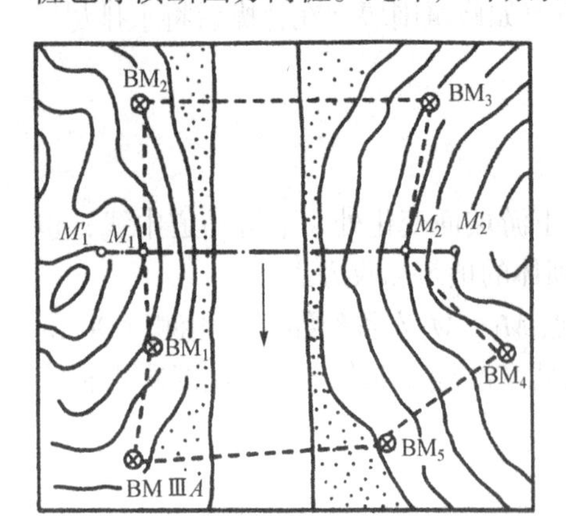

图 14-5　基本高程控制网布设示意图

三、高程控制网的建立

土(石)坝施工放样的高程控制网，一般分为基本网和施工网两级。基本网由若干永久性水准点组成，施工网由若干临时作业水准点组成。基本网布设在施工范围以外，并与国家水准点连测，组成闭合或附合水准路线(图 14-5)，用三等或四等水准测量方法施测。

施工网(临时水准点)直接用于坝体施工的高程放样，布置在施工范围以内不同高程的地方，并尽可能做到安置一、二次仪器就能进行高程放样。临时水准点应根据施工进程及时设置，并附合到永久水准点上。施测方法及精度一般按四等或五等水准测量要求，并应根据永久水准点进行定期检测，以保证施工过程中高程放样的精度。

第三节　土(石)坝清基开挖与坝体填筑的施工测量

一、清基开挖线的放样

为使坝体与岩基较好结合，坝体填筑前，必须对基础进行清理。为此，应按设计图纸放出清基开挖线(即坝体与原地面的交线)。

清基开挖线的放样精度要求不高，可用图解法求得放样数据在现场放样。为此，首先沿坝轴线测量纵断面，即测定轴线上各里程桩的高程，绘出纵断面图，求出各里程桩的填土高度；其次，在每一里程桩处进行横断面测量，绘出横断面图；最后，根据各里程桩的高程、中心填土高度与坝面坡度，在横断面图上套绘大坝的设计断面(图 14-6)。从图中可以看出，R_1、R_2分别为坝壳上、下游清基开挖点，n_1、n_2分别为心墙上、下游清基开挖点，它们与坝轴线的距离分别为d_1、d_2、d_3、d_4，可从图上量取，用这些数据即可在实地放样。但清基有一定深度，开挖时要有一定边坡，故d_1和d_2应根据深度适当加宽进行放样。然后，撒石灰线连接各断面的清基开挖点，该石灰线即大坝的清基开挖线。

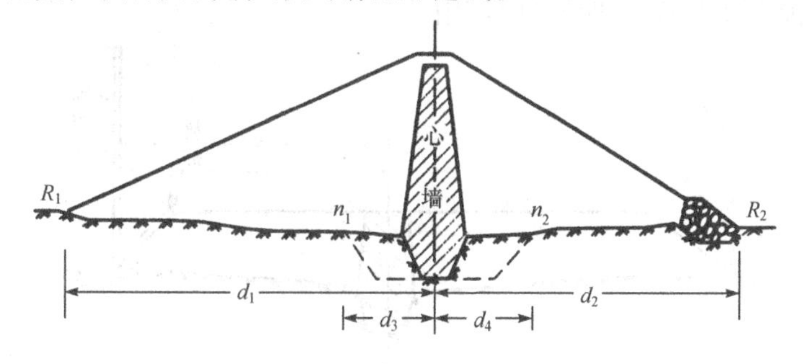

图 14-6　土(石)坝清基放样数据示意图

二、坡脚线的放样

清基以后应放出坡脚线(坝底与清基后地面的交线)，以便填筑坝体，下面介绍两种放样方法。

(一)横断面法

仍用图解法获得放样数据。首先恢复轴线上的所有里程桩，然后进行纵、横断面测量，绘出清基后的横断面图，套绘土坝设计断面，获得类似图 14-6 中的坝体与清基后地面的交点R_1及R_2(上下游坡脚点)、d_1及d_2，d_1及d_2即该断面的上、下游坡脚点放样数据。在实地将这些点标定出来，分别连接上下游坡脚点即得上下游坡脚线，如图 14-4 中的虚线所示。

(二)平行线法

平行线法是以不同高程坝坡面与地面的交点相连获得坡脚线的。根据平行控制线与坝轴

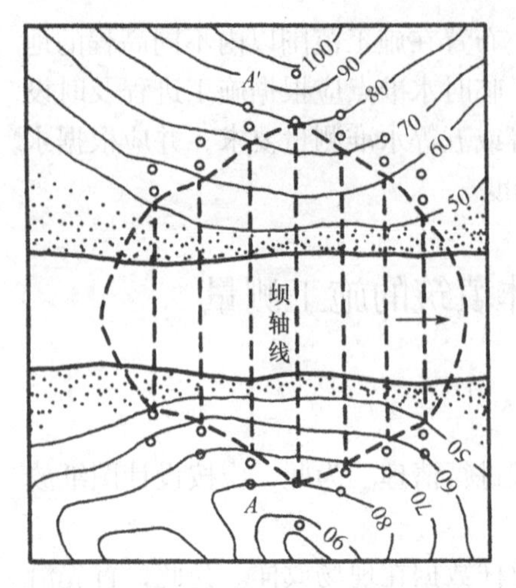

图 14-7　平行线法放样坡脚线示意图

线的间距(由设计确定)和坝面坡度求得坝坡面的高程，而后在平行控制线方向上用高程放样方法确定坡脚点。如图 14-7 所示，AA'为坝身平行控制线，距坝顶边线 25m，若坝顶高程为 80m，边坡为 1∶2.5，则 AA'控制线与坝坡面相交的高程为：80−25×(1/2.5)=70m。放样时，在 A 点安置经纬仪，瞄准 A'定出控制线方向。用水准仪在经纬仪视线内探测高程为 70m 的地面点，就是所求的坡脚点。连接各坡脚点，即可以得到坡脚线。

三、边坡放样

坝体坡脚线放出后，即可进行填筑施工。为了标明填筑土(石)料的界线，每当坝体升高 1m 左右，就要用上料桩将边坡的位置标定出来。标定上料桩的工作称为边坡放样。

边坡放样前先要确定上料桩至坝轴线的水平距离(坝轴距)。坝面有一定坡度，随着坝体的升高坝轴距将逐渐减小，故预先要根据坝体的设计数据算出坡面上不同高程的坝轴距，为了使经过压实和修坡后的坝坡面恰好是设计的坡度，一般应加宽 1～2m 填筑，上料桩就应标定在加宽的边坡线上(图 14-8 中的虚线处)。因此，各上料桩的坝轴距比按设计所算数值应大 1～2m，并将其编成放样数据表，供放样时使用。

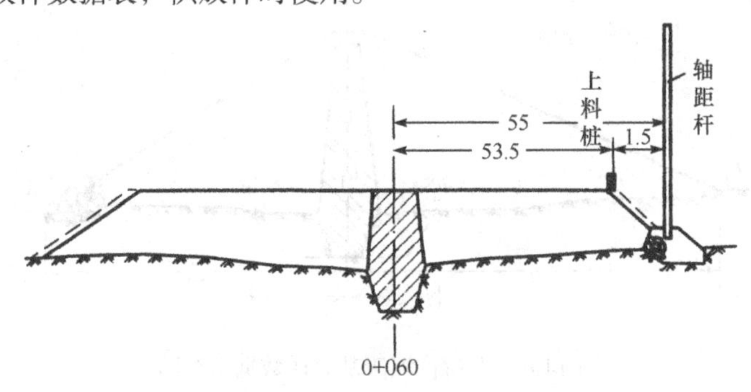

图 14-8　土坝边坡放样示意图(单位：m)

边坡放样时，一般在填土处以外预先埋设轴距杆，如图 14-8 所示。轴距杆距坝轴线的距离主要考虑便于量距、放样，如图中为 55m。为了放出上料桩，则先用水准仪测出坡面边沿处的高程，根据此高程从放样数据表中查得坝轴距，设某点坝轴距为 53.5m，此时，从坝轴杆向坝轴线方向量取 55.0−53.5=1.5m，即上料桩的位置。当坝体逐渐升高，轴距杆的位置不便应用时，可将其向里移动，以方便放样。

四、坡面修整放样

大坝填筑至一定高度且坡面压实后，需要进行坡面修整，使其符合设计要求。此时可用水准仪或经纬仪按测设坡度线的方法求得修坡量(削坡或回填度)。如将经纬仪安置在坡顶(若设站点的实测高程与设计高程相等)，依据坝坡比(如 1∶2.5)算出的边坡倾角 α(即 21°48′)向下倾斜得到平行于设计边坡线的视线，然后沿斜坡竖立标尺，读取中丝读数 s，用仪器高 i 减

去中丝读数 s 即得修坡量(图 14-9)。若设站点的实测高程 $H_{测}$与设计高程 $H_{设}$不等,则按式(14-1)计算修坡量 Δh，即

$$\Delta h=(i-s)+(H_{测}-H_{设}) \tag{14-1}$$

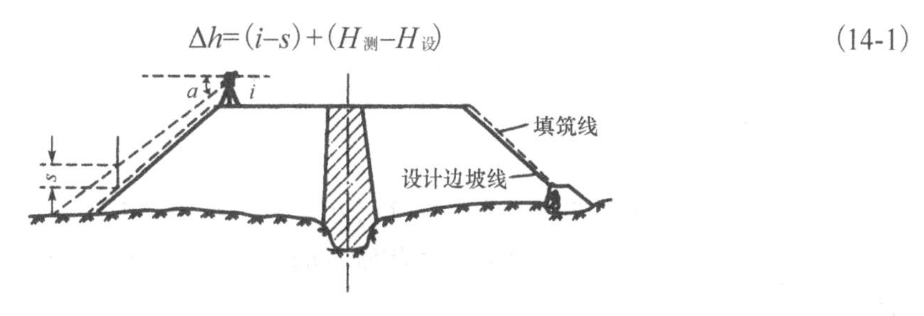

图 14-9　坡面修整放样示意图

为了便于对坡面进行修整，一般沿斜坡观测 3～4 个点，求得修坡量，以此作为修坡的依据。

第四节　混凝土坝的施工控制测量

混凝土坝按其结构和建筑材料相对土(石)坝来说较为复杂，其放样精度比土(石)坝要求较高。施工平面控制网一般按两级布设，不多于三级，精度要求最末一级控制网的点位中误差不超过±10mm。

一、基本平面控制网

基本网作为首级平面控制，一般布设成边角网，并应尽可能将坝轴线的两端点纳入网中作为网的一条边(图 14-10)。根据建筑物重要性的不同要求，一般按三等以上三角测量的要求施测，大型混凝土坝的基本网若兼作安全监测(变形观测)网，则要求更高，需按一、二等边角网的要求施测。为了减少安置仪器的对中误差，三角点一般建造混凝土观测墩，并在墩顶埋设强制对中设备，以便安置仪器和觇标(图 14-11)。

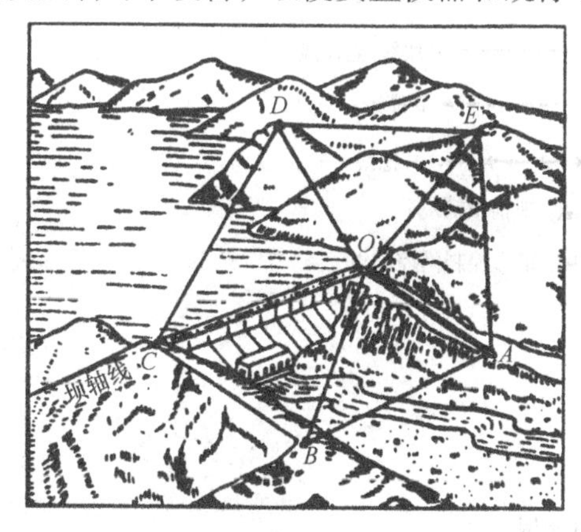

图 14-10　混凝土坝施工平面控制网示意图

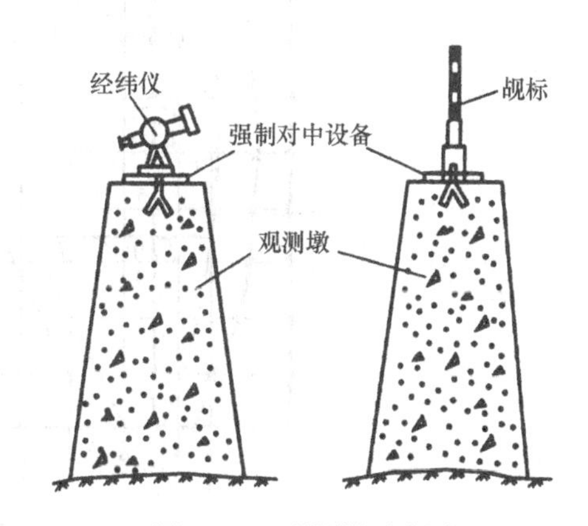

图 14-11　观测墩示意图

二、坝体控制网

混凝土坝采取分层施工，每一层中还分跨、分仓(或分段、分块)进行浇筑。坝体细部点常用方向线交会法和前方交会法放样。因此，坝体放样的控制网(即定线网)，一般布设为矩

形网或三角网；前者以坝轴线为基准，按施工分段分块尺寸建立矩形网；后者则由基本网加密建立三角网作为定线网。

目前，全站仪已普遍应用于施工放样，可根据设计图纸提供的数据，采用极坐标法放样。但是，所选用的全站仪型号，必须满足设计精度要求。

（一）矩形网

图 14-12(a)为直线型混凝土重力坝分层分块示意图，图 14-12(b)为以坝轴线 AB 为基准布设的矩形网，它由若干条平行和垂直于坝轴线的控制线所组成，格网尺寸按施工分段分块的大小而定。

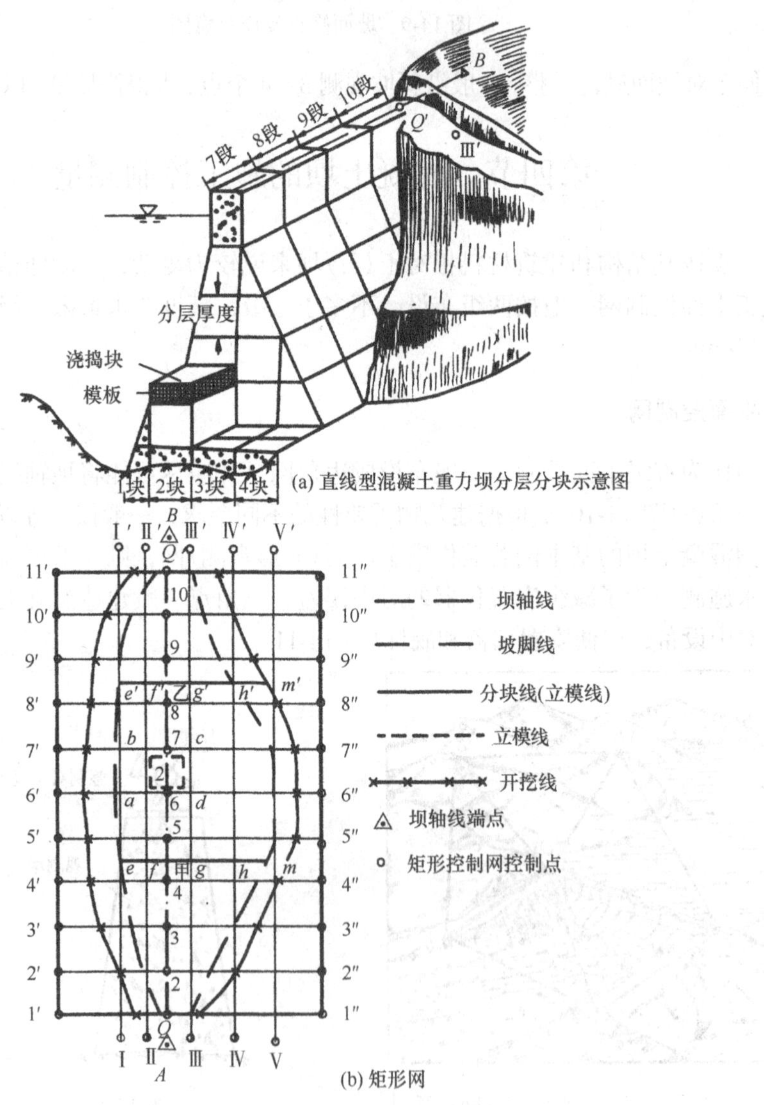

图 14-12　混凝土重力坝坝体控制网示意图

测设时，将经纬仪安置在 A 点，照准 B 点，在坝轴线上选甲、乙两点，通过这两点测设与坝轴线相垂直的方向线，由甲、乙两点开始，分别沿垂直方向按分块的宽度钉出 e、f 和 g、h、m，以及 e'、f'和 g'、h'、m'等点。最后将 ee'、ff'、gg'、hh'及 mm'等连线延伸到开挖区外，在两侧山坡上设置Ⅰ，Ⅱ，…，Ⅴ和Ⅰ′，Ⅱ′，…，Ⅴ′等放样控制点。然后在坝轴线方向上，按坝顶的高程，找出坝顶与地面相交的两点 Q 与 Q'（方法可参见土坝控制测量中坝身控制线的测设），再沿坝轴线按分块的长度钉出坝基点2，3，…，10，通过这些点再测设与坝轴线相垂直的方向线，并将方向线延长到上、下游围堰上或两侧山坡上，设置1′，2′，…，11′ 和1″，2″，…，11″ 等放样控制点。

在测设矩形网的过程中，测设直角时必须用盘左、盘右取平均值，丈量距离应细心校核，以免发生差错。

（二）三角网

图14-13为由基本网的一边 AB（拱坝轴线两端点）加密建立的定线网 $ADCBFEA$，各控制点的坐标（测量坐标）可测算求得。但坝体细部尺寸是以施工坐标系 $A'O'B'$ 为依据的，因此应根据设计图纸求算得施工坐标系原点 O' 的测量坐标和 $O'A'$ 的坐标方位角，按式（12-1）或式（12-2）换算为便于放样的统一坐标系统。

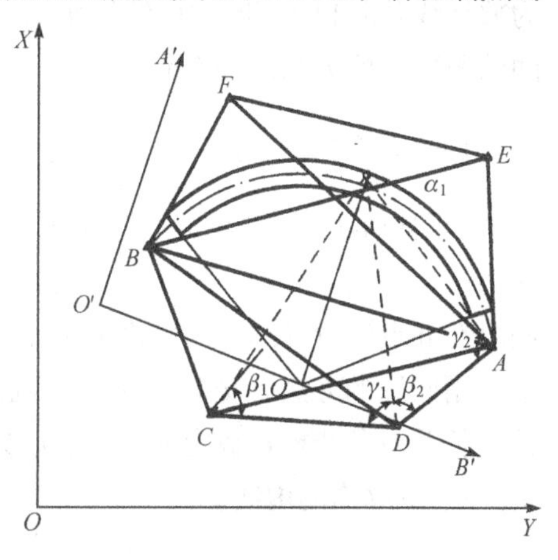

图14-13　定线三角网示意图

三、高程控制网

混凝土坝的高程控制网与土（石）坝基本相同，也布设为基本网与施工网两级。基本网是整个水利枢纽的基本高程控制，根据工程对高程的精度要求，按二等或三等水准测量施测，并考虑以后兼作垂直位移观测的高程控制。施工网水准点，随施工进程布设，尽可能布设在施工区内，并应形成闭合或附合水准路线；同时，应经常由基本水准点检测其高程，如有变化应及时改正。

第五节　混凝土重力坝坝体的立模放样

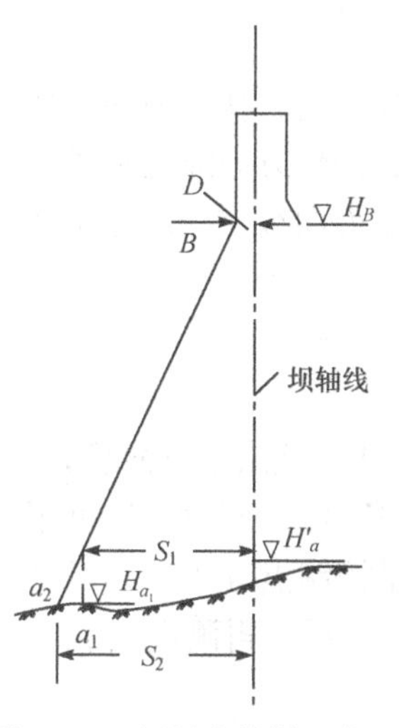

图14-14　坝坡脚放样示意图

一、坡脚线的放样

清基工作完成后，即开始坝体的立模浇筑。立模前应首先找出上、下游坝坡面与基岩的接合点，即分跨线上、下游坡脚点。放样的方法很多，下面主要介绍逐次趋近法。

如图14-14所示，欲放样上游坡脚点 a，可先从设计图上查得坡顶 B 的高程 H_B，坡顶距坝轴线的距离为 D，设计的上游坡度为1：m，为了在基础面上标出 a 点，可先估计基础面的高程为 $H_{a'}$，则坡脚点距坝轴线的距离可按式（14-2）计算：

$$S_1=D+(H_B-H_{a'})m \tag{14-2}$$

求得距离 S_1 后，可由坝轴线沿该断面量一段距离 S_1 得 a_1 点，用水准仪实测 a_1 点的高程 H_{a_1}，若 H_{a_1} 与原估计的 H'_a 相等，则 a_1 点即为坡脚点 a。否则应根据实测的 H_{a_1}，再求距离得

$$S_2=D+(H_B-H_{a_1})m$$

再从坝轴线起沿该断面量出 S_2 得 a_2 点，并实测 a_2 点的高程，按上述方法继续进行，逐次接近，直至由量得的坡脚点到坝轴线间的距离，与计算所得距离之差在 1cm 以内(一般作三次趋近即可达到精度要求)。同法，可放出其他各坡脚点。连接上游(或下游)各相邻坡脚点，即得上游(或下游)的坡脚线，据此即可按 1∶m 的坡度竖立坡面模板。

二、直线型重力坝的立模放样

在坝体分块立模时，应将分块线投影到基础面上或已浇好的坝块面上，模板架立在分块线上，因此分块线也叫立模线，但立模后立模线被覆盖，还要在立模线内侧弹出平行线，称为放样线(图 14-12(b)中虚线所示)，用来立模放样和检查校正模板位置。放样线与立模线之间的距离一般为 0.2～0.5m。

(一)方向线交会法

如图 14-12(b)所示的混凝土重力坝，已按分块要求布设了矩形坝体控制网，可用方向线交会法，先测设立模线。如要测设分块 2 的顶点 b 的位置，可在 7′点安置经纬仪，瞄准 7″点，同时在Ⅱ点安置经纬仪，瞄准Ⅱ′点，两架经纬仪视线的交点即为 b 的位置。在相应的控制点上，用同样的方法可交会出分块 2 的其他三个顶点的位置，得出分块 2 的立模线。利用分块的边长及对角线校核标定的点位，无误后在立模线内侧标定放样线的四个角顶，如图 14-12(b)中分块 $abcd$ 内的虚线。

(二)角度交会法

如图 14-15 所示，由 A、B、C 三个控制点用角度交会法，测设某坝块的四个角点 d、e、f、g。先由它们的设计坐标(从图纸上查得)和控制点的坐标计算放样数据(交会角)，然后逐点定位。如欲测设 g 点，由 β_1、β_2、β_3，便可交会出 g 点的位置。同法，依次放出 d、e、f 各角点。最后，应用分块边长和对角线校核点位，无误后在立模线内侧标定放样线的四个角点。

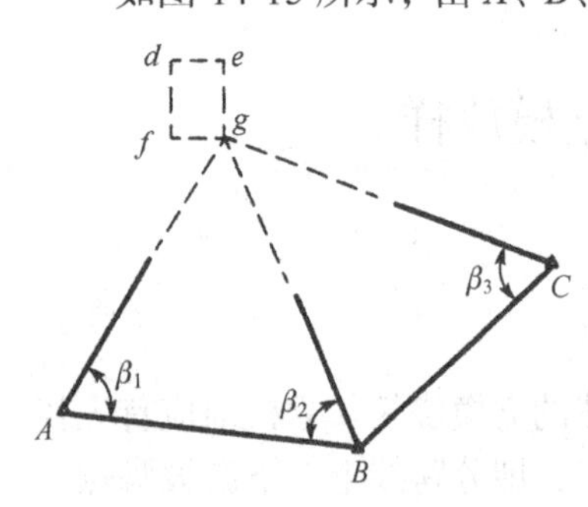

图 14-15　角度交会法立模放样

方向线交会法简易方便，放样速度也较快，但往往受到地形限制，或因坝体浇筑逐步升高，挡住方向线的视线不便放样，因此实际工作中可根据条件将方向线交会法和角度交会法结合使用。

(三)极坐标法

使用全站仪采用极坐标法放样，是目前施工中普遍应用的一种方法。该法不仅简易方便、速度快，而且可在现场根据图纸设计数据随时计算放样数据(距离和角度)。同时，还可用三角高程测量方法，测设高程(标高)。如图 14-15，将全站仪安置在测量控制点 A 上，后视 B 方向，顺时针转动照准部，使水平度盘读数为 $360°-\beta_1$，即得 Ag 方向。然后，再测设 A 到 g 的距离，即可标定出 g 点的位置。

三、拱坝的立模放样

(一)角度交会法

拱坝坝体的立模放样，一般多采用角度交会法。图 14-16 为某一拱坝分跨示意图，坝迎水面的半径为 243m，以 115°夹角组成一圆弧，弧长为 487.732m，分为 27 跨，按弧长编桩号，从 0+13.268～5+01.000(加号前为百米)。施工坐标 XOY，以圆心 O 与 12、13 分跨线(桩号 2+40.000)为 X 轴，为避免坝体细部点的坐标出现负值，令圆心 O 的坐标为：(500.000，500.000)。

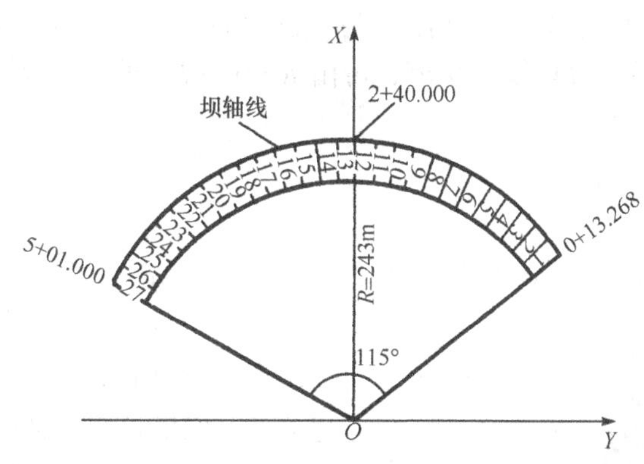

图 14-16　拱坝分跨示意图

现以第 11 跨的立模放样为例，介绍放样数据的计算。图 14-17 是第 11、12 跨坝体分跨分块图，图中尺寸从设计图上获得，一跨分三块浇筑，中间第二块在浇筑一、三块后浇筑，因此只要放出一、三块的放样线(图中虚线所示 $a_1a_2b_2c_2d_2d_1c_1b_1$ 及 $a_3a_4b_4c_4d_4d_3c_3b_3$)。放样数据计算时，应先算出各放样点的施工坐标，而后计算交会所需的放样数据。

1. 放样点施工坐标计算

由图 14-17 可知，放样点的坐标可按下列各式求得

$$\begin{cases} x_{ai} = x_0 + [R_i + (\pm 0.5)]\cos\varphi_a \\ y_{ai} = y_0 + [R_i + (\pm 0.5)]\sin\varphi_a \end{cases} \tag{14-3}$$

$$\begin{cases} x_{bi} = x_0 + [R_i + (\pm 0.5)]\cos\varphi_b \\ y_{bi} = y_0 + [R_i + (\pm 0.5)]\sin\varphi_b \end{cases} \tag{14-4}$$

$$\begin{cases} x_{ci} = x_0 + [R_i + (\pm 0.5)]\cos\varphi_c \\ y_{ci} = y_0 + [R_i + (\pm 0.5)]\sin\varphi_c \end{cases} \tag{14-5}$$

$$\begin{cases} x_{di} = x_0 + [R_i + (\pm 0.5)]\cos\varphi_d \\ y_{di} = y_0 + [R_i + (\pm 0.5)]\sin\varphi_d \end{cases} \tag{14-6}$$

式中，i=1、2、3、4，i 为 1、3 时，取“−”，i 为 2、4 时，取“+”；0.5 为放样线与圆弧立模线的间距，单位为 m；$\varphi_a = [l_{12} + l_{11} - 0.5] \times \frac{1}{R_1} \times \frac{180°}{\pi}$；$\varphi_b = [l_{12} + l_{11} - 0.5 - \frac{1}{3}(l_{11} - 1)] \times \frac{1}{R_1} \times \frac{180°}{\pi}$；$\varphi_c = [l_{12} + l_{11} - 0.5 - \frac{2}{3}(l_{11} - 1)] \times \frac{1}{R_1} \times \frac{180°}{\pi}$；　$\varphi_d = [l_{12} + l_{11} - 0.5 - \frac{3}{3}(l_{11} - 1)] \times \frac{1}{R_1} \times \frac{180°}{\pi}$。

根据上述各式算得第三块放样点的坐标列表于14-1。

表 14-1　放样点坐标

	a_3	b_3	c_3	d_3	a_4	b_4	c_4	d_4
x	695.277	696.499	697.508	698.303	671.626	672.700	673.587	674.286
y	540.338	533.889	527.402	520.886	535.453	529.784	524.084	518.375

注：计算时，φ_a=11°40′17″，φ_b=9°47′07″，φ_c=7°53′56″，φ_d=6°00′45″。

由于a_i、d_i位于径向放样线上，只有a_1与d_1至径向立模线的距离为0.5m，其余各点(a_2、a_3、a_4及d_2、d_3、d_4)到径向分块线的距离，可由R_i×(0.5/R_1)求得，分别为：0.458m、0.411m、0.360m。

2. 交会放样点的数据计算

在图14-17中，a_i、b_i、c_i、d_i等放样点是用角度交会法测设到实地的。如图14-18中放样点a_4由标2、标3、标4三个控制点，用β_1、β_2、β_3三个交会角交会而得，标1也是控制点，它们的坐标是已知的，如果是测量坐标，应按式(12-2)换算为施工坐标，便于计算放样数据。在这里控制点标1作为定向点，即仪器安置在标2、标3、标4，将标1作为测设交会角的起始方向。交会角β_1、β_2、β_3根据放样点计算的坐标与控制点的坐标反算求得。如图14-18中，标2、标3、标4的坐标与标1的坐标计算定向方位角α_{21}、α_{31}、α_{41}与放样点a_4的坐标计算放样点的方位角α_{2a4}、α_{3a4}、α_{4a4}，对应相减，得到β_1、β_2、β_3的角值。有时可不必算出交会角，利用算得的方位角直接交会。例如，一架经纬仪安置在标2，瞄准定向点标1，使度盘读数为α_{21}，而后转动度盘使读数为α_{2a4}，此时视线所指方向为标2-a_4方向，同样两架经纬仪分别安置在标3及标4，得标3-a_4及标4-a_4两条视线，这三条视线相交，用第十二章第四节角度交会法定出放样点a_4。放样点测设完毕，应实测放样点间的距离，检查是否与计算距离相等，以资校核。

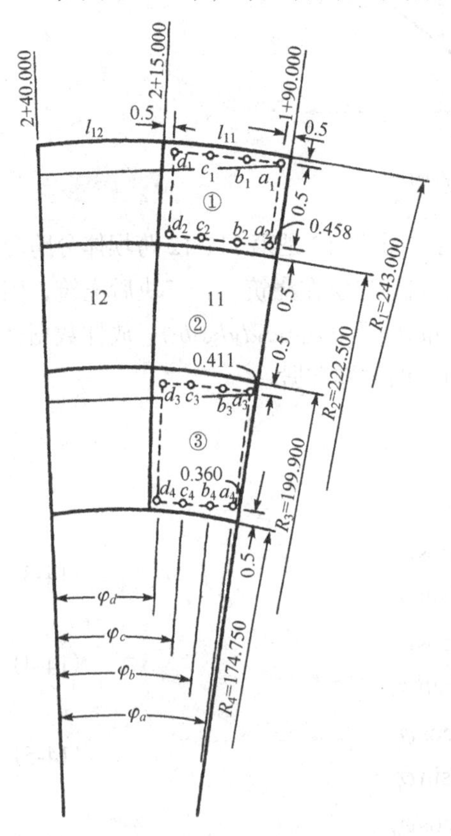

图 14-17　拱坝立模放样数据计算(单位：m)

(二)极坐标法

拱坝坝体的立模放样与重力坝一样，可以使用全站仪采用极坐标法放样细部点。如图14-18所示，将全站仪安置于标2(或标3、标4)，后视标1，然后放样角度[360°−β_1(或β_2、β_3)]，即得标2-a_4(或3-a_4、4-a_4)方向，再测设标2-a_4(或3-a_4、4-a_4)的距离，即得a_4点。

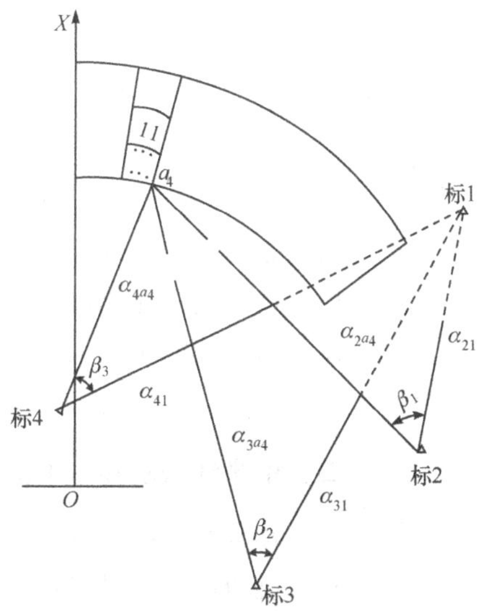

图 14-18　拱坝细部放样示意图

(三)混凝土浇筑高度的放样

模板立好后，还要在模板上标出浇筑高度。其步骤一般在立模前先由最近的作业水准点(或邻近已浇好坝块上所设的临时水准点)在仓内测设两个临时水准点，待模板立好后由临时水准点按设计高度在模板上标出若干点，并以规定的符号标明，以控制浇筑高度。

混凝土浇筑高度的放样，也可采用全站仪三角高程测量方法标定(注意选用适当精度的全站仪)。

第六节　大坝安全监测(简介)

大坝建成水库蓄水投入运行后，安全监测是水库管理工作中的一项重要任务。由于基础与坝基本身形状的改变、外力的作用和外界条件(如水的压力变化、渗透、浸蚀和冲刷、温度变化与地震等)的影响，以及坝体内部应力的作用等，所产生的水平位移和垂直位移(沉陷)，称为大坝变形。在一般情况下，这种变形是缓慢而持续的，在一定的范围内具有规律性，如果超出某一限度，就影响大坝的稳定和安全，甚至造成失事。因此，需要对大坝进行经常的、系统的观测，以判断其运行是否正常，并根据观测中发现的问题，分析原因，及时采取必要的措施，以保证安全运行。同时，通过长期观测，分析变化规律，检验设计理论的正确性，为设计、科研和生产管理提供有关资料。

大坝安全监测，包括外部变形观测和内部变形观测。本节简单介绍外部变形观测的基本原理和常用方法，土坝外部变形观测主要包括水平位移、垂直位移观测，而混凝土坝除水平位移、垂直位移观测外，还需进行挠度观测。

一、视准线法观测水平位移

如图 14-19 所示，按照设计要求在大坝两端的山坡上埋设若干工作基点，它们应在坝体视准线的延长线上；在每条视准线上埋设若干观测点(位移点)，以两端工作基点间的直线为基准，定期(按观测周期)用视准仪或经纬仪(望远镜放大率应不小于 40 倍)进行观测。

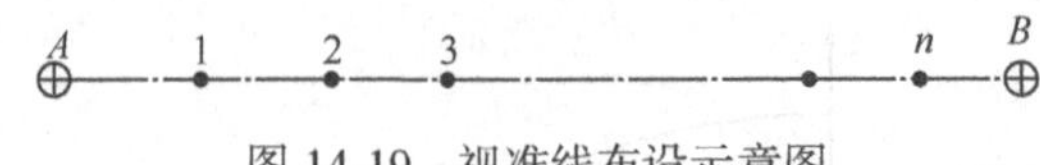

图 14-19　视准线布设示意图

观测方法是：将仪器安置在 A(或 B)点上，精确瞄准 B(或 A)点上的固定觇牌，形成一条视准线，然后在 AB 之间的 1、2、3、…等位移标点上，依次安置活动觇牌(图 14-20)，测定其与视准线的偏离值。观测前应先取得各位移点的初始值 Δ_{i0}(基准值)，则各次观测的位移量 δ_i 可由式(14-7)求得

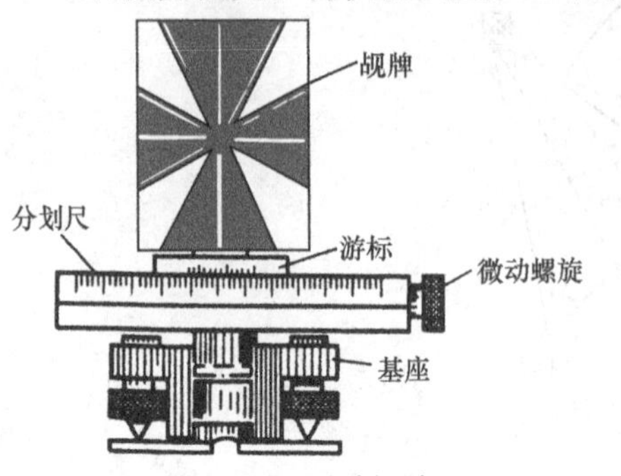

图 14-20　活动觇牌

$$\delta_i=\Delta_i-\Delta_{i0} \tag{14-7}$$

二、引张线法观测水平位移

视准线一般布设在坝顶和坝坡上,而在坝体不同高程的廊道内常布设引张线设备,进行坝体各部位的水平位移观测。它测定位移标点位移量的原理与视准线基本相同，但其基准线不是望远镜的视线，而是不锈钢丝或铟钢丝。由于坝体是不稳定的，所以其端点位移量常采用正、倒垂线(见下文)测定。引张线设备包括：测线端点装置、位移观测点(图 14-21)及数字检测仪，数据采集可由计算机控制，实现远程自动化实时观测，并随时完成数据处理。

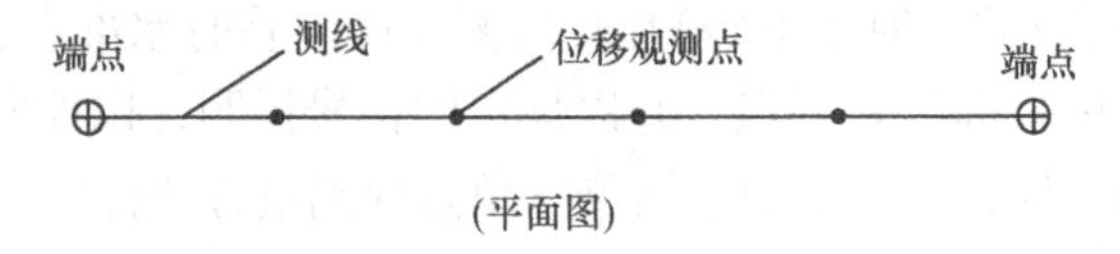

(平面图)

图 14-21　引张线布设示意图

三、正、倒垂线观测坝体挠度

坝体的挠度观测，一般是在坝体内设置铅垂线作为标准线，然后测量坝体不同高度相对于铅垂线的位置变化，以测得各点的水平位移，从而得知坝体的挠度。设置铅垂线的方法有正垂线和倒垂线两种。

(一)正垂线观测坝体挠度

如图 14-22 所示,正垂线是指在坝内的观测井或宽缝上部锚固带有重锤的不锈钢丝或铟钢丝，提供一条铅垂线作为标准线。它由悬挂装置、夹线装置、钢丝、重锤及观测台等组成。悬挂装置及夹线装置一般是在竖井墙壁上埋设角钢进行安置。由于垂线挂在坝体上，它随坝体位移而位移。若悬挂点在坝顶，在坝基上设置观测点，即可测得坝顶部相对于坝基的水平位移量(图 14-22(a))。如果在坝体不同高度埋设夹线装置，在某一点把垂线夹紧，即可在坝基下测得该点对坝基的相对水平位移量。依次测出坝体不同高程的位移标点对坝基的相对水平位移量，从而求得坝体的挠度(图 14-22(b))。

(二)倒垂线观测坝体挠度

倒垂线的结构与正垂线相反，它是将不锈钢丝或铟钢丝的下端固定在坝基深处的基岩上，上端牵以浮托装置使钢丝成一固定的倒置铅垂线,一般由锚固点、钢丝、浮托装置和观测台(图 14-23)

组成。锚固点是倒垂线的支点，要埋在不受坝体荷载影响的基岩深处，其深度一般约为坝高的三分之一，钻孔应铅直，钢丝连接在锚块上。

倒垂线可以认为是一条位置固定不变的铅垂线。因此，在坝体不同的高度上设置观测点，测定各观测点与倒垂线偏离值的变化，即可求得各点的位移值。如图 14-23 中，变形前测得 C 点与垂线的偏离值 l_C(初始值)，变形后测得其偏离值 l'_C 则其位移值为 $\delta_C=l_C-l'_C$，测出坝体不同高度上各点的位移值，即可求得坝体的挠度。

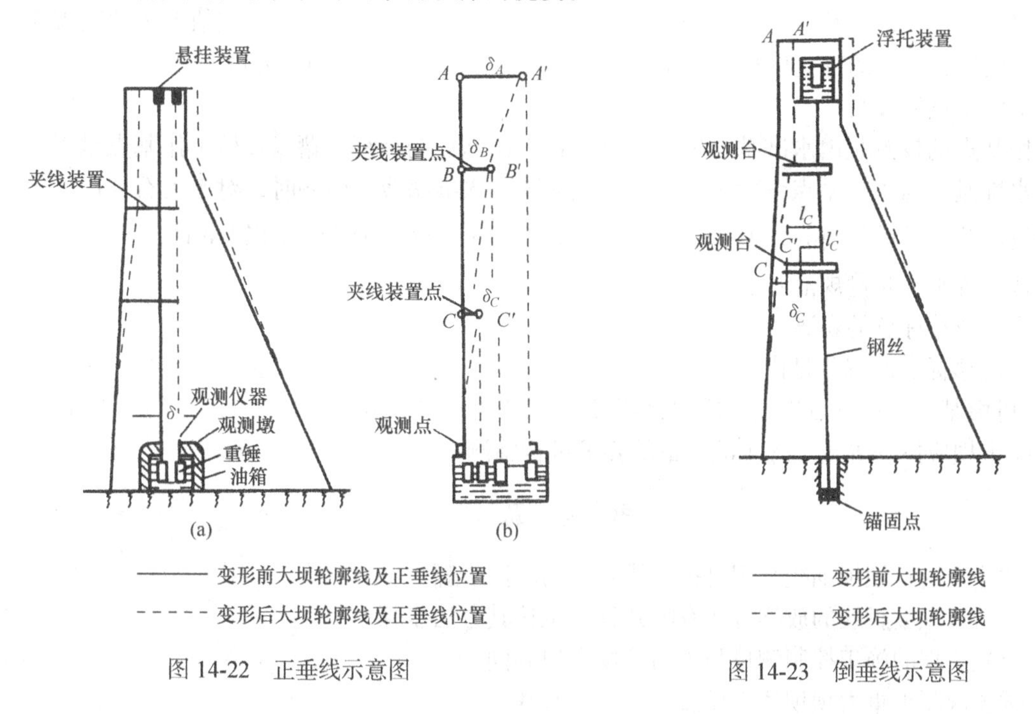

图 14-22　正垂线示意图　　图 14-23　倒垂线示意图

四、垂直位移观测

垂直位移(沉陷)观测就是测定大坝在铅垂方向上的变化量，一般多采用水准测量的方法进行观测。

(一)基准点和测点的布设

用于垂直位移观测的基点一般分为水准基点和起测基点(又称工作基点)两种，一般垂直位移标点称为测点。

1)水准基点

水准基点是垂直位移观测的基准点，一般应埋设在坝区之外、地基坚实稳固、且不受大坝变形影响(即大坝沉陷范围之外)、便于引测的地方。为了互相校核是否有变动，一般应埋设三个以上水准基点。

2)工作基点

由于水准基点一般离坝较远，为方便施测，通常在每排位移标点的延长线上，即大坝两端的山坡上，选择地基稳定的基岩或原状土上埋设工作基点作为施测位移标点的起闭点。故工作基点的高程与该排位移标点的高程相差不宜过大，工作基点可按相应等级水准点的要求进行埋设。

3) 垂直位移标点

为了便于将大坝的水平位移及垂直位移结合起来分析，在水平位移标点基座上，埋设一个水准标志作为垂直位移标点，但在特殊需要的部位，应加设垂直位移标点。

(二) 观测方法及精度要求

进行垂直位移观测时，首先校测工作基点的高程，然后再由工作基点测定各位移标点的高程。将首次测得的位移标点高程(初始值)与本次测得的高程相比较，其差值即为两次观测时间间隔内位移标点的垂直位移量。一般规定垂直位移向下为正，向上为负。

1) 工作基点的校测

工作基点的校测是由水准基点出发，测定各工作基点的高程，藉以校核工作基点是否有变动。水准基点与工作基点一般构成水准环线或附合水准路线。施测时，对于土石坝按二等水准测量规范要求进行施测，其闭合差不得超过$\pm 4\sqrt{L}$ mm (L 为环线长，以 km 计)；对于混凝土坝应按一等水准测量规范要求进行施测，其闭合差不得超过$\pm 2\sqrt{L}$ mm。

2) 垂直位移标点的观测

垂直位移标点的观测是由工作基点出发，测定各位移标点的高程，再附合到另一工作基点上(也可由某一工作基点出发构成闭合环形)。对于土(石)坝可按三等水准测量的要求施测，对于混凝土坝应按一等或二等水准测量的要求进行施测。

思　考　题

1. 试述土(石)坝坝轴线与坝身控制线测设的方法步骤。
2. 土(石)坝坡脚线的放样方法有哪几种？试述其方法步骤。
3. 混凝土坝的施工控制测量与土(石)坝有何异同？
4. 试述混凝土重力坝坝体立模放样的方法步骤。
5. 进行大坝安全监测的目的是什么？常用哪些方法进行水平位移和垂直位移观测？

第十五章　建筑工程施工测量

本章要点

本章主要介绍民用建筑与工业厂房的施工放样工作。其主要内容包括：施工控制测量；民用建筑及工业建筑施工测量；高层建筑及烟囱施工测量；建筑物的安全监测。

第一节　概　　述

一、施工测量的工作内容及原则

建筑施工测量的工作内容主要包括：施工控制测量(如测设建筑基线及建筑方格网等)；定位、放线测量(细部放样)；竣工测量；施工期间及竣工后建筑物的安全监测。

为了确保施工质量，使建筑群的各个建(构)筑物的平面位置和高程均符合设计要求，施工测量亦应遵循“从整体到局部，先控制后细部”的原则，即先在施工现场建立统一的平面和高程控制网，然后根据施工控制网测设建(构)筑物的平面位置和高程。

二、施工测量的精度要求

建(构)筑物的放样是根据施工控制网来进行的，其精度指标可根据测设对象的定位精度及施工现场面积大小，参照有关测量规范制定。

根据施工控制网测设建(构)筑物的总体位置的精度，一般来说，自动化、连续性生产车间及严格对称式建筑群的精度要求较一般建筑为高。

根据施工控制网和建(构)筑物主轴线测设建(构)筑物细部尺寸的精度要求比较严格。它取决于建(构)筑物的大小、材料、性质、用途及施工方法等因素。通常高层建筑的放样精度高于低层建筑；钢结构厂房的放样精度高于钢筋混凝土和砖石结构的厂房；连续性自动化生产车间的放样精度高于普通车间；装配式建筑的放样精度高于非装配式建筑；工业建筑的放样精度高于民用建筑。总之，一个合理的设计方案，必须通过精心施工付诸实现，故应根据精度要求进行放样。否则，将直接影响施工质量，甚至造成工程事故。

现将建筑工程施工测量部分允许偏差列入表 15-1，仅供参考。

三、施工测量的特点

(1)施工测量的实施必须按设计要求进行。

(2)施工测量贯穿于施工的全过程，故测量工作必须按施工进度及时施测。

(3)施工现场工种多，交通频繁，又有大量挖填，地面变动很大，且有动力机械的震动，故对测量标志的埋设、保护及检查，提出了严格的要求。若发现标志损坏，应及时恢复。

表 15-1　建筑工程施工测量部分允许偏差值

序号	项目		允许偏差/mm
1	基槽(坑)底标高		±10
2	室内填土标高		±20
3	基础面标高		±10
4	墙边线对轴线的位移		±10
5	楼面标高		±10
6	砖砌房屋的大角倾斜量(或称垂直度偏差)	每一层	±5
		10m 以下	±10
		10m 以上	±20
7	毛石基础轴线位移		±20
8	现浇钢筋混凝土{柱子倾斜量 墙倾斜量	5m 以下	±5
		5m 以上	±15
9	现浇杯型基础底标高		{+0 −10
10	基础轴线中心位移	独立基础	±10
		其他形式	±15
11	设备基础坐标位移		±20
12	设备基础上面标高		{+0 −20
13	设备基础预留螺孔中心位移		±10
14	吊装钢筋混凝土柱子的中心线对轴线的位移		±5
15	吊装结构上下柱头中心线偏移		±3
16	柱子吊装后倾斜量	5m 以下	±5
		5m 以上	±10
		10m 以上及多节柱	柱高的 1/1000 但不大于 25
17	柱上±0 标高		±3
18	柱子牛腿上表面标高	5m 以下	±5
		5m 以上	±8
19	吊车梁中心线相对轴线的位移		±5
20	吊车梁面上标高		−5
21	吊车轨面标高		±2
22	吊车轨道跨距		±3～±5
23	屋架下弦中心线相对轴线的位移		±5
24	天窗架中心对轴线位移		±5

续表

序号	项目		允许偏差/mm
25	阳台、楼梯对设计尺寸的位移		±10
26	阳台、楼梯对设计标高的偏差		±5
27	烟囱基础中心位置对设计坐标的位移		±15
28	烟囱筒身中心线的倾斜量	高 100m 以内	高度的 1.5/1000
		高 100m 以上	高度的 1/1000
29	管道中心线对轴线的位移		±30
30	管道标高（排水管）		±3

四、施工测量的准备工作

（一）准备放样数据

（1）图解法。用量角器和比例尺在设计图纸上直接量取放样数据。

（2）解析法。根据建（构）筑物轴线点或角点的设计坐标及测量控制点的坐标，利用坐标反算的方法，计算出放样数据。

如果利用全站仪或 GPS 放样，可将坐标输入到全站仪内，直接利用机内程序放样，而无须人工计算放样数据。

（二）拟定放样计划，编制施工放样图

施工测量贯穿于施工的全过程，提前拟定好计划对于保证工程的质量具有重要的作用。测量人员要有高度的责任心，提前熟悉放样的各种工程图纸，根据工程的特点、精度要求，结合现场条件，选择仪器设备和确定放样方法，精心放样，随时检查、校核，以确保工程质量和工程的顺利进行。

第二节　施工控制测量

施工控制测量的主要任务是建立施工控制网。若测图控制网的精度能满足施工放样的要求，则可利用原测图控制网进行放样。否则，应重新建立施工平面控制网和施工高程控制网。

一、施工平面控制测量

施工平面控制测量的任务是建立施工平面控制网。导线网、三角网、GPS 网的建立方法可参阅第七章和第八章，这里着重介绍建筑基线与建筑方格网。

（一）建筑基线

当建筑场地的面积不大、地势较为平坦或民用建筑放样时，常设置一条或几条基线，作为施工测量的平面控制，这种基线称为建筑基线。

1. 建筑基线的设计

根据建筑物的分布、现场的地形条件等情况，建筑基线可布设成图 15-1 所示的几种形式。

为了便于采用直角坐标法进行房屋放样，建筑基线应与主要建(构)筑物的轴线平行或垂直；建筑基线主点间应相互通视，边长一般为 100～500m；点位应便于保存，且尽量靠近主要建(构)筑物。

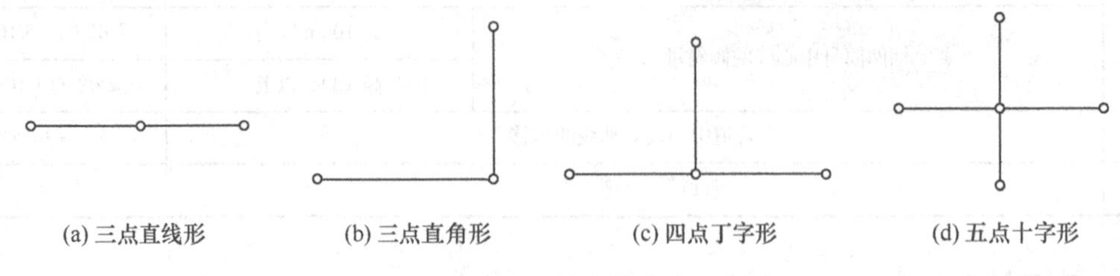

图 15-1　建筑基线布设形式示意图

2. 建筑基线的测设

1)根据建筑红线测设建筑基线

在城建区，建筑用地的边界，由城市规划部门在现场直接标定。图 15-2 中的 *A*、*O*、*B* 点就是在地面上标定出来的边界点，其连线 *AO*、*OB* 通常是正交的直线，称为建筑红线。一般情况下,建筑基线与建筑红线平行或垂直,故可根据建筑红线用平行推移法测设建筑基线*A'O'*、*O'B'*。当把 *A'*、*O'*、*B'*三点在地面上用木桩标定后，安置经纬仪于 *O'*点，观测∠*A'O'B'*是否等于 90°，其不符值不应超过±20″，量 *O'A'*、*O'B'*距离是否等于设计长度，其误差不应大于 1/1 万。若误差超限，应检查推平行线时的测设数据。若误差在许可范围之内，则适当调整 *A'*、*B'*点的位置。

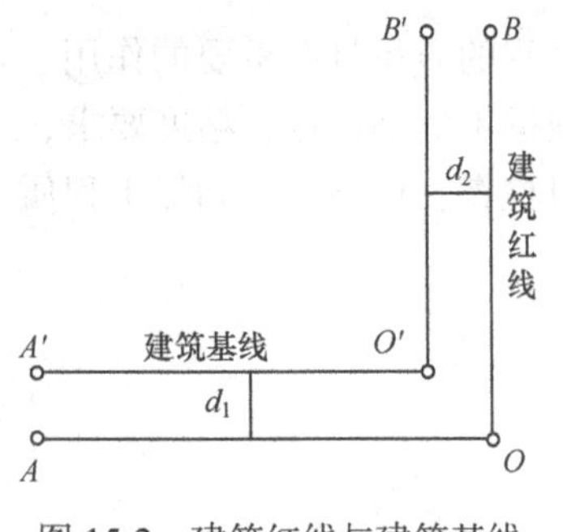

图 15-2　建筑红线与建筑基线

2)根据附近已有控制点测设建筑基线

视已知控制点的分布情况，可选用第十二章测设点位的方法，将建筑基线主点测设于实地。主点桩标定后，应检测角度和距离，若误差未超限，则适当改正点位，并将临时标志换为固定标志。

(二)建筑方格网

在建筑工地上，由矩形格网组成的施工平面控制网，称为建筑方格网。在地势平坦的新建或扩建的大中型建筑场地，常采用建筑方格网。

1. 建筑方格网的设计

(1)根据设计总平面图设计建筑方格网。应将方格网的主轴线置于建筑场地的中央，并与主要建筑物的轴线平行或垂直，使控制点接近于测设的对象，特别是测设精度要求较高的工程对象。

(2)根据实际地形设计建筑方格网。应使控制点位于测角、量距比较方便的地方，并使埋设标桩的高程与场地的设计标高不要相差太大。

(3)控制点位置在施工期间不易被破坏，便于保存。

(4)方格网的边长一般应选为 100～500m，亦可根据测设的对象而定，点的密度根据实际需要而定，相邻方格网点之间应通视良好。

(5)方格网各交角应严格设置成 90°。

(6)当场地面积较大时，应分两级布网。首级可布设成十字形、口字形或田字形的建筑主轴线，然后再加密二级方格网。若场地面积不大，则尽量布设成全面方格网。

(7)最好将高程控制点与平面控制点埋设在同一块标石上。

2. 建筑方格网的测设

图 15-3 为所设计的建筑方格网，*poq* 和 *nom* 为其主轴线，与原有的主要建筑物轴线平行。*o*、*p*、*q*、*m*、*n* 为主点。其测设方法为由原有建筑物向外作支距，使 *ab*=*cd*、*ce*=*fg*，由此得两条方向线 *bd*、*eg* 及其交点 *o*，在交点处打大木桩以标定点位。安置经纬仪于 *o* 点，检测∠*bog* 值，其与 90°的不符值，平均改正于 *ob*、*og* 方向；然后将方向线延长到场地四方的边缘，即得主点 *p*、*q*、*m*、*n* 的概略位置，用方向观测法测定 *o* 站上四个直角，其与 90°的不符值不应超过±10″，主轴线 *op*、*oq*、*om*、*on* 距离的测设误差不应大于 1/1.2 万。若误差未超限，则适当改正点位，并在主点处埋设固定标志。

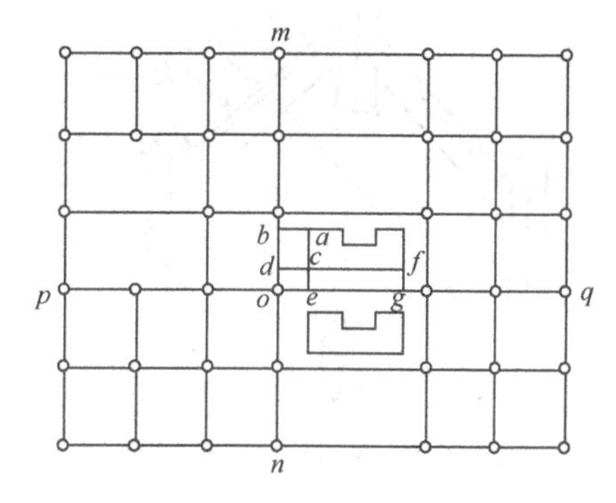

图 15-3　建筑方格网测设示意图

主点设置后，即可以主点为依据测设其他各方格点。纵横轴线夹角与 90°之差，不应超过±20″；其他各格网边长测设误差不应大于 1/8000。

建筑方格网主轴线亦可依据原测图控制点采用经纬仪或全站仪按极坐标法测设。

二、施工高程控制测量

施工高程控制测量的任务是建立施工高程控制网。主要为水准网，通常采用三、四等水准测量，其精度要求及施测方法可参阅本书第 8 章。此外，为了便于进行施工中的高程放样，常在建筑物内部或附近布设±0 水准点。

第三节　民用建筑施工测量

民用建筑有单层、低层(2～3 层)、多层(4～8 层)和高层(9 层以上)建筑。由于楼层不同，其施工测量方法及精度要求亦不相同。这里着重介绍多层民用建筑的施工测量。

一、民用建筑物定位

建筑物定位就是根据施工平面控制网(建筑基线、建筑方格网或施工导线网等)或地面上原有建筑物将拟建的建筑物基础轴线或边线的交点测设于地面上，然后根据这些点进行房屋细部放样。如图 15-4 所示，现根据施工导线点Ⅱ、Ⅲ用极坐标法测设房屋基础轴线 *AB*，将经纬仪安置于Ⅱ点，后视Ⅲ点，测设水平度读数为 $360°-\beta_1$、得Ⅱ*A* 方向，沿此方向测设距离 D_1，即可标定 *A* 点；再将经纬仪安置于Ⅲ点，后视Ⅱ点测设 β_2、D_2，即可标

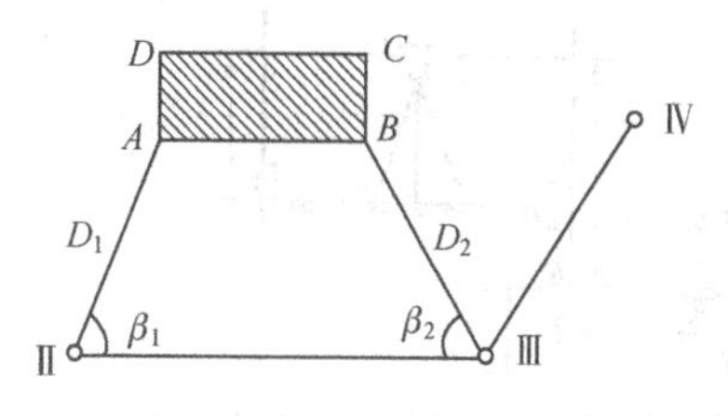

图 15-4　建筑物定位示意图

定 B 点。然后在 AB 线上，以 A 为准，精确测设 AB 设计长度以校正 B 点位置。再分别安置仪器于 A、B 点测设 90°角，在 AD、BC 方向线上精确测设 AD、BC 的设计长度，标定 D、C 点。检核∠CDA、∠BCD 是否等于 90°，不符值不应超过±40″；DC 的长度误差不应大于 1/5000。

二、龙门板的设置

当基槽开挖后，所测设的轴线交点桩都将被挖掉，为便于随时恢复点位，就要在基槽以外一定距离(至少 1.5m)处打下支桩(图 15-5)，并在支桩上钉设龙门板。为了控制室内地坪标高，可用水准仪测设±0 水准点于支桩上，并使龙门板上边缘与支桩上室内地坪的标高线对齐。为了控制房屋基础轴线，可用经纬仪将房屋墙的中线投射到龙门板上(图 15-6)。投射的方法是：安置经纬仪于 A 点，严格对中，望远镜照准 D 点上测钎，转动望远镜在龙门板上用小钉标出 d 点；照准 B 点上测钎，转动望远镜在龙门板上用小钉标出 b'。依次安置经纬仪于 B、C、D，同法标出 a'、c；b、d'；a、c'于龙门板上。所钉的小钉，称为轴线钉。在轴线钉之间拉紧钢丝，可吊垂球随时恢复房角点(见图 15-5)。

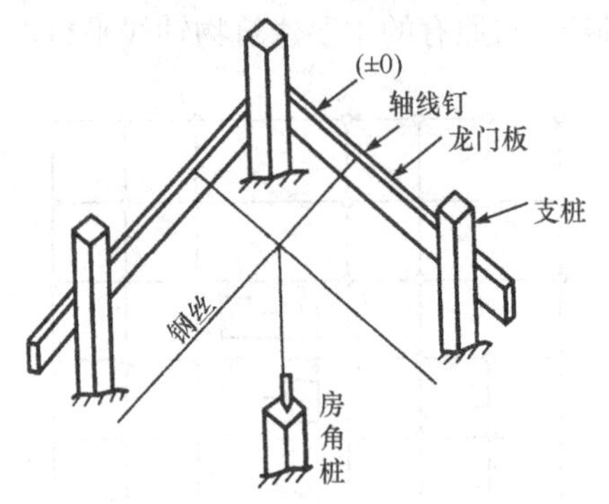

图 15-5　龙门板设置示意图

应当指出，为了节约木材，目前常用轴线控制桩(又称引桩)来代替龙门板，如图 15-7 所示，轴线控制桩应设在轴线延长线上，在基槽开挖边界线外 2～4m。可用经纬仪在轴线上钉设 1，2，3，4，…，16 等轴线控制桩。

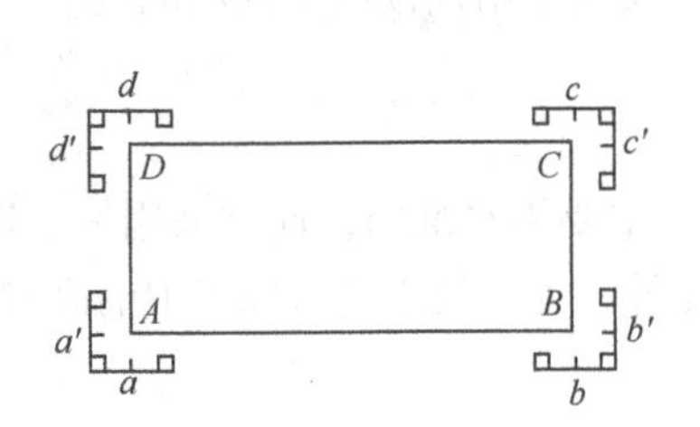

图 15-6　墙中线投射示意图

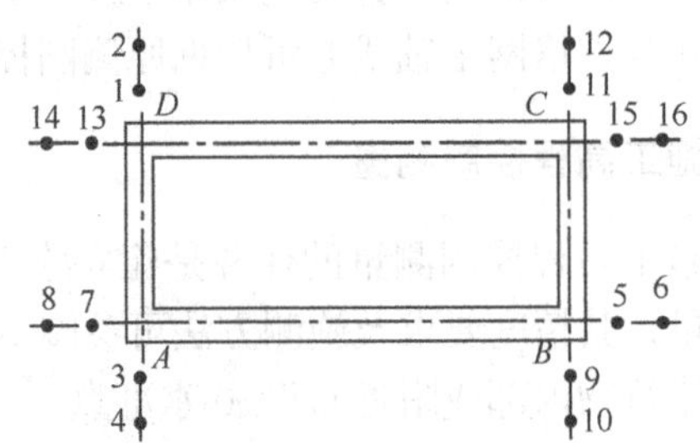

图 15-7　轴线控制桩设置示意图

三、基础施工测量

基础开挖前，要根据龙门板或轴线控制桩的轴线位置和基础宽度，并顾及基础挖深应放坡的尺寸，在地面上用白灰放出基础的开挖线。

(一)基槽及基坑抄平

为了控制基槽开挖深度，当快挖到基底设计标高时，可用水准仪根据地面±0 水准点，在基槽壁上每隔 3～5m 及转角处测设一个腰桩(图 15-8)，使桩的上表面离槽底的设计标高为整分米数(图中为 0.500m)，以作为清理槽底和打基础垫层控制标高的依据，其测量限差一般为

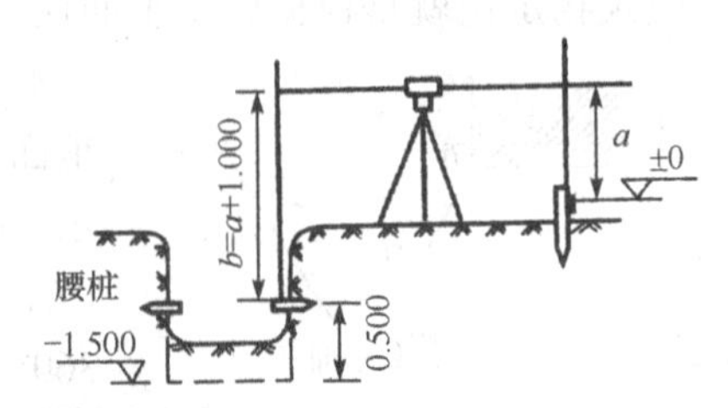

图 15-8　基槽及基坑腰桩设置示意图(单位：m)

±10mm。若基坑过深，可采用本书十二章所述的高程传递法施测。

(二)垫层中线的测设

在垫层浇灌之后，根据龙门板上的轴线钉或轴线控制桩，用经纬仪把轴线投测到垫层上去。然后在垫层上用墨线弹出墙中心线和基础边线，以便基础施工。

(三)防潮层抄平与轴线投测

当基础墙砌筑到±0 标高下一层砖时，使用水准仪测设防潮层的标高，其测量误差应小于±5mm。防潮层做好后，根据龙门板上轴线钉或轴线控制桩进行轴线投测，其测量误差应小于±5mm。然后将墙轴线和墙边线用墨线弹在防潮层面上，并把这些线延伸和画到基础墙的立面上，以利于下步墙身砌筑。

四、楼层轴线投测

投测轴线的最简便方法是吊垂线法，即将垂球悬吊在楼板或柱边缘的位置(即楼层轴线端点位置)，画短线作标志。同法投测轴线另一端点，两端点的连线即定位轴线。经检查其间距符合要求后，即可继续施工。当楼层较多，不便用垂球投测时，应用经纬仪逐层投测中心轴线。如图 15-9 所示，可将经纬仪安置在 A 轴和 B 轴的轴线控制桩 A、A'和 B、B'上，瞄准底层轴线标志 a、a'和 b、b'，用正倒镜投点法向上投测到每层楼面上，并取正倒镜所投点位的中点作为该层中心轴线的投影点，图 15-9 中的 a_1、a'_1、b_1、b'_1、$a_1a'_1$ 和 $b_1b'_1$ 的交点 o'即该层的中心点。此时，轴线 $a_1o'a'_1$、$b_1o'b'_1$ 便是该层细部放样的依据。同法，随着建筑物的不断升高，可逐层向上投测轴线。

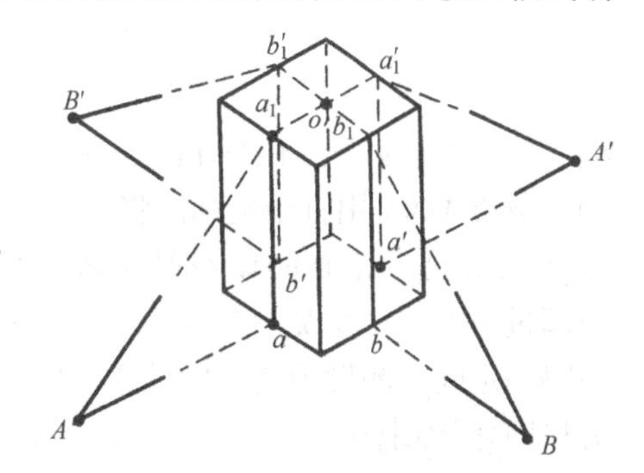

图 15-9　楼层轴线投测示意图

五、楼层高程传递

楼层高程传递可按照本书十二章介绍的高程上下传递法，用水准仪和钢尺将地面上水准点高程传递到各楼层上。在各层上设立临时水准点，然后以此为依据，测设各层细部的设计标高。

第四节　工业建筑施工测量

工业建筑以厂房为主体，工业厂房一般分为单层和多层厂房两种。本节主要介绍厂房的施工测量工作。

一、厂房矩形控制网的测设

由于厂房内部柱列轴线之间的测设精度要求较高，应在现场施工平面控制网的基础上，建立厂房矩形控制网，作为测设厂房柱列轴线的依据。

对于单个的中小型厂房，仅测设一个矩形控制网(图 15-10(a))即可满足放样要求。对于大型厂房或连续生产线工程，则应测设由若干个矩形组成的控制网(图 15-10(b))。现以

图 15-10(a)为例简略介绍矩形控制网的设计和测设方法。

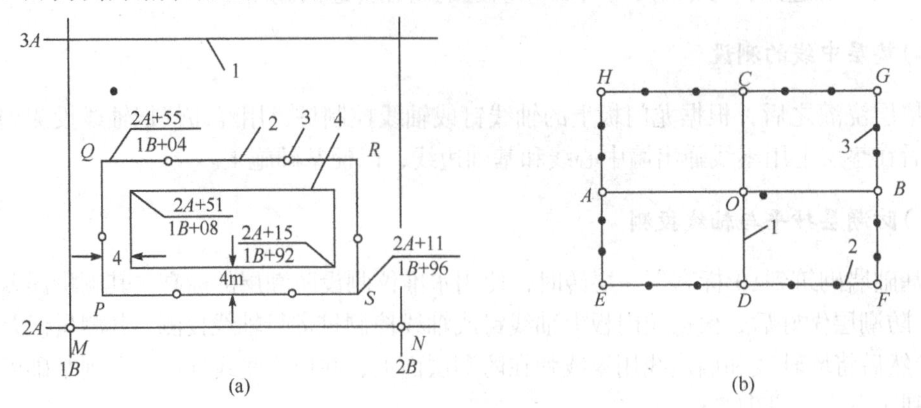

图 15-10 厂房矩形控制网示意图

(a) 1-建筑方格网；2-矩形控制网；3-距离指标桩；4-冷作车间

(b) 1-主轴线；2-矩形控制网；3-距离指标桩

由于厂区先布设了 100m × 100m 的建筑方格网 1，再根据冷作车间 4 的房角点设计坐标，在基坑边线外 4m 处布设厂房矩形控制网 2(*PSRQ*)，角点 *Q* 的设计坐标为：*A*=255m，*B*=104m；*S* 点的设计坐标为：*A*=211m，*B*=196m。有了设计坐标值，即可根据地面上已有的建筑方格网的一条边 *MN*，用直角坐标法将矩形控制网四角点 *P*、*S*、*R*、*Q* 测设于实地。测设后，应检测 ∠*Q*、∠*S* 是否等于 90°，*QR*(或 *PS*)是否等于设计长度 92m，对于一般厂房来说，角度误差不应超过±10″，长度误差不应大于 1/1 万。为了便于测设细部，在测设矩形控制网边长的同时，应隔一定间隔测设距离指标桩 3，并埋设临时标志。图 15-10(b)所示的测设方法可先根据建筑方格网(图中未画出)或其他已有控制点测设厂房控制网的主轴线 *AOB*、*COD*，再根据主轴线 1 测设厂房矩形控制网 2，图中 *E*、*F*、*G*、*H* 是矩形控制网的四个角点。测设后，主点及角点均应埋设固定标志，距离指标桩 3 埋设临时标志。

二、厂房柱列轴线和柱基的测设

(一)柱列轴线的测设

根据柱列中心线与矩形控制网的尺寸关系，将柱列中心线一一测设在矩形控制网的边线上(距离应从靠近的距离指标桩量起)，并打下大木桩，以小钉标明点位，如图 15-11 中的 *A*、*A*′，*B*、*B*′，1、1′，…，15、15′等点。然后以这些轴线控制桩为依据，测设柱基。

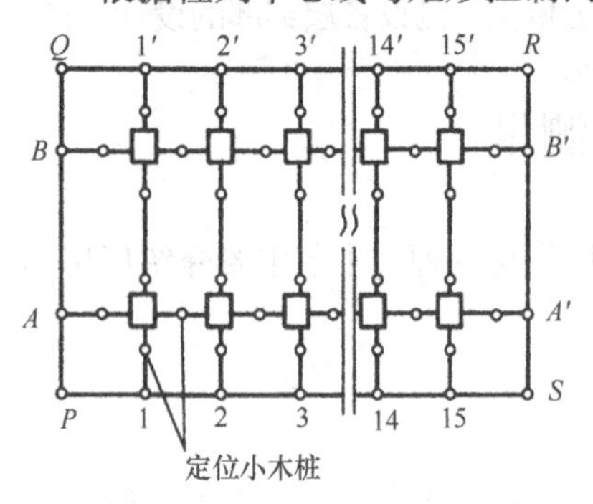

图 15-11 柱基测设示意图

(二)柱基的测设

用两台经纬仪安置在两条互相垂直的柱列轴线的轴线控制桩上，沿轴线方向交会出每一个柱基中心的位置，并在距柱基挖土开口线 0.5～1m 处，打四个定位小木桩，钉上小钉标明，作为修坑和立模的依据，并按柱基图上的尺寸用灰线标出挖坑范围，如图 15-11 所示。

在进行柱基测设时，应注意柱列定位轴线不一定都是基础中心线，一个厂房的柱基类型很多，尺寸不一，放样时应逐一校核，切勿出错。

(三)基坑的高程测设

当基坑挖到一定深度时，要在基坑四壁距坑底 0.5m 处测设几个腰桩(图 15-8)，作为基坑修坡和检查坑深的依据。此外还应在基坑内测设垫层的标高，即在坑底设置小木桩，使桩顶高程恰好等于垫层的设计标高(图 15-12(a))。

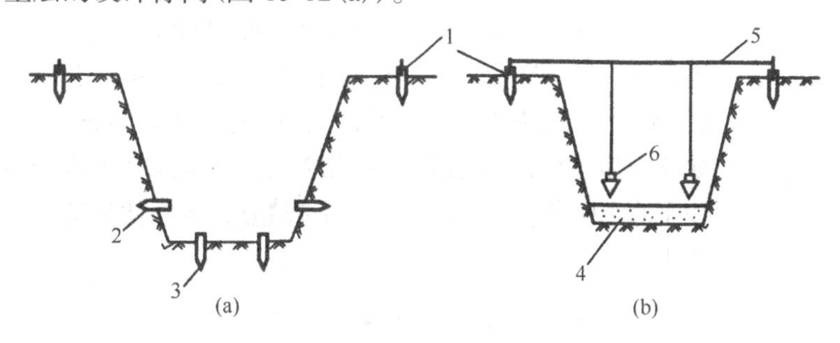

图 15-12　基础模板定位示意图

1-柱基定位小木桩；2-腰桩；3-垫层标高桩；4-垫层；5-钢丝；6-垂球

(四)基础模板的定位

打好垫层后，根据坑边定位小木桩，用拉线的方法，吊垂球把柱基定位线投到垫层上(图 15-12(b))，用墨斗弹出墨线，用红漆画出标记，作为柱基立模板和布置钢筋的依据。立模板时，将模板底线对准垫层上的定位线，并用垂球检查模板是否竖直，最后将柱基顶面设计标高测设在模板内壁。

三、柱子吊装测量

(一)柱子吊装应满足的要求

(1)柱子中心线必须对准柱列轴线。

(2)柱身必须竖直。

(3)牛腿面标高必须等于它的设计标高。各项限差见表 15-1。

(二)吊装准备工作

1)弹出杯口定位线和柱子中心线

根据轴线控制桩用经纬仪，将柱列轴线投测在杯形基础顶面上作为定位线；当柱列轴线不通过柱子中心线时，应在杯基顶面上加弹柱子中心定位线，并用红油漆画“▶”标明，如图 15-13 所示。另外，在柱子的三个侧面上弹出柱中心线，并在每条线的上端和近杯口处用红油漆画“▶”标志，以便校正时照准。

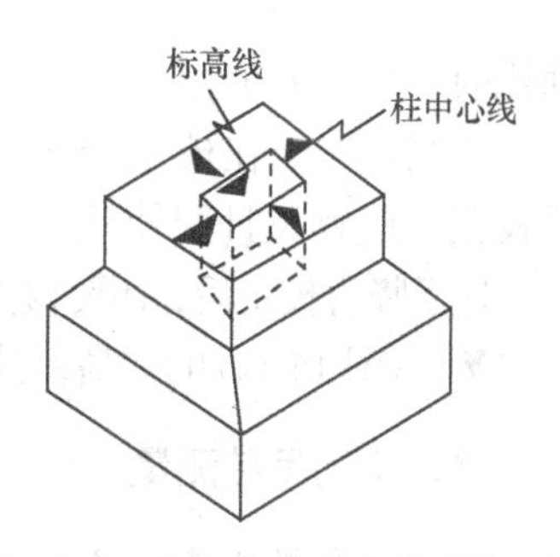

图 15-13　杯口定位线和柱子中心线

2)在杯口内壁测设标高线

为了修平杯底标高，应在杯口内壁用水准仪测设一标高线，并画“▼”标志(图 15-13)，该线至杯底设计标高应为整分米数。

3) 柱身长度的检查与杯底找平

检查柱身长度的目的是使吊装后牛腿面标高等于其设计标高 H_2，由图 15-14 可知：

$$H_2=H_1+l \tag{15-1}$$

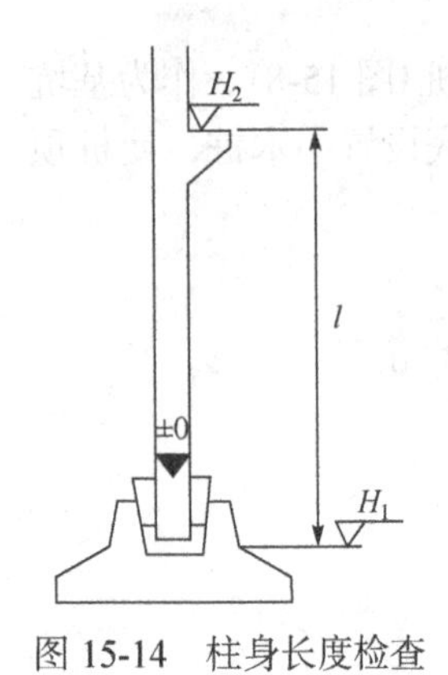

图 15-14　柱身长度检查

式中，H_1 为杯底设计标高；l 为柱底到牛腿面的设计长度。

由于柱子预制及杯底的施工误差，式(15-1)往往不能满足，换言之，柱身实际长度不等于设计长度，为了解决这一矛盾，在浇注基础时有意识地把杯形基础底面标高比原设计的标高降低 2～5cm，然后用钢尺从牛腿顶面(或从柱身上±0 标志线)起，沿柱子四棱量距到柱底，将柱子四棱的实际长度，与杯底的设计标高 H_1(从±0 标志线起算，如 H_1 为−1.60m)相比较，其相差部分，用 1∶2 水泥砂浆在杯底进行找平(因四棱不等长，实际上是找翘)，从而使牛腿面的标高符合设计要求。

(三) 柱子吊装时垂直度的校正

柱子吊入杯口后，先使柱脚中心线与杯口定位轴线对齐，并在杯口处用木楔临时固定，两台经过严格检校的经纬仪安置在互相垂直的柱列轴线附近，距柱子距离约为桩高的 1.5 倍，如图 15-15(a)所示。先照准柱脚中心线，固定照准部，逐渐抬高望远镜，检查柱上部中线“◣”标志是否在视线上，若有偏差，则指挥吊装人员调节缆绳或用千斤顶进行调整，直到两个互相垂直的方向都符合要求为止。

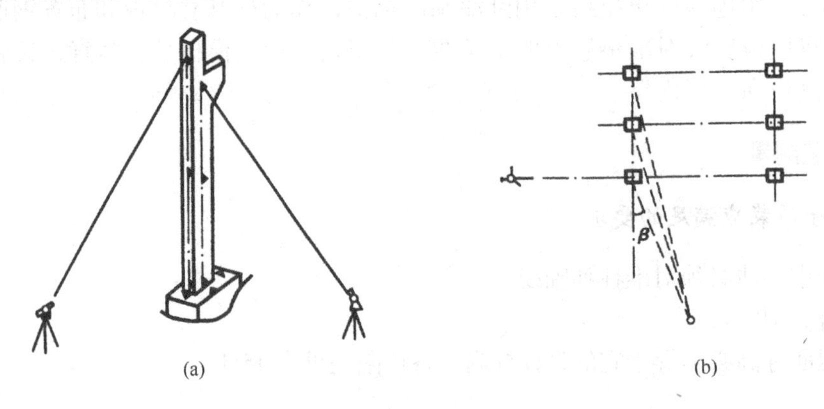

图 15-15　柱子垂直度校正示意图

为了提高吊装速度，常先将若干柱子分别吊入杯口内，临时固定，将经纬仪安置在柱列轴线的一侧，夹角 β 最好不超过 15°，如图 15-15(b)所示，然后成排进行校正。

应当注意，在校正变截面的柱子时，经纬仪必须安置在轴线上，以免发生差错；在日照下校正，应顾及日照使柱顶向阴面弯曲的影响，为避免此种影响，宜在早晨或阴天校正。

柱子竖直校正后，还要检查一下牛腿面的标高是否正确，方法为用水准仪检测柱身下部±0 标志“▼”(图 15-14)的标高，其误差即牛腿面标高的误差，作为修平牛腿面或加垫块的依据。

四、吊车梁的吊装测量

(一) 吊车梁吊装应满足的要求

(1) 梁面标高应与设计标高一致。

（2）梁的上、下中心线应与吊车轨道中心线在同一竖直面内。

（二）吊装准备工作

（1）弹出吊车梁顶面中心线和吊车梁两端中心线；

（2）将吊车轨道中心线投测到牛腿面上，如图 15-16（a）所示，利用厂房中心线 A_1A_1，根据设计轨道跨距（图中设为 $2d$）在地面上测设出吊车轨道中心线 $A'A'$和 $B'B'$。然后分别安置经纬仪于吊车轨道中心线的一个端点上，瞄准另一个端点，抬高望远镜，即可在每根柱子的牛腿面上用墨线弹出吊车轨道中心线。

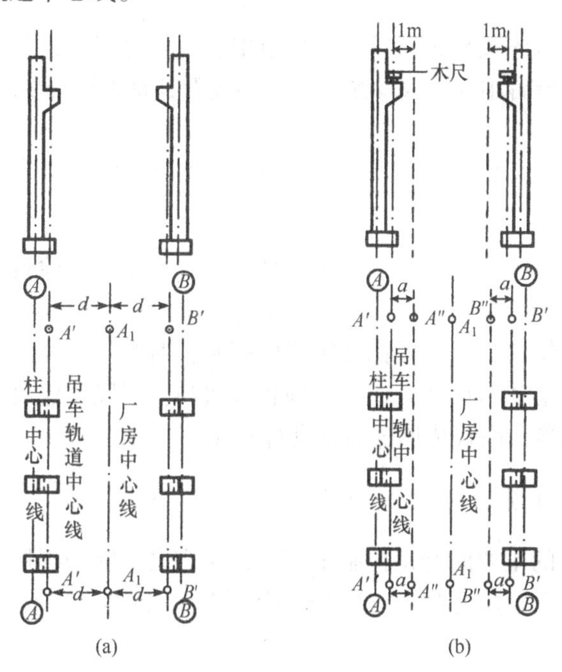

图 15-16　吊车梁、吊车轨道安装测量示意图

（三）吊装吊车梁

准备工作做好之后，吊装吊车梁时，使其两端的中心线与牛腿面上的中心线对齐即可。关于吊车梁的竖立校正，可用经纬仪进行，也可用吊垂球的方法，使梁的上下中心线在同一竖直面内。

吊车梁吊装之后，可将水准仪直接放在吊车梁上检测梁面标高，每隔 3m 测一点，与设计标高的差值应在−5mm 之内，然后在梁下用铁垫板调整梁的高度，使之符合设计要求。

五、吊车轨道的安装测量

（一）轨道安装应满足的要求

（1）每条轨道的中心线应是直线；轨道长 18m，允许偏差为±2mm。

（2）每隔 20m 检查一次跨距，与设计值较差，不得超过±3～±5mm。

（3）每隔 6m 检测一点轨顶标高，允许误差为±4mm。

（4）两根钢轨接头处各测一点标高，允许误差为±1mm。

(二) 准备工作

主要是对梁上的吊车轨道中心线进行检测，此项检测多用平行线法(俗称借线法)。如图 15-16(b)所示，首先在地面上从吊车轨道中心线向厂房中心线量出 1m 得平行线 $A''A''$、$B''B''$。然后安置经纬仪于平行线一端 A''或 B''上，瞄准另一端点，固定照准部，抬高望远镜投测，这时一人在梁上移动横放的木尺，当视线正对准木尺上 1m 刻划时，尺的零点应恰好在吊车轨道中心线上。若有误差应加改正，再弹出墨线。

(三) 安装吊车轨道

安装吊车轨道时，首先按校正后的梁上轨道中心线进行就位；然后用水准仪检测轨顶标高、用钢尺检测跨距；最后用经纬仪检测轨道中心线看其是否符合要求。

第五节　高层建筑施工测量

随着现代化城市建设的发展，高层建筑与日俱增。鉴于高层建筑层数较多，高度较高，施工场地狭窄，且多采用框架结构、滑模施工工艺和先进施工机械，故在施工过程中，对于垂直度、水平度偏差及轴线尺寸偏差都必须严格控制，对测量仪器的选用和观测方案的确定都有一定的要求。但高层建筑放样工作的原理和方法与多层民用建筑施工放样基本相同。本节就轴线投测及使用仪器、高程传递等问题进行简介。

一、高层建筑物的轴线投测

高层建筑施工测量的主要问题是控制垂直度，换言之，随着楼层不断升高，如何将基础轴线精确地投测于各层上。其垂直度偏差或称竖向偏差，在本层内不得超过±5mm，全楼的累积偏差不得超过±20mm。

高层建筑物轴线投测，常规的方法是采用经纬仪投测轴线点；现代多采用激光铅垂仪、光学垂准仪进行轴线点投测。

(一) 经纬仪投测法

高层建筑基础轴线的定位放样，与本章前面所述的民用房屋和工业厂房的定位放样相仿。十层以下的楼层轴线投测方法与本章第三节所述方法相同(图 15-9)。至于楼层砌筑到十层以上时，鉴于原轴线控制桩(如 C、C')距建筑物较近(图 15-17)，投测时望远镜的仰角较大，既操作不便又降低精度，为了便于操作和提高精度，需将原轴线控制桩引测到更远的安全地方，或者引测到附近高楼的屋顶上(如图 15-17 中 C_1)。引测方法是：将经纬仪安置在第十层楼面轴线 $b_{10}b'_{10}$ 上，根据地面上原有的轴线控制桩 C、C'，分别用正、倒镜将轴线引测到附近楼顶上或较远处，定出 C_1、C'_1 等点，并埋设标志固定其点位，作为轴线延长线上的控制桩。十层以上的楼层轴线投测，便可将经纬仪安置于新的轴线控制

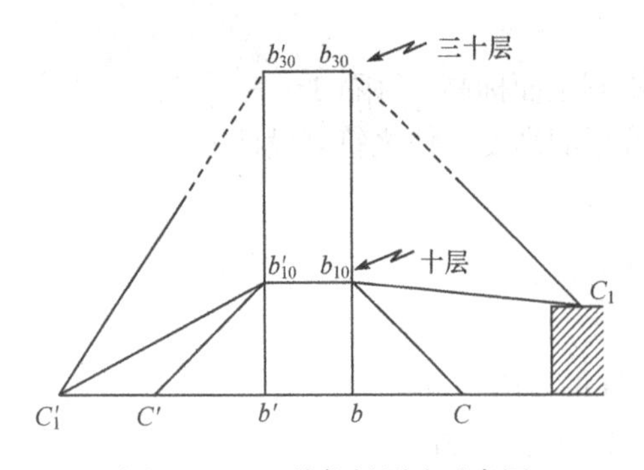

图 15-17　经纬仪投测法示意图

桩上，根据 b_{10}、b'_{10} 定向，然后逐层向上投测轴线，直至工程结束。我国 110.75m 高的金陵饭店就是用常规方法进行施工放样的，放样精度获得了令人满意的结果。

投测前应注意严格检校仪器，使各种轴线满足应有的几何条件，尤其是照准部水准管轴应严格垂直于竖轴，投测时应仔细整平仪器。另外，在整个施工过程中应采用同一钢尺。

(二)激光铅垂仪投测法

1. 激光铅垂仪(也称激光垂准仪)简介

激光铅垂仪是一种供竖直定位的专用仪器，适用于高层建(构)筑物的竖直定位测量。它的基本构造如图 15-18 所示，主要由氦氖激光器、竖轴、发射望远镜、水准器和基座等部件组成。

激光器通过两组固定螺钉固定在套筒内。仪器的竖轴是一个空心筒轴，两端有螺扣连接望远镜和激光器的套筒，将激光器安装在筒轴的下(或上)端，发射望远镜安装在上(或下)端，即构成向上(或向下)发射的激光铅垂仪。仪器上设置有两个互成 90°的水准器，其分划值一般为 20″/2mm。仪器配有专用激光电源，使用时利用激光器底端(全反射棱镜端)所发射的激光束进行对中，通过调节基座整平螺旋，使水准管气泡严格居中，接通激光电源启辉激光器，便可铅直发射激光束。

2. 利用激光铅垂仪投测轴线

此方法投测轴线时，精度高，速度快，具有广阔的应用前景。为了把建筑物轴线投测到各层楼面上，根据梁、柱的结构尺寸，以投测点距轴线 500～800mm 为宜，每条轴线至少需要两个投测点，其连线应严格平行于原轴线。为了使激光束能从底层直接打到顶层，在各层楼面的投测点处，需预留孔洞，或利用通风道、垃圾道及电梯井等。如图 15-19 所示，将激光铅垂仪安置在底层测站点 c_0，进行严格对中、整平，接通激光电源，启辉激光器，即可发射出铅直激光基准线，在高层楼板孔上水平放置绘有坐标网的接收靶 c，激光光斑所指示的位置，即为测站点 c_0 的铅直投影位置。

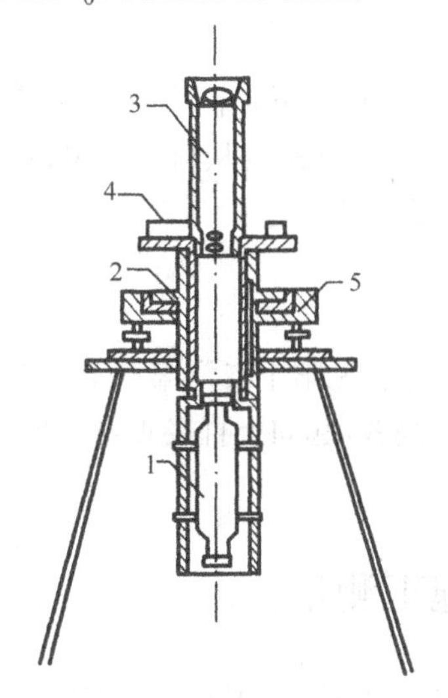

图 15-18　激光铅垂仪构造示意图

1-氦氖激光器；2-竖轴；3-发射望远镜；4-水准器；5-基座

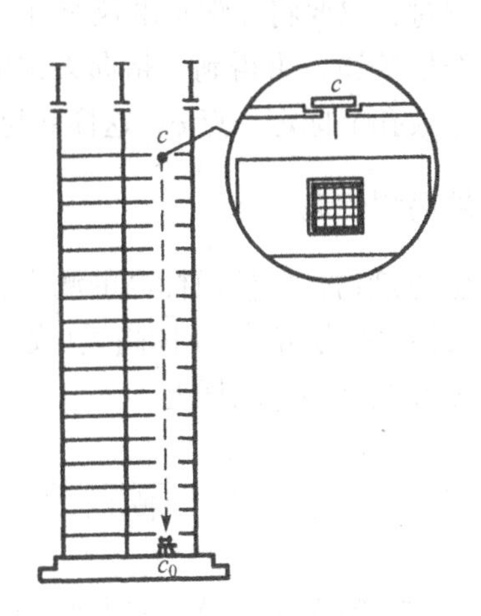

图 15-19　激光铅垂仪投测轴线示意图

我国深圳某大厦采用激光铅垂仪观测垂直度，最大垂直偏差为 25mm，约为总高度(159.45m)的 1/6000。

(三)光学垂准仪投测法

1. 光学垂准仪简介

光学垂准仪是一种光学垂直导向和在垂直线上测量微小距离的仪器。它相当于将经纬仪的望远镜竖直地指向天顶，而将目镜改为与其成90°的方向。图 15-20 为德国蔡司股份公司生产的 PZL 型光学垂准仪，其各部件的名称如图注所示。此外，仪器还有光学对中器、圆水准器等装置。它的主要特点是利用固定在摆锤上的补偿棱镜，保证照准视线位置的铅垂性，其垂直投影精度可达 $1/10^5$ 万。附有补偿器的摆锤利用空气阻尼，在±10′ 倾斜角范围内工作，由补偿器引起的误差小于 0.15″。望远镜放大率为 31.5 倍，照准的最短距离为 2.2m，最大距离为 100m。

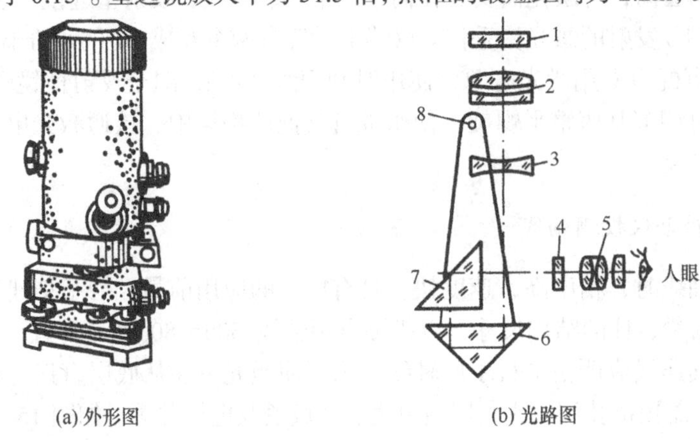

(a) 外形图　　(b) 光路图

图 15-20　PZL 型光学垂准仪

1-物镜保护玻璃；2-物镜；3-调焦透镜；4-十字丝；5-目镜；6-补偿棱镜；7-转向棱镜；8-补偿关节接头

2. 利用光学垂准仪投测轴线

投测时，只要将光学垂准仪对准底层测站点 c_0(见图 15-19)，并使圆水准器的气泡居中，则通过补偿棱镜，可得到一指向天顶的竖直光线。经过调焦，观测者从目镜端可以指挥助手在高层楼板孔上标定一点 c，这样 c 与 c_0 即位于同一条铅垂线上。

二、楼层高程传递

高层建筑物各层楼面标高的测设，除用高程上下传递法(见第十二章第三节)进行外，还可用钢尺沿某一墙角自±0 标高线(或从事先测设的+1m 标高线)起向上直接丈量，把各层的设计高程测设在该层标高杆上。

第六节　烟囱(水塔)施工测量

烟囱(水塔)施工的特点是基础小、主体高、垂直度要求严格，测量的主要工作是控制中心位置，确保筒身中心线铅直，其测量工作主要是基础及筒身施工测量。

一、基础施工测量

(1) 如图 15-21 所示，根据设计数据利用地面上已知控制点或原有建筑物将烟囱中心点 O 测设于实地。

(2) 以 O 为交点，定出两条互相垂直的轴线 AB 和 CD，埋设轴线控制桩 A、B、C、D，它们距 O 点之距离一般约为烟囱高度的 1.5 倍，并在基坑开挖边界外侧的定位轴线上埋设定位小木桩 a、b、c、d，修坡及定基础中心时使用。

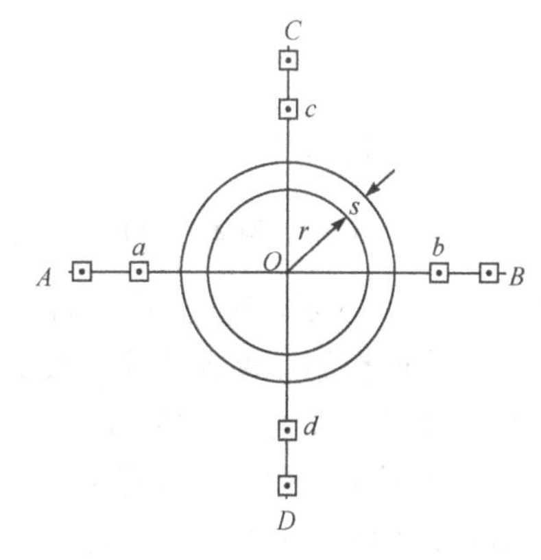

图 15-21　烟囱基础施工测量示意图

(3) 以 O 为圆心，以烟囱底部设计半径 r 加基坑放坡宽度 s 为半径，在地面上用钢尺或皮尺画圆，并撒灰线，以标明挖槽边界。

(4) 当挖土接近设计标高时，在基坑周围测设标高桩，严格控制挖土深度，以免基坑超挖。

(5) 浇灌混凝土基础时，在基础表面中心埋设螺纹钢标桩，并把烟囱中心点 O 投在标桩上，刻"十"标明，作为筒身施工时控制垂直度和半径的依据。

二、筒身施工测量

在烟囱筒身施工过程中，一般来说，砖烟囱每升高一步架(约 1.2m)或混凝土烟囱每提升一次模板(约 2.5m)，都要用吊垂线或激光铅垂仪将烟囱中心垂直引测到工作面上。以引测的中心为圆心、工作面上烟囱的设计半径为半径，用木尺杆画圆检查已砌烟囱壁的位置，并作为下一步搭架或滑模的依据。

吊垂线法是指在施工工作面的木枋尺上用细钢丝悬挂一个 8～12kg 的垂球，调整木枋尺，当垂球尖对准基础中心 O 时，钢丝在木枋尺上的位置即为烟囱的中心，如图 15-22 所示。此法虽较简便，但因垂球容易摆动，故仅适用于高度在 100m 以下的烟囱，而且每升高 10～20m，要用经纬仪进行一次复核，以免出现差错。

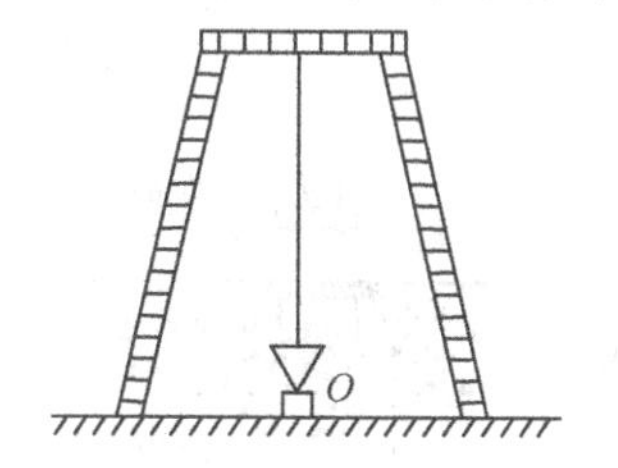

图 15-22　筒身施工测量示意图

用激光铅垂仪进行烟囱铅直定位时，系将该仪器安置在烟囱基础中心点 O 上，进行严格对中、整平，在木枋尺或工作台中央安置激光接收靶，启辉激光器使光斑聚焦，并水平旋转仪器，检查光斑有无划圆现象，以保证激光束铅直。然后移动靶心使其与光斑中心重合，将接收靶固定，靶中心就是烟囱中心。

无论是吊垂线或激光导向，投测中心点之后，均需用经纬仪投点法进行检核，即分别安置经纬仪于轴线控制桩 A、B、C、D(图 15-21)上，用正倒镜投点法，将基础轴线方向投测在工作面的四周，并作标记，用细线连接相对标记，两细线的交点即为烟囱的中心，它应与用垂线或激光引测的中心重合。否则，其偏差值不应超过表 15-1 的规定。

筒身标高的测设，先用水准仪在烟囱壁上测设+0.5m 的标高线，然后从该标高线起，用钢尺竖直量距，以控制烟囱砌筑的高度。

第七节　建筑物的安全监测

无论是在建筑物的施工期间，还是竣工后的运营期间都需要对其进行安全监测(亦称变形观测)。对于工业与民用建筑来说，安全监测工作的主要任务是：沉降观测和倾斜观测。

一、建筑物的沉陷观测

(一)沉降观测的目的与意义

在工业与民用建筑中，为了掌握建筑物的沉降情况，及时发现对建筑物不利的下沉现象，以便采取措施，保证建筑物安全使用；同时也为今后合理的设计提供资料，在建筑物施工过程中和投入使用后，必须进行沉降观测。

下列建筑物和构筑物应进行系统的沉降观测：高层建筑物、重要厂房的柱基及主要设备基础、连续性生产和受震动较大的设备基础、工业炉(如炼钢的高炉等)；高大的构筑物(如水塔、烟囱等)、人工加固的地基、大体积回填土、地下水位较高或大孔性土地基的建筑物等。

(二)观测点的布置

观测点的数目和位置应能全面正确反映建筑物沉降的情况，这与建筑物的大小、荷重、基础形式和地质条件等有关。一般来说，在民用建筑中，是沿房屋的周围每隔6～12m设立一点。另外，在房角及沉降缝两侧也应布设观测点。当房屋宽度大于15m时，还应在房屋内部纵轴线上和楼梯间布置观测点。在工业厂房中，除承重墙及厂房转角处设立观测点外，在最容易沉降变形的地方，如设备基础、柱子基础、伸缩缝两旁、基础形式改变处，地质条件改变处等也应设立观测点。高大圆形烟囱、水塔或配煤罐等，可在其周围或轴线上布置观测点，如图15-23所示。

观测点的标志形式，如图15-24和图15-25所示。其中，图15-24(a)为墙上观测点，图15-24(b)为钢筋混凝土柱上的观测点；图15-25为基础上的观测点。

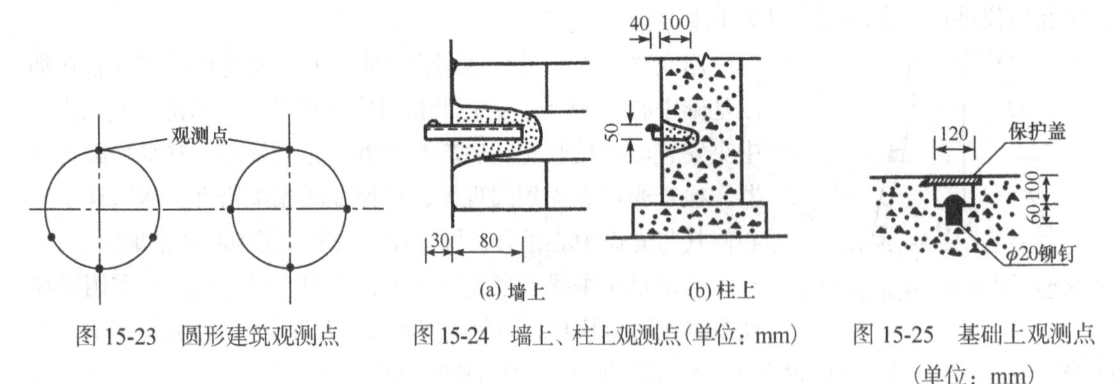

图15-23　圆形建筑观测点　　图15-24　墙上、柱上观测点(单位：mm)　　图15-25　基础上观测点(单位：mm)

(三)观测方法

1. 基准点(水准点)的布设

建筑物的沉降观测是依据埋设在建筑物附近的基准点进行的，为了相互校核并防止由于某个基准点的高程变动造成差错，一般至少埋设三个基准点。基准点的埋设位置要求如下：

建筑物、构筑物基础压力影响范围以外；锻锤、轧钢机、铁路、公路等震动影响范围以外；离开地下管道至少 5m；埋设深度至少要在冰冻线及地下水位变化范围以下 0.5m。另外，基准点离开观测点不能太远(不应大于 100m)，以便提高沉降观测的精度。

2. 观测时间与周期

一般在增加较大荷重之后(如浇灌基础、回填土、安装柱子和厂房屋架、楼房每升高一层、设备安装、设备运转、烟囱高度每增加 15m 左右等)要进行沉降观测。施工过程中，如果中途停工时间较长，应在停工时和复工前进行观测。当基础附近发生地面荷重突然增加、周围大量积水、暴雨及地震后、周围大量挖方等情况时，均应及时进行沉降观测。

工程竣工后要按沉降量的大小，定期进行观测。开始可隔 1～2 个月观测一次，以每次沉降量在 5～10mm 以内为限度，否则要增加观测次数。以后，随着沉降量的减小，可逐渐延长观测周期，直至沉降稳定。

3. 沉降观测

沉降观测实质上是根据基准点用精密水准仪定期进行水准测量，测出建筑物上观测点的高程，从而计算其沉降量。

基准点是测量观测点沉降量的高程控制点，应经常检测基准点高程有无变动。测定时一般应用 S_1 级水准仪往返观测。对于连续生产的设备基础和动力设备基础、高层钢筋混凝土框架结构及地基土质不均匀区的重要建筑物，往返观测基准点间的高差，其高差不应超过 $\pm1\sqrt{n}$ mm(n 为测站数)。观测应在成像清晰、稳定的时间内进行，同时应尽量在不转站的情况下测出各观测点的高程，以便保证精度。前后视观测最好用同一根水准尺，水准尺离仪器的距离不应超过 50m，并用皮尺量距，使前后视距尽量相等；测完观测点后，必须再次后视水准尺，先后两次后视读数之差不应超过±1mm。

对一般厂房的基础或构筑物，往返观测基准点间的高差较差不应超过 $\pm2\sqrt{n}$ mm，同一后视点先后两次后视读数之差不应超过±2mm。

(四)成果整理

沉降观测应有专用的外业手簿，并需将建筑物、构筑物施工情况详细注明，随时整理，其主要内容包括：建筑物平面图及观测点布置图，基础的长度、宽度与高度；挖槽或钻孔后发现的地质土壤及地下水情况；施工过程中荷重增加情况；建筑物观测点周围工程施工及环境变化的情况；建筑物观测点周围笨重材料及重型设备堆放的情况；施测时所引用的水准点号码、位置、高程及其有无变动的情况；地震、暴雨日期及积水的情况；裂缝出现日期，以及裂缝开裂长度、深度、宽度的尺寸和位置示意图等。如中间停止施工，还应将停工日期及停工期间现场情况加以说明。沉降观测记录及成果整理可参考表 15-2 的格式。

为了预估下一次观测点沉降的大约数值和沉降过程是否渐趋稳定或已经稳定，可分别绘制时间、荷重、沉降量三者关系曲线(图 15-26)，以便分析与研究沉降规律。时间、荷重、沉降量关系曲线系以荷载 P、沉降量 S 为纵轴，时间 T 为横轴，根据每次观测日期、荷载增加值和下沉量按比例画出各点位置，然后将各点连接起来，并在曲线一端注明观测点号码，便绘制成为时间 T、荷重 P、沉降量 S 三者关系曲线图。

表 15-2　沉降观测记录

工程名称：某厂办公楼　　　　工程编号：006

观测次数	观测日期(年.月.日)	各观测点的沉降情况(观测数据)																		工程施工进展情况	荷载情况(t/m²)
		1			2			3			4			5			6				
		高程/m	本次下沉/mm	累计下沉/mm	高程/m	本次下沉/mm	累计下沉/mm	高程/m	本次下沉/mm	累计下沉/mm	高程/m	本次下沉/mm	累计下沉/mm	高程/m	本次下沉/mm	累计下沉/mm	高程/m	本次下沉/mm	累计下沉/mm		
1	1998.07.15	30.126	0	0	30.124	0	0	30.127	0	0	30.126	0	0	30.125	0	0	30.127	0	0	浇灌底层楼板	3.5
2	07.30	30.124	−2	−2	30.122	−2	−2	30.123	−4	−4	30.123	−3	−3	30.124	−1	−1	30.125	−2	−2	浇灌一楼楼板	5.5
3	08.15	30.121	−3	−5	30.119	−3	−5	30.121	−2	−6	30.120	−3	−6	30.122	−2	−3	30.124	−1	−3	浇灌二楼楼板	7.5
4	09.01	30.120	−1	−6	30.118	−1	−6	30.119	−2	−8	30.118	−2	−8	30.120	−2	−5	30.121	−3	−6	屋架上瓦	9.5
5	09.29	30.118	−2	8	30.115	−3	−9	30.116	−3	−11	30.114	−4	−12	30.117	−3	−8	30.119	−2	−8	竣工	10.0
6	10.30	30.117	−1	−9	30.114	−1	−10	30.114	−2	−13	30.113	−1	−13	30.114	−3	−11	30.118	−1	−9		
7	12.03	30.116	−1	−10	30.113	−1	−11	30.114	0	−13	30.113	0	−13	30.113	−1	−12	30.117	−1	−10		
8	1999.01.02	30.116	0	−10	30.112	−1	−12	30.113	−1	−14	30.111	−2	−15	30.112	−1	−13	30.116	−1	−11		
9	03.01	30.115	−1	−11	30.110	−2	−14	30.112	−1	−15	30.110	−1	−16	30.111	−1	−14	30.116	0	−11		
10	06.04	30.114	−1	−12	30.108	−2	−16	30.112	0	−15	30.109	−1	−17	30.111	0	−14	30.115	−1	−12		
11	09.01	30.114	0	−12	30.108	0	−16	30.111	−1	−16	30.108	−1	−18	30.110	−1	−15	30.115	0	−12		
12	12.02	30.114	0	−12	30.108	0	−16	30.111	0	−16	30.108	0	−18	30.110	0	−15	30.115	0	−12		

注：观测点沉降情况资料还有：①点位草图；②水准点号码及高程；③基础底面土壤；④其他。

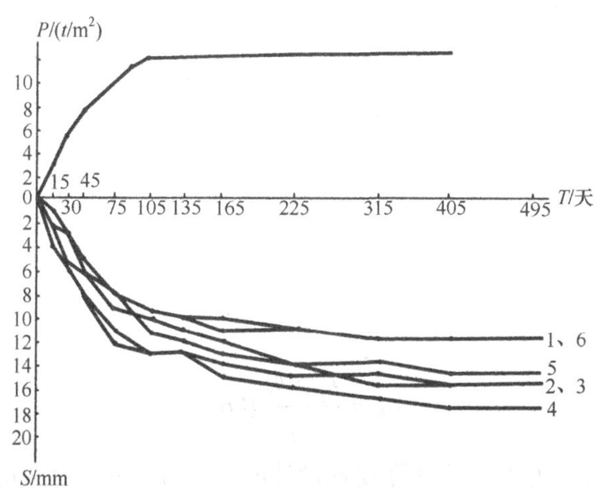

图 15-26　时间 T、荷重 P、沉降量 S 三者关系曲线

(五)沉降观测的注意事项

(1)在施工期间，经常遇到沉降观测点被毁的情况，为此，一方面可以适当地加密沉降观测点，对重要的位置(如建筑物的四角)可布置双点。另一方面，观测人员应经常注意观测点变动情况，如有损坏应及时设置新的观测点。

(2)建筑物的沉降量一般应随着荷重的加大及时间的延长而增加，但有时却出现回升现象，这时需要具体分析回升现象的原因。

(3)建筑物的沉降观测是一项较长期的、系统的观测工作，为了确保资料的正确性，应尽可能地固定观测员、固定水准仪和水准尺，按规定日期、方式及路线从固定的基准点出发进行观测。

二、建筑物的倾斜观测

对圆形或塔形建(构)筑物(如烟囱、水塔、古塔、电视塔等)的倾斜观测，一般是在两个相互垂直方向上测定其顶部中心 O'点对底部中心 O 点的偏心距(如图 15-27 中的 OO')，这种偏心距称为建筑物的倾斜量。其观测方法如下所述。

如图 15-28 所示，在烟囱附近选择两点 A 和 B，使 AO、BO 大致垂直，且 A、B 两点距烟囱的距离尽可能大于烟囱高度 H 的 1.5 倍。

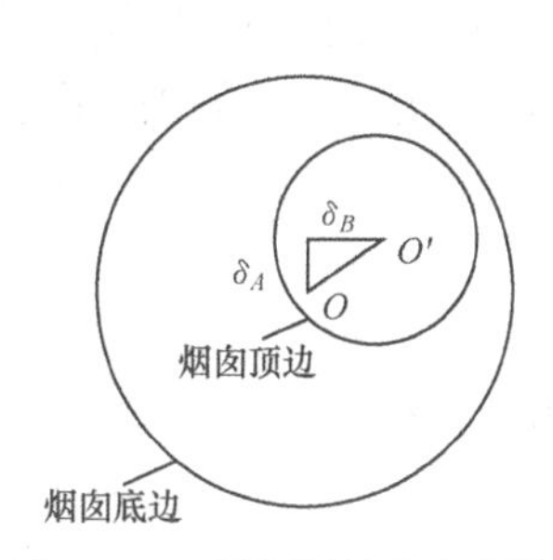

图 15-27　烟囱倾斜量示意图

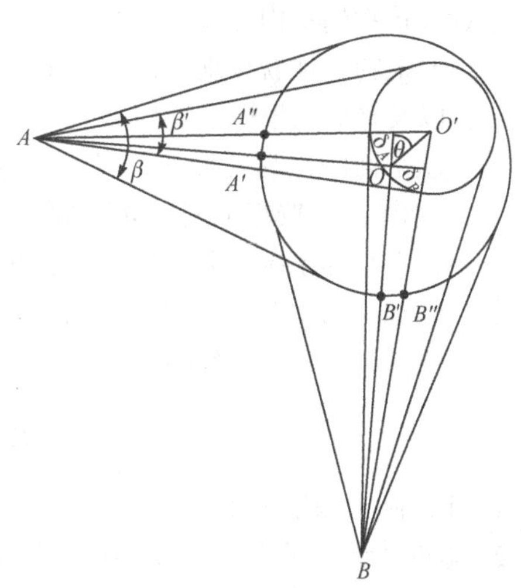

图 15-28　烟囱倾斜观测方法示意图

先将经纬仪安置在 A 点上，整平仪器后测出与烟囱底部断面相切的两个方向所夹的水平角 β，平分 β 角即得 AO 方向，并在烟囱筒身上标出 A' 的位置。

仰起望远镜，同法测出与顶部断面相切的两个方向所夹的水平角 β'，平分 β'即得 AO' 方向，然后将 AO' 方向投影到下部，标出 A''的位置。量出 $A'A''$ 的距离，那么 O'点的垂直偏差 δ_A 为

$$\delta_A = \frac{L_A + R}{L_A} A'A''$$

同法可得

$$\delta_B = \frac{L_B + R}{L_B} B'B''$$

式中，R 为烟囱底部半径(可由周长计算或查设计图纸)；L_A 为 A 至 A'的距离；L_B 为 B 至 B'的距离。

δ_A与 BO 同向时，取"+"号，反之取"−"号；δ_B与 AO 同向时，取"+"号，反之取"−"号。

烟囱的倾斜量：$OO' = \sqrt{\delta_A^2 + \delta_B^2}$

烟囱的倾斜度：$i = \dfrac{OO'}{H}$

根据 δ_A、δ_B 的正负号可计算出倾斜量 OO'的假定方位角：

$$\theta = \arctan\frac{\delta_B}{\delta_A}$$

若设 M_{BO} 为 BO 的磁方位角(可用罗盘仪测出)，于是烟囱倾斜方向的磁方位角为

$$M_{OO'}=M_{BO}+\theta$$

第八节　竣 工 测 量

建(构)筑物竣工验收时进行的测量工作，称为竣工测量。对于主要建(构)筑物的墙角、地下管线的转向点、井中心、道路交叉点等重要地物碎部点，可用解析法测算其坐标；对于主要建(构)筑物的室内地坪、上水道管顶、下水道管底、道路变坡点等，可用水准仪测量其高程。一般地物、地貌按地形测图要求测绘。竣工测量成果主要是竣工总平面图、分类图、断面图，以及碎部点坐标、高程明细表，它们是改建、扩建和管理维护所必需的资料。

竣工总平面图是综合反映工程建筑地区竣工后主体工程及其附属设备(包括地下和架空设施)的平面图，可按竣工测量资料编绘。采用的坐标系统通常与施工坐标系一致，特殊情况也可采用独立坐标系统，并尽可能绘制在一张图纸上，重要碎部点按坐标展绘并编号，以便与碎部点坐标、高程明细表对照。地面起伏一般用高程注记方法表示，如竣工内容太多，则可另绘分类图，如电力系统图、给排水系统图等。

思考题与习题

1. 建筑施工测量工作包括哪些内容？它在工程施工中起什么作用?
2. 建筑基线、建筑方格网如何设计?如何测设?
3. 建筑基线、建筑方格网各在什么情况下使用?

4. 在房屋放样中，设置轴线控制桩的作用是什么，如何测设?

5. 高层建筑轴线的投测方法有哪几种?如何控制高层建筑的垂直度?

6. 试述工业厂房控制网的测设方法。

7. 试述柱基的放样方法。

8. 如何进行柱子的竖直校正工作，应注意哪些问题?

9. 烟囱(水塔)施工测量有什么特点?怎样制定其施测方案?

10. 民用建筑与工业建筑施工测量在内容、要求、方法等方面有何异同?

11. 为什么要进行竣工测量?

12. 在图 15-29 中已绘出新建筑物与原有建筑物的相对位置关系，试述测设新建筑物的方法和步骤。

13. 如图 15-30 所示，已知某厂机加工车间两个相对房角的坐标为:

$$x_1=8551.00\text{m},\quad y_1=4332.00\text{m}$$

$$x_2=8486.00\text{m},\quad y_2=4440.00\text{m}$$

放样时顾及基坑开挖范围，拟将矩形控制网设置在厂房角点以外 6m 处，试求厂房控制网四角点 T、S、R、U 的坐标值。

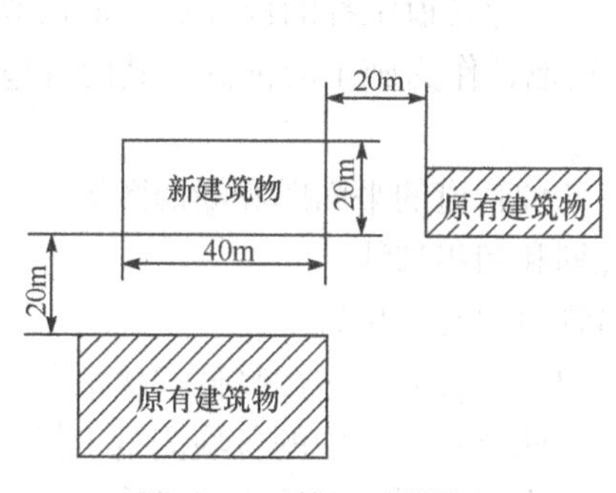

图 15-29　第 12 题附图

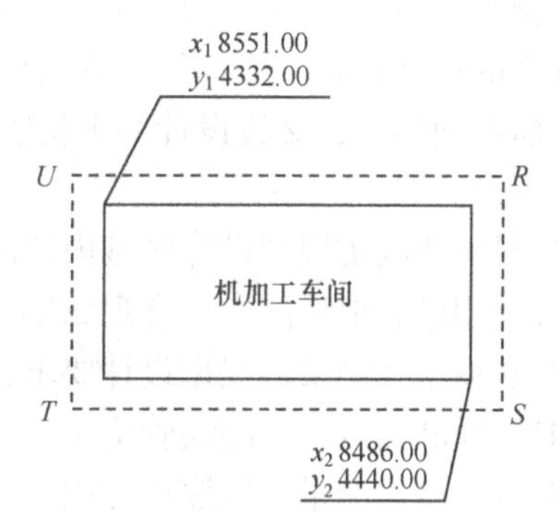

图 15-30　第 13 题附图

第十六章　管道工程测量

本 章 要 点

本章着重介绍管道工程施工测量，其主要内容包括：管道中线测量，纵横断面测量及断面图的绘制，管道施工测量及其竣工测量。

第一节　管道工程测量概述

随着我国经济建设的迅速发展和人民生活水平的不断提高，在城镇和工矿企业中敷设的给水、排水、热力、燃气和输油等各种管道越来越多，形式越来越复杂。管道工程测量是为各种管道的设计和施工服务的，它的任务有两个方面：①为管道工程的设计提供带状地形图和纵、横断面图等；②按设计要求将管道位置测设于实地，作为施工的依据。其内容包括以下工作。

(1)尽可能收集规划设计区域内的测量资料和原有各种管道的平面图和断面图等。

(2)利用已有地形图，结合现场勘察，进行图上规划和初步选线。

(3)管道中线测量。根据设计要求，在地面上定出管道中心线位置。

(4)纵横断面测量。测绘管道中心线方向和垂直于中心线方向的地面高低起伏情况。

(5)管道施工测量。按照设计图纸，将管道测设于实地及其施工中的各项测量工作。

(6)管道竣工测量。将竣工后的管道位置，通过测量绘制成图，以反映施工质量，并作为使用期间维修、管理及今后管道扩建的依据。

管道工程多属于地下构筑物，在较大的城镇及工矿企业中，各种管道常常互相上下穿插，纵横交错。如果在测量、设计和施工中出现差错，没有及时发现，一经埋设，以后将会造成严重后果。因此，测量工作必须采用城市或厂区的统一坐标和高程系统，严格按设计要求进行测量工作，并要做到“步步有校核”，这样才能保证施工质量。

第二节　管道中线测量

管道的起点、终点和转向点通称为管道的主点。主点的位置及管道方向是设计时确定的，管道中线测量就是将已确定的管道位置测设于实地，并用木桩标定。其内容包括：①主点的测设；②中桩测设；③管线转向角测量；④里程桩手簿绘制。

一、管道主点的测设

管道主点的测设可采用直角坐标法、极坐标法、角度交会法和距离交会法、RTK 坐标放标法等。主点测设数据的采集方法，根据管道设计所给的条件和精度要求，一般可分为图解法和解析法两种。

(一)图解法

当管道规划设计图的比例尺较大且管道主点附近又有明显可靠的地物时，可用图解法来采集测设数据，如图 16-1，*A*、*B* 是原有管道检查井位置，Ⅰ、Ⅱ、Ⅲ点是设计管道的主点。欲在地面上定出Ⅰ、Ⅱ、Ⅲ等主点，可根据比例尺在图上量出长度 *D*、*a*、*b*、*c*、*d* 和 *e*，即为测设数据。然后，沿原管道 *AB* 方向，从 *B* 点量出 *D* 即得Ⅰ点；用直角坐标法从房角量取 *a*，并垂直房边量取 *b* 得Ⅱ点，再量 *e* 来校核Ⅱ点是否正确；用距离交会法从两个房角同时量出 *c*、*d* 交出Ⅲ点。图解法误差较大，所以此方法精度不高，只有当管道中线测设精度要求不高时，方可采用。

(二)解析法

当管道规划设计图上已给出管道主点的坐标，而且主点附近又有控制点时，可用解析法计算测设数据。在图 16-2 中，1、2、…为导线点，*A*、*B*、…为管道主点，如用极坐标法测设 *B* 点，则可根据 1、2 和 *B* 点坐标，按第十二章第四节极坐标法计算出测设数据∠12*B* 和距离 D_{2B}。测设时，安置经纬仪于 2 点，后视 1 点，转∠12*B*，得出 2*B* 方向，在此方向上用钢尺测设距离 D_{2B}，即得 *B* 点。其他主点均可按上述方法进行测设。

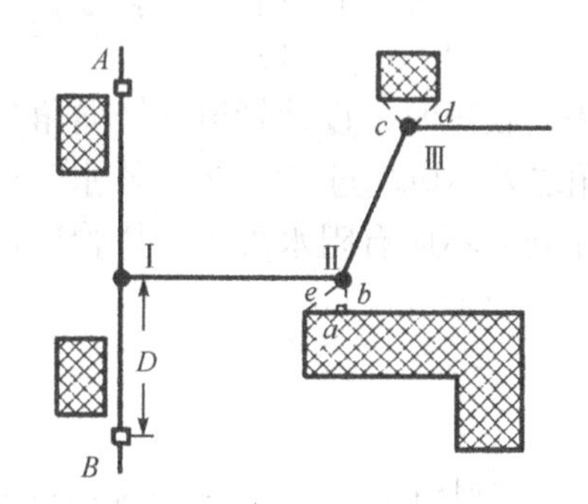

图 16-1 图解法采集测设数据示意图

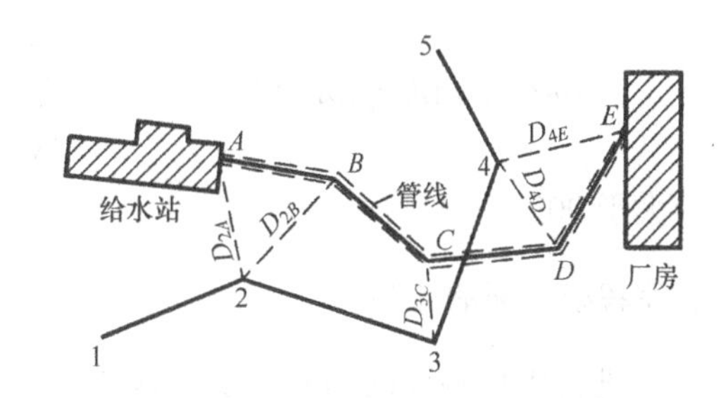

图 16-2 解析法计算测设数据示意图

主点测设工作必须进行校核，其校核方法是：首先用主点的坐标计算相邻主点间的距离；然后在实地量取主点间距离，实量距离与计算距离较差应符合技术要求；否则应查找原因，重新测设。

如果在拟建管道工程附近没有控制点或控制点较少时，应先在管道附近布设一条导线，或用交会法加密控制点，然后按上述方法采集测设数据，进行主点的测设工作。

当管道中线测设精度要求较高时，均用解析法测设主点，不允许用图解法。

二、中桩测设

为了测定管道的长度、进行管线中线测量和测绘纵横断面图，从管道起点开始，需沿管线方向在地面上设置整桩和加桩，这项工作称为中桩测设。从起点开始按设计要求每隔某一整数设一桩，这个桩叫整桩。根据不同管线，整桩之间距离也不同，一般为 20m、30m，最长不超过 50m。相邻整桩间管道穿越的重要地物处(如铁路、公路、旧有管道等)及地面坡度变化处要增设加桩。

为便于计算，管道中桩都按管道起点到该桩的里程(距离)进行编号，并用红油漆写在木桩侧面，如整桩号为 0+150，即此桩离起点 150m(“+”号前的数为公里数)，如加桩号为 2+182，即表示该桩距离起点 2182m。故管道中线上的整桩和加桩都称为里程桩。

为了保证中桩测设的精度，量距一般用钢尺往返丈量，相对误差应小于 1/1000。

不同类别的管道，其起点也有不同规定，例如，给水管道以水源为起点；煤气、热力等管道以来气方向为起点；电力电讯管道以电源为起点；排水管道以出水口为起点。

三、转向角测量

管道改变方向时，转变后的方向与原方向的夹角称为转向角(或称偏角)。转向角有左、右之分，如图 16-3 所示，以 $\alpha_{左}$和 $\alpha_{右}$表示。测量转向角时，安置经纬仪于点 2，盘左瞄准点 1，在水平度盘上读数，纵转望远镜瞄准点 3，并读数，两读数之差即转向角 α；用盘右按上法再观测一次，取盘左、盘右的平均值为转向角的结果。转向角也可以测量转折角β，通过计算获得。但必须注意转向角的左、右方向。若管道主点位置的测设数据均由设计坐标反算求得时，转向角应以计算值为准。如实测角值与计算角值相差超过限差，应进行检查和纠正。

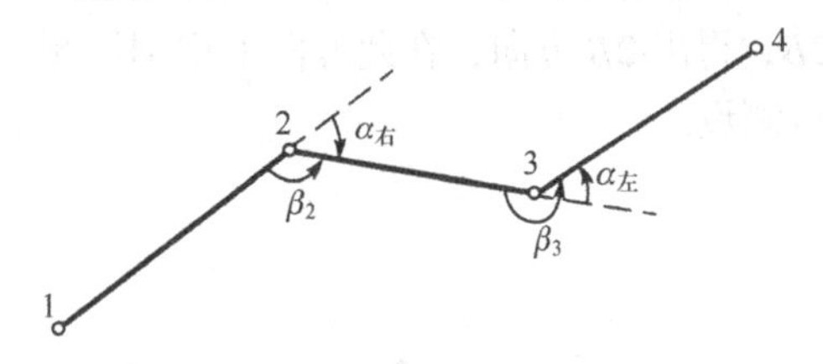

图 16-3　转向角测量示意图

有些管道转向角要满足定型弯头的转向角的要求，例如，给水管道使用铸铁弯头时，转向角有 90°、45°、$\left(22\frac{1}{2}\right)°$、$\left(11\frac{1}{4}\right)°$、$\left(5\frac{5}{8}\right)°$等几种类型。当管道主点之间距离较短时，设计管道的转向角与定型弯头的转向角之差不应超过 1°～2°。排水管道的支线与干线汇流处，不应有阻水现象，故管道转向角不应大于 90°。

四、里程桩手簿的绘制

在进行中桩测设的同时，要在现场测绘管道两侧带状地区的地物和地貌，这种图称为里程桩手簿。里程桩手簿是绘制纵断面图和设计管道时的重要参考资料。如图 16-4 所示，此图一般绘在毫米方格纸上，图中的粗直线表示管道的中心线，0+000 为管道的起点。0+340 处为转向点，转向后的管线仍按照直线方向绘出，但要用箭头表示管道转折的方向，并注明转向角大小(图中 $\alpha_{右}$=30°)。0+450 和 0+470 是管道穿越公路的加桩、0+182 和 0+265 是地面坡度变化的加桩，其他均为整桩。

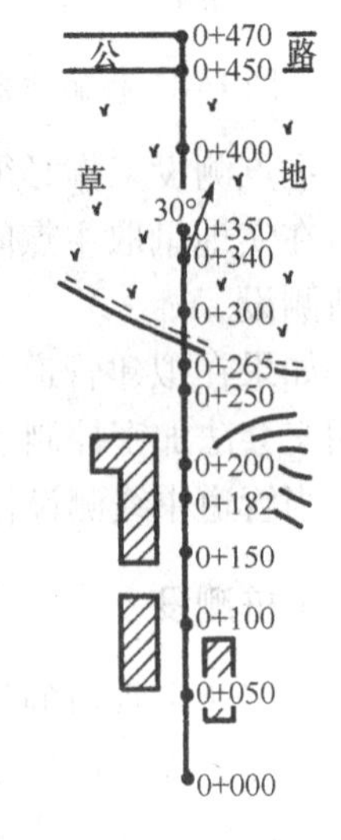

图 16-4　里程桩手簿示意图

测绘管道带状地形图时，其宽度一般为左右各 20m，如遇到建筑物，则需测绘到两侧建筑物，并用统一图式表示。测绘的方法主要用皮尺以交会法或直角坐标法进行，必要时也可用皮尺配合罗盘仪以极坐标法进行测绘。

当已有大比例尺地形图时，应充分予以利用，某些地物和地貌可以从地形图上转绘，以减少外业工作量，也可以直接在地形图上标示出管道中线和中线各里程桩的位置及其编号，如图 16-8 所示。

第三节　管道纵横断面图测绘

一、纵断面的测绘

纵断面图测量的任务是根据水准点的高程，测量中线上各桩的地面高程，然后根据测得的高程和相应的各桩号绘制纵断面图。纵断面图表示管道中线方向上高低起伏的情况，是设计管道埋深、坡度及计算土方量的主要依据，其工作内容如下。

(一)布设水准点

为了保证全线高程测量的精度，在纵断面水准测量之前，应先沿线布设足够数量的水准点。当管道路线较长时，应沿管道方向每 1～2km 布设一个永久性水准点。在较短的管道上和较长管道上的永久性水准点之间，每隔 300～500m 布设一个临时水准点，作为纵断面水准测量分段附合和施工时引测高程的依据。水准点应埋设在不受施工影响、使用方便和易于保存的地方。

为重力自流管道而布设的水准点，其高程按四等水准测量的精度要求进行观测；为一般管道布设的水准点，水准路线闭合差不超过$\pm 30\sqrt{L}$ mm(L 为路线长度，以 km 为单位)。

(二)纵断面水准测量

纵断面水准测量一般是以相邻两水准点为一测段，从一个水准点出发，逐点测量中桩的高程，再附合到另一水准点上，以此校核。纵断面水准测量的视线长度可适当放宽，一般情况下采用中桩作为转点，但也可另设。在两转点间的各桩，通称为中间点。中间点的高程通常用仪高法求得。由于转点起传递高程的作用，转点上读数必须读至毫米，中间点读数只是为了计算本点的高程，故可读至厘米。

图 16-5、表 16-1 是由水准点 A 到 0+500 里程桩的纵断面水准测量示意图和记录手簿，其施测方法及步骤如下。

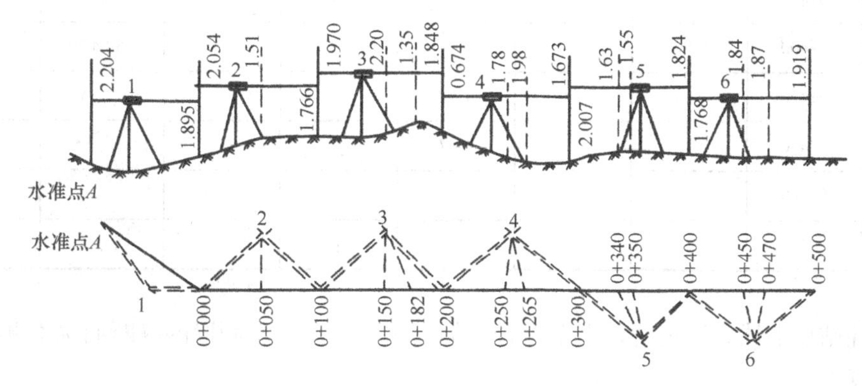

图 16-5　纵断面水准测量示意图

(1)仪器安置于测站 1，后视水准点 A，读数 2.204，前视 0+000，读数 1.895；

(2)仪器搬至测站 2，后视 0+000，读数 2.054，前视 0+100，读数 1.766，此时仪器不动，将水准尺立于中间点 0+050 上，读中间视读数 1.51；

(3)仪器搬至测站 3，后视 0+100，读数 1.970，前视 0+200，读 1.848，然后再读中间视 0+150、0+182，分别读得 2.20、1.35。

以上各站的观测读数应随时记入纵断面水准测量记录手簿(表 16-1)。

表 16-1　纵断面水准测量记录手簿

测站	桩号	水准尺读数/m			高差/m		仪器视线高程/m	高程/m
		后视	前视	中间视	+	−		
1	水准点 A	2.204						156.800
	0+000		1.895		0.309			157.109
2	0+000	2.054					159.163	157.109
	0+050			1.51				157.65
	0+100		1.766		0.288			157.397
3	0+100	1.970					159.367	157.397
	0+150			2.20				157.17
	0+182			1.35				158.02
	0+200		1.848		0.122			157.519
4	0+200	0.674					158.193	157.519
	0+250			1.78				156.41
	0+265			1.98				156.21
	0+300		1.673			0.999		156.520
5	0+300	2.007					158.527	156.520
	0+340			1.63				156.90
	0+350			1.55				156.98
	0+400		1.824		0.183			156.703
6	0+400	1.768					158.471	156.703
	0+450			1.84				156.63
	0+470			1.87				156.60
	0+500		1.919			0.151		156.552
⋮	⋮	⋮	⋮	⋮	⋮	⋮	⋮	⋮

以后各站依上述方法进行，直至附合于另一水准点。一个测段的纵断面水准测量，要进行下列计算工作。

(1)高差闭合差的计算。纵断面水准测量一般均起讫于水准点，其高差闭合差，对于重力自流管道不应大于$\pm 40\sqrt{L}$ mm；对于一般管道，不应大于$\pm 50\sqrt{L}$ mm。如闭合差在容许范围内，不必进行调整。

(2)用高差法计算各转点的高程。

(3)用仪高法计算各中间点的高程。例如，为了计算中间点0+050的高程，首先计算测站2的仪器视线高程：157.109+2.054=159.163(m)；然后计算中间点0+050的高程，H_{0+050}=159.163−1.51=157.653(m)。

当管道较短时，纵断面水准测量可与测量水准点的高程同时进行，由一水准点开始，按上述纵断面水准测量方法，测出中线上各桩的高程后，附合到高程未知的另一水准点上，然后再以一般水准测量方法(即不测中间点)返测到起始水准点上，以此校核。若往返闭合差在允许范围内，取高差平均数推算下一水准点的高程，然后再进行下一段的测量工作。

在纵断面水准测量中，应特别注意做好与其他管道交叉的调查工作，记录管道的交叉口的桩号，测量原有管道的高程和管径等数据，并在纵断面图上标出其位置，以供设计人员参考。

(三)纵断面图的绘制

绘制纵断面图，早期一般在毫米方格纸上进行，现在都是利用专业软件绘制。绘制时，以管道的里程为横坐标，高程为纵坐标。为了更明显地表示地面的起伏，一般纵断面图的高程比例尺要比水平比例尺大10倍或20倍。自流管道和压力管道纵、横断面的比例尺，可按表16-2进行选择，有时可根据实际情况作适当变动。其具体绘制方法如下。

表16-2　纵、横断面图的水平、高程比例尺参考表

管道名称	纵断面图		横断面图(水平、高程比例尺相同)
	水平比例尺	高程比例尺	
自流管道	1∶1 000 1∶2 000	1∶100 1∶200	1∶100 1∶200
压力管道	1∶2 000 1∶5 000	1∶200 1∶500	1∶100 1∶200

(1)如图16-6所示，先绘出一条水平线，水平线以下各栏注记实测、设计和计算的有关数据，水平线上面绘管道的纵断面图。

(2)根据水平比例尺，在管道平面图(根据里程桩手薄绘出管道平面图)栏内，标明整桩和加桩的位置；在距离栏内注明各桩之间的距离；在桩号栏内标明各桩的桩号；在地面高程栏内注记各桩的地面高程，并凑整到厘米(排水管道技术设计的断面图上高程应注记到毫米)。

(3)在水平线上部，按高程比例尺，根据整桩和加桩的地面高程，在相应的垂直线上确定各点的位置，再用直线连接相邻点，即得纵断面图。

(4)根据设计要求，在纵断面图上绘出管道的设计线，在坡度栏内注记坡度方向，用“/”、“\”和“——”分别表示上、下坡和平坡。坡度线之上注记坡度值，以千分数表示，坡度线之下注记该段的距离。

(5)管底高程是根据管道起点的管底高程、设计坡度及各桩之间的距离，逐点推算出来的。例如，0+000 的管底高程为 155.31m(管道起点的管底高程一般由设计者决定)，管道坡度 i 为 +5‰(+号表示上坡)，求得 0+050 的管底高程为

$$155.31+5‰\times 50=155.31+0.25=155.56(\text{m})$$

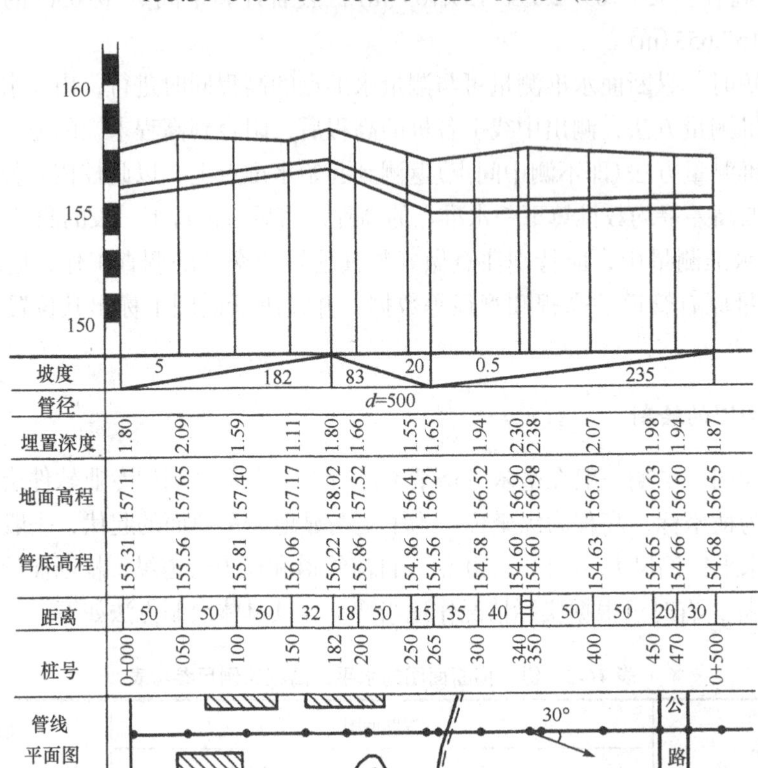

图 16-6　管道纵断面图

(6)地面高程减去管底高程即是管道的埋深。

在一张完整的纵断面图上，除上述内容外，还应把本管道与旧管道连接处和交叉处，以及与其交叉的地道和地下构筑物的位置在图上绘出，如图 16-7，0+162 处即是本管道与原上水管道交叉处。图 16-7 和图 16-8 是某城市街道的污水干管纵断面图和污水管道平面图示例。纵断面图的绘制，一般要求起点在左侧，有时由于管道起点方向不同，为了与管道地形图的注记方向一致，纵断面图往往要倒展(即起点在图的右侧)，图 16-7 和图 16-8 就是这种情况。

二、横断面的测绘

在中线各桩处，作垂直于中线的方向线，测出该方向线上各特征点距中线的距离和高程，根据这些数据绘制断面图，即为横断面图。横断面图表示管线两侧的地面起伏情况，供设计时计算土方量和施工时确定开挖边界线使用。

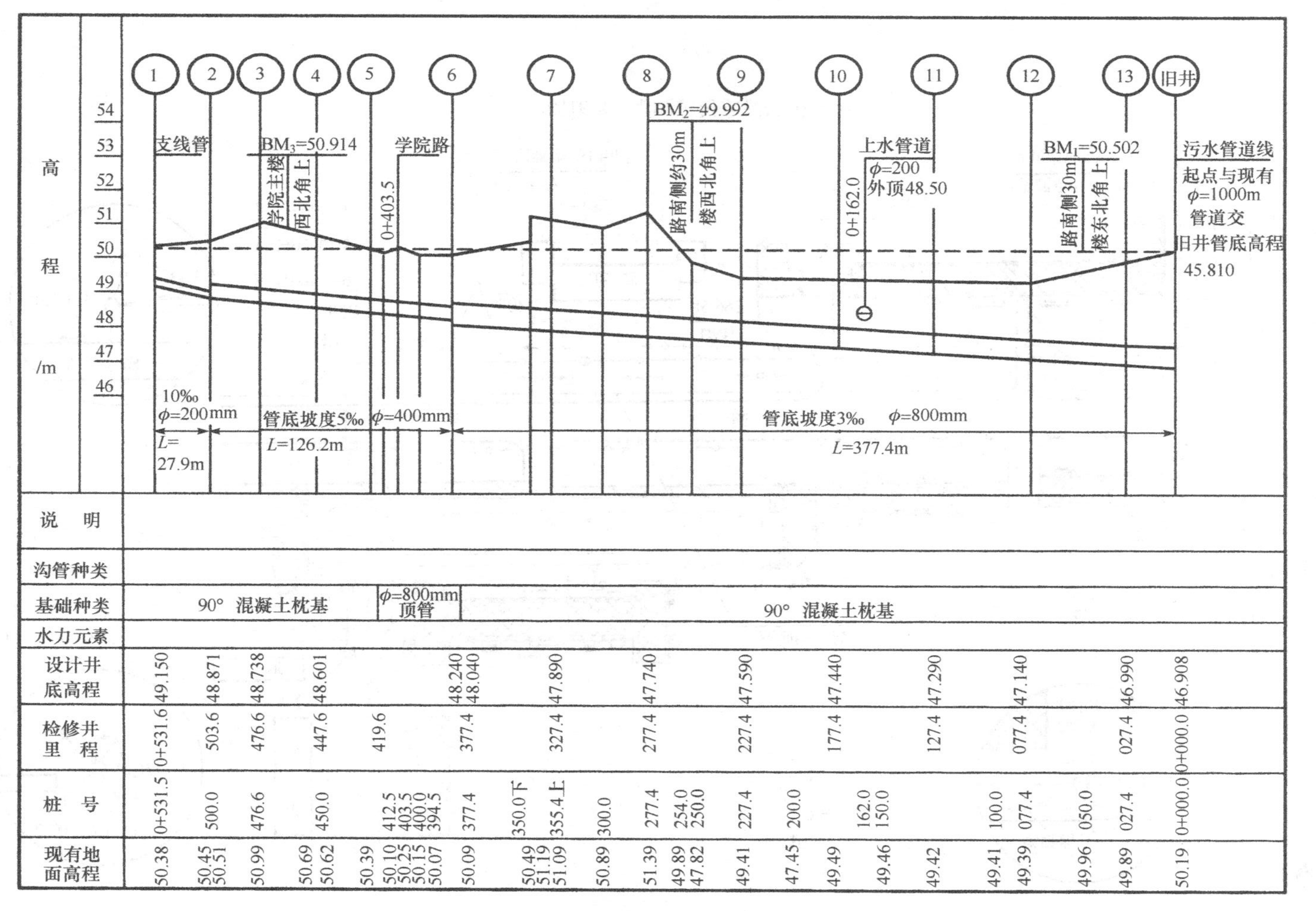

图16-7　学院路污水管道纵断面图

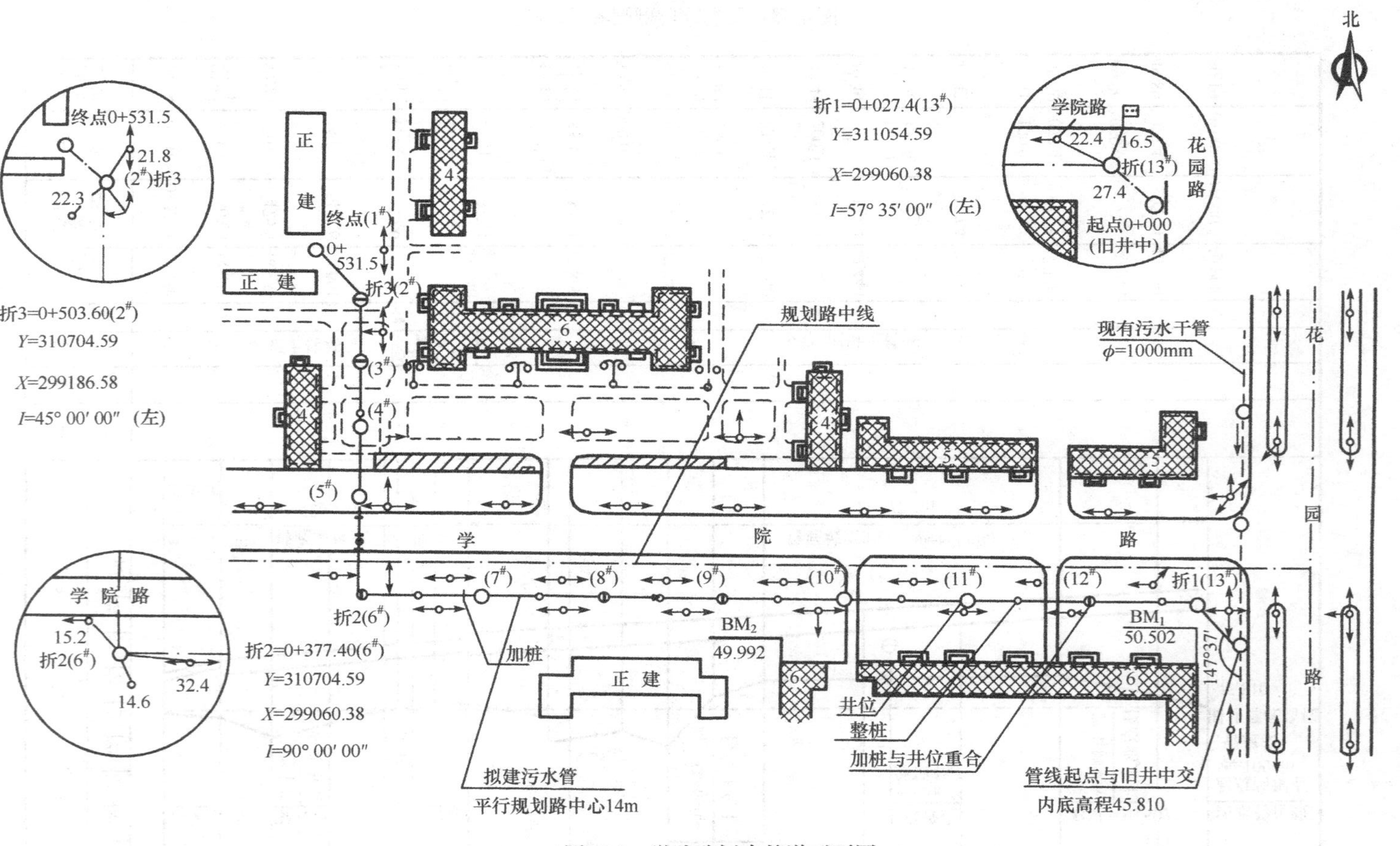

图16-8　学院路污水管道平面图

横断面施测的宽度，由管道的直径和埋深来确定，一般每侧为 20m。测量时，横断面的方向可用经纬仪或专门用于测定横断面的十字架（图 16-9）定出，在直线地段与线路垂直，在曲线地段与各点的切线方向垂直。横断面测量中，距离和高差的测量方法可用经纬仪法、水准仪法、标杆皮尺法、全站仪法等。若使用全站仪测定断面时可利用全站仪的“对边测量”程序，精度高、速度快。

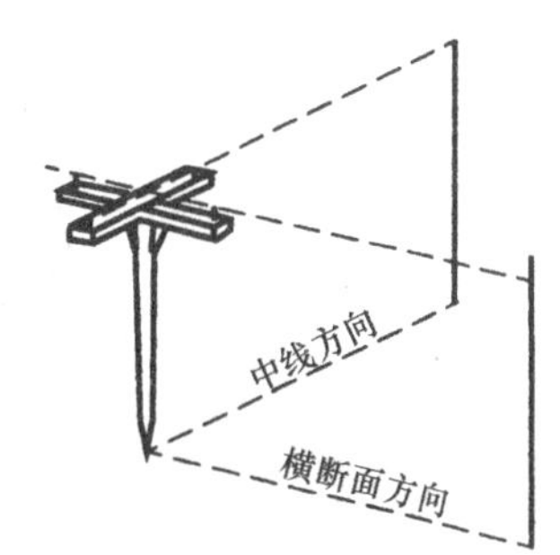

图 16-9　标定横断面向的十字架

水准仪法测量横断面时，特征点的高程与纵断面水准测量可同时施测，作为中间点看待，但分开记录，距离可用皮尺丈量。现以图 16-5 中的测站 3 为例，说明 0+100 横断面水准测量的方法。水准仪安置在 3 点上，后视 0+100，读数为 1.970；前视 0+200，读数为 1.848，此时仪器视线高程为 159.367m。然后逐点测出横断面上各点：左$_{11}$（在管道中线左面，离中线距离 11m）、左$_{20}$、右$_{20}$的中间视，记入横断面水准测量手簿（表 16-3）中；仪器视线高程减去各点的中间视，即得横断面各点的高程，高程应凑整到厘米。

表 16-3　横断面水准测量手簿

测站	桩号	水准尺读数/m			仪器视线高程/m	高程/m
		后视	前视	中间视		
3	0+100	1.970			159.367	157.397
	左$_{11}$			1.40		157.97
	左$_{20}$			0.40		158.97
	右$_{20}$			2.97		156.40
	0+200		1.848			157.519

图 16-10 是 0+100 为整桩处的横断面图。绘制时，以中线上的地面点为坐标原点，水平距离为横坐标，高程为纵坐标。图 16-10 中，最下一栏为相邻地面特征点之间距离，竖写的数字是特征点的高程。为了计算横断面的面积和确定管道开挖边界的需要，其水平比例尺和高程比例尺应相同。

158.97　157.97　157.40　156.40
9　11　20
0+100

图 16-10　横断面图

如果管道施工时开挖管槽不宽，管道两侧地势平坦，则横断面测量可不必进行。计算土方量时，横断面上地面高程可视为与中桩高程相同。

当管道穿越河流需要在河底铺设倒虹管时，则需要了解河床断面的情况，因此河床断面图是给排水管网设计和施工中的重要资料之一。具体测量方法可参见第九章第五节。

河床断面图的绘制与一般断面图的绘制方法基本一致，不同的是，应在断面图上绘出平均水位和观测日期，如图 16-11 所示。有条件时，还应注明常水位、最高水位和枯水位，供设计管道时参考。

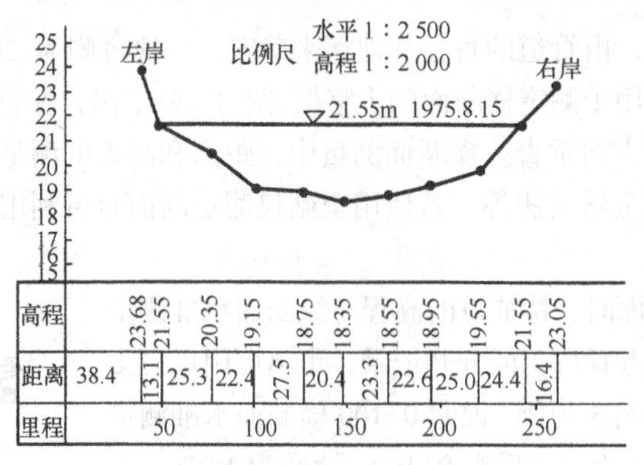

图 16-11　河床断面图(单位：mm)

第四节　管道施工测量

一、地下管道施工测量

(一)校核中线

如果设计阶段在地面上所标定的管道中线位置与管道施工时所需要的管道中线位置一致，而且主点各桩在地面上完好无损，则只需进行检核，不必重设。否则就需要重新测设管道的主点。

在管道中线方向上，根据检查井的设计数据，用钢尺标定其位置，并钉木桩。

(二)测设施工控制桩

在施工时，管道中线上各桩将被挖掉，为了便于恢复管道中线和检查井的位置，应在管道主点处的中线延长线上设置中线控制桩，在每个检查井处大致垂直于中线方向上设置检查井位控制桩(图 16-12)，这些控制桩应设置在不被施工破坏、引测方便、而且容易保存的地方。

(三)槽口放线

根据管径大小、埋置深度及土质情况，决定开槽宽度，并在地面上定出槽边线的位置。若横断面上坡度比较平缓，管道地槽开挖宽度可用式(16-1)计算(图 16-13)：

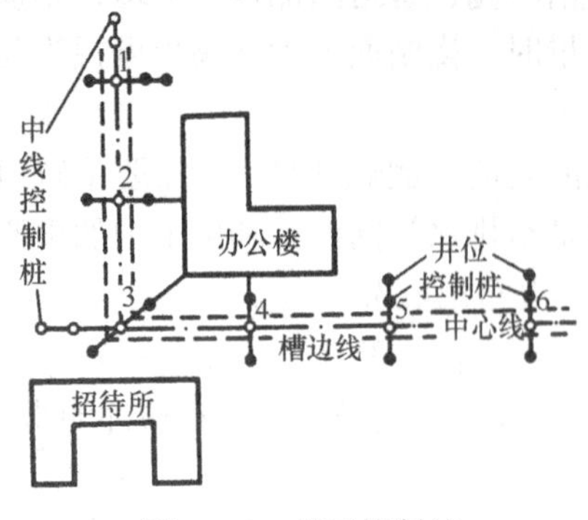

图 16-12　施工控制桩

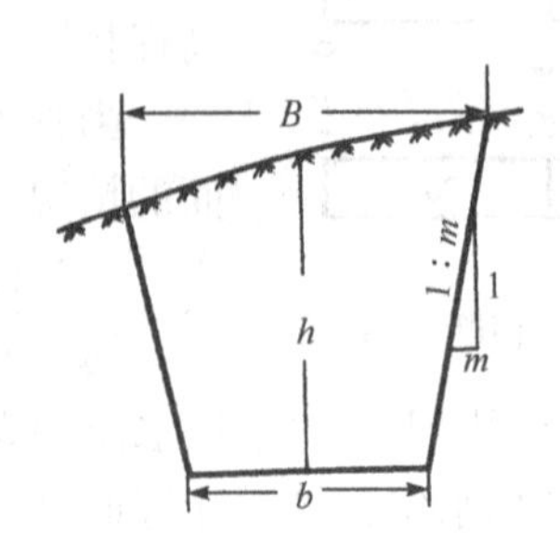

图 16-13　管道地槽开挖宽度

$$B=b+2mh \tag{16-1}$$

式中，b 为槽底宽度；h 为中线上的挖土深度；1 : m 为管槽边坡的坡度。

(四)测设控制管道中线和高程的施工测量标志

管道施工测量的主要任务是根据工程进度的要求，测设控制管道中线和高程位置的施工测量标志。常用的有下列两种方法。

1. 龙门板法

龙门板由坡度板和高程板组成，如图 16-14 所示，沿中线每隔 10～20m 和检查井处皆应设置龙门板。中线测设时，根据中线控制桩，用经纬仪将管道中线投影到各坡度板上，并钉小钉标定其位置，此钉称为中线钉，各龙门板上中线钉的连线标明了管道的中线方向。在连线上挂垂线，可将中线位置投影到管槽内，以控制管道中线。

为了控制管槽开挖深度，应根据附近水准点，用水准仪测出各坡度板顶的高程。根据管道坡度，计算出该处管道设计高程，则坡度板顶与管道设计高程之差即由坡度板顶往下开挖的深度(实际上管槽开挖深度还应加上管壁和垫层的厚度)，通称下返数。由于下返数往往不是一个整数，并且各坡度板的下返数都不一致，施工时检查起来很不方便。为使下返数为一个整数(整分米数)C，必须按式(16-2)计算出每一坡度板顶向上或向下量的调整数 δ。

$$\delta=C-(H_{板顶}-H_{管底}) \tag{16-2}$$

式中，$H_{板顶}$为坡度板顶高程；$H_{管底}$为管底设计高程。

根据计算出的调整数，在高程板上用小钉标定其位置，该小钉称坡度钉(如图 16-14)。相邻坡度钉连线即与设计管底坡度相平行，且高差为选定的下返数 C。这样，只需要做一个木杆，在木杆上标出 C 的位置，便可用它随时检查槽底是否挖到设计高程。如挖深超过设计高程，绝不允许回填土，只能加高垫层。

现举例说明坡度钉设置的方法，如表 16-4 所示，先将水准仪测出的各坡度板顶高程列入第 5 栏内，根据第 2 栏、第 3 栏计算出各坡度板处的管底设计高程，列入第 4 栏内，如 0+000 高程为 42.800(图 16-15)，坡度 i=−3‰，0+000 到 0+010 的距离为 10m，则 0+010 的管底设计高程为

$$42.800+(-3‰)\times10=42.800-0.030=42.770(\text{m})$$

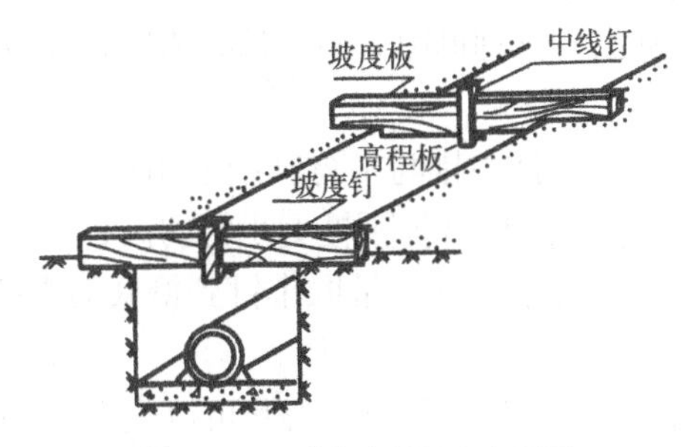

图 16-14 龙门板设置示意图

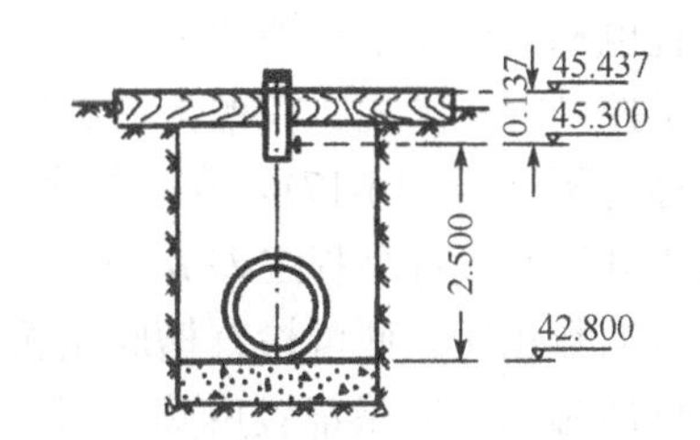

图 16-15 坡度钉设置示意图(单位：m)

表 16-4　坡度钉测设手簿

桩号	距离/m	坡度	管底高程 $H_{管底}$/m	板顶高程 $H_{板顶}$/m	$H_{板顶}-H_{管底}$/m	选定下返数 C/m	调整数 δ/m	坡度钉高程 /m
1	2	3	4	5	6	7	8	9
0+000		−3‰	42.800	45.437	2.637	2.500	−0.137	45.300
0+010	10		42.770	45.383	2.613		−0.113	45.270
0+020	10		42.740	45.364	2.624		−0.124	45.240
0+030	10		42.710	45.315	2.605		−0.105	45.210
0+040	10		42.680	45.310	2.630		−0.130	45.180
0+050	10		42.650	45.246	2.596		−0.096	45.150
0+060	10		42.620	45.263	2.648		−0.148	45.120
⋮	⋮		⋮	⋮	⋮		⋮	⋮

同法，可以计算出其他各处管底设计高程。第 6 栏为坡度板顶高程减去管底设计高程，如 0+000 为

$$H_{板顶}-H_{管底}=45.437-42.800=2.637(\text{m})$$

其余类推。

为了施工检查方便，选定下返数 C 为 2.500m，列在第 7 栏内。第 8 栏是每个坡度板顶向下量(负数)或向上量(正数)的调整数 δ，如 0+000 调整数为

$$\delta=2.500-2.637=-0.137(\text{m})$$

高程板上的坡度钉是控制高程的标志，坡度钉设置示意图如图 16-15 所示，图 16-15 也是 0+000 处管道高程施工测量的示意图，所以在坡度钉钉好后，应重新进行水准测量，检查是否有误。施工中各种施工车辆较多，容易碰动龙门板；尤其在雨后，龙门板还可能出现下沉，因此要定期进行检查，以确保龙门板位置正确无误。

2. 平行轴线腰桩法

管径较小、坡度较大、精度要求比较低的管道，施工测量时，常采用平行轴线腰桩法来控制管道的中线和坡度。

在开工之前，在中线一侧或两侧设置一排平行于管道中线的轴线桩，桩位应落在开挖槽边线外。如图 16-16 所示，平行轴线离管道中线距离为 a，各桩间距以 10～20m 为宜，各检查井的位置也相应地在平行轴线上设桩。

为了控制管底高程，在槽沟坡上(距槽底约 1m 左右)，打一排与平行轴线上相对应的桩，这排桩称为腰桩(图 16-17)。在腰桩上钉一小钉，并用水准仪测出各腰桩上小钉的高程。小钉高程与该处管底设计高程之差 h，即下返数，施工时只需要用水准尺量取小钉到槽底的距离，其值与下返数相比，便可检查槽底是否挖到管底设计高程。

腰桩法施工和测量都较麻烦，且各腰桩的下返数不一，容易出错。为此可以先选定到管底的下返数为某一整数，并计算出各腰桩的高程。腰桩设置可按第十二章第三节中的测设已知高程的方法进行，并以小钉标志其位置，此时各桩小钉的连线则与设计坡度平行，并且小钉的高程与管底高程之差为一常数。

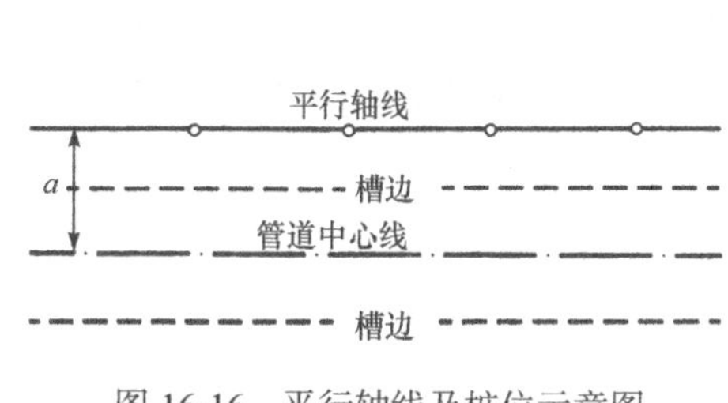

图 16-16　平行轴线及桩位示意图

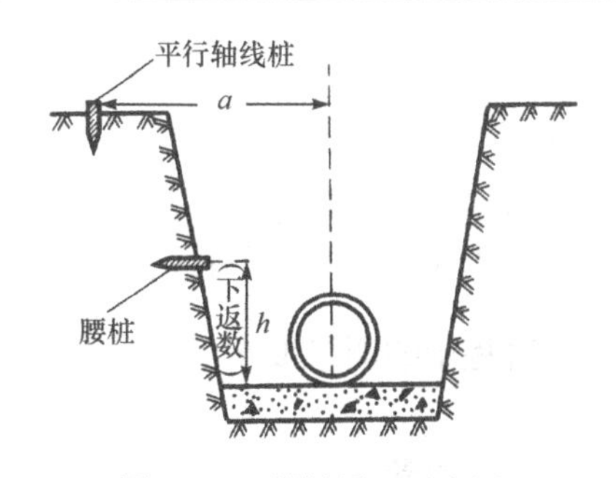

图 16-17　腰桩设置示意图

排水管道接头一般为承插口，施工精度要求较高，为了保证工程质量，在管道接口前应复测管顶高程(即管底高程加管径和管壁厚度)，高程误差不得超过±1cm，如在限差之内，方可接口；接口之后，还需进行竣工测量，然后方可回填土方。

二、架空管道的施工测量

架空管道主点的测设与地下管道相同。架空管道的支架基础开挖中的测量工作和基础模板定位与厂房柱列基础的测设相同，架空管道安装测量与厂房吊车轨道安装测量基本相同，可参阅第十五章第四节，此处不再赘述。

第五节　顶管施工测量

当管道穿越铁路、公路、繁华街道或重要建筑时，为了避免施工中大量的拆迁工作和保证正常的交通运输，往往不允许开沟槽，而采用顶管施工的方法。随着机械化施工程度的提高，这种方法已经被广泛采用。

采用顶管施工时，应事先挖好工作坑，在工作坑内安放导轨(铁轨或方木)，并将管材放在导轨上，用顶镐将管材沿着所要求的方向顶进土中，然后在管内将土方挖出来。顶管施工中测量工作的主要任务是控制管道中线方向、高程和坡度。

一、顶管测量的准备工作

(一)顶管中线桩的设置

首先根据设计图上管道中线的位置,在选定的工作坑前后钉立两个中线控制桩(图 16-18)，然后确定开挖边界。开挖到设计高程后，将中线引到坑壁上，并钉立大钉或木桩，此桩称为顶管中线桩，以标定顶管的中线位置。

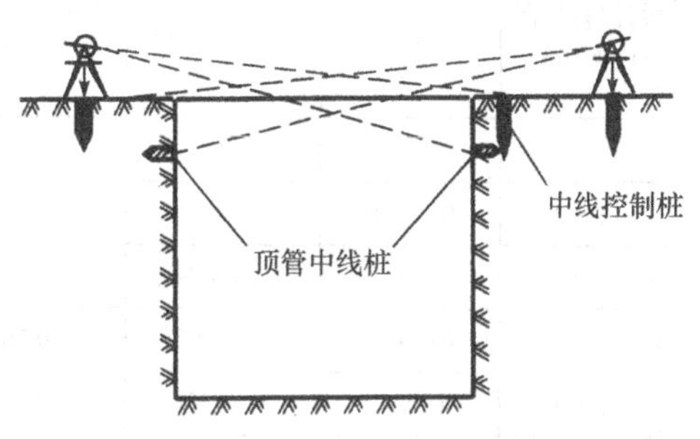

图 16-18　顶管中线桩设置示意图

(二)设置临时水准点

为了控制管道按设计高程和坡度顶进，需要在工作坑内设置临时水准点。一般要求设置两个，以便相互检核。

(三) 导轨的安装

导轨一般安装在方木或混凝土垫层上。垫层面的高程及纵坡都应符合设计要求(中线高程应稍低，以利于排水和防止摩擦管壁)，根据导轨宽度安装导轨，根据顶管中线桩及临时水准点检查中心线和高程，无误后，将导轨固定。

二、顶进过程中的测量工作

(一) 中线测量

如图 16-19 所示，通过顶管中线桩拉一条细线，并在细线上挂两个垂球，两个垂球的连线即为管道方向。在管内前端横放一木尺，尺长等于或略小于管内径，使它恰好能放在管内。木尺上的分划是以尺的中央为零向两端增加的。将尺子在管内放平，如果两垂球的方向线与木尺上的零分划线重合，则说明管子中心在设计管道中线方向上，如不重合，则管子有偏差。其偏差值可直接在木尺上读出，偏差超过±1.5cm，则需要校正管位。

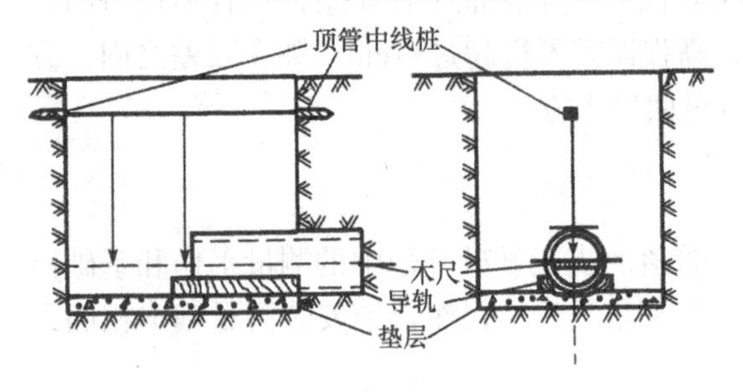

图 16-19　顶管中线测量示意图

(二) 高程测量

水准仪安置在工作坑内，以临时水准点为后视，以顶管内待测点为前视(使用一根小于管径的标尺)。将算得的待测点高程与管底的设计高程相比较，其差数超过±1cm 时，需要校正管子。

在顶进过程中，每进尺 0.5m 进行一次中线和高程测量，以保证施工质量。表 16-5 所示的手簿是以 0+390 桩号开始进行顶管施工测量的观测数据。表中第 1 栏是根据 0+390 的管底设计高程和设计坡度推算出来的；第 3 栏是每顶进 0.5m 观测的管子中线偏差值；第 4 栏、第 5 栏分别为水准点(后视)读数和待测点实际(前视)读数；第 6 栏是待测点的应有前视读数。待测点实际读数与应有读数之差，为高程误差。表中此项误差均未超过限差。

表 16-5　顶管施工测量手簿

设计高程(管内壁)/m	桩号	中心偏差/m	水准点读数(后视)/m	待测点实际读数(前视)/m	待测点应有前视读值/m	高程误差/m	已知条件
1	2	3	4	5	6	7	8
42.564	0+390.0	0.000	0.742	0.735	0.736	–0.001	水准点高程为：42.558m i=+5‰ 0+390 管底高程为：42.564m
42.566	0+390.5	左 0.004	0.864	0.850	0.856	–0.006	
42.569	0+391.0	左 0.003	0.769	0.757	0.758	–0.001	
42.571	0+391.5	右 0.001	0.840	0.823	0.827	–0.004	
⋮	⋮	⋮	⋮	⋮	⋮	⋮	
42.664	0+410.0	右 0.005	0.785	0.681	0.679	+0.002	
⋮	⋮	⋮	⋮	⋮	⋮	⋮	

短距离顶管(小于50m)可按上述方法进行测设。当距离较长时，需要分段施工，每100m设一个工作坑，采用对向顶管施工方法，在贯通时，管子错口不得超过3cm。有时，顶管工程采用套管，此时顶管施工精度要求可适当放宽。

当顶管距离太长，直径较大，并且采用机械化施工的时候，可利用激光水准仪为自动化顶管施工进行动态导向。目前一些大型管道施工，经常采用自动化顶管施工技术，不仅降低了劳动强度，还可以加快顶进速度，是一种先进的施工技术。如图16-20所示，将激光水准仪安置在工作坑内，按照水准仪操作方法，调整好激光束的方向和坡度，用激光束监测顶管的掘进方向。在掘进机头上装置光电接收靶和自控装置。当掘进方向出现偏位时，光电接收靶便给出的偏差信号，并通过液压纠偏装置自动调整机头方向，继续掘进。

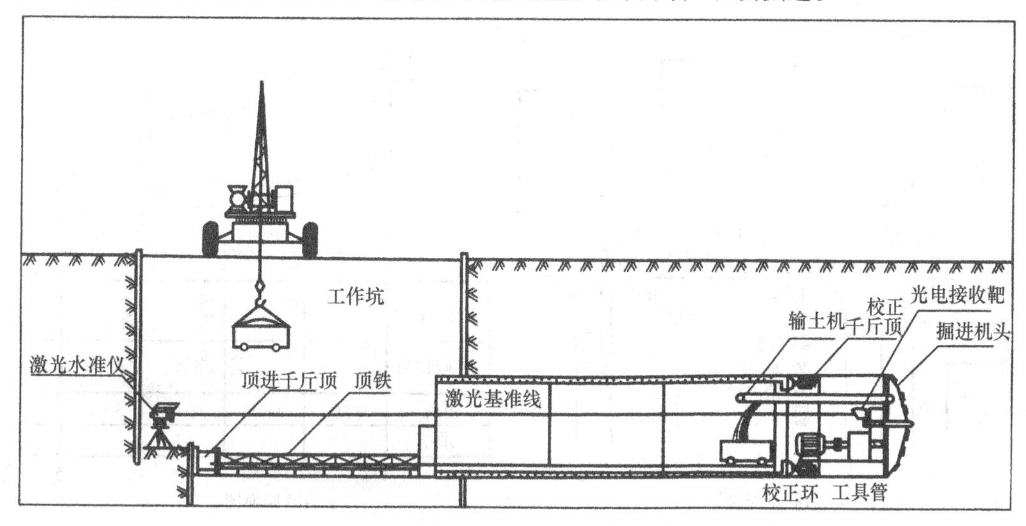

图16-20　激光水准仪动态导向示意图

第六节　管道竣工测量

在管道工程中，竣工图反映了管道施工的成果及其质量，是管道建成后进行管理、维修和扩建时不可缺少的资料，同时也是城市规划设计的必要依据。

管道竣工图包括两方面的内容：①管道竣工带状平面图；②管道竣工断面图。

随着建设的发展，管道种类很多，管道竣工平面图往往与建筑平面图不在一张图上，而需要单独绘制综合竣工带状平面图。为了管理方便，还要编制单项管道竣工带状平面图，其宽度应至道路两侧第一排建筑物外20m，如无道路，其宽度根据需要确定。带状平面图尺根据需要一般采用1∶500~1∶2000比例尺。

竣工带状平面图主要测绘：管道的主点、检查井位置及附属构筑物施工后的实际平面位置和高程。图16-21和图16-22(a)是管道竣工带状平面图示例，图上除标有各种管道位置外，还根据资料在图上标有检查井编号及其顶面高程、管底或管顶的高程、检查井间的距离和管径等。对于管道中的阀门、消火栓、排气装置和预留口等，应用统一符号标明。

当已有实测详细的大比例尺地形图时，可以利用已测定的永久性的建筑物用图解法来测绘管道及其构筑物的位置。当地下管道竣工测量的精度要求较高时，采用图根导线测量方法测定管道主点的解析坐标，其点位中误差(指与相邻控制点)不应大于±5cm。

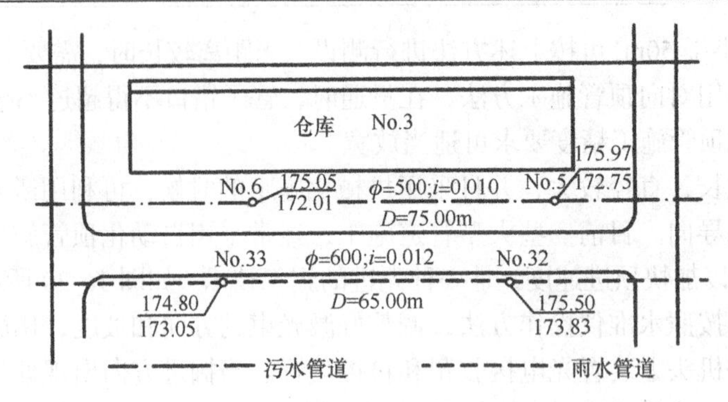

图 16-21　管道竣工带状平面图

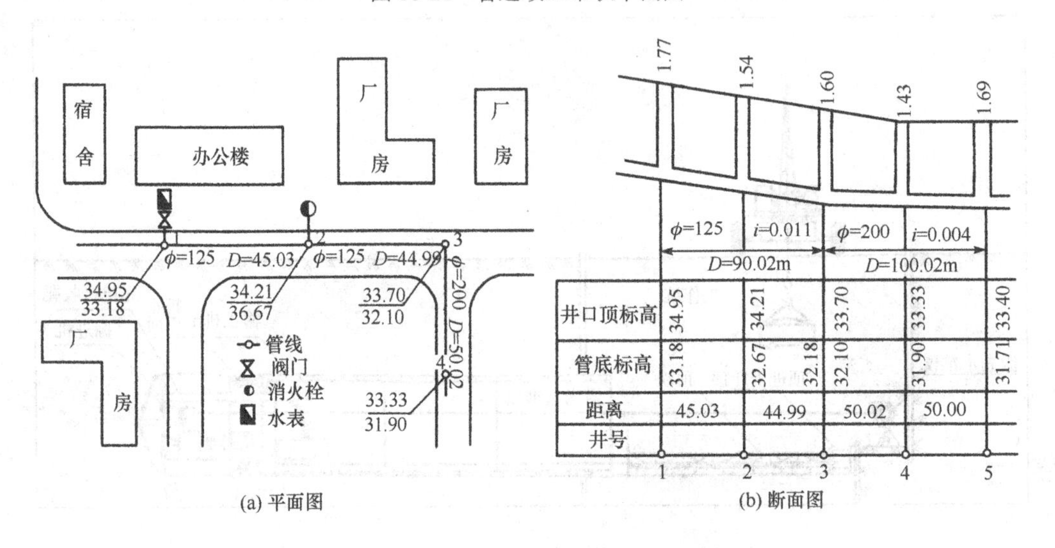

图 16-22　管道竣工带状平面图及竣工断面图

地下管道平面图的测绘精度要求：地下管线与邻近地上建筑物、相邻管线、规划道路中心线的间距中误差，当比例尺为 1∶500～1∶2000 时，如用解析法测绘，不应大于图上±0.5mm；若用图解法测绘，不应大于图上±0.7mm。

管道竣工断面图测绘，一定要在回填土前进行，按图根水准测量精度要求，测定检查井口顶面和管顶高程，管底高程由管顶高程和管径、管壁厚度算得。但对于自流管道应直接测定管底高程，其高程中误差(指测点相对于邻近高程起始点)不应大于±2cm，井间距离应用钢尺丈量或全站仪测定。如果管道互相穿越，在断面图上应表示出管道的相互位置，并注明尺寸。图 16-22(a)与图 16-22(b)为同一管道的竣工平面图和竣工断面图。

我国很多城市旧的地下管道多数没有竣工图，为此应对原有旧管道进行调查测量。首先向各专业单位收集现有的旧管道资料，再到实地对照核实，弄清来龙去脉，进行调查测绘，无法核实的直埋管道，可在图上画虚线示意。

地下旧管道的调查，一般采用下井调查和不下井调查两种方法，一般用 2～5m 钢卷尺、皮尺、直角尺、垂球等工具，量取管内直径、管底(或管顶)至井盖的高度和偏距(管道中心线与检查井中心的垂距)，以求得管道中心线与检查井处的管道高度。在同一井中若有多个方向的管道应逐个量取，并测量其方向，以便连线，若有预留口也要注明。

下井调查应特别注意人身安全。工作人员事前需了解管道情况并采取有效措施，为防止有毒、易燃、窒息气体和腐蚀液体的危害，应打开井盖通风，必要时应戴防毒面具、橡皮手套，穿皮裤衩下井。井下严禁点火，只能用电筒照明以免发生起火或爆炸事故。

若检查井已被残土埋没无法寻找时，可用管道探测仪配合进行管道的调查测量。

思考题与习题

1. 管道工程测量的任务是什么？其具体工作内容是什么？

2. 试述管道中线测量的工作内容及方法步骤。

3. 试述管道纵横断面图测绘方法与步骤。

4. 试述管道施工测量的工作内容及方法步骤。

5. 管道竣工测量的目的及其内容是什么？简述管道竣工测量的特点及竣工测量中的基本要求。

6. 如图 16-23，已知设计管道的主点 A、B、C 的坐标，在此管线附近有导线点 1、2、3、…，其坐标已知，试求出在导线点 2 安置经纬仪，采用极坐标法测设 A、B 两点所需的测设数据，并提出校核方法和所需的校核数据。导线点 1、2 及 A、B 的坐标为：

1: x_1=481.11m　　2: x_2=562.20m

y_1=322.00m　　y_2=401.90m

A: x_A=574.30m　　B: x_B=586.30m

y_A=328.20m　　y_B=400.10m

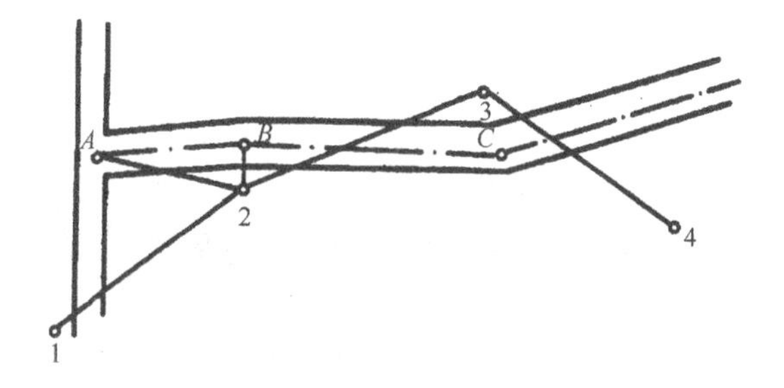

图 16-23　第 6 题附图

7. 根据下面管道纵断面水准测量示意图(图 16-24)，按本章中的表 16-1 记录手簿填写观测数据，并计算出各点的高程(0+000 的高程为 35.150m)。

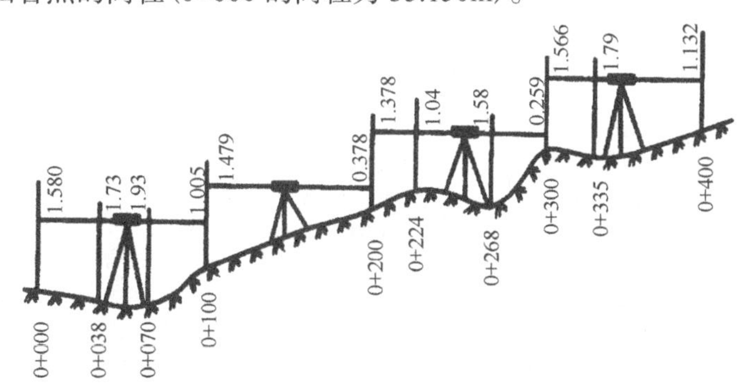

图 16-24　第 7 题附图

8. 根据第 7 题计算的成果绘一纵断面图(水平比例尺为 1∶1000，高程比例尺为 1∶50)，并绘出起点的设计高程为 33.50m；坡度为+7.5‰的管线，并仿照图 16-7 上的各栏进行注记。

9. 如表 16-6，已知管道起点 0+000 的管底高程为 41.72m，管道坡度为−10‰(下坡)，在表 16-6 中计算出各坡度板处的管底设计高程，并按实测的板顶高程选定下返数 C，再根据选定的下返数计算出各坡度板顶高程的调整数 δ 和坡度钉的高程。

表 16-6　坡度钉测设手簿

桩号	距离/m	坡度	管底高程 $H_{管底}$/m	板顶高程 $H_{板顶}$/m	$H_{板顶}-H_{管底}$/m	选定下返数 C/m	调整数 δ/m	坡度钉高程 /m
1	2	3	4	5	6	7	8	9
0+000			41.72	44.310				
0+020				44.100				
0+040				43.825				
0+060				43.734				
0+080				43.392				
0+100				43.283				
0+120				43.051				

第十七章　桥隧工程测量

本 章 要 点

本章主要讲述道路和桥梁工程建设中的测量工作。主要内容包括：桥隧施工控制网的建立，桥墩台的施工放样方法，竖井联系测量和隧道中线测设、腰线测设等。

桥梁、隧道为线路工程上最重要的构造物，桥隧工程测量是指桥隧工程在勘测设计、施工和管理阶段所进行的测量工作。其主要任务是：为桥隧设计测绘地形图、断面图及相关地质、水文资料；为施工建立桥隧施工控制网，进行桥梁墩台中心、墩台纵、横轴线的测设，隧道中线及其衬砌位置的测设，以保证桥轴线长度、桥墩定位、隧道贯通时有足够的精度。

第一节　桥梁工程测量概述

桥梁是公路最重要的组成部分之一。在公路建设中，从投资比重、施工期限、技术要求等诸方面看，桥梁都居于十分重要的位置。尤其是一些大型桥梁或技术复杂的桥梁的修建，对于一条公路高质量地建成通车具有很大的作用，甚至起着主要的控制作用。

桥梁按其轴线长度一般分为特大型(>500m)、大型(100～500m)、中型(30～100m)、小型(<30m)四类，平面形状可分为直线桥和曲线桥两种，按结构形式可分为简支梁桥、连续梁桥、拱桥、斜拉桥、悬索桥等。

桥梁工程测量包括桥梁勘测设计阶段、施工阶段和管理阶段的测量三部分。

要经济合理地建造一座桥梁，首先要选好桥址。桥梁勘测的目的就是为桥址选择和桥梁设计提供地形、地质和水文资料，这些资料提供得越详细、全面，越有利于选出最优的桥址方案和做出经济合理的设计。对于中小型桥及技术简单、造价低廉的大型桥，其桥址位置往往服从于路线走向的需要，不单独进行勘测，而是包括在路线勘测之内。但对于特大型桥梁或技术条件复杂的桥梁，其工程量大、造价高、施工期长，则桥址选择合理与否，对造价和使用条件都有极大的影响，所以路线的位置要服从桥梁的位置，为了能够选出最优的桥址，通常需要单独进行勘测。桥勘的主要测量工作有：桥址控制测量，桥址纵横断面测量，桥址地形图测绘、流向、流速与河流比降测量及钻孔定位测量等。

桥梁施工测量的目的则是为桥梁施工提供施工依据，并保证施工质量达到设计要求，桥梁施工测量的方法及精度要求随桥轴线长度而定，桥梁施工测量的主要工作包括施工控制测量、墩台中心定位与轴线测设、墩台基础及其上部施工放样等。

桥梁施工期间和运营管理阶段期都需要进行变形监测或健康诊断。施工期监测以保证桥梁施工安全、施工质量。运营期变形观测是桥梁运行期养护的重要内容，对桥梁的健康诊断和安全运营具有重要的意义。监测内容有墩台垂直位移观测、水平位移观测、塔柱体和桥面的挠度变形等，包含在某一期间内的静态变形和在外力影响下而产生的某个时刻的瞬时动态变形。

桥位勘测和桥梁施工测量的技术要求应符合《公路勘测规范》(JTG C10—2007)和《公路桥涵施工技术规范》(JTG/T 3650—2020)的规定。鉴于桥位勘测的精度要求较低，故本章桥梁工程测量部分主要介绍桥梁施工控制测量，桥梁墩、台定位和轴线测设等内容。

第二节　桥梁施工控制测量

一、平面控制测量

为保证桥梁与两端线路在平面位置上正确衔接，必须在桥址两岸的线路中线上埋设控制桩。两岸控制桩的连线称为桥轴线，两控制桩之间的水平距离，称为桥轴线长度。为了确保桥轴线长度和桥梁墩台定位的精度，大桥、特大桥不能使用勘测阶段建立的测量控制网进行施工放样，必须布设专用的施工平面控制网。

(一)平面控制网的布设形式

特大桥和大型桥施工平面控制网应首选卫星定位技术建立 GNSS 网，大型和中型桥梁也宜采用全站仪建立边角网，常用的控制网图形为双三角形、大地四边形和双大地四边形，分别如图 17-1 所示。布网时，点位应力求满足如下要求。

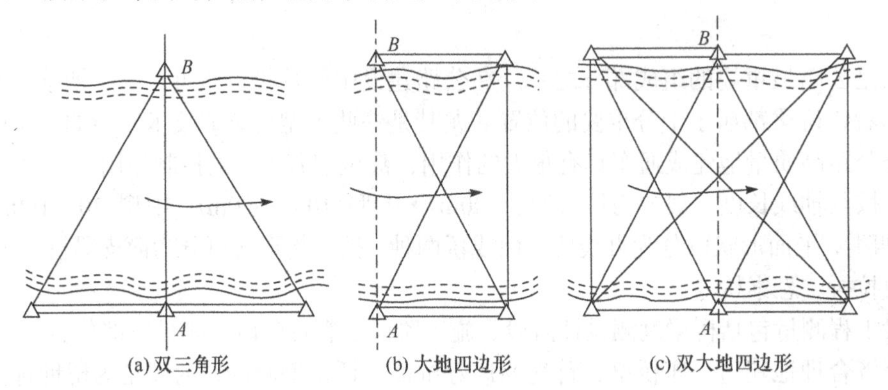

图 17-1　桥梁平面控制网

(1)图形应尽量简单，具有足够的强度，使测得的桥轴线长度的精度满足施工要求，并能用这些控制点以足够的精度用角度交会法放样桥墩。

(2)控制网一般布设成三角网或边角网，其边长与河宽有关，一般在 0.5～1.5 倍河宽范围内变动。

(3)为使桥轴线与控制网紧密联系，布网时应将河流两岸轴线上的两个点作为控制点，两点连线作为控制网的一条边，当桥梁为直线桥时，该边即桥轴线。当桥梁位于曲线上时，应将交点桩、曲线主点等尽量纳入网中。若这些点中有些点落入水中或不便设站时，应在曲线两侧切线上各选两点作为控制点，以便控制网与线路紧密联系在一起，从而以较高的精度获取曲线要素，为精确测设墩台做准备。此外控制点与墩台的设计位置相距不应太远，以方便墩台的施工放样。

(4)控制点应选在不被水淹，不受施工干扰，便于观测和保存的地方。

(二)精度要求

控制网施测的精度要求，应遵从《公路桥涵施工技术规范》(JTG 3650—2020)的规定，其平面控制网的测量精度指标见表17-1。

特殊的桥梁结构如大跨径悬索桥桥位测量的精度要求，见表17-2。

表17-1　桥面平面控制测量精度要求

等级	多跨桥梁总长 L/m	平均边长/km	测角中误差/(″)	桥轴线相对中误差	最弱边边长相对中误差	测回数			三角形最大闭合差/(″)
						DJ_1	DJ_2	DJ_6	
二等	$L\geqslant3000$	3.0	±1.0	1/150000	1/100000	12			±3.5
三等	$2000\leqslant L<3000$	2.0	±1.8	1/100000	1/150000	6	9		±7.0
四等	$1000\leqslant L<2000$	1.0	±2.5	1/60000	1/70000	4	6		±9.0
一级	$L<1000$	0.5	±5.0	1/40000	1/20000		3	4	±15.0

表17-2　大跨径悬索桥桥位测量的精度要求

桥位桩间距/m	基线相对中误差	桥轴线相对中误差
≤200	1/25000	1/10000
201～500	1/50000	1/20000
>500	1/80000	1/40000

现在，桥位三角网的基线通常采用高精度光电测距仪或全站仪测量，因此对基线场地没有特殊要求。当布设成边角网或GNSS网时，可以适当放宽网形的限制，但控制网的精度必须满足表17-1相应的指标要求。GNSS网的等级及精度指标要求见第八章第三节。

二、高程控制测量

桥梁工程中，高程控制测量主要有两个作用：一是将本桥有关的高程基准统一于一个基准面；二是在桥址附近设立一系列基本高程控制点和施工高程控制点，以满足施工中高程放样的需要，同时还要满足桥梁建成后监测墩台垂直变形的需要。建立高程控制网的常用方法是水准测量和测距三角高程测量，对于水准路线跨越较宽的河流和山谷时需要采用特殊方法——跨河水准测量建立高程控制。

(一)高程控制网的常用布设形式

桥梁高程控制网的主要形式是水准网，由基本水准点组成，基本水准点既为桥梁高程施工放样使用，也为桥梁墩台变形观测使用。因此基本水准点应选在地质条件好、地基稳定处。正桥两岸桥头附近都应设置基本水准点，当引桥长于1km时，在引桥的始点和终端均应设基本水准点。基本水准点应力求坚实稳定。

图17-2为某大桥水准网示意图，BM_2和BM_5为两岸的二等水准点，03、04、05为布设于两岸的基本水准点，在上、下游设置了两条过河水准路线而形成一闭合环。

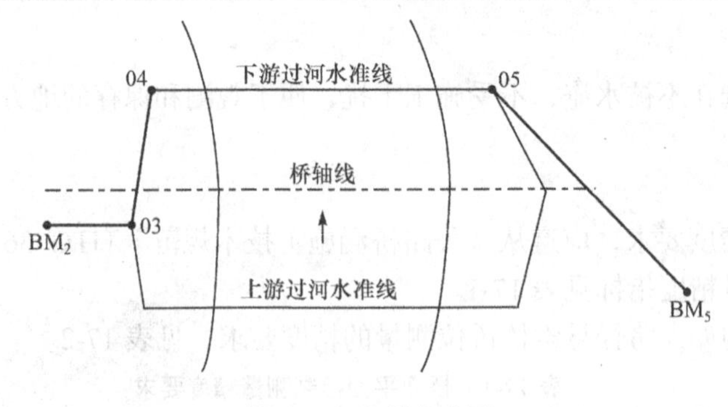

图 17-2 大桥水准网

为了方便桥墩高程放样，在距基本水准点较远(大于 1km)的情况下，应增设施工水准点。施工水准点可布成附合水准路线。施工高程精度低于三等时，也可用测距三角高程建立。

(二)跨河水准测量

在水准测量中，若跨越的水域超过了水准测量规定的视线长度，应采取特殊的方法施测，称为跨河水准测量。如果在桥位上、下游不远处，国家测绘部门或其他单位已进行过跨河水准测量，其观测方法和成果精度符合要求的则可利用，否则需要自行测量。跨河水准测量的地点应尽量选择在桥位附近河宽较窄、地质稳定、高差起伏不大的地方，以便使用最短的跨河视线；河道两岸的水平视线距水面的高度宜大致相等并大于 3m；如果用两台同精度仪器在河道两岸对向观测时，两岸仪器至水边的距离应尽量相等，其地形、土质也应相似；仪器安置的位置应选在开阔、通风之处，不要靠近陡岸、墙壁、石滩等处。两岸测站点和立尺点可布成如图 17-3 所示的对称图形。图中 1、2 为测站点，A、B 为立尺点，要求 $A1$ 与 $2B$、$1B$ 与 $2A$ 尽量相等，并使 $1A$、$2B$ 大于 10m。各等跨河水准测量观测的测回数、组数要求见表 17-3。

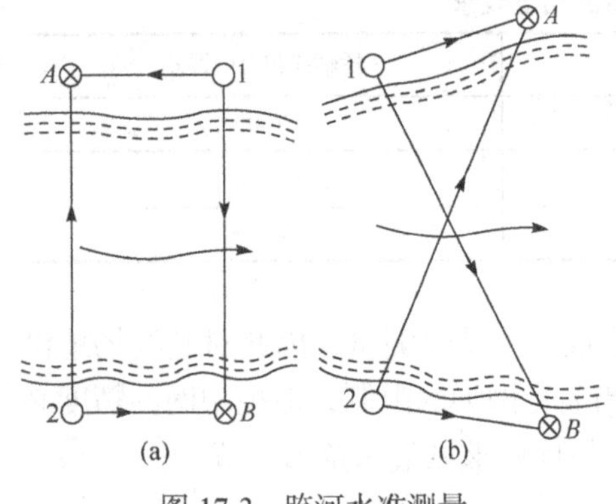

图 17-3 跨河水准测量

表 17-3 跨河水准观测的测回数、组数要求

跨河视线/m	二等		三等		四等	
	测回数	组数	测回数	组数	测回数	组数
<300	2	2	2	1	2	1
300～500	2	4	2	2	2	2
500～1000	8	6	2	2	2	2
1000～1500	12	8	4	2	3	2
1500～2000	16	8	8	3	3	3
>2000	8S	8	4S	3	4	3

注：1.表中 S 是视线长度的公里数，位数凑整到 0.5 或 1。

2.1 测回是指两台仪器对向观测 1 次。

3.组数是指不同的时间段施测规定测回数的次数。

跨河水准测量一测回的观测顺序是：在一岸先读近尺，再读远尺；仪器搬至对岸后，不调焦距先读远尺，再读近尺；也可以采用两台同精度的水准仪同时作对向观测，得两个高差，取其平均值，此为一个测回。再将仪器、标尺对换，同法测第 2 测回。跨河水准测量应在上午、下午各完成半数工作量。

由于跨河水准测量的视线较长，为了解决长视线照准水准标尺上的分划线和在水准尺上读数的问题，可在水准尺上安装一块可以沿尺上下移动的特制觇板，并根据跨河视线的长度分别采用光学测微法和微倾螺旋法。视线小于 500m 时采用光学测微法，视线大于 500m 时采用微倾螺旋法。觇板的制作方法详见《国家三、四等水准测量规范》(GB/T 12898—2009)附录，图 17-4 为三、四等跨河水准测量观测觇板。觇板中央开一矩形小窗，小窗中央安一个水平指标线，用以读数。观测时，由观测者指挥立尺员上下移动觇板，使觇板上的水平指标线落在水准仪十字丝横丝上(三、四等)，然后由立尺员在水准尺上读取标尺读数。对于一、二等精密水准测量，则上下移动觇板至觇板上的矩形标志线被望远镜的楔形丝夹住后，再稍移动觇板，直到觇板上指标线精确对准精密水准尺上最邻近的一条分划线为止，再由观测员转动测微螺旋，使望远镜的楔形丝精确夹住觇板上的矩形标志，读取测微器读数。则水准尺上该分划线的注记读数和光学测微器测定的觇板指标线的平移量之和，即水平视线在对岸水准标尺上的精确读数。

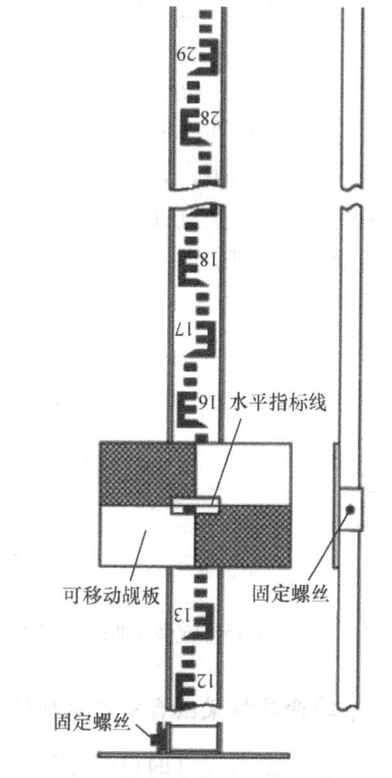

图 17-4　三、四等跨河水准测量观测觇板

所谓微倾螺旋法就是用水准仪的倾斜螺旋使视线倾斜照准对岸水准标尺上特制觇板的标志线，利用视线的倾角和标志线之间的已知距离来间接地求出水平视线在对岸水准尺上的精确读数。

根据精度要求和跨距的长短，结合场地的条件还可采用光电测距三角高程测量和 GNSS 测量法进行跨河水准测量，具体的实施方法参见《国家三、四等水准测量规范》(GB/T 12898—2009)。

第三节　桥梁墩台中心定位与轴线测设

在桥梁施工阶段中，最主要的测量工作是准确地测设桥梁墩台的中心位置和它的纵横轴线，这个工作称为墩台定位和轴线测设。

测设墩台的中心和轴线的关键是计算出墩台中心的精密坐标，直线桥梁的这项工作非常容易，甚至不需要算出其坐标，仅根据墩台中心的桩号和岸上桥位桩的桩号求出其距离就可定出墩台中心的位置。但对于曲线桥梁，墩台中心不在线路中线上，此时计算墩台中心的坐标就比较困难，因此，下面先介绍曲线桥梁墩台中心坐标的计算方法，然后再来讨论墩台中心定位和轴线测设问题。

一、曲线桥梁墩台中心坐标的计算方法

(一) 曲线桥梁的布设形式

曲线桥梁的线路中线为曲线，但梁本身却是直的，线路中线与梁的中线不可能完全吻合，如图 17-5 所示。因此梁在曲线上的布置，是使各梁的中线连接起来，成为基本与线路中线相符合的一条折线，这条折线称为桥梁的工作线。桥墩的中心位于工作线转折角的顶点上，所谓墩台中心定位，实际上就是要测设这些转折角的顶点位置。

桥梁设计中，梁中心线的两端并不在线路中线上，因为那样将使梁的中部线路中心偏向梁的外侧，致使在车辆通过时，梁的两侧受力不均匀，因而必须将梁的中线向外侧移动一段距离 E，称为偏距，如图 17-6 所示。由于相邻两跨梁的偏角很小，可以认为 E 就是线路中线与桥墩纵轴线的交点 A 至桥墩中心 A' 的距离。所谓墩台的纵轴线，是指垂直于线路方向的轴线，而横轴线则是指平行于线路方向的轴线。偏距 E 可根据墩距和曲线要素按规定的公式计算(可参见相关资料)。

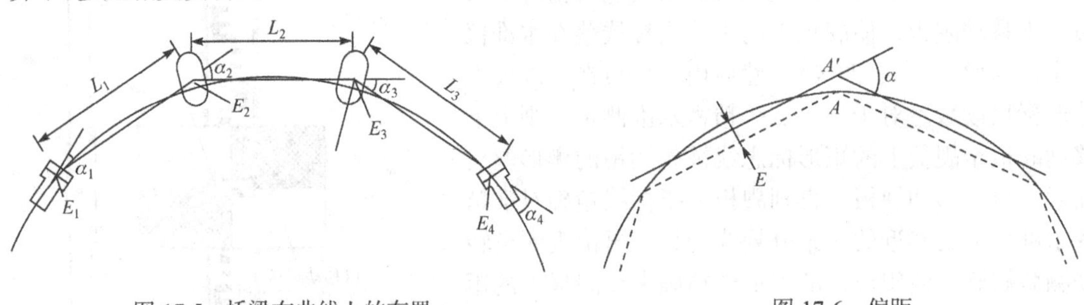

图 17-5　桥梁在曲线上的布置　　图 17-6　偏距

(二) 曲线桥梁墩台中心坐标计算

在桥梁勘测设计时已经获得了曲线要素和桥轴线两端控制桩的桩号和坐标，但这些数据因精度较低不能作为计算墩台中心坐标的起算数据。在施工控制测量后，应根据控制点的精确坐标重新计算曲线要素和桥轴线控制桩的桩号，然后由设计文件中给出的墩台桩号，求出各墩台桩号对应的曲线精确坐标，进而求得墩台中心的坐标。

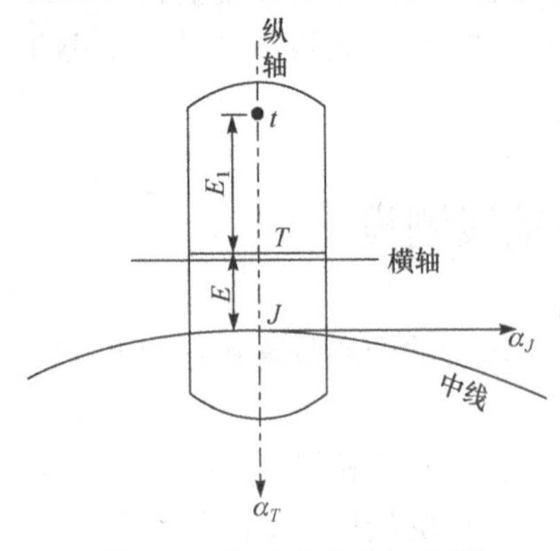

图 17-7　墩台中心坐标计算

如图 17-7 所示，T 为桥墩中心，该墩的桩号 J 在设计文件中已给出，利用该桩号按新计算的曲线要素可求得其坐标 (x_J, y_J) 和切线方位角 α_T 的精确值。墩中心 T 到中桩 J 的偏距为 E，这一偏距是点 T 到曲线的垂距，故图中桥墩的纵轴线方位角 α_T 为

$$\alpha_T = \alpha_J + 90° \tag{17-1}$$

此方位角永远指向线路前进方向的右侧。于是求得墩台中心的坐标 (x_T, y_T) 为

$$\begin{cases} x_T = x_J - E\cos\alpha_T \\ y_T = y_J - E\sin\alpha_T \end{cases} \tag{17-2}$$

在其纵轴线上离墩中心 E_1 处取一点 t，则 t 的坐标为

$$\begin{cases} x_t = x_T - E_1\cos\alpha_T \\ y_t = y_T - E_1\sin\alpha_T \end{cases} \tag{17-3}$$

T 的坐标用于测设墩台中心，t 的坐标则用于确定墩台的纵轴线。

二、墩台中心定位和轴线测设

(一)墩台中心定位

桥墩的测设要进行两次。水中桥墩基础(墩底)一般采用浮运法施工，目标处于浮动中的不稳定状态，在其上无法安置测量仪器，因此墩底测设一般采用方向交会法；在已经稳固的墩台基础上定位时，可采用直接丈量法、方向交会法或全站仪极坐标法。

1. 直接丈量法

直接丈量法只适用于直线桥梁的墩台测设。如图 17-8 所示，将全站仪或测距仪安置在桥轴线控制点 A 上，在 AB 连线上分别用正倒镜分中法测设出 A 点距墩台中心 P_1、P_2、P_3 的水平距离；然后将全站仪搬至对岸的 B 点，在 BA 连线上分别采用正倒镜分中法测设出 B 点距墩台中心 P_1、P_2、P_3 的水平距离；两次测设的墩台中心位置误差应小于 2cm。

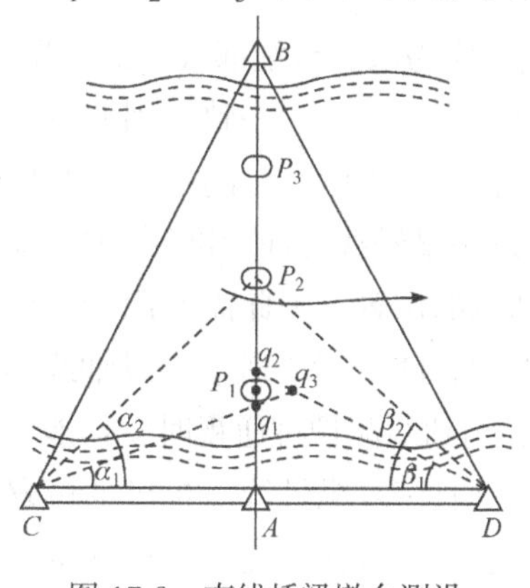

图 17-8　直线桥梁墩台测设

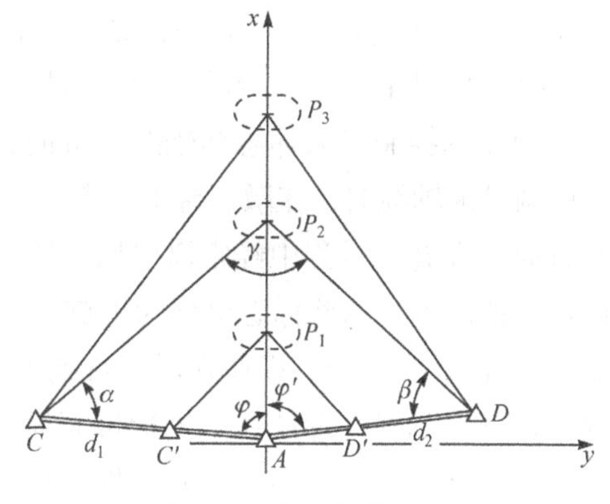

图 17-9　交会法测设墩台

2. 方向交会法

方向交会法应在三个方向上进行。为了保证墩位精度，交会角应接近于 90°。图 17-9 为一个待测桥梁，由于各个桥墩位置有远有近，若交会时只在固定点 C、D 设站测设，就无法满足交会角接近 90°的要求。因此在布设控制网时应注意增设插点和节点，以满足这一要求。图中交会 P_3、P_2 时，利用 C、D 节点，而交会 P_1 时，则利用节点 C' 和 D'。对于直线桥来说，交会的第三个方向最好采用桥轴线方向，因为该方向可直接照准对岸桥位桩而无须测角。

测设前应根据三个测站点和测设的墩台中心点的坐标，分别计算出测设元素，图 17-9 中测设 P_2 时，测设元素是 α、β 和 φ 角(对直线桥，φ 不必计算)。

理论上三个交会方向应交会于一点，由于不可避免的测量误差的影响，实际上，从 C、D、A 三站测设的三条方向线不交于一点，而构成图 17-8 中所示的误差三角形 $\Delta q_1q_2q_3$。对于直线桥梁，如果误差三角形在桥轴线方向上的边长 q_1q_2 在容许范围内(墩底放样为 2.5cm，墩顶放样为 1.5cm)，则取 C、D 两点拨角方向线的交点 q_3 在桥轴线上的投射点 P_1 作为桥墩的中心位置。对于曲线桥，如果误差三角形的最大边长不大于 2.5cm，则取三角形的重心作为墩台中心的位置。

3. 全站仪极坐标法

采用全站仪测设墩位时可用此方法，该法操作方便、快速，在一个测站上就可以测设所有与之通视的点，且距离远近对工作量和工作方式无影响，测设精度高，是一种较好的测设方法。

测设时，可选择任一控制点设站，并选择一个照准条件好、目标清晰、距离较远的控制点作为定向点。再根据控制点和墩台中心的坐标，计算测设元素，按预先拟定的测回数，测设墩台中心。为了防止错误，最好用两台全站仪在两个测站上同时按极坐标法测设同一墩台中心(如条件不允许，则迁站至另一控制点上同法测设)，所得两个墩台中心的距离差不大于 2cm 时，取两点连线的中点为墩台中心，同法可测设其他墩台中心。

值得注意的是，在测设前应将所使用的棱镜常数和当时的气象参数——温度和大气压输入仪器，仪器会自动对所测距离进行修正。

(二)墩、台纵横轴线测设

在墩、台中心定位后，还应测设墩、台的纵横轴线，作为墩、台细部放样的依据。

在直线桥梁上，墩、台的横轴线与桥梁轴线相重合，且各墩、台一致，因而就可利用桥梁轴线两端的控制桩来标志横轴线的方向，一般不再另行测设。墩、台的纵轴线与横轴线垂直，在测设纵轴线时，在墩、台中心点上安置经纬仪，以桥梁轴线方向为准测设 90°角，即纵轴线方向。在施工过程中经常需要恢复墩、台的纵横轴线的位置，因此需要用标志桩将其准确标定在地面上，这些标志桩称为护桩，如图 17-10、图 17-11 所示。墩、台纵轴线的护桩在每侧应各设置 2～3 个，以便在墩、台施工到一定高度影响到两侧护桩通视时，仍能利用同一侧的护桩恢复轴线，即使在个别护桩丢失、损坏后也能及时恢复纵轴线。护桩的位置应选在施工场地外一定距离，通视良好、地质稳定的地方。标志桩视具体情况可采用木桩、水泥包桩或混凝土桩。

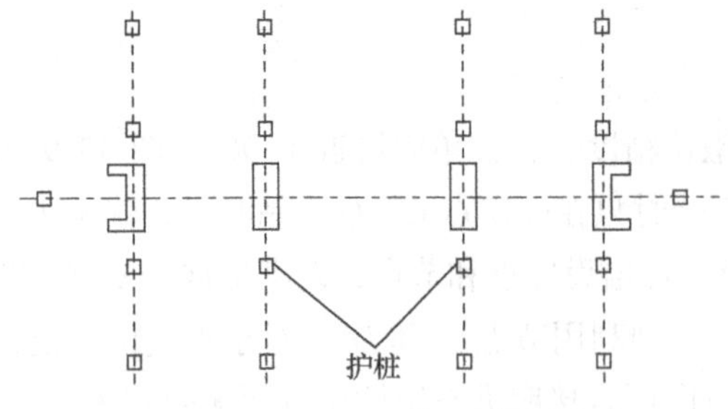

图 17-10　直线桥梁墩、台护桩布设

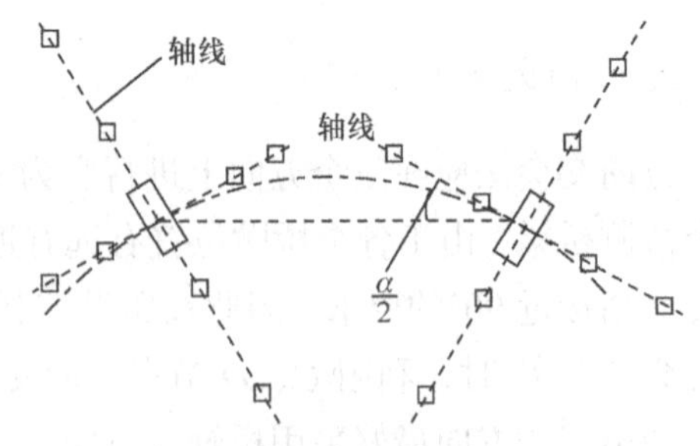

图 17-11　曲线桥梁墩、台护桩布设

位于水中的桥墩，如采用筑岛或围堰施工时，则可把纵、横轴线测设于岛上或围堰上。在曲线桥上，可在测设墩台中心 T 的同时，根据墩台的纵轴线点 t 的坐标测设该点，然后在墩台中心点上置仪，照准该点的纵轴线方向，测设 90°角，即横轴线方向。同直线桥，在纵横轴线方向上，每侧钉设 2～3 个护桩。

第四节　隧道工程测量概述

隧道是一种穿通山岭，横贯海峡、河道，盘绕城市地下的交通结构物。按不同的工程用途，隧道可分为公路隧道、铁路隧道、城市地下铁道、地下水道等。通常隧道的开挖从两端洞口开始，即只有两个开挖工作面。如果隧道工程量大，为了加快隧道开挖施工速度，可根据需要和地形条件在两洞口间增加平峒、竖井和斜井，如图 17-12 所示。

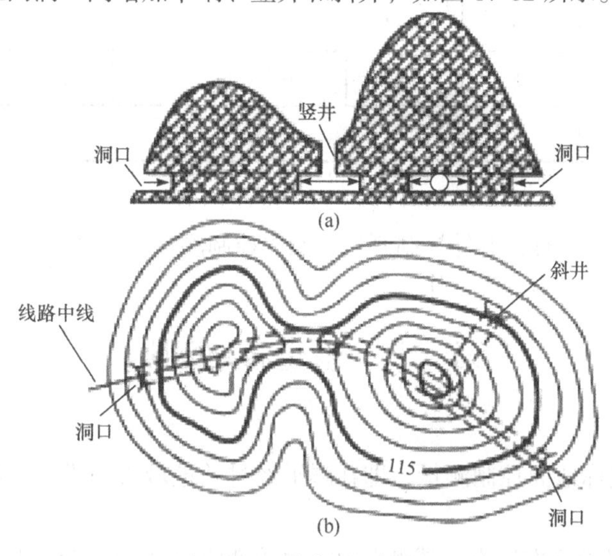

图 17-12　隧道的相向开挖

公路隧道类型按隧道长短可分为四种，见表 17-4。

表 17-4　公路隧道类型

公路隧道分级	特长隧道	长隧道	中隧道	短隧道
直线型隧道长度	L>3000m	1000m<L≤3000m	500m<L≤1000m	L≤500m
曲线型隧道长度	L>1500m	500m<L≤1500m	250m<L≤500m	L≤250m

隧道测量的主要任务，在隧道的勘测设计阶段是提供选址地形图和地质填图所需的测绘资料；在施工阶段是保证隧道的相向开挖能按规定精度正确贯通，并使各类建筑物以规定精度按照设计位置修建。

在隧道工程中，两个相向掘进工作面在设计的位置对接连通的过程称为贯通。由于误差的影响，相向或同向掘进的坑道的施工中线在贯通面上因未准确接通而产生偏差，该偏差称为贯通误差。贯通误差通常用横向、纵向和竖向三个分量来描述，分别称横向贯通误差、纵向贯通误差和高程贯通误差。

纵向贯通误差为沿坑道施工中线方向上的长度贯通偏差，是贯通误差在施工中线方向上的投影。

横向贯通误差为沿垂直于坑道施工中线的水平方向贯通偏差，是贯通误差在垂直于坑道施工中线的水平方向上的投影。

高程贯通误差为沿垂直于坑道施工中线的竖直方向贯通偏差，是贯通误差在垂直于坑道施工中线的竖直方向上的投影。

横向贯通误差影响隧道的平面设计，引起隧道中线几何形状的改变。如果贯通误差大了，会引起洞内建筑物侵入规定限界，增加隧道在贯通面附近的竖向和横向开挖量，或使已衬砌部分拆除重建，将造成重大工程损失，影响工程质量。因此，通常要严格控制隧道的横向贯通误差。《铁路工程测量规范》(TB 10101—2018)中根据两开挖洞口间的长度规定的贯通误差限差如表 17-5 所示。

表 17-5 《铁路工程测量规范》中的隧道贯通误差限差

两开挖洞口间的长度/km	<4	4～7	7～10	10～13	13～16	16～19	19～20
横向贯通限差/mm	100	130	160	200	250	320	360
高程贯通限差/mm	50						

注：本表不适用于利用竖井贯通的隧道。

隧道测量的主要内容有：洞外控制测量、洞内控制测量、竖井联系测量、洞内中线测设、洞内建筑物的放样和竣工测量等工作。

第五节 隧道控制测量

一、洞外控制测量

洞外控制测量或称地面控制测量，即在隧道经过的地域表面进行平面控制测量和高程控制测量。

地面平面控制测量的方法有导线测量法、边角测量法和 GNSS 法等，目前基本都采用 GNSS 技术建网。地下平面控制网只能采用导线。地面高程控制网一般采用水准测量，也可以根据情况采用测距三角高程测量。地下高程控制网通常采用水准测量。

(一)地面平面控制测量

1. 导线测量法

如图 17-13 所示，A、B 分别为进口控制点和出口控制点，A 为导线点。布设导线时，为了减少测角误差对隧道横向贯通的影响，导线应沿两端洞口连线布设成直伸型导线，减少转折角个数。对于曲线隧道还应将曲线的起、终点及曲线切线上的两点包含在导线中。在有横洞、斜井和竖井的情况下，导线应经过这些洞口，以减少洞口投点。为了增加校核条件，提高导线测量的精度，一般都使其组成闭合环，以提高导线的可靠性。

2. 边角测量法

在 GNSS 定位技术应用之前，基本是采用地面边角网建立隧道地面平面控制网，图 17-14 是一个典型的隧道地面边角网。隧道两端洞口点布设为控制网的一个点，对于曲线隧道，曲线两侧切线上的转点也应纳入网中。每个洞口附近应布设不少于 3 个平面控制点，作为洞内测量的起算数据。

随着 GNSS 技术的广泛应用，对于隧道工程的洞外平面控制测量来说，它与地面边角测量技术相比，有无与伦比的优点，因此，基本不再考虑地面边角网的布设方案。只有较短的沿山隧道，如在500m以下，地形条件较适合，且受仪器设备限制的情况下，可考虑采用导线测量方法。

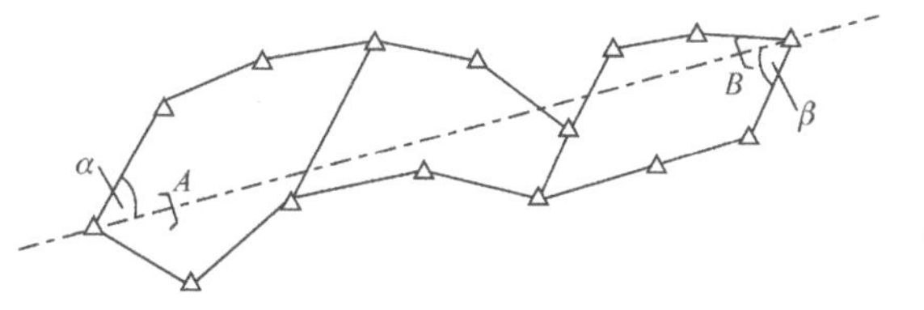

图17-13 隧道的地面导线控制网

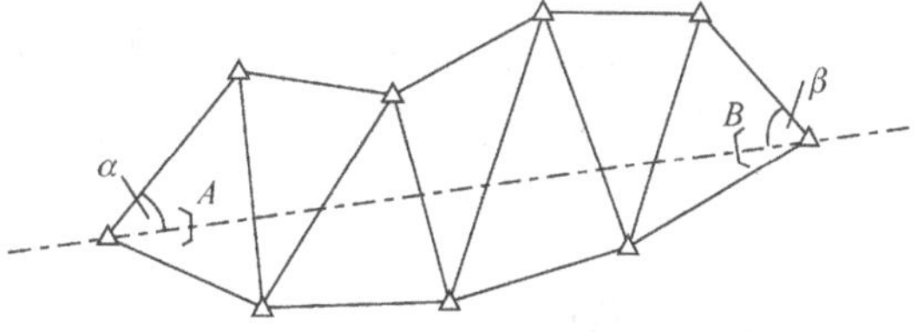

图17-14 边角网控制测量

3. GNSS控制网

用GNSS定位技术作隧道地面控制，只需要在洞口外布点。对于直线隧道，洞口控制点应选在路线中线上，另外再布设两个定向点，定向点要与洞口点通视，但定向点间可不通视。对于曲线隧道，还应将曲线的主要控制点如曲线起、终点，切线上的主点纳入网中。

GNSS点在观测时不要求点之间相互通视，而且对于网形也没有严格要求，因此选点较传统的控制测量简便。但GNSS点要求有良好的观测环境，如GNSS点上空要开阔，不能选在隐蔽或其周围有高大障碍物的地方，否则会影响GNSS卫星信息的接收；要避开无线电发射台及高压输电线，防止磁场对卫星信号的干扰；要避开大面积的水域或对电磁波反射强烈的物体，以减弱多路径效应的影响等。

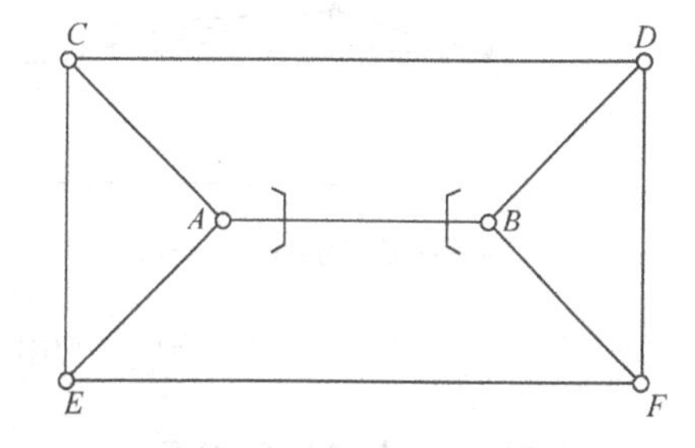

图17-15 GNSS隧道地面控制网

图17-15为采用GNSS定位技术而布设的一种隧道地面控制网，图中两点间连线为独立基线，网中每个点均有三条独立基线相连，故有良好的可靠性。

由于GNSS测量具有定位精度高、观测时间短、布网与观测简便，以及可以全天候作业等优点，其已成为隧道地面控制测量的主要方法。

(二)地面高程控制测量

隧道地面高程控制测量，一般采用水准测量法进行。隧道每个洞口附近应埋设两个水准点，以备使用过程中的互相检核。两个水准点之间的高差，以安置一次仪器即可联测为宜。而且水准点的埋设位置应尽可能选在能避开施工干扰、稳定坚实的地方。

目前，光电测距三角高程测量已可替代三、四等水准测量，因此隧道高程控制亦可采用此法，并与地面平面控制测量进行联合作业，以减小外业的劳动强度。

二、洞内控制测量

(一)洞内平面控制测量

洞内平面控制宜采用导线形式。根据洞内导线的坐标，就可以测设隧道中线、放样隧道衬砌位置及其他附属设施。

地下导线的起始点通常设在隧道的洞口、横洞或斜井口，这些点的坐标是由地面控制测量测定的。

1. 洞内导线的特点

与地面导线测量相比，地下导线的主要特点是：不能一次布设，而是随隧道(或巷道)的开挖而分级布设，并逐渐向前延伸。一般先敷设边长较短、精度较低的施工导线，指示隧道(或巷道)的掘进；再布设高等级长边导线，进行检核，提高精度和可靠性，保证隧道(或巷道)的正确贯通。

2. 洞内导线的布设方法

地下导线的分级布设通常分施工导线、基本导线和主要导线(参见图 17-16)。施工导线的边长为 25～50m，基本导线边长为 50～100m，主要导线的边长为 150～800m。当隧通(或巷道)开始掘进时，首先布设施工导线给出坑道的中线，指示掘进方向。当掘进 300～500m时，布设基本导线，检查已敷设的施工导线是否正确。高等级导线的起点、部分中间点和终点应与低等级导线点重合。隧道(或巷道)继续向前掘进时，应以高等级导线为基准，向前敷设低等级导线和放样中线。

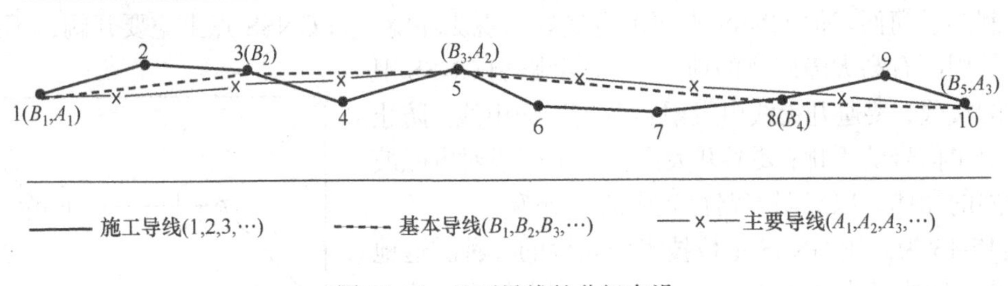

图 17-16　地下导线的分级布设

(二)洞内高程控制测量

洞内高程控制测量的任务是测定洞内各水准点与永久导线点的高程，以建立地下高程基本控制。其特点有以下几点。

(1)高程测量线路一般与地下导线测量的线路相同。在坑道贯通之前，高程测量线路均为支线，因此需要往返观测及多次观测进行检核。

(2)通常利用地下导线点作为高程点。高程点可埋设在顶板、底板或边墙上。

(3)在施工过程中，为满足施工放样的需要，一般是用低等级高程测量给出坑道在竖直面的掘进方向，然后再进行高等级的高程测量进行检测。每组永久高程点应设置 3 个，永久高程点的间距一般以 300～500m 为宜。

(4)洞内高程控制测量采用洞内水准测量，应以洞口水准点的高程作为起始依据，通过水平坑道、斜井或竖井等将高程传递到地下，然后测定洞内各水准点的高程，作为施工放样的依据。

三、竖井联系测量

在隧道工程中，常常通过竖井进行地下的开挖工作。为了保证相向开挖面能正确贯通，就必须将地面控制网中的坐标、坐标方位角及高程，经由竖井传递到井下去，这些传递工作称为竖井联系测量。竖井联系测量分为平面联系测量和高程联系测量，平面联系测量是坐标和坐标方位角的传递，又称竖井定向测量。通过定向测量，使洞内的平面控制网与地面控制网具有统一的坐标系统。而通过高程传递，使洞内取得了高程起算数据，也称为导入标高。

(一)竖井平面联系测量

1. 一井定向

通过在一个竖井内悬挂两根吊锤线(图 17-17)，将地面点的坐标和地面边的坐标方位角传递到井下的测量工作称为一井定向。在地面由井口投点(近井点)和控制点测定两吊锤线的坐标 x 和 y 及其连线的坐标方位角；在井下根据吊锤线投影点的坐标及其连线的方位角确定地下导线起算点的坐标和起算边的坐标方位角。

如图 17-17 所示，O_1、O_2 是两条挂在竖井中的悬垂钢丝，下端挂有重物。A、B 为地面上的已知控制点，C、D 为地下待定点。图 17-18 是上述观测点及垂线经连接测量在平面上的投影。

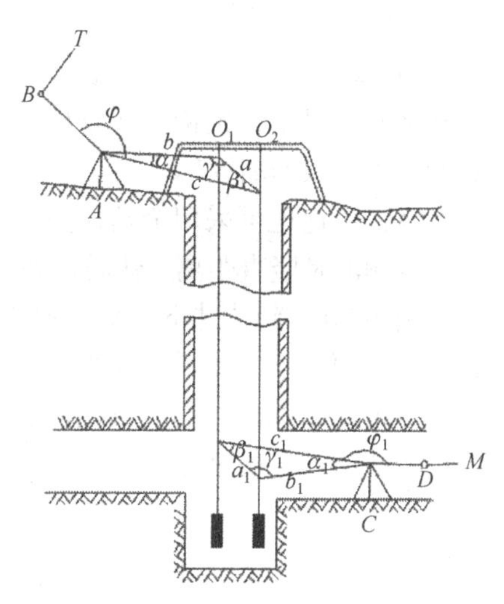

图 17-17　一井定向示意图

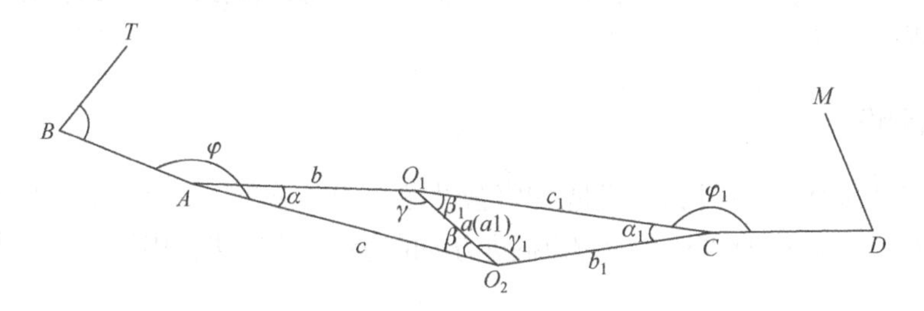

图 17-18　连接测量示意图

连接测量时，在连接点 A 与 C 点处用测回法测量角度 α、φ、α_1、φ_1。同时丈量井上下连接三角形的 6 个边长 a、b、c、a_1、b_1、c_1。

按式(17-4)计算连接三角形各未知要素：

$$\sin\beta=\frac{b}{a}\sin\alpha\ ,\quad \sin\gamma=\frac{c}{a}\sin\alpha$$
$$\sin\beta_1=\frac{b_1}{a_1}\sin\alpha_1\ ,\quad \sin\gamma_1=\frac{c_1}{a_1}\sin\alpha_1 \tag{17-4}$$

然后按 $B\to A\to O_2\to O_1\to C\to D$ 的顺序，用一般导线计算方法计算各点的坐标。

其中，地下 CD 两点的坐标方位角为

$$\alpha_{CD}=\alpha_{AB}+\varphi+\beta-\beta_1+\varphi_1\pm n\times180° \tag{17-5}$$

2. 陀螺经纬仪竖井定向

利用陀螺经纬仪可以直接在某点上测定某一方向的真方位角 A，同时根据该点的坐标可以计

算子午线收敛角γ，故可计算该点至某一方向的坐标方位角α。如图 17-17 所示，在C点安置陀螺经纬仪可以测定CD边的坐标方位角，方便精确地为隧道中线定向。近年来，陀螺经纬仪在自动化和高精度等方面有很大发展，使陀螺经纬仪在竖井隧道自动测定方位角方面得到更大应用。

（二）高程联系测量

高程联系测量的目的是根据竖井附近的地面水准点求出井下水准点的高程。为传递高程，可在竖井内悬吊一根钢丝或钢尺，采用高程上下传递法进行观测（见十二章第三节），即可得到洞内水准点的高程。

高程传递也可采用全站仪测定竖井深度的方法来进行。这种方法操作简便，精度高。但由于观测的是竖直距离，就需在井口与全站仪同高处安置一与水平面成 45°的平面镜，使测距信号偏转 90°，到达井下水平放置的反光镜，并返回，测得全站仪至井下反光镜的路程。然后，在井口平面镜下方水平置反光镜，测得测距仪至该镜的路程，两次路程差即为两反光镜间的高差。再用水准仪分别测量地面已知点与井口反光镜及井下待求点与井下反光镜间的高差，即可将地面高程传至井下。

第六节 隧道施工测量

隧道施工测量主要是为隧道开挖施工提供准确的方向，包括隧道中线测设、掘进的坡度测设（称腰线测设）、竣工测量等工作。

一、隧道中线测设

在隧道施工过程中，隧道中线测设是一项经常性的工作，实际上就是在平面上标定掘进方向。根据施工方法和施工程序的不同，确定隧道掘进方向的方法有中线法、串线法、激光指向仪导向法。

（一）中线法

中线法实质上是以极坐标法原理测设隧道中线点。随着隧道的不断开挖延伸，利用经纬仪拨角在隧道测设中线点位，不断地指示隧道开挖的方向和位置。

在图 17-19 中，P_1、P_2为导线点，A为隧道中线点，根据A点设计坐标、隧道中线的设计方位角及P_1、P_2的实测坐标，即可按式（17-6）计算出放样中线点A所需的有关数据β_2、β_A和L。

$$\begin{cases} \alpha_{P_2A} = \arctan\dfrac{Y_A - Y_{P_2}}{X_A - X_{P_2}} \\ \beta_2 = \alpha_{P_2A} - \alpha_{P_2P_1} \\ \beta_A = \alpha_{AD} - \alpha_{AP_2} \\ L = \dfrac{Y_A - Y_{P_2}}{\sin\alpha_{P_2A}} = \dfrac{X_A - X_{P_2}}{\cos\alpha_{P_2A}} \end{cases} \tag{17-6}$$

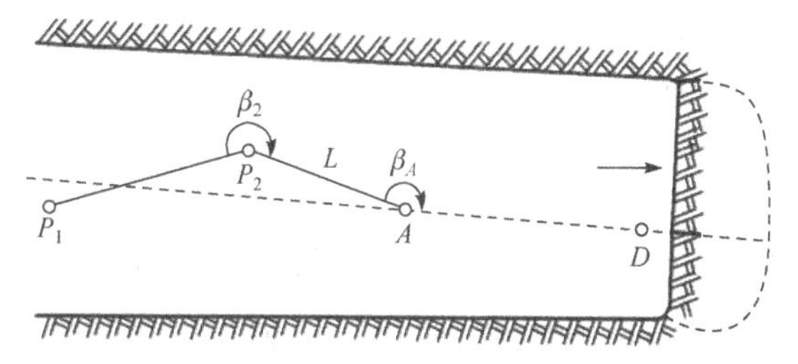

图 17-19　中线法标定隧道中线的示意图

将经纬仪安置在导线点 P_2 上，用盘左后视导线点 P_1，拨角度 β_2，并在视线方向上丈量距离 L，即得中线点 A_1。然后盘右用同法可得 A_2，取 A_1A_2 的分中点得到 A 点。在 A 点埋设与导线点相同的标志，并重新测定其坐标。在 A 点架设仪器，后视 P_2 点，拨角 β_A，即得中线方向。

随着隧道开挖面的推进，A 点距开挖面越来越远，这时需要将中线点向前延伸，埋设新的中线点，其标定方向同前。

(二) 串线法

串线法是利用悬挂在两临时中线点上的垂球线，直接用肉眼来标定开挖方向。如图 17-20 所示，A、B、C 是测量人员根据导线法在隧道顶板设立的一组中线点，垂球线上分别挂有垂球，按三点成线互检的原理，工作人员站在巷道的 M 处目测三垂线可确定灯位的 P 点方向，丈量 S 的长度，确定 P 点处的开挖位置和进尺长度。

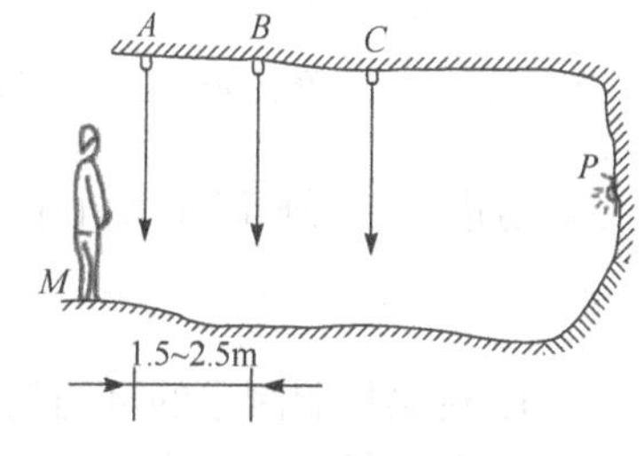

图 17-20　串线法

(三) 激光指向仪法

对于直线型隧道(巷道)建设施工，大都采用激光指向仪进行指向与导向。激光束的方向性好、发散角很小，能以大致恒定的光束直线传播相当长的距离，因此是地下工程施工中一种较好的指向工具。激光指向仪中的激光器可发射出一束大致恒定的红光，测量人员将指向仪配置到所需的开挖方向后，施工人员即可自己随时根据指向需要，开启激光电源找到掘进开挖方向。

对于曲线隧道掘进时，隧道中线点随导线测量测设，一般采用全站仪极坐标法测设。

二、腰线测设

在隧道开挖过程中，除标定隧道在水平面内的掘进方向外，还应定出坡度，以保证隧道在竖直面内正确贯通。隧道竖直面内掘进方向的标定通常采用腰线法。所谓腰线是用来指示隧道在竖直面内掘进方向的一条基准线，通常标设在离开隧道底板一定距离的帮上。

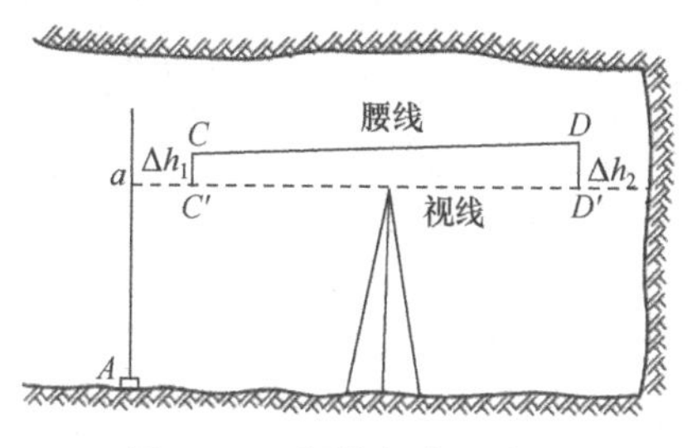

图 17-21　腰线标定示意图

如图 17-21 所示，将水准仪置于开挖面附近，后视已知水准点 A 读数 a，即得仪器视线高程为

$$H_i = H_A + a \tag{17-7}$$

根据腰线点 C、D 的设计高程，可分别计算出 C、D 点与仪器视线间的高差 Δh_1、Δh_2 为

$$\begin{cases} \Delta h_1 = H_C - H_i \\ \Delta h_2 = H_D - H_i \end{cases} \tag{17-8}$$

先在边墙上用水准仪放出与视线等高的两点 C'、D'，然后分别量测Δh_1、Δh_2，即可定出点 C、D。C、D 两点间的连线即腰线，根据腰线就可以定出断面各部位的高程及隧道的坡度。

三、隧道竣工测量

隧道竣工后，为了检查主要结构及路线位置是否符合设计要求应进行竣工测量，包括净空断面测量、永久中线点和永久水准点的测设。

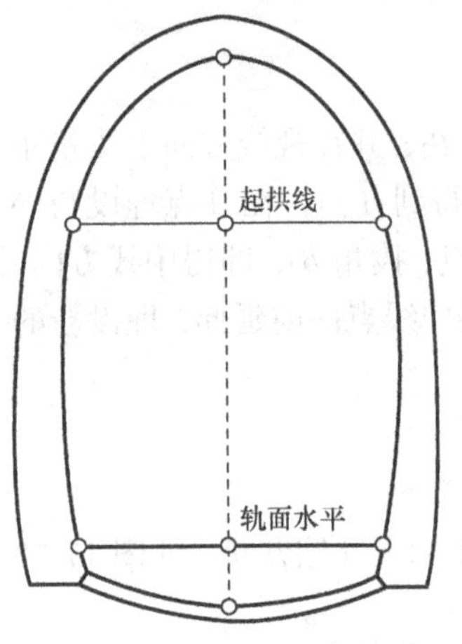

图 17-22　隧道净空断面图

隧道净空断面测量时，应在直线地段每 50m、曲线地段每 20m 或需要加测断面处测绘隧道的实际净空。测量时，均以线路中线为准，包括测量隧道的拱顶高程、起拱线宽度、轨顶水平宽度、铺底或抑拱高程(见图 17-22)。

近年来，许多施工单位已开始应用便携式断面仪、激光扫描仪等进行隧道的净空断面测量，该种仪器可进行自动扫描、跟踪和测量，并可立即显示面积、高度和宽度等测量结果，测量速度快、精度高，还可用于施工期隧道的变形测量。

隧道竣工测量后，隧道的永久中线点要埋设金属标志。直线地段每 200m 左右埋设一个永久中线点，曲线地段应在曲线主点埋设永久中线点。如果主点之间曲线过长，则可适当加设永久中线点，使相邻各点能相互通视。洞内水准点应每公里埋设一个，在隧道边墙上要画出永久性中线点和水准点的标志。

思考题与习题

1. 桥梁控制测量的目的是什么？桥梁控制网具有哪些特点？
2. 曲线桥梁测设中，当求得的相邻两孔梁偏距不相等时，如何选取偏距？相应的桥台布置形式有哪几种，各如何布置？
3. 隧道贯通误差包括哪些内容？
4. 隧道地面平面控制测量包括哪些内容？
5. 什么是联系测量？它包括什么？
6. 洞内控制测量一般采用什么形式？
7. 隧道中线测设有哪些方法？
8. 某隧洞进出口底板设计高程分别为 45.500m 和 44.700m，隧洞全长为 400m，隧洞为均坡，则离出口 100m 处的隧洞底板高程为多少？

参 考 文 献

陈学平, 周春发, 2007. 实用工程测量. 北京: 中国建筑工业出版社.
程效军, 鲍峰, 顾孝烈, 2016. 测量学. 5 版. 上海: 同济大学出版社.
华锡生, 田林亚, 2001. 测量学. 南京: 河海大学出版社.
贾清亮, 2001. 测量学. 郑州: 黄河水利出版社.
李德仁, 龚健雅, 1994. GIS 应用. 测绘通报, (2): 33-39.
刘文谷, 张伟富, 游杨声, 2018. 测量学. 北京: 北京理工大学出版社.
宁津生, 陈俊勇, 2005. 测绘学概论. 武汉: 武汉大学出版社.
潘正风, 杨正尧, 2005. 数字测图原理与方法. 武汉: 武汉大学出版社.
覃辉, 唐平英, 2004. 土木工程测量. 上海: 同济大学出版社.
汤国安, 赵牡丹, 2004. 地理信息系统. 北京: 科学出版社.
王腾军, 田永瑞, 2017. 现代测量学. 北京: 人民交通出版社.
武汉测绘科技大学《测量学》编写组, 1991. 测量学. 3 版. 北京: 测绘出版社.
武汉大学测绘学院测量平差学科组, 2003. 误差理论与测量平差基础. 武汉: 武汉大学出版社.
徐绍铨, 张华海, 2008. GPS 测量原理与应用. 3 版. 武汉: 武汉大学出版社.
杨晓明, 苏新洲, 2005. 数字测绘基础(上册). 北京: 测绘出版社.
伊晓东, 金日守, 袁永博, 2017. 测量学教程. 3 版. 大连: 大连理工大学出版社.
臧丽娟, 王凤艳, 2018. 测量学. 武汉: 武汉大学出版社.
张慕良, 叶泽荣, 2000. 水利工程测量. 3 版. 北京: 中国水利电力出版社.
张正禄, 李广云, 潘国荣, 等, 2005. 工程测量学. 武汉: 武汉大学出版社.
章书寿, 陈福山, 2006. 测量学教程. 3 版. 北京: 测绘出版社.
赵建三, 贺跃光, 2013. 测量学. 2 版. 北京: 中国电力出版社.
中华人民共和国建设部, 中华人民共和国质量监督检验检疫总局, 2008. 工程测量规范(GB 50026—2007). 北京: 中国计划出版社.

附录一 测量规范简介

为了使测量成果达到一定的精度要求，并使各测量单位有统一的作业标准，测量主管部门针对各阶段测量工作的不同技术要求，通常制定一些“原则”、“规范”、“规程”、“细则”等技术文件，供设计和生产单位使用。生产单位通常使用国家和本行业的“测量规范”。

测量规范中的各项技术指标、作业方法系根据误差理论及实践经验总结而制定。因此，按照规范进行作业，最后成果能够满足要求。测量规范为各种测量工作制定了详细的操作规程，例如，对控制测量而言，各级控制网的布设原则、具体布设方案、标石(标志)类型、应用仪器、仪器检校方法、施测方法、测量限差、记簿格式及计算方法等都有具体规定；对碎部测量而言，如测站的布设、地物与地貌的取舍原则、地形点密度、图式符号及图的整饰方法等都有规定。有的规范不仅包括一些技术细节，对于成果的格式、工作程序也有规定，这样由不同人员测得的成果，在格式上也能得到统一。

随着科学技术的发展，新技术、新仪器的不断出现，以及不断地总结经验，有所发现、有所创造，测量规范内容也在不断地进行修改和完善。但是，测量人员在生产中必须严格遵守规范，任何对规范的改变都必须经过科学论证和得到上级主管部门的批准，不得自行其是。

国家测绘局对全国性测量工作或面积超过 50 平方公里以上的测区，颁发了统一的测量规范。目前已颁发的测量规范有：《全球定位系统（GPS）测量规范》（GB/T 18314—2009）、《国家三、四等导线测量》（CH/T 2007—2001）、《国家三、四等水准测量规范》（GB/T 12898—2009）、《1：500、1：1000、1：2000 外业数字测图规程》（GB/T 14912—2017）…… 另外，各主管部委还颁发专业规范，如国家建设部颁发了《工程测量规范》（GB 50026—2007）；城市部门颁发了《城市测量规范》（CJJ/ T8—2011）、《卫星定位城市测量技术标准》（CJJ/T 73—2019）；水电部门颁发了《水利水电工程测量规范》（SL 197—2013）、《水利水电工程施工测量规范》（SL 52—2015）；交通部门也制定了《水运工程测量规范》（JTS 131—2012）等等。对于面积小于 50 平方公里的地区，各主管部门为所属勘测设计单位制定的相应规范属部颁标准。对面积更小的地区，也可根据需要和实际情况制定技术规定。

为了保证测量成果的质量，各种测量成果应经过层层检查与验收，检查与验收的过程，就是用测量规范中规定的各项技术指标进行对照衡量，并经过内业和外业检查，最后对成果的质量给予恰当的评价。

附录二　水准仪与经纬仪系列技术参数

附表 1　水准仪系列技术参数

项目			等级			
			DS_{05}	DS_{1}	DS_{3}	DS_{10}
每公里高差中数的中误差不超过/mm			±0.5	±1	±3	±10
望远镜放大倍数不小于/倍			44	40	30	25
望远镜物镜有效孔径不小于/mm			60	50	42	35
水准器分划值不大于	管状水准器/((″)/2mm)	符合式	10	10	20	20
		普通式				
	粗水准器/((′)/2mm)	十字式	3	3		
		圆水准器			8	8
测 微 器		测量范围/mm	5	5		
		最小分划值/mm	0.05	0.05		
主要用途			国家一等水准测量及精密工程测量	国家二等水准测量及其他精密工程测量	国家三、四等水准测量及一般工程测量	一般工程水准测量

附表 2　经纬仪系列技术参数

项目		等级				
		DJ_{07}	DJ_{1}	DJ_{2}	DJ_{6}	DJ_{30}
水平方向测量一测回方向值中误差不超过/(″)		±0.7	±1.0	±2	±6	±30
物镜有效孔径不小于/mm		65	60	40	35	25
望远镜放大倍率/倍		30 45 55	24 30 45	28	25	18
管水准器分划值不大于/((″)/2mm)	水平度盘	4	6	20	30	60
	竖直度盘	10	10	20	30	–
主要用途		一等三角测量、大地天文测量	二等三角测量、变形测量及精密工程测量	三等三角测量及精密工程测量	一般工程测量、图根及地形测量、矿井导线测量	一般工程测量及地形测量、矿井次要巷道导线测量

附录三　测量中常用的度量单位

国务院于 1984 年 2 月 17 日发布命令，统一实行《中华人民共和国法定计量单位》，它是以国际单位制(SI)为基础，根据我国实际情况增加了一些非国际单位制单位构成。在测量工作中，最常用的是长度、面积和角度三种计量单位。

一、长度单位

长度的基本单位为“米”(meter)(或称公尺)，其符号为“m”。在 20 世纪 60 年代以前，国际上将通过巴黎子午线全长的四千万分之一作为一米；1960 年，在国际单位制(systeme international，SI)中，又规定“一米等于氪(Kr)—86 原子在真空中(在 $2p_{10}$ 和 $5d_1$ 二能级之间跃迁时)所发射的橙色光波波长的 1650763.73 倍”(见《辞海》1979 年版)；1983 年 10 月，在巴黎举行的第十七届国际计量大会上，正式通过了米的新定义：“一米等于光在真空中，在 1/299792485 秒的时间间隔内运行距离的长度”。

1m(米)=10dm(分米)=100cm(厘米)=1000mm(毫米)

1km(公里，千米)=1000m(米)

二、面积单位

面积单位一般用长度单位的平方，即

1km^2(平方公里)=10^6m^2(平方米)

在农、林、牧、养殖业等方面还采用公顷、公亩；市亩、市分等单位，其换算关系为

1ha(公顷)=100a(公亩)=10000m^2=15(市)亩

1(市)亩 ≈ 666.67m^2 ≈ 6.67a

1(市)分 ≈ 66.67m^2

1(市)厘 ≈ 6.67m^2

三、角度单位

测量上常用的平面角单位有角度(°)、角分(′)、角秒(″)和弧度(rad)。

(一)360°制(deg)

角度、角分、角秒一般简称度、分、秒。这种计量单位是将圆周分成 360 等分，每等分所对的圆心角值称为 1°，采用 60 进制，即

1 圆周角=360°(度)；　1°=60′(分)；　1′=60″(秒)

(二)400°制(grad)

欧洲国家的一部分仪器厂家，生产的一些测角仪器采用 400 度制，即将圆周分为 400 等

分，每等分所对的圆心角称为 1°，单位符号记为 g，采用 100 进制，即

$$1\text{ 圆周角}=400^{g}(\text{度}),\quad 1^{g}=100^{c}(\text{分}),\quad 1^{c}=100^{cc}(\text{秒})$$

以上两种角度计量单位的换算关系为

$$1\text{ 圆周角}=360^{\circ}=400^{g}$$

$$1^{g}=0.9^{\circ},\quad 1^{\circ}\approx 1.111^{g}$$

$$1^{c}=0.54',\quad 1'\approx 1.852^{c}$$

$$1^{cc}=0.324'',\quad 1''\approx 3.086^{cc}$$

（三）弧度

在测量工作中，公式推导及计算常需应用弧度表示角度的大小。如附图 3-1 所示，当弧长 l 等于半径 R 时所对的圆心角称为一个弧度，以 ρ 表示。

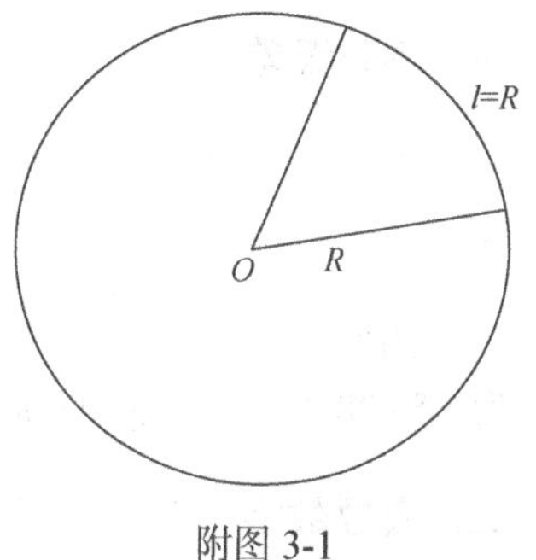

附图 3-1

弧度(rad)与 360°制(deg)角度的关系为：已知圆周长为 $2\pi R$，其圆周角为 360°，当弧长 l 等于半径 R 时的圆心角为一个弧度 ρ，按比例关系得

$$\frac{2\pi R}{360^{\circ}}=\frac{l}{\rho}$$

因为

$$l=R$$

所以

$$\frac{2\pi R}{360^{\circ}}=\frac{R}{\rho}$$

即

$$\rho=\frac{180^{\circ}}{\pi}$$

所以一弧度 ρ 相当于 360°制的角值为

$$\rho^{\circ}\approx 57.296^{\circ}\approx 57.3^{\circ}$$

$$\rho'\approx 3437.747'\approx 3438'$$

$$\rho''\approx 206264.808''\approx 206265''$$

附录四　数值的近似计算与规则

在各项大综数据计算(包括测量数据计算)工作中，要求既不影响数据的精度，又要减少不必要的计算工作量。在测量数据中，观测值除包括外业工作中所产生的误差外，还含有在内业计算时因数字取舍而产生的误差，这种误差称为凑整误差。所以在计算过程中，必须考虑这项误差。掌握数字运算凑整的规律，才能避免因位数取少了而损害外业成果的精度，位数取多了又增加不必要的计算工作量。因此应合理地保留有效数字和认真地对待凑整问题。

一、凑整误差

设某未知量的最或是值为 $\hat{L}$，其凑整值(近似值)为 L，则其凑整误差 δ 为

$$\delta=\hat{L}-L$$

例如，某尺段丈量四次其最或是值 $\hat{L}$=28.454m，若其凑整值 L=28.45m，则其凑整误差为：δ=28.454−28.45=0.004m=4mm。

二、有效数字

如果一个近似数的最大凑整误差不超过该数最末位的 0.5 个单位，则从这个数字起一直到该数最左面第一个不是零的数字为止，这些数字称为该数的正确有效数字，简称有效数字。有效数字是用位数表示的，如 280.85，有 5 位有效数字；0.00702，有 3 位有效数字；8.0040200，有 8 位有效数字。最后一个数末尾的两个“0”都是有意义的，它说明该数已准确到 0.5×10^{-7}。

三、计算中运用的凑整规则

为减少凑整误差积累，加快计算速度，在测量成果计算中常运用如下的凑整规则。

(1)当数值中被舍去部分的数值，大于保留的末位的 0.5 时，则末位加 1。例如，某数为 3.727m，需取到厘米(即保留两位小数)则该数应凑整为 3.73m。

(2)若数值中被舍去部分的数值，小于所保留的末位的 0.5，则其末位不变。例如，某数为 7.634m，需取到厘米(即保留两位小数)，则该数应凑整为 7.63m。

(3)若数值中被舍去部分的数值，正好等于所保留的末位的 0.5，则应将末位数凑整成偶数。如某数为 3.555m，需要保留二位小数时，应凑整为 3.56。如某数为 4.545m，需要保留二位小数时，应凑整为 4.54m。

从以上所举例子看出，数字的最大凑整误差是 $\pm0.5\times10^{n}$ (n 是数字的小数位数)。

上述凑整规则可归纳为：大于 5 者进；小于 5 者舍；正好是 5 者，则看其前位数，奇数进、偶数舍。

四、数字运算中的合理取位

在数字的运算中，往往需要运算一些带有凑整误差而小数位不同的数值，那么我们应怎

样合理取小数位呢?

(一)加和减的合理取位

例如，有三个凑整后的不同小数位的数：5.6、34.74、−2.227 相加，这三个数的最大凑整误差各不相同，其和数 38.113 应取小数几位才合理呢?

第一个数 5.6 中的小数位数为最少，它在小数后第二位已不可靠，进行代数和以后最多能正确到小数后第一位，小数后第二位已经不可靠了，为了使和数中避免带进新的凑整误差，通常在取诸数之和时，其小数的位数比加数中小数位数最少的多保留一位。在上例中，三个数字的代数和应为 38.11。

因此加和减的凑整规则是：在各数中，以小数位数最少的数为标准，其余各数均凑整成比该数多一位。这是为了不使因凑整而严重影响结果的精度，多保留的一位数字称为安全数字。

(二)乘和除的合理取位

如两数相乘，积的有效数字的个数，应与乘因子中有效数字个数最少的相同。

例如，

$$2818.43 \times 1.53=4312.1979$$

在乘因子 1.53 中只有 3 个有效数字，故乘积也只有 3 个有效数字，即 4310，这也可从下边的立式中看出(式中?号表示该数字已不准确)：

```
 2818.43?
×   1.53?
---------
  ???????
 845529?
1409215?
281843?
---------
431???????
```

因此，在相乘之前，可将 2818.43 凑整至 2820，即

$$2820 \times 1.53=4310=4.31 \times 10^3$$

要注意的是，在乘因子中准确的数字例外，如 $2 \times (2818.43 \times 1.53)=8620$，数字 2 是一个准确的乘因子。

除法与乘法的情况相同，不再赘述。